现代微电子制造技术
全科工程师指南
热点问题及其机理解析

樊融融◎编著

The Guide for General Engineers in Modern Microelectronics Manufacturing Technology
Hot Issues and Mechanism Analysis

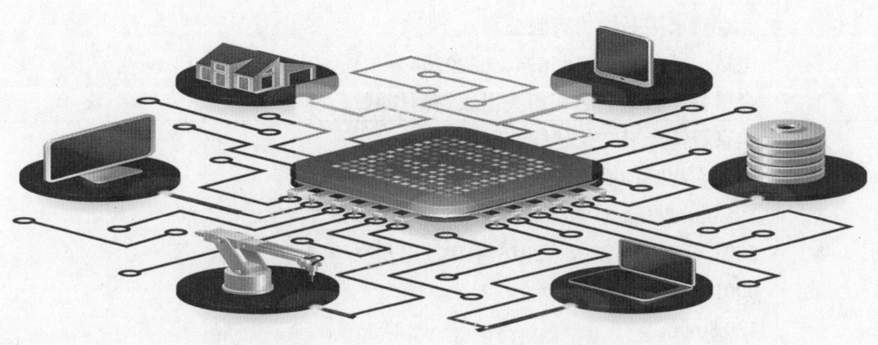

www.waterpub.com.cn
· 北京 ·

内 容 提 要

医师分全科医师和专科医师，实际上，在现代微电子制造中也隐含着全科工程师和专科工程师在技术层面上的差异。作为全科工程师，必须能从系统角度熟悉现代微电子制造技术的原理集成和热点问题的形成，并能以贯穿电子系统制造全过程的质量状态为脉络，知晓产品在制造过程中可能发生的各种大、小概率事件的机理，能迅速地寻求解决方案，避免因工艺过程被迫终止、生产线被迫停运，由此给企业造成重大经济损失。

本书可作为从事现代微电子制造技术的全科工程师应掌握的基本“知识池”，也可作为从事现代微电子制造技术的各类专科工程师的参考读物，还可作为电子制造类职业学院全科工程师的培训教材。

图书在版编目（CIP）数据

现代微电子制造技术全科工程师指南：热点问题及其机理解析 / 樊融融编著．—北京：中国水利水电出版社，2023.9

ISBN 978-7-5226-1762-6

Ⅰ．①现… Ⅱ．①樊… Ⅲ．①微电子技术—指南 Ⅳ．① TN4-62

中国国家版本馆 CIP 数据核字（2023）第 162212 号

书　　名	现代微电子制造技术全科工程师指南：热点问题及其机理解析 XIANDAI WEIDIANZI ZHIZAO JISHU QUANKE GONGCHENGSHI ZHINAN : REDIAN WENTI JI QI JILI JIEXI
作　　者	樊融融　编著
出版发行	中国水利水电出版社 （北京市海淀区玉渊潭南路 1 号 D 座 100038） 网址：www.waterpub.com.cn E-mail：zhiboshangshu@163.com 电话：（010）62572966-2205/2266/2201（营销中心）
经　　售	北京科水图书销售有限公司 电话：（010）68545874、63202643 全国各地新华书店和相关出版物销售网点
排　　版	北京智博尚书文化传媒有限公司
印　　刷	河北文福旺印刷有限公司
规　　格	185mm×260mm　16 开本　22.75 印张　465 千字
版　　次	2023 年 9 月第 1 版　2023 年 9 月第 1 次印刷
印　　数	0001—3000 册
定　　价	129.80 元

序 1

樊融融教授是著名的电子工艺技术专家，长期在军工、航天航空、通信电子等领域从事工艺技术的研究和实践，卓有建树，为我国电子制造技术发展作出了重大贡献。其编著或参与编著书籍 20 余部，发表论文 150 余篇。先后多次获得国家和省部级奖项，被授予“国家有突出贡献的中青年专家”“全国优秀科技工作者”“五一劳动奖章”等荣誉称号。樊融融教授现任广东省电子学会 SMT 专委会资深专家委员，享受国务院政府特殊津贴。被中兴通讯股份有限公司聘为终身荣誉专家。

电子信息产业是当今世界最具活力的新兴高科技产业。广东是全球重要的电子产品制造基地，电子制造业营收占全国近 1/3，增加值约占全省 GDP 的 1/10。产业规模连续 32 年居全国首位，现代微电子制造技术已成为电子信息产品生产中的关键技术。樊融融教授新著的《现代微电子制造技术全科工程师指南：热点问题及其机理解析》一书从阐述微电子装备制造技术的过去、现在及未来开始，以贯穿电子制造全过程的质量状态为脉络，分析了电子系统从设计到微电子制造过程中所发生概率事件的形因、机理、危害及其对策，提出了现代微电子制造技术全科工程师必须从系统角度出发，熟悉现代微电子制造技术原理，才能迅速寻求解决方案，避免工艺过程被迫终止造成损失的理念。

本书在业内同行的期待下出版，将为培养电子制造人才、助力企业高质量发展起到促进作用。衷心感谢樊融融教授对广东电子信息制造产业进步作出的贡献。

广东省电子学会常务副理事长兼秘书长：

序 2

电子信息产业是国民经济的战略性、基础性、先导性产业，是加快工业转型升级、国民经济和社会信息化建设的重要基础。而电子制造技术作为电子信息产业的技术支撑，是电子产品实现小型化、轻量化、多功能化、智能化和高可靠性的关键技术，是衡量一个国家科技发展水平和综合实力的重要标志之一。

电子产品制造技术发展到今天已经形成了一整套涉及材料、装备、工艺、检测等方面的跨学科、多领域的知识与标准体系。其中各种知识相互交叉、错综复杂，这使初入门者感觉千头万绪，不知从何学起。即使是业内多年从业者，也往往拘泥于一隅，不免一叶障目，不见泰山。但正所谓“不谋全局者，不足谋一域”，电子制造技术全科工程师作为具备扎实的理论知识、丰富的实践经验、宽阔的行业视野的综合性技术人才，其需要从系统角度熟悉电子制造技术的原理集成，能以贯穿电子制造全过程的质量状态为脉络，知晓产品在制造过程中可能发生的各种问题的机理，并能迅速地找到解决方案，同时还要不断钻研和引入新技术、新材料、新设备，为企业产品竞争力的提升服务。

本书作者樊融融研究员是业界知名的电子装联技术专家，已先后完成学术专著20余部，为电子制造技术行业的发展作出了重要贡献。本人有幸与作者共事多年，从他身上可以深切感受到其求真务实的科学态度、坚韧不拔的奋斗精神和防微虑远的行业情怀。本书以培养电子制造技术全科工程师为初衷，从目前业界关注的热点技术问题出发，全面介绍了电子制造技术的发展历程和微焊接所涉及的物理、化学原理，系统阐述了典型工艺和器件在生产加工过程中潜在的缺陷现象，细致讲解了切片判读的方法及离子污染的机理、危害与防护手段，并且特别对微波产品的质量评价和理想焊点质量模型进行了详尽的说明。本书内容丰富、针对性强、理论与实际案例紧密结合，让读者知其然，更知其所以然，既可作为电子制造技术全科工程师的指导手册，也可作为从事电子制造技术的各类专科工程师的参考资料。

前进的道路不会一帆风顺，但惟其艰难，才更显勇毅；惟其笃行，才弥足珍贵。现代微电子制造技术全科工程师的培养需要经验的积累和时间的打磨，只有坚持孜孜不倦、身体力行，才能融会贯通、全面掌握电子制造技术的各方各面。希望这本书能够帮助广大从事电子制造工作的技术人员在实践中快速提升水平，增强能力，为个人职业发展打下坚实基础，为企业发展、行业进步、国家昌盛作出应有的贡献。

中兴通讯股份有限公司高级副总裁：杨建旺

前 言

医师分全科医师和专科医师，实际上在现代微电子制造中也隐含着全科工程师和专科工程师在技术层面上的差异。产品制造过程的质量状态和其他事物一样，都是在遵循一定规律不断运动的，要控制产品的制造质量，做到事先预防，就必须掌握它的运动规律。这个规律就是产品质量的变异（波动）性。掌握产品质量发生波动规律的目的，就是要及时发现异常，找出系统的影响因素，揭露潜在的隐患，防止事故的发生。

缺陷是造成质量问题的原因，要消除缺陷首先要使潜在的缺陷显现出来。而潜在的缺陷人们无法感知，如灰尘、杂物、污染、磨损、擦伤、松动、泄漏、腐蚀、变形、振动、发热等。这些潜在的缺陷一时不会有什么影响，但在长时间的负荷作用下，就会造成瞬间停机，使用不良，从而变成突发故障。

工艺过程控制特别强调不能有不良品发生，若不良品太多，则会干扰整个生产线的顺畅性，进而使整个生产步调错乱。

现代电子产品结构发展的微小型化、高密度化和多维化的结果，促使产品互连密度不断提高，人手不可能直接接近，基本上属于一种“无检查工艺”。因此，零缺陷制造技术越来越重要。为了实现上述无检查工艺的目标，未来产品制造质量控制必须和全流程的精细的工艺过程控制相结合，并以对工艺过程控制参数的稳定性作为产品质量控制的主要手段，唯有这样，才能避免不合格产品。

数理统计（SPC）方法是揭示波动规律和区别正常波动与异常波动的有力工具。工艺过程控制运用这种科学方法，从产品生产过程中无数变化的现象里，客观地抽取有用的数据加以整理，形成现代微电子系统制造质量状态的大数据库。

芯片封装技术不断发展，从细间距（0.30mm、0.25mm）的 FBGA（细间距球栅阵列 BGA）、CSP（芯片级封装）到 POP（三维堆叠）……它们在组装过程中所表现的物理属性有了明显的变化。由毛细效应所引发的呼吸作用，在系统组装过程中带来了一系列新的我们尚未认识的知识领域，增加了组装过程的灵活性。组装工艺若不加大技术创新力度以适应芯片封装技术的发展，就解释不了这些新封装芯片在系统组装过程中将发生的物理和化学现象。

以上以质量为过程纽带，描述了一个电子系统从设计理念到生成市场商品的全部脉络过程中人们所关注的问题，大概率就成为现代微电子制造技术中的热点问题。至此，我们就可以这样来归纳热点问题的定义：凡在微电子制造过程中所发生的大、小概率事件的形因、机理、危害及其对策等问题的集成。

全科工程师必须能从系统角度出发，熟悉现代微电子制造技术原理的集成和热点问题的形成，并能以贯穿电子系统制造全过程的质量状态为脉络，知晓产品在制造过程中可能发生的各种大、小概率事件的发生机理，并能迅速地寻求解决方案，避免工艺过程被迫终止、生产线被迫停运，给企业造成重大经济损失。

本书稿是在业内同行的期待下，在广东省电子学会常务副理事长兼秘书长彭志聪先生，广东省电子学会 SMT 专委会秘书长苏曼波先生、副秘书长鲁玮瑛，四川省电子学会 SMT/MPT 专委会秘书长苏兴菊等同志的积极支持和协助下完成的。在此特向彭志聪先生、苏曼波先生、苏兴菊及鲁玮瑛等同志表示深深的谢意！

对于书稿的编著和彩色出版，中山市翰华公司、深圳市唯特偶公司提供了宝贵的创新成果数据和资料，以及对书稿彩色出版的赞助，在此特向中山市翰华公司的李总、李总工以及唯特偶公司的廖总表示衷心的感谢！

热点问题的汇集源于作者 60 余年来现场实践和试验的归纳、技术攻关和研究成果的综合。特别得益于近 20 年作者在中兴通讯股份有限公司的庞大而多种多样的产品大生产环境中的淬炼；得益于中兴通讯股份有限公司创始人侯为贵先生及历届主持物流和制造体系的原执行副总裁邱未召、庞胜清及现任高级副总裁杨建明等公司高层领导的极度重视和无微不至的关怀；得益于先后数批“传、帮、带”弟子的共同奋斗。他们分别是**刘哲**、**邱华盛**、**钟宏基**、**孙磊**、**曾福林**、**王玉**、**赵丽**、**史建威**、**潘华强**、**杨卫卫**、**程定军**、**付红志**、**段书选**、**王世堉**、**统雷雷**、**王毅**、**周扬**、**韩念春**、**冯延鹏**、**林晓秋**、**洗桥华**、**温粤晖**、**张广威**、**牛甲顿**、**罗定国**、**陈德鹅**等，以及公司电子制造职业学院高级研修班的 60 余名学员及学生**李继平**等。在这近 20 年火热的产品生产的大熔炉中，他们先后和我共同坚守，攻坚克难，在淬砺中共成长，才有了今天这部书稿的问世。尽管他们中有不少人已不在中兴通讯股份有限公司任职了，但都还在为祖国的电子制造技术的进步继续奋斗着。我记着他们曾作出的贡献和努力，其中特别不能忘记**刘哲**同志的奉献，他的英年早逝使我痛失了一位睿智的弟子和战友。

无论在退休前还是退休后，笔者都得到了中国电子科技集团第二十研究所历任领导（**干国强**、**桂锦安**、**李跃**、**张修社**等）的亲切关心和照顾，在此特向他们表示衷心的感谢！第二十研究所副总工程师**张裕**（研高）、工艺专业部主任**赵文忠**（研高）在百忙中协助校阅了此书稿，在此也表示感谢！

本书的初稿完成后，笔者的弟子中兴通讯股份有限公司的**邱华盛**、**孙磊**、**曾福林**、**王玉**，翰华公司的**李爱良**，四川省电子学会 SMT/MPT 专委会的**苏兴菊**，广东省电子学会 SMT 专委会的**鲁玮瑛**等先后协助完成了书稿的全部校对工作。在此也对他们所付出的辛劳表示感谢！

本书在编著过程中，涉及许多电脑文本文件的编辑处理，以及大量的电脑图像处理和操作，笔者女儿樊颜博士、女婿辛宝玉、儿子樊宏也给予了帮助，在此也向他们表示谢意！

作者 2023 年 1 月

目 录

第 01 章　微电子装备安装技术的过去、现在及未来（THT → SMT → MPT → OEMPT）的热点问题

1.1　电子装备概述及微电子装备安装技术的发展历程 …… 002
1.1.1　电子装备概述 …… 002
1.1.2　微电子装备安装技术的发展历程 …… 002
1.1.3　微电子装备安装中的微接合法 …… 004
1.1.4　微电子装备安装技术的发展 …… 006

1.2　电子装备安装方式的变迁及技术结构的扩展 …… 009
1.2.1　PCB 基板安装方式的变迁 …… 009
1.2.2　新一代微电子装备安装技术是多学科技术知识的大集成 …… 012

1.3　微电子装备安装技术：THT → SMT …… 013
1.3.1　THT …… 013
1.3.2　SMT …… 014
1.3.3　HMT …… 016

1.4　微电子装备安装技术：SMT → MPT …… 018
1.4.1　摩尔定律所提示的危机是 SMT 应用时代的终结 …… 018
1.4.2　微波组件的 MPT 的发展路线图及其特点 …… 019
1.4.3　微波组件 MPT 中应关注的问题 …… 026

1.5　微电子装备安装技术：MPT → OEMPT …… 027
1.5.1　微电子装备安装技术概述和背景 …… 027
1.5.2　OEMPT 概述 …… 028
1.5.3　光电融合装备系统集成安装 …… 033

第 02 章　有铅与无铅微焊接中的异与同以及从基本现象追迹无铅微焊接中的不良

2.1　有铅与无铅微焊接中的异与同 …… 039
2.1.1　物理特性上的差异 …… 039
2.1.2　无铅制程的系统考虑 …… 041

2.1.3 有铅与无铅元器件及 PCB 等表面镀层的异与同 ……043
2.1.4 有铅与无铅波峰焊接工艺的异与同 ……045
2.1.5 有铅与无铅在再流焊接工艺特性上的异与同 ……049
2.1.6 有铅与无铅制程焊点显微组织演变和界面反应的异与同 ……053
2.1.7 有铅与无铅制程焊点在可靠性上的优劣 ……057
2.1.8 有铅与无铅制程焊点在抗热机械疲劳可靠性上的优劣 ……059

2.2 从有铅到无铅过渡期混合安装中的热点问题 ……062
2.2.1 问题出现的背景 ……062
2.2.2 去铅过程中混合安装状态的形成 ……063

2.3 从基本现象彻底追迹无铅焊接的不良 ……066
2.3.1 无铅焊接中的特有缺陷现象 ……066
2.3.2 焊缘起翘和剥离实例 ……074
2.3.3 铅偏析 ……079

第 03 章 微焊接技术的基本物理与化学属性

3.1 与焊料合金相关联的因素 ……088
3.1.1 密度（比重） ……088
3.1.2 浮力 ……089
3.1.3 熔融及凝固过程 ……090
3.1.4 焓与熵 ……090
3.1.5 体积收缩率 ……091
3.1.6 放热、吸热、收缩、膨胀之间的关系 ……092
3.1.7 扩散和合金层 ……093
3.1.8 力、应力及粗大化 ……095
3.1.9 氧化 ……096
3.1.10 润湿 ……097

3.2 与助焊剂相关联的因素 ……099
3.2.1 热的传递 ……099
3.2.2 与蒸发有关的现象 ……102
3.2.3 对流 ……105
3.2.4 离子物质及迁移 ……106
3.2.5 金属原子迁移（晶须） ……108
3.2.6 裂纹 ……109

第 4 章 波峰焊接中的热点问题以及从基本现象追迹波峰焊接的不良

4.1 波峰焊接中的热点问题 ……115
4.1.1 波峰焊接的工序构成、热点问题的定义及其影响 ……115

4.1.2 基体金属的可焊性 ……116
4.1.3 波峰焊接设备 ……119
4.1.4 PCB 安装和图形设计的波峰焊接 DFM 要求 ……122
4.1.5 波峰焊接工艺的优化 ……130
4.1.6 波峰焊接技术在未来微电子装备制造中还能走多远 ……136

4.2 从基本现象追迹波峰焊接的不良 ……137
4.2.1 由助焊剂劣化导致通孔上焊料上升不足 ……137
4.2.2 整个基板上面热量的不足 ……141
4.2.3 桥连发生的原因和对策 ……144
4.2.4 波峰焊接过程控制不良 ……145
4.2.5 气孔、针孔 ……149

第 5 章 再流焊接中的热点问题以及从基本现象追迹再流焊接的不良

5.1 再流焊接中的热点问题 ……152
5.1.1 SMT 再流焊接技术的发展 ……152
5.1.2 当前 SMT 安装应用中的最大热点问题 ……154
5.1.3 再流焊接技术随着元器件的微细化所面临的新挑战 ……158
5.1.4 微安装再流焊接中最突出的质量不良现象及其形成机理 ……160
5.1.5 再流焊接和焊接设备所面临的挑战 ……163

5.2 从基本现象追迹再流焊接的不良 ……164
5.2.1 再流焊接中的桥连 ……164
5.2.2 元器件偏移 ……167
5.2.3 侧面焊珠 ……168
5.2.4 背部圆角及灯芯效应 ……173
5.2.5 元器件引脚电镀质量 ……174
5.2.6 基板镀层的不良 ……175

第 06 章 BTC 组装中的热点问题以及从基本现象追迹其不良

6.1 BTC 的组装可靠性 ……178
6.1.1 BTC 的定义、分类及应用特性 ……178
6.1.2 BTC 的安装质量要求 ……180
6.1.3 BTC 的组装可靠性问题及其形成原因 ……182
6.1.4 改善 BTC 组装可靠性的途径 ……189

6.2 从基本现象追迹 BTC 芯片在安装中的不良 ……194
6.2.1 空洞 ……194
6.2.2 传热不畅焊不透 ……198
6.2.3 微裂纹和开路 ……200

第 07 章　BGA 封装以及从基本现象追迹其封装中的不良

7.1　BGA 封装 …… 204

7.1.1　概述 …… 204

7.1.2　BGA 封装工艺概要 …… 205

7.2　从 BGA 封装中的基本现象追迹其封装中的不良 …… 205

7.2.1　BGA 封装芯片中的开路现象 …… 205

7.2.2　BGA 封装中基板的翘曲 …… 212

7.3　从基本现象追迹 BGA 芯片在封装基板上安装中的不良 …… 219

7.3.1　BGA 芯片侧剥离面状态的观察 …… 219

7.3.2　BGA 封装焊球和焊盘界面的 Cu 和 Ni 的存在 …… 222

7.4　从基本现象追迹 BGA 封装在 PCBA 安装中的不良 …… 224

7.4.1　概述 …… 224

7.4.2　PCBA 侧 BGA 强制剥离状态 …… 226

第 08 章　基板在微组装中的热点问题以及从基本现象追迹其不良

8.1　基板在微组装中的热点问题 …… 235

8.1.1　基板材料的热特性 …… 235

8.1.2　基板焊盘涂层的选择及优化 …… 238

8.2　从基板在微组装中的基本现象追迹其不良 …… 243

8.2.1　镀金基板的腐蚀 …… 243

8.2.2　基板安装的不良归纳 …… 256

第 09 章　切片断面观察及图像判读

9.1　切片断面观察的目的及观测工具 …… 258

9.1.1　切片断面观察的目的 …… 258

9.1.2　观测工具及其选择 …… 258

9.1.3　切片断面观察应关注的内容 …… 259

9.2　断面图像分析与判读 …… 260

9.2.1　试料制备中出现的不良 …… 260

9.2.2　观察的问题点 …… 262

第 10 章　PCBA 离子污染的机理、危害及其防护

10.1　离子污染的分类、特性及其形成机理 ……276

10.1.1　离子污染物的分类及其组成 ……276

10.1.2　离子和离子的特性 ……276

10.1.3　离子物质及离子污染 ……278

10.2　PCBA 常见的离子污染形式及其危害 ……279

10.2.1　环境因素形成的离子污染及其危害 ……279

10.2.2　接触腐蚀 ……285

10.2.3　离子迁移 ……286

10.2.4　钎料电子迁移 ……291

10.2.5　爬行腐蚀、离子迁移枝晶、CAF 及钎料电子迁移等的异与同 …293

10.3　PCBA 离子污染的防护：敷形涂覆（三防） ……294

10.3.1　敷形涂覆的目的和功能 ……294

10.3.2　常用的敷形涂层材料选择 ……294

10.3.3　对涂覆材料的要求 ……296

10.3.4　涂覆工艺环境的优化 ……297

10.3.5　敷形涂覆的工艺方法 ……297

10.3.6　敷形涂覆的典型工艺流程及应用中的工艺问题 ……298

10.3.7　多层涂覆 ……301

10.3.8　涂层质量要求 ……301

10.3.9　PCBA 清洁度标准 ……302

第 11 章　微波 SMT/MPT 工艺要素、焊点质量评价及理想焊点质量模型

11.1　微波微组装技术的工艺性要求 ……304

11.2　微波组件能量传输链路的构成及其对电性能的影响 ……304

11.2.1　微波连接线段的选择及其对传输能量的影响 ……304

11.2.2　软钎焊点对微波能量传输链路电性能的影响 ……306

11.3　微波焊点的结构特征及对焊材的选用 ……307

11.3.1　微波焊点的结构特征 ……307

11.3.2　微波元器件最常见的封装类型 ……307

11.3.3　MW–MPT 用焊料和助焊剂 ……309

11.4　对 MW-MPT 软钎接焊点的质量评价 ……312

11.4.1　MW–MPT 软钎接过程中所发生的物理现象 ……312

11.4.2　MW–MPT 软钎接焊点的常见缺陷现象 ……312

11.4.3　对 MW–MPT 软钎接焊点的质量评价 ……313

11.4.4 对焊料体组织的质量要求 ……318

11.5 微波 SMT/MPT 理想焊点的质量模型 ……328

11.5.1 微波 SMT/MPT 理想焊点的结构物理模型 ……328

11.5.2 微波 SMT/MPT 理想焊点的质量模型及解析 ……328

11.6 微焊点接合部的可靠性 ……331

11.6.1 微焊点接合部可靠性的热点问题 ……331

11.6.2 初期质量及其影响因素 ……332

11.6.3 长期品质（寿命）及其影响因素 ……333

11.6.4 微焊点的损伤机制及失效 ……334

11.6.5 验证和质量鉴定测试及筛选方法 ……337

附录 A 热点问题解答 ……338

参考文献 ……350

第 01 章

微电子装备安装技术的过去、现在及未来（THT → SMT → MPT → OEMPT）的热点问题

本章要点

□ 熟悉电子装备概论。
□ 熟悉微电子装备安装技术的发展历程。
□ 掌握微电子装备安装中的微接合技术。
□ 熟悉微电子装备安装技术的发展。
□ 掌握 PCB 基板安装方式的变迁。
□ 熟悉新一代微电子装备安装技术是由多学科技术知识的大集成。
□ 掌握插入安装技术。
□ 掌握表面安装技术。
□ 掌握混载安装技术。
□ 掌握微波组件的微组装技术的发展路线图及其特点。
□ 掌握微波组件 MPT 中应关注的问题。
□ 掌握光电微组件的微组装技术。
□ 掌握光电融合装备系统集成安装。

1.1 电子装备概述及微电子装备安装技术的发展历程

1.1.1 电子装备概述

1. 电子装备及微电子装备的定义

（1）电子装备：用来接收、变换和传输以电磁信号形式表现的信息装备的统称。

（2）微电子装备：在电路中以大量应用微电子学器件（即IC，以下简称芯片）作为特征的电子装备称为微电子装备。

2. 微电子装备的分类

在成本和性能的驱动下，芯片内集成的晶体管数按照摩尔定律每18个月就要翻倍。随着芯片功能的大幅增加，而封装尺寸又不断地小型化、I/O端口数不断增多，从而导致芯片引脚间的间距越来越窄，具体表现如下：

（1）一般间距技术：1992年将球栅阵列（BGA）和柱栅阵列（CCGA）的间距标准定为1.5mm、1.27mm和1.0mm。

（2）细间距技术（FPT）：如FBGA（细间距球栅阵列BGA），其间距标准定为1.0mm、0.8mm、0.75mm、0.65mm、0.5mm和0.4mm。

（3）超细间距技术（UFPT）：间距标准定为0.3mm和0.25mm。

自2010年以后，大于或等于1.0mm间距的BGA和CCGA芯片已陆续淡出市场，而FPT已持续成为市场主流，近些年来UFPT也有应用。因此，人们便将装备FPT和UFPT芯片的微电子装备称为近代微电子装备，以此视为与早期微电子装备在机型上的差别。

1.1.2 微电子装备安装技术的发展历程

1. 微电子装备及LSI封装的发展

微电子装备的安装技术是以计算机为代表的与信息处理及通信装备同时发展而急速成长的一项技术。电子装备及LSI封装的发展动向如图1.1所示。

1979年，日本NEC开始发售PC-8001（8位机）；1982年又发售了PC-9801（16位机），迅速开创了计算机的新时代。CPU的时钟频率达到5MHz。作为用户可利用的总线、存储器空间最大达到了640KB。随后，由于半导体器件向着高速、大容量化的快速发展，不论哪一种电脑的功能都是成万倍地增加且已全面跨入了小型、轻量和多功能化。当然不只是电脑，诸如各种信息处理系统、彩色数字摄像机、通信装备及其终端产品（手机）等均已迈入了智能化的新阶段。

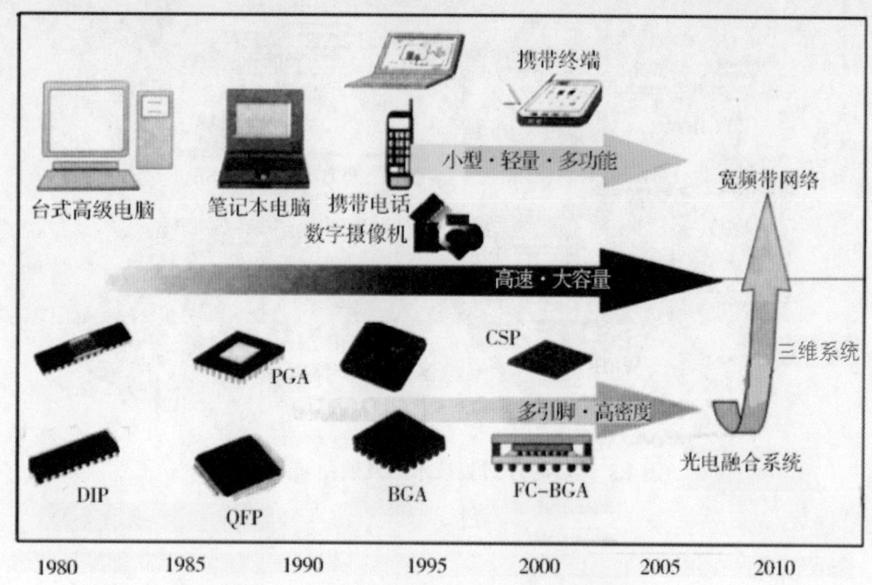

图 1.1　电子装备及 LSI 封装的发展动向

2. IC 芯片封装的分类和发展

（1）分类。

伴随着半导体的高集成化和大容量化的发展，把多个半导体管装入一个电子部件（封装）中。例如，QFP、BGA、CSP 等进一步向多引脚化、小型化发展，如图 1.2 所示。

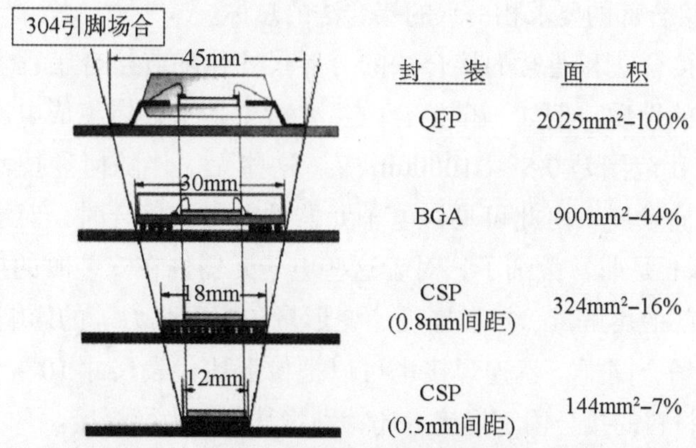

图 1.2　IC 芯片封装的分类和外形尺寸的对比

现在，硅半导体芯片在 10mm 的四方形芯片上集成了 10^9 个晶体管，配线宽度也达到了数十纳米。就物理限界和成本限界而言，今后将更广泛地应用于宽频带响应波段网络、三维器件、SiP 和光电融合装备等的开发中。

（2）发展。

IC 芯片封装技术的发展和演变方向如图 1.3 所示。

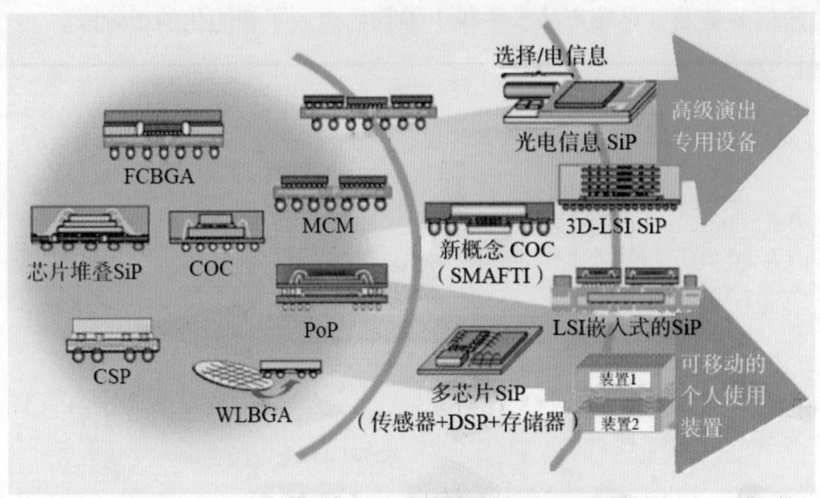

图 1.3　IC 芯片封装技术的发展和演变方向

1.1.3　微电子装备安装中的微接合法

1. 微接合法的定义

所谓微接合法，就是把外型尺寸都是很微小的（诸如各类片式元器件，芯片，电极尺寸，引线间距，引线宽度，金属线键合，金线直径和厚、薄膜图形宽度等）相互接合起来构成一个具有独立的电路系统，而且其接合性能和质量（诸如接合部的熔解量、扩散厚度、变形量和表面张力等）在接合时及其经时变化等方面，均与尺寸大的接合部的要求相一致的接合法的总称。

当然，微接合法和通常的接合法的分界尺寸伴随着接合工程学和技术的进步而具有变化的性质。例如，微接合的主要对象是半导体集成电路，印制线路板代表性的尺寸范围是 0.5 ~ 1000μm 等。这些无论伴随何种技术，每年都在向着细微化方向发展。由此可见，电子元器件在安装接合时，对象材料的尺寸为 10 ~ 1000μm 是非常微细了，对于这些电子元器件在安装时的接合部，像上面所述的接合部的熔解量、扩散厚度、变形量和表面张力等的影响也不能忽视。

与微接合场合同样，就连焊接也可以把像上述代表尺寸 10 ~ 1000μm 范围内的微细对象材料的接合用于焊接，还特别将其定义为微焊接。

再就是，对于电子装备的接续 – 安装采用的微接合法，从接合结构看，其分类如图 1.4 所示。

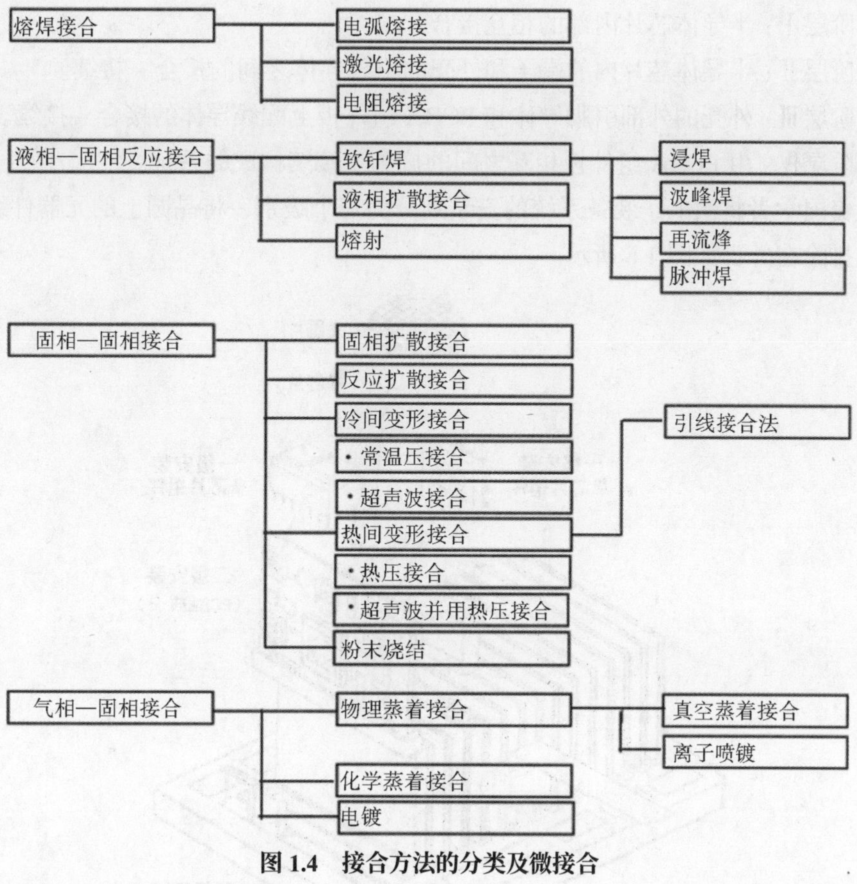

图 1.4　接合方法的分类及微接合

2. 构成微电子装备系统的安装阶层

关于构成微电子装备系统的安装阶层，日本学者和美国学者的看法稍有不同。日本学者将其分为四个安装阶层，如图 1.5 所示。

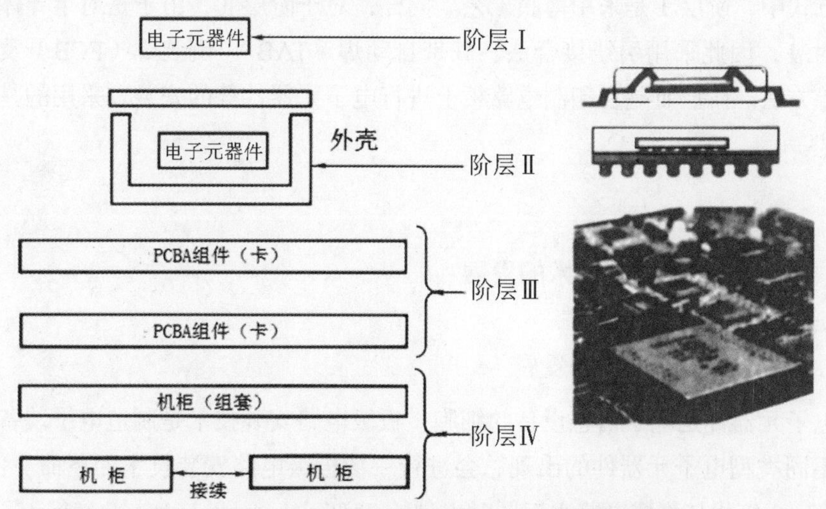

图 1.5　由电子元器件、机柜等构成的系统的安装阶层

阶层Ⅰ：半导体芯片内部的相互接合－接续。

阶层Ⅱ：半导体芯片内的端子和外壳的引线导体之间的接合－接续。

阶层Ⅲ：外壳的外部引脚导体和 PCBA 组件板上配线导体的接合－接续。

阶层Ⅳ：由 PCBA 组件板相互之间的接合－接续构成的系统。

美国学者将微电子装备系统的安装划分为三个级别，将晶圆上的元器件级的封装排除在外，如图 1.6 所示。

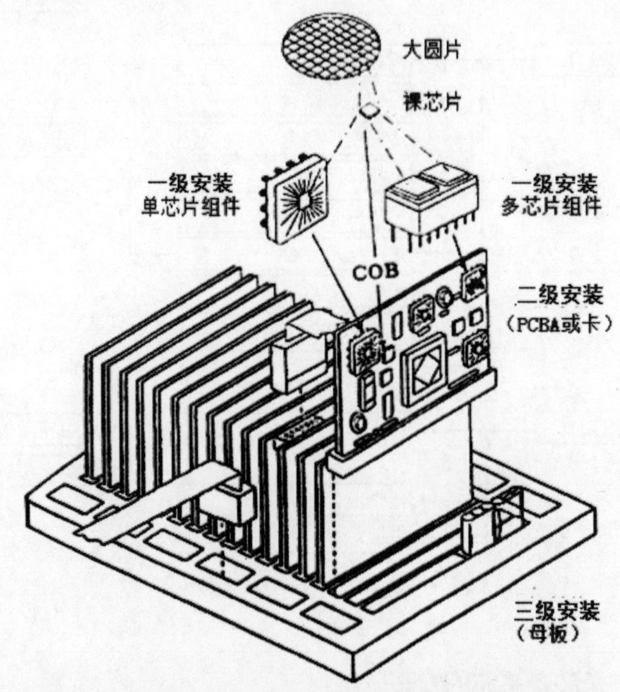

图 1.6　美国学者对微电子装备系统的安装级别的划分

在接合技术方面，不论是哪种级别，均采用微接合方法。例如，日本学者的划分方式中，阶层Ⅰ是采用薄膜工艺。同样，对于阶层Ⅱ，由于是对半导体芯片进行封装，因此采用引线接合法、载带自动焊（TAB）、倒装焊（FCB）及密封固定等方法。阶层Ⅲ是在印制电路板上进行电子元器件等的安装，采用的是微焊接工艺。

1.1.4　微电子装备安装技术的发展

1. 板级电路安装技术的发展

电子元器件是电子信息设备的细胞，板级电路安装技术是制造电子装备的基础。不同类型电子元器件的出现总会进行一场板级电路安装技术的革命。例如，20 世纪 60 年代与集成电路兴起同时出现的 THT（through–hole technology，插入安装技术）；随着 20 世纪 70 年代后半期 LSI 的蓬勃发展，THT 被 20 世纪 80 年代登场的第一代 SMT（surface mount technology，表面安装技术）所替代；进入 20 世纪 90 年代，随着 QFP 的狭间距化，板级电路安装技术面临挑战，尽管开发了细间距技术（FPT），但间距 0.35mm 以下的板级电路安装仍然有许多工艺上的难点难以解决。细间距球栅阵列封装（FBGA）和芯片尺寸封装（CSP）的出现，成为 20 世纪 90 年代末人们关注的焦点。例如，安装及实用化困难的 400 针以上的 QFP 封装，由安装容易的端子间距为 1.0 ~ 1.5mm 的 PBGA 和 TBGA 替代，实现了这类器件的成组再流，成了第二代 SMT 的主流。

倒装芯片互连技术和直接芯片板级安装技术的应用，表明第三代表面安装技术阶段的开始。但是由于受可靠性、成本和 KGD 等的制约，仅在特殊领域内应用。IC 封装的进一步发展，使 1999 年年底初露头角的晶片级封装（WLP）面阵列凸起型 FC，到了 2014 年成为对应半导体器件多针脚化和特高频、超高速要求的 SMT 安装的终极阶段。

2. 半导体芯片制造的微细化发展

（1）摩尔定律。

1965 年，美国 Intel 公司的共同创立者戈登·摩尔（Gordon Moore）预测“在半导体芯片上集成的晶体管数每隔约 2 年要增加一倍”。这个预测虽然是经验法则，然而半个多世纪以来一直被广泛接受。伴随着晶体管数的增加，处理机性能一直在向上提升，如图 1.7 所示。遵循摩尔定律半导体的制造成本成指数关系在降低，而计算能力同时在上升。随着半导体芯片内晶体管的集成水平的迅速进展，目前在芯片上集成的晶体管已进展到约 3 年就增大到 4 倍的集成化程度。现今摩尔定律已被广泛接受，产业界已经将其作为目标，并将该定律作为半导体制造的路线图。

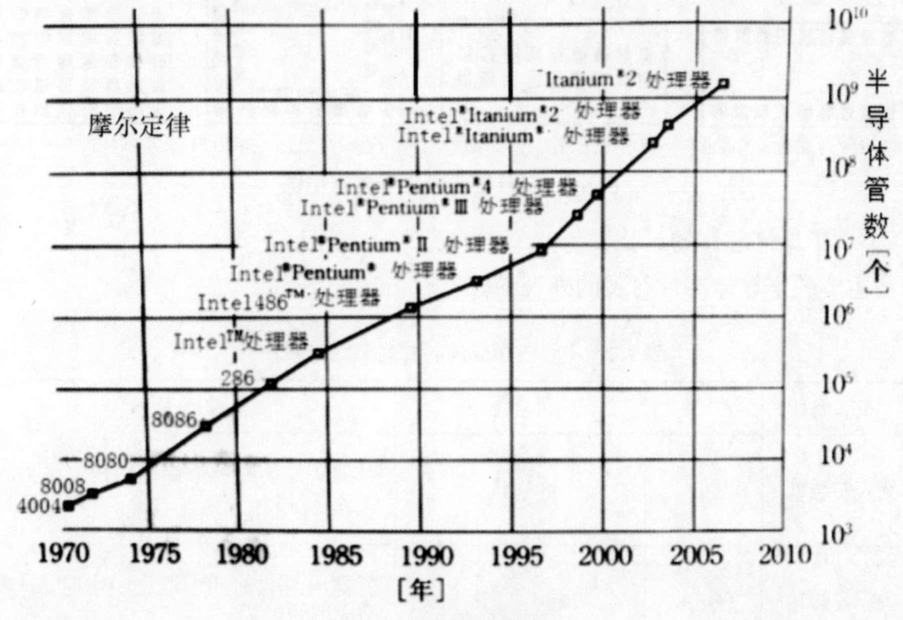

图 1.7　摩尔定律 [15]

（2）芯片制造工艺在不断微细化。

1）半间距的发展趋势：微细化的代表性技术指标之一是半间距，即与接点球连接的最下层配线的间距（d）的1/2，如图1.8所示。它是芯片硅基片中最小加工的代表值，最能作为半导体芯片内晶体管集成化水平进步的标志。以摩尔定律为背景，国际半导体业界2007年版ITRs发布的预测半间距的进展趋势见表1.1。

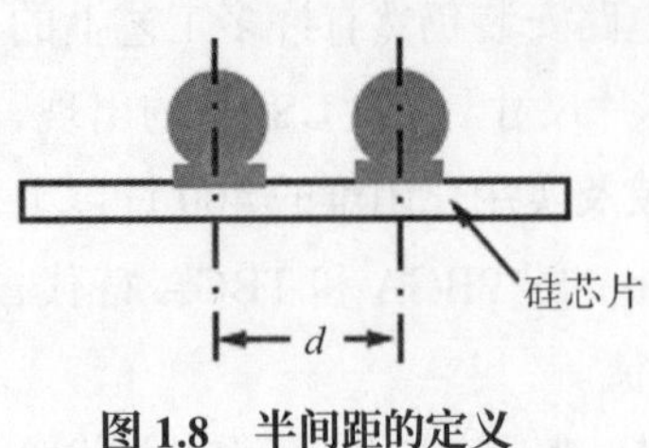

图1.8 半间距的定义

表1.1 配线的半间距的趋势

开始生产年 / 年	2008	2010	2012	2014	2016	2018	2020	2022
DRAM 半间距 / nm	57	45	36	28	22	18	14	11
MPU/ASIC 半间距 /nm	59	45	36	28	22	18	14	11

2）半导体芯片的外部电极：外部电极的配置对应着设计机能、安装方法是多样的。图1.9所示为芯片的外部电极配置示例，是针对存储器芯片外形的长边侧或者在中央部并列配置等比较多的设计。而对于系统LSI来说，多用沿四边的各边配置。近年来伴随着装备机能的不断提高，对应采用图1.9（c）和图1.9（d）所示的面阵列格栅配置的也越来越多。

(a)周边两列配置：存储器

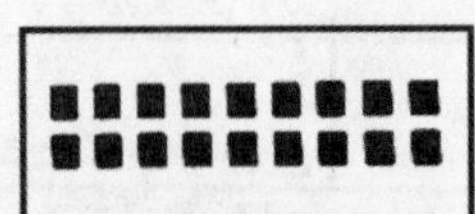

(b)中央配置：存储器

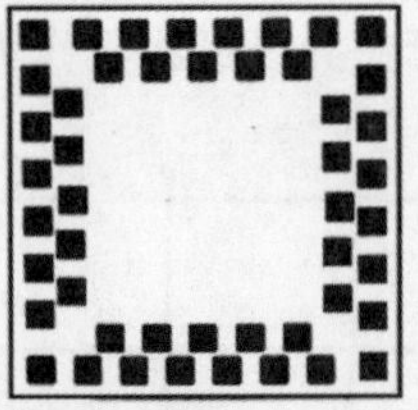

(c)周边四列配置：系统LSI

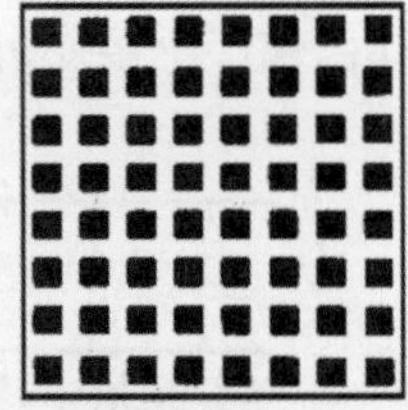

(d)面积配置：MPU

图1.9 芯片的外部电极配置示例

3）半导体芯片的封装工艺。

主要的半导体芯片封装的外观图像见表1.2。

表1.2 主要的半导体芯片封装的外观图像

类 型	名 称	外观图	特 征
插入安装型	DIP		引脚从封装的两个侧面引出，是插入安装型封装
表面安装型	QFP		引脚从封装的四个侧面引出且成i字型成形的封装

续表

类 型	名 称	外观图	特 征
表面安装型	BGA		金属凸点在封装下面成格子状存在的封装
	QTP		引脚从封装的四个侧面引出且用带状构成的封装

以上半导体封装在 PCB 基板上安装的方式可分为以下两类。

- 插入安装方式：将引线安装器件的引脚，直接插入 PCB 基板的通孔内，然后再焊接的安装方式称为插入安装方式，如 DIP。
- 表面安装方式：将器件贴装在 PCB 表面相应的位置上，然后再焊接的安装方式称为表面安装方式，如 QFP、BGA。

1.2　电子装备安装方式的变迁及技术结构的扩展

1.2.1　PCB 基板安装方式的变迁

1. 安装方式高集成化的两个倾向

微电子装备是把各种各样的电子元器件搭载在 PCB 基板上而实现各式各样的机能。PCB 基板伴随着电子装备的高性能化、小型化向更高集成化方向发展，如图 1.10 所示。

图 1.10 映射了由于电子元器件的小型化、细间距化、三维化及多层基板的采用，推进了安装的高密度化。

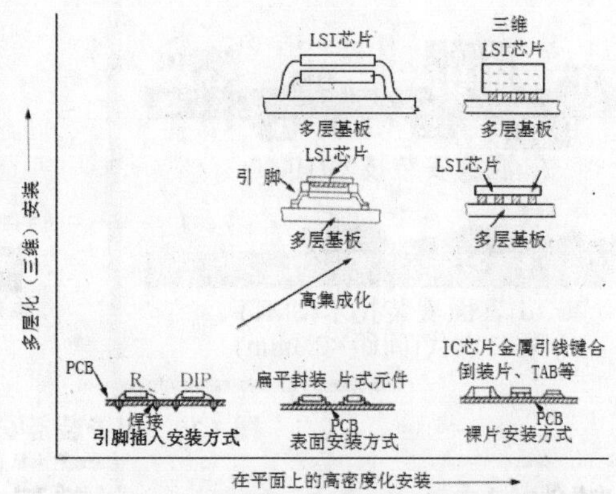

图 1.10　向更高集成化发展的两个倾向

2. 电子装备小微化发展方向及其安装方式的变迁

（1）电子装备小微化发展方向：近年来特别是以便携式的通信终端产品为中心的电子产品，已经迈入了多功能化和超薄型化的第六世代。如图 1.11 所示，今后将继续朝向更微细化和智能化方向发展，这是完全可以预期的。

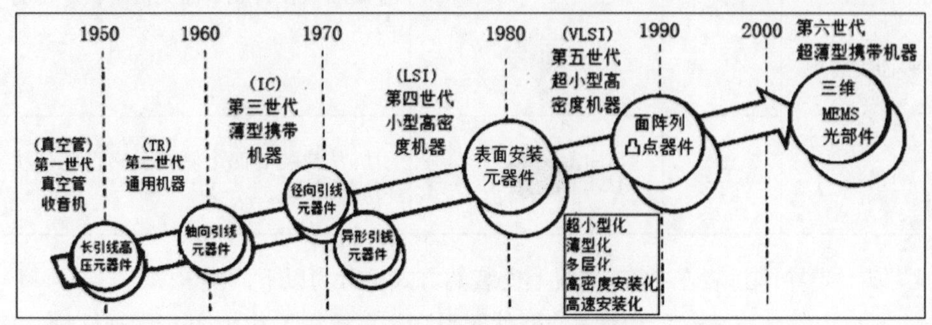

图 1.11　电子装备小微化的变迁

（2）电子装备安装方式的变迁：在安装中，具有光学机能的光器件和具有机械机能的 MEMS（微电子机械系统）等新形态的各种部件的导入，使产品的微型化和智能化水平更是迈进了一大步。像这样不仅在平面上的高集成化安装提高了一个层次，而且在形体上由于三维化和多层化的推进也变得更高密度化了。MEMS 等异形组件的混载安装的添加，使向 PCB 基板上安装的电子元器件的安装结构也有区别，大致可将电子元器件区分为以下几种封装结构，即 THT、SMT、HMT（混载安装技术）以及未来的 MPT（微组装技术）、OEMPT（光电融合微组装技术）等，如图 1.12 所示。

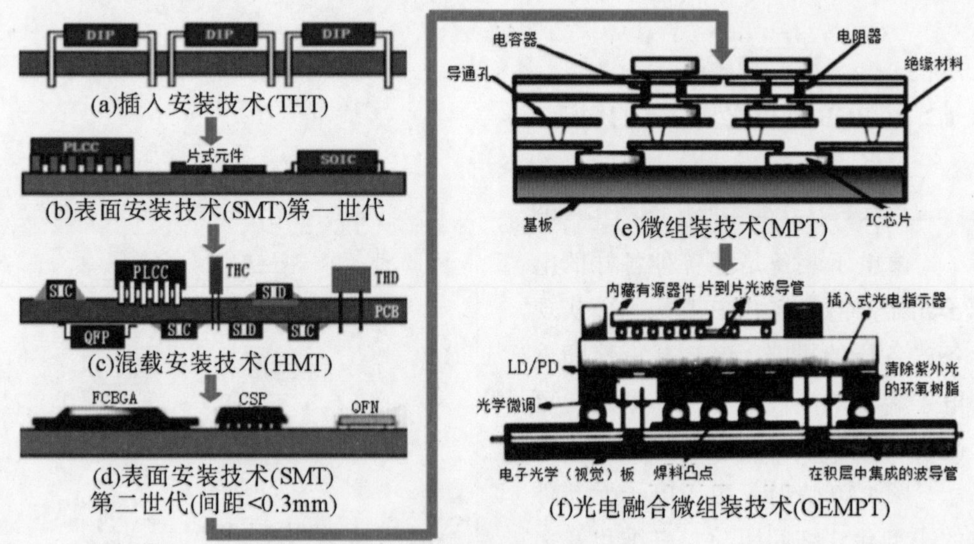

图 1.12　电子装备安装方式的变迁

3. 元器件小微化的变迁

01005 阻容元件和间距为 0.3mm 的 FBGA、CSPs 等芯片的应用（图 1.13），以现有的电子装联工艺技术模式和工艺装备能力来说已接近极限。未来比上述元器件更小的超微级元器件及分子电路板的应用，从 THT 到 SMT，已流行数十年来的安装概念及其工艺技术装备（如印刷机、贴片机、各类焊接设备及检测设备等）都将无法胜任而退出历史舞台，进入超微时代的电子产品安装技术的路在何方？

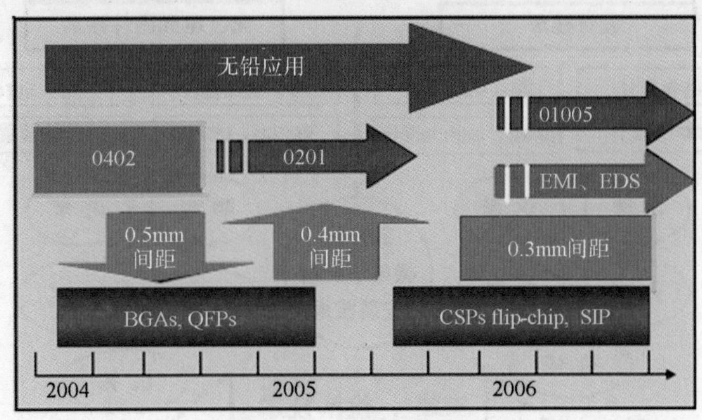

图 1.13　元器件的发展

4. 归纳各阶段发展的核心技术及其特点

电子装备安装方式各阶段发展的核心技术及其特点见表 1.3。

表 1.3　电子装备安装方式各阶段发展的核心技术及其特点

电子装备安装技术世代	插入安装技术	表面安装技术第一世代	表面安装技术第二世代	微组装技术（MPT）	光电融合微组装技术
对应印制板的变迁	MWPCB、OPWB OEPCB 内藏元器件的PCB 积层PCB 多层PCB 双面PCB 单面PCB				
对应 IC 芯片的变迁	DIP	PLCC、SOIC	BGA、CSPBTC 类芯片	FBGA、CSP、BTC、FCOB 类芯片	MMIC、FCOB、I 光 IC、KGD、BTC 类芯片
对应时间的变迁	20 世纪 60 年代	20 世纪 80 年代	20 世纪 90 年代	21 世纪 10 年代	21 世纪 10 年代

1.2.2 新一代微电子装备安装技术是多学科技术知识的大集成

随着电子技术的飞速发展，封装的小型化和安装的高密度化以及各种新型组装技术的不断涌现，电子装备安装所涉及的技术领域也越来越广泛。完全可以说新一代微电子装备安装技术是一项涉及多学科、多技术专业综合的系统工程，按其技术内涵，大致可由三大技术板块集成，如图 1.14 所示。

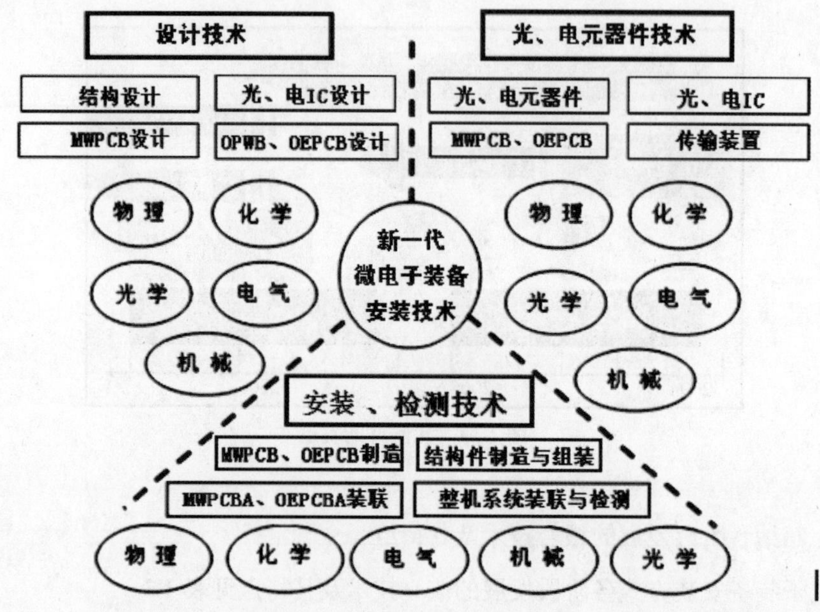

图 1.14 新一代微电子装备安装技术是多学科技术知识的大集成

在图 1.14 中，新一代微电子装备安装技术首先涉及的是与设计相关的材料、化学、物理的分类，而后就是光、电元器件的封装，封装所用材料，焊接技术，微波印制电路板（MWPCB），光电印制电路板（OEPCB），光配线板（OPWB）等的制造工艺及所用材料，即光、电元器件技术。近些年来，在该领域又有不少新的实用化技术及产品被推出，如微小型的 BGA、CSP、BTC 类器件、堆叠安装、组合基板、挠性和刚性复合基板、无公害的微细焊料技术等。

从电气学的观点来看，新一代微电子装备的高密度安装，首先，就是随着工作的高速化而带来的在设计技术方面的一些新问题，如高速信号的传输问题、高速回路分析问题、电磁兼容性问题以及热分析问题等；然后，就是涉及由安装用基板和各种各样的元器件的技术变革所带来的新的技术变革所构成的元器件技术；最后，就是实际机器的安装、产品制成品的试验、元器件在基板上的安装、焊接、安装效率的提高、不良品的检测等所构成的制造检查技术。

正是如上所述的设计技术，光、电元器件技术及其制造、安装、检查技术等的集合，构成了一个完整的新一代微电子装备安装工艺技术体系。

1.3 微电子装备安装技术：THT → SMT

1.3.1 THT

1. THT 的定义

THT（through-hole technology，插入安装技术），即将电子元器件的引脚插入 PCB 基板的 PTH 孔（金属化的贯通孔）内，如图 1.15 所示；再通过焊接完成安装过程，如图 1.16 所示。通常将这种安装方式称为 THT，又称为通孔 THT。

THT 目前在业界的焊接连接是以波峰焊接工艺为主体的，作为插入安装的主要对象的元器件，有径向和轴向引脚元器件、DIP 器件、异形引脚器件等。

图 1.15 将电子元器件的引脚插入 PCB 基板的 PTH 孔内

图 1.16 引脚和焊盘周围用焊接相连

2.THT 的工序流程

THT 的基本工序流程（以长插工艺为例），由插件机自动插入、人工手动插入、喷涂助焊剂、波峰焊接、引脚剪切、去除剪切残屑、检查等工序组成，如图 1.17 所示。

图 1.17 THT 的基本工序流程（以长插工艺为例）

THT 可以用插件机自动将元器件引线插入 PCB 基板的通孔内，以替代手动插入方式，从而提高作业效率。插入时将引线前端折弯，可以获得强度好、可靠性高的接合部，如图 1.18 所示。

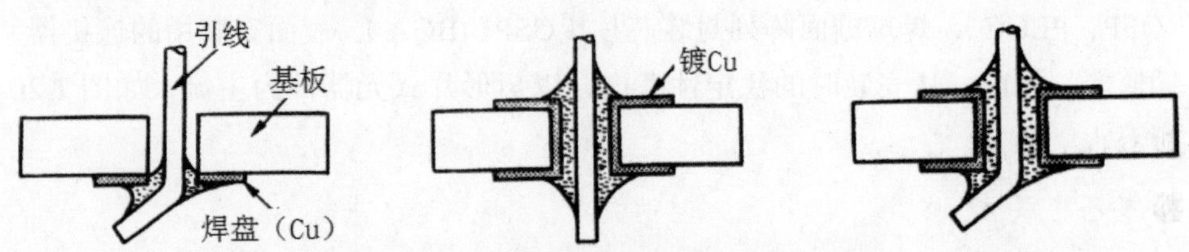

图 1.18 THT 焊接部机械强度的改善示例

采用波峰焊接时，由于引线是直接加热，因此对元器件的热影响小。在插入的元器件中，大型的电容器和插头座等异形元器件，多用人工来辅助安装。另外上，与之后要介绍的 SMT 和 HMT 相比较，THT 的安装密度要低 2 ~ 3 倍，在回路设计时与回路长度和引线线径相依存的电路阻抗值变大，这对高速回路和低损耗电力回路有不利影响。

3.THT 的特征

THT 的特征综合归纳如下。

（1）接续强度高。

（2）安装密度低（为表面安装的 1/2 ~ 1/3）。

（3）焊接时对元器件的热影响小。

（4）电路阻抗值大（对高速回路和低损耗电力回路不利）。

（5）可以用人工安装和焊接。

1.3.2 SMT

1. SMT 的定义

SMT（surface mount technology，表面安装技术），即在 PCB 的安装面设置与元器件端子相对应的焊盘（互连图形）上，预先印刷一层焊膏，再将元器件的端子搭载在相应的焊盘上，最后经过再流焊接而完成安装过程，人们将这种安装方式称为 SMT，如图 1.19 所示。

图 1.19　SMT 安装方式

用于表面安装的元器件主要是指外形呈矩形的无引脚、圆柱形的片式电阻、电容、半导体器件，双边引线封装芯片（SOP、SOJ），四边引线封装芯片（QFP、PLCC），焊球栅面阵列封装芯片（CSP、BGA），表面安装用的连接器、插座等。目前，从安装时的稳定性考虑，以矩形片式元器件为主流，如图 1.20 所示。

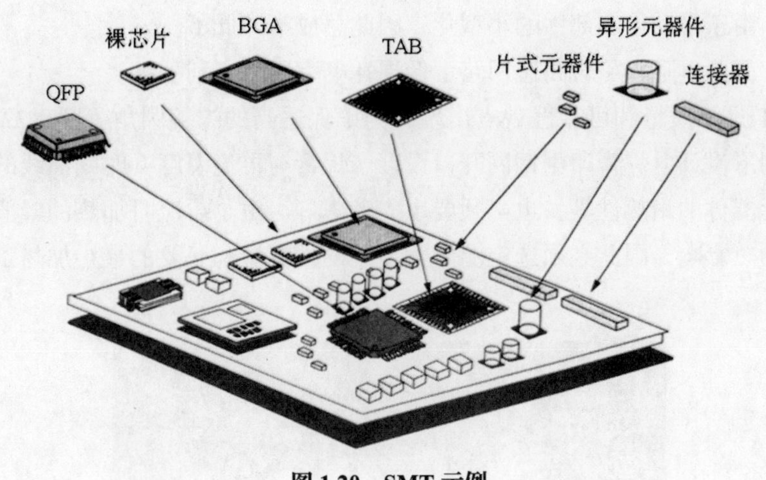

图 1.20 SMT 示例

2.SMT 的工序流程

SMT 的基本工序包含焊膏印刷、元器件贴装、再流焊接以及外观检查等，如图 1.21 所示。

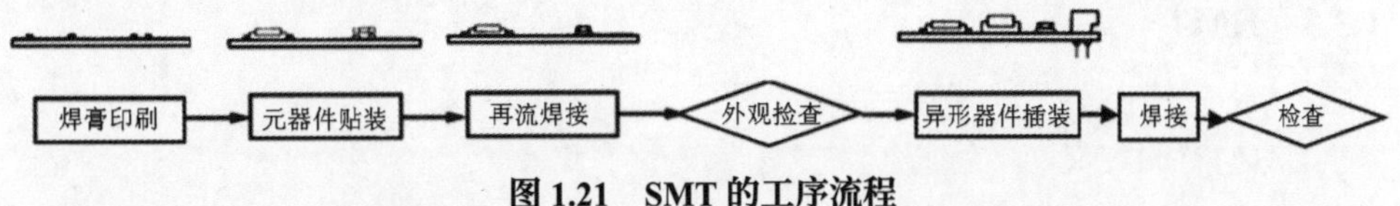

图 1.21 SMT 的工序流程

SMT 与 THT 的比较：SMT 的亮点是小型化的元器件搭载、微细化的回路、自动化的安装。例如，表面安装的元器件不像插入元器件那样必须要将引线插入通孔内，它只需将元器件贴装在 PCB 基板的表面上，从而实现高速自动化组装就成为可能。由于元器件的小型化，一台贴片机能够贴装 100 种以上的元器件。也不像插入机那样要不断地更换固定的元器件次数，因而场地噪声小了。另外由于元器件间的间距小，因此配线长度也短了，这有利于抑制信号在高速处理时形成的噪声。SMT 的基本焊接方式为再流焊接，也有少数元器件采用波峰焊接。不论是何种场合，由于表面安装时全部元器件均被加热，因而元器件受到的热应力大，这是必须要关注的。

3.SMT 的特点

SMT 的特征和增加的安装基板的特点如下。

（1）安装密度高。

（2）接合部变得微细，接续强度低。

（3）由于再流焊接是全部被加热，因此对元器件自身所能承受的热应力不能忽视。

（4）在自动组装的前提下，使人工返修变得困难。

（5）由于自动化和部件的小型化，因此总成本降低了。

（6）回路电阻小（对高速回路、低损耗电力回路有利）。

SMT 是从质量和可靠性观点出发，为确保适当的焊接圆角（图 1.22），PCB 的焊盘图形设计、焊膏印刷钢网开口设计、焊膏与再流温度 – 时间曲线的适配以及相关元器件的耐热性等，也必须要事先考虑好。由于再流时加热的峰值温度对元器件的热影响，因此必须选定温度偏差小的再流炉和必要的最小加热条件作为关注点。

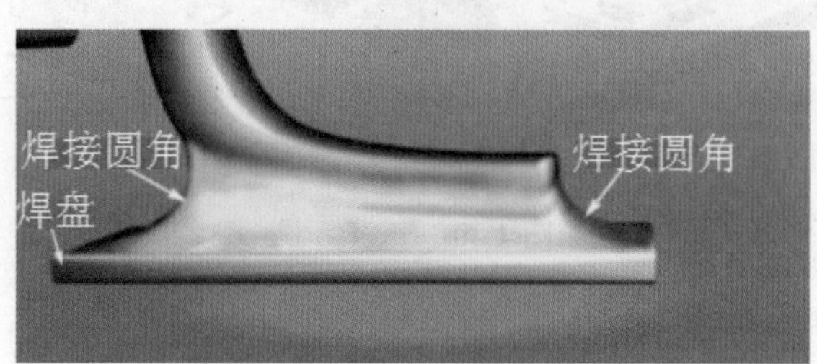

图 1.22　焊接圆角的示例

1.3.3　HMT

1. HMT 的定义

HMT（hybrid mounting technology，混载安装技术）作为一种安装结构，是 SMT 和 THT 的复合，故将其定义为 HMT。

2. HMT 的工序流程

随着现代电子产品用 PCBA 组装结构的高密度化，以往单纯的 THT 或 SMT 的安装结构形态已经被 THT、SMT 混载安装结构所替代，以下讲述的三种安装结构已经大量应用。

（1）SMT/THT 混载安装结构。

这是目前流行的混载安装中最简单的一种安装结构形式，其工序流程最短。一般情况下只需采用波峰焊接工艺一次即可完成全部焊接过程。其工序流程如图 1.23 所示。

图 1.23　SMT/THT 混载安装结构的工序流程

在图 1.23 中，SMC 为片式元器件、THC 为插入元器件、SMD 为片式元器件、

THD 为插入元器件。

（2）（THT、SMT）/ SMT 复合混载安装结构。

当对产品的体积重量有特殊要求，而且 PCBA 几何尺寸受到严格限制时，采用（THT、SMT）/ SMT 复合混载安装结构越来越普遍，其工序流程目前有下述两种形式。

1）A 面再流焊、B 面波峰焊。其工序流程如图 1.24 所示。

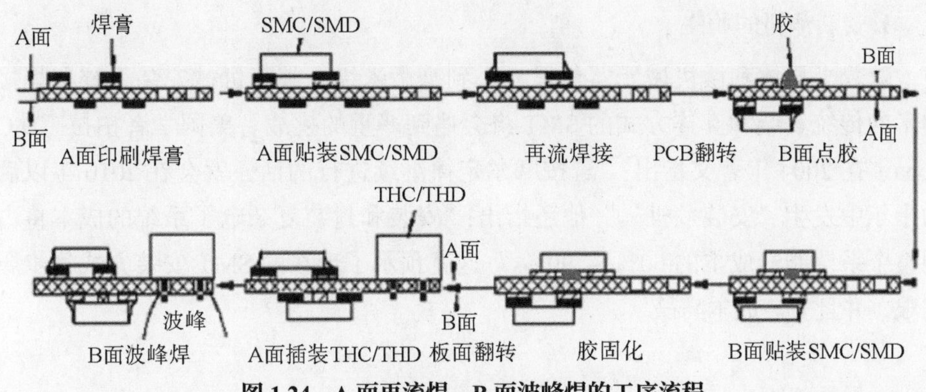

图 1.24　A 面再流焊、B 面波峰焊的工序流程

选择这种安装结构时，应注意把大的 SMC/SMD、THC/THD、QFP、PLCC 以及不适合波峰焊的元器件布置在 A 面，而将适合波峰焊完全密封的、较小的 SMC（如矩形、圆柱形片式元器件）/ SMD（如引脚数小于 28，引脚间距大于 0.8mm 的 SOT、SOP）布置在 B 面。

2）A 面再流焊、B 面再流焊 + 阻焊模板波峰焊或选择性焊接。其工序流程如图 1.25 所示。

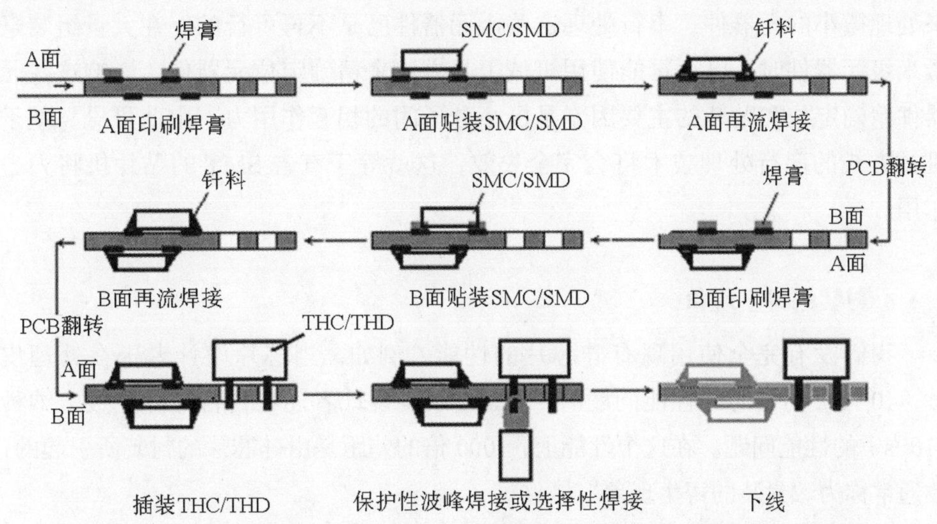

图 1.25　A 面再流焊、B 面再流焊 + 阻焊模板波峰焊或选择性焊接工序流程

1.4 微电子装备安装技术：SMT → MPT

1.4.1 摩尔定律所提示的危机是 SMT 应用时代的终结

1. 安装危机的萌生

随着半导体和微机械元器件尺寸小到毫微米级，基于机械安装系统和焊接技术的传统安装和互连方式的 SMT 将会遇到严重的挑战。美国学者柏拉（D.O Popa）在 2004 年著文指出："若按摩尔定律继续进行的话，就会在 2010 年以后的十年中发生'安装危机'。"他还指出："安装和封装复杂电子系统的成本将占到整个系统制造成本的 60% ~ 90%。"这就预示了现在的 SMT 安装方式将步履维艰，并且安装成本高昂。

2. 封装差距

D.O Popa 还称："按当前的组装过程及它们将来的生存能力开发了一种分类等级。"用当前的组装设备定位中型元器件相对较为简单（中型元器件是指元器件每端测量高度高于 1mm）。越来越明显的缺点是原理上拾取和贴装环节是连续的过程，每次只能贴装一个元器件。主要的物理效应是利用地心吸引力和摩擦力。在不久的将来，如果元器件的尺寸再继续减小，将会由毫米级缩减到微米级，并且还将继续减小。因此，必须使用地面效应、静电学和范德华力来处理微小的元器件，串行处理这些小元器件已是不再可行的。在大量组装毫微米级元器件时，已不再能使用机械工具方法来精确定位元器件。影响这些元器件精确定位和贴装的主要因素是极小分子间的相互作用力。由此可见，基于机械方式的串行处理技术将会完全失效，这就等于宣告 SMT 的贴片机将失去作用。

3. 封装的寄生现象

我们没有完全使用现有硅芯片的性能。例如，当芯片设计者正在处理皮秒（10^{-12}s）的硅芯片性能问题时，PCBA 系统设计者还在苦苦挣扎主板上纳秒（10^{-9}s）的性能问题。在这个性能上，1000 倍的差距是由硅芯片的封装所引起的，故通常称为"封装的寄生现象"。

"封装的寄生现象"是不希望一些引脚（封装外）和连接引线（封装内）的电感与电容阻碍了电子的快速传动。因此，面对元器件封装、PCB 设计和安装的工程师们，正面临着怎样改进封装、提高 PCB 性能以及改善 PCB 安装性能的挑战。例如，保持芯片的冷却。如果热量没有迅速消散，较高的连接温度（硅芯片温度）也将减慢电子速度。

为了达到最高的性能，人们不得不通过将去掉封装的裸芯片，直接倒装并焊接到下面的基板上来实现。这是因为倒装芯片 FC、底部端子芯片 BTC 等封装工艺不涉及引脚或引线，故不存在引线电感。然而，若将此类封装芯片（特别是带有热沉盘的，如图 1.26 所示）按常规批产工艺，直接倒装并再流焊接在基板上时，将会给再流焊接工艺带来许多新的挑战。

图 1.26　带热沉盘的 BTC 芯片结构

4. 高成本的挑战

互连配置中的最薄弱环境是 PCB。广泛使用的传统 PCB 制造技术不能容纳互连的高引脚数和微细间距封装的细线和微型旁路孔。因此，PCBA 的安装将不得不受到更细的间距和更小的旁路孔的高成本的 PCB 的挑战。

5. 摩尔定律的现状

“摩尔定律现在还保持正确，但其统治即将结束。”这个观点是由来自 Intel 的科学家鲍尔·帕科曼（Paul Packman）所表达的。他警告在几年内“摩尔定律”将终结，理由是一旦进入 0.10μm 技术时代，迹线之间的绝缘原子已不足以区分 0 与 1(关或开)。在硅芯片中以如此超细的间距特性,电子可能击穿绝缘材料,故此会引起不想要的短路。因此,如何阻止“电子隧道效应”,保持“摩尔定律”的生命力，目前正是硅芯片工程师和工艺工程师们在材料和工艺上攻克的方向。

1.4.2　微波组件的 MPT 的发展路线图及其特点

1. MPT

近年来，人工智能控制装备和通信技术（5G、6G）+ 人工智能（大数据、机器智能）的兴起，推动了未来新一代微电子制造技术时代的到来 。随着未来终端装备工作频率全面迈入微波频段范围（如 5G 已由厘米波向毫米波扩展，而 6G 将应用更多的毫米波),终端装备的结构形体也将跟随其不断地向更加“轻、薄、短、微”的方向发展。芯片制造已由微 – 纳时代全面跨入纳米（nm）时代，而终端装备的板级制造也已经开始由毫－微时代向微米(μm)时代进军。可以预见，未来新一代微电子装备的核心部分均将是由微波组件构成的。

MPT 是微波组件研制、生产中的重要环节，如何实现各种微波控制元器件安装的高密度性、高一致性、高可靠性是未来 MPT 的研究方向。MPT 必将成为微波组件安装技术的主流。

2. 微波组件的定义和应用

（1）微波组件的定义。

微波组件是利用各种微波元器件（至少有一个是有源的）和其他零部件组装而成的产品。

（2）微波组件的应用。

微波，特别是毫米波组件广泛应用于电视广播、卫星通信、中继通信、移动通信、导弹导引头、相控阵雷达、航天飞行器等众多领域。可确保产品的高可靠、重量轻、体积小、一致性好的特点，并能满足恶劣环境条件下的使用，存储多年性能不变，适于小批量生产等要求。例如：

1）导弹导引头高频组件收发单元，包括若干个通道，每个通道都含有微波开关、高频功率放大器、混频器、滤波器、功分器、前置中频放大器等。成品要求满足低噪声、多路幅相一致性好。可安装在天线的背部，达到超小型、高密度性、高可靠性等要求。

2）有源相控阵雷达集成化收发组件（T/R），射频前端收发组件是毫米波雷达的核心射频部分，负责毫米波信号的调制、发射、接收以及回波信号的解调。车载雷达要求射频前端收发组件具有体积小、成本低、稳定性好等工艺特点。

3）5G 系统发射支路中的调制器、上变频、RF 通道和功率放大器（PA）的组合，直接集成在阵列天线 / 基片的背面，每条通道上配置不同的增益和相位，信号经过上述通道形成波束并从天线发出。

3. 微波组件的集成方式及其特点

（1）SoC 方式。

1）SoC 的定义：它是将多种芯片的电路集成在一个大硅圆片上，实现了由单个小芯片级封装转向硅圆片级封装，即在硅圆片上的系统（system on chip，SoC），由此引出了在硅圆片上的系统级封装 SoC，如图 1.27 所示。

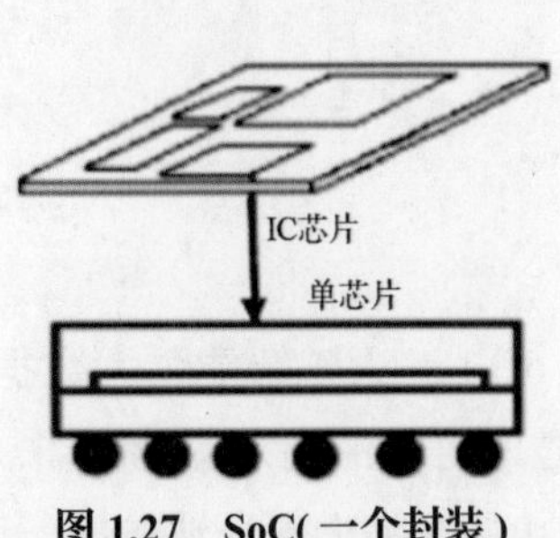

图 1.27　SoC（一个封装）

2）SoC 的特点：SoC 是最高级的芯片。但是 SoC 级封装 LSI 设计复杂，开发时间长，显然不适合于多品种、小批量、更新换代迅速的产品。在功能的开发上柔性不足，难以满足对 IC 新功能的要求。因而 SoC 在现代微电子设备中的应用非常有限。

（2）SiP 方式。

1）SiP 的定义：它是指把多个半导体芯片安装在一个封装体中的半导体电路组件，统称为封装级系统（system in packagc，SiP）。各芯片可通过平面布设或三维堆叠封装集成在一起，实现较高的性能密度和集成度。SiP 还允许将无源元器件和其他元器件（如滤波器和连接器等）集成在同一个封装中，如图 1.28 所示。

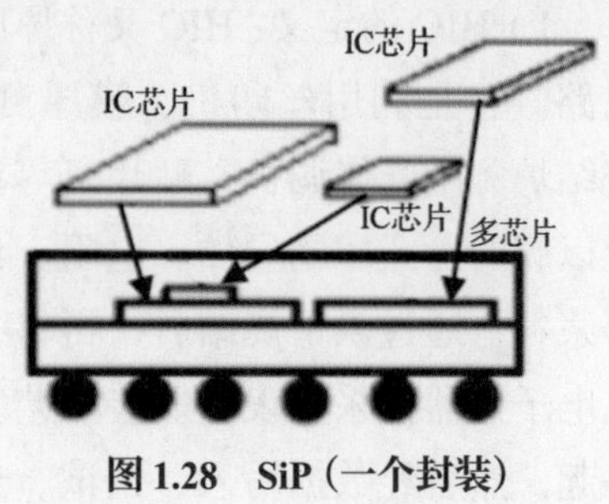

图 1.28　SiP（一个封装）

2）SiP 的特点。

- SiP 的最终目标是在一个封装体内安装系统的整个功能。这样对安装基板来说具有减少组件的触点数、降低电能消耗、提高性能、减小安装面积等优点。
- 与 SoC 相比，SiP 的设计周期和设计成本大幅度地压缩，并且使元器件具有更好的回路规模和自由度。有利于小型化、薄型化、轻量化、开发周期短和交货期快，提高了电气特性，降低了噪声和耗电等特点。
- 逻辑与存储芯片组合在一起的三维 SiP 已实用化，安装材料也进入纳米技术领域。
- 无铅在 SiP 上迅速实用化。但在安装时因担心器件局部热损伤，各公司要求将再流焊接温度降到 240℃以下。
- 以往的 SiP 是由半导体芯片组合构成的，但 SiP 组合在基板上进行板级安装时，期望进一步小型化、高密度化。具体的措施是同时将进行无源元器件和半导体芯片在 PCB 基板内内藏，实现基板加工与安装相结合的并行推进的制造技术，是未来所瞩目的方向。
- 积层技术。目前，逻辑芯片与存储芯片组合在一起的三维 SiP 正处在实用化阶段。
- 下一步实现社会普及的型号必须是数字与模拟的组合。在封装内芯片积层技术中，当积层的芯片数量变多时，就会产生合格率的问题，因此通常限定在 4 ~ 5 层。为解决这一问题，盛行开发使芯片薄形化的积层技术，由于每个芯片在封装前都预先进行测试，所以积层后的合格率还是有保证的。
- 不同种类的器件也能积层安装，其中的连接技术有 TAB 技术和薄膜芯片（chip on film，COF）技术等。

- 连接技术。SiP 与基板的连接一般采用键合技术。积层封装的键合技术必须是从底层焊盘上的芯片到顶部芯片的连接，如图 1.29 所示。

（3）HIC（混合 IC）方式。

1）HIC 的定义：HIC 又称厚膜集成电路。它是利用丝印机、膜厚测试仪、烧结炉、激光修调机、贴片机等在基片上以膜的形式印刷导体、电阻、包封釉等浆料，通过烘干烧结后，再将各种弱电电子元器件采用表面贴装工艺安装在一起，然后经数据写入、调试、封装成一个局部电路，如图 1.30 所示。同时还可采用 SMT 工艺将各种微型元器件进行二次集成，以及采用裸芯片安装技术 MCM（multichip module，制造多芯片组件）。

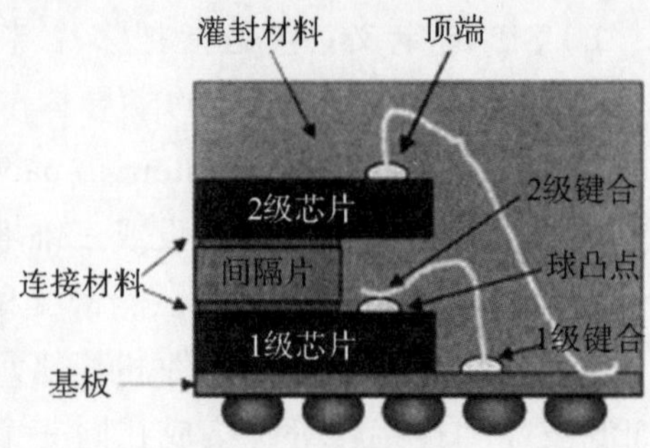

图 1.29　SiP 连接技术

2）HIC 的特点。

- HIC 可使用各种电气元器件，如专用的小型化的电阻、电容、IC、继电器、传感器等，使制成的电路不仅体积小、重量轻，而且功能可以做得很强大。

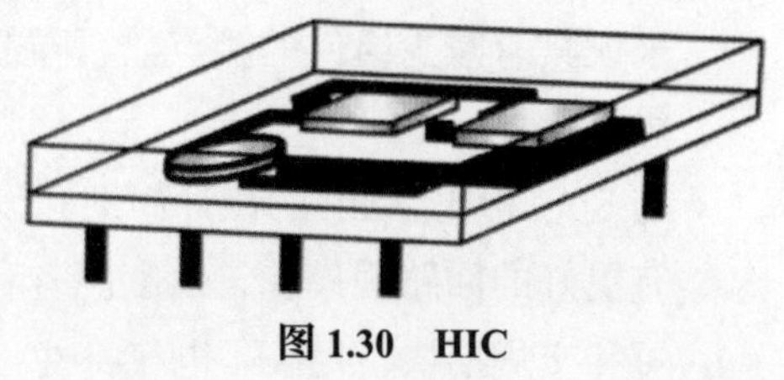
图 1.30　HIC

- 可使用各种电路基板，如 PCB、绝缘塑料板、陶瓷基板等获得不同的机械性能。
- 能使用不同的包装，如塑料、金属、半金属封装、胶封或裸封等，因而具有不同的外形、体积和防护性能。
- 可适合大批量自动化流水线作业，因而产能高、生产成本低、产品一致性好。
- 制造导体的串联电阻小、线条间距小、电阻温度系数低、电阻精度高。
- 多层、高密度、高精度、低漂移、寿命长。

（4）MCM 多芯片方式。

1）MCM 的定义：MCM 是在 HIC 的基础上发展起来的一种高技术电子产品。它是通过将多个 LSI/VLSI/ASIC 裸芯片和其他元器件，二维或三维地安装在同一块多层互连基板上，然后封装在同一外壳内，构成一个 MCM，以形成高密度、高可靠的专用电子产品，即一种典型的高级微电子组件，如图 1.31 所示。MCM 是将如 CPU、存储器、光器件、传感器等不同的工艺和技术的芯片集成在一个封装内，把各种不同功能的芯片安装成一个专用的系统，与没有通用性的少量制造的 SoC 相比，它成本低、实施简便。裸芯片是从半导体制造商手中直接购买，并根据用户的需求进行制作的。

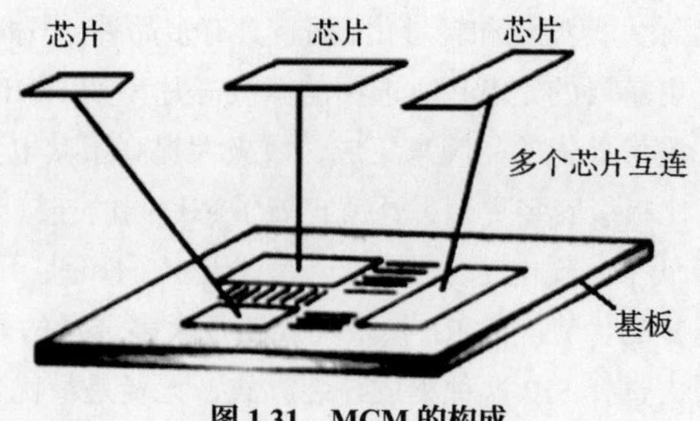

图 1.31 MCM 的构成

2）MCM 的特点。

- MCM 在增加安装密度、缩短互连长度、减少信号延迟时间、减小体积、减轻重量、提高可靠性等方面具有明显的优点。
- MCM 标志着电子安装技术向更高的高密度、高速度、高性能方向迈进了一大步，是高密度电子安装技术向实用化方向纵深发展的继续。
- MCM 是目前能最大限度发挥高集成度、高速单片 IC 性能，制作高速电子系统，实现电子整机小型化、多功能化、高可靠性、高性能最有效的技术途径，也是实现 SiP 的基础。

（5）HIC、MCM、SiP 技术发展的相互关联性。

半导体 IC 技术的不断进步和发展，是在原有技术的基础上展开的。在 HIC、MCM、SiP 的技术发展中，MCM 最早是从 HIC 开始的，经过 MCM 发展到目前的 SiP。它们并非相互独立的，而是在传承的基础上进行不断改进和创新而发展的。HIC、MCM、SiP 三者的技术比较见表 1.4。

表 1.4 HIC、MCM、SiP 三者的技术比较

	目标	工作频段	功能	元器件形态特征	元器件体积	主流技术
HIC	元器件集成	中、短波频段，无线电通信频段	一般电路功能	宏观元器件三维	大	材料技术、元器件技术
MCM	电气集成	米波、分米波频段	模块、子系统功能	平面化二维	小	厚、薄膜技术，封装技术
SiP	系统集成	微波、毫米波频段	系统综合功能	电磁场结构三维，特征尺寸	更小	电路与系统、材料与工艺、电磁热场、微（纳）电磁热结构技术等

（6）MPT 最优集成封装路线是 SiP。

虽然不同类型微组件采用了多种工艺技术（如前面所介绍的 SoC、SiP、MCM 等），但能满足智能终端产品中无线电性能要求的只有 SiP 技术。这是由于

SiP 不仅有利于小型化、薄型化和轻量化，而且具有多品种、小批量、开发周期短、交货期快等特点。更重要的是 SiP 所选用的微波芯片（如 HMIC、MMIC）可在多个供应商中优选质量最优的品牌来集成，故极大提高了其电气特性和可靠性。芯片间的布线长度比板级安装更短，这就扩展了芯片间的连接频宽；布线的负载变小了，所以噪声低了，耗电也小了。与 SoC 相比，不论是开发成本还是设计的自由度均有较明显的优势。故 RF 模块集成路径大多选择的是 SiP 形式，特别是对微波组件来说，选择 SiP 这种集成封装方式，无疑是最优化的决策。SiP 集成封装示例如图 1.32 所示。

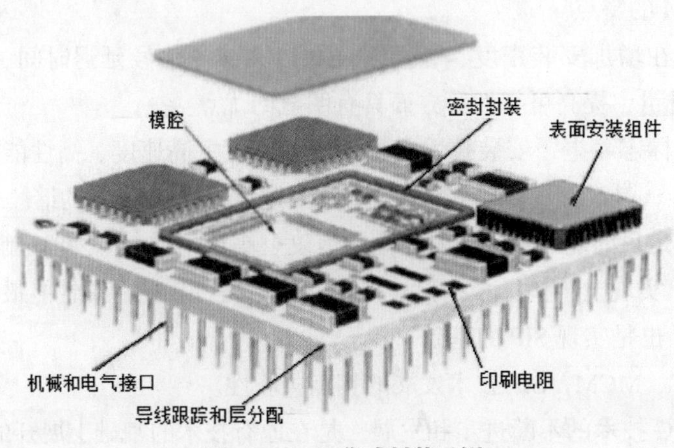

图 1.32　SiP 集成封装示例

4. 微波组件 MPT 的关键工序

（1）微波组件的组装技术。

微波组件中使用的微波及控制元器件较多，为了提高组装密度和降低封装损耗，绝大多数微波及控制元器件皆以从 IC 厂商处直接购入裸芯片（KGD），利用这种小到极限的 IC 构建系统，以实现装备的小型化。实现 KGD 安装的方法有三种，如图 1.33 所示。

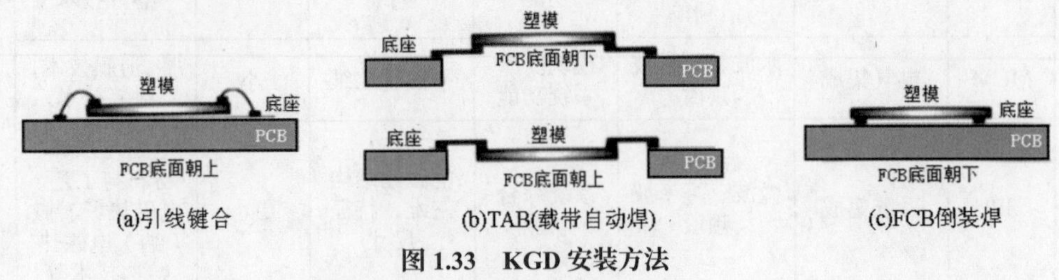

图 1.33　KGD 安装方法

上述安装中凸点或凸点垫之间的连接形式如下。

1）凸点连接：凸点的接续是指凸点和凸点之间的接续，一般来说，只有凸点和凸点施加了表面处理的端子才能接续。以球凸点为例，它作为比较大的凸点的连接以焊接连接为最好，而其他如方向异性导电带、导电性胶黏剂等在接续中也有应用，如图 1.34 所示。

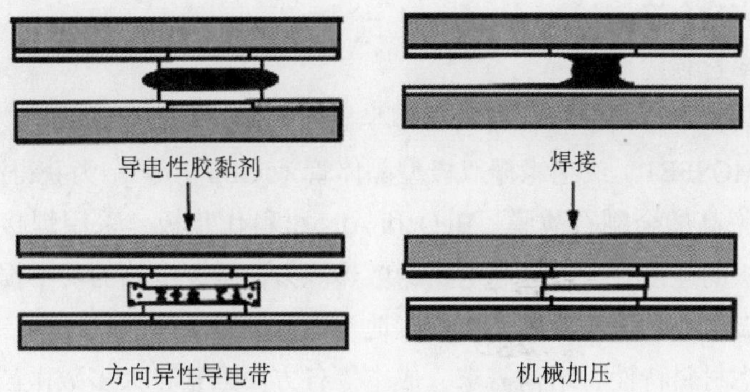

图 1.34　介于凸点之间的连接

2）凸点垫之间的连接：当基板端子和芯片端子均采用镀金时，此时金属面同金属面相贴，如果采用方向异性导电带工艺取代常用的常温超音波压合工艺［图 1.35（a）］时，不仅价廉，而且端子材料也可使用铜来替代，还回避了该基板和芯片之间的热应力和压力，其作为连接凸点垫生成的高效率方法，在 TAB 工艺中有广泛的应用，如图 1.35（b）所示。

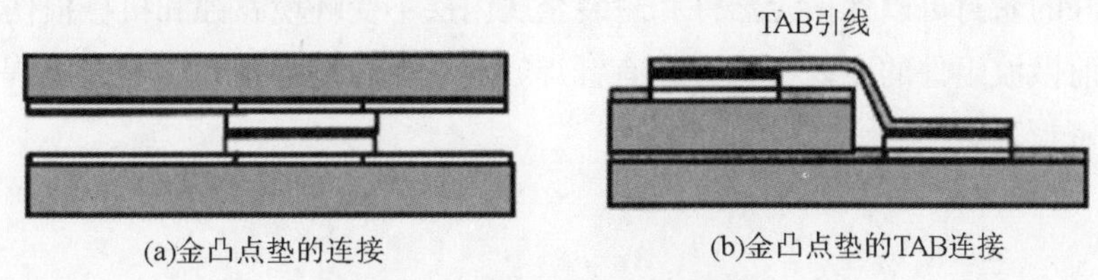

(a)金凸点垫的连接　　(b)金凸点垫的TAB连接

图 1.35　凸点垫之间的连接

3）FCB（倒装焊）：在微波组件中使用最多的裸芯片是 FCB，其原因如下。

- FCB 的端子可以分布在裸芯片的全表面，具有互连引线最短，电阻、电感串扰小等特点，尤其适合 VLSI 裸芯片多 I/O 电极整齐排列、焊点微型化的高密度发展趋势，是最有发展前途的一种裸芯片安装技术。
- FCB 已成为 MCM 的支撑技术，并已广泛应用于 BGA、CSP 等新型微型化元器件和组件中，是芯片技术及高密度安装的优选方向。
- FCB 是将 IC 芯片底面朝下放置在基板的焊料凸点上，使其与芯片上相应的焊区对准（更多是把焊料凸点制作在芯片焊区上，使芯片上的焊料凸点与基板上相应的焊区对准），然后加热焊料到熔化温度时，焊料坍塌与基板上的相应金属焊区熔在一起。该工艺又称为可控坍塌芯片连接技术（即 C4 技术）。

（2）微波组件引线键合互连。

引线键合是最通用的芯片键合技术，能满足从消费类电子产品到大型电子产品、民用产品到军用产品的广泛需求。如今全球超过 96% 的 IC 芯片都使用引线键合。同时，引线键合也是实现微波组件电气互连的关键工序。引线键合根据键合机原理不同，分为球键合和楔键合；根据键合条件的不同，再分为热压焊、冷超声和热超声键合等。

（3）功率封装技术。

功率封装技术是指针对含有大功率半导体元器件 [如金属氧化物半导体场效应晶体管（MOSFET）或绝缘栅双极型晶体管（IGBT）等]，为获得高功率密度，要选用热导率高的金刚石薄膜、BeO 和 AlN 材料作基板，采用焊接技术实现功率芯片与基板的连接等，以提高电路的散热能力，减少电路的功率损失。

（4）微波组件基板与盒体大面积接地互连。

综合考虑材料特性、结构需求、成本等各方面因素，大多数微波组件的基板与盒体都是分开制造的，而两者的大面积接地互连质量将直接影响微波组件的接地效果。目前，实现基板大面积接地互连的三种工艺方法如下。

- 螺钉压紧接地法。
- 钎焊接地法。
- 导电胶接地法。

（5）微波组件密封。

良好的密封可以保护元器件和封装金属内层不受环境腐蚀和机械损伤。

目前微波组件的主要密封方式有钎焊密封、平行缝焊密封、激光缝焊密封和环氧胶密封等。

1.4.3　微波组件 MPT 中应关注的问题

随着 5G 移动通信系统及无线电定位装备（如相控阵雷达）安装技术的日趋高密度化和三维化，组装故障率大幅上升，甚至占到了总故障率的 80% 左右。焊点可靠性是微波组件的生命，在一些高可靠性产品中，其重要性尤为突出。微波组件内模块的装焊具有与传统 IC 焊点不同的特点。

（1）微波组件采用的元器件品种多，外形尺寸与重量分布范围广、结构精密、尺寸精度高，大多以小模块的形式出现，不是标准的 SMT 焊点。

（2）微波组件内不同的模块就有不同的连接方式，因此焊点的类型较多。

（3）微波组件内的模块大多与微波印制板连接，而微波印制板不允许打焊接孔，焊接只能在印制板表面进行，因此焊点结合力较弱。

（4）微波组件的电性能对寄生参数、尺寸与结构的偏差及不一致性很敏感，因此必须严格控制焊点的形态和尺寸的偏差。

1.5　微电子装备安装技术：MPT → OEMPT

1.5.1　微电子装备安装技术概述和背景

1. 概述

21 世纪科学技术的发展日新月异，电子行业作为高新技术行业，其发展更是一日千里。微波和光波是 5G、6G、AI（人工智能）等信号的传播、测距、定位的主要技术手段。随着 5G、6G 和 AI 发展步伐的加快，智能移动基站和智能汽车的大发展，微波和光波链路技术作为应用场景下的重要承载手段，在 5G、6G 和 AI 接入中有望发挥关键的作用。

由于电互连在物理性能上的局限性，光子取代电子在板与板、芯片与芯片之间传输数据和信息，驱动了光电融合的微电子装备安装技术的发展。

2.“光化”的定义和优势

（1）“光化”的定义。

在电子装备安装中，用光纤取代铜线承载高速信号的传输，即以光纤作为计算机及高速数字化系统内部及它们之间的互连手段称为“光化”。

铜线传输的比特率取决于其寄生参数，即分布电阻、分布电容和分布电感。而 PCB 导线的寄生参数，严重限制了其传输的脉冲信号的前、后沿的过渡时间，从而限制了脉冲信号的传输速率。当频率增高时此现象尤为突出。铜线互连与光纤互连对频率的依从性如图 1.36 所示。

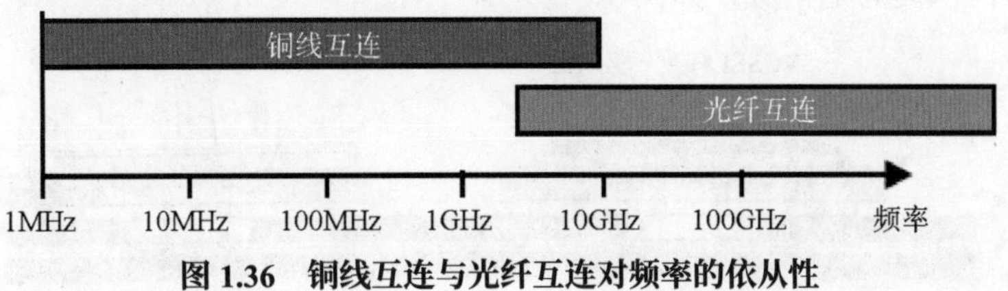

图 1.36　铜线互连与光纤互连对频率的依从性

（2）“光化”的优势。

前面已经提到，铜线互连的数据传输率受到其寄生参数的影响，而所有这些寄生参数很大程度上依赖于连接线的几何形状。电阻正比于连接线长度，反比于连接线的横截面积，因此连接线越长越细，其数据传输率就越低。受现有的安装空间限制将不允许连接线太粗。虽然在降低转换时间方面可以采用较硬的连接线，但这同时也加大了噪声与功耗，并且发热量的增加将难以控制。相对于电互连，在高速信号电路系统中用光纤互连替换铜线互连，显示了非常明显的优势。例如：

光传输有高密度集成、低能耗、带宽宽、高速度、免于串扰和电磁干扰等优点；在一个光学媒介中传输多波长时，不同的波长可以平行通过，简化了物理设计；与传统制造方法兼容，非常适合于芯片－芯片、板－板之间的信号传输。

3. OEMPT 发展的背景

5G 技术、高速计算机技术、数字电视等的快速全面发展，对电路带宽和容量的要求急剧增加。在传统的电子学领域中，信号的传输和开关的速度已经受到限制，以电子计算机为例，其 CPU 的主频已经达到 2 ～ 2.9GHz，在电信干线上传输码流的速度更是达到了几十甚至上千 Gb/s。而与之相对照的计算机内部总线传输依然停留在 10 ～ 100Mb/s。显然，计算机内部总线连接线和计算机间互连线的传输速率已成为整个计算机环境的瓶颈。

很久以前，就有人开始探讨将光作为计算机内部（包括电路板内部）及计算机之间的互连手段。从原理上讲，用导线连接的传输速率会受到其寄生参数（寄生电阻、电感和旁路电容）的影响和限制。例如，常用的 FR-4 基材中信号的传输速率大约为光速的 70%，这样的速率在很多领域已经不能满足需求了，而光互连可以克服这一不足。光子具有较大的带宽和较低的传输损耗，免于串扰和电磁干扰，在同一个光学媒介中传输多个波长时，不同的波长可以平行通过。

在这样的背景下，光印制布线板（OPWB）和光电印制电路板（OEPCB）的概念就应运而生了。简单地说，OEPCB 就是将光与电整合，以光作信号传输，以电进行运算的新一代高速运算所需的安装基板。将目前发展得非常成熟的传统 PCB 加上一层导光层制成 OPWB，使传统的 PCB 技术由现在的电连接快速地拓展到光传输领域，成就了新一代 OEMPT（光电组件的微组装技术）的诞生和发展。来自 CPU 的电信号通过调制微型激光束，再经过空中或光波导传播，到达光探测器后，再恢复为电信号，如图 1.37 所示。

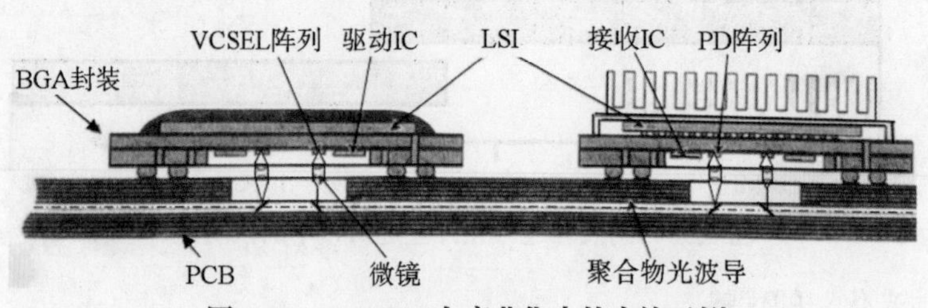

图 1.37　OEMPT 在产业化中的实施示例

1.5.2　OEMPT 概述

1. 光电组件的微组装结构

在数据流量庞大的今天，要提高与服务器等网络连接的电子装备的性能，采用在电子装备内导入光－电电路组装技术是当务之急。为此，国外技术发达国家正加速研发在光－电电路板上组装光连接器、光模块，并积极推进其标准化进程。光－电电路组件的集成方式如下。

（1）从分离组件方式发展到收－发二合一的组合组件形式。

（2）从多引脚 I/O 封装形式发展为 SFP 小型化封装形式。

（3）引脚封装逐步被热插拔封装所取代的同时，从热插拔封装形式（GBIC）发展为 SFP 小型化封装形式。

2.OEMPT

（1）同轴器件的组装。

同轴器件按封装形式可区分如下。

1）同轴尾纤式器件（含同轴尾纤激光器、同轴尾纤式探测器、尾纤型单纤双向器件）。

2）同轴插拔式器件（含同轴插拔激光器、同轴插拔探测器、同轴插拔式单纤双向器件）。

（2）光电子器件的组装。

光电子器件按封装形式可区分如下。

1）通用类：它与普通微电子 IC 封装相同，主要结构包括双列直插式（DIP）、小型化双列直插式（SOIC）、小外形塑封形（SOP）、带引线塑封形（PLCC）、无引线陶瓷封装形（LCCC 和 LGA）、四边扁平封装（QFP）、无引脚四边封装形（QFN）、球栅阵列封装（BGA）、芯片尺寸球栅阵列封装（CSP）、倒装芯片（FC）等。

2）裸芯片 KGD：分板载芯片（COB）、载带自动焊合（TAB）。

（3）OEPCB 光组装技术。

在 PCB 上进行光组装技术的发展可划分为下面三个阶段，如图 1.38 所示。

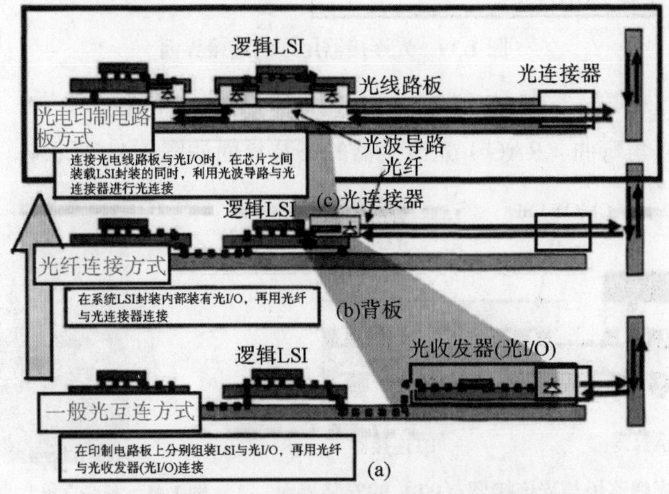

图 1.38　在 PCB 上进行光组装技术的发展态势

图 1.38（续）

1）一般光互连方式：其特征是首先在普通 PCB 上分别组装 LSI 与光 I/O，再用光纤与光收发器（光 I/O）连接，如图 1.38（a）所示。

2）光纤连接方式：其特征是在系统 LSI 封装内部装有光 I/O，再用光纤与连接器连接，如图 1.38（b）所示。光纤连接方式的安装界面如下。

- 光连接器尾线的连接界面如图 1.39 所示。

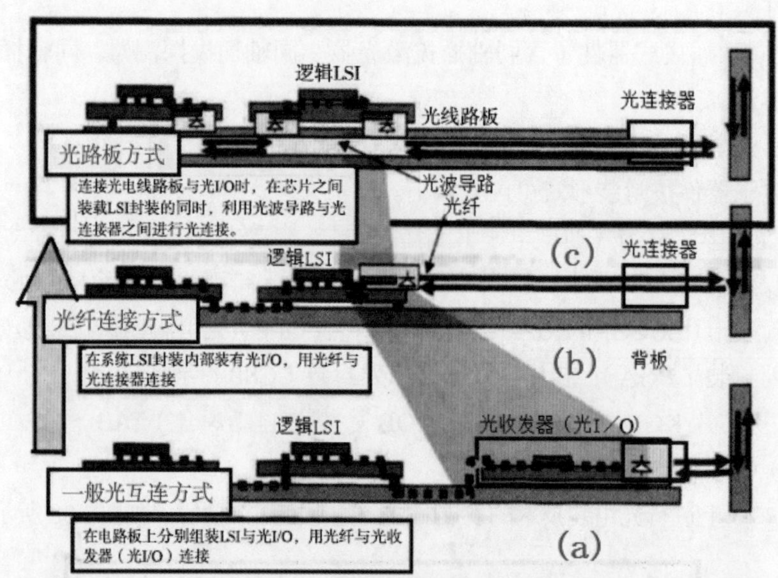

图 1.39　光连接器尾线的连接界面

- 光线路板与光连接器（PT）的安装界面如图 1.40 所示。
- 多心直角弯曲（RAO）光连接器的安装界面如图 1.41 所示。

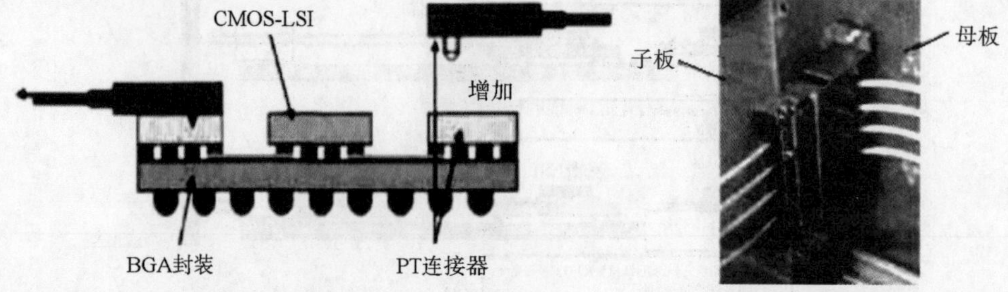

图 1.40　光线路板与光连接器（PT）的安装界面

图 1.41　多心直角弯曲（RAO）光连接器的安装界面

- 薄膜波导路与 PMT 连接器的安装界面如图 1.42 所示。

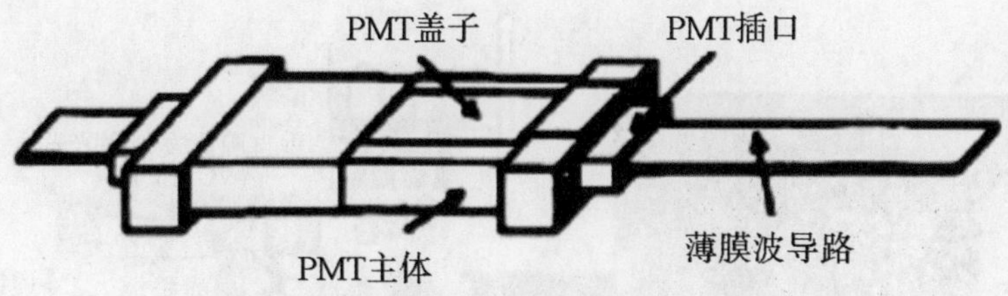

图 1.42　薄膜波导路与 PMT 连接器的安装界面

3）光电印制电路板（OEPCB）方式：在连接 OEPCB 与光 I/O 时，在芯片之间装载 LSI 封装的同时，利用光波导路与光连接器进行光连接，如图 1.38（c）所示。

OEPCB 方式的具体特征如下。

- 在 OEPCB 上进行光波导连接时光波导路与光连接器的连接界面如图 1.43 所示。
- 在 OEPCB 上进行光器件与光电线路之间的连接界面如图 1.44 所示。

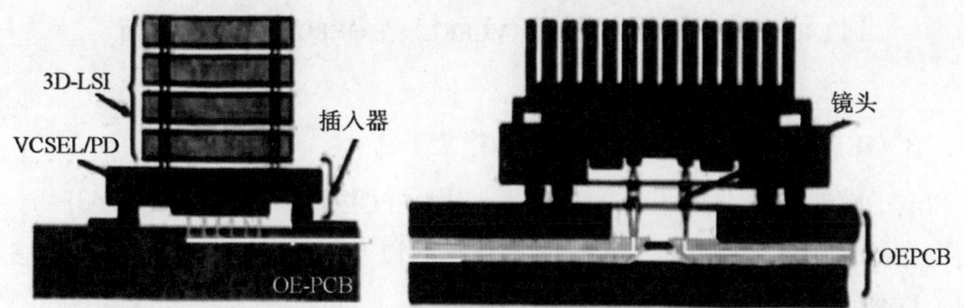

图 1.43　光波导路与光连接器之间的连接界面

图 1.44　光器件与光电线路之间的连接界面

- 连接 OEPCB 与光 I/O 时，在芯片之间装载 LSI 封装的同时，利用光波导路与光连接器进行光连接，如图 1.45 所示。

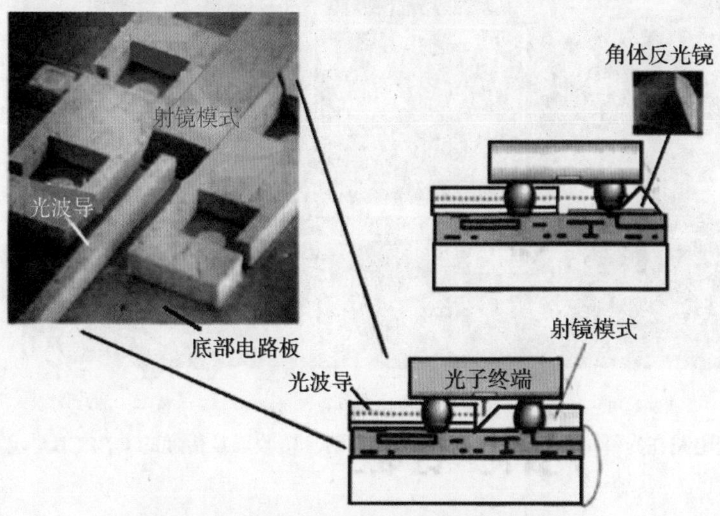

图 1.45　光波导路与光连接器的连接界面

● 垂直腔面发射激光器（VCSEL）在 OEPCB 上的安装界面如图 1.46 所示。

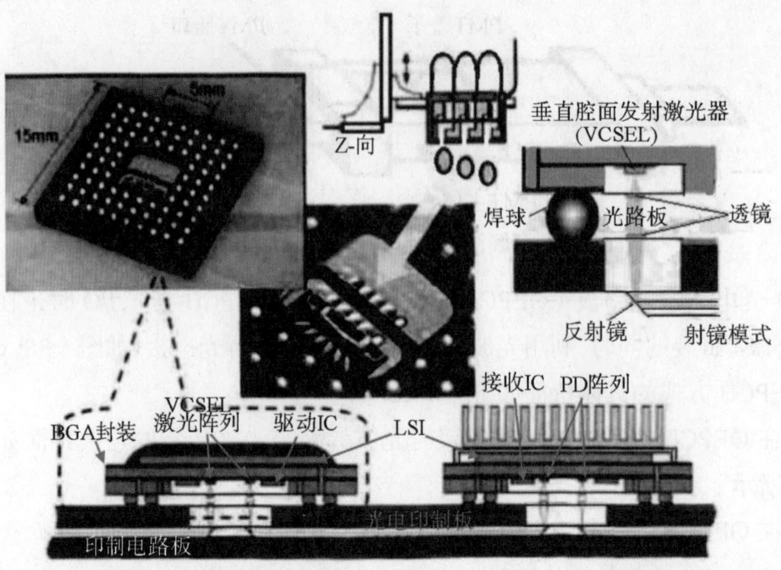

图 1.46 垂直腔面发射激光器（VCSEL）在 OEPCB 上的安装界面

3. 在 OEPCBA 上的光电组合件的微组装工艺

和电子电路一样，光电路的组装也是以 OEPCB 作为安装载体来展开的。光电路在光纤通信过程中实现信号的发射、接收以及传递的 OEPCBA 元器件安装如图 1.47 所示。

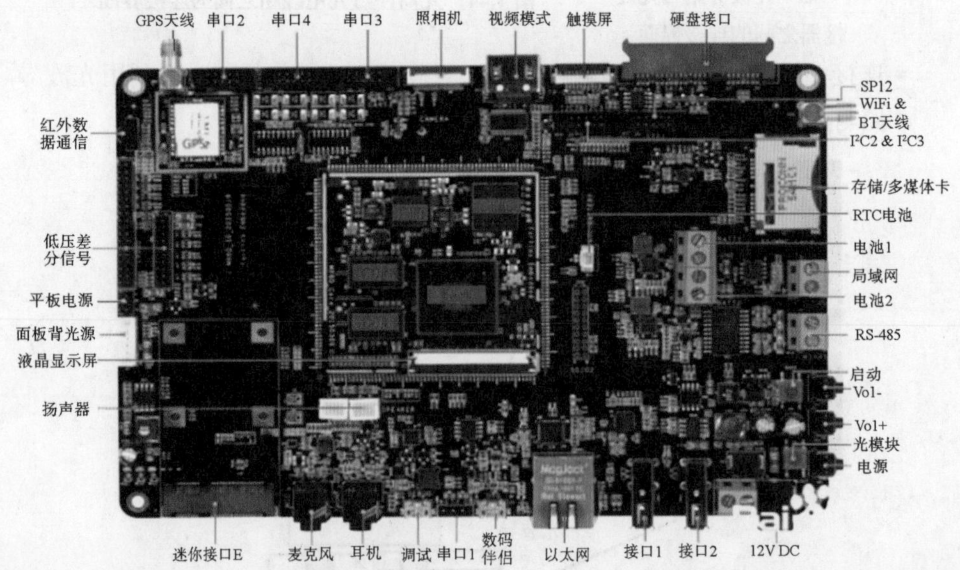

图 1.47 光电路在光纤通信过程中实现信号的发射、接收以及传递的 OEPCBA 元器件安装图

1.5.3 光电融合装备系统集成安装

1. 光电路组装技术

常见的光电路组装技术有下述三种形式。

（1）光电路组装技术：用传输信息容量比铜线大数万倍的光纤线取代原用的铜线，并将以光纤线为中心的光电子组装技术应用于电子电路组装中，即为光电路组装技术。

（2）OEPCB：把传送电信号的铜导体和传送光信号的光路制作在同一基板上，形成的电路板称为 OEPCB。

（3）光表面组装技术：在 OEPCB 上进行的电子元器件和光电子表面组装器件的混合组装，称为光表面组装技术（SMT）。

2. 光电融合装备安装技术发展的三个阶段

由于电互连在物理性能方面的局限性，光互连已经登上了新一代互连技术的历史舞台，其涉及的主要内容有光波导材料、光波导的制作方法、低成本光电元器件以及光组装等。而且，以上技术必须与传统的设计、制造、加工和配合精度相兼容。OEPCB 产业化的加速，将大大提高终端产品的性能。归纳起来，光电融合装备组装技术的发展大致可分为以下三个阶段。

第一阶段：使用分离式光纤及光纤连接器实现芯片－芯片和板－板之间的互连。

此阶段开始于 20 世纪 90 年代初，主要使用分离式光纤及光纤连接器来进行模组与模组之间或模组与元器件之间的互连，目前在大型主机上广泛采用。由于结构简便，因此可提供较低廉的点对点的光连接。由于采用单膜光纤和载板内的光互连，这种形式的光互连，是过去已采用的光纤通信技术的一种衍生。因此，它比较容易实现将光通信信号由一点传递到另一点的定向传送方式。

第二阶段：挠性基板光连接技术。

此阶段发展于 20 世纪 90 年代中期，利用挠性基板进行光纤布线，同样地，该技术可被应用于如前所述的通过连接器进行点对点的光连接。挠性光波导薄板构成光信号网络，是光波导线路产品形式和技术的第二个发展阶段的最突出特点。用光纤代替了金属丝线，以挠性材料作为固定的载体，实现挠性光纤的光信号传送。在布线中的特性阻抗高精度的控制方面，它比原有电气布线形式的特点又有了明显的改善。

第三阶段：混杂式光电连接技术。

根据埋入式材料和结构特点，大概可以分为表面型高分子波导、埋入式高分子波导、埋入式光纤技术和埋入式光波导玻璃四种技术。与前两个阶段最大的区别是此技术可以提供多回路的光波导，并且可以与有源和无源元器件进行连接。

第三阶段的光波导线路方式是以现有 PCB 与光传送线路形成一体化的 OEPCB。实现这种复合化的优点是由于在 PCB 上能够有比初期阶段引入光纤布线的形式具有更高的光传送线路的布线密度。同时还实现了光电转换元器件等的自动化安装。在内部的光传送通路使用材料方面的开发动向，系采用了低传送损失、高耐热性的高聚物作为光波导线路材料。

3. 在 OEPCB 上的组装

（1）在 OEPCB 上进行光 I/O 封装模块的组装。

由于信息处理量的进一步增大，铜线传输电信号系统的优势随之弱化，此时就需要引入光信号传输系统。因此，开展 OEPCB 上的光 I/O 封装模块的组装就势在必行。国际上对此项技术的研究开发极为重视。其方式包括用埋入的光波导代替铜线、埋入有光 – 电复合机能的光器件模块（组件）等。数年前日本就已开始了该项技术的正式应用研究，如图 1.48 所示。

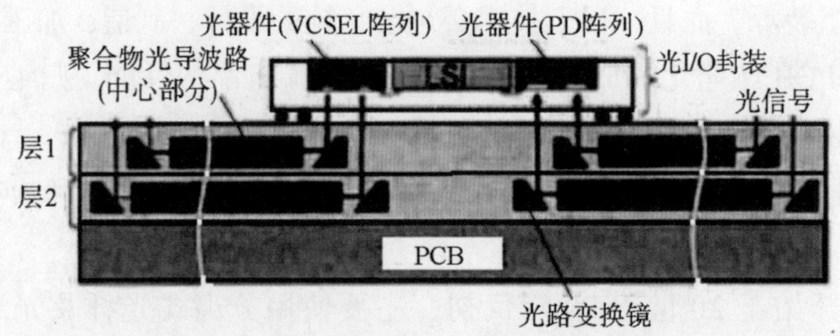

图 1.48　在 OEPCB 上安装光器件封装

（2）在 OEPCB 上进行光模块的 3D 组装。

在 OEPCB 上进行光模块的 3D 组装的示例如图 1.49 所示。

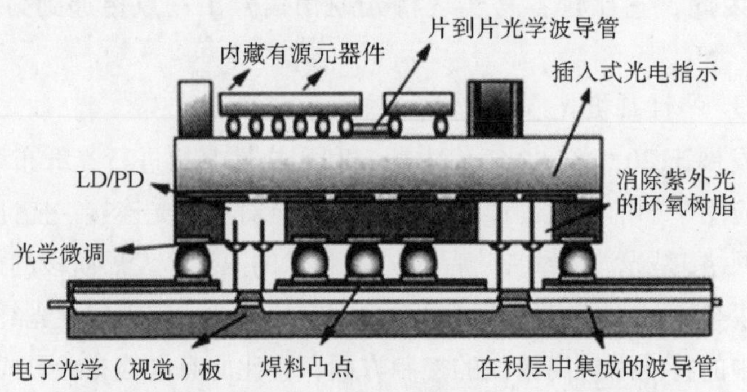

图 1.49　在 OEPCB 上进行光模块的 3D 组装的示例

（3）光电路在 OEPCB 上的集成安装和互连。

光电路在 OEPCB 上的集成安装和互连的示例如图 1.50 所示。

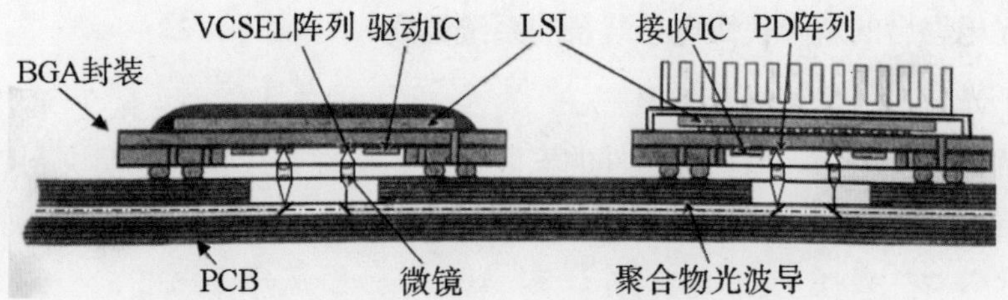

图 1.50　光电路在 OEPCB 上的集成安装和互连的示例

（4）3D–LSI 堆叠组装。

3D–LSI 堆叠组装的示例如图 1.51 所示。

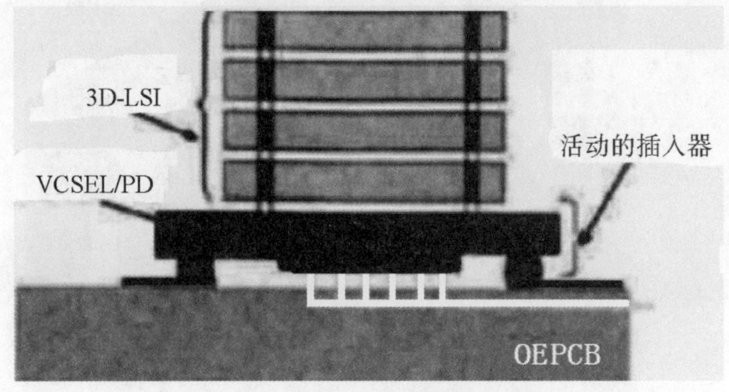

图 1.51　3D-LSI 堆叠组装的示例

（5）在基架上实现基板间的光连接。

在基架上通过光连接器的插头和插座，实现基板间的集成安装和光互连，如图 1.52 所示。

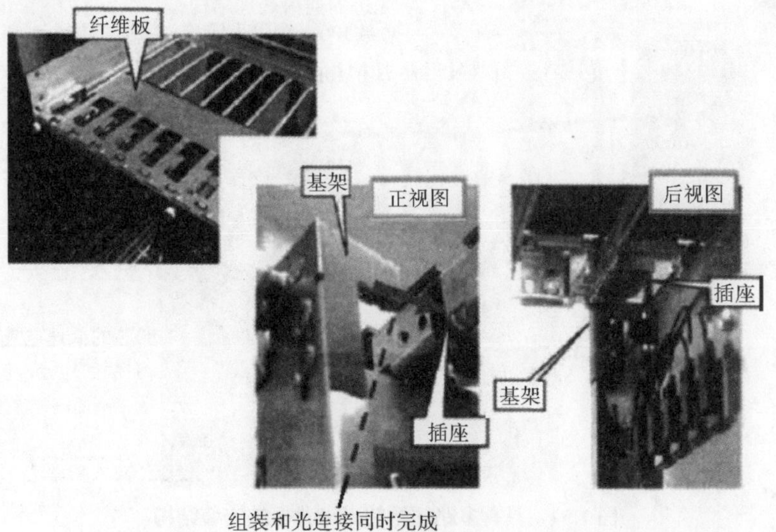

图 1.52　在基架上实现基板间的光连接

4. 光电融合的新一代微电子装备的系统集成

（1）光背板与机架的安装。

光背板是光电路、模块和组件的安装平台，挠性光线路板和模块 MCM 组合是通过连接器与光背板实现互连后，再用压板与光背板固定成一体，如图 1.53 所示。

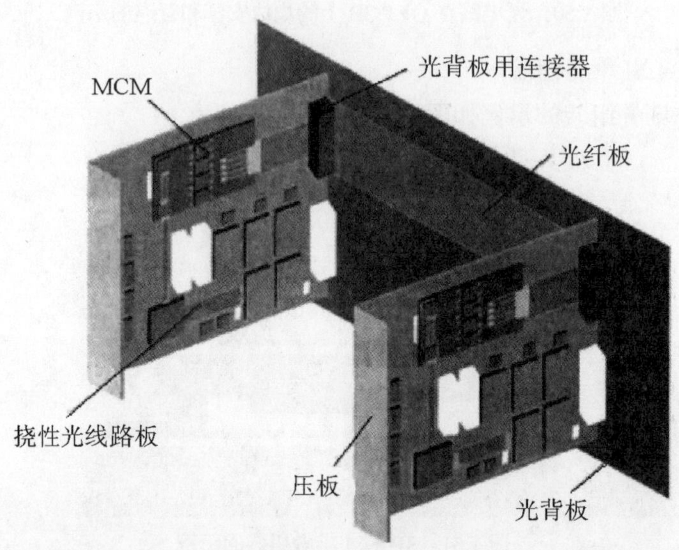

图 1.53　挠性光线路板和模块 MCM 组合在光背板上的互连

（2）多光路背板的安装。

具有多路插槽的光线背板的安装结构如图 1.54 所示。

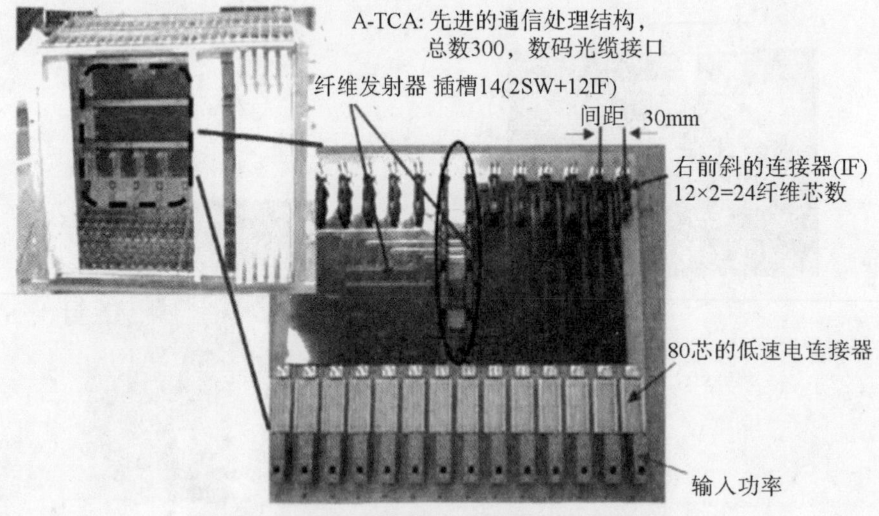

图 1.54　具有多路插槽的光电背板的安装结构

（3）微波与光波融合的微电子装备系统集成安装。

1）硬件安装的层次及光化：光电融合装备系统集成中硬件安装的层次及光化如图 1.55 所示。

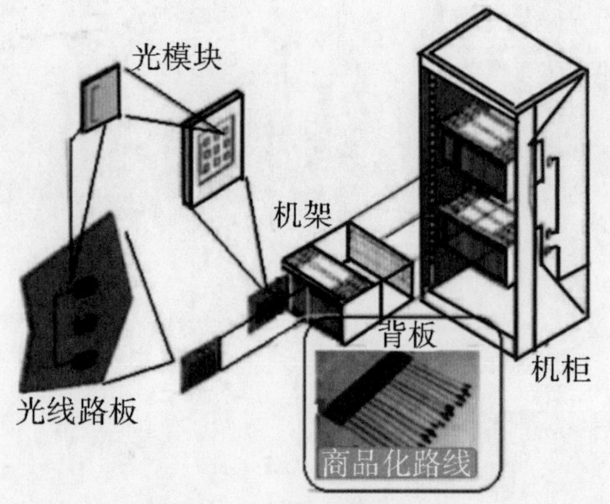

图 1.55 光电融合装备系统集成中硬件安装的层次及光化

2）微波与光波融合的微电子装备系统集成：微波与光波融合的微电子装备系统集成如图 1.56 所示。采用光纤背板，光电（OE）分区是通过直角光连接器接入服务器 / 路由器机柜内，正方形的光学板上安装 4 件光电（OE）MCM 组件，组件之间通过板内光传送互连。

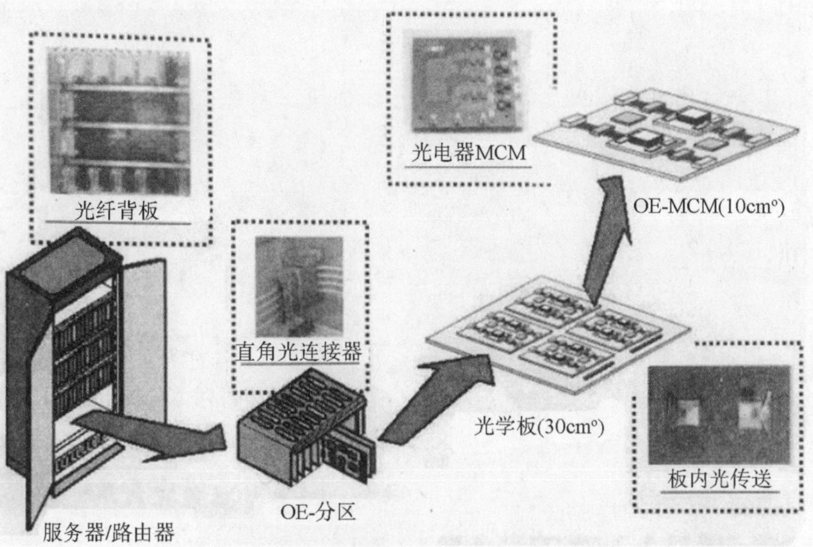

图 1.56 微波与光波融合的微电子装备系统集成

第02章

有铅与无铅微焊接中的异与同以及从基本现象追迹无铅微焊接中的不良

本章要点

- □ 掌握有铅与无铅微焊接中物理特性上的差异。
- □ 掌握无铅制程的系统考虑。
- □ 掌握有铅与无铅元器件及 PCB 等表面镀层的异与同。
- □ 掌握有铅与无铅波峰焊接工艺的异与同。
- □ 掌握有铅与无铅在再流焊接工艺特性上的异与同。
- □ 掌握有铅与无铅制程焊点显微组织演变和界面反应的异与同。
- □ 掌握有铅与无铅制程焊点可靠性上的优劣。
- □ 掌握有铅与无铅制程焊点在抗热机械疲劳可靠性上的优劣。
- □ 掌握从有铅到无铅过渡期混合安装中的热点问题。
- □ 掌握去铅过程中混合安装状态的形成。
- □ 掌握从基本现象彻底追迹无铅焊接的不良。
- □ 掌握无铅焊接中的特有缺陷现象。
- □ 掌握焊缘起翘和剥离实例。
- □ 掌握铅偏析。

2.1 有铅与无铅微焊接中的异与同

2.1.1 物理特性上的差异

1. 无铅焊料的定义

欧盟 RoHS、ISO9453 和日本 JEIDA 等明确规定：Pb（铅）含量小于 0.1wt%（1000ppm）的焊料合金可定义为无铅焊料合金。

2. 熔点的差异

最常用的有铅与无铅焊料熔点上的差异见表 2.1。

表 2.1 最常用的有铅与无铅焊料熔点上的差异

焊料类别	常用及成分	熔点温度 /℃	凝固温度 /℃	备 注
有铅系	Sn37Pb	183	183	共晶组分
	Sn36Pb2Ag	179	179	—
无铅系	Sn3.8Ag0.7Cu	217	217	共晶组分，商品名：SAC387
	Sn3.0Ag0.5Cu	217	220	商品名：SAC305
	Sn2.5Ag	221	221	共晶组分
	Sn2.0Ag	221	226	—

传统有铅共晶焊料（Sn37Pb）的熔点为 183℃，而无铅共晶焊料（SAC387）的熔点为 217℃。

无铅焊料 SAC 共晶组分（SAC387）的熔点比有铅焊料共晶组分 Sn37Pb 的熔点高 34℃，其带来的负面后果如下。

（1）温度的提升随之带来的是焊料易氧化、金属间化合物生长迅速。

（2）某些元器件，如塑料封装的元器件、电解电容器等，受高的焊接温度的影响程度要超过其他因素。

（3）SAC 合金也会给元器件带来更大的应力，使低 ε 介电系数的元器件更易失效。

（4）无铅元器件焊端表面镀层种类很多。有镀纯 Sn 和 SAC 的，也有镀 SnCu、SnBi 等合金的。镀 Sn 的成本比较低，故采用镀 Sn 工艺的比较多。但由于 Sn 表面容易氧化形成很薄的氧化层，加上电镀后产生应力而易形成 Sn 晶须，因此须慎重选用。

3. 润湿性的差异

无铅与有铅焊料相比，无铅焊料的润湿性明显低于有铅焊料。衡量润湿性优劣的两个指标如下。

（1）各种无铅与有铅焊料合金的扩展率对比如图 2.1 所示。

（2）浸润时间：无铅与有铅焊料合金的浸润时间优劣对比如图 2.2 所示。

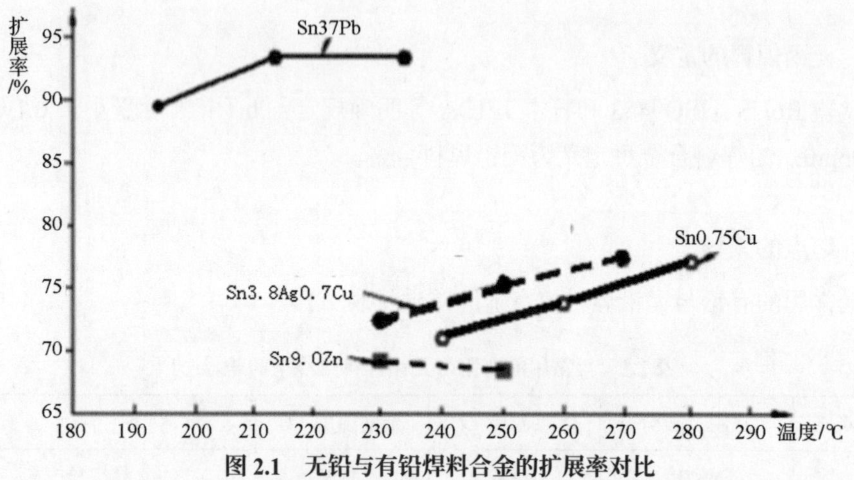

图 2.1　无铅与有铅焊料合金的扩展率对比

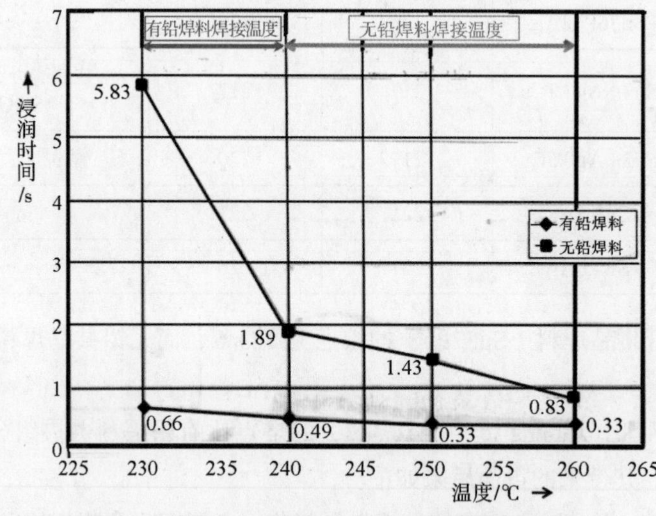

图 2.2　无铅与有铅焊料合金的浸润时间优劣对比

显然，无铅焊料的润湿性比有铅焊料的差。焊料润湿性差容易导致在焊接时焊点尺寸的自校准能力、拉伸强度、剪切强度等不能满足要求。以某 OEM 公司为例，原有铅制程的焊点不合格率平均在 50ppm 左右；而无铅制程由于焊料润湿性差，不合格率上升至 200 ~ 500ppm，增大了 4 ~ 10 倍。

4. 物理特性上的差异

无铅与有铅焊料主要物理特性上的差异见表 2.2。

表 2.2 无铅与有铅焊料主要物理特性上的差异

合金组分	密度 / (g/m^3)	熔点 /℃	电阻率 / (MΩ · m)	电导率 /IACS	热膨胀系数 / ($\times 10^{-4}$)	热传导率 / [W/(m · K)]	表面张力 / 260℃(mN/m)	疲劳寿命 (与SAC387比较)	剪切强度 /MPa
Sn37Pb	8.5	183	15	11.5	22.9	50	481	3	23
SAC387	2.5	217	11	15.6	22.5	73	548	1	27
Sn0.7Cu	2.31	227	10–15	—	—	—	491	2	20~23

显然，与传统的有铅制程相比，无铅焊接由于焊料性能的差异，必不可少地会给焊点可靠性带来一定的影响。从机械角度来看，典型的无铅焊料要比有铅焊料硬，而且就连表面氧化物、助焊剂残留物、合金污染物等残留覆盖物组合，也能在电气接触和接触电阻上产生多种影响。因此，电子产品从有铅向无铅制程的转换，在机、电性能方面都不是一个普通的替换，原因有以下两点。

（1）由于 Pb 是比较软的，因此无铅制程的焊点硬度比有铅的高、强度好、变形也小。但这一切并不等于无铅制程焊点的可靠性就好。

（2）无铅焊料的润湿性差，故空洞、移位、立碑等焊接缺陷比较多。由于熔点高及助焊剂各项参数的适配问题，焊接面在高温下重新氧化而不能发生浸润和扩散效果，其结果是导致焊点界面结合强度（抗拉强度）差而降低可靠性。

2.1.2 无铅制程的系统考虑

从有铅焊料切换到无铅焊料时，最突出的特征是焊料成分的高 Sn 性（>95%wt），因此在无铅制程中，首先应高度关注下述问题。

1. Sn 晶须的生长

Sn 晶须是从 Sn 氧化层薄弱的区域生长出来的柱状或圆柱细丝状的单晶 Sn，如图 2.3 所示。它的危害包括造成相邻引脚间的短路和对电路的高频特性产生不利的影响。

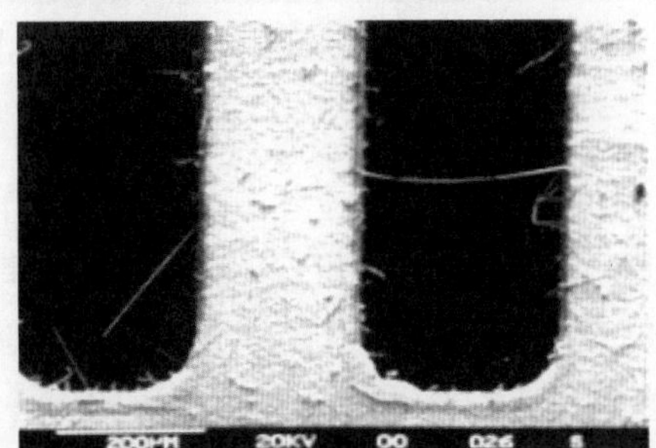

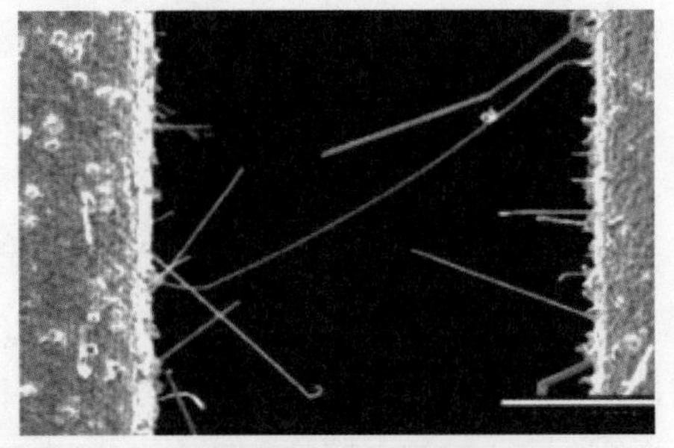

图 2.3 Sn 镀层的引脚上生长出来的 Sn 晶须造成相邻引脚间的短路

Sn 镀层中存在压应力，被认为是 Sn 晶须生长的根本原因。如果在 Cu 引脚和 Sn 镀层之间的界面上出现大量不规则的 Cu_6Sn_5 金属间化合物时，就会导致压应力在 Sn 镀层中的积累、器件引脚变形、热膨胀系数（CTE）不匹配等，从而形成 Sn 晶须的生长。高 Sn 合金均可能出现 Sn 晶须，尤其是纯 Sn 最易出现 Sn 晶须。

Sn 晶须容易在窄间距的 QFP 等元器件处造成短路，影响可靠性，故对于低端产品以及寿命要求小于 5 年的元器件可以镀纯 Sn，而对于高可靠产品以及寿命要求大于 5 年的元器件，则应采取先镀一层厚度约为 1μm 以上的 Ni，然后镀 2 ~ 3μm 的 Sn。

2. 金属树枝晶的生长

金属树枝晶的生长与 Sn 晶须的生长是完全不同的，金属树枝晶是电化学反应中离子电迁移的结果。

电迁移就是在直流电场作用下发生的离子运动，负离子朝阳极迁移，正离子向阴极迁移而形成金属树枝晶，如图 2.4 所示。金属树枝晶的形成将导致短路而使电路失效。如图 2.5 所示，电路表面如潮气中溶解的离子污染物（如助焊剂残留物）提高了阳极和阴极间的导电率，从而加速了电迁移过程。

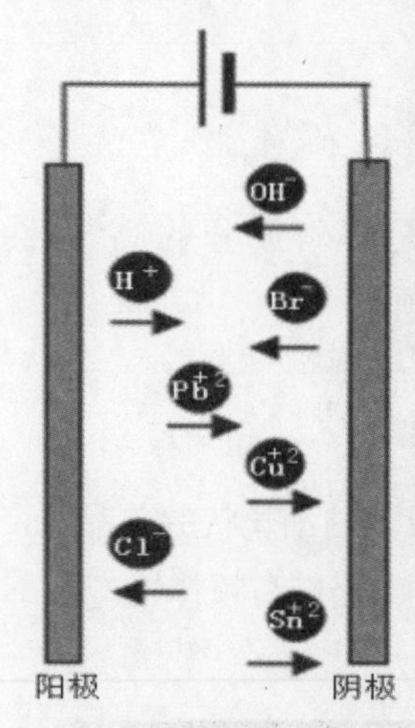

图 2.4　金属树枝晶形成机理

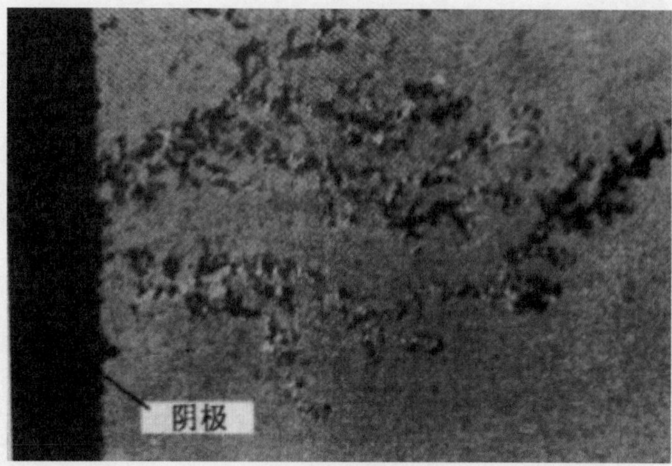

图 2.5　Cu 树枝晶在阴极侧生长

3. 导电阳极细丝现象的形成

导电阳极细丝现象（CAF）是另一种由电化学反应导致的失效模式。它是在 20 世纪 70 年代由贝尔实验室的研究人员发现的。这种失效模式是由 PCB 基板内部的一种从阳极向阴极方向生长而形成的含 Cu 的导电阳极细丝所导致的，如图 2.6 所示。扫描电镜的能谱分析（SEM/EDS）显示 CAF 中含有 Cu 和 Cl 等元素。贝尔实验室的研究人员详细描述了 CAF 的形成和生长机制，即首先是玻璃 – 环氧结合的物理性破坏；其次是吸潮导致玻璃 - 环氧的分离界面中出现水介质，从而提供了电化学通道，促进了腐蚀产物的输送。特别是在无铅焊接的高温中，可能损坏玻璃纤维和环氧树脂本体之间的结合，导致玻璃纤维和增强的树脂键合的物理性能下降和分层。湿气和离子污染物就可以沿着玻璃纤维和环氧树脂间隙迁移和渗透，形成一条化学通路。当施加电压后，将会发生电化学反应。CAF 的生长最终将阴极和阳极连接起来而导致两极短路，引发灾难性失效。这对高密度 PCB 组装来说是一个严重的问题，而无铅更高的再流焊接温度会导致该问题更易发生。

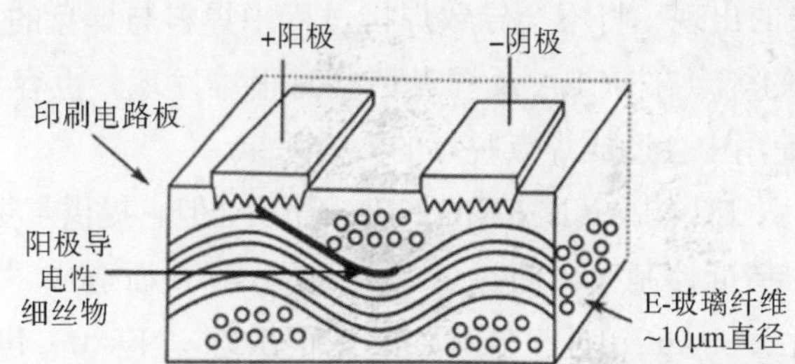

图 2.6　CAF 沿表层下的玻璃 - 环氧界面，从阳极向阴极方向生长

4. 锡瘟现象

锡瘟现象是纯 Sn 自发的同素异构相变，在温度低于 13℃时，纯 Sn 会发生从体心正方结构的白锡（密度 $7.30g/cm^3$）转变为金刚石面心立方结构的灰锡（密度为 $5.77g/cm^3$），这一现象在 –40℃时达到最大转变率。该相变过程伴随着明显的体积膨胀，从而导致 Sn 的完整性破坏和机械强度的下降。Pb、Sb 和 Bi 可以抑制锡瘟发生，Ag 抑制效果不明显，而 Cu 不能抑制锡瘟的发生。从理论上讲，锡瘟现象具有潜在的可靠性风险，但在实际应用中，由于 Sn 中存在杂质，因此锡瘟现象极少被观察到。

2.1.3　有铅与无铅元器件及 PCB 等表面镀层的异与同

有铅制程 PCB 焊盘普遍采用热风整平（HASL）Sn37Pb 合金。而无铅制程可替代的表面涂层包括有机可焊性保护膜（OSP）、Ni（P）/Au、Ni/Pd/Au、Im–Sn 和 Im–Ag 等。其中 Ni/Au 涂层又有 ENIG（化学镀）Ni/Au 和 EG（电镀）Ni/Au 两种。

1. ENIG Ni（P）/Au

ENIG Ni（P）/Au 虽可为大多数 PCB 提供良好的焊接性能和 Au 丝的键合能力，但 ENIG 镀层工艺必须精准控制，以防出现灾难性的“黑盘”现象。

“黑盘”现象是化学镀 Au 过程中出现 Ni 层的氧化现象（电化学腐蚀过程）。该过程取决于 Ni 层的显微组织，如晶粒大小、晶态和非晶态等，这些因素反过来又受镀 Ni 量和镀液化学成分（如镀液中的 P 含量）的影响。P 含量的增加将导致 Ni 层由晶态转变为非晶态，它虽然提高了 Ni 层的抗氧化能力，但是若 P 含量大于 10%，将严重损失镀层的可焊性。

“黑盘”现象的出现还与 PCB 的图形设计有重要关系。例如，PCB 上与较大焊盘相连接的 BGA 的小焊盘，比连接其他元器件的焊盘更易遭受“黑盘”的困扰。这是因为与大焊盘连接，通过的电流密度相对较大，所以导致该小焊盘区与大焊盘相邻时，比起它与小焊盘相邻进行电化学反应时，反应物消耗（如 Au 离子）相对较快。

“黑盘”现象的出现，将不会导致焊接过程中焊料与焊盘的良好冶金反应发生。存在该现象的焊点在 PCBA 及焊点目检时很难发现，也容易通过目检和功能测试，但是在使用中会造成焊点脱焊的失效恶果。

对于高端应用，EG Ni/Au 比 ENIG Ni/Au 昂贵，但它提供了更加可靠的镀层。Au 镀层厚度必须精准控制，以防过量的 Au 熔入焊料而造成“金脆”。SnAgCu 与 SnPb 合金相比，SnAgCu 对“金脆”不是很敏感。Ni/Au（包括 ENIG）的另一问题是，Sn 和 Ni 之间的界面比 Sn 和 Cu 之间的界面，总的来说更为脆性。

由于 ENIG Ni/Au 用的是 Ni 和 5% ~ 12% 的磷一起镀上去的。因此，一些人质疑 ENIG Ni/Au，当 PCBA 工作频率超过 5GHz 时，它的效果并不好。原因是镀上去的 Ni 仍然在铜布线的上面，镍磷复合镀层比铜的导电性差，由于趋肤效应，所以信号的传输变慢。

2. ENEPIG Ni/Pd/Au

ENEPIG Ni/Pd/Au 相对有机（OSP）及 ENIG Ni/Au 保护层的优势如下。

（1）在置换 Au 时，不存镀液攻击 Ni 表面而导致 Ni 晶粒边界的腐蚀现象，可以防止“黑 Ni”现象的发生。

（2）化学镀 Pd 作为阻挡层，可以有效阻断铜离子迁移至 Sn 基焊料中而导致其润湿性劣化。

（3）能抵挡多次无铅再流焊接循环。

（4）有优良的对 Au 线（邦定）的结合性。

（5）非常适合 SSOP、TSOP、QFP、TQFP、PBGA 等封装元器件。

（6）普通的邦定（ENIG）Ni/Au 板都要求 Au 层的厚度大于 0.3μm，而采用 ENEPIG 工艺时，Pd 和 Au 层的厚度均只需 0.1μm 左右就可以满足要求。这是因为 Pd 是比 Au 硬很多的贵金属，添加 Pd 层的原因就是单纯的 Ni/Au 层腐蚀比较严重，焊接可靠性差。添加 Pd 层还有一个作用是热扩散，因此整体来说 ENEPIG 比 ENIG 可靠性高。

浸 Au 或没有浸 Au 的非电镀 Ni/Pd 涂覆层，相对于 ENIG Ni/Au 来说是一个较便宜的替代工艺。由于 Cu 不能直接扩散穿越 Pd 层，所以在 Cu 上直接涂覆一薄 Pd 层，就足够作为可焊性的终端处理层。

3. I-Ag

I–Ag 工艺属于一种低成本选择。它的浸镀过程是一个自限制过程，仅能提供非常薄（几百个原子厚度）的一层。浸 Ag 的可焊性、ICT 探针测试等均可以满足大多数应用的要求。但正确的化学成分、厚度、表面形貌和 Ag 层中的有机物组成和分布，均应精准选择和确定。

4. I-Sn

I–Sn 处理的 PCB 不能经历多次无铅再流焊接和波峰焊接，除非显著增加镀层厚度并经过热熔处理后才可以抑制此不良。

5. OSP 和无铅 HASL-SnCu

OSP 和无铅 HASL–SnCu 均属低成本类工艺。OSP 的缺点是经过存储和处理以及多次再流焊接后，将造成可焊性能降低。

根据无铅焊料的焊接性能，在新板测试中，I–Sn 和 ENIG 镀层润湿性最好，I–Ag 和 OSP 次之。但经过存储和受热后，I–Sn 的润湿性下降最快（经过热熔处理可消除此现象），I–Ag 和 OSP 次之，ENIG 无变化。

2.1.4 有铅与无铅波峰焊接工艺的异与同

1. 有铅与无铅波峰焊接常用焊料及其金相结构

（1）有铅波峰焊接常用焊料及其金相结构。

1）Sn37Pb 共晶焊料：其熔点温度为 183℃。Sn37Pb 共晶焊料表现为单独的均匀相，具有不同熔点的两相（β–Sn 和 α–Pb）组成的混合物（固溶体），如图 2.7 所示。

2）Sn36Pb2Ag 焊料：在 SnPb 焊料中掺入少量 Ag 的作用如下。

①可以使焊料的熔点降低（如焊料 Sn36Pb2Ag 的熔点为 179℃），增加扩散性，提高焊接强度，焊点光亮美观。此类焊料适用于焊接晶体振子、陶瓷件、热敏电阻、厚膜组件、集成电路及镀 Ag 件等。

②为抑制焊料在母材上与 Ag 相互扩散，需要预先在焊料中加入 Ag。这样，就可以抑制附着在陶瓷和云母上 Ag 的扩散，防止 Ag 层的剥离，这是此种焊料的最主要的应用特征。

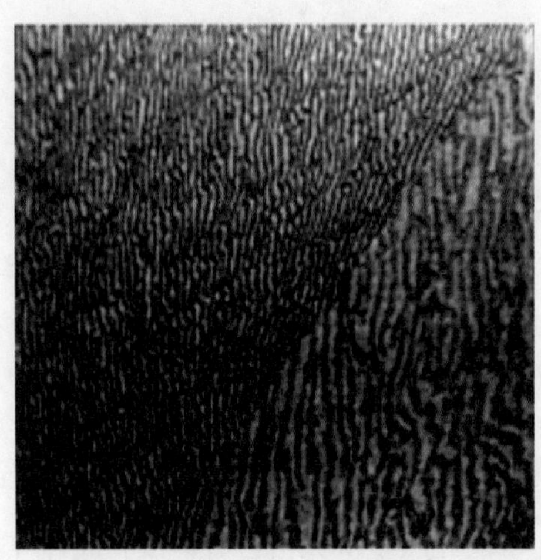

图 2.7　Sn37Pb 共晶焊料的显微镜组织（白色组织为 β-Sn、黑色组织为 α-Pb）

注：在 SEM 镜像形貌中，白色组织是富 Pb 的 α 相，黑色组织是富 Sn 的 β 相，而在光学系照片中两者的颜色是相反的，即黑色组织是富 Pb 的 α 相，白色组织是富 Sn 的 β 相。

（2）无铅波峰焊接常用焊料及其金相结构。

1）Sn3.0Ag0.5Cu（简称 SAC305）合金：SAC305 是目前工业上应用最广泛的成分，其熔化温度范围为 217 ~ 220℃。其显微组织如图 2.8 所示。

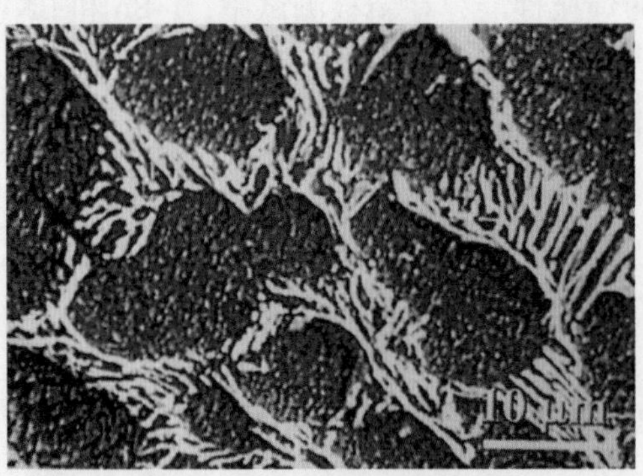

图 2.8　SAC305 的显微组织

图 2.8 中是 β–Sn 初晶和散布的共晶组织。其中，ε–Ag_3Sn 微细结晶呈现出很长的纤维状组织，和 SnAg 合金焊料几乎相同；而参混的作为共晶组织的一部分的 η–Cu_6Sn_5 微细结晶，与 ε–Ag_3Sn 相比几乎没有区别。

相对较硬的 ε–Ag_3Sn 和 η–Cu_6Sn_5 粒子的形成，可以分隔较细小的 Sn 基颗粒，建立一个长期的内部应力，有效地强化了合金，阻挡疲劳裂纹的蔓延。

ε–Ag_3Sn 和 η–Cu_6Sn_5 颗粒越细小，越可以有效分隔 Sn 基颗粒，结果是得到整体更细小的微组织结构，因此延长了在较高温度下的疲劳寿命。

2）Sn0.7Cu 合金：Sn0.7Cu 为 SnCu 系合金的共晶组分，熔化温度为 227℃（比 SAC305 约高 9℃），因而在组装中焊接温度要超过 250℃，故不适合做再流焊接。

2. 有铅与无铅波峰焊接温度 - 时间曲线

波峰焊接工艺过程记录参数集中体现在波峰焊接的温度 – 时间曲线上。

（1）有铅波峰焊接。

当焊料为 Sn37Pb 时波峰焊接常采用的温度 – 时间曲线如图 2.9 所示。

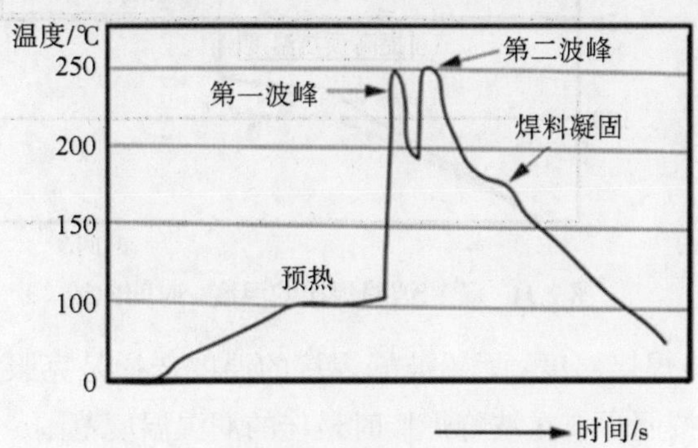

图 2.9 有铅波峰焊接的温度 - 时间曲线

1）有铅波峰焊接温度：对于 Sn37Pb 共晶合金在焊接中的温度以选择高于熔点温度 37℃为宜，所以其理论上的焊接温度应大于 183+37=220℃。然而焊接温度并不等于波峰焊接时焊料槽的温度。在波峰焊接过程中，焊点达到的温度是处于焊料槽温度和被焊工件温度之间的某一中间温度。为了确保焊料的良好润湿，达到 220℃的最低润湿温度后，还应将焊料槽温度再进一步提高到 250℃左右，以补偿其他的耗热和热量的流失，确保波峰焊接过程中的热量平衡，如图 2.10 所示。

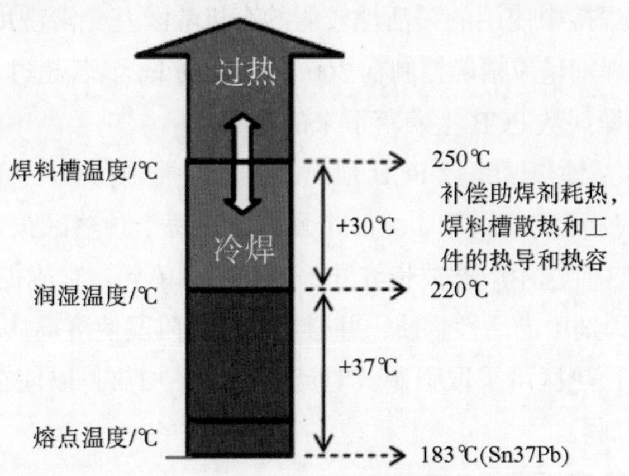

图 2.10 Sn37Pb 波峰焊接温度的设定

2）有铅波峰焊接时间：为获得良好的波峰焊接效果，通常一个焊点在波峰焊料中浸渍的时间应控制在 2 ～ 4s 之间。

（2）无铅波峰焊接。

由于无铅焊料（如 SAC305）润湿性不如 Sn37Pb，因此波峰焊接通孔元器件时易出现通孔不良现象，为此必须对无铅波峰焊接用的温度 – 时间曲线作出一些调整才可以，因此其通常采用的温度 – 时间曲线如图 2.11 所示。

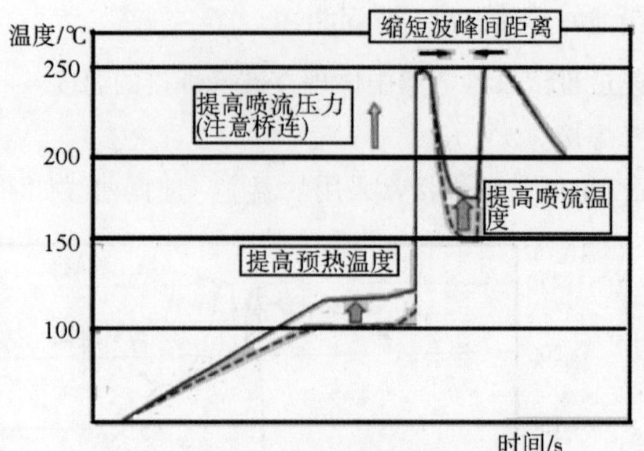

图 2.11　无铅波峰焊接的温度 - 时间曲线

1）无铅波峰焊接温度：无铅波峰焊接的温度选择是克服无铅焊料润湿性不足的重要手段。按照焊料在波峰焊接时最佳的润湿温度范围，通常情况下的选用原则要比焊料的熔点最大约高 35℃。那么在空气环境中，为获得最好的润湿性，常用无铅焊料推荐的最佳焊接工艺窗口为 250 ～ 260℃。

2）无铅波峰焊接时间：通常推荐的时间为 3 ～ 5s 之间。

3. 助焊剂及其预热

（1）有铅波峰焊接。

1）助焊剂类型及涂覆量。

①有铅波峰焊接中使用的是活性较弱的有机酸醇基免清洗助焊剂。

②使用的助焊剂量应精确控制在 300 ～ 750mg/dm²。若超过 750mg/dm²，则可能出现过量的助焊剂从 PCB 上滴落下来的现象。

2）预热温度：预热区终点 PCB 顶面的温度应控制在 70 ～ 80℃。

3）预热方式：可酌情采用 1 ～ 3 个预热区（每个预热区长 600mm）。

①第 1 预热区宜选用中波波长红外（IR）加热单元，它能提供适当的 IR 能量和波长来激活助焊剂中的活性物质，并避免在开始阶段使溶剂从材料中汽化出去。

②第 2 ～ 3 预热区可采取强制式对流（热风）加热，以使在进入焊料波峰之前消除过量的溶剂。

（2）无铅波峰焊接。

1）助焊剂类型及涂覆量。

①无铅波峰焊接中使用的是活性较强和高沸点溶剂，如有机酸水基助焊剂。

②使用的助焊剂量与有铅波峰焊接相同。

2）预热温度：预热区终点 PCB 顶面的温度应控制在 100 ～ 130℃。

3）预热方式：可酌情采用 1 ～ 4 个预热区（每个预热区长 600mm）。

①第 1 预热区宜选用中波波长红外（IR）加热单元，它能提供适当的 IR 能量和波长来激活助焊剂中的活性物质，并避免在开始阶段使溶剂从材料中汽化出去。

②第 2 ~ 4 预热区可采取强制式对流（热风）加热，以使在进入焊料波峰之前消除过量的水分。

4. 焊料槽杂质 Cu 的控制

在波峰焊接中焊料槽 Cu 成分每改变 0.2wt%，液相温度将改变多达 6℃。如此大的改变，将导致液态焊料波动性能的很大变化，如焊料流动性变差、扰乱波动过程的力学作用，焊接缺陷率上升（如桥连），因此控制焊料槽中杂质 Cu 的变化极为重要。

（1）有铅波峰焊接中对焊料槽杂质 Cu 的控制。

有铅波峰焊接对焊料槽杂质 Cu 的控制基于以下两个物理现象。

1）密度上的不同：Cu 元素熔入焊料槽后，是以金属间化合物（Cu_6Sn_5）的形式存在。由于 Sn37Pb 的密度为 8.5g/cm^3，而 Cu_6Sn_5 的密度为 8.3g/cm^3，因此金属间化合物（Cu_6Sn_5）浮在焊料槽液态焊料 Sn37Pb 的表面。

2）熔点上的不同：金属间化合物（Cu_6Sn_5）的熔点比 Sn37Pb 焊料的熔点约高 5 ~ 10℃，故可将焊料槽温度稍微降低到金属间化合物（Cu_6Sn_5）的凝固点以下，用特制的工具把铜锡结晶生成物舀出加以清除，再用纯度高的原生态焊料对焊料槽进行补充即可。

（2）无铅波峰焊接中对焊料槽杂质 Cu 的控制。

1）在无铅波峰焊接中，当焊料槽中的杂质 Cu 达到 1.55wt% 时，建议更新焊料槽中的焊料。这是因为在无铅波峰焊接时，SnCu 金属间化合物（Cu_6Sn_5）的密度（8.3g/cm^3）比 SnAgCu 焊料的密度（7.48g/cm^3）和 SnCu 焊料的密度（7.3g/cm^3）都要高，造成 SnCu 金属间化合物（Cu_6Sn_5）分散在液态焊料中而不能上浮，从而导致一系列焊接缺陷。

2）在无铅波峰焊接中，当 Cu 溶入焊料槽的速度和被焊 PCB 带出焊料槽中的 Cu 及新补充焊料的稀释作用能相互抵消时，焊料槽中 Cu 的含量便达到了动态平衡，并尽可能采用氮气保护气氛下焊接。

2.1.5 有铅与无铅在再流焊接工艺特性上的异与同

1. MVC 类元器件耐再流焊接热能力的异与同

MVC 类元器件是指在焊接中对热最脆弱的元器件类，如使用液态电解质的铝电解电容、连接器、双排封装（DIP）开关、发光二极管（LED）、变压器、PCB 基板材料等。它们的耐再流焊接热能力，在有铅和无铅的情况下是不同的。

（1）有铅元器件。

由于在有铅再流焊接中，最大再流焊接峰值温度均不会超过 230℃。因此，将有铅 MVC 类元器件的耐热性定格在 240℃。工业制造业界所有焊接设备、焊接工具以及所使用的焊接用辅材，均是按 240℃的耐热性来设计和选定的。

（2）无铅元器件。

无铅再流焊接中的峰值温度可高达 250℃，因此，MVC 类元器件的耐热性最低也必须选择在 260℃以上，即在工业制造业界所有焊接设备、焊接工具以及所使用的焊接用辅材，均要按 260℃的耐热性来设计和选定。

2. 再流焊接常用的焊膏成分

（1）有铅再流焊接。

与有铅波峰焊接一样，有铅再流焊接所用的焊膏中使用的焊料成分也常用 Sn37Pb 共晶焊膏和 Sn36Pb2Ag 焊膏。

（2）无铅再流焊接。

在无铅再流焊接所使用的焊膏中的合金成分主要有以下两种。

1）SAC305 焊膏：这是目前工业上应用最广泛、性价比较好的一种成分，其熔化温度范围为 217 ～ 220℃。

2）SAC387 焊膏：这是 SnAgCu 合金系中的共晶组分，其熔点为 217℃，它在同一温度完成固 – 液相变。熔化温度最低，所以应用在一些特种产品中（如军用产品）。

3. 再流焊接峰值温度范围

（1）有铅再流焊接。

对于简单产品而言，有铅再流焊接峰值温度范围通常为 205 ～ 220℃，但对于复杂产品而言（如某些 IC 封装）可能需要 225℃，如图 2.12 所示。

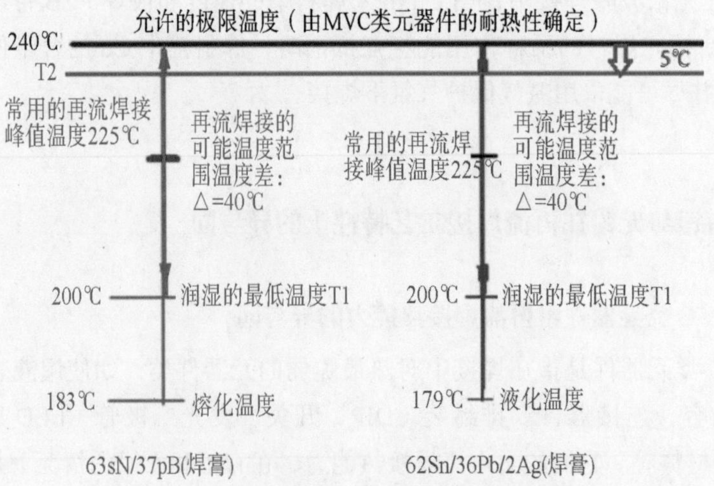

图 2.12　有铅再流焊接峰值温度范围选择

（2）无铅再流焊接。

对于无铅而言，在实际的再流焊接中，如果最小峰值温度为235℃，那么最大峰值温度取决于PCB基板面的温度差ΔT。而ΔT取决于PCB的尺寸、厚度、层数、元器件布局、Cu层的分布以及元器件尺寸和热容量。拥有大而复杂的元器件（如CBGA、CCGA等）的厚PCB基板，典型ΔT值可高达20 ~ 25℃。因此，应尽量降低峰值温度，延长预热与再流时间，如图2.13所示。

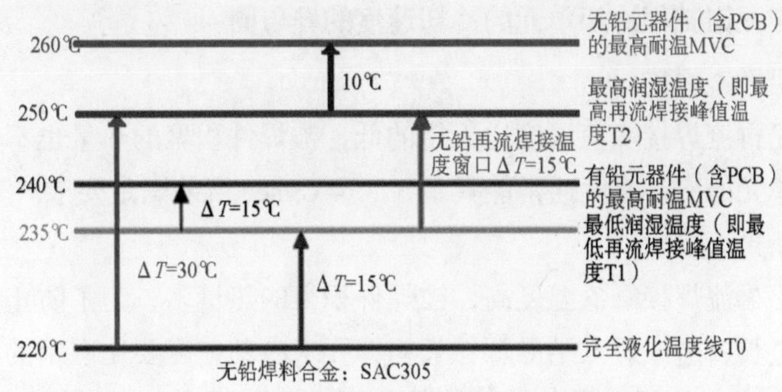

图2.13　无铅再流焊接峰值温度范围选择

4. 有铅与无铅再流焊接温度-时间曲线的异与同

在纯有铅或纯无铅工况下，升温-保温（斗篷）形峰值温度-时间曲线如图2.14所示。图2.15是无铅斗篷形和梯形温度-时间曲线的选择参数对比(可参考)。

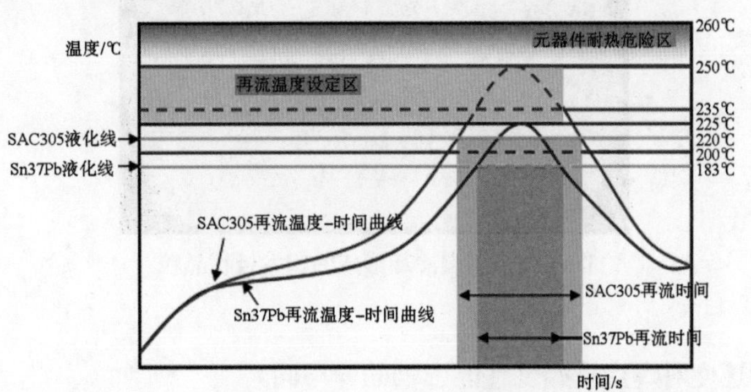

图2.14　升温-保温（斗篷）形峰值温度-时间曲线

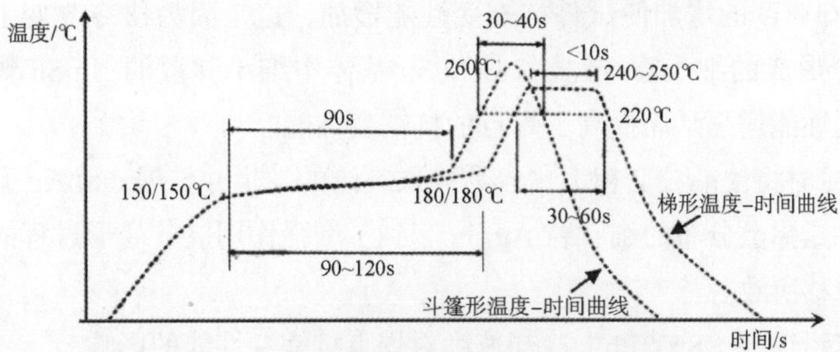

图2.15　无铅斗篷形和梯形温度-时间曲线

第02章　有铅与无铅微焊接中的异与同以及从基本现象追迹无铅微焊接中的不良

5. 有铅与无铅再流焊接炉型选择的异与同

（1）有铅再流焊接。

应选择 8 ~ 10 温区，再加 1 个冷却区的炉型。

（2）无铅再流焊接。

应选择 10 ~ 12 温区，再加 2 个冷却区的炉型。

6. 有铅与无铅制程冷却单元的冷却速度的异与同

（1）有铅再流焊接。

由于有铅再流焊接峰值温度比无铅的低，被焊件积聚的热量也不算太多。因此，对冷却单元的冷却速度通常能具备 3 ~ 4℃ /sec 就能满足要求。

（2）无铅再流焊接。

由于无铅再流焊接峰值温度高，被焊件积聚的热量多，为了防止由于焊点冷却凝固时间过长，造成焊点结晶颗粒长粗，要求冷却速度要比有铅的高。加速冷却还可以防止产生偏析，避免枝状结晶的形成，如图 2.16 所示。因此，要求再流焊接设备的冷却装置应有很强的冷却效率，以使焊点快速降温，通常要求最大冷却速度能达到 5 ~ 6℃ /sec。

图 2.16　缓慢冷却形成的粗大枝状晶粒

7. 冷却速度对焊点抗蠕变性能影响的异与同

（1）无铅焊料冷却速度对焊点抗蠕变性能的影响。

1）冷却速度的增加使试件抗蠕变性能增加，这是因为快冷改变了微观组织结构。快冷形成的细小富 Sn 枝状晶和 Sn 基体中细小弥散的 Ag_3Sn 颗粒，将使接头抗断裂性能增强从而提高了焊点的抗蠕变性能。

2）慢冷时将使晶粒变粗大，容易导致裂纹的发生并扩展。SnAg 系的蠕变性能提高主要是弥散分布的细颗粒 Ag_3Sn 起到了增强作用。其变形过程的主导机制并非晶界滑移所致。

（2）有铅焊料（Sn37Pb）冷却速度对焊点抗蠕变性能的影响。

与 SAC 合金相反，有铅共晶焊料快冷时 Pb 成球状，同时在冷却速度增加的条件下所有的相都细化，但差别在于 Pb 硬度比富 Sn 基体弱，而且含量远大于 Ag 在 SnAg 和 SAC 合金中的含量。所以快冷导致的 SnPb 焊料微粒细化，反而使其在变形过程中更有利于晶界滑移。因此，快冷 SnPb 合金将 100% 使抗蠕变性能降低。

（3）有铅焊料 SnPb 中的 Pb 和无铅 SAC 焊料中的 Ag_3Sn 的作用。

可以说有铅焊料 SnPb 中的 Pb 和无铅 SAC 焊料中的 Ag_3Sn 的性质决定和主导了合金的变形机制，从而使冷却速度有不同的表现。它也是冷却速度在无铅焊接中较受关注的一个原因。

8. 有铅和无铅再流焊接自对准能力的异与同

（1）有铅再流焊接。

当使用有铅焊膏（Sn37Pb、Sn36Pb2Ag），PCB 焊盘镀层为 HASL Sn37Pb 或 OSP 在空气中再流时，如果元器件贴装偏离焊盘小于或等于 50%，则有铅再流焊接能很好地实现自对准。

（2）无铅再流焊接。

1）空气气氛中：在使用 SAC305 焊膏、PCB 焊盘镀层为 ENIG 或 OSP、焊球为 SAC305 时，如果元器件贴装偏离焊盘小于或等于 25%，则无铅再流能很好地实现自对准；若大于 25% 时，则很困难了。

2）氮气气氛中：在使用 SAC305 焊膏，PCB 焊盘镀层为 ENIG 或 OSP、焊球为 SAC305 时，如果元器件贴装偏离焊盘小于或等于 50%，则能很好地实现自对准。

2.1.6 有铅与无铅制程焊点显微组织演变和界面反应的异与同

焊点内部和界面 IMC（金属间化合物）的显微组织决定了焊点的力学性能，焊料和焊盘界面反应而形成的金属间化合物的结构又是衡量焊点冶金连接强度的基础。

1. 有铅与无铅制程焊点中显微组织演变的异与同

（1）有铅焊接。

共晶合金在凝固过程中分为正常和反常两类，Sn37Pb 为正常共晶合金。各组成相（Sn 相和 Pb 相）具有相同的生长速率，并且其生长机制为非多小平面的。在凝固过程中，富 Sn 相和富 Pb 相在液相中并行生长。Pb 原子被凝固的富 Sn 排斥，同样 Sn 原子也被凝固的富 Pb 排斥，并在固－液相界面前沿分别向富 Pb 或富 Sn 扩散。两种共晶组成相

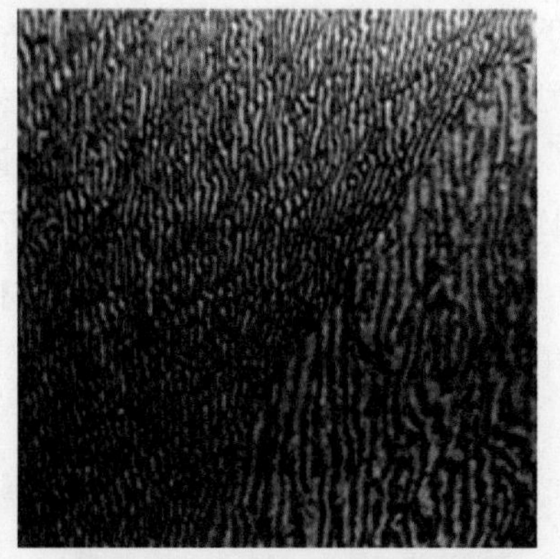

图 2.17　Sn37Pb 共晶显微组织

的这种并行生长的特点，形成了层片状或者棒状规则的显微结构，如图 2.17 所示。

（2）无铅焊接。

无铅 SAC 共晶合金（SAC387）为反常共晶合金，Sn、Ag 或 Cu 的熔点差别很大，其组成相 β-Sn、Ag_3Sn 和 Cu_6Sn_5 的体积分数差别也很大。Ag_3Sn 和 Cu_6Sn_5 都是有多个小平面状的晶相，而 β-Sn 为非多小平面晶相。在凝固过程中，多小平面晶相 Ag_3Sn 和 Cu_6Sn_5 以层状沉积的方式生长，而非多小平面晶相 β-Sn 以树状的枝晶方式在液相中生长。不同的生长机制使 β-Sn、Ag_3Sn 或 Cu_6Sn_5 的生长速度有很大的不同，因此，β-Sn、Ag_3Sn 或 Cu_6Sn_5 的生长是独立的或者仅仅是松散耦合的。所以在 SAC 共晶合金中，组成相的松散耦合所产生的显微组织与 Sn37Pb 的显微组织有所不同，共晶或近共晶的 SAC 焊点的显微组织由 β-Sn 树枝晶、Ag_3Sn 和 Cu_6Sn_5 层片状组织构成，如图 2.18 所示。

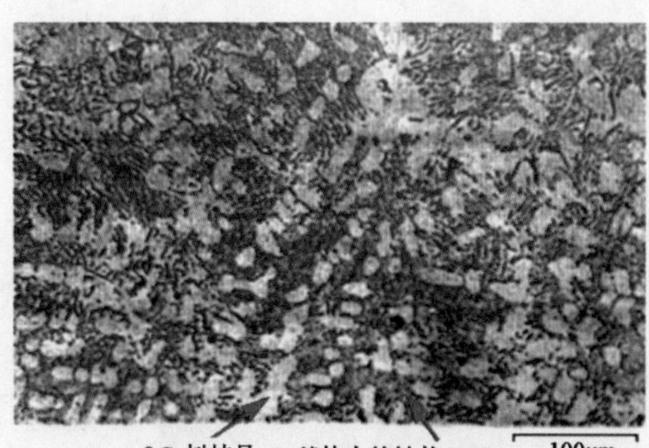

图 2.18　共晶或近共晶的 SAC 焊点的显微组织由 β-Sn 树枝晶、Ag_3Sn 和 Cu_6Sn_5 层片状组织构成

2. 有铅与无铅制程中焊点界面冶金过程及 IMC 形成的异与同

（1）有铅焊接。

1）母材 Cu 表面涂层为 HASL SnPb 或 OSP。

①母材 Cu 表面涂层为 HASL SnPb 时，在多数情况下 SnPb 焊料和母材 Cu 的界面反应物是金属间化合物 η-Cu_6Sn_5 相。只有 Pb 含量很高的焊料或 Cu 达到了很高的浓度时，界面层中才会出现新的金属间化合物 ε-Cu_3Sn 相。

②母材 Cu 表面涂层为 OSP 时，金属间化合物 Cu_6Sn_5 与 Cu 在所有焊料中均有很好的黏附性，如图 2.19 所示。界面层的形态对连接的可靠性影响很大，由于金属间化合物的脆性和母材的热膨胀等物性上的差异，因此很容易产生龟裂。

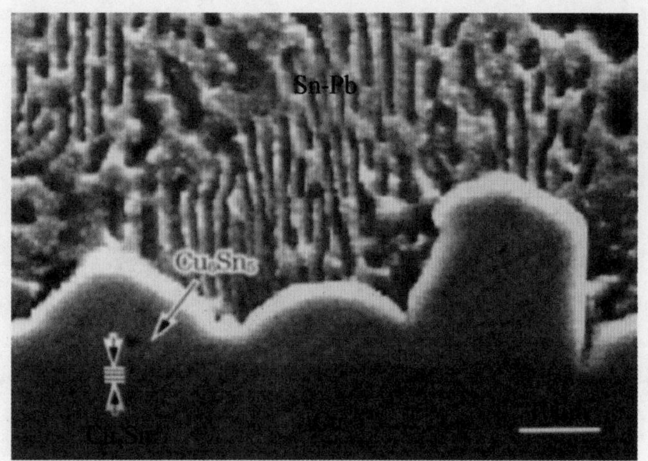

图 2.19　典型 Sn37Pb 焊料和 Cu 的界面组织

2）焊盘涂层为 ENI Ni/Au 或 ENIG Ni（P）/Au。

①当用 SnPb 焊料合金和 ENI Ni/Au 涂层进行焊接时，其冶金反应过程是：镀层表面 Au 层的 Au 原子首先在焊料中溶解扩散，将其底部的 Ni 层暴露出来，与熔融焊料合金中的 Sn 发生冶金反应，在紧靠 Ni 侧生成 Ni_3Sn_4 的 IMC 层。偶尔也会在 Ni 和 Ni_3Sn_4 之间生成 Ni_3Sn_2 或 Ni_3Sn 的薄层。Pb 不会参与形成 IMC 的冶金反应，而溶解到焊料中的 Au，在凝固时会析出 $AuSn_4$ 并均匀地分布在焊料中。近来发现，在固相老化过程中，析出的 $AuSn_4$ 颗粒会从焊料内部向焊料和焊盘间的界面运动，并在界面处导致脆性断裂。

Ni 的界面反应生成 Ni_3Sn_4 和（Au，Ni）Sn_4 金属间化合物，其界面反应形成的界面层组织结构如图 2.20 所示。

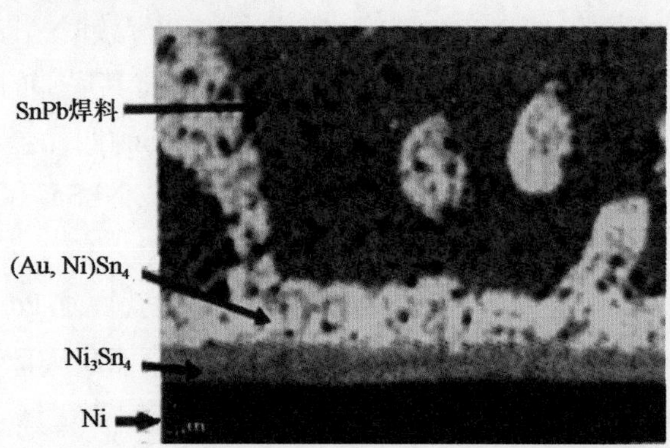

图 2.20　SnPb 焊料和 ENIG Ni/Au 镀层再流形成的界面合金层

②当用 SnPb 焊料合金和 ENIG Ni（P）/Au 涂层进行焊接时，在 Ni-Sn 金属间化合物层和 ENIG Ni（P）镀层之间出现了一个富 P 的暗层〔Ni（P）$^+$层〕，如图 2.21 所示。在熔融 SnPb 焊料和 Ni（P）接触时，形成的界面金属间化合物主要是 Ni_3Sn_4，P 和 Pb 均未参与 IMC 层的形成。P 从 Ni-Sn 金属间化合物中排出，并在 Ni-Sn 金属间化合物和 Ni（P）界面处偏析。

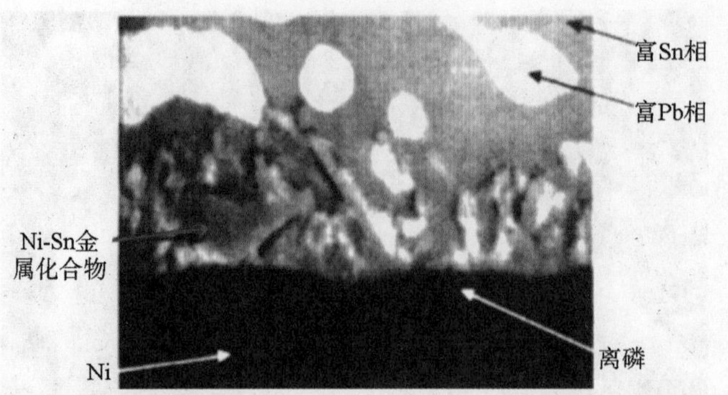

图 2.21　SnPb 焊料合金和 ENIG Ni（P）/Au 涂层进行焊接界面的 SEM 图

（2）无铅焊接。

1）母材涂层为 OSP。

用 SAC 焊料焊接 Cu 基体，焊料中的 Sn 在焊料和 Cu 的界面中生成 Cu、Sn 金属间化合物，而 Ag 是不参与 IMC 生成的。Cu、Sn 冶金反应生成的界面层组织分布是：Cu 侧→ Cu_3Sn → Cu_6Sn_5 → SnAgCu（SAC 焊料），如图 2.22 所示。

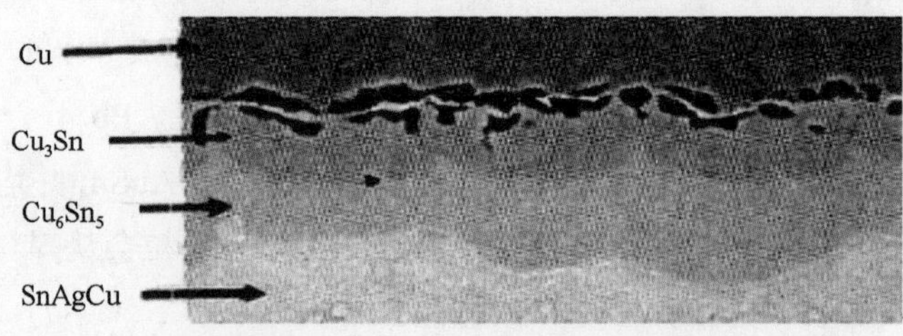

图 2.22　SnAgCu 和 Cu 的 IMC 层构成

2）母材涂层为 ENIG Ni（P）/Au。

用 SAC 焊料合金和 ENIG Ni（P）/Au 涂层进行焊接时，其冶金反应过程是：镀层表面 Au 层的 Au 原子首先在焊料中溶解扩散，将其底部的 Ni 层暴露出来。SAC 熔融焊料在 Ni–Au 镀层上生成（Au，Ni）$_2Cu_3Sn_5$ 四元金属间化合物，而 Ag 不会参与 IMC 的形成且 Sn37Pb 在 Ni–Au 上时生成 Ni_3Sn_4 和（Au，Ni）Sn_4。

3）母材涂层为 ENEPIG Ni/Pd/Au。

Pd 在 Sn 基焊料合金中的熔融要比 Au 困难，这就要求 Pd 非常薄，以避免 Ni 和焊料之间的微弱界面层的出现。因此，Pd 层厚度应该在 0.025 ~ 0.05μm 之间，这样薄的 Pd 层极易受到摩擦等破坏，而使 Ni 层暴露出来，这对 Pd 表面的焊接能力是有害的，所以目前非电镀 Pd 层厚度通常是 0.15 ~ 0.2μm。

SAC 合金和 Ni/Pd/Au 涂覆层的冶金反应过程是：化学镀 Pd 层会完全熔融在焊料之中，当其完全熔融后会露出一层新的化学镀 Ni 层来生成良好的（Cu，Ni）$_6Sn_5$ IMC 层。避免了在采用 ENIG Ni（P）/Au 工艺时，合金界面可能出现的高 P 层。

2.1.7 有铅与无铅制程焊点在可靠性上的优劣

1. 有铅与无铅制程焊点界面 IMC 显微组织对可靠性的影响

（1）形貌。

η-Cu_6Sn_5 层有以下三种形貌。

1）界面粗糙的胞状层：具有树枝晶的横截面，树枝间有大量空隙，不致密，与焊料接触的界面粗糙。

2）扇贝状界面的致密层：该形状类似于胞状晶粒，其化合物层致密，与焊料接触的界面类似于扇贝状。

3）界面平直的致密层：当 Pb 含量、温度和反应时间增加时，η 层的形貌逐渐从粗糙的胞状层向扇贝状的致密层转变。

（2）影响因素。

1）快的冷却速度会产生平直的 η-Cu_6Sn_5 相层，慢的冷却速度产生的是小瘤状的 η-Cu_6Sn_5 相层。

2）再流时间短会产生平直的 η 相层，再流时间长则更多产生小瘤状或扇贝状的 η-Cu_6Sn 相层。

（3）剥落。

最初在焊盘和液态焊料间形成的 IMC，有时会随再流时间或再流次数的增加发生从界面分离的现象。此现象通常与 Ni 有关，如 ENIG Ni（P）镀层的基板更易发生。

1）有铅焊料（Sn37Pb）在不同 P 含量的 ENIG Ni（P）镀层的界面处，IMC 有剥落现象，且剥落现象与 Ni 中 P 含量的增高及再流时间的增加有关。

2）无铅焊料（SAC387）与几种镀层基板〔Cu、Ni（P）/Au 和 Ni（P）/Pd/Au〕在 250℃下的再流时间达 20min 后，对在〔Ni（P）/Au 和 Ni（P）/Pd/Au〕基板上，（Cu，Ni）$_6Sn_5$ 的 IMC 能很好地连接在界面处。而电镀 Ni 的基板，多种无铅焊料都能和 Ni_3Su_4 的 IMC 很好地连接。

（4）Au 对 SAC 焊料和 Cu 基板间的 IMC 的影响。

Cu 和 SAC 焊料形成的 IMC 的形貌为鹅卵石状。在形成界面 Au-Cu-Sn 三元金属化合物时，焊料中大部分的 Au 将流出并移向界面。在界面反应中，Au 的介入会使界面形貌由普通扇贝状向复合形貌变化，这种复合结构由（Au,Cu）$_6Sn_5$ 晶粒和分散性很好的岛状 β-Sn 构成。

2. 焊点界面元素分布

通过高低温度冲击和高温试验可以看出，高温试验时，Ag_3Sn 网状结构稍有下降，向粒状 Ag_3Sn 相的变化很明显，而焊接强度不受影响。采用高温进行界面合金层加速生长试验。对镀 Pd 元器件引脚来讲，合金层生长与时间平方根成粗略的线性比例关系，生长在某一扩散控制速率下发生。然而，对镀 SnPb 元器件引脚来讲，无论高低温度冲击试验还是高温试验，形成的化合物能明显降低焊点强度。无铅焊点的硬度和强度比 SnPb 焊点高，形状也比 SnPb 焊点小，但这并不等于无铅焊点的可靠性好。由于无铅焊料合金的润湿性差，空洞、移位、立碑等焊接缺陷较多，并且空洞尺寸普遍有增大的趋势，如图 2.23 所示。不论是有铅还是无铅，二次再流时空洞还要不断增大。

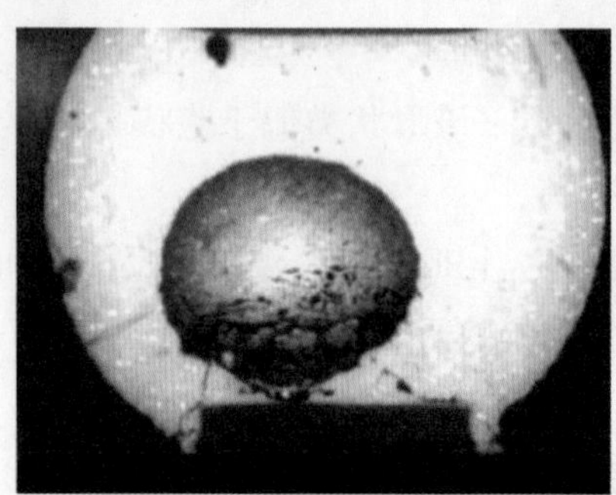

图 2.23　增大的空洞

3. 固相老化对焊点可靠性的危害

（1）固相老化将导致界面 IMC 厚度增加，形貌从扇贝状向平直均匀的层状转变。固相老化的过程中，过多的界面化合物的形成会产生某些化学成分的偏析，而这些成分并不参与 IMC 的形成。由于 IMC 形成过程中的柯肯多尔效应造成材料密度的降低，过多的固相老化还会在焊料 / 焊盘界面产生大量的空洞（柯肯多尔空洞）。

（2）对 SnPb 焊料和 Cu 界面，在 140℃下老化 7 ~ 30d，由于 Sn 进入金属间化合物，老化产生了一个紧挨着界面 IMC 的连续富 Pb 相区，这就为疲劳裂纹提供了易于扩展的途径。

（3）IMC 的临界厚度:IMC 层存在一个临界厚度，在此厚度上剪切强度最大。对纯 Sn、Sn1.5Cu 和 Sn2.5Cu 这三种焊料的临界 IMC 层厚度均约为 0.2μm。出现临界厚度的再流时间对纯 Sn 为 60s，含 Cu 焊料的再流时间约为 15s。当 IMC 厚度薄于临界厚度时，剪切疲劳发生在焊料内部。随着再流时间的增加，剪切强度随焊料中 Cu_6Sn_5 的增多而增高。随着再流时间的进一步增加，界面 IMC 超过了临界厚度，此时剪切脆断发生在 IMC 层中，显然剪切强度随再流时间的增加而降低。

（4）IMC 中的柯肯多尔空洞：SAC305 焊料球在 Cu 基板上构成的 BGA，在 100℃、125℃、150℃和 175℃下等温老化 3d、10d、20d 和 40d 后，进行跌落和剪切试验。在 Cu/Cu_3Sn 界面观察到了柯肯多尔空洞。在 125℃老化 3d 后，空洞占整个焊盘 / 焊料界面的 25%。空洞随老化时间和温度的增加而增加，125℃下老化 10d 的跌落性能比没有老化的性能降低了 80%。

2.1.8 有铅与无铅制程焊点在抗热机械疲劳可靠性上的优劣

1. 抗等温机械疲劳

等温机械疲劳测试可以确认在相同温度下不同的焊料合金材料的抗机械应力的能力，同时还表明不同的焊料合金材料显示出不同的失效机理，失效形态各有不同，如图 2.24 所示。由此可得结论：SnPb 的抗拉伸蠕变应变率比 SAC 快，因此，认为在 SnPb 焊点中具有较大的抗蠕变应变能力。

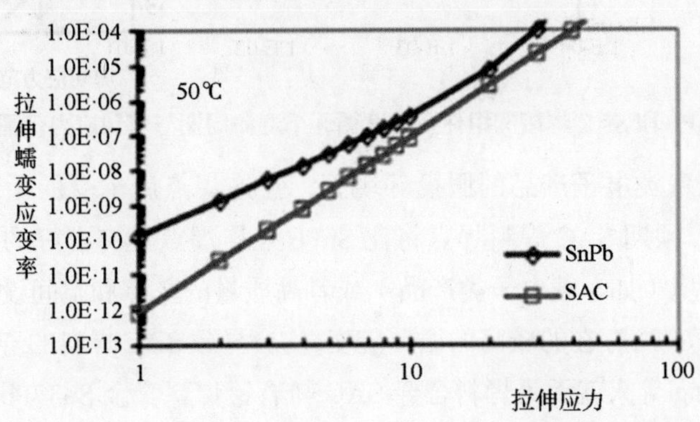

图 2.24 SAC 和 Sn37Pb 焊料合金在 50℃时的拉伸蠕变应变率

2. 抗热机械疲劳

在减小的加载速率下施加相对低的应力（低于屈服强度）会导致变形向焊料材料内部转移。这些条件包括多数焊料互连点的服役环境，以及加速老化试验状态。此时，焊料的变形将包括与时间相关的变形（即蠕变变形）。在循环载荷作用的情况下，蠕变和疲劳共同作用导致焊料变形。温度波动，加上组成互连结构的各种材料间的热膨胀系数不匹配等，均会导致较低加载速率下的疲劳，此时蠕变成为材料变形的主要原因，这种状态即为热机械疲劳。

一般来说，电子封装中焊点的长期可靠性是由焊料合金的蠕变疲劳性能所决定的，并且随着时间的变化其可靠性将变得越来越差，焊点尺寸对互连性能的影响将更为重要。

（1）SAC 与 SnPb 焊点抗热机械疲劳可靠性的比较：SnPb 和 SAC 焊接的组件在温度循环下寿命周期与剪切应力范围的关系曲线如图 2.25 所示。从图 2.25 中可以看到，两条趋势线的斜率不同，并且这两条趋势线相交于剪切应力为 6.2% 的点上，这表明在较温和的条件下（相交点的左侧），用 SAC 焊接的焊点比 SnPb 的寿命长。而在高应力条件下（相交点的右侧），用 SnPb 焊接的焊点比 SAC 的寿命长。

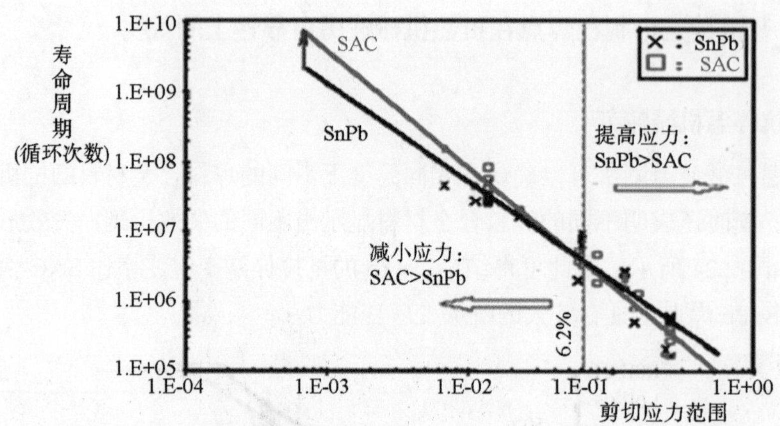

图 2.25 SnPb 和 SAC 焊接的组件在温度循环下寿命周期与剪切应力范围的关系曲线

在多数消费类电子产品的服役环境下，互连焊点所承受的循环应力范围为 0.001 ~ 0.01，预期 SAC 焊料焊点将比 SnPb 互连焊点具有更好的可靠性。而在苛刻的服役环境（如车载电子类产品）或者高质量的军事和空间设备的加速试验中(-55 ~ 125℃)所存在的较高的循环应变，均会导致 SAC 焊料的寿命比 SnPb 短。

（2）Hwang 等人就无铅焊料合金 SAC 与有铅焊料合金 Sn37Pb，在完全相同的试验条件下（温度、负载下降 50%、应变范围 0.2%）所作的试验研究，工作至失效的循环次数为

SAC（失效循环次数：8936）> Sn37Pb（失效循环次数：3650）

（3）温度循环特性：在不同的温度下，采用 SAC305 焊料（217 ~ 220℃）和 Sn37Pb 共晶焊料（183℃）安装无铅 BGA 焊球进行温度循环试验的特性比较，见表 2.3。

表 2.3 在不同温度下采用无铅 BGA 焊球进行温度循环试验的特性比较

焊球	焊膏	焊接温度/℃	2000ey	2200	2400	2600	2800	3100	3300	3500	3700	3900	4100	4300	4500	4700	4900	5100	5300	5500
Sn-3Ag-0.5Cu	Sn-3Ag-0.5Cu	235																		
Sn-3Ag-0.5Cu	Sn-3Ag-0.5Cu	230																		
Sn-3Ag-0.5Cu	Sn-3Ag-0.5Cu	225																		
Sn-3Ag-0.5Cu	Sn-3Ag-0.5Cu	220																		
Sn-3Ag-0.5Cu	Sn-37Pb	235																		
Sn-3Ag-0.5Cu	Sn-37Pb	220																		
Sn-3Ag-0.5Cu	Sn-37Pb	215																		
Sn-3Ag-0.5Cu	Sn-37Pb	210																		
Sn-3Ag-0.5Cu	Sn-37Pb	205																		
Sn-3Ag-0.5Cu	Sn-37Pb	200																		
Sn-3Ag-0.5Cu	Sn-37Pb	195																		
Sn-3Ag-0.5Cu	Sn-37Pb	190																		
Sn-3Ag-0.5Cu	Sn-37Pb	183																		

封装：15 mm × 15mm，176 引脚，0.8mm
基板：FR-4，4 层厚 0.8mm
焊盘尺寸：Φ0.4，SRΦ0.55mm

未 发 现

发　　现

错误定义：20% 标称电阻值增加。

从表 2.3 中可以看到，如果 BGA 焊球（SAC305）采用 SAC305 焊膏或 Sn37Pb 焊膏进行再流焊接，在焊接后的温度循环试验中，如果焊接温度低，结

果将使温度循环寿命变短。因此，为了获得充分的焊点可靠性，有必要对焊料球或焊膏的熔点（高的那个）进行温度设定，在焊接工艺中加入不同温度的考量。

3. 抗热机械负荷

热机械负荷取决于被加热的温度范围、元器件尺寸及元器件和基底之间的 CTE 不匹配程度。例如，有报告显示，在通过热循环测试的同一块 PCB 基板上得到如图 2.26 所示的结果。

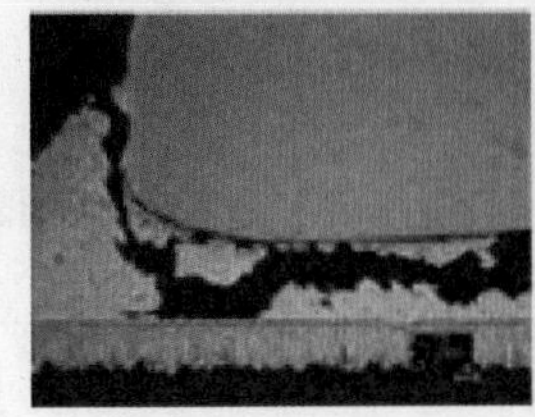
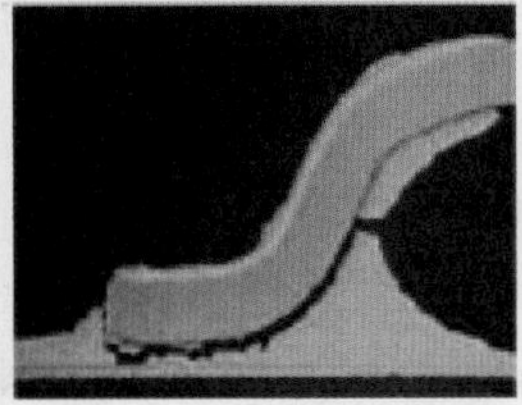

图 2.26　抗热机械负荷

（1）带有 Cu 引线框的元器件在 SAC 焊点中经受的热循环数量要高于 SnPb 焊点。结论：SAC 优于 SnPb。

（2）采用 42 合金引线框的元器件（其与 PCB 的 CTE 不匹配程度更大）在 SAC 合金焊点中，比 SnPb 焊点将提前发生故障。结论：SnPb 优于 SAC。

（3）在同一块 PCB 上的 0402 陶瓷片状元器件的焊点，在 SAC 中通过的热循环数量要超过 SnPb；而 2512 陶瓷片状元器件则相反。

（4）许多报告称：在 0 ~ 100℃之间热循环时，在 FR-4/PCB 上 1206 陶瓷片状电阻器的焊点在无铅焊接中发生故障的时间要晚于 SnPb，而在温度极限为 -40℃和 150℃时，这一趋势则恰好相反。

4. 抗高温和高低温的温度冲击

焊点在抗高温和高低温的温度冲击试验后的强度测量，可以协助我们认识焊料合金与基材之间焊点强度下降的因果关系。图 2.27 表明了焊点强度测试结果。

（1）高低温温度冲击试验（引脚镀 SnPb）：SAC 优于 Sn37Pb，如图 2.27（a）所示。

（2）高低温温度冲击试验（引脚镀 Pd）：次数小于 500 时，SAC 优于 Sn37Pb；而次数大于 500 时，Sn37Pb 优于 SAC，如图 2.27（b）所示。

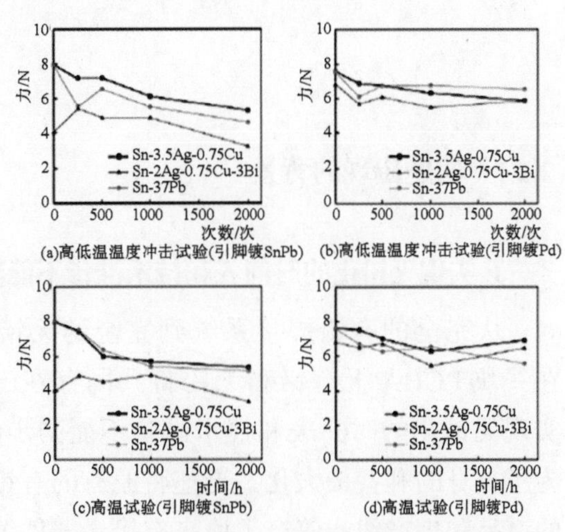

图 2.27　焊点的高温、高低温温度冲击试验

（3）高温试验（引脚镀 SnPb）：SAC 和 Sn37Pb 无明显差别，如图 2.27（c）所示。

（4）高温试验（引脚镀 Pd）：大多情况下，SAC 优于 Sn37Pb，如图 2.27（d）所示。

5. 无铅焊料的抗机械震动

有研究表明，在施加震动、跌落或 PCB 基板弯曲时，SAC 焊料合金的失效负载还不到 SnPb 合金的一半。这种性能损失似乎是几个因素的共同作用，包括脆弱的金属间化合物，因更高的再流焊接温度而导致的 PCB 基板降级，由于 SAC 比 SnPb 更硬而传递了更大的应力。

上述问题到底是一个长期可靠性问题，还是从一开始就是一个质量问题呢？便携式电子产品制造商的无铅化已经实施了数年，还没有因为跌落导致返修率增加的报告。有些公司把注意力集中到如何更好地控制制造环境，特别是减小最大的允许张力。

影响焊点可靠性的另外一个潜在缺陷是，随着时间的推移，焊点变脆。这是由于焊点里没有 Pb，致使留下的合金变硬。随着时间的推移，变硬的合金会出现裂纹或者微小的裂痕。在用于运动和振动的产品中，印制电路板的疲劳迹象更加普遍。这些隐患和其他的问题，给工艺控制带来了更大的压力，要求在装配、返修和检查时都要更加严密。

2.2 从有铅到无铅过渡期混合安装中的热点问题

2.2.1 问题出现的背景

1. 实现无铅化的时间表和技术准备不能同步到位

从完全的有铅焊接系统到完全的无铅焊接系统的过渡不可能一步到位。在一块 PCBA 上有铅和无铅将共同存在，这是因为电子制造业的不同部门，实现无铅化的时间表和技术准备不能同步到位。例如，元器件、焊材等制造商，为了自身的利益最大化，迅速将原有的有铅化的产品和生产线改造成了无铅化的产品和生产线，停产了原来有铅元器件等产品。而从事整机生产的公司对产品的无铅化却是举步维艰，形成了严重滞后的局面。

2. 确保特殊行业高可靠性装备的安全需要

电子制造中的去铅化完全是出于确保人类生存环境的一场全世界共同行动的绿色化革命，然而就电子制造本身而言也是不得已而为之。前面已经分析了，一些对产品可靠性有特殊要求的行业（如军工体系）却是遭遇了一场短期内难以逾越的挑战。去铅化使产品的技术指标和可靠性难以确保，因此，不得不要求获得一豁免期，在豁免期内可以继续维持有铅时的状态。然而现实是严酷的，产品所用的芯片（如 BGA、CSP）均已无铅化，市场上已购买不到有铅的 BGA 和 CSP 了。

2.2.2　去铅过程中混合安装状态的形成

1. 混合安装存在的四种状态

在去铅过程中，混合安装阶段存在的四种状态如图 2.28 所示。

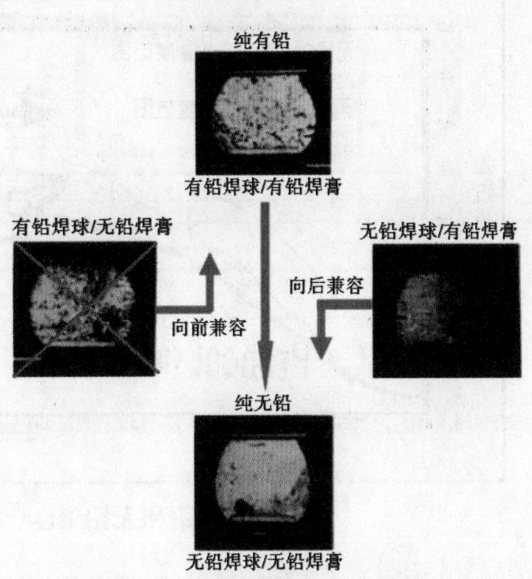

图 2.28　混合安装阶段存在的四种状态

（1）纯有铅状态（有铅焊球 / 有铅焊膏）：这是当前高可靠性产品行业在豁免期间还未研究成功能圆满地替代有铅制程的情况下，不得已采取的维持现状的办法。

（2）纯无铅状态（无铅焊球 / 无铅焊膏）：这是全世界绿色化革命所追求的终极目标，也是目前民用和工业用产品已实现的状态。

（3）向前兼容（有铅焊球 / 无铅焊膏）：图 2.28 左侧列举的是用无铅焊膏焊接有铅焊球的向前兼容状态。出现该种情况是因为芯片供应商的无铅路线图转变日期晚于 PCB 基板和焊材生产商的转变日期所致。在此情况下，有铅焊球先熔化并覆盖在无铅合金尚未熔化的无铅焊膏上，造成有铅焊球大范围塌陷和氧化。焊膏中助焊剂溶剂和残余物不易排出而形成空洞和内部非金属夹渣，这种组合工艺是不可取的。

（4）向后兼容（无铅焊球 / 有铅焊膏）：向后兼容方案的提出是在系统组装公司购入无铅芯片后，由于 PCB 基板生产商的无铅化路线图的滞后，无铅生产线尚未建成。而芯片生产公司又基于经济和有铅对无铅的污染原因，无铅芯片生产线投产后，有铅芯片生产线便全部废弃，而不愿意同时保留。系统组装公司因买不到有铅焊球芯片，就只能继续采用有铅焊膏和有铅 PCB 基板及其温度 – 时间曲线来焊接无铅焊球芯片。

现代微电子制造技术全科工程师指南：热点问题及其机理解析

2. 向后兼容的再流焊接工艺窗口如何选定

（1）有铅与无铅再流焊接峰值温度窗口比较。

再流焊接一般是在炉子中通过热空气对流来完成。无铅再流焊接除了需要比有铅更高的再流温度来熔化无铅焊料外，不需要其他新设备来辅助。只需要在再流炉中按需要增加不同的加热区。

再流焊接工艺文件通常是为所有的 PCB 基板组装而开发的。既然无铅焊接需要更高的再流温度，因此，定义 PCB 基板上不同区域的温度就十分重要。芯片温度是随着周围元器件的不同、元器件放置位置的差异、封装密度等的不同而不同。图 2.29 是一个典型的 SAC 无铅 BGA 焊接的温度 – 时间曲线与有铅焊接的温度 – 时间曲线的对比。

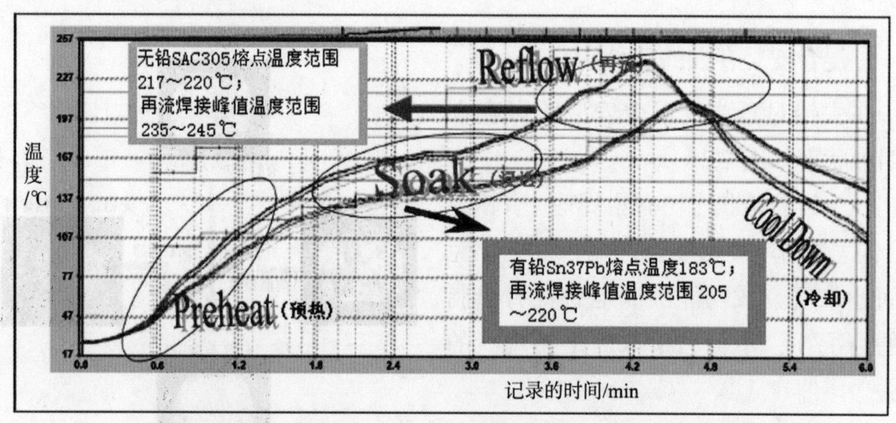

图 2.29　有铅和无铅 BGA 再流焊接温度 - 时间曲线的比较

（2）BGA 向后兼容再流焊接工艺窗口的确定。

当无铅 SAC 焊球 BGA 芯片使用 SnPb 焊膏焊接时，基于使用的再流温度 – 时间曲线有两种不同的方案。这两种方案的温度 – 时间曲线如图 2.30 所示。作为对比，完全无铅的再流焊接曲线也在图 2.30 中展示。

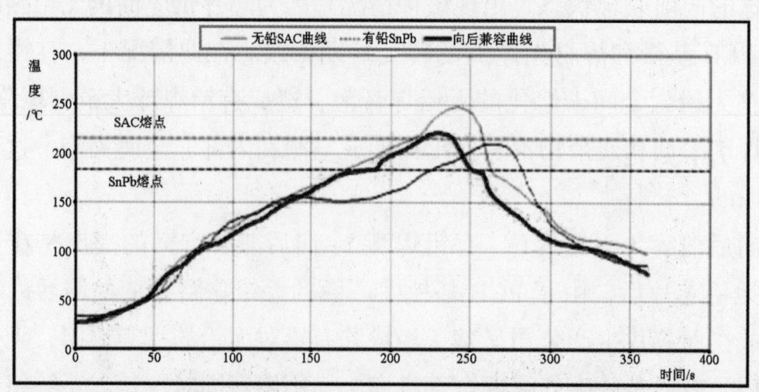

图 2.30　组装过程中完全有铅、向后兼容及完全无铅的再流焊接温度 - 时间曲线的比较

用于有铅 SnPb 组装作为例证的 SnPb 再流温度 – 时间曲线，由于没有超过无铅 SAC 焊球 BGA 的熔化温度。这将影响焊点的质量和可靠性，因而是不可取的。

沉淀在焊盘上的有铅 SnPb 焊膏熔化了，但是 SAC 焊球还未熔化。Pb 将扩散到没有熔化的焊球晶粒边界。SnPb 焊料中的 Pb 在 SAC 焊球中能扩散多高取决于再流温度设置为多高，以及 SnPb 焊料多久能熔化。图 2.31 是一张截面微观图像，描述了 SAC 焊球 BGA 芯片使用标准 SnPb 工艺焊接到 PCB 基板上，最终的焊点微观结构既不均匀也不稳定。这对焊点的可靠性带来了有害的影响。

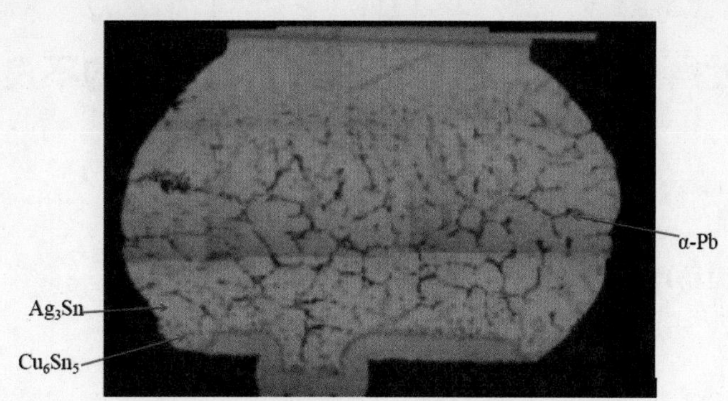

图 2.31　SAC 焊球 BGA 芯片界面微观图

注：使用有铅焊膏通过标准的有铅再流焊接温度 - 时间曲线组装到 PCB 上，SAC 焊球未熔化。黑色 / 灰色互连指状物是富 Pb 晶粒边界；杆状颗粒部分为 Ag_3Sn；灰色颗粒为 Cu_6Sn_5。

有两个原因使这种焊点对产品造成有害影响。一是在再流焊接过程中因为焊球没有熔化，BGA 的自校准效应差。当元器件在贴片工艺过程前后出现某种程度的对不准时，将会造成潜在的开路缺陷。二是球坍塌得不够会造成焊膏和焊球的连接减少甚至开路。

因此，为了得到更好的焊点质量和可靠性，必须使用图 2.29 所示的向后兼容再流温度 - 时间曲线。在这条曲线的再流过程中，SAC 焊球也熔化了，SnPb 焊膏中的 Pb 完全与熔化的 SAC 焊球混合在一起，形成结构均匀一致的 Sn 晶格中的富 Pb（α–Pb）相。这样的微观结构如图 2.32 所示。

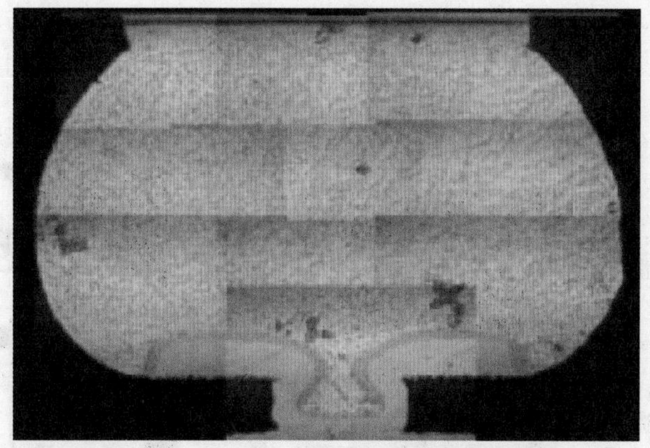

图 2.32　BGA 无铅 SAC 焊球的横截面微观图

注：使用有铅焊膏通过向后兼容的再流焊接温度 - 时间曲线组装到 PCB 基板上。SAC 焊球已经熔化。

另外，由于 SAC 焊球熔化并塌陷了，自对准过程和共面性不良现象的减少过程也同时发生，因此提高了 BGA 焊点的质量和产量。

2.3 从基本现象彻底追迹无铅焊接的不良

2.3.1 无铅焊接中的特有缺陷现象

1. 概述

合格的无铅焊点，意味着在被连接的表面之间形成了良好的物理和电气连接，并且焊接过程中没有损伤元器件；被连接的表面具有良好的润湿性（可焊性）和热可焊性（即焊料在焊接过程中能够保持熔融状态，在焊点形成过程中温度不会降至熔点以下）。只有在表面可焊性和热可焊性条件都得到满足时，才能获得敷形良好的优良焊点。

目前由于对无铅焊接质量标准的缺乏和不完整，正确判断焊点的缺陷变得不清晰。最新的标准 J-STD-001 和 IPC-A-610 所定义的缺陷及可接受的标准如焊点裂纹、焊角翘离、焊盘翘起、表面皱缩及空洞等。这些问题一直处于是否被认定为缺陷，或者仅仅是不影响焊点可靠性的外观异常的争论之中。

2. 特有缺陷现象

无铅焊料（SAC）的焊点与我们已经习惯的光滑亮泽的锡铅焊点非常不同，如图 2.33 所示。按照锡铅焊点的外观标准要求，无铅焊点往往会被认为是不良的。

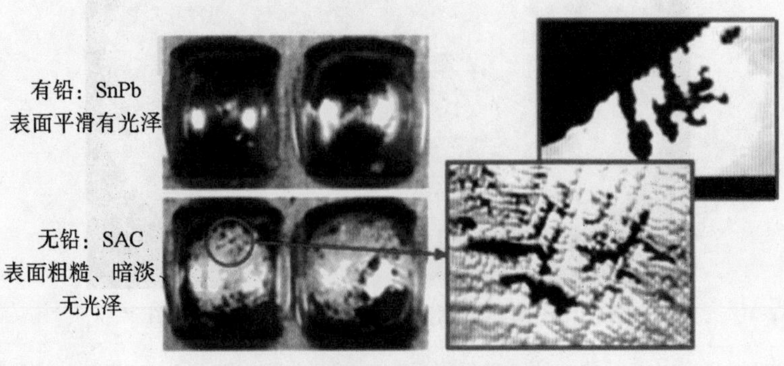

图 2.33 有铅与无铅焊点的不同

3. 无铅焊点的外观

（1）表面粗糙、暗淡、无光泽。

图 2.34 是无铅焊料合金波峰焊接的焊点，其外观呈橘皮状、颗粒状，无光泽、灰暗。这是由于 SAC 无铅焊料大多为非共晶组分，因而焊点在冷却凝固的过程中，纯 Sn（熔点为 232℃）会率先自然冷却。Sn 在凝固过程中首先生成树枝状的结晶核，然后这些结晶核在冷却过程中不断长大（即 Sn 不断被析出），形成树枝的主干和枝干，相当于凝固后的表面凸出部分，如图 2.35 所示。从焊点的总体外观看，呈现出许多颗粒状的突起，图 2.36 中可清楚地看到纯 Sn 枝晶的分布。

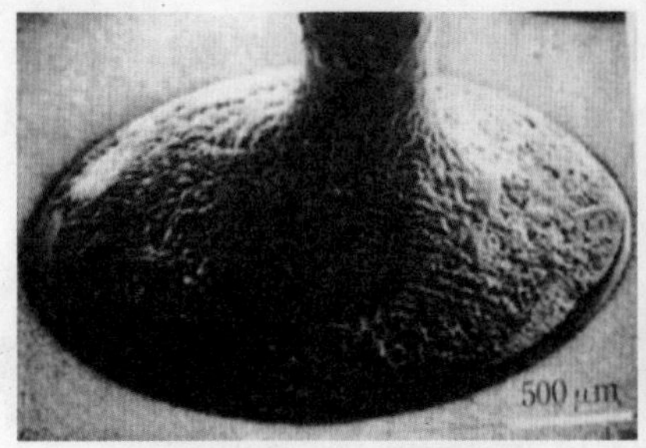

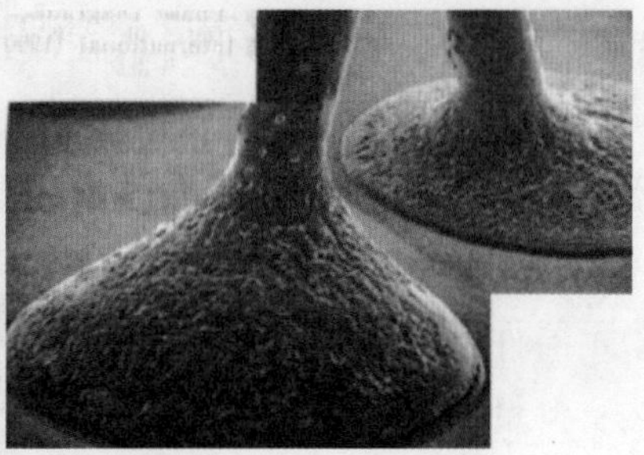

图 2.34　无铅焊点的外观

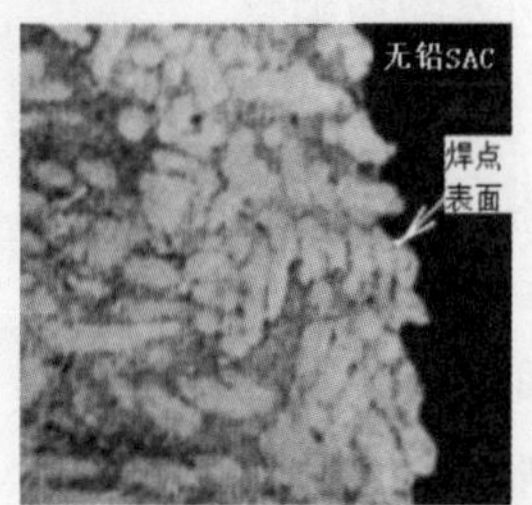

图 2.35　SAC 中 Sn 冷凝形成的枝晶　图 2.36　树状组织导致表面凹凸不平

（2）表面存在微裂纹和缩孔。

1）微裂纹：图 2.37 ~ 图 2.39 中展示了无铅焊点表面存在的微裂纹。微裂纹是一种出现在无铅焊点表面上的微裂纹形的小切口或小间隙。这些微裂纹在灯光照射下有的可见到底（可接受），有的见不到底（不可接受）。

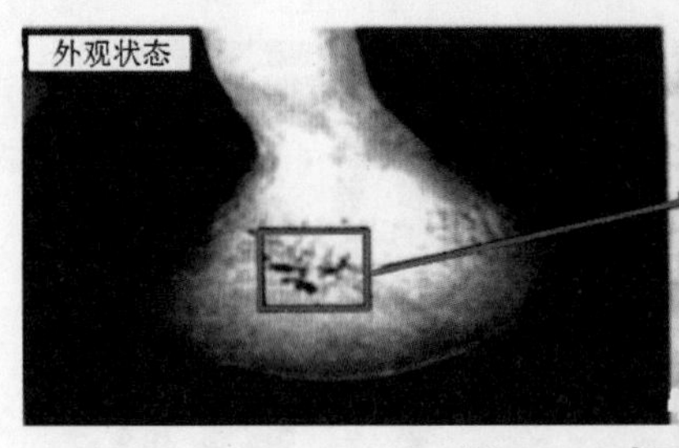

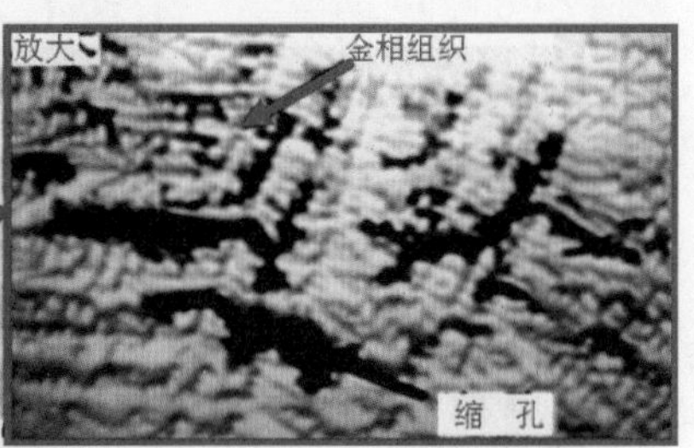

图 2.37　表面微裂纹（1）

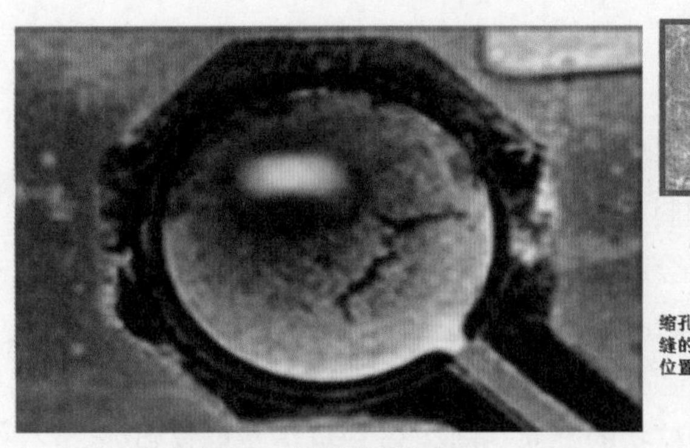

图2.38　表面微裂纹(2)

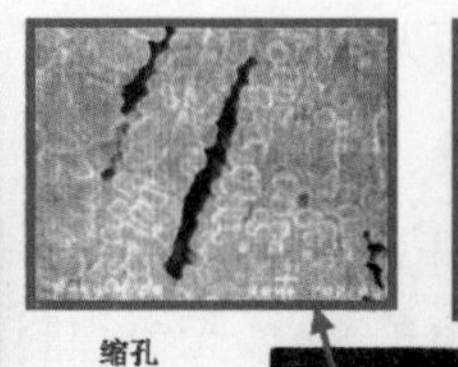

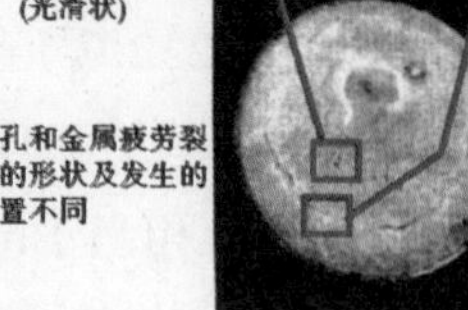

图 2.39　表面微裂纹（3）

目前对出现的微裂纹的原因有下述五种解释。

①热胀冷缩机制再加上焊料在凝固过程中存在一个糊状阶段：因为这个糊状阶段正是焊料强度很脆弱的时期，因此，焊料最终固化成的表面就必然出现不少微裂纹的粗糙表面，如图 2.40 所示。

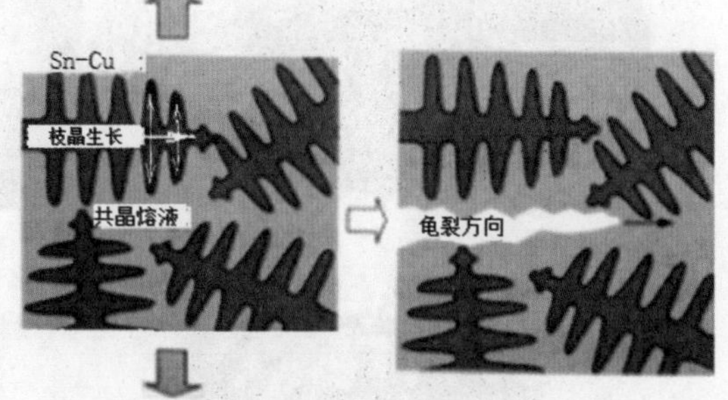

图 2.40　微裂纹的形成原因

②元器件引脚镀层熔解浸入焊点内：少量的 Pb 或 Bi 的残余会优先驻留在晶粒的边界上，引起早期晶粒边界的裂隙。

③孔大引脚细：设计时应采用适当的引脚直径 / 孔径比。

④合金污染：操作中应监控合金污染程度，特别是 Pb。

⑤冷却速度不合适：快速冷却，裂纹多，但是浅；慢速冷却，裂纹少，但是深。

2）缩孔：采用 SAC 焊料合金进行波峰焊接时，由于热容量大的接合部的冷却时间要长些，因此在焊料表面易发生缩孔现象。图 2.41 ~ 图 2.45 展示了无铅焊接中常见的缩孔现象，特别是图 2.42 ~ 图 2.44 中缩孔的深度均已分别触及焊盘面、金属化孔的内壁面以及插入引脚的表面，这些都将危及焊点的可靠性，因而不可接受。

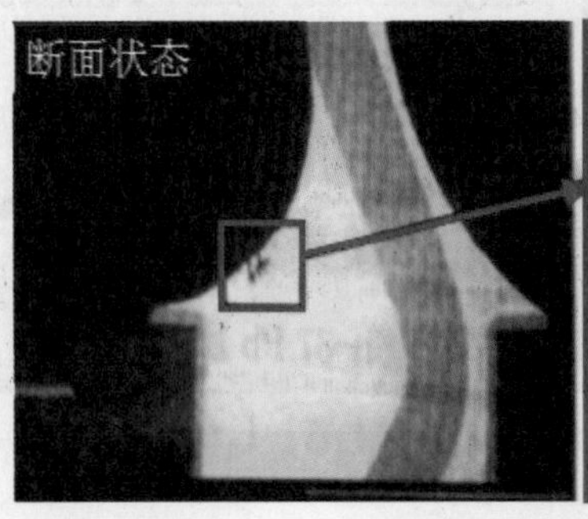

图 2.41　表面缩孔（1）

图 2.42　表面缩孔（2）

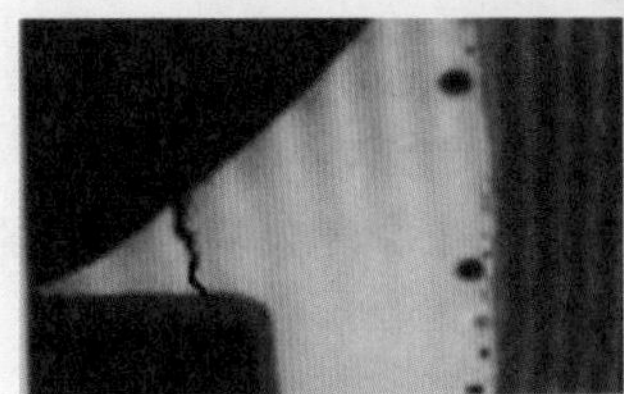

图 2.43　表面缩孔（3）

图 2.44　表面缩孔（4）

图 2.45　表面缩孔（5）

图 2.46 描述了使用 SAC 焊料合金在波峰焊接过程中表面缩孔的形成机理。焊料在凝固过程中，最后凝固的是填充在已经凝固的树枝状 β–Sn 相结晶间缝隙中的 Sn–Ag_3Sn 共晶相。在 Sn–Ag_3Sn 共晶相凝固过程中，由于这一部分糊状体是最后凝固的，固化过程中其体积要缩小 4% 左右，首先发生在表面的凝固收缩现象不断向内部发展，由于体积的缩小就会在枝晶间形成凹陷部分，其结果便形成了洞穴。由于该洞穴是发生在树枝状 β–Sn 相结晶间的缝隙中，因此从外观上看是由裂缝形成的缩孔。

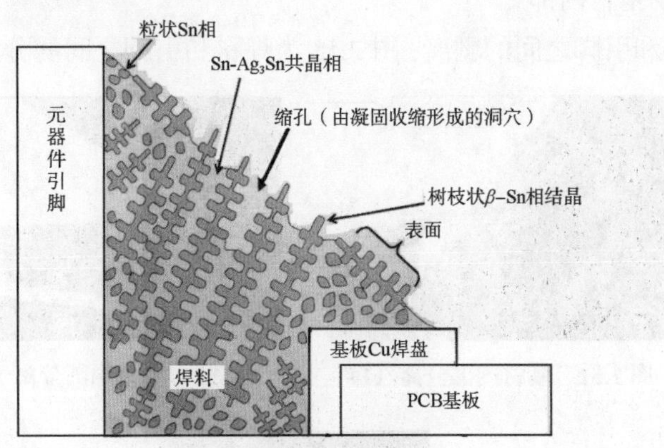

图 2.46　缩孔形成机理

4. 焊缘起翘

在无铅波峰焊接后，在基板、焊料、元器件引脚界面引起的剥离现象，总称为起翘现象。从广义上讲，无铅波峰焊接工艺中发生的起翘现象与机械疲劳破裂而引起的剥离现象是不同的。

（1）起翘现象类型。

无铅波峰焊接所发生的起翘现象，可区分为下述四种类型。

1）角焊缝起翘剥离：其特征是起翘都是发生在焊盘和焊料相连接的界面上或附近，如图 2.47 和图 2.48 所示。

图 2.47　角焊缝起翘（1）　　**图 2.48 角焊缝起翘（2）**

2）焊盘剥离：图 2.49 和图 2.50 中的焊盘剥离是发生在焊盘与基材之间的分离现象（红箭头所示）。

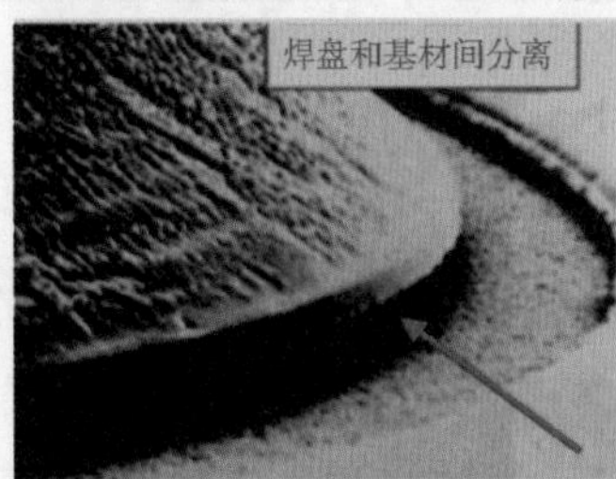

图 2.49　焊盘起翘(1)

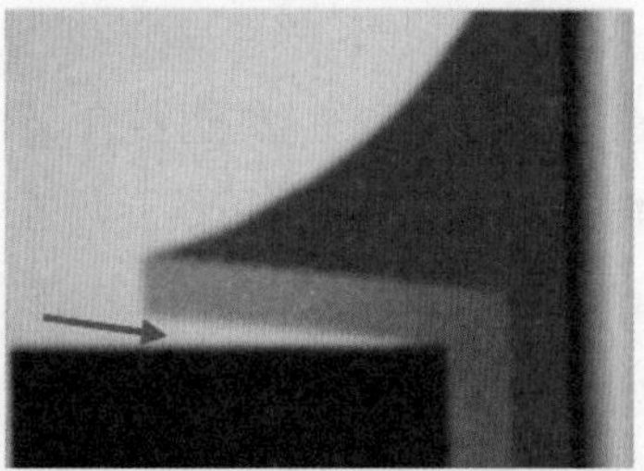

图 2.50　焊盘起翘（2）

3）基材内部剥离：如图 2.51 和图 2.52 中白箭头所示，缺陷的特征是剥离发生在焊盘下的基材内部。

4）焊料和引脚之间的剥离：图 2.53 为焊料和引脚之间的分离。

图 2.51　基材内部分离（1）

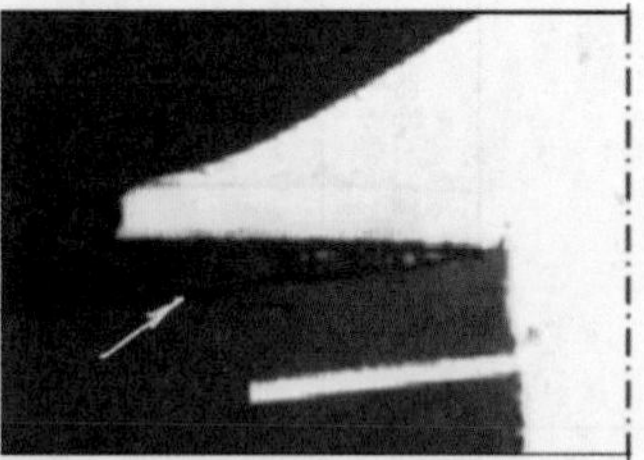

图 2.52　基材内部分离（2）

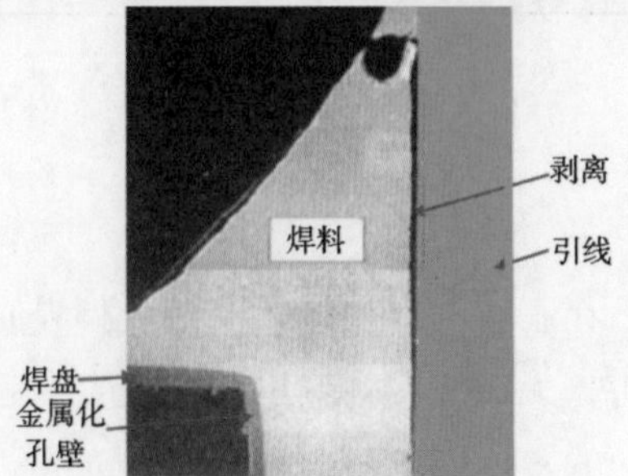

图 2.53　焊料和引脚之间的剥离

当引脚镀层为Sn10Pb时,上述现象最容易发生。引脚和焊料之间的分离现象,从外观观察是较难发现的,通常要切片分析才能观察到。

为了搞清楚上述起翘现象的形成机理,首先必须了解起翘的金属组织特征。图 2.54 是用无铅 Sn3Bi 合金焊接金属化通孔时的起翘现象。从图 2.54 中可见,焊料圆角和 Cu 焊盘间有数 μm 的浮起。在图 2.55(b)中可以明显地看到焊料圆角表面的组织状态呈树枝状结晶,由此揭示了凝固过程不是在同一时间内进行的。

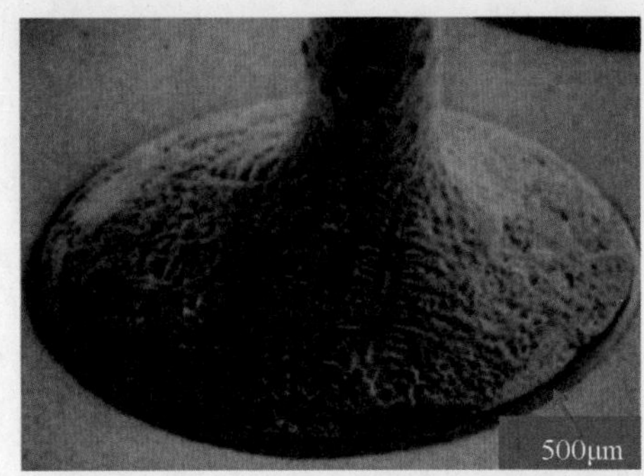

图 2.54　用无铅 Sn3Bi 合金焊接金属化通孔时的起翘现象

日本学者菅沼克昭通过试验得出了"在焊点圆角内各点的固化率达到 0.9 的时间分布"这一结论,如图 2.55(a)所示。

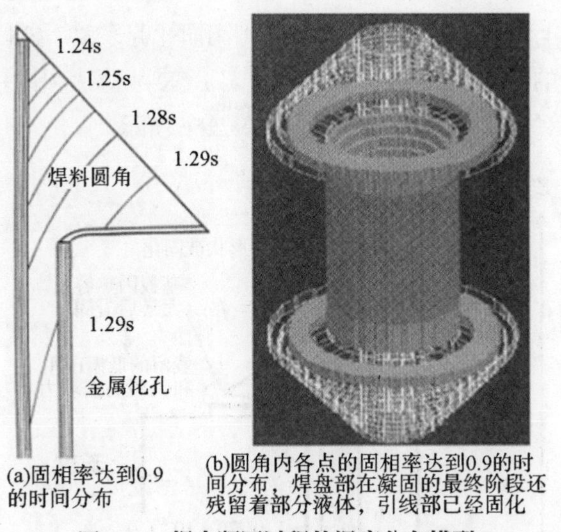

图 2.55　焊点凝固过程的温度分布模型

从图 2.55 中可见,对于 Cu 引线、Cu 焊盘和通孔内的 Cu 镀层紧密连接的区域,焊料的凝固时间将明显滞后。由于 Cu 的热传导 [热传导系数为 389W/(m·K)] 比基板 [热传导系数为 0.301W/(m·K)] 大了 1292 倍,比 SnBi 合金也大了约 13 倍,因此,焊接过程中通孔内的基板中储藏的大量热量,只能先传递给 Cu,然后向外部传导散发。即使没有 Bi 等溶质的偏析发生,和焊料圆角相接触的 Cu 焊盘面的液相状态,也将保留到凝固的最终阶段。因此,当沿界面的垂直方向受到力的作用时,便很容易发生起翘现象。

液态焊料开始冷却凝固时，树枝结晶组织首先凝固成固态的结晶核，见图 2.34，在此基础上不断地发育成长，焊料圆角的表面便形成了明显的凹凸不平，见图 2.35。

在凝固过程中，液体中最初生成的是稳定的微小固体的核，从核到固体的生成中，由于受结晶方位等的影响，最终发育成像树枝状。树干部分称为一级结晶干，枝称为二级结晶干。充满在干与干、枝和枝之间间隙中的熔液，到凝固的最后瞬间还是液态。合金的溶质原子（如 Sn）从熔液体中析出便长成固体的树干，而如果是 SnBi 合金，在焊料圆角的间隙里（即表面的凹陷部分）便生成了 Bi 的微偏析。从焊料圆角的横断面看，Bi 的偏析在焊料圆角的间隙中生成的范围为数 μm 到数十 μm，如图 2.53 所示。

（2）导致无铅焊接中焊盘剥离现象的主要原因。

导致无铅焊接中焊盘剥离现象的主要原因是材料间的热膨胀系数（CTE）严重不匹配。基板和焊料、Cu 等的热膨胀系数的失配是引发剥离现象的一个重要因素。基板是纤维强化的塑料（FRP），它沿板面方向的热膨胀系数小，可以确保被搭载的电子元器件的热变形小。作为基板的复合材料，面积方向的热膨胀和垂直方向的热膨胀差异很大。沿板面垂直方向的收缩很大，例如，FR–4 厚度方向的热膨胀系数是 Sn 的 10 倍以上。如果在界面上存在液相，只要焊料圆角有热收缩便会从基板上剥离起来，并且一旦因剥离而翘起来就不能复原。

沿 *Z* 轴方向的 PCB 基板材料（环氧玻璃）FR–4 薄片和铜箔导线，以及通过孔之间的热膨胀系数存在明显的差异，如图 2.56 所示。

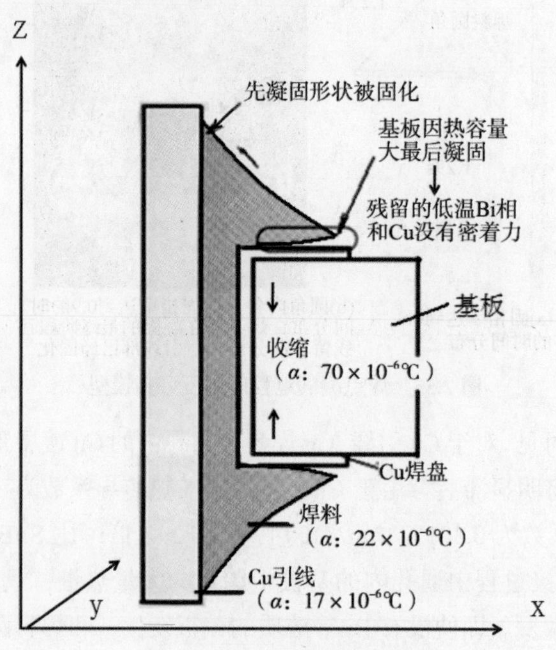

图 2.56　焊点起翘的断面模型

而且 PCB 基板沿厚度方向的热膨胀系数还与温度有关，例如，当温度为 23 ~ 103 ℃时：CTE=80×10^{-6}；当温度为 103 ~ 153 ℃时：CTE=220×10^{-6}；当温度为 153 ~ 217 ℃时：CTE=340×10^{-6}。

假定 PCB 基板厚度为 2mm，那么当 PCB 由 23℃升至 217℃时的总热膨胀尺寸为

$$\Delta L = 2.0\times\{80\times(103-23)+220\times(153-103)+340\times(217-153)\}\times10^{-6}$$
$$= 78.32\times10^{-3}\ (\text{mm})$$

而 Cu 的 CTE=17×10^{-6}，可计算通过孔镀铜层的热膨胀尺寸为

$$\Delta C = 2.0\times17\times(217-23)\times10^{-6} = 6.596\times10^{-3}\ (\text{mm})$$

上述二者热膨胀尺寸之差达到了 71.724×10^{-3}mm（11.87 倍）。如此之大的差异，导致了焊点尚未凝固时就被 CTE 的巨大差异所拉裂了。

PCB 基板在波峰焊接过程中，其热力学作用及形变过程可描述如下。

1）受热及膨胀：PCB 与波峰焊料接触过程中，首先从熔融焊料中直接吸收了大量的热量，导致基板发生热膨胀。即使 PCB 通过了波峰焊接后的一个短时间内，由于液态焊料凝固过程中所释放出来的大量的凝固热，传导至相邻的基板，还将使其继续处于热膨胀过程中，如图 2.57 所示。

2）冷却及收缩：随着冷却过程的开始，基材内的热量迁移过程就会慢慢地停止下来，焊料的凝固热就仅仅局限在焊点区域内扩散，而造成焊点区域内或靠近焊接点的所有元器件进一步升温，直到 217℃凝固热释放结束，焊点温度就开始缓慢下降，直到和室温一致。

焊点开始固化时，基板开始冷却并逐渐恢复到其原来的平板形态。在热收缩过程中在焊点表面会产生相当大的应力。然而在此时，即使很小的应力也足以引起焊盘起翘或者焊点表面开裂。当焊盘与基板间的黏附力大于焊料的内聚力时，裂缝就会发生在焊点的焊料区域，如图 2.58 所示。

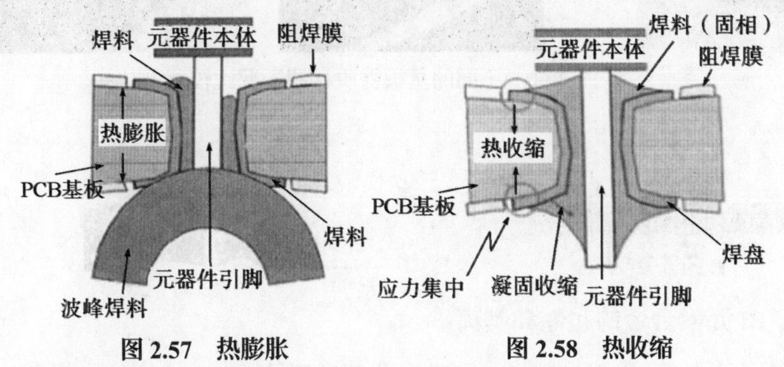

图 2.57　热膨胀　　**图 2.58　热收缩**

（3）连接器的起翘过程。

连接器在波峰焊料中是引脚最为密集的。因此，应特别关注其在波峰焊接中发生起翘现象的过程，如图 2.59 所示。

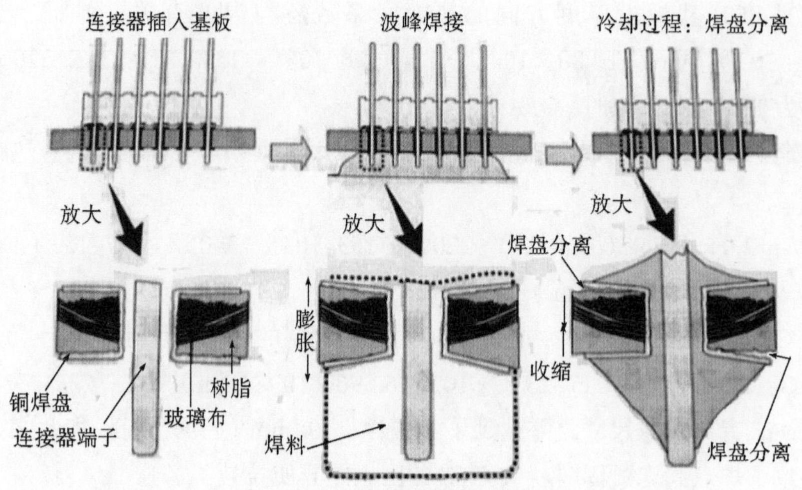

图 2.59　连接器的起翘过程

不同的基板材质，在波峰焊接中发生起翘现象也是有差别的。图 2.60 是以连接器的焊点为例，在不同的基板材质情况下发生剥离起翘情况的比较。

条件：焊盘直径为 ϕ1.6mm；引脚电镀为 Sn0.7Cu；部件为连接器（2.54mm，□ 0.64mm）。

焊料：SAC305；焊接温度为 250℃；冷却方法为自然冷却。

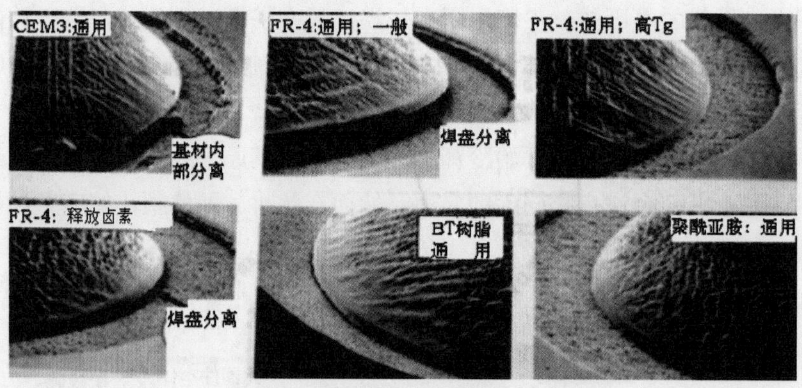

图 2.60　不同的基板材质起翘情况比较

2.3.2　焊缘起翘和剥离实例

1. 含 Bi 元素合金的起翘和剥离

含 Bi 元素的合金发生起翘和剥离的机理模型如图 2.54 所示。首先，随着树枝状结晶的生长不断地向液相中排出 Bi，从而生成 Bi 的微偏析。在 Cu 焊盘界面近旁生长的树枝状结晶的先端部，熔液中 Bi 的浓度增加，树枝状结晶的生长变慢。由于热量是从通孔内部向 Cu 焊盘传递，所以在焊盘的界面近旁的焊料部分积存的热量较多，凝固迟缓。而在从圆角上部进行凝固的同时，伴随着产生各种应力（如凝固收缩、热收缩、基板的热收缩等），使圆角与焊盘产生分离动作。Bi 等溶质元素的存在促进了凝固的滞后，这便是分离现象发生的根源，如图 2.61 所示。

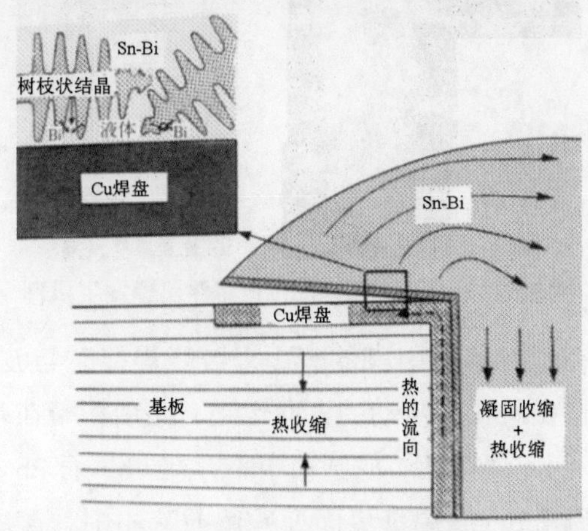

图 2.61　含 Bi 元素的合金发生起翘和剥离的机理模型

从圆角上方开始的凝固过程，随所搭载的元器件的材质和大小而变化。热容量大的元器件冷却比较困难，这是因为热量只能通过引脚传递至上方后散发。因此，基板越厚越容易发生剥离，这是因为在基板内部有较多的热量以及热膨胀系数失配效应所导致的结果。

2. 含 Pb、Bi 等元素合金的起翘和剥离

在焊接过程中有 Pb、Bi 污染时，起翘将更为明显。如果焊盘和基板间的黏附强度足够高，则焊料会从焊盘上分离开来，引起角焊缝翘起。含 Pb、Bi 等元素合金的起翘发生机理如图 2.62 所示。

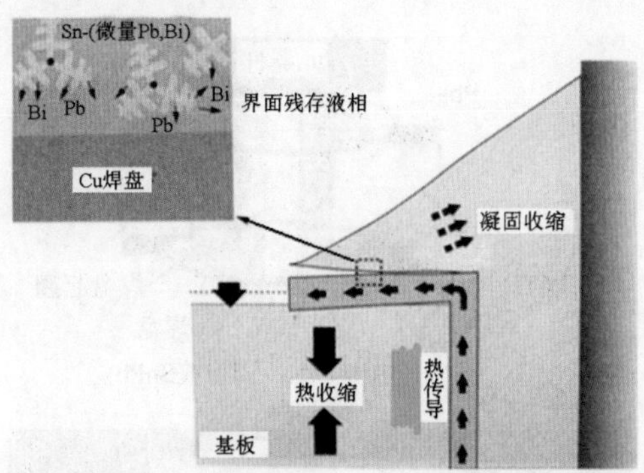

图 2.62　含 Pb、Bi 等元素合金的起翘发生机理

3. 元器件引脚镀 SnPb 所发生的起翘

引脚镀 SnPb 的元器件在波峰焊接中所发生的起翘现象和含 Bi 元素合金的

情况有所不同，前者多发生在基板的元器件面，而在焊接面几乎不发生。引脚镀 Sn–Pb 的元器件的起翘发生机理如图 2.63 所示。

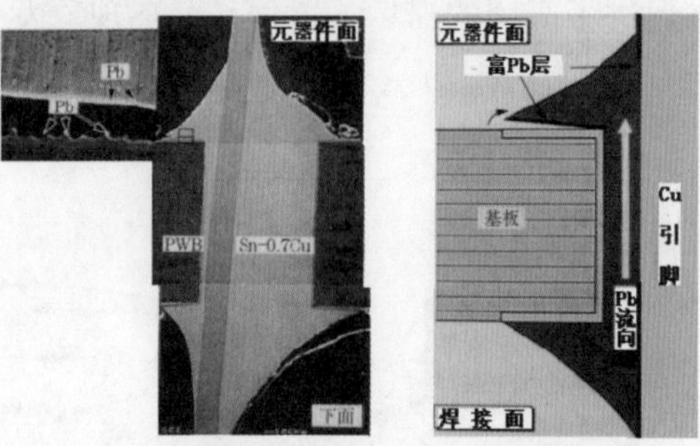

图 2.63　引脚镀 Sn-Pb 的元器件起翘发生机理

首先，Pb 是存在于元器件引脚的表面，波峰焊接时与波峰焊料接触而熔解的 Pb，沿着波峰焊料在通孔中流动的方向运动，最后积聚在基板 Cu 焊盘的界面处。因此，在基板下面（焊接面）的圆角中不存在 Pb，而 Pb 在基板上面被浓化，最后到达并积聚在圆角和 Cu 焊盘界面处残留的液相中。镀层中的微量 Pb 的存在是起翘的诱因，当 Pb 的成分为 1wt% 时发生起翘最显著。

对微量 Pb 污染在波峰焊接中的影响过程的描述，如图 2.64 ~ 图 2.66 所示。

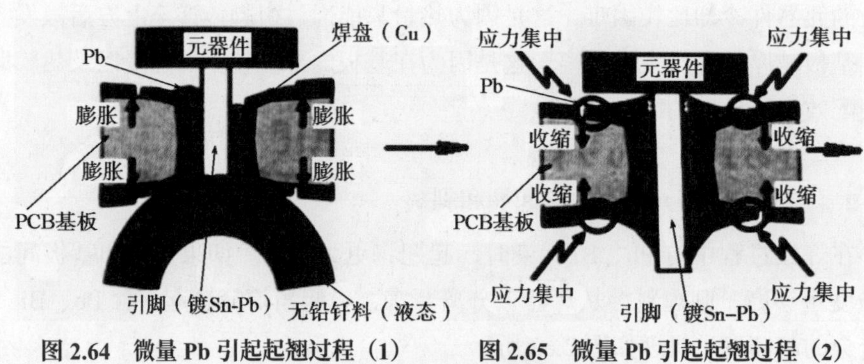

图 2.64　微量 Pb 引起起翘过程（1）　　图 2.65　微量 Pb 引起起翘过程（2）

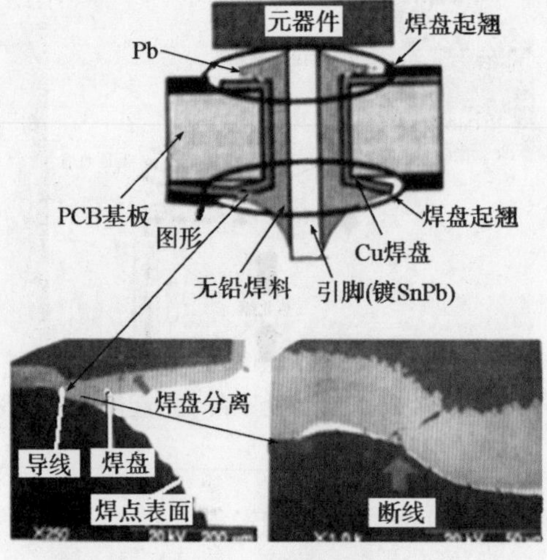

图 2.66　微量 Pb 引起起翘过程（3）

4. SAC 焊料合金中 Cu 含量对起翘的影响

固、液共存区的宽度对起翘的发生是不可忽视的。特别是当采用 SAC 或 SnCu 焊料合金进行波峰焊接时，焊料槽中的 Cu 含量将发生变化，即 PCB 上的布线和焊盘上的 Cu 将溶入焊料槽中，使用时间一长，焊料槽中焊料 Cu 的浓度不断增大，固、液共存区的宽度将随之发生变化。

图 2.67 描述了 SAC 合金中的 Cu 量发生变化时对起翘发生率的影响。图 2.67 中用 SnAg 共晶组分，焊接引脚镀 SnPb 的元器件时起翘发生的程度，当 Cu 量增加到 0.2wt% 时，起翘发生率最大。然后随着 Cu 量的增加，起翘发生率逐渐减小，当 Cu 量增加到 0.75wt% 时，起翘发生率最小，然后便又缓慢地增加。显然，共晶组分能使起翘发生率最小。因此，加强对波峰焊料槽中焊料成分的管理（如从引脚镀层中混入的 Pb 和从基板上溶入的 Cu），对确保焊接过程的成功非常重要。

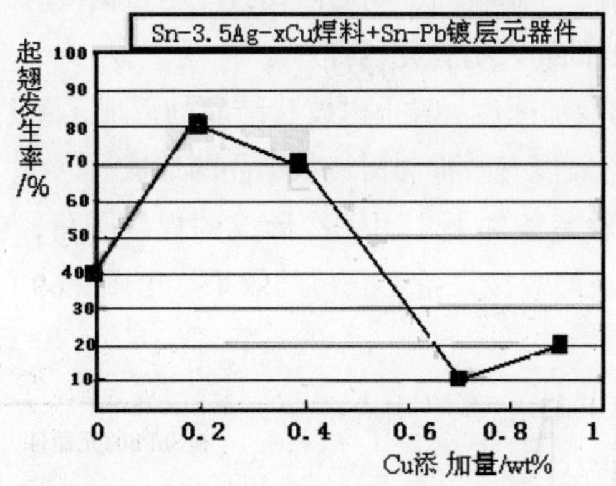

图 2.67　使用 Sn-3.5Ag-xCu 时 Cu 含量变化对起翘发生率的影响

5. 从起翘发生的机理看抑制的对策

（1）影响起翘发生的各种因素。

起翘现象的发生及其影响的各种因素见表 2.4。

表 2.4　起翘发生的影响因素及可能的对策

影响因素	可能的对策
双面通孔基板在波峰焊接中发生	将 SMT 设计为单面电极，即使采用复合工艺，也会有类似现象发生
合金组成：固、液共存域范围的成分 Sn-（Ag）-Bi 系，SnAgCu/ 镀 Pb 系，Sn- 低 Pb 系等； Bi：成分为 2 ～ 41wt%	选择固、液共存域狭窄的合金系； 选择除共晶组分外不含 Bi 和 In； 采用 SnAgCu、SnCu 系焊料合金时，应避免选用引脚镀 SnPb 的元器件
焊盘直径：越大越容易发生	焊盘形状、尺寸与润湿性有关
基板厚度：越厚越容易发生	减薄基板

续表

影响因素	可能的对策
引线直径：越粗越容易发生	将引线直径减小
冷却速度：越小越容易发生	急冷
圆角高度：越高越容易发生	可焊性不良，降低圆角
组织微细化：可抑制偏析	添加微量元素

（2）抑制的对策。

针对凝固中发生的首位缺陷的起翘现象的抑制对策，主要可归纳如下。

1）采用单面基板。

2）不使用添加了 Bi、In 的合金。抑制固、液共存区域的宽度是非常重要的，而且为了避免从高温下开始凝固，期望液相线能尽量低些。

3）不用镀 SnPb 的插入引脚元器件。

4）加快焊接的冷却速度：防止树枝状结晶的形成，就意味着防止偏析的发生。例如，采用水冷就能有效抑制树枝状结晶的形成。

图 2.68 是在实验室条件下，用水冷形成的焊接圆角，就没有发生微偏析。图 2.69 是在实际的波峰焊接设备上获得的效果。由图 2.69 可见，冷却速度越大效果越好。

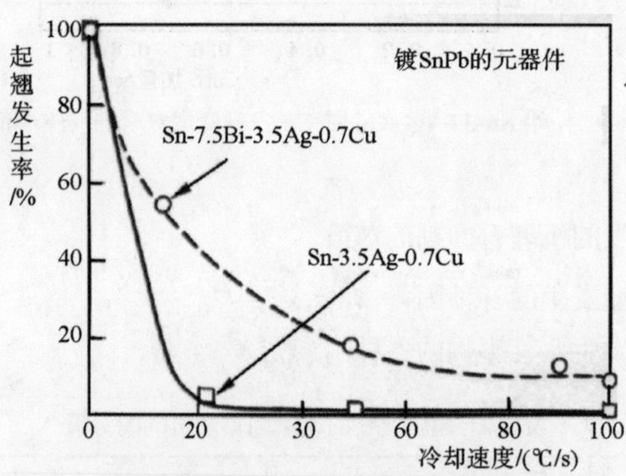

图 2.68　焊接圆角表面光滑，起翘现象被完全抑制

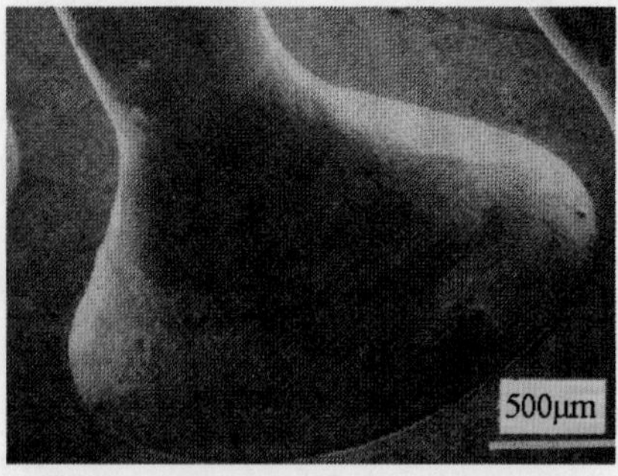

图 2.69　控制冷却装置的冷却速度对抑制起翘现象的效果

2.3.3 铅偏析

1. 铅偏析案例 1

图 2.70 所示的 PCBA/BGA，在再流焊接后发现其上位号为 D35、D11 的 BGA，存在焊球焊点导通不良。

图 2.70 不良 PCBA 芯片安装外观

BGA 为无铅焊球，PCB 镀覆层为 ENIG Ni（P）/Au，制程为有铅、无铅向后兼容混合工艺（即焊球为无铅 SAC，焊膏中合金成分为有铅 Sn37Pb），采用纯有铅温度－时间曲线。

图 2.71 和图 2.72 为对不良 PCBA 芯片 D35 焊点中任意选择两个焊球焊点进行切片的 SEM 图。

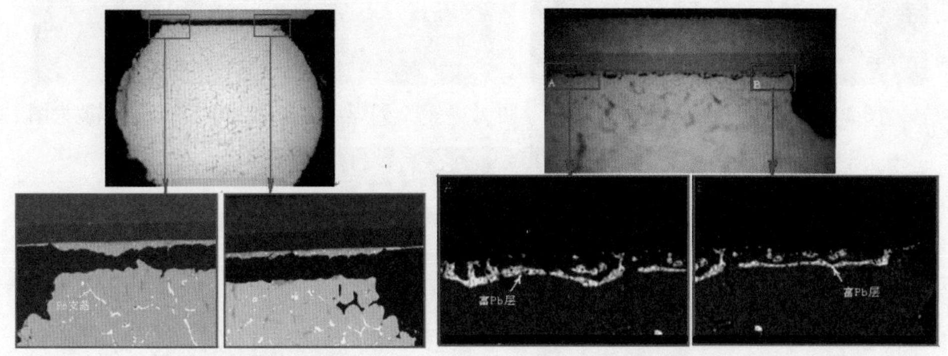

图 2.71 缺陷焊点 1 的 SEM 图 **图 2.72 缺陷焊点 2 的 SEM 图**

（1）PCBA 芯片 D35。

从图 2.71 中可见，在焊球焊料中散布着很多白色的 Pb 支晶和点，它们不规则地沿着焊球焊料的晶界缝隙生长和扩散，形成了大量的局部 Pb 偏析线和点，从而导致了焊点强度的脆弱和不良。

从图 2.72 中可以更明显地看到，Pb 最后几乎全集中到了芯片焊盘的 Ni（P）层和焊球焊料相邻近的界面附近，几乎形成了连续的 Pb 偏析层面，开裂就是沿着这些强度极弱的富 Pb 层面发展的。

（2）PCBA 芯片 D11。

图 2.73 为图 2.70 中另一个出现问题的芯片 D11 焊点的切片图，其中对 T2 列的 7 个焊点的金相切片是沿图 2.73 的红虚线进行的，如图 2.74 ~ 图 2.80 所示。

图 2.73 芯片 D11 的切片方向

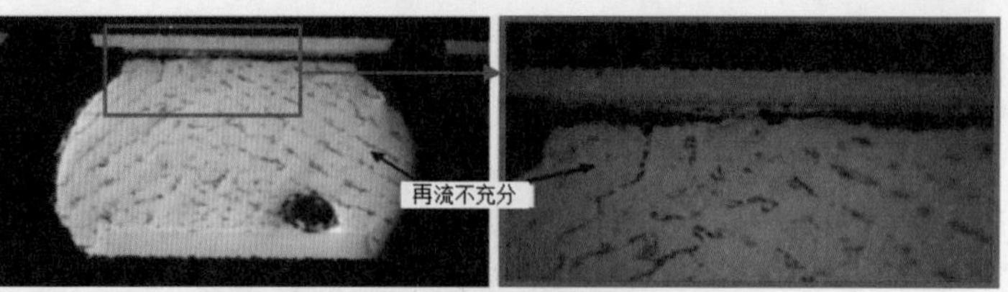

图 2.74 T2 列焊点 1 金相切片 SEM

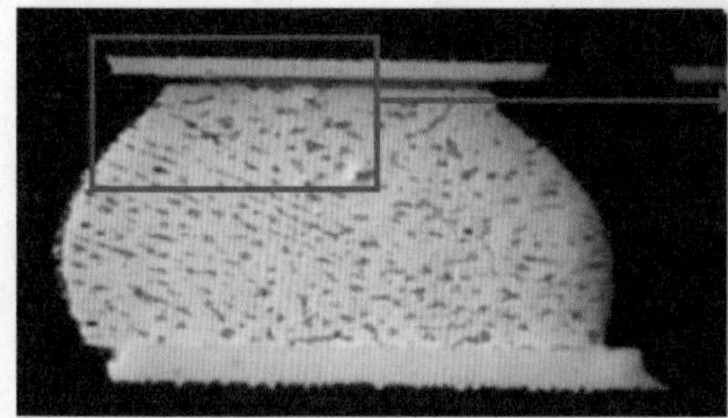

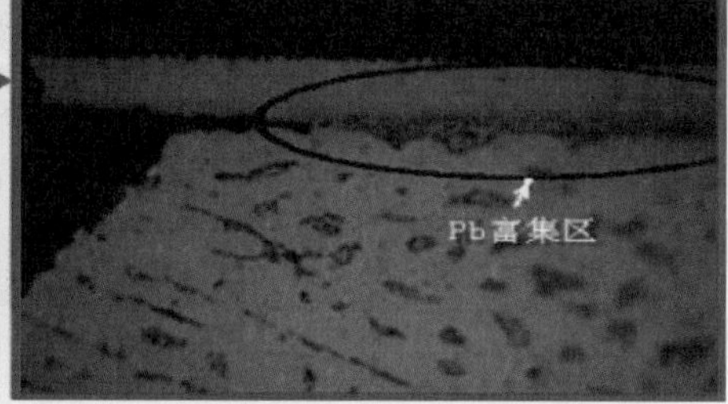

图 2.75 T2 列焊点 2 金相切片

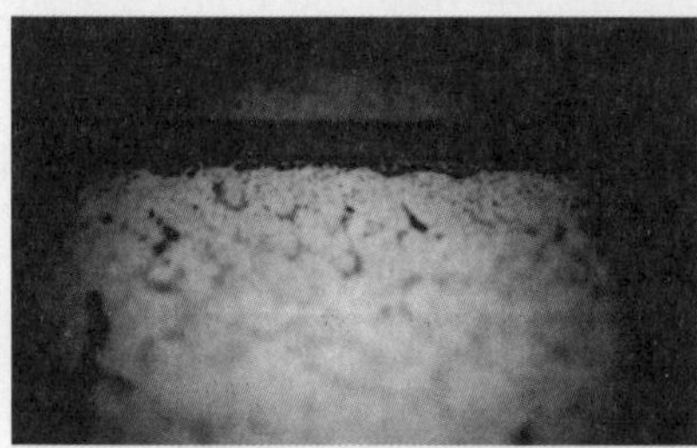

图 2.76 T2 列焊点 3 金相切片

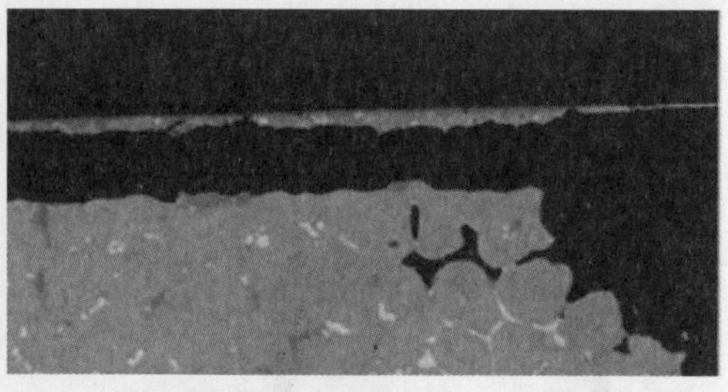

图 2.77 T2 列焊点 4 金相切片 SEM 局部放大图

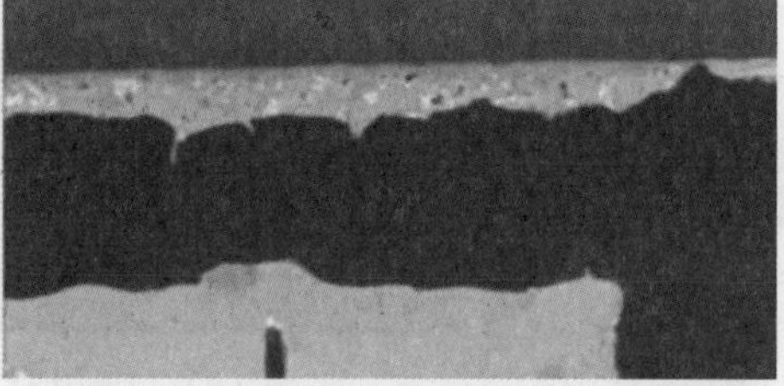

图 2.78 T2 列焊点 5 金相切片局部放大图

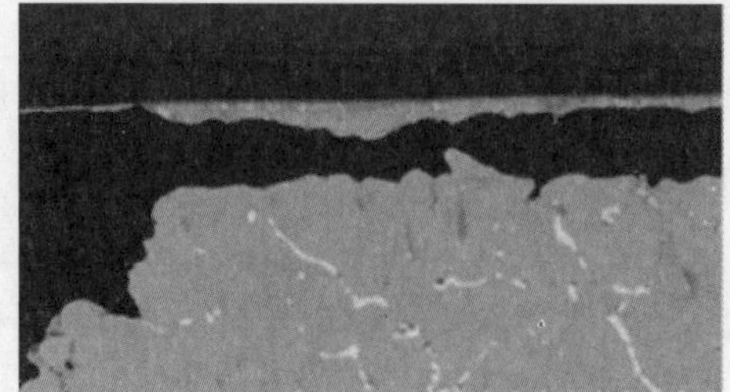

图 2.79 T2 列焊点 6 金相切片 SEM 局部放大图

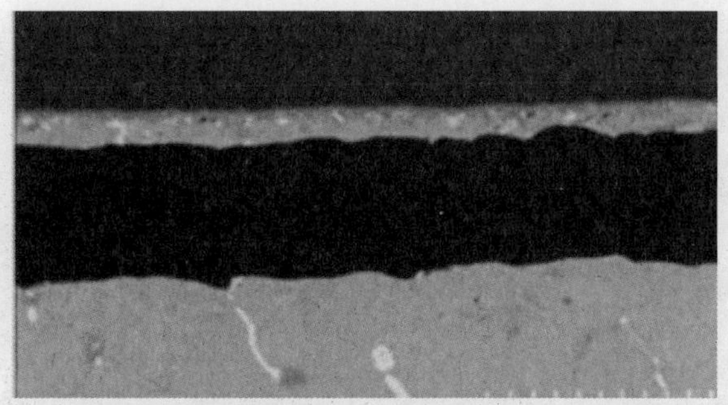

图 2.80　T2 列焊点 7 金相切片 SEM 局部放图

由图 2.74 ~ 图 2.80 中的 7 个断裂焊点切片 SEM 分析图，可以得出下述结论。

1）从切片图中可以观察到 7 个焊点均存在焊球未充分熔化，表示焊接过程中再流过程进行得不够充分。

2）焊点内存在大量的 Pb 偏析支晶和点，说明了再流过程中各成分之间未充分熔混，Pb 偏析现象严重。

3）在断裂面上及其附近富 Pb 层分布集中，断裂层正是沿着富 Pb 层延伸和发展的。

2. 铅偏析案例 2

2007 年，某 OEM 公司在加工组装某 PCBA 产品的再流焊接中，出现在 BGA 芯片侧发生大面积的铅偏析现象，导致所焊 BGA 焊球焊点大量开路，手稍加推力即掉落，焊点毫无连接强度可言，如图 2.81 所示。

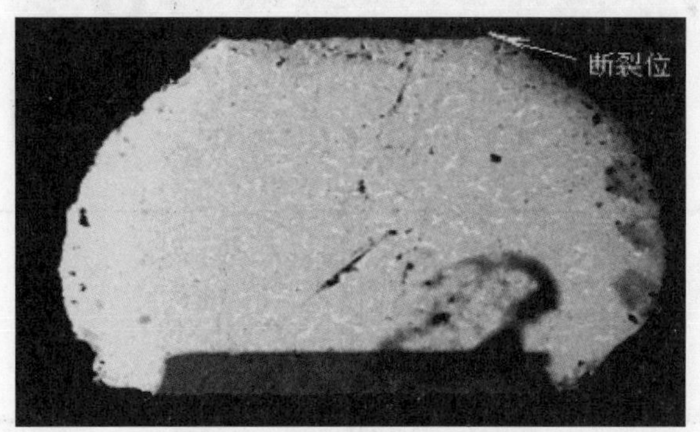

图 2.81　焊点断裂发生位置图示

PCB 基板焊盘表面采用 ENIG Ni（P）/Au 镀覆，BGA 焊球成分为 SnAg 无铅合金。采用有铅、无铅混合向后兼容制程，焊膏焊料成分为 Sn37Pb 合金，采用纯有铅温度 – 时间曲线。

（1）染色试验。

对缺陷焊点的芯片进行红墨水染色试验，发现大面积的焊点焊盘上均被染成了红色，只有少量的未断裂焊点，如图 2.82 所示。

图 2.82　染色试验照片

（2）断裂焊点切片作 SEM/EDX 分析。

图 2.83 和图 2.84 是断裂焊点横截面的 SEM/EDX 分析代表性照片。

1）从图 2.83 中可见，Pb 偏析几乎都是沿着焊料合金晶粒的晶隙发展的。

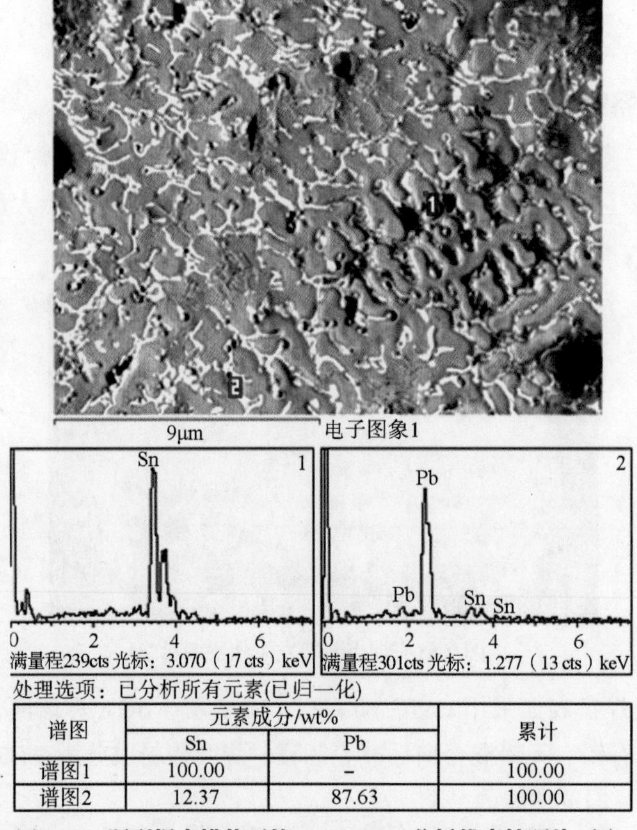

谱图	元素成分/wt%		累计
	Sn	Pb	
谱图1	100.00	–	100.00
谱图2	12.37	87.63	100.00

图 2.83　断裂焊点横截面的 SEM/EDX 分析代表性照片（1）

2）从图 2.84 中可见，白色片区和点是富 Pb 分布区。

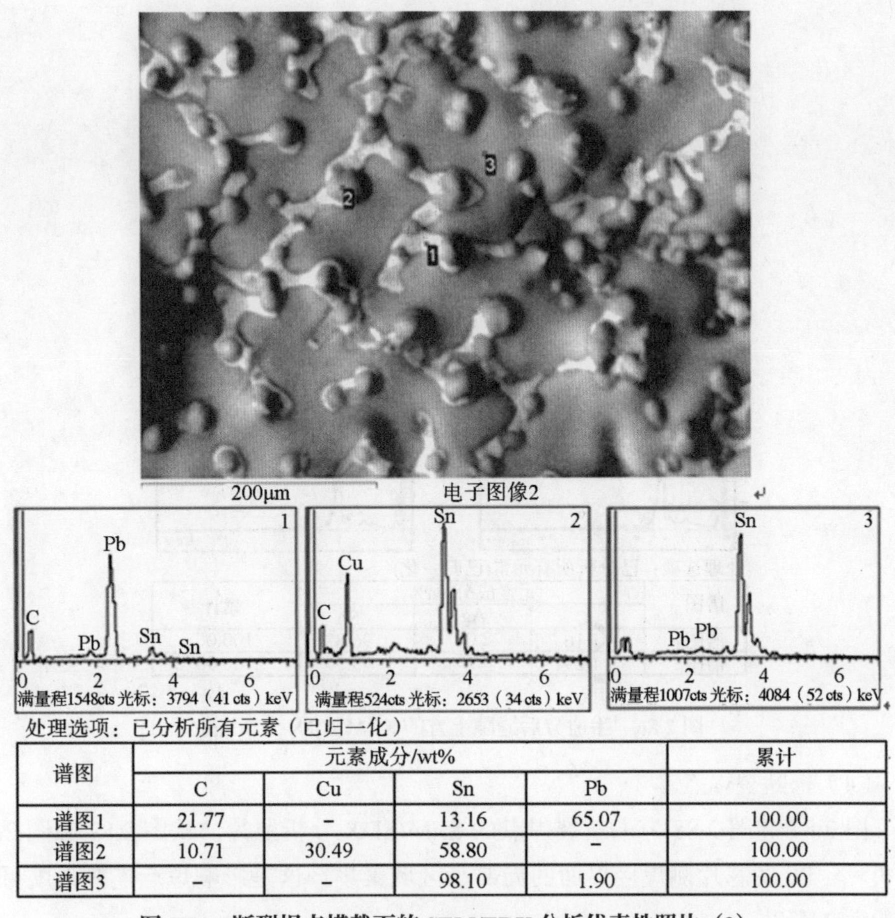

谱图	元素成分/wt%				累计
	C	Cu	Sn	Pb	
谱图1	21.77	–	13.16	65.07	100.00
谱图2	10.71	30.49	58.80	–	100.00
谱图3	–	–	98.10	1.90	100.00

图 2.84　断裂焊点横截面的 SEM/EDX 分析代表性照片（2）

（3）手掰分后的焊盘。

1）图 2.85 所示为手掰分后的焊盘断面形貌，大部分覆盖着一层富 Pb 层（白色区域），除此之外就是黑色区域。

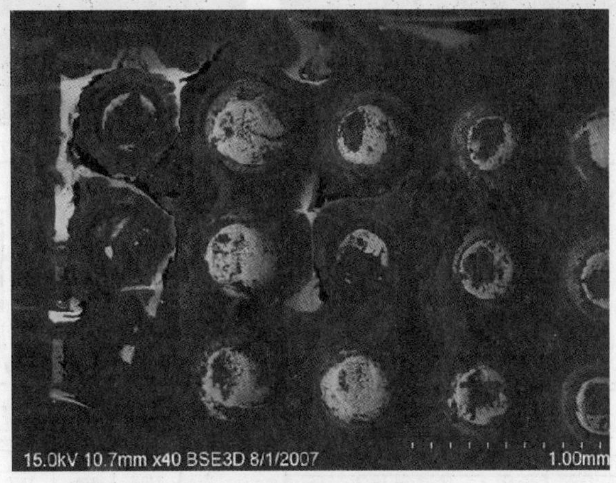

图 2.85　手掰分后的焊盘断面形貌

2）图 2.86 为手掰分后缝隙上方的 SEM/EDX 分析照片，由元素分布可知焊球焊料为 SnAg 合金。

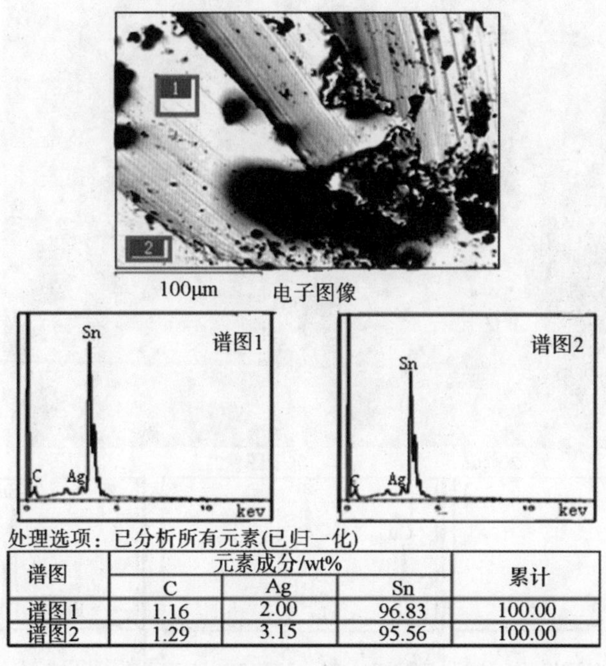

谱图	元素成分/wt%			累计
	C	Ag	Sn	
谱图1	1.16	2.00	96.83	100.00
谱图2	1.29	3.15	95.56	100.00

图 2.86　手掰分后缝隙上方的 SEM/EDX 分析照片

（4）未断裂焊点。

图 2.87 和图 2.88 为未断裂焊点的 SEM/EDX 分析照片。从图 2.87 和图 2.88 中可见，Pb 在芯片侧焊接界面的局部小区域聚集，这是影响焊点连接强度可靠性的潜在隐患。

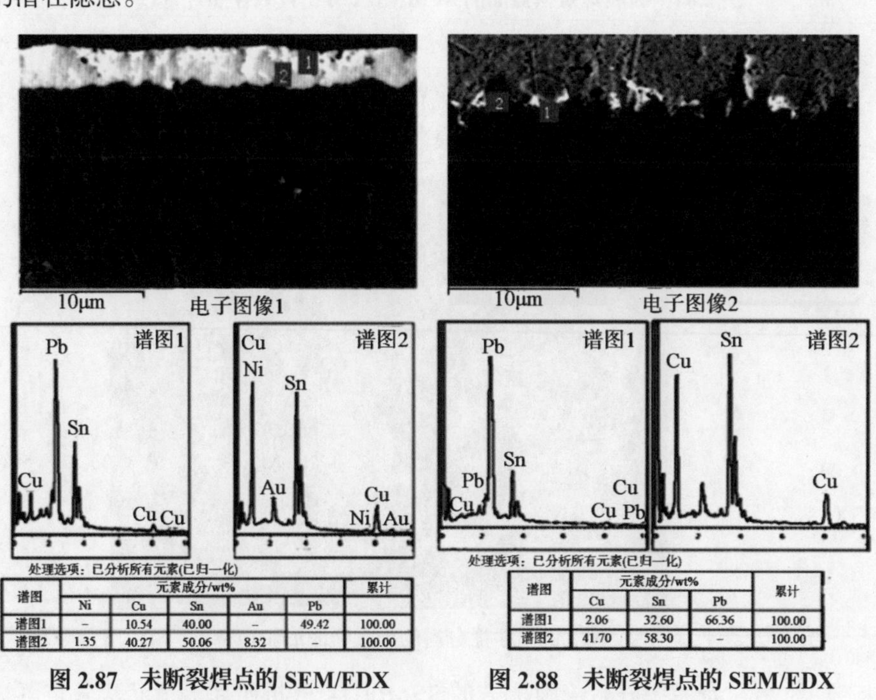

谱图	元素成分/wt%					累计
	Ni	Cu	Sn	Au	Pb	
谱图1	–	10.54	40.00	–	49.42	100.00
谱图2	1.35	40.27	50.06	8.32	–	100.00

图 2.87　未断裂焊点的 SEM/EDX 分析照片（1）

谱图	元素成分/wt%			累计
	Cu	Sn	Pb	
谱图1	2.06	32.60	66.36	100.00
谱图2	41.70	58.30	–	100.00

图 2.88　未断裂焊点的 SEM/EDX 分析照片（2）

本案例的 BGA 芯片发生大面积断裂现象，是由再流焊接过程中出现了大面积的 Pb 偏析现象所导致。有铅、无铅混合组装再流焊接过程中的 Pb 偏析现象的发生，大多由再流焊接过程中再流不充分、各成分间未能充分熔混造成的。

Pb 偏析现象最集中的区域，大多发生在芯片侧焊盘和焊球界面相邻近焊料上。这是由于再流焊接后焊球焊料的凝固过程是从芯片侧焊盘上开始（此部分温度最低），最后终止在 PCB 焊盘。由于再流焊接过程进行不充分，各成分间也未完全熔混。因为污染成分的 α-Pb 相的熔点比 SnPb 以及 Sn 与 Cu_6Sn_5、Ag_3Sn 等形成的共晶合金的熔点都要高，因此，焊球焊料凝固过程中把熔点高的 α-Pb 相首先析出在芯片侧的 PCB 焊盘面及其附近，从而在此区域形成了富 Pb 相集聚（偏析现象）的现象。

3. 追迹

梳理一下上述检测数据和基本现象，可彻底追迹本小节案例 BGA 焊点开裂的根源，具体如下。

（1）Pb 偏析是导致大片的 BGA 芯片焊球焊点开裂的根源。

（2）热量供给严重不足，再流焊接温度 – 时间曲线选择错误，是导致 Pb 偏析的根源。

OEM 公司提供的生产现场信息数据如下。

（1）所用炉型为 5 温区设备（要求：10 ～ 12 温区，相差甚远）。

（2）图 2.89 和图 2.90 为提供的两条再流焊接温度 – 时间曲线。

再流焊接温度 – 时间曲线（1）：峰值温度为 217.4℃，对应时间为 35.8s，如图 2.89 所示。

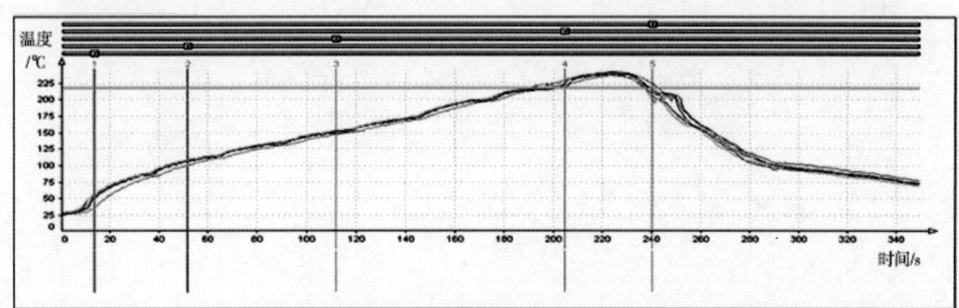

图 2.89　再流焊接温度 - 时间曲线（1）

再流焊接温度 – 时间曲线（2）：峰值温度为 219.4℃，对应时间为 51.2s，如图 2.90 所示。

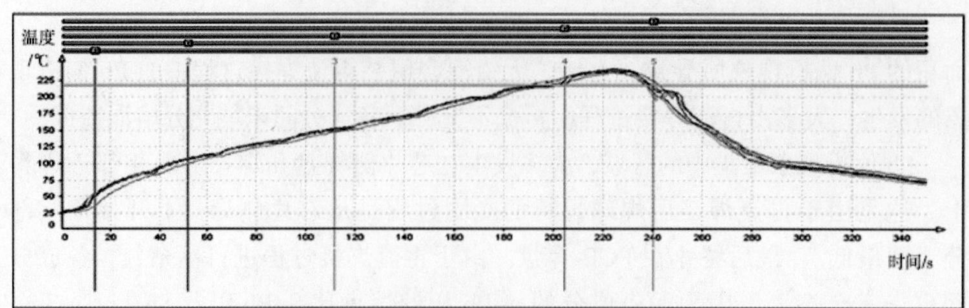

图 2.90　再流焊接温度 - 时间曲线（2）

两条再流焊接温度 – 时间曲线都是错误的，正确的应按图 2.29 选择向后兼容的温度 – 时间曲线（峰值温度为 225 ~ 230℃，时间为 60 ~ 70s）。

第03章

微焊接技术的基本物理与化学属性

本章要点

- □ 掌握与焊料合金相关联的因素：密度。
- □ 掌握与焊料合金相关联的因素：浮力。
- □ 掌握与焊料合金相关联的因素：熔融及凝固过程。
- □ 掌握与焊料合金相关联的因素：焓与熵。
- □ 掌握与焊料合金相关联的因素：体积收缩率。
- □ 掌握与焊料合金相关联的因素：放热·吸热·收缩·膨胀的关系。
- □ 掌握与焊料合金相关联的因素：扩散和合金层。
- □ 掌握与焊料合金相关联的因素：力、应力及粗大化。
- □ 掌握与焊料合金相关联的因素：氧化。
- □ 掌握与焊料合金相关联的因素：润湿。
- □ 掌握与助焊剂相关联的因素：热的传递。
- □ 掌握与助焊剂相关联的因素：与蒸发有关的诸现象。
- □ 掌握与助焊剂相关联的因素：对流。
- □ 掌握与助焊剂相关联的因素：离子物质及迁移。
- □ 掌握与助焊剂相关联的因素：金属原子迁移（晶须）。
- □ 掌握与助焊剂相关联的因素：裂纹。

3.1　与焊料合金相关联的因素

3.1.1　密度（比重）

1. 物理意义

密度是表示单位体积内含物质质量的多少。密度和比重在本质上没有区别，仅仅是密度是一种规范说法，比重是旧的不规范说法（比重是无量纲量，而密度的单位是 g/cm^3）。对于由多种金属熔融的合金，见表 3.1，比重大的金属位于比重小的金属的下侧位置（这种由于比重的不同而引发的偏析称为比重偏析）。此现象随着熔融时间的增加而更显著。即使是 SnPb 共晶焊料，若手工焊接后 3s 还未将电烙铁拿开，*α*–Pb 相（Sn<19.5、Pb>80.5）（图 3.1）便在焊盘侧沉积。这相对于均一组成的金属成分而言是偏在一侧，即引发了 *α*–Pb 相的偏析。对于 SnAgCu 多元系合金，与二元合金相比，三元合金更容易引起偏析。

表 3.1　各种金属的比重

元素名	元素符	比重
镓	Ge	5.36
锌	Zn	7.13
铜	Cu	8.96
银	Ag	10.49
铅	Pb	11.34
锑	Sb	6.62
锡	Sn	7.30
镍	Ni	8.90
铋	Bi	9.80
金	Au	19.32

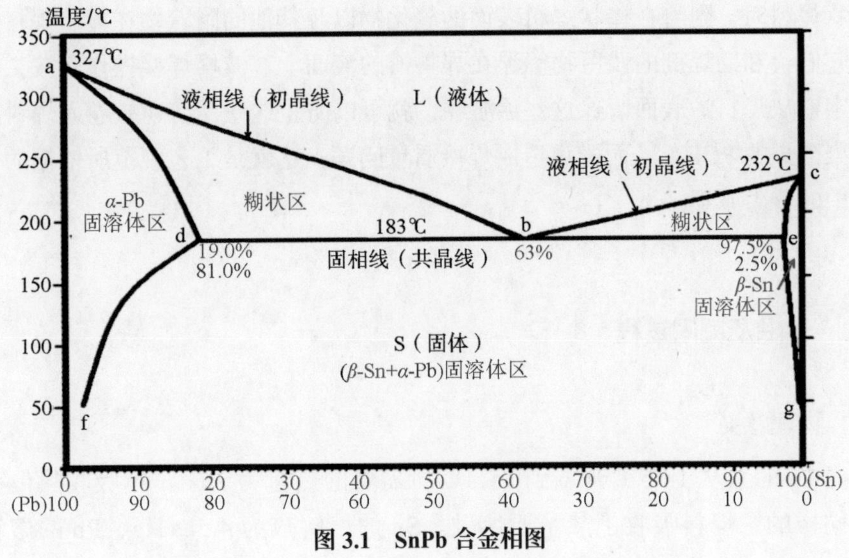

图 3.1　SnPb 合金相图

2. 密度与焊接的关系

在对 BGA/SnPb 焊球与 PCB 焊盘接合部的金相切片观察时，假如在下侧 PCB 位置侧出现 α 相（Pb 偏析），如图 3.2 所示，其原因一定是在再流炉内的熔融时间过长，导致局部温度变高而引发的。因此，能观察到正常的断面组织时，一定是温度 – 时间曲线最适宜的工况。

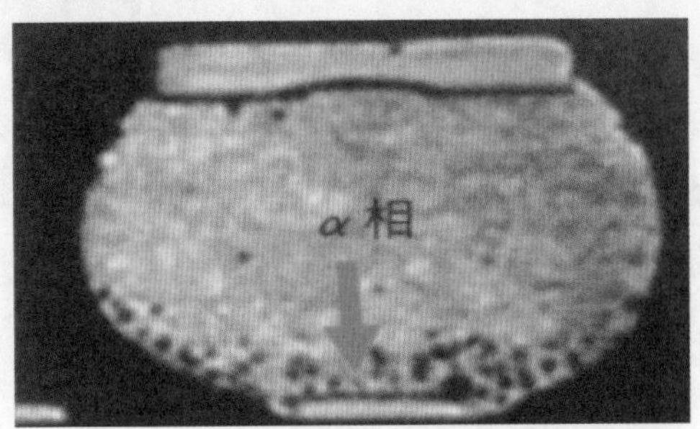

图 3.2　由密度差引发的沉降

3.1.2　浮力

1. 物理意义

在气体及液体内部，假如存在重量不同的成分时，比重大的成分具有沉降的性能。

2. 浮力与焊接的关系

自然界中密度越小的物质在溶液中受到的浮力就越大，在向波峰焊料炉中添加棒状焊料时，附着在棒状焊料表面的氧化物以及其他的附着物在棒状焊料熔融后，它们会和助焊剂的残留物等浮在焊料槽的液面上。波峰焊接操作者按工艺规范，定期从焊料炉表面清除这些浮游物，就可以防止这些浮游物被卷入焊料波峰中污染被焊的PCBA从而避免造成焊接质量问题，这就是工艺规范所依据的自然现象中的浮力原理。

3.1.3 熔融及凝固过程

1. 物理意义

把1g的水从14.5℃升温到15.5℃所需要的热量为1cal。冰吸收热量变成水，同样的，焊料吸收了热量要熔融。Sn的熔解热为4.5ca1/g，Pb的熔解热为6.3ca1/g，高于Sn。焊料从熔融状态开始冷却的曲线如图3.3所示。在冷却过程中，当温度从焊接工作温度降到熔点时，它并不是立即发生凝固,而是要经过t时间的放热（潜热）后才发生。

相反，在升温过程中，当温度到达熔点时，也要经过时间t区域的吸收热（潜热）后才完全熔融。

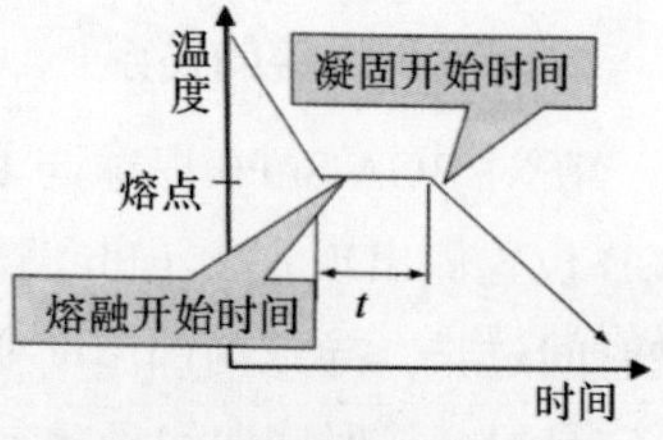

图3.3 焊料从熔融状态开始冷却的曲线

2. 熔融及凝固与焊接的关系

在电子装联波峰焊接及再流焊接时，PCB基板和元器件等均被加热。特别是安装在同一基板上的大型部件与小的片式元器件相比，不论是吸热还是散热，都要增加时间。特别是在冷却过程中，像变压器等大型部件需要较长的凝固时间。从而，当部件在倾斜安装情况下，稍微受到像振动等从外部作用的力，就会引起凝固初期局部焊料破裂的危险。这是因为不仅是焊料，所有的金属在熔点附近的区域强度接近于零，因此稍微受到力的作用就易发生破裂。

3.1.4 焓与熵

1. 物理意义

熔融过程（或凝固过程）与材料的聚集状态（固态、液态或气态）密切相关，如图3.4所示。材料（如焊料）熔融时，它的聚集状态将会发生改变。此时材料的原子开始剧烈振动，使晶体结构发生裂解、原子更加自由地运动，材料熔融。但是，秩序良好的晶体结构发生分解也可被看作更加自由地运动，这种运动会以能量的形式被带入材料中，这些自然的物理规律可以通过热力学的原理来描述。

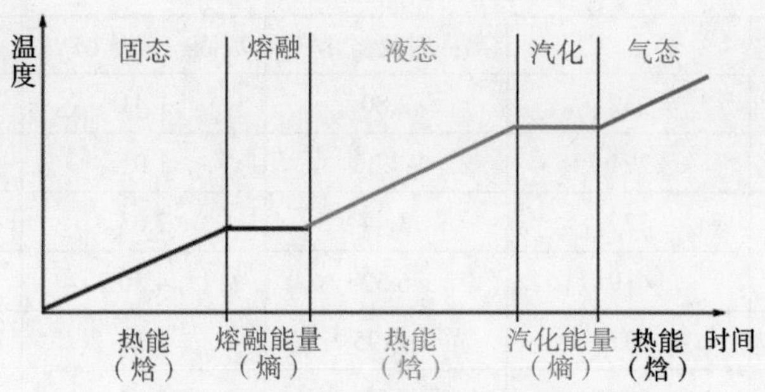

图 3.4　材料聚集状态的改变

所有材料都包含两种类型的热能：焓和熵。焓是原子围绕中间位置运动所产生的动能，是可以通过热量方式直接体验到的。而熵是表示系统中的无序状态，是人类无法感受到的。无序程度越高，熵就越大。熔融过程中，晶体的键断裂会使熵增加，这是因为原子可以更加自由地运动，从而导致无序程度更高。这说明熔融过程其实就是能量释放的过程。这样，试样聚集状态的变化点会由于通过加热持续不断地提供能量但温度保持不变。直到试样完全熔融后，熔融材料的温度才会上升。聚集状态改变而温度没有增加时，施加的能量会全部转化为熵，并称为熔融能量，或在温度更高的情况下称为汽化能量。也有将熔融、汽化等能量称为潜热。多数情况下熔融能量和汽化能量都高于热量。对于每克材料来说，将冰融化所需的能量是使液态水的温度升高 1℃所需能量的 100 倍。

2. 焓和熵与焊接的关系

焓和熵在焊接过程的能量平衡中得到了反映。此过程必须产生加热焊点和熔融焊料所需的能量，并且此过程会受自然因素的阻碍。焊接工具与要焊接的 PCB 基板间的温差越大，传递的热量就越多。因此，最初 PCB 基板的温度保持较低状态，那么热传递效果最佳。但在这种情况下，只需预先加热 PCB 基板，这样做需要的能量相对较少。在需要施加熔融能量的高温区，应尽量缩小温差，避免温度过高（太高会损坏元器件）。温差越小，传递的热越少。因为控制高能量输入远远难于控制较慢的能量输入。

3.1.5　体积收缩率

1. 物理意义

除少部分金属外，一般金属均是温度升高膨胀、温度降低收缩，见表 3.2，也就是人们常说的热胀冷缩的自然现象。

表 3.2　体积收缩率

金属	熔点 /℃	凝固时收缩 a/℃	凝固→常温 b/%	a+b/%
Sn	232	2.80	1.41	4.21
Bi	271	–3.32	1.01	–2.31
Pb	327	3.44	2.63	6.03
Zn	419	6.52	4.50	11.90
Sb	631	–0.95	2.10	1.05
Ag	980	5.00	5.83	10.83
Au	1063	5.17	4.50	9.67
Cu	1083	4.05	5.97	10.02
Fe	1530	4.40	5.93	10.33

注："–" 表示膨胀。

2. 体积收缩率与焊接的关系

从 BGA 的一个开路事故的最后诊断结论，就是由于在凝固过程中冷却到室温时，体积变化而导致的结果，如图 3.5 所示。

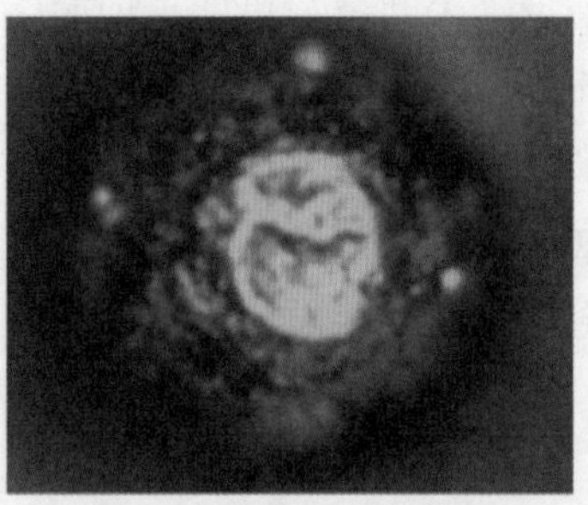

图 3.5　焊球的收缩状态

如果 α–Pb 相在 PCB 侧存在，由于过度加热会膨胀，体积增大。然后伴着冷却，体积收缩率也会增加。特别是像含 Ag 和 Cu 约定俗成体积收缩率大的金属的 BGA 焊球容易导致断裂。图 3.5 中的 SAC405 焊球，就是尚未使用的 BGA 焊球的收缩状态。

3.1.6　放热、吸热、收缩、膨胀之间的关系

1. 物理意义

当二金属接触时，首先从其接触面优先开始冷却和凝固。凝固点也是收缩的开始点，依次向起始点方向收缩。而膨胀则是由热源附近的低熔点侧开始。

2. 放热、吸热、收缩、膨胀与焊接的关系

元器件的电极、引线和焊盘金属均是热的良导体。可是 PCB 基板的基材是树脂，热传导性能差，即使是与焊接相关的助焊剂的热传递性也是不良的。图 3.6 所示为由于收缩而导致 BGA 断路的形成过程。该场合中的 BGA 侧的温度低，冷却是从比 PCB 更优先的 BGA 封装焊盘开始的，收缩也依次是朝着 BGA

封装焊盘方向不断推进的。

人们为什么不能仅从外观上就能判断基板侧的温度高、芯片侧的温度低的原因，主要是忽略了再流炉及其温度－时间曲线、回路设计等因素的影响，还有 PCB 板面污染也是一个被忽视了的因素。除此之外，在环境工作温度高于 120 ℃使用时所导致的固体金属扩散加剧，扩散的金属 Sn 原子从其母体焊料中分离出来后，在其原位置处就留下了一个空穴，从而导致焊料侧变成了稀疏的空隙状态而导致其强度降（图 3.6）。冷却时焊球的收缩力的方向是负的，从而导致焊球与 PCB 焊盘接合界面之间产生了断裂，如图 3.6（c）所示。

通过对断面的观察，空隙在焊接界面是多发的。对 SnPb 焊料来说约有 5% 的收缩率，假如空隙就是空洞，它就不只是空洞，里面还有 5% 被压缩了的气体。对于圆角中的空洞的收缩界面，用断面观察是不能确认的，但可参考在聚四氟乙烯中发生的空洞附近的断面组织，如图 3.7 所示。在双面再流焊接时，A 面的 BGA 内产生的空洞；在 B 面再流焊接时，A 面 BGA 内的空洞在再加热状态时，其内的气体将膨胀从而在接合界面产生断裂缝。

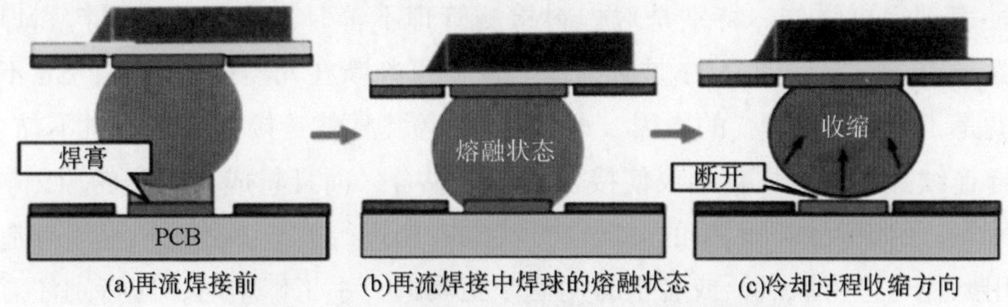

图 3.6　BGA 焊球在再流焊接过程中的收缩状态

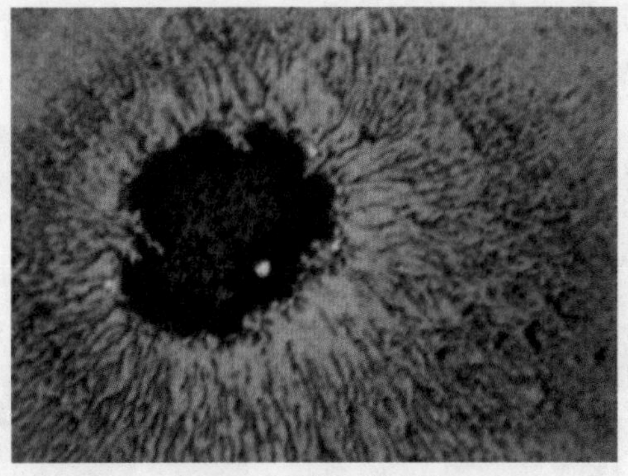

图 3.7　空洞的影响范围

3.1.7　扩散和合金层

1. 物理意义

把砂糖放入水中，砂糖就会溶解，实际上是砂糖向水中扩散。扩散现象一般是与温度和时间这两个因素相依存的。除了温度高外，就是时间越长扩散就越多。扩散是引发形成气体－固体、气体－液体、液体－固体、固体－固体等界面的原因，通常将其称为扩散层、合金层和金属间化合物（IMC）等。

2. 扩散和合金层与焊接的关系

图 3.8 是 Cu 与 SnPb 焊料接合时的断面形貌，IMC 对焊点可靠性的危害是通过以下四个特性来影响的。

- 硬度。
- 脆性。
- 导电性差。
- 对焊料不润湿。

由于 IMC 具有的极为不良的性质，所以其厚度越薄越好。用金相显微镜放大到 1 000 倍时能确认出的厚度就是 IMC 最理想的厚度。

用文字解读 IMC 是比较费事的，虽然它是金属，但与金属相比，化合物的特性表现得更强些。特别是对焊料检测管理不善时，检测后的焊料和焊盘的界面形成一定厚度的 IMC 是必须的。由此可判断在元器件安装时，Sn 不能扩散就是不润湿（虚焊）的原因。所谓焊料不润湿，就是接合部对焊料不黏合，照这样连续加热熔融焊料不仅使接合面不能黏合，而且将成为剥离的原因。

另外，由于液体→固体的突起部分特别容易进行扩散。因此，基板制造公司在用抛光轮进行研磨，或者平时用修整工具进行手工修整时，应特别注意避免在焊盘面上产生大的伤痕。由于修整工具的顶部一般均是锐利的，划伤基板焊盘面后，划伤部分尤其容易引起扩散。A 面焊接后要考虑是否会导致 B 面焊接部的剥离事故。图 3.9 为波峰焊料槽内存在的许多针状结晶（Sn–Cu IMC）。

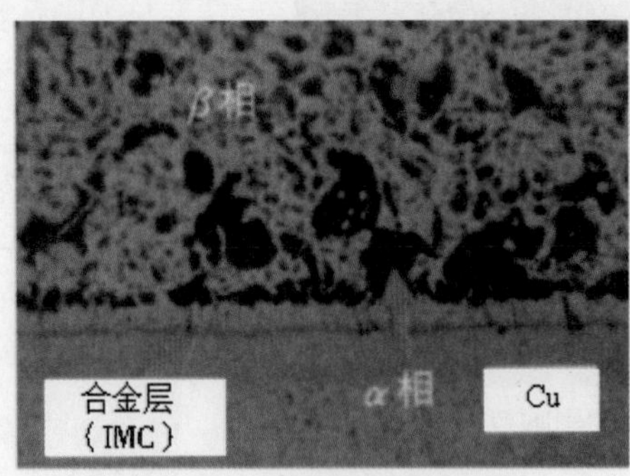

图 3.8　SnPb 焊料焊接部合金层

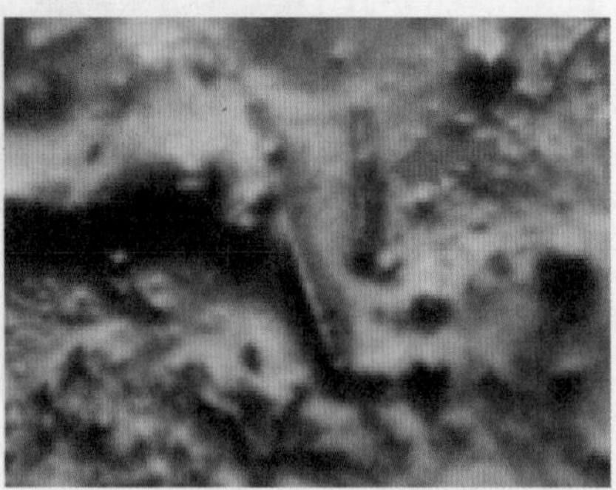

图 3.9　Sn-Cu IMC

图 3.10 为片式电阻器电极上存在 Sn–Ni IMC。图 3.11 是由于以粉末状存在于焊料槽锡中的微量 Fe 成分，在波峰焊料喷流之前就在焊料炉内堆积生长起来的。而图 3.12 是尚未使用的 BGA 焊球和 BGA 封装焊盘界面上存在的 Cu–Ni IMC，这是由于镀 Au 基板在电镀过程中使 Ni 槽浴受到了 Cu 元素污染而形成的。

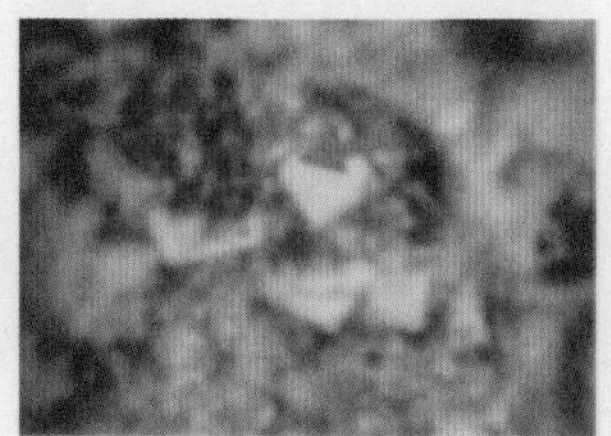
图 3.10　Sn-Ni IMC

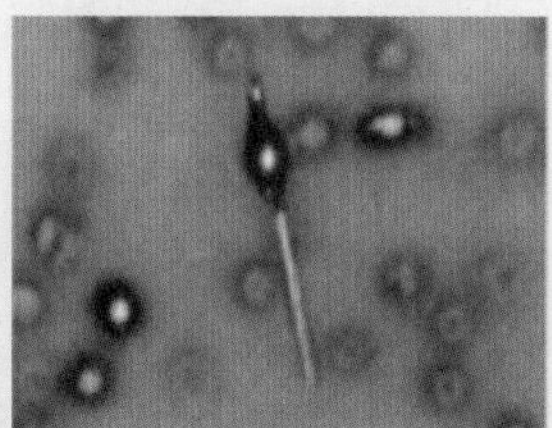
图 3.11　Sn-Fe IMC

图 3.12　Cu-Ni IMC

3.1.8　力、应力及粗大化

1. 物理意义

当对物体施加一个外力时，在该物体内部就要产生一个与该力相反的力，人们将其称为应力。由于应力是集中在固体部分内，因此，它是诱发裂纹的残留应力。

IMC 是固体物质，也是残留应力最集中的地方。应力高的地方也是能量高的地方，因而其组织变粗大。发生冷作硬化现象（例如，使线和引脚变硬），就是由于能量增高，其结果是导致了再结晶而使组织粗大化。因此，在见到断面粗大组织的场合，就可作为该处受到了应力作用的根据。

2. 力、应力及粗大化与焊接的关系

图 3.13 是在静载荷作用下发生的焊料分裂的 SEM 形貌，图中白色组织是富 Pb 的 α 相，黑色组织是富 Sn 的 β 相（对于光学系统的影像，两者的色彩是相反的，黑色组织变成富 Pb 的 α 相）。图 3.13 中焊料分裂的原因是在安装后的制品组合工程中用的环氧树脂基板，由于该基板内封装的环氧树脂的收缩力，压制了金属化通孔内的插入元器件，导致引线和焊料的界面发生了滑动（剪切力），如图 3.14 所示，其结果就变成了分裂。

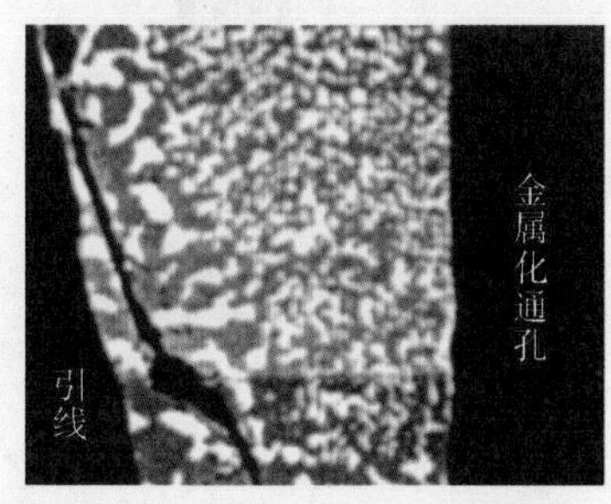

图 3.13　由应力引起的粗大组织

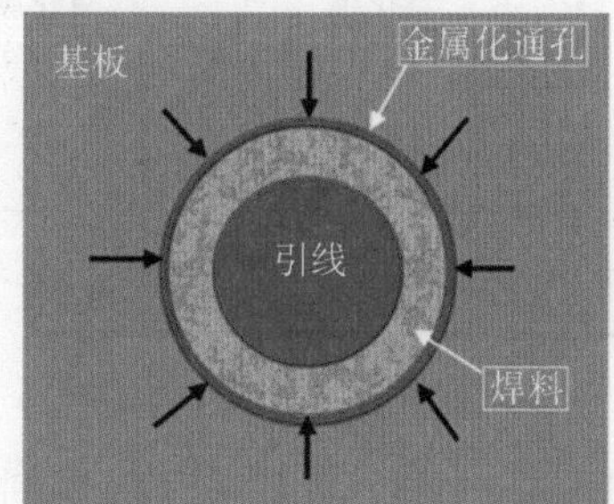

图 3.14　金属化通孔和引线间的焊料受到的挤压力

3.1.9 氧化

1. 物理意义

金属的新表面都会吸附着一层氧，人们将其称为氧化。Al 的代表性氧化物，即 Al_2O_3。一般金属都易氧化，以 Al 为例，将其切断时在其断面上就能立即形成厚度为数 Å 的氧化膜。氧化物的别名称为陶瓷。金属表面氧化膜一旦形成，就将阻碍热的传导而导致焊接不良。由于 A1 和 Cr 的氧化物是致密和静止的，因而具有抑制腐蚀过程的作用。

熔融金属最易受到氧的侵袭而氧化，氧化物的熔点可以理解为类似于助焊剂的作用，达到熔点后便被熔解。常见的氧化物熔点见表 3.3。

表 3.3 常见的氧化物熔点

名　称	分子式	熔点 /℃
Sn 的氧化物	SnO_2	1 127
Pb 的氧化物	PbO	886
Cu 的氧化物	CuO	1 232

2. 氧化与焊接的关系

在一般的 N_2 气氛中存在氧元素。当观察波峰焊接装备的两个波峰时，均会看到两个喷流的焊料波峰表面都有薄薄的一层氧化膜覆盖着。该氧化膜的形成相对刚从喷嘴喷出的新焊料迟，而比从波峰上坠落入焊料槽的焊料早，如图 3.15 所示。也就是说，新的熔融焊料的表面层从喷嘴中喷出后立即被氧化成固体的被膜。该现象用图 3.16 中烙铁焊接时的工况就很容易理解。

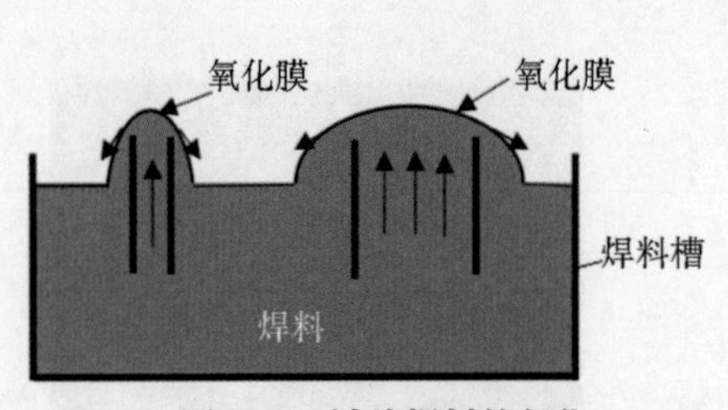

图 3.15 波峰焊料的氧化

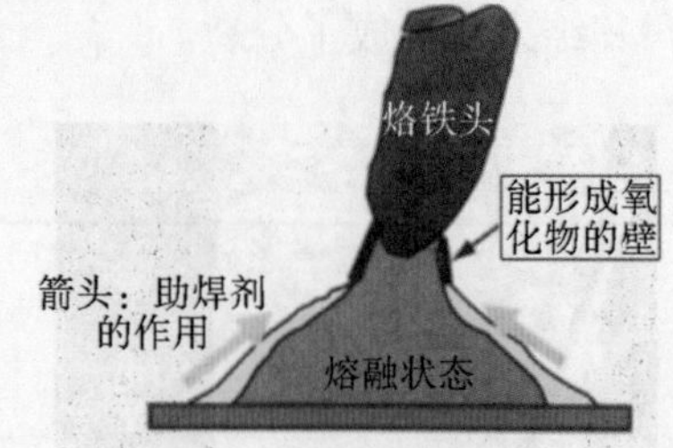

图 3.16 “拉尖”现象的发生

在图 3.16 中，将焊料和助焊剂加入到被焊接的区域的量的多少是由它们的比重因素所决定的。助焊剂覆盖在熔融焊料的表面以防止氧化，由于助焊剂比重小，不能追随烙铁向上提升的速度，因而有部分熔融焊料表面暴露而氧化。氧化物熔点高，故其被作为一种极薄的固体覆盖在此部分熔融焊料的表面。即使其厚度非常薄，但这种作为陶瓷成分的氧化物所形成的氧化物壁形成了“拉尖”的主要原因。

像图 3.5 中的 BGA 焊球的收缩凹坑，是 BGA 公司在焊球安装时由炉内的气氛引起的。在大气气氛再流炉中焊球熔融时，焊球膨胀引起氧化，当将其冷却时便形成了很大凹坑。像 Sn–Pb 焊球，即使在大气炉中再流安装，也不会出现大的凹坑。而对于 SnAgCu 焊球，由于其成分中的 Ag 及 Cu 的收缩大，因此易引发凹坑。

由于 BGA 搭载的组件，如果在 N_2 气氛中进行再流焊接时，特别是对 SAC305 的焊球和 SnPb 焊膏进行组合时，在焊膏侧接合部的全部都易变为低熔点的组织结构。如图 3.17（a）所示，焊球整体冷却效果是向大的方向收缩的。而在大气气氛中再流的场合在焊球的外周形成顽固的氧化物，包围着焊球内部的熔融焊料，由于随后的冷却收缩是被限定在熔融焊料内，所以形成了图 3.17（b）所示形状的开路事故。

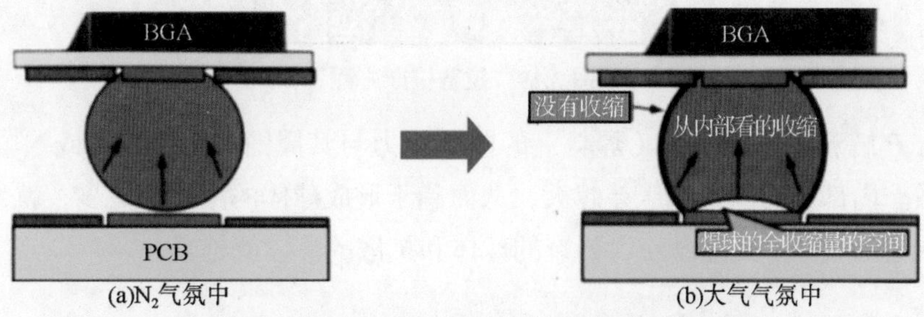

图 3.17　在 N_2 气氛中与在大气气氛中的收缩现象

在搭载 BGA 焊球材料为 SAC305 和有铅 SnPb 焊膏组合时，在焊膏侧接合部的全部容易形成低熔点组合。

3.1.10　润湿

1. 物理意义

把油涂抹在玻璃上，然后在其上滴一滴水，水滴成了球形，如图 3.18（a）所示。而后用酒精将油除去，再在玻璃上滴一滴水，此时水滴在玻璃上漫流开了，这就是润湿。在润湿面上，水滴的表面张力变小了，如图 3.18（b）所示。液态焊料的表面张力越小，就越容易在 PCB 焊盘及要焊接的各元器件表面实现焊料扩散，拉普拉斯方程描述如下式（图 3.19）。

$$\Delta P = P_{\mathrm{H}} - P_{\mathrm{K}} = \gamma_{\mathrm{HK}} \times \left\{ \frac{1}{R_1} + \frac{1}{R_2} \right\} \tag{3.1}$$

式中：ΔP为压差；P_{H} 为焊料压力；P_{K} 为空力压力；γ_{HK} 为焊料与空气界面的表面张力；R_1、R_2 为半径。

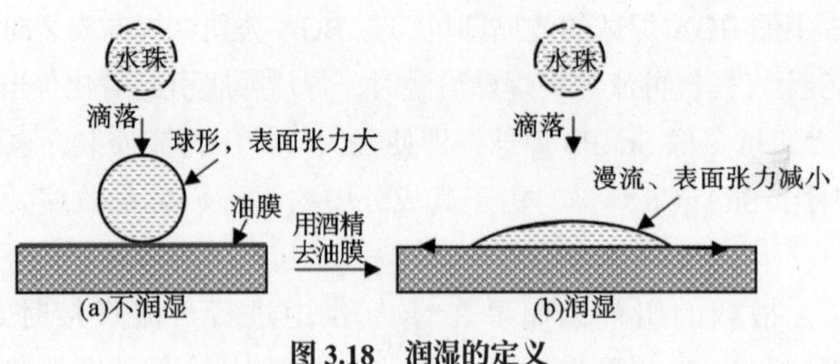

图 3.18　润湿的定义

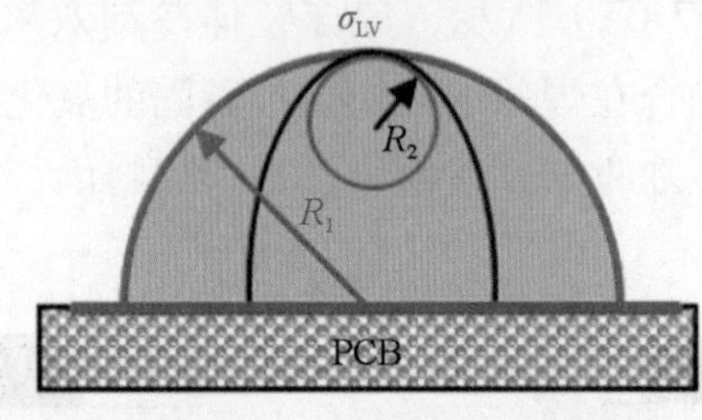

图 3.19　拉普拉斯方程

△ P 解释了一滴液体（焊料）的内部压力与其周围环境（空气或 N_2）之间的关系。内部压力越大，压差越大，从而趋于形成球体的液体也更多，就像一个正在吹起的气球。压差越小，崩裂的球体和扩散的液体就越多。

2. 润湿对焊接的影响

被焊接的金属表面被污染时（如镀液和残留腐蚀液、过期的助焊剂、指纹、局部的丝网印刷的污点），被污染的焊接面由于结露附着水时润湿性也会变差、安装现场管理不善等，也会导致元器件及 PCB 焊盘被污染可焊性变差。图 3.20 是不同大小的焊盘面积，在相同程度的污染物质存在的情况下，1608 片式元器件即使存在孔隙也能形成角焊缝，而 0402 片式元器件几乎没有被润湿的面积，在这样的微小焊盘上被印刷的焊膏中助焊剂分量的绝对量变少了。而且在耐热的液态助焊剂被涂敷在镀层表面的情况下，假如助焊剂被腐蚀液污染，其润湿性就会变差。在这样的场合，正确的解决措施就是增加焊膏中的活性剂，或者改善基板的可焊性。但过量增加活性剂是危险的，假如在污染物中存在离子性物质，再加上助焊剂中的离子性物质，将导致助焊剂残留物绝缘电阻的下降。特别是在片式元器件底部的助焊剂残留物中，如果存在阳极性污染物质，还会诱发电迁移现象。

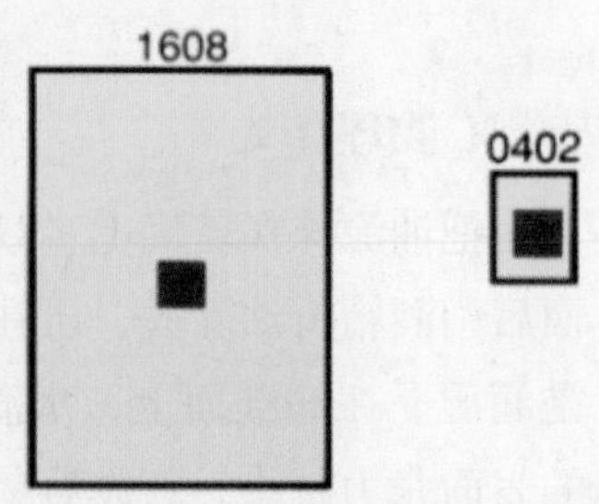

图 3.20　污染水平

图 3.21（a）是用立体显微镜观察的照片，而图 3.21（b）和图 3.21（c）是用金相显微镜观察的照片。由于图 3.21（a）是大元器件，故在基板面上涂布的助焊剂形成了角焊缝。而随着元器件的变小，就

要根据在基板上涂布助焊剂的面积大小来判断焊接状态。

如图 3.21（c）所示，由于焊盘的面积与液态助焊剂的涂布面积接近，焊膏几乎没有润湿。而图 3.21（d）中液体助焊剂涂布面积变大，因此焊盘的面积也变大，完全不润湿现象似有所改善。这主要是焊膏中助焊剂占比的液体助焊剂多了的缘故。

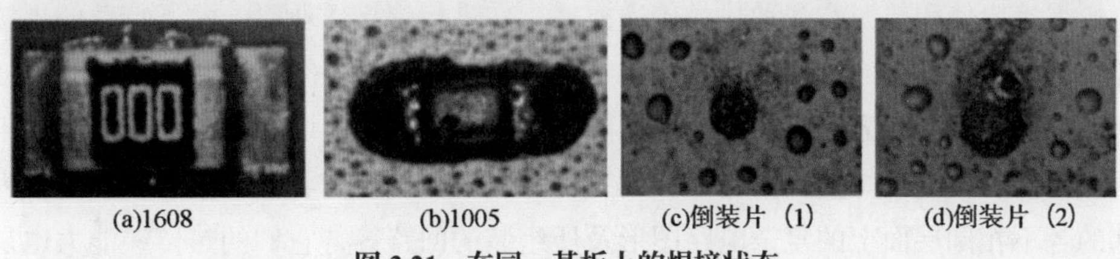
(a)1608　(b)1005　(c)倒装片（1）　(d)倒装片（2）

图 3.21　在同一基板上的焊接状态

图 3.22（a）是在安装现场常见的焊料情况，焊盘上的焊料搭载在较平的基板上，出现这样的情况的原因是基板的制造现场对基板的洁净不良或者是生产中的 7S 管理不善。由于基板焊盘可焊性不良而造成焊料表面张力变大，焊料不润湿，热整平后受污染变成灰色，焊料表面腐蚀。安装后的照片如图 3.21（b）所示。

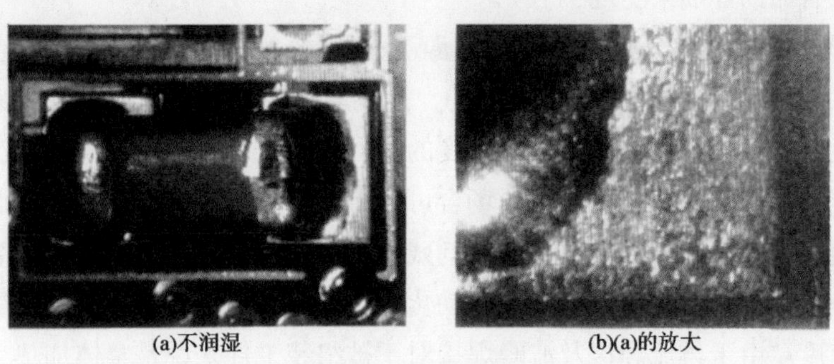
(a)不润湿　(b)(a)的放大

图 3.22 焊料不润湿

3.2　与助焊剂相关联的因素

在焊接中，助焊剂是不可缺的。助焊剂可以除去焊盘及元器件表面的污染物质，促进熔融焊料对接合金属的润湿，从对不良现象解析的角度出发，该现象是必须要知道的。

3.2.1　热的传递

1. 物理意义

热的传递是指将热源直接和被连接的物质相接触，或者通过中间介入体间接传递等方式。金属是热的良导体，有机物质和气体的热传递性比金属差，即使是同一种物质，其固体和液体的热传递性也是有差异的。

2. 助焊剂与焊接的关系

焊接要使用热源和多种热的传递方式，在进行焊接作业时，除了特殊的焊接外，均要使用助焊剂。助焊剂在焊接中的重要作用是不可忽视的。

普通助焊剂有去除金属接合面污染物质的功能。将一块 PCBA 上涉及的成千个元器件一次进行焊接，而所组装的各种不同的材质和形状，以及分布在基板内部的各不相同层面上的复杂电路图形及所组装的回路等，它们的热传递能力也是不一样的，而炉子本身所具备的能力也是有差异的。因此，要想在组装接合部获得均一的温度目标，只有采用液态助焊剂才可实现，即所设定加热气氛是庞大的热源，而如果被接合的金属是不像铜那样具有良好的热传导性的，如黄铜其热传导性只有铜的 1/3，像这样的元器件在焊接中均能确保达到同样的温度的目标任务，就只有靠助焊剂来实现了。

助焊剂的主要成分是松香，在室温下是固体，60℃以上存在软化点，超过 100℃变成液体。固体通常是不变形的，达到软化温度时即变形，变成液体后便有扩展性。即便是纯松香液体，随温度的不同，其扩展性也是不同的。温度越高扩展性越好。因此，在组装温度的场合可获得良好的扩展性，温度低扩展性也变差。因此，在安装中如果发现有助焊剂残渣增多的地方，就要搞清楚是温度高的地方还是温度低的地方。特别是在自动化焊接场合，要根据助焊剂的扩展性决定焊接的速度。由于再流焊接及波峰焊接对于被组装工件来说是整体加热，而自动化焊接是局部焊接，所以要用观察助焊剂扩展状态作为条件来确定操作要求。

图 3.23 是在 SMT 工艺中影响热传递的因素。其中最重要的因素除了“周围气氛”外，还有“污染”以及伴随着“蒸发”而发生的冷却（在有气体排出之处就伴随着冷却）。这些知识对现场工作都是很重要的。

图 3.24 是在手工焊接时发生的飞溅助焊剂场景，按温度高低排序为 c>b>a。但是当活性剂多时，即使温度低也是如形状 c 所示。

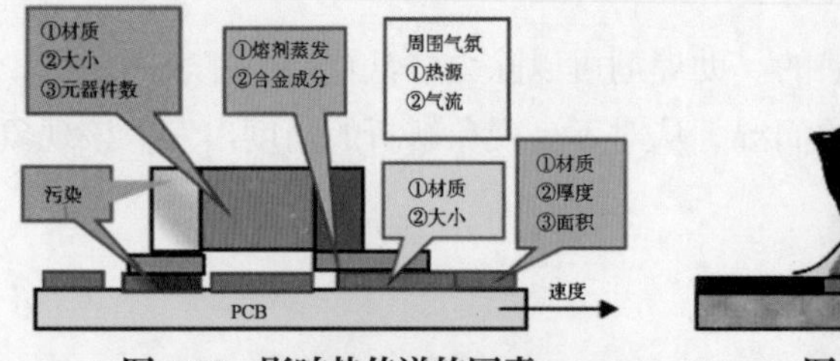

图 3.23 影响热传递的因素

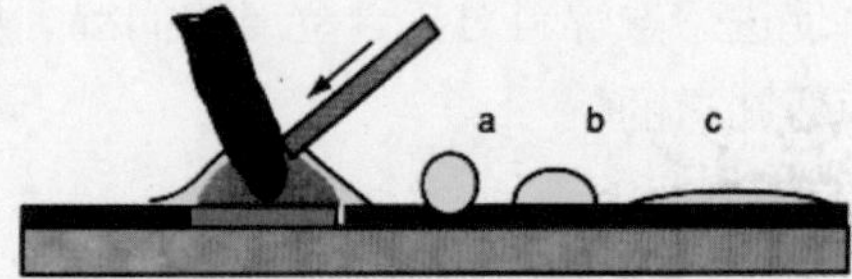

图 3.24 温度和助焊剂的飞溅

图 3.25 中的红框所指部位已完全断开，造成这种头部浮起的原因是：①温度曲线不合适；②焊膏问题；③引脚翘起变形。图 3.26 中的黄箭头所指的引脚未开路，由横线方向未发现气孔便可确定引脚没有翘起。可知温度是合适的，没有问

题，从图 3.26 中的照片也可以直接判断不存在问题。上述说法的正确性，从助焊剂残渣的扩展全部是相同的就可得到证实。

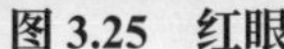

图 3.25 红眼

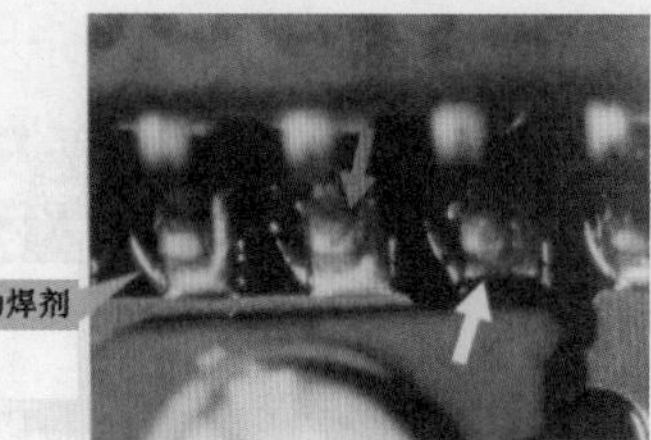

图 3.26 开路

3. 与热相关的现象

液状物质的温度变高与下述因素的变化相关。

- 黏性变小。
- 比重变小。
- 体积变大。
- 流动性增加 [流动速度快、输出作用力增大（$F=mv$，式中：F 为力；m 为质量；v 为速度）]。
- 化学性变得稳定（助焊剂树脂化）。
- 能分解活性物质（卤素量增加）。
- 残留应力释放（引线的弯曲部）。
- 被接触的金属升温快。
- 蒸发量增加。

4. 黏性（波峰焊接）

力是质量与速度的乘积，黏性变小就更容易流动；相反，黏性变大流动就难。在波峰焊接场合中，如果供给助焊剂量太少，就会成为缺少焊料的原因。如图 3.27 所示，由于温度的升高，虚线圈中的助焊剂的黏性变小而更容易流动，所以在安装焊接时，在熔融焊料突入的时间点，熔融焊料被拖向焊接接合部而形成焊点；相反，如果温度变低使得流动性恶化，向焊接区供给的助焊剂就变少，从而成为“焊料不足”的原因。

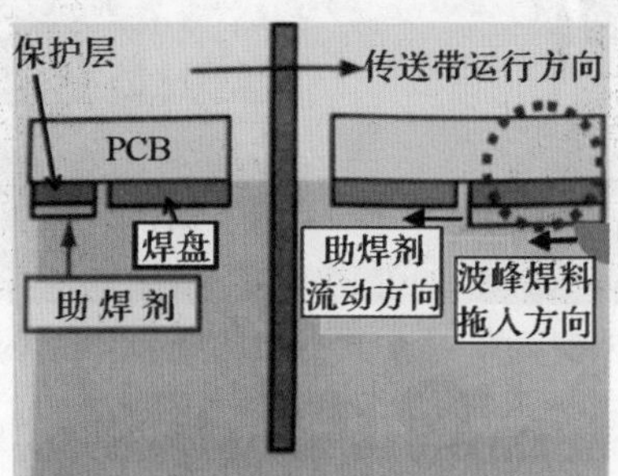

图 3.27 焊料通道内的助焊剂

5. 黏性（SMT 再流焊接）

波峰焊接时是通过通孔来固定元器件的，不存在片式元器件偏移或者立起来的问题。而 SMT 焊接时，片式元器件是搭载在焊膏上面的，安装结构发生了急剧的变化。由于焊膏中的助焊剂部分液化及焊膏中的焊料粉熔融时要吸收热量，故延缓了温度的急剧上升，避免了急剧的液化和急剧的熔融过程。

3.2.2 与蒸发有关的现象

1. 气化热

（1）物理意义。

液体在沸点蒸发的同时还要吸热。空间一旦有水的存在，当其温度达到饱和温度时蒸发便会持续发生。随着温度的升高，饱和水蒸气量就会增多，温度一降低就会发生结露。异丙醇（IPA）的气化热在 83℃时是 160cal/g，而 100℃的水的气化热是 539cal/g。

（2）气化热与焊接的关系。

波峰焊接中发泡的助焊剂在发泡时最易和空气接触而吸收水分，再流焊接中的焊膏也因其存在溶剂，由于溶剂蒸发存在的吸热过程而导致焊接接合被冷却。由于元器件和焊膏接触的电极面是不直接受炉内加热气氛影响的地方，而由溶剂的蒸发和气化热等因素越发加剧了其对水分蒸发的影响，增加了空洞。在此场合下，电极或者焊盘不论哪个有腐蚀性，在接合部存在的水分均会成为空洞率的加速因子。

图 3.28 是未使用的 BGA 的焊球被强制剥离后的界面状态照片，可见其上存在液体物质。该液体物质和剥离面的污染相叠加作用导致了热传递性的低下，造成了焊膏难以熔融的事故。

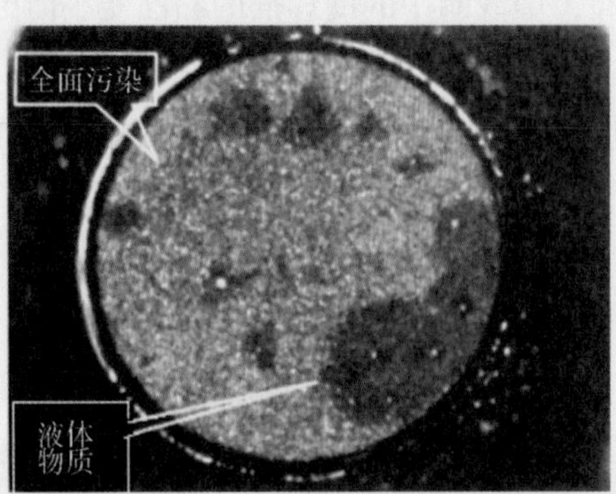

图 3.28 未使用的 BGA 的焊球被强制剥离后的界面状态

图 3.29 中红箭头所指部分是与焊盘相连接的通孔被保护膜封住，目的是防止热风透入。多数场合与 BGA 焊盘连接的支柱孔的内径小，最易成为清洗不净

之处。在这些微小孔内若残留电镀液或者腐蚀，将导致热量不足。如果是普通的加热，这些端子器件是温度上升最容易的类型。因此，焊盘和元器件间有温度差，助焊剂是朝向温度高的一侧移动。所以在焊盘上扩展的助焊剂都流向了元器件，这就是导致了焊盘润湿不良的原因。图 3.29 中的红箭头所指的用保护膜塞孔的通孔，如果向该类通孔中吹入热风，从通孔侧供给热量，那么对熔融温度高的焊料（如 SAC305 和 Sn37Pb）就将越发表现出热量不足而引发润湿不良。

热传递的异常即使是微小部也会引起，没有这些知识，就不能更好地调控和优化温度 – 时间曲线。图 3.29 中的不良就是由于基板侧的温度低，助焊剂沿引线侧上升，基板里面的加热量多数要从焊盘获得，因此，要防止助焊剂沿引线上升。

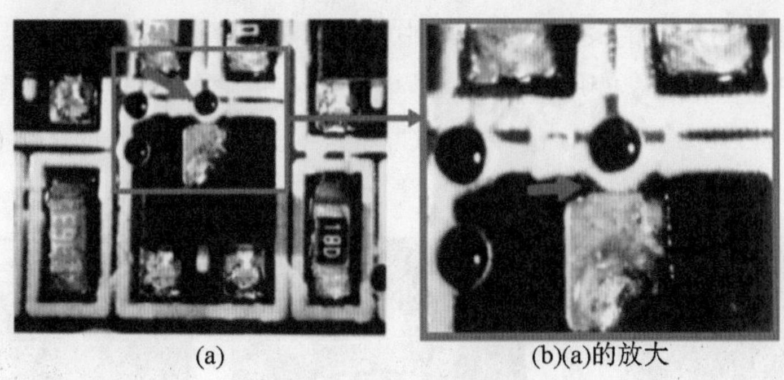

(a) (b)(a)的放大

图 3.29　基板侧温度明显低

2. 发生气体的确认

（1）物理意义。

再流炉及波峰焊槽的内部壁面由于使用时间过长被显著污染，必须定期将附着在炉壁上的这些污染物从炉中清理出来。正因为如此，掌握从装置中发生气体的程度是极为重要的，特别是从元器件和基板中排出的气体，是直接影响焊接部空洞等缺陷发生的重要因素。

（2）与焊接的关系。

虽然从再流炉或波峰焊料槽中是否向空气中排放气体是无法观察和判别的，但观察从元器件中是否有气体排放的方法如图 3.30 所示。在装有元器件的烧杯中放入高沸点的液体，然后将其加热到 180℃左右，观察元器件开始排放气体时的温度，并可同元器件生产厂家联系一并到现场观察，将没有气体排放的元器件列入可接品，有气体排放的元器件作为不良品予以拒收。

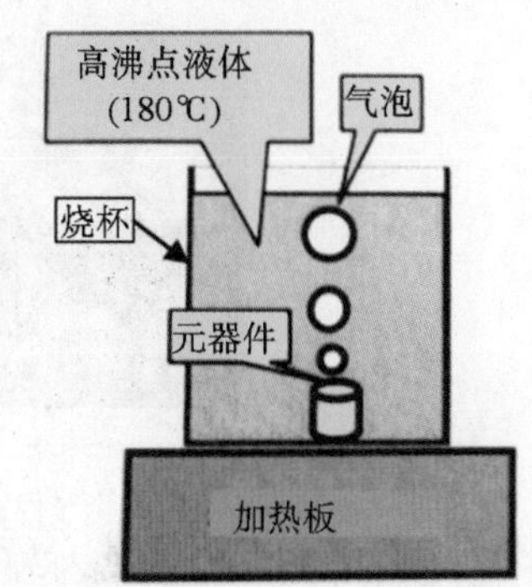

图 3.30　元器件排放气体的确认

3. 其他的现象

（1）电泄漏。

1）物理意义：一般电流都是在导体表面流动，从凸起部分泄漏。对于 SnPb 共晶焊料而言，若把铜的电传导率作为 100%时，其电传导率约为铜的 10%，是电流选择容易流过的场所。图 3.31 是电泄漏的示意图，对于露铜部分的表面，如果存在电传导率低的金属间化合物（IMC），则此部分相当于凸起部分。

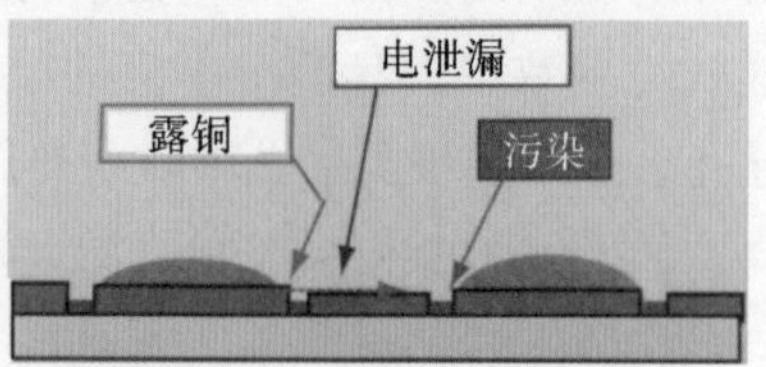

图 3.31　电泄漏的示意图

2）电泄漏与焊接的关系：图 3.32 中的照片是市场上车载电子产品发生的不良品；图 3.33（a）是未使用的基板，焊盘中存在可见的膨胀，对其用金相显微镜观察如图 3.33（b）所示，也存在腐蚀现象。正是因为腐蚀部分有丰富的离子物质存在，所以漏电被加速了。

图 3.32　特种车辆

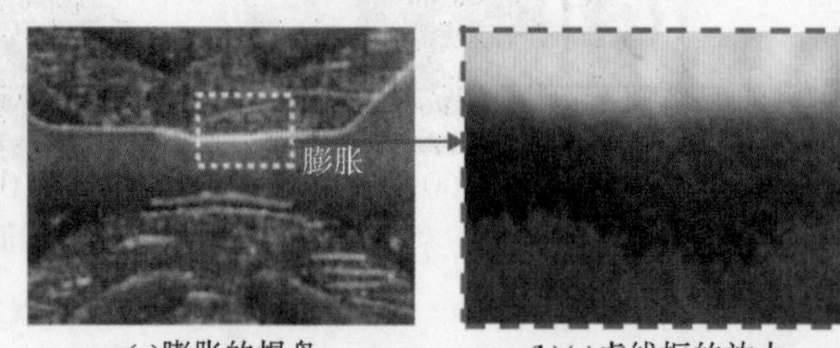

(a)膨胀的焊盘　(b)(a)虚线框的放大

图 3.33　膨胀的接头面

图 3.34 是一个变形了的基板，其最小间隙为 0.3mm，采用填充树脂助焊剂的焊料，在 300℃下用烙铁焊接的试验片，当在外加 40℃温度、95% RH、DC100V、96H 的试验条件下试验时，全部发生了电迁移现象。由此焊盘的膨胀现象的疑虑就完全可以理解了。

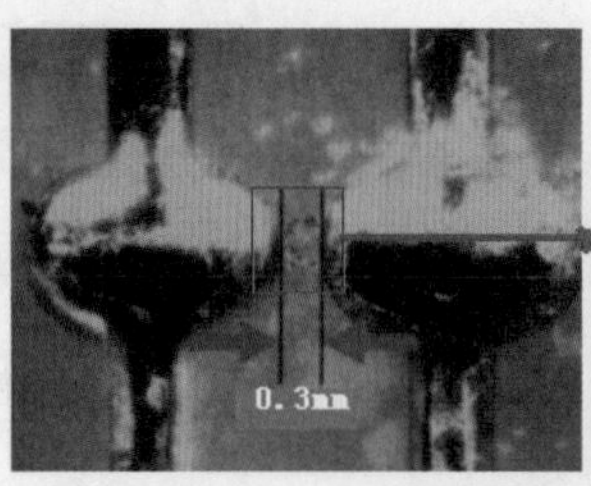

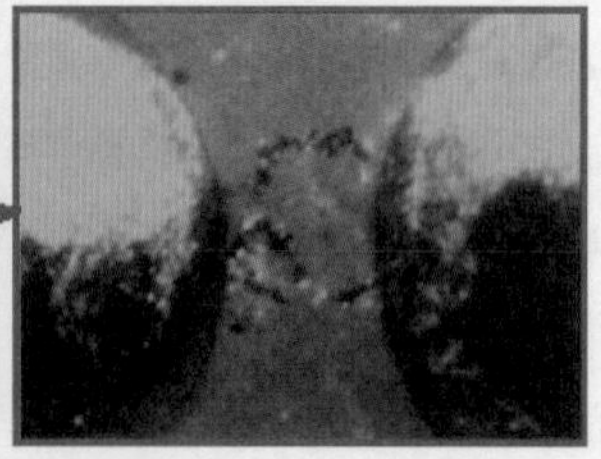
图 3.34　再现试验

（2）饱和水蒸气量（g/mm）和结露。

1）物理意义：在密封空间的某一温度下，水分因蒸发而饱和，这时变成蒸汽的水分量就称为饱和水蒸气量。假如在饱和气氛下，即使温度下降 1℃，都会因结露而析出水。在密封空间因温度降低发生了结露现象，即使析出了少量的水分在新的温度下也变成了饱和状态，表 3.4 列出了温度与饱和水蒸气量之间的关系。在 30m × 50m × 4m 的安装工作间内，假如室温为 23℃、湿度是 50%RH，其安装现场的空气中存在 61.48kg 的水。如此，不管在怎样的空间，只要知道了现场空间的温度和湿度，就能求出空间空气中实际含有多少水。

表 3.4 温度与饱和水蒸气量（g/m^3）之间的关系

温度 /℃	水 /（g/m^3）	温度 /℃	水 /（g/m^3）	温度 /℃	水 /（g/m^3）
0	4.846	22	19.416	60	129/693
5	6.794	23	20.563	65	160.409
10	9.395	24	21.768	70	196.944
15	13.823	25	23.031	75	240.107
16	13.626	30	30.350	80	290.787
17	14.472	35	—	85	349.924
18	215.362	40	51.089	90	418.355
19	16.900	45	65.334	95	497.706
20	17.287	50	82296	100	588.580
21	18.325	55	104.052	—	—

2）与焊接的关系及元器件的保管：安装现场的温度和湿度的管理是很重要的，元器件和基板从微观上看几乎 100% 都被污染。而且不论是供应商还是在安装现场污染的水平几乎是无法把握的，现实也是不可能把握的内容。焊接不良或市场事故都是最先被发现的，因此，安装现场的水分是天敌，对湿度管理必须作彻底的防御。在炎热的夏天，对各种构件的安装现场的温度必须控制在（22 ± 2）℃范围内；而在严寒时，即使现场的温度保持一定，但窗户旁边的温度依然很低，如图 3.35 所示，是物品保管时应避开的存放区域。现场的温度管理必须配备温度计，而且必须将其配制在温度低的地方，以专门监督和管理温度变化时的膨胀和收缩、蒸发和结露等现象。气体及液体浸入微缝中，而且一旦浸入就很难排出来。把焊膏放入冷藏库时，必须盖严密封，取出焊膏时也是一样的。

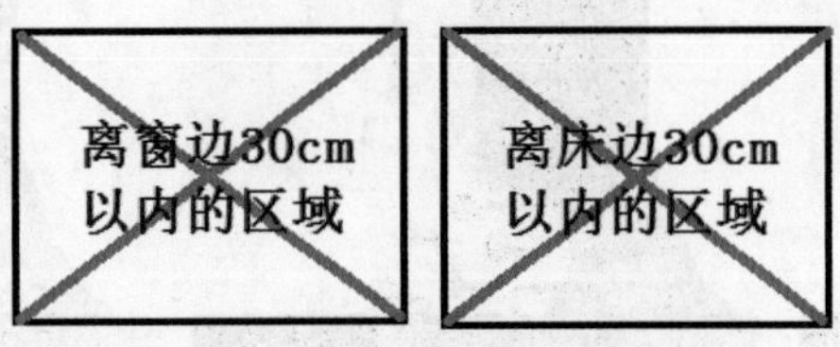

图 3.35 物品保管放置禁区

3.2.3 对流

1. 物理意义

当加热液体的一部分时，被加热部分在温度升高和体积膨胀的同时，比重将变小、重量变轻。其结果是在液体内部就将发生向上流动的现象，称其为对流。如果在液体内部存在微粒子，那么微粒子和液体流是同步的。除此之外，振动等在液体内部也会产生运动。

2. 对流与焊接的关系

随着焊膏加热状态的变化可知对流是重要的现象。图 3.36 是在保护膜上放置焊膏，在 250℃下将烙铁头插入焊膏中时焊膏内所发生的运动。假如用实体显微镜观察，可以明白下述事情，即焊膏中的焊料粉向烙铁头方向剧烈移动，在烙铁头表面的粉末按移动顺次熔融，同样的现象即使是在片式元器件的再流过程中也会发生。

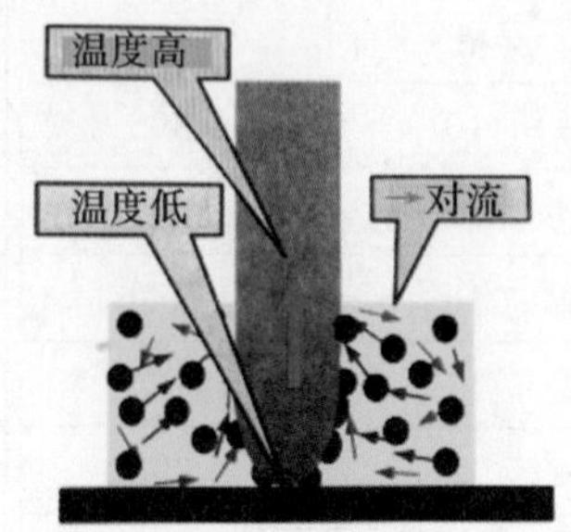

图 3.36　焊膏内的运动

图 3.37 所示是加热初期的状态，如电极上部及焊膏外侧的虚线所示的区域容易受热，加热后温度的上升，比它的相反侧区域要快。然而，图 3.38 中的现象在焊膏内部初期加热时也会发生。熔融的焊膏如图 3.39 所示，向右侧移动，焊料的熔融也是与此相依存的，印刷时的体积减小作用和元器件的自重使元器件发生了沉降。

这时，如果元器件侧和焊盘侧的表面状态良好，那么图 3.38 中的片式元器件侧焊料珠不会发生。但是，图 3.39 中对于电极及焊盘被污染的表面张力高的状态就会引起润湿不良，元器件的自重等引发的沉降就比较特别。虚线所示的熔融焊料从上部就会被挤压出来，并在片式元器件侧形成焊料珠。这种场合从电极及焊盘的污染物质中再析出气体就会加速焊料珠的离脱。由于加热的焊料熔融时急剧上升、元器件沉降速度加快，气体的析出也变得异常激烈，因此发生在对流端的片式元器件侧面的焊料珠的数量也就变多。

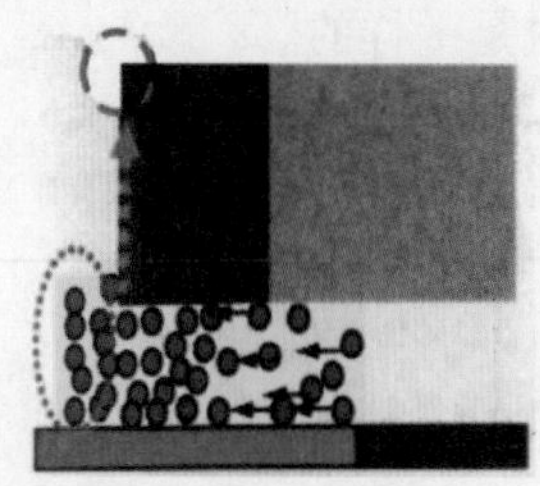
图 3.37 加热初期的状态

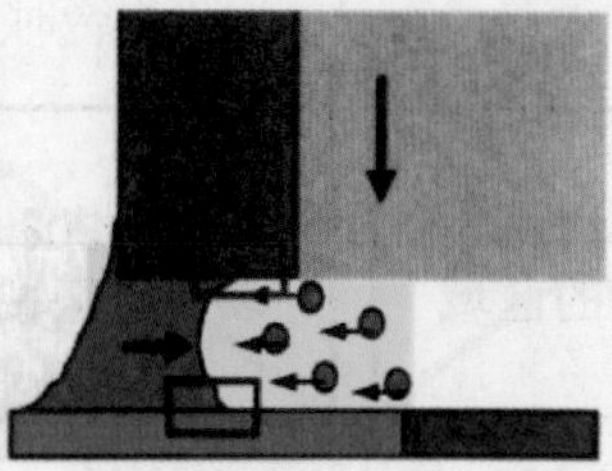

图 3.38　电极和焊盘良好接合

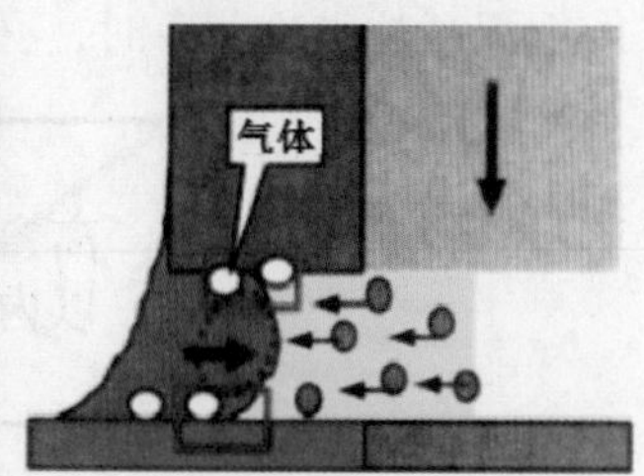

图 3.39　电极和焊盘间润湿不良

3.2.4　离子物质及迁移

1. 物理意义

物质是原子的集合体，在原子的中心（原子核的周围）存在着电子，由于这些电子受外部环境因素（如酸、碱、热等）失去了部分电子而变成具有活性化的离子物质。

例如：

$$Cu \rightarrow Cu^{++} + 2e \tag{3.2}$$

$$Cu^{++} + 2e \rightarrow Cu \tag{3.3}$$

铜放出 2 个电子变成铜离子，金属变成阳离子，氯（Cl）、溴（Br）、有机酸等变成阴离子。Cl^-、Br^-、F^-、卤素离子反应快，而有机酸的离子［例如，—OOC（C_2H_4）COO—］和卤素比较起来反应速度要慢。用乙二酸作助焊剂在两年后才发现腐蚀案例。

式（3.2）是腐蚀现象，而式（3.3）是金属析出现象。因此，作为与式（3.3）相似的分类就应该是镀，镀有电镀和化学镀，均是析出金属。类似情况在安装组件中都可以发生，一般将其称为电迁移，它是导致焊接部位绝缘性不良的原因。离子物质具有下列特征。

- 加速腐蚀。
- 吸水。
- 引发导电性。
- 存在化学反应性。
- 其水溶液电阻低。
- 析出金属。
- 有分解作用。

2. 离子物质及迁移与焊接的关系

离子物质包含在元器件、PCB 基板、助焊剂、助焊剂残渣、指纹、唾液、清凉饮料、尘埃（含硫酸、硝酸离子）等中，在安装现场均可能存在的物质。像这样的离子物质在焊接时将成为不润湿、空洞、少焊料、针孔、焊盘侧有焊料珠、偏移、立碑、绝缘不良等的原因。

（1）图 3.40（a）是 PCB 通孔洗净不足而导致经过时间的变化后直至腐蚀。

（2）图 3.40（b）是线缆中的氯乙烯基被覆材料中的氯，对芯线铜侵蚀而生成氯化亚铜的绿色腐蚀性生成物。

（3）图 3.40（c）是助焊剂中的活性剂弥散。

（4）图 3.40（d）是因显著吸湿引发了电迁移。

（5）图 3.40（e）也是显著吸湿发生了电迁移。

（6）图 3.40（f）是在不良品调查中发现的，安装后经过了 10 年以上，推测应该是初期阶段形成的电迁移引起了较轻的短路现象，在此刻由于离子物质的消失而变成了稳定状态。

（7）图 3.40（g）是由于插头座的插针电镀后洗净不足，氯化亚铜的绿色腐蚀生成物本是能观察到的，然而在剧烈燃烧时，这些腐蚀生成物虽已不存在，但是由于铜离子和氯离子的存在，吸湿后作为绿色腐蚀还是会暴露，只要烧失的离子残渣存在，在日后的观察中仍能发现。

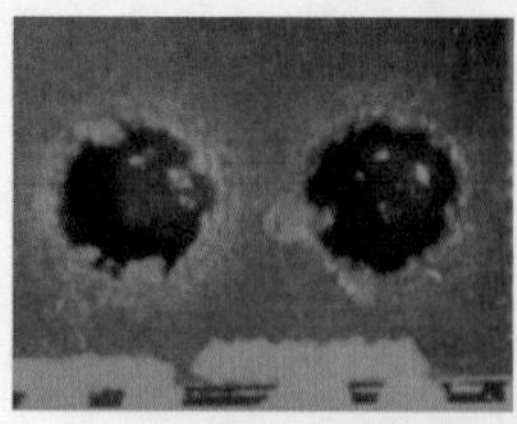
(a)通孔清洗不足形成的腐蚀

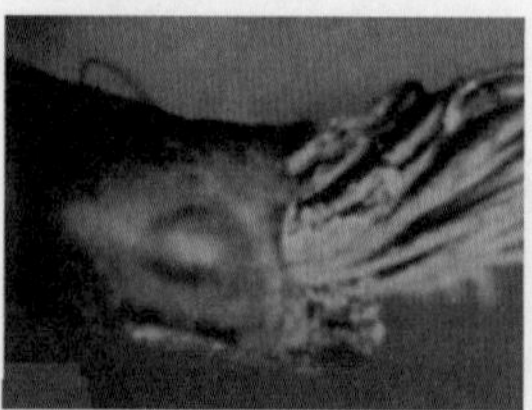
(b)被覆材料中的氯对铜线侵蚀

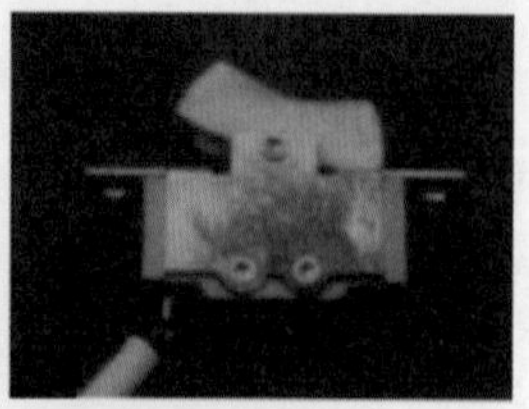
(c)助焊剂中的活性剂弥散

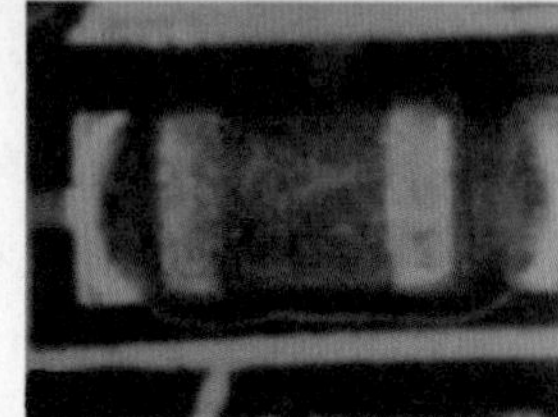
(d)因显著吸湿引发了电迁移(1)

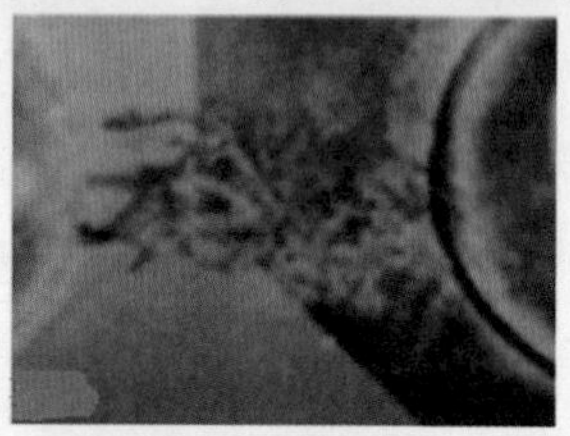
(e)因显著吸湿引发了电迁移(2)

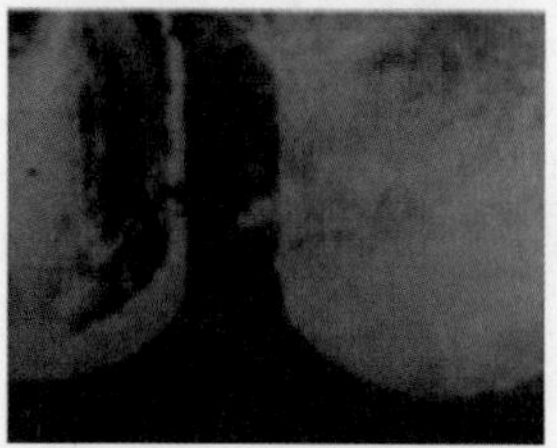
(f)因电迁移引发的短路现象

(g)因离子污染引发的燃烧事故

图 3.40　绝缘不良的各种示例

在元器件、基板及活性剂等中存在着丰富的离子物质，因此在加强对活性剂离子污染物质量管控的同时，也必须加强对元器件及基板污染状态的监管。

3.2.5　金属原子迁移（晶须）

1. 物理意义

电镀的金属层存在应力，其金属原子因迁移其组织的一部分凸出来，为了将其和离子迁移相区别而将其定义为应力迁移，别名称为晶须。

晶须是针状，在生长过程中是从其底部生长而弯折的上部不生长，所以生长的金属是由压应力挤出来的。晶须多发在镀锡工艺中，而在镀 Sn–Pb 层几乎不发生，即使有，其长度也只有数毫米。

2. 金属原子与焊接的关系

晶须对焊接性的影响几乎没有。可是晶须发生在镀层，有使焊接性变低下的情况。一般电镀之后是非结晶状（非晶体），紧接着就结晶化，即使是同一种金属，从矿石熔炉得到的金属和从电镀液结晶出的金属有根本的不同。电镀是在镀液中的金属附着现象，介于镀层和镀液之间的附着是微量的。由于结晶化（图 3.41）镀层成分是从表面析出的，因而对润湿性有阻碍。

图 3.41　锡镀层的结晶化

图 3.42 是片式电阻的电极部；图 3.43 是连接器引脚的损伤部；图 3.44 是连接器的拐角部；图 3.45 是连接器的腐蚀部。晶须在从电镀部脱落掉落在焊膏上的情况下，焊料熔融时一起熔融。

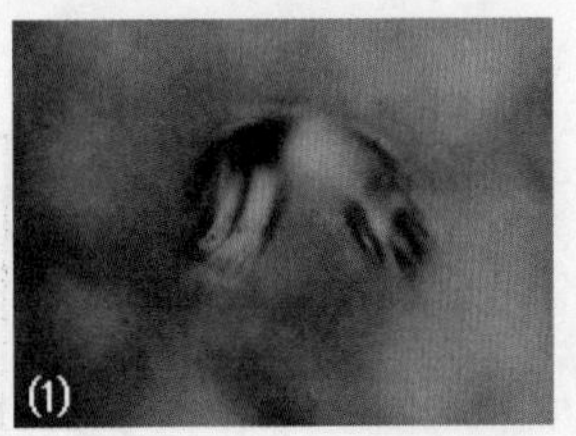

图 3.42　片式电阻的电极部

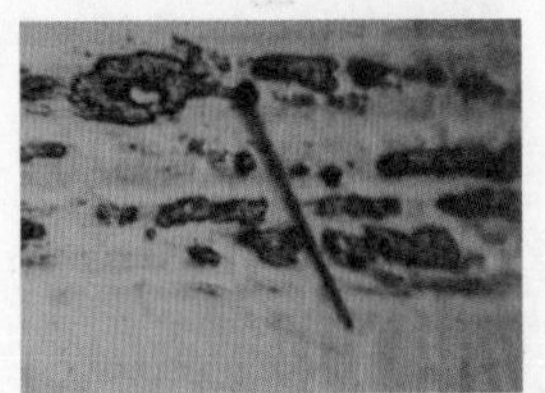

图 3.43　连接器引脚的损伤部

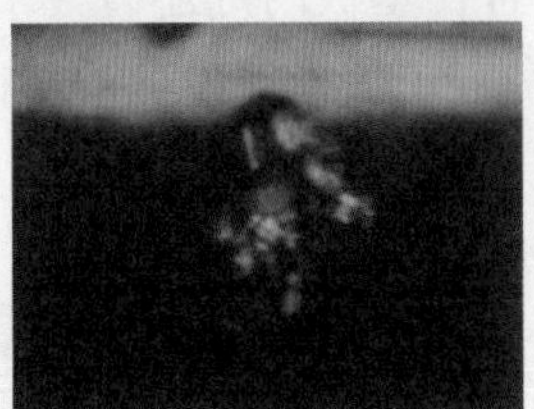

图 3.44　连接器的拐角部

图 3.45　连接器的腐蚀部

3.2.6　裂纹

1. 物理意义

新的裂纹的产生是因受到了力作用的结果，理解该力形成裂纹的原因是很重要的，由此就不难理解裂纹和间隙现象。力的作用有拉伸、压缩、剪断、收缩、周期作用（机械的、温度的周期作用）、冲击力、残留应力等。例如，拉伸伴随延伸、压缩有像螺钉那样的夹紧力、剪断是对位冲裁、收缩像（连接器、QFP）树脂那样的收缩以及焊料自身的收缩、周期性振动所形成的膨胀收缩、冲击力是物体跌落时所产生的力、残留应力是引线弯曲加工，特别是引线框架沿压延位置方向的纤维组织（金属组织被拉伸变成纤维状）形成的力。因为它的纤维状在进行弯曲加工时就会出现弹性。残留应力除上述之外，即使是在位置成形、表面研磨等过程中也会发生。

除以上因力的作用发生的裂纹外，伴随着腐蚀的发生也会形成裂纹。例如，不锈钢有氢脆性，在结晶粒界上优先发生腐蚀，特别是合金从熔融状态到凝固过程中最初的结晶核是在熔融的金属中生成的。从这个温度高的状态析出结晶核的金属必定是高熔点金属，随着温度下降伴随着凝固，当温度下降到比合金中的低熔点金属的熔点还要低时，便形成一个单质晶核覆盖。

熔融金属在最后凝固点处是结晶的晶粒界，熔点低而不纯物质变多。由于结晶的晶粒界也是熔点最低的部位，是最易受外部热影响而发生显著膨胀的地方，而且对电化学来说，晶粒界是电位最高的部位，是腐蚀最先发生的地方，其结果也是最易引发腐蚀裂纹的地方。特别地，由于金属材料在经受弯曲加工的地方内部应力高，弯曲部的晶粒界也是最先受到环境因素影响之处。

2. 裂纹与焊接的关系

焊料是对裂纹敏感的金属，对焊料裂纹的观察必须从上、下、左、右 360° 全方位进行，探察哪个方向有偏移。如图 3.46 所示的裂纹场合，作为裂纹的边界，圆角的上部存在向左侧偏移现象，这表明上部是受到了力 A 的作用所造成的。不仅在上部，而且在基板内部还有一个 B 方向的作用力。通常结晶的晶界有沿着裂纹发展的特征。

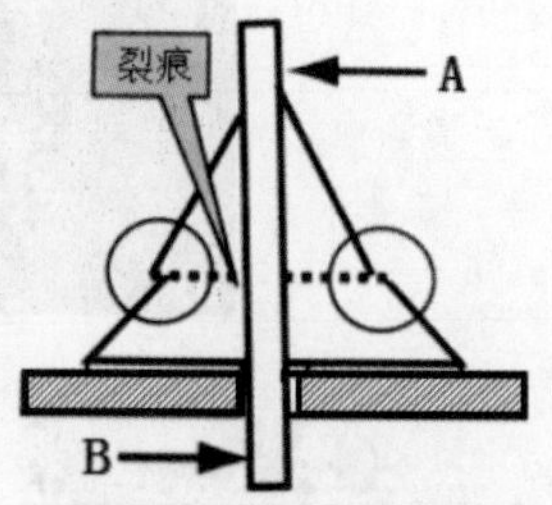

图 3.46　观察到的位置

（1）早期的焊料裂纹。

早期的焊料裂纹是发生在焊接工艺过程的末尾。由于是在凝固温度前后受力的作用时发生的，因此对裂纹的内部必须采用立体显微镜进行观察，看其内部是否存在过多的助焊剂。如果存在，那么在焊接之后，温度降到松香的软化温度以下时就会变成裂纹。这是因为在松香软化点温度范围发生的裂纹场合下，裂纹中只要浸入了少量的助焊剂，对于所有的金属在熔点附近的强度都是零，稍微受点外力作用就会变成裂纹。大型元器件的冷却速度都有较慢的倾向，如图 3.47 所示，从被搭载的焊料槽上出来时，若传输线存在振动，那么元器件会因晃动而变成裂纹。

图 3.47　传输线振动导致安装元器件倾斜

作为初期的裂级，图 3.48 中展示了镀金引线在进行波峰焊接时发生的案例。

从基板里面出来的引线镀金层的金在焊料中熔出，而 PTH（镀通孔）通孔内金镀层的金融入熔融的焊料后从下面被挤压上来，因而导致在元器件侧的焊料圆角内金的浓度变高。其结果使圆角内焊料的熔点上升，从焊料波峰中一出来进入凝固过程，传输线振动的应力作用就会形成裂纹。通常通过外观检查不能发现的这些裂纹到市场由用户应用后才会暴露出来。

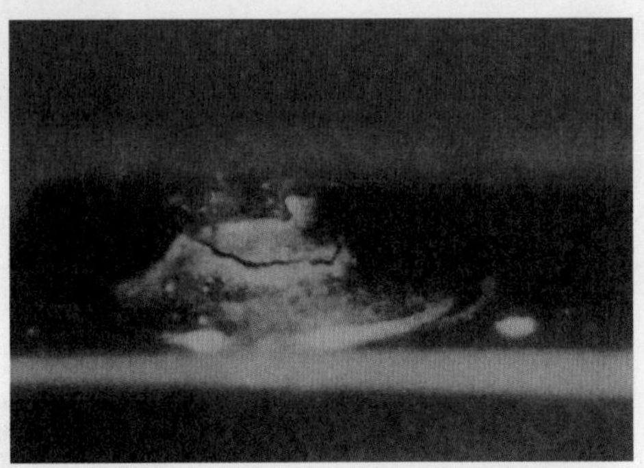

图 3.48　镀金引线波峰焊接时发生的裂纹

（2）由交变作用力形成的裂纹。

图 3.49 是在交变载荷作用下发生的裂纹的特征。引线在交变力作用情况下，以被凝结的表面组织作为裂纹的边界，在焊料圆角的上下表现为条纹模样。柔性基板的接合部将裂纹作为边界，其圆角的下面也呈条纹状。这是由于机械的交变荷重引起组织的膨胀和收缩的交互作用而导致的结果。

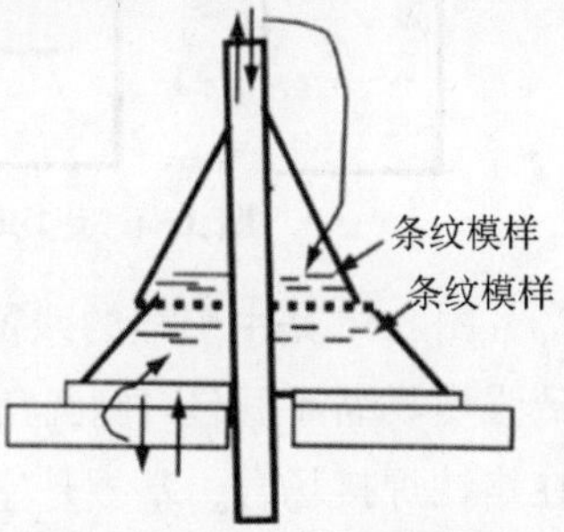

条纹模样
条纹模样

图 3.49　由交变作用力形成的裂纹

（3）由热原因形成的裂纹。

图 3.50 所示为焊接圆角结晶粒界是熔点最低的部位，也是圆角整体最后凝固的地方，如图 3.51 所示。在波峰焊料槽焊接后，除去表面的氧化物后露出了光亮的表面，待操作完成后观察其凝固过程，就会发现焊料槽中的焊料全部固化时，在熔融焊料面出现了空洞，将这种指向焊料槽内部的孔穴称为缩孔或气孔。缩孔（气孔）附近的体积变化是最显著的，缩孔在凝固后受热的膨胀变大。因此焊点圆角是最后凝固的地方。而一受热，圆角表面的组织就要变得粗大化，如图 3.52 所示。

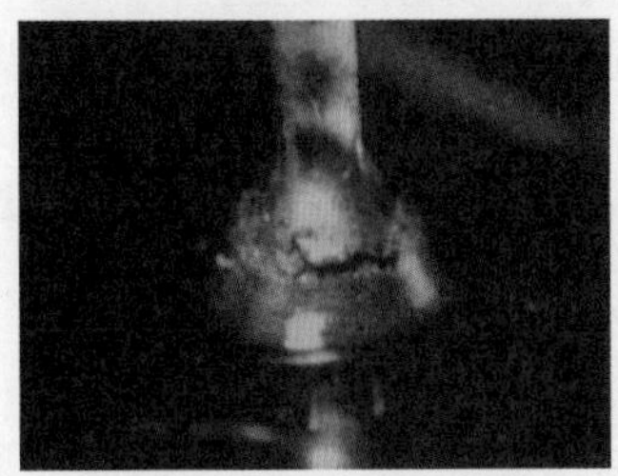

图 3.50　粗大表面结晶

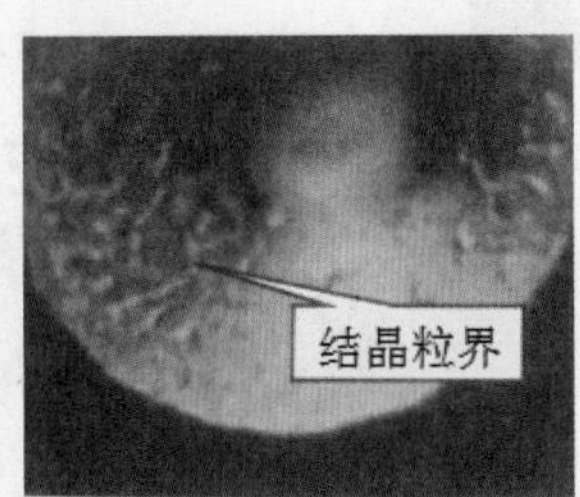

图 3.51　由热作用引起的裂纹

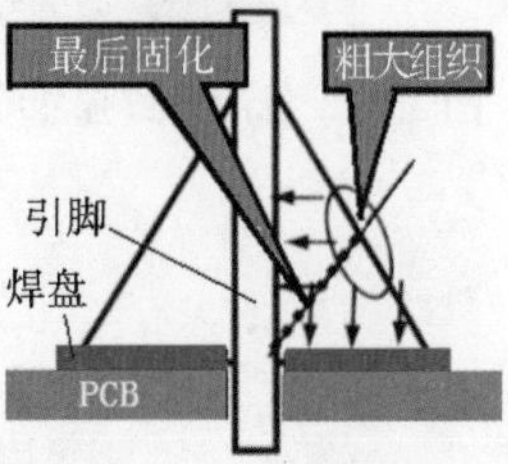

最后固化
粗大组织
引脚
焊盘
PCB

图 3.52　环境热的影响

因此，由热原因引发的裂纹便能容易理解了。金属在沿散热方向的组织凝集状态如图 3.53 所示。

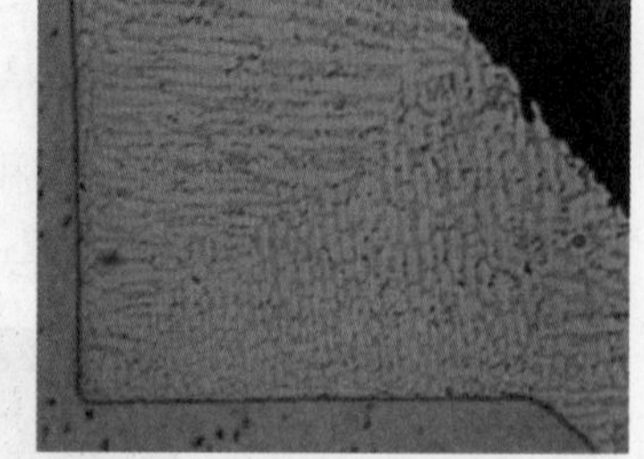

图 3.53　冷却及组织的凝聚状态

（4）剥离。

剥离也是裂纹的一种形式。引线的残留应力在凝固时形成很强的收缩力，使搭载在基板表面的元器件向上方抬起，其圆角如图 3.54 所示。当安装的两个焊盘热平衡性差时，假如将元器件的一端固定在热容量大的焊盘上，那么相对另一侧焊盘的膨胀和收缩的影响，将导致元器件移动而形成裂纹，如图 3.55 所示，因而对凝固时裂纹的形成更敏感。焊盘温度上升和下降的均一性是所希望的，SMT 基板因是整体被加热的，故即使在冷却时也能进行。

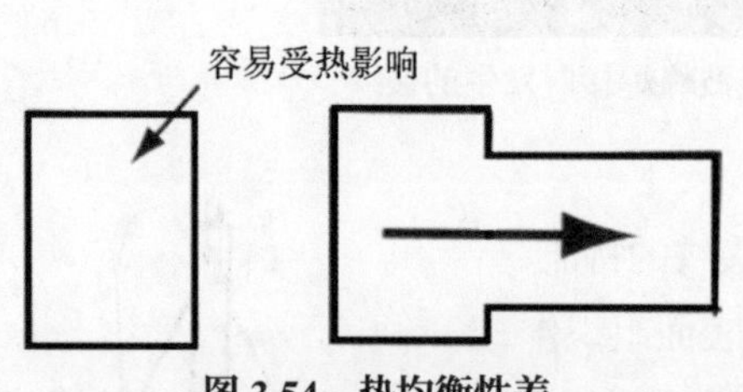

图 3.54　热均衡性差

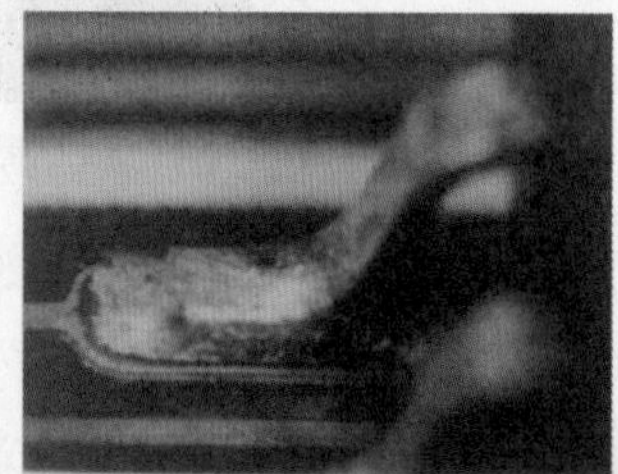

图 3.55　引线的残留应力引起的裂纹

图 3.55 是由引线的残留应力而引起的裂纹，图 3.56 是由于导体急剧冷却导致强烈收缩而引起对侧圆角引线剥离，图 3.57 是 SAC305 三元合金引起的剥离，在烙铁焊接场合，基板是室温，而烙铁温度比再流峰值温度还要高。图 3.58 是市场不良品示例，可以看出引线的残留应力是较强的。引线框架配置采用图 3.56 所示的水平方式，由于引线像竹子一样的纤维组织有较强的弹性，加工弯曲后容易反弹，此情况对于 QFP 场合是难以避免的，因此必须用热处理来消除应力而使质量达到稳定。

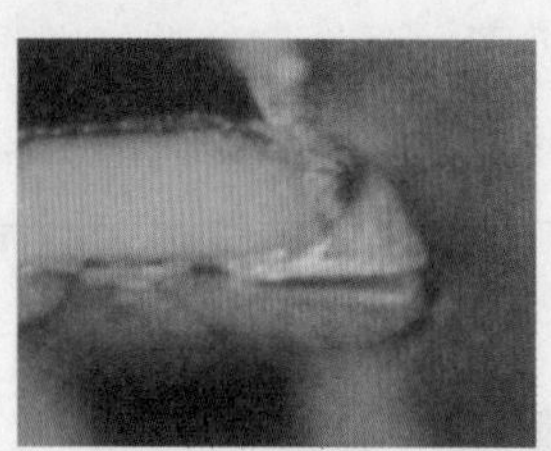

图 3.56　急冷导致强烈收缩引起的剥离

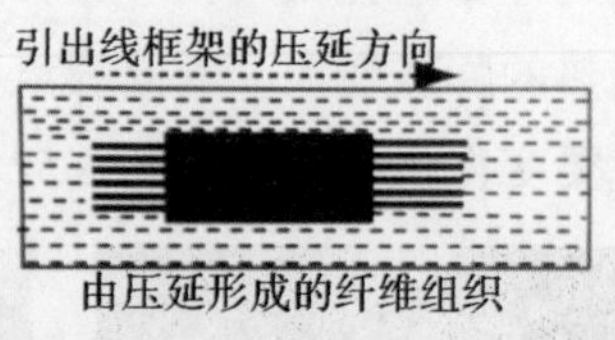

图 3.57　SAC305 三元合金引起的剥离

图 3.58　市场不良品示例

图 3.59 是连接器用螺钉固定点（照片中红箭头所示）的焊料裂纹，而图 3.60 是裂纹的放大图。这种裂纹是由于接触面表层使用螺钉后在振动时促使螺钉的松弛而引发的。图 3.61 是因背板树脂收缩形成的裂纹。

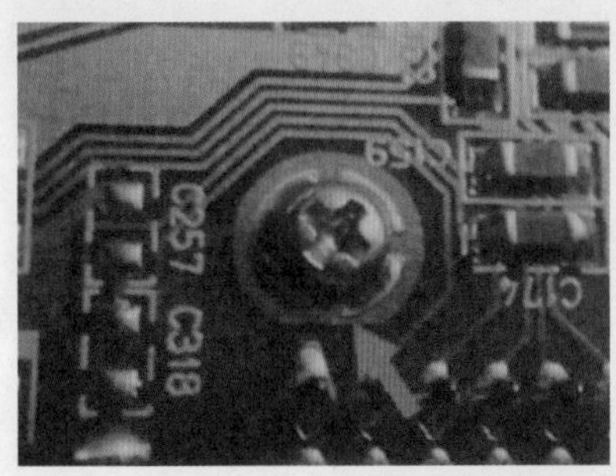

图 3.59　由螺钉固定点形成的焊料裂纹

图 3.60　对图 3.59 裂纹的放大

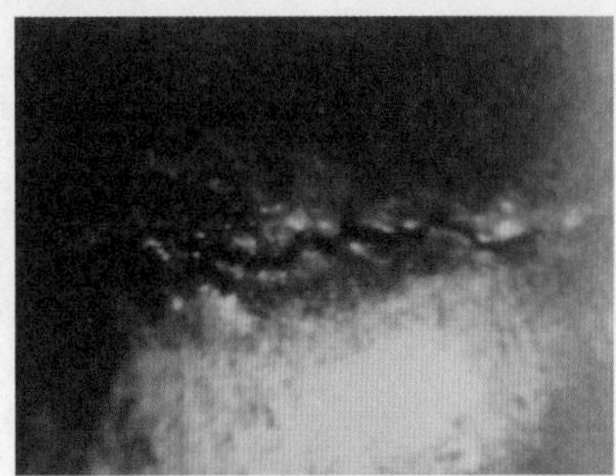

图 3.61　背板树脂收缩形成的裂纹

图 3.62 是由尼龙树脂变形形成的裂纹。由 SOP、QFP、连接器的树脂原因引发的裂纹的特征是：两端的引脚裂纹最显著，而中央的引脚没有裂纹。图 3.63 是长引线、少焊料振动时出现的裂纹。

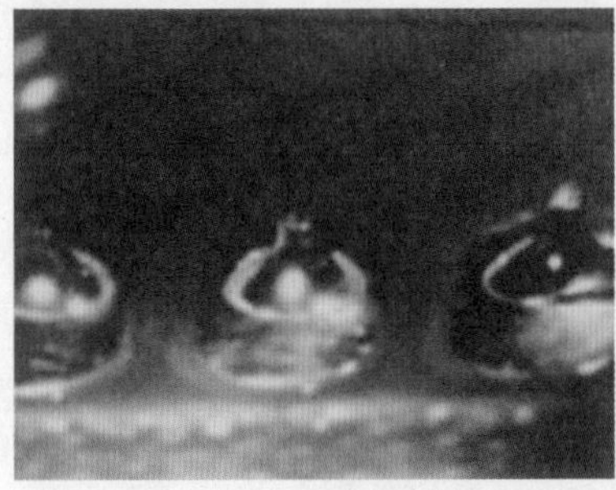

图 3.62　由尼龙树脂变形形成的裂纹

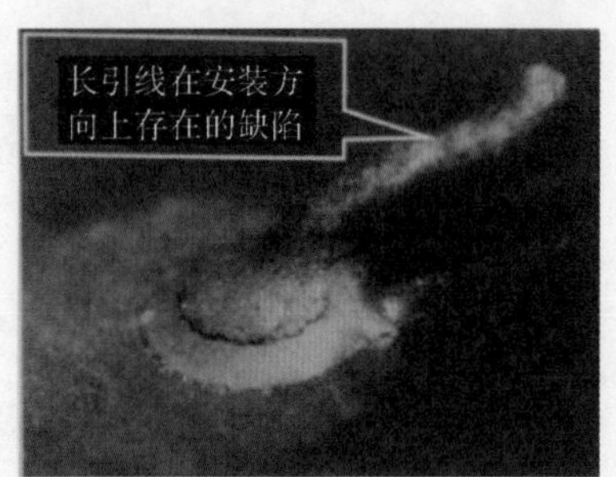

图 3.63　长引线、少焊料振动时出现的裂纹

第03章　微焊接技术的基本物理与化学属性

第04章

波峰焊接中的热点问题以及从基本现象追迹波峰焊接的不良

本章要点

- □ 掌握波峰焊接的工序构成、热点问题的定义及其影响。
- □ 掌握基体金属的可焊性。
- □ 掌握波峰焊接设备。
- □ 掌握 PCB 安装和图形设计的波峰焊接 DFM 要求。
- □ 掌握波峰焊接工艺的优化。
- □ 掌握波峰焊接技术在未来微电子装备制造中还能走多远。
- □ 掌握从助焊剂劣化导致通孔上焊料上升不足追迹波峰焊接的不良。
- □ 掌握从整个基板上面热量不足追迹波峰焊接的不良。
- □ 掌握从桥连发生的原因和对策追迹波峰焊接的不良。
- □ 掌握从波峰焊接过程控制不良追迹波峰焊接的不良。
- □ 掌握从气孔、针孔追迹波峰焊接的不良。

4.1 波峰焊接中的热点问题

4.1.1 波峰焊接的工序构成、热点问题的定义及其影响

1. 波峰焊接的工序构成

波峰焊接插入安装工序及装置图如图 4.1 所示。元器件插入可以是手动方式，也可以是插入机自动插入，与插入的元器件对应的插入机的种类见表 4.1。

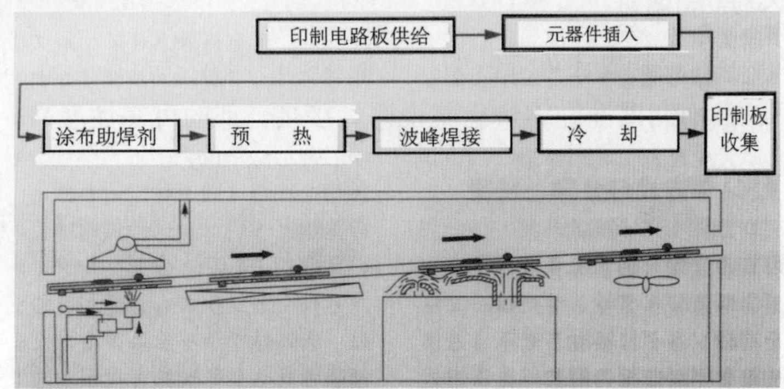

图 4.1　波峰焊接插入安装工序及装置图

表 4.1　插入机的种类和适用的元器件

插入机的种类	适用的元器件
轴向元器件插入机	电阻器、电容器、二极管等轴向引线元器件
径向元器件插入机	电阻器、电容器、晶体三极管等径向引线元器件
异形元器件插入机	IC、连接器、插头、线圈等经过整形的异形引线元器件

2. 波峰焊接中热点问题的定义

凡是能造成波峰焊接质量不良和可靠性起伏的大、小概率事件的成因、机理及其对策所涉及的技术和理论问题，均可定义为波峰焊接中的热点问题。

3. 影响热点问题的因素

影响波峰焊接效果的四个要素，按其影响程度的权重排序为：基体金属的可焊性、波峰焊接设备、PCB 安装和图形设计的波峰焊接 DFM 要求及波峰焊接工艺的优化。下面仅就这些问题的影响机理进行分析。

4.1.2 基体金属的可焊性

1. 可焊性的定义及其影响因素

（1）可焊性的定义。

可焊性即在规定的时间、温度和环境条件（助焊剂）下基体金属被熔融焊料润湿的能力。而润湿作用的广义定义是在基材上能形成一层均匀、平滑、无裂缝的焊料薄膜。

（2）可焊性评价：评价可焊性的内涵包含下述三个方面的约定。

1）熔融焊料对基体金属的润湿性。

2）焊料和基体金属的接合性。

3）接合部的可靠性。

其中，第 1）个约定是表述可焊性的一项最重要的内容，一般来说，润湿性好，接合性也好，然而润湿性好不一定就说明焊接接合部的可靠性就高。例如，Sn 基焊料焊接 Au 系基体金属就是一个典型示例（金脆现象）。

由此可以定义：容易润湿基体金属，而且能获得机械强度好的接合部，这时的钎焊或基体金属才是可焊性好的焊料或可焊性好的基体金属。

可焊性和焊接接合部的可靠性之间有着密切的关系，通常情况下，可焊性好的其焊接接合部的可靠性也高，因而焊接接合部的可靠性可由基体金属可焊性的定量测定来评价。然而，高可靠性的接头是通过可焊性好的基体金属、焊料、助焊剂以及焊接工艺参数等综合要素来获得的。正是由于可焊性是受基体金属、焊料、助焊剂、焊接条件（温度、时间）等参数的综合影响，因而只有对这些影响参数一一作出定量评估，才有可能对整体焊接接合部的可靠性作出客观评价。图 4.2 是表示时间、温度、焊料、助焊剂活性和可焊性相互关系的可靠性平衡图，该图列出了通常影响焊接操作的 5 个参数，即时间、温度、焊料、助焊剂活性和可焊性。其中，比较恒定的变量是时间、温度和焊料（假定没有被污染），在应用中可以利用助焊剂的活性综合控制这些变量。而可焊性是其中唯一不可控参数，用可焊性表示的表面质量取决于供应商、贮存、传递和前面所讨论的其他变量。从图 4.2 中可以看出，所采用的每种助焊剂要求的是最低可焊性水平，如果可焊性水平低于助焊剂活性允许的最低限度，则焊接效果肯定不好。

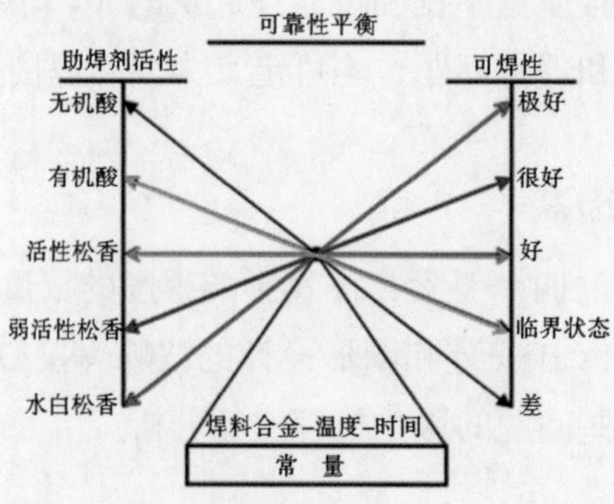

图 4.2 表示时间、温度、焊料、助焊剂活性和可焊性相互关系的可靠性平衡图

2. 影响焊点可焊性的因素

一个波峰焊接接头系统主要由三种材料构成，即基体金属、助焊剂和焊料合金。为了获得良好的焊接连接，这三种材料必须完全匹配。

（1）基体金属。

设计焊接组装件时，要考虑与焊接有关的基体金属特性见表 4.2。

表 4.2　常用的基体金属特性（以电化序大小排序）

金属	电极电位 /V	可焊性	电阻率 /（μm-cm）	熔点 /℃	密度 /（g. cmg. cm^3）	热膨胀系数 /（吋 / ℉）	拉伸弹性模数 /（kg/ $cm^2 \times 10^5$）	布氏硬度
铁	0.44	正常	9.710（20℃）	1535	7.87	0.0000066	200.4	60.0
镍	0.25	正常	6.840（20℃）	1452	8.90	0.0000076	211.0	110.0
锡	0.14	正常	11.500（20℃）	232	7.30	0.0000130	42.8	5.2
铅	0.13	正常	20.650（20℃）	327	11.36	0.0000160	18.3	3.9
锑	–0.10	正常	39.000（0℃）	630	6.62	0.0000063	79.5	42.0
铜	–0.34	正常	1.726（23℃）	1083	8.94	0.0000091	112.5	42.0
银	–0.80	正常	1.590（20℃）	961	10.50	0.0000105	77.3	95.0
钯	–0.82	正常	10.800（20℃）	1554	12.00	0.0000066	119.5	35.0
铂	–0.86	正常	9.830（0℃）	1773	21.45	0.0000043	147.7	37.0
金	–1.68	正常	2.190（0℃）	1063	19.30	0.0000080	84.4	28.0

1）腐蚀的可能性：电极电位是一个重要因素，如果存在电离液体，基体金属间或基体金属与焊料之间电位差高的场合会产生腐蚀现象。

2）在小型和精密组装中，要关注所选用的基体材料和焊料的热膨胀系数的匹配问题，以确保组装件在温度变化的情况下应用时不产生应力和尺寸变化。

3）因受热和冷却而产生的损坏现象称为热疲劳。热胀冷缩是产生热疲劳应力的原因，不管这些应力发生在哪个部位，都将使焊缝中的焊料连续位移。如果焊料是可延展的，而且润湿良好，虽然焊缝表面应力集中的部位有时会产生结霜现象，但焊接接头不会损坏。

4）表 4.2 中的可焊性是指金属表面的可焊性，不包括为改善可焊性而具体采取的表面处理措施。

（2）助焊剂。

为了确定焊接所需要的助焊剂类型，可按下述两步考虑。

1）选择助焊剂：在工程应用中，电子组装所用助焊剂的选择可参考表 4.3 进行。

- 易焊合金：可用松香有机助焊剂及较强活性的助焊剂焊接。
- 有利情况下使用：在表面无严重的锈膜或类似的污染时，可用水白松香助焊剂。通常这类金属表面可用活化松香或非松香有机助焊剂进行焊接。
- 无机助焊剂因活性太强和腐蚀的危险性太大，故不宜使用。
- 难焊合金：这一组材料在不采用表面预处理措施的情况下，通常不能焊接。

2）安全性：选择助焊剂的另一个重要考虑的因素是焊前和焊后的净化。焊前净化的作用是使助焊剂比较容易发挥作用。外界杂质，如油、蜡和漆等，在助焊剂和基体金属间形成隔离层，使助焊剂不能发挥作用。焊后的净化对助焊剂选择的影响很大，不用清洗的或容易清除的腐蚀性稍强的助焊剂，有时比黏着力强和难以清除的腐蚀性较弱的助焊剂更为适用。

表 4.3　电子组装焊接工程对助焊剂的选用

金属表面		无机助焊剂	非松香有机助焊剂	松香有机助焊剂	
分　类	名　称			水白松香	活化松香
易焊表面	黄铜	常用	常用	有利情况下使用	常用
	青铜	常用	常用	—	有利情况下使用
	铜	—	常用	有利情况下使用	常用
	金	—	常用	有利情况下使用	常用
	铅	常用	常用	有利情况下使用	常用
	镍	常用	常用	—	有利情况下使用
	钯	—	常用	有利情况下使用	常用
	铂	—	常用	有利情况下使用	常用
	银	—	常用	有利情况下使用	常用
	锡	—	常用	有利情况下使用	常用
	HASL（SnPb）	—	常用	有利情况下使用	常用
	镀（SnPb）	—	常用	有利情况下使用	常用
	镀（Sn–Ni）	—	常用	有利情况下使用	常用
	镀（Sn–Zi）	—	常用	有利情况下使用	常用
难焊表面	铜铍合金	常用	有利情况下使用	—	—
	铜合金	常用	有利情况下使用	—	—
	铁镍钴合金	常用	有利情况下使用	—	—
	蒙乃尔高强度合金	有利情况下使用	—	—	—
	镀锌钢表面	常用	有利情况下使用	—	—
	钢	常用	有利情况下使用	—	—

（3）焊料合金。

1）焊料焊接温度的选择范围：理想的波峰焊接用焊料，应是那些具有最理想的凝固特性的低共熔和糊状区最窄的合金。为使熔融的合金具有流动性和良好的润湿性，焊接温度应高于液相线温度 21 ~ 65℃，焊接温度不是一个固定数据，因其本身也是时间的函数。如果允许焊接时间长，就可以选用较低的焊接温度。较液相线高 21℃的焊接温度一般适用于熔点较低的焊料，而焊接温度靠近最大值 65℃的适用于熔点较高的焊料。

2）焊料温度选择对焊接接头工作的影响：温度对焊料选择的影响分为以下两类。

- 温度上限：主要取决于组装件的热变形，特别是对如 PCB 基板这类有机材料来说更是如此。减小受热变形的方法，通常是使整个组装件缓慢预热，以免因热梯度大而引起热冲击。
- 温度下限：主要取决于焊接接头的工作温度。随着焊料合金温度以渐近线的方式接近熔点，其强度降低量增加，最终不可能再靠焊料合金把被焊元器件固定在一起了。

在利用易熔合金作焊料时，温度限制是非常重要的，归纳的经验公式为

$$\text{实用的温度上限} = \frac{T_{\text{sol}} - T_{\text{room}}}{1.5} + T_{\text{room}} \tag{4.1}$$

式中：T_{sol} 为固相线温度；T_{room} 为室温（20℃）。

因此，如果具有焊接接头的设备必须应用于已知的高温度环境下，则选用的焊料必须与其相匹配，以保证焊接接头在高温下仍具有足够的强度把被焊的零件连接在一起。

4.1.3 波峰焊接设备

衡量波峰焊接设备对焊接效果的影响，关键在于下述两个方面。

1. 焊料波峰

在两台不同的波峰焊接机上运行同一套工艺参数，使用相同的助焊剂、相同的维护计划、相同的时间 - 温度曲线，得到的却是两个不同的焊接效果。为什么会形成这样的结果呢？答案是不同的波峰焊接设备有不同的特性，其特性集中体现在焊料波峰的差异上。

2. PCB 基板与焊料波峰之间的相互作用

（1）相互作用的描述。

控制波峰焊接过程涉及直接测量 PCB 基板在波峰上所经历的时间和浸入的

深度。PCB 看不到传送带速度，但能感受到在波峰中的驻留时间。同样，PCB 不知道焊料泵的转速，但能感受到在波峰中浸入的深度。因此，波峰焊接机不能保证完全的可重复性。

波峰焊接机参数的设定并不能反映波峰焊接机随机的变化性。因此，在波峰焊接过程中,必须关注 PCB 基板与焊料波峰的相互作用,而不是波峰焊接机的设定。

所有波峰焊接机都有其数据变化和可重复性的工艺窗口，这个窗口要通过对驻留时间和浸入深度的直接测量来确定。理解波峰焊接机对驻留时间、浸入深度和 PCB 板面与焊料波峰面之间平整度的要求，将有助于优化对每种 PCB 基板的波峰焊接工艺过程。

（2）相互作用参数的测量和计算。

1）PCB 板面与焊料波峰面之间的平整度：PCB 板面与焊料波峰面之间的平整度反映了 PCB 板面与焊料波峰面的平整度，如图 4.3 所示。

图 4.3　PCB 与焊料波峰面的平整度

焊料波峰沿宽度方向（垂直于夹送方向）的平整度差是导致波峰面与 PCB 基板不平行的关键。在这样的状况下进行波峰焊接导致的后果如下。

①沿 PCB 宽度方向浸入深度不相等，是造成 PCB 从焊料波峰上脱离时，在剥离区内产生焊料横向流动而形成桥连的主要原因。

② PCB 未接触焊料波峰的部位将发生局部漏焊。

对 PCB 与焊料波峰面平整度的测量，通常都是采用带刻度的石英玻璃平板（以下简称平板）来进行。将平板装夹于夹送系统中并运行至焊料波峰上，在平板上将显示浸入和脱离波峰的两条线，分别将其称为浸入线和脱离线，如图 4.4 所示。

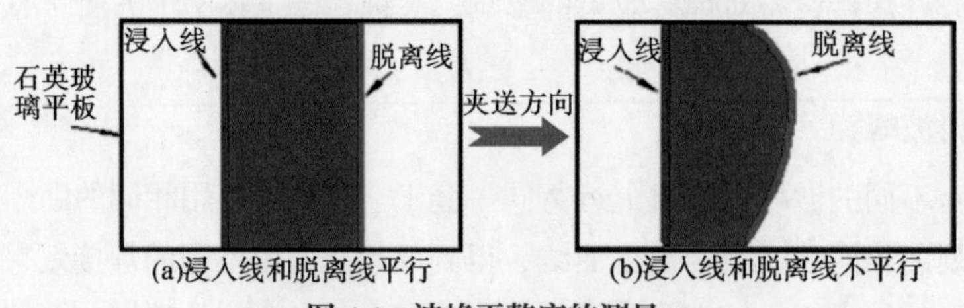

图 4.4　波峰平整度的测量

在图 4.4（a）中，平板上显示的脱离线呈直线且与浸入线平行，表明焊料波峰面非常平整，而图 4.4（b）中脱离线呈曲线状态且与浸入线不平行，表明该波峰面平整性度差。若使用这样的波峰进行焊接，缺陷必然很多。

2）波峰阔度：波峰阔度的测量方法与波峰面平整度的方法相同，从石英玻璃平板上的刻度可直接读取波峰阔度值的大小，如图 4.5 和图 4.6 所示。

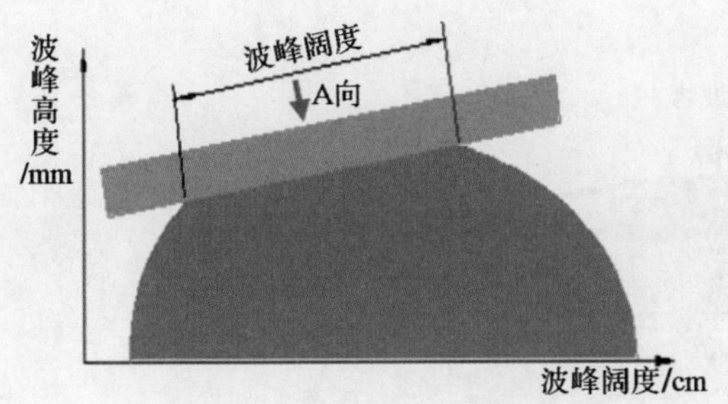

图 4.5　波峰阔度的定义

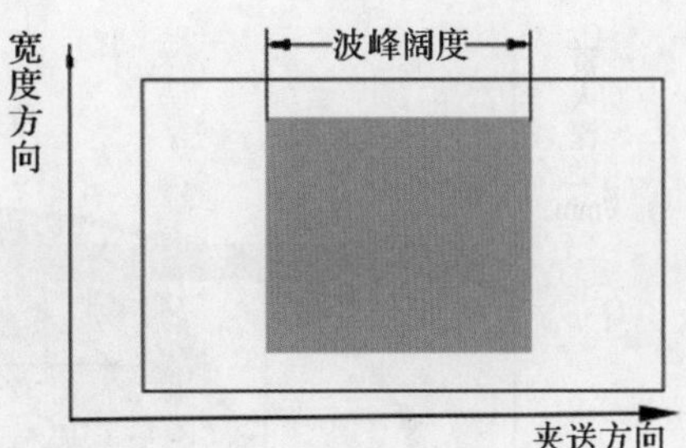

图 4.6　波峰阔度的测量（A 向）

3）浸入深度：浸入深度是指 PCB 经过焊料波峰时浸入焊料波峰内有多深，最好的波峰焊接机具有 0.25 ～ 0.50 mm 之间的高度递增量的控制变化能力。这个参数通常都是在生产现场通过观察测量的，估计其浸入深度约占 PCB 基板厚的百分数来表示，如图 4.7 所示。

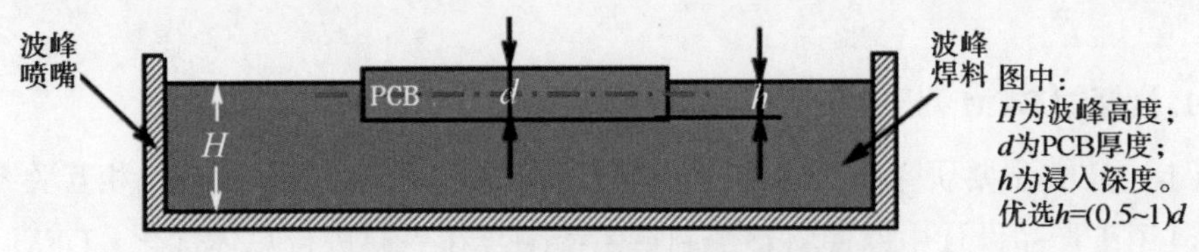

图 4.7　浸入深度 h 的定义及其取值范围

4）驻留时间：驻留时间是指在波峰焊接过程中，一个引脚在焊料波峰中所经历的时间，因此也称为焊接时间。设计完善的波峰焊接设备具有以 0.10 s 的递增控制能力。

图 4.8 反映了浸入深度与波峰阔度（接触长度）的相互关系，即浸入深度直接决定波峰阔度，而波峰阔度又直接影响驻留时间，因此驻留时间通常可以按下式计算。

$$驻留时间 = 波峰阔度（L）÷ 传送带速度 \tag{4.2}$$

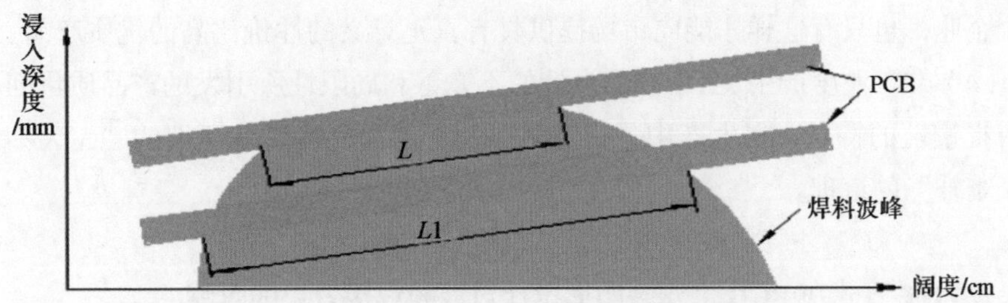

图 4.8　浸入深度与波峰阔度接触长度的相互关系

显然，传送带速度的设定将不能单独控制 PCB 在焊料波峰上的驻留时间，为此还必须精确测量与控制浸入深度。

5）焊料波峰形状：图 4.9 为焊料波峰形状对波峰阔度的影响。一个较宽的焊料波就意味着有较长的接触时间，因此，当浸入深度保持相同时，它就有较长的驻留时间。

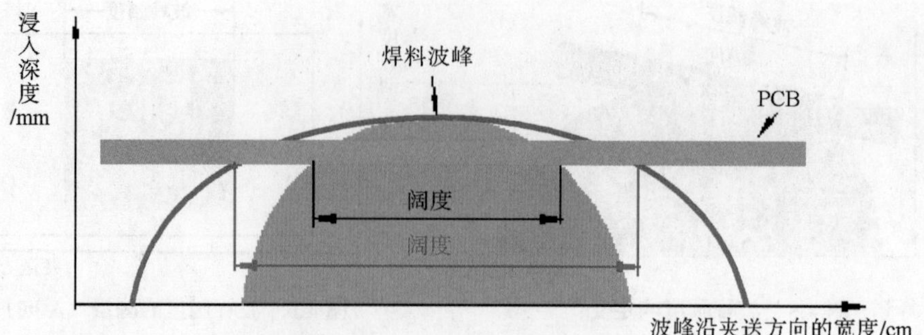

图 4.9 浸入深度对阈度的影响

4.1.4 PCB 安装和图形设计的波峰焊接 DFM 要求

1. 良好的 DFM 对 PCBA 生产的重要意义

（1）DFM 主要研究产品本身的物理设计与制造系统各部分之间的相互关系，并将其用于产品设计中以便将整个制造系统融合在一起进行总体优化。DFM 可以降低产品的开发周期和成本，使之能更顺利地投入生产。

（2）良好的 DFM 是 PCBA 安装组件制造商降低制造缺陷，简化制造过程、缩短制造周期、降低制造成本、优化质量控制、增强产品市场竞争力、提高产品的可靠性和耐用性等的重要环节。它可以使企业以最少的投入取得最好的效益，达到事半功倍的效果。

（3）大量成功的 PCBA 设计范例表明，只有在设计的初期阶段就把 PCBA 的可制造性、可使用性、可检测性、制造的经济性、质量的稳定性等进行充分的论证和关注，并贯彻于设计的全过程，才可能达到“零缺陷设计”的目的。作为一个企业，也只有这样才能向市场提供具有真正意义的性价比高的优质产品。

（4）在工业生产中，由于产品设计的不完善和局限性所引发的产品质量问题，具有批量性的特点，在生产中是很难解决和补偿的，这就是所谓的“先天不足，后天难补”的道理。

2. THT 方式在 PCB 上安装图形设计对波峰焊接效果的影响

（1）PCB 上元器件配置区域的限定。

在 PCB 上采用安装机插入搭载元器件时，对 PCB 基板的尺寸要增加一些限制，而且对元器件的安装区域也要相应地作一些控制，如图 4.10 所示。

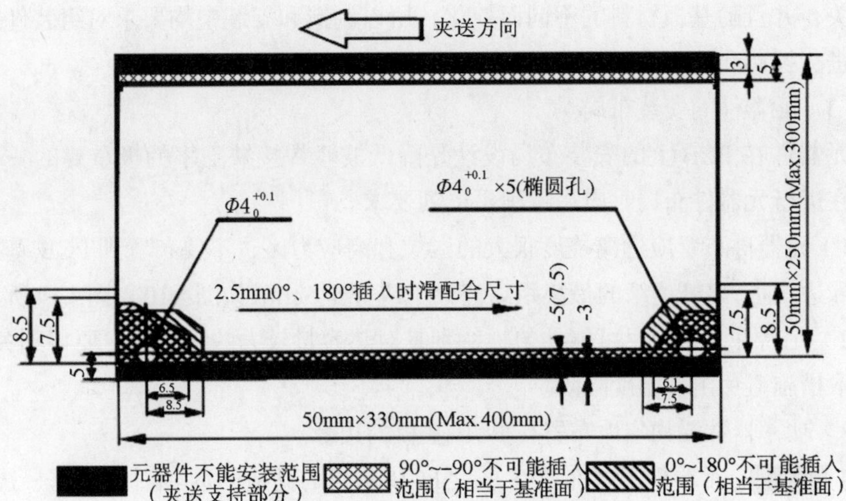

图 4.10　插入元器件的配置限制领域

（2）安装中 PCB 基板的应力分布。

从结构强度观点看，PCB 是一个不良结构件。它把不同膨胀系数和具有巨大差别弹性模数的材料装配在一起并承受不均匀载荷。而且，它们都装在一个本身可挠折的层压板上，随着振动及自重而运动。这种结构充满着尖角，增加了许多应力集中之处。而且，PCB 包括强度不高的层压板及脆弱的铜箔层均不能承受较大的机械应力。当 PCB 在切割、剪切、接插件安装、焊接过程中的装夹都会因基板过度的弯曲变形而在焊接部造成加工应力时，导致元器件损伤（产生裂纹、焊点疲劳等），如图 4.11 ~ 图 4.14 所示。

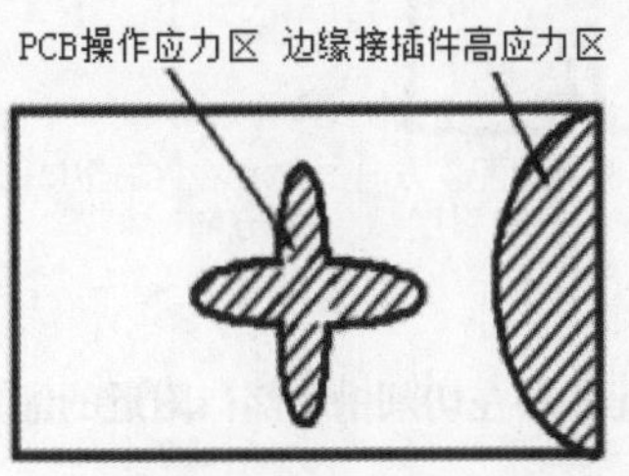

图 4.11　PCB 翘曲和连接器缺陷的高发区分布

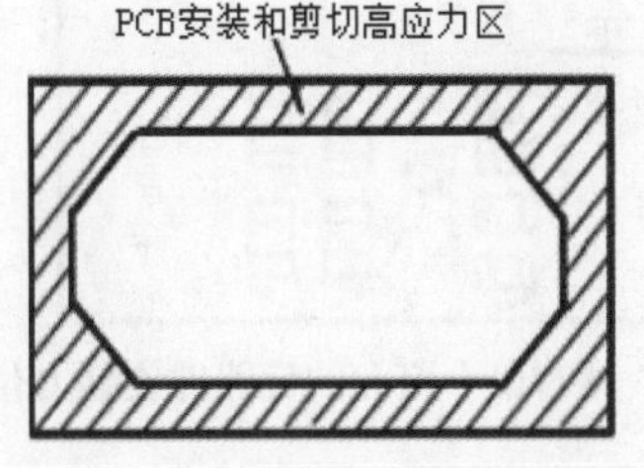

图 4.12　PCB 安装和剪切高应力区

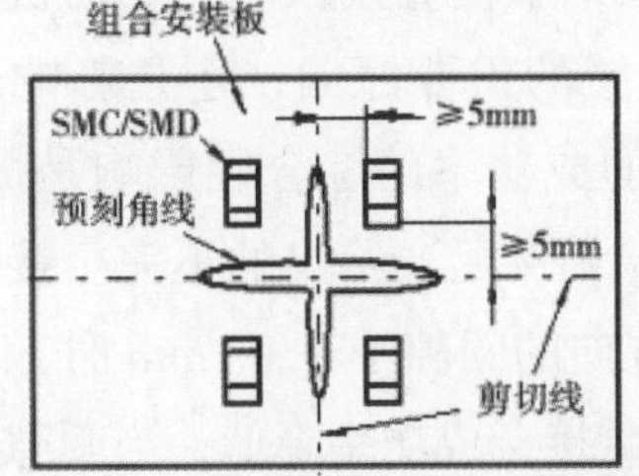

图 4.13　预刻角线可使应力缺陷最少

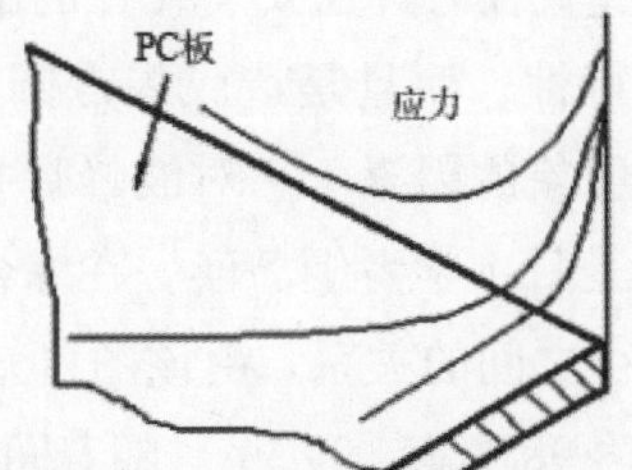

图 4.14　靠近板角的应力分布

由于现在还没有一个标准能确定在元器件损伤前允许 PCB 基板有多大的翘曲度，但是元器件在波峰焊接过程中的应力开裂（如陶瓷电容等）与 PCB 翘曲度有关，并且随基板材料的不同而变化，所以制造和安装中均要求对组装件的翘曲度进行控制和管理。

（3）元器件的安装布局。

元器件在 PCB 上的安装布局设计是降低波峰焊接缺陷率的极重要的一个环节。在进行元器件布局时应尽量满足下列要求。

1）元器件布置应远离挠度很大的区域和高应力区，不要布置到 PCB 基板的四角和边缘上，离开边缘的最小距离应大于或等于 5mm，如图 4.10 ~ 图 4.14 所示。

2）元器件分布应尽可能均匀，特别是对热容量较大的元器件更要特别关注，要采取措施避免出现温度陷阱。

3）功率器件要均匀地布置在 PCB 基板的边缘。

4）贵重的元器件不要布置在靠近 PCB 基板的高应力区域，如角部、边缘、接插件、安装孔、槽、拼板的切割、豁口及拐角处，如图 4.15 和图 4.16 所示。

5）由于 PCB 尺寸过大易翘曲，安装时即使元器件远离 PCB 边缘，缺陷仍然可能产生，特别是垂直于应力梯度方向的元器件最容易产生缺陷。因此应尽力避免采用过大尺寸的 PCB。

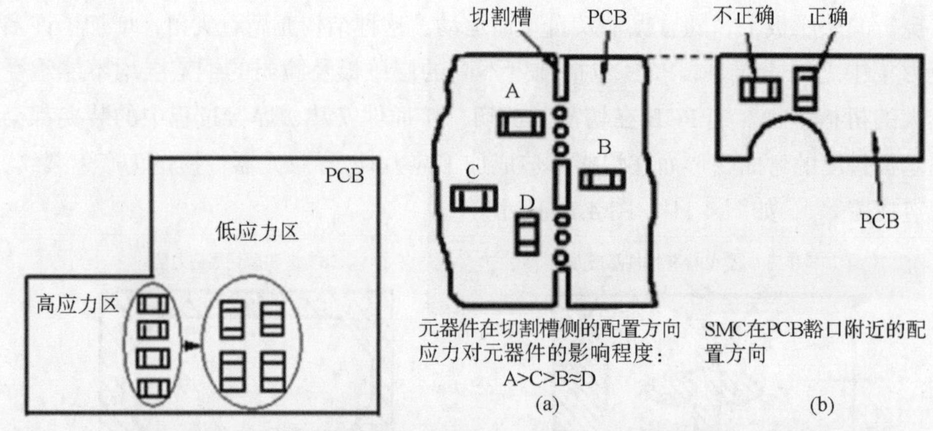

元器件在切割槽侧的配置方向 应力对元器件的影响程度：A>C>B≈D (a)　SMC在PCB豁口附近的配置方向 (b)

图 4.15　具有最小应力的元器件安装方位　图 4.16　元器件在切割槽和豁口附近的配置方向

（4）孔、线间隙对波峰焊接的影响。

引线直径与焊盘安装孔径的配合是否恰当，不仅直接影响焊点的机械性能和电气特性，而且是造成焊点圆角高度不理想的重要原因，还是影响焊点出现孔穴现象的因素。它对波峰焊接焊点连接的成功率的综合性影响是极大的。图 4.17 是日本学者綱岛瑛一在综合了浸焊试验结果后，给出的不完全接合率与间隙大小之间的关系。由该图可知，沿直径方向的间隙小于 0.2mm 时，接合成功率可达 98.3% ~ 99.5%。随着间隙值的增大，接合成功率降低，当间隙值超过 0.4 ~ 0.5mm 时，接合成功率快速下降。特别是过波峰时，元器件浮起、气孔、焊料沿孔壁往上润湿不良等现象将快速增加，如图 4.18 所示。

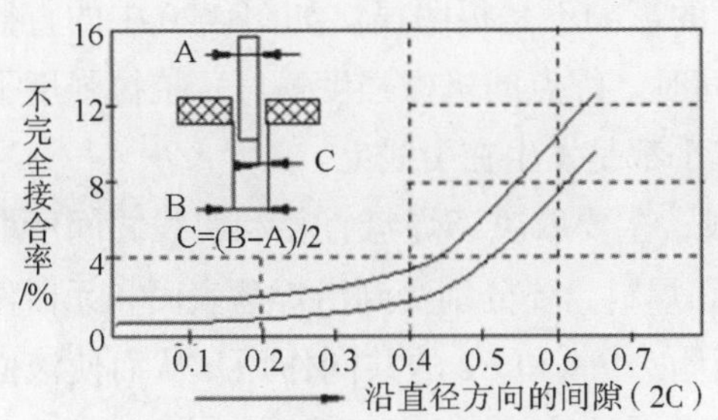

图 4.17　波峰焊接不完全接合率与沿直径方向的间隙大小的关系

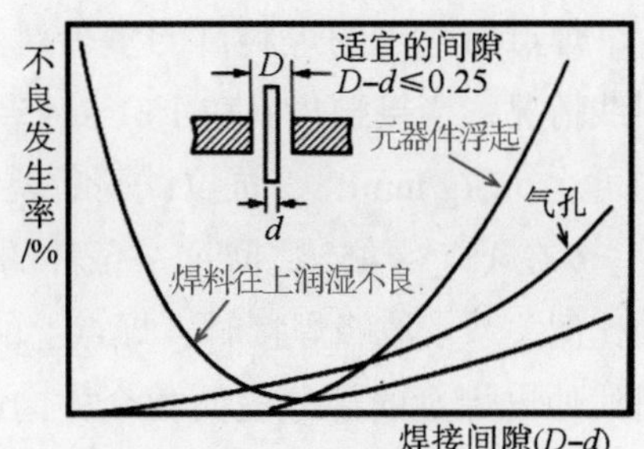

图 4.18　引线和孔的间隙与不良发生率的关系

（5）焊盘直径与孔直径的配合。

如果焊盘直径与孔直径配合不当，将会严重影响焊点形状的丰满程度。特别是对单面 PCB 基板焊点的机械强度将造成影响。据有关文献介绍，对非金属化孔的单面板焊点的机械强度，主要取决于焊点接合部的合金化程度和对引线的浸润高度（*h*）。在合金化比较充分的情况下，浸润高度成为影响机械强度的主要因素之一，图 4.19 为接头强度受焊料浸润高度大小的影响关系。

焊料浸润高度（*h*）的形成，主要受焊盘大小和形状、孔直径、引线直径、引线伸出焊盘的高度及焊盘和导线的配合等诸因素的综合影响，图 4.20 为单面 PCB 理想圆角轮廓及浸润高度（*h*/mm）的构成条件。镀通孔双面板 PCB 焊点的理想轮廓结构如图 4.21 所示。

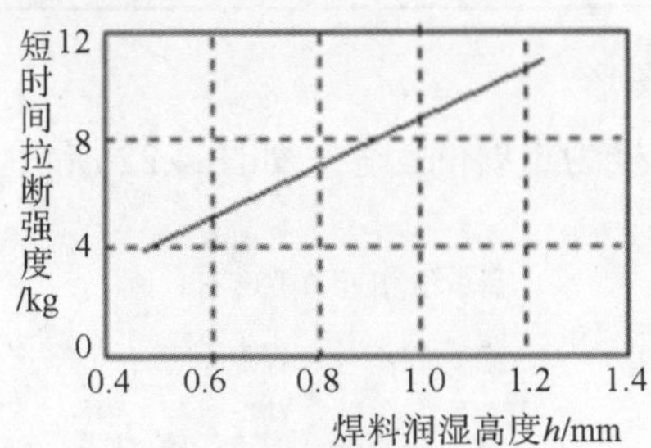

图 4.19　波峰焊接焊料浸润高度（*h*）和抗拉强度的关系

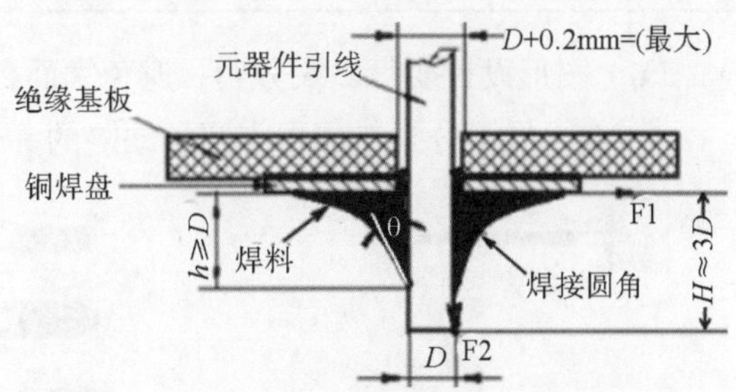

图 4.20　单面 PCB 理想圆角轮廓及浸润高度（*h*）的构成条件

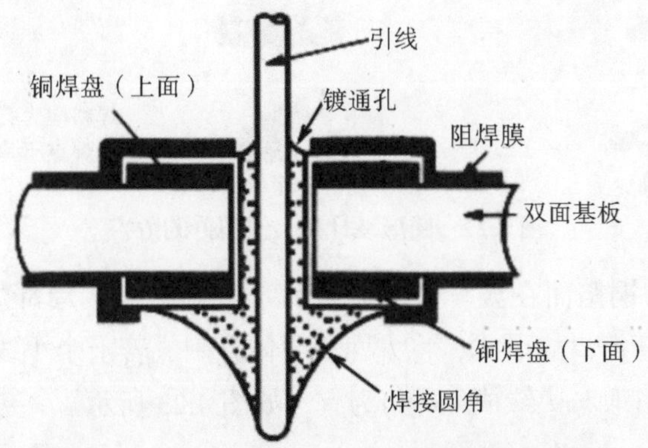

图 4.21　镀通孔双面 PCB 焊点的理想轮廓结构

焊点所包裹的焊料量的多少对强度的影响不是很明显。如图 4.20 中的直插引线情况，当接触角 θ 在 15° ~ 45° 之间时，焊点的机械强度最好，抗拉强度平均可达 6.7kg/mmP^{2P}，抗拉试验断裂处几乎都是发生在引线上。

θ 在 15° ~ 45° 之间这一条件的形成，主要取决于焊盘直径和引线之间所取的比例关系。波峰焊接时，焊点上的液态焊料，要分别受到沿焊盘表面和元器件引线伸出焊盘的部分表面两个方向的吸附力 $F1$ 和 $F2$ 的共同作用，从而使液面呈弯月状的焊接圆角。当引线直径（D）和伸出高度（H）一定时，力 $F2$ 基本上是一个定值。因此力 $F1$ 将成为影响液面形状（即 θ 角大小）的唯一因素。而力 $F1$ 的大小取决于焊盘面积的大小，所以相对于一定的引线直径和伸出高度，就对应着某一个 θ 角所需要的最佳焊盘面积。试验表明：在孔径为 1mm 的条件下，焊盘直径大于 4 mm 的焊点，普遍出现锡量太小、干瘪的问题。所以焊盘直径不宜过大，但也不能太小。否则孔的中心与焊盘的中心偏离所造成的不良影响的概率也会增大，并且影响焊点的质量。据有关文献推荐的焊盘与孔的尺寸配合关系见表 4.4。

表 4.4　焊盘与孔的尺寸配合关系

孔直径 /mm	0.8	1.0	1.2	1.6	2.0
焊盘直径 /mm	2.0、2.5、3.0		3.5	4.0	

（6）图形设计要盘、线分明，避免大面积图形。

1）盘、线不分是造成焊点圆角缺陷的一个极为重要的因素，如图 4.22 所示。

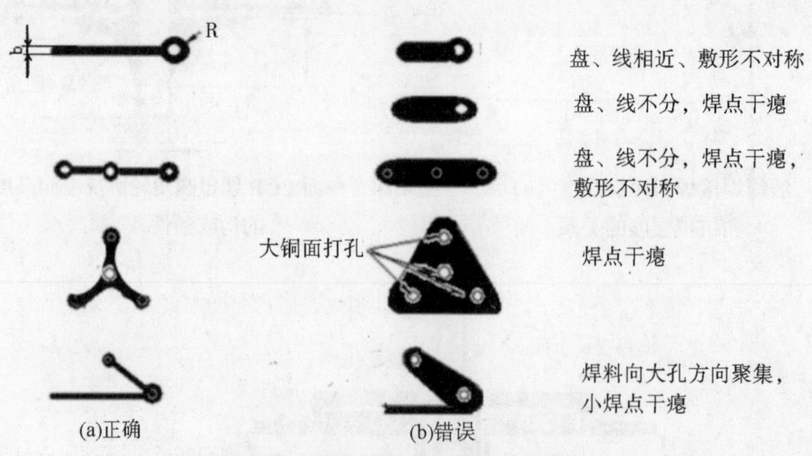

图 4.22　图形设计盘、线不分的危害

2）大面积的铜箔面在波峰焊接时极易形成焊料瘤、局部焊料堆集。因此，通过设置网孔或开窗口的形式，将大面积导体分割成若干个小线条或面积。窄条窗口分布的方向以取与边缘成 45° 角为宜，如图 4.23 所示。

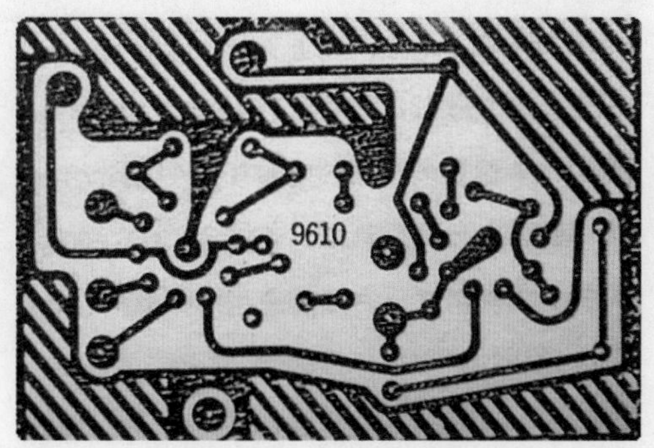

图 4.23　大面积图形设计

3. SMT 方式在 PCB 上安装图形设计对波峰焊接效果的影响

SMC、SMD 在 PCB 上安装设计工艺性的优劣是导致阴影效应和焊接缺陷的根源。因此在产品设计阶段就必须妥善地处理好。

（1）直线密集型焊盘。

直线密集型焊盘是指 IC 所用的焊盘。对此类焊盘提倡开圆孔并做圆盘形焊盘，不宜做长方形或长圆形焊盘，如图 4.24 所示。在相同的排列和焊接方向下，长方形或长圆形焊盘的桥连率是圆盘形焊盘的 3.8 倍。

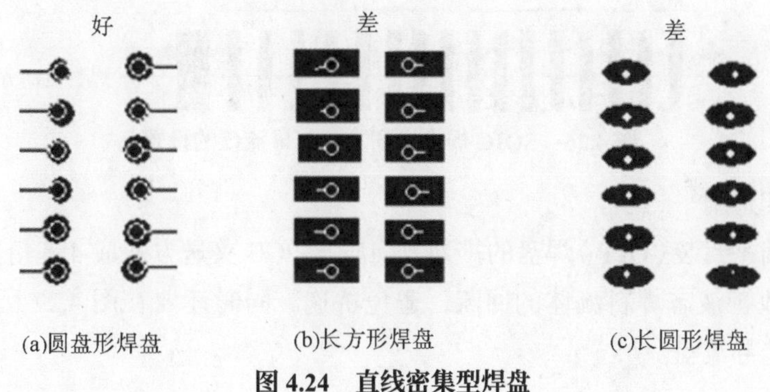

图 4.24　直线密集型焊盘

（2）片式阻容元器件及晶体管。

图4.25中位于左侧的SMC、SMD引出电极方向，是顺着焊料流动方向排列的。波峰焊接时焊料流经焊盘区未受阻挡，流体回流畅通，因而不易产生桥连。而位于右侧的排列取向，元器件引出电极方向是横着焊料流方向的，流体流道不畅，多次受阻，变向回流不好，“阴影效应”和“遮蔽效应”明显，因而易发生桥连、漏焊等瑕疵。

（3）双列封装器件。

对于双列封装器件（SOIC）的焊盘排列走向，应让 SMD 引脚的排列方向顺着波峰中焊料流的方向，并在最末一个焊盘后设置一个工艺导流盘，如图 4.26 所示。

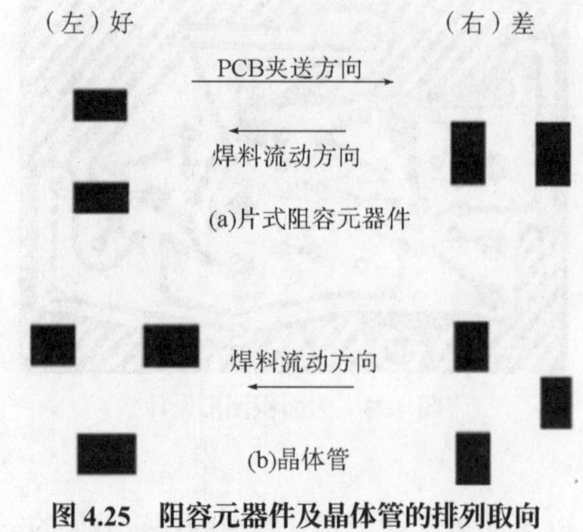

图 4.25　阻容元器件及晶体管的排列取向

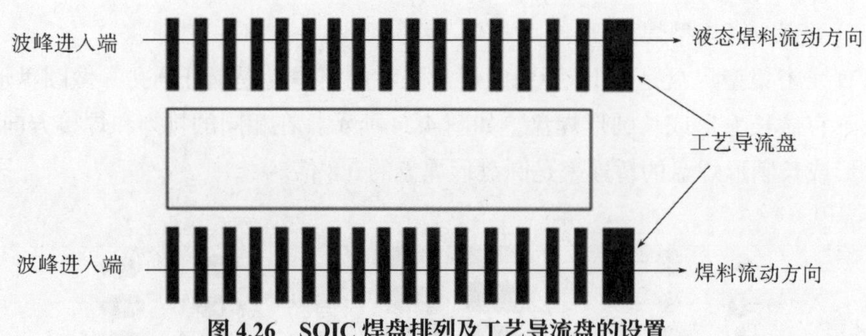

图 4.26　SOIC 焊盘排列及工艺导流盘的设置

（4）四边扁平封装。

四边扁平封装（QFP）焊盘的排列方向应与 PCB 夹送方向成 45° 角，如图 4.27 所示，以改善液态焊料流体的回流，避免桥连。同时还要在图 4.27 所示的位置处设置工艺导流盘。

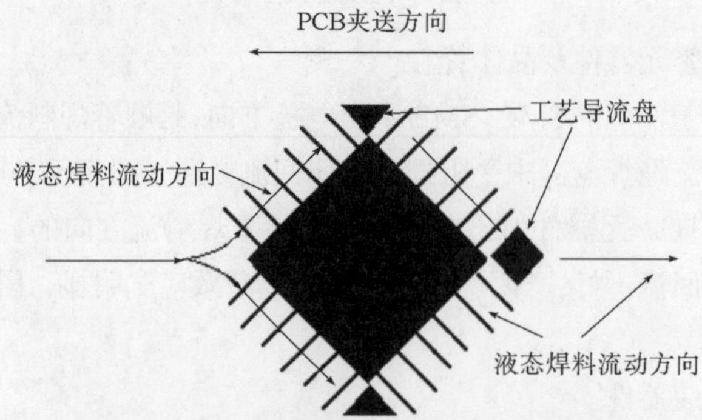

图 4.27　四边扁平封装（QFP）焊盘的排列方向

（5）以 SMC、SMD 方式安装设计的工艺性对波峰焊接的影响。

以 SMC、SMD 方式在 PCB 上安装设计工艺性的优劣是导致阴影效应和焊接缺陷的根源。因此在产品设计阶段就必须妥善地处理好。图 4.28 ~ 图 4.31 为常见的以 SMC、SMD 的方式安装设计的工艺性比较。

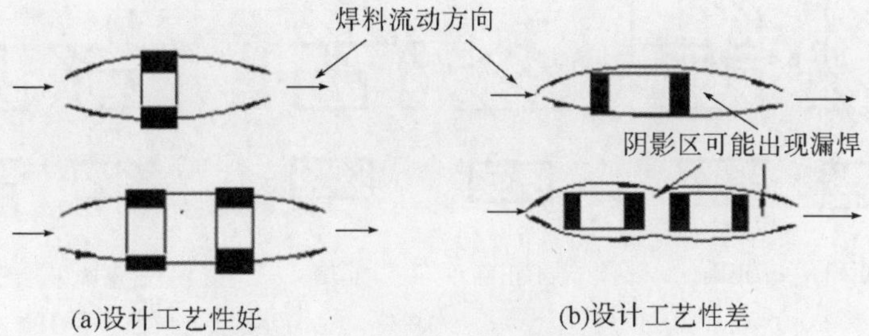

图 4.28　片式阻容元器件安装取向

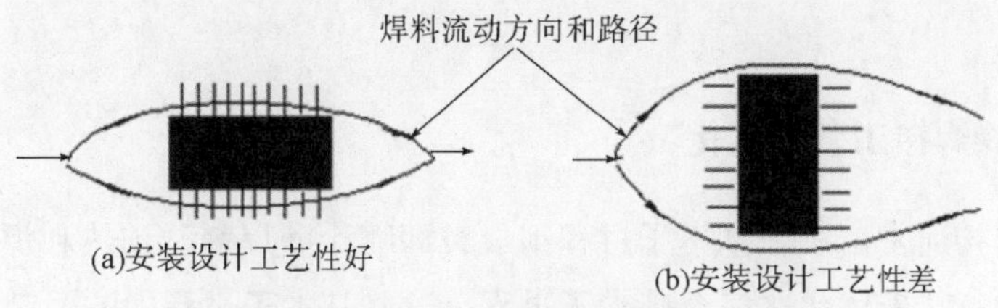

图 4.29　小外形 SOIC 的安装焊接工艺性

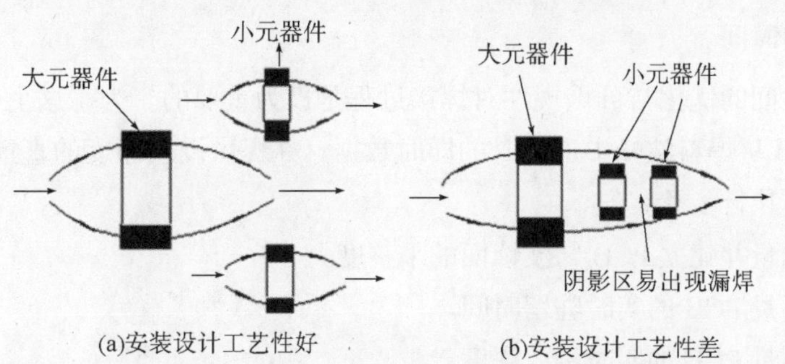

图 4.30　大元器件与小元器件的安装设计工艺性（箭头为波峰焊料流径）

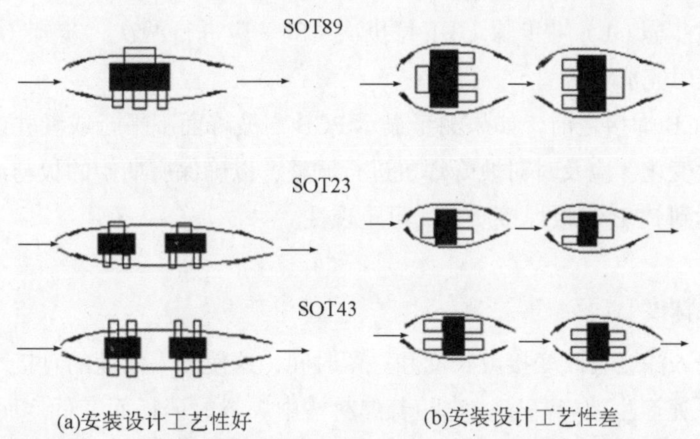

图 4.31　小外形晶体管安装设计的工艺性（箭头为波峰焊料流径）

（6）焊盘与 PCB 导线的配合。

为了在波峰焊接中能获得良好的焊接圆角和焊盘热量的均衡，应遵循的规则如图 4.32 所示。

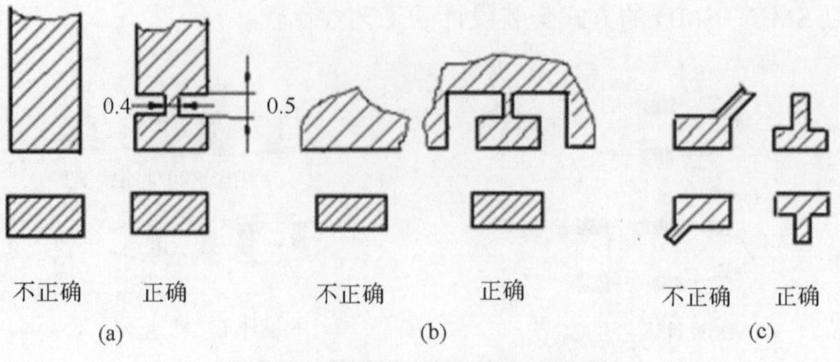

图 4.32　焊盘与 PCB 导线的连接

4.1.5　波峰焊接工艺的优化

波峰焊接通常由三个基本子过程组成，即喷涂助焊剂、预热和焊接。优化波峰焊接过程意味着优化这三个基本子过程，这些基本子过程中的关键内容如下。

1. 驻留时间

驻留时间的优化与可重现性对焊接过程是极为重要的。为了这个目的，应尽量获取 PCB 从焊料波峰中退出时的即时数据，并提供浸入深度的直接测量结果。下面是具体执行步骤。

（1）测量并建立 PCB 与波峰面的平整度。

（2）测量 PCB 的实时驻留时间。

（3）测量 PCB 的实时浸入深度。

（4）评估 PCBA 的焊接质量，得出实际的缺陷率（ppm）。

（5）对步骤（1）~步骤（3）每班次（8h）应进行两次，步骤（4）应在每一班次结束时完成。

进行 PCB 焊接之前，如果测量显示 PCB 与波峰面不平行或者驻留时间和浸入深度发生变化，应及时对波峰焊机进行调整，以确保所期望的板与波的相互作用，从而达到 PCB 基板焊接质量的可重现性。

2. 浸入深度

改变浸入深度会改变接触长度和驻留时间，这使浸入深度的直接准确测量成为关键。泵速产生波峰高度，它随着焊料槽中焊料的消耗而变低。而 PCB 的实际浸入深度决定于焊料槽的高度、PCB 在传送带指爪上的夹持状态、传送带角度以及是否使用托架等因素。

控制浸入深度并保持其不变，只是问题中的小部分。而更重要的是确定在哪个浸入深度上，PCB 的焊接质量是最佳的。

归纳起来可以得出下列结论。

（1）缺陷率随驻留时间的不同而发生显著变化。

（2）控制浸入深度是关键，因为浸入深度的变化意味着接触长度的变化，其结果是导致驻留时间不受控制。

（3）PCB 基板与焊料波峰互动的优化的好处是很大的，当决定波峰焊接过程时，需要对不同类型的 PCB 基板进行逐个评估。对所有的 PCB 基板使用相同的参数，将不可能都获得最佳的焊接效果。

（4）优化是基于对 PCB 基板上实际缺陷的统计数据而进行的动态调整过程。只记录机器的设定值或 PCB 基板与波的静态数据将不会产生希望的结果。

3. 助焊剂及涂层

助焊剂用来提高被焊基体金属表面性能水平，改善待焊接表面的可润湿性。电子产品焊接用助焊剂的活性范围，从腐蚀性强的有机酸到弱有机酸。松香基助焊剂的腐蚀性取决于卤化物的类型与含量。有些松香基材料的残留物可以残留在焊后的 PCB 上，因为活性剂被松香树脂包裹着、密封着，对外显不出活性。松香对活性剂含量的比率可以决定活性剂被松香包裹在其内的密封程度。目前使用的大多数免清洗波峰焊接用助焊剂均属弱有机酸配方。

助焊剂涂层必须是均匀的且厚度上是受控的。助焊剂必须渗入孔内并漫延到引脚上。

4. 预热

在波峰焊接工艺中增加预热处理工序，具有下列作用。

（1）助焊剂在起作用前，需要把助焊剂中的活性剂进行化学分解，然后这些具有活性的化学成分与基体金属表面氧化物互相作用，使氧化物从被焊表面清除。因此，必须把助焊剂预热到活化温度才能发生这种反应。

（2）加快挥发性物质的挥发速度，从而消除波峰焊接中可能出现的潜在问题。这些挥发性物质主要来自助焊剂，但也可能来自 PCB 制造、储存和配送过程。挥发物在波峰上的出现可能引起焊料球飞溅。

（3）使被焊部件温度逐步增加，从而使波峰焊接过程中对 PCB 及所安装的元器件所产生的有害热冲击降到最低程度，缓和了热应力，从而使印制板的翘曲和变形现象减至最小。

（4）预热处理提高了 PCB 装配件的焊前温度，这样就可以使 PCB 在与焊料波峰接触时，将被焊件加热到润湿温度所需要的时间。从而可以加快传送带的夹送速度，这不仅提高了生产效率，而且具有减弱焊缝中填充焊料和基体金属之间所发生的过度冶金现象，抑制 PCB 基板、元器件、塑料零件等热变形等优点。

5. 关注 SMA 波峰焊接工艺的特殊性

SMA 波峰焊接工艺既有与传统的 THT 波峰焊接工艺共性的方面，也有其特殊性之处。对元器件来说，最大的不同在于 SMA 波峰焊接属于一种浸入式焊接，而 THT 为非浸入方式。这种浸入式波峰焊接工艺带来了以下新问题。

- 由于存在气泡遮蔽效应及阴影效应，易造成局部跳焊。
- 随着 SMA 组装密度越来越高，元器件间的距离也越来越小，故极易产生桥连。
- 由于焊料回流不好，易产生拉尖。
- 对元器件热冲击大。
- 焊料中溶入杂质的机会多，焊料易受污染。

（1）气泡遮蔽效应。

由于 SMC/SMD 贴装在 PCB 板面上后，在 PCB 表面上形成了大量的微缝，这些都是积存和藏匿空气、潮气、助焊剂的地方。在进行波峰焊接过程中，这些藏匿在微缝中的空气受热膨胀逃逸出来，再加上潮气和助焊剂受热时挥发出来的蒸气以及 SMC/SMD 黏胶剂热分解所产生的气体等综合因素，从而在波峰焊料中形成大量的气泡。由于 SMA 所用 PCB 基板孔眼很少，因此这些气泡被压在 PCB 基板下表面无逃逸通道而在 PCB 下表面游荡，当被吸附在焊接区上后，便阻挡了波峰焊料对接合部金属的润湿而造成跳焊，如图 4.33 所示。

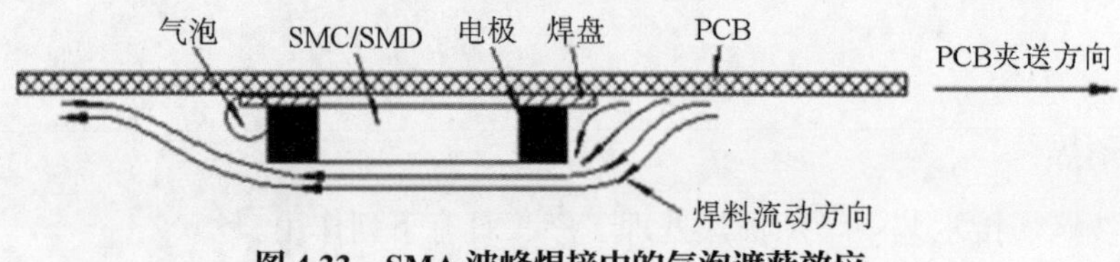

图 4.33　SMA 波峰焊接中的气泡遮蔽效应

（2）阴影效应。

1）SMC / SMD 背流阴影：由于贴装在 PCB 板面上的 SMC/SMD 安装设计不当，造成在波峰焊接时 SMC/SMD 的一部分连接点落入了由 SMC/SMD 本身沿背流方向所形成的背流阴影区内，使焊料无法漫流到此区域内而产生跳焊，如图 4.34 中的（B）区域所示。

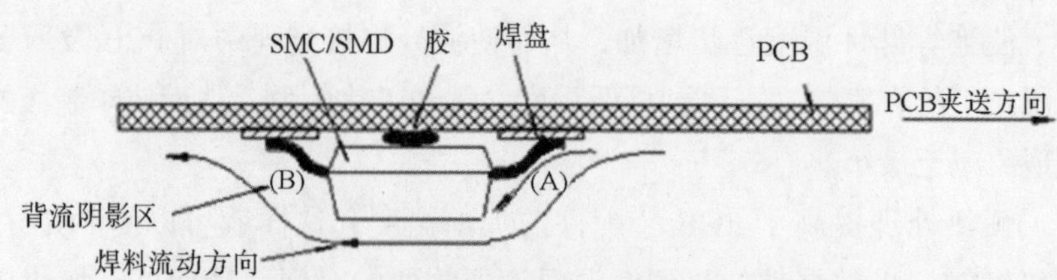

图 4.34　SMC/SMD 背流形成的背流阴影区（B）

2）高度所形成的阴影：在安装设计时，由于对 SMC/SMD 尺寸大小悬殊的各元器件之间布置不当，形成了尺寸大、高度高的 SMC/SMD 对尺寸小、高度矮的 SMC/SMD 所形成挡流阴影区，如图 4.35 中的（B）区域所示，而使位于阴影区内的矮的 SMC/SMD 发生大量跳焊现象。

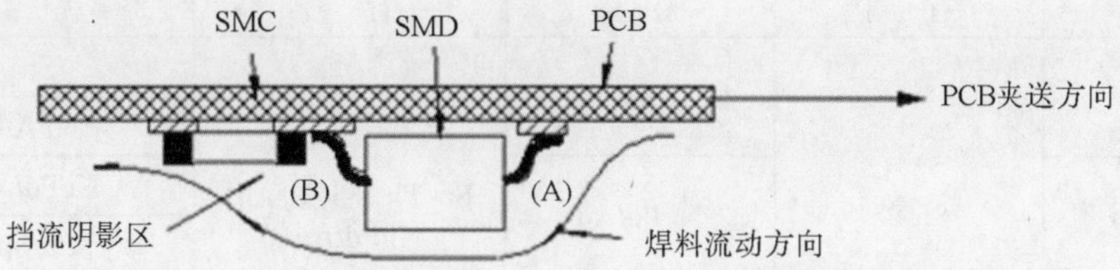

图 4.35　高的 SMC/SMD 对矮的 SMC/SMD 所形成的挡流阴影区（B）

6. 贴片粘胶选择

用于 SMA 波峰焊的粘胶，必须考虑由于粘胶在波峰焊料中受热产生的气体。若气体无法排出而附留在焊点附近，则阻碍了液态焊料与基体金属表面的接触，或胶粘到了 PCB 的焊盘上，造成焊点空焊、脱落等现象。因此，所用粘胶必须能耐受焊接时的热冲击，并在高温下拥有足够的胶粘力，而且浸入波峰焊料后不产生气体。除此之外，还应适当控制固化及预热条件，这对减少波峰焊接时气体产生量也是有显著效果的。

SMA 波峰焊接中常用的粘胶根据其固化方式的不同，有下列两种。

（1）UV 胶：通常采用紫外光固化，一般不加硬化剂。其胶粘性与加热升温速率有密切关系，通常约为 2℃ /sec，固化温度一般都在 180℃以下，时间约为 2.5 ～ 3 min。

（2）一般性胶：不加硬化剂，俗称红胶。在温度控制方面与 UV 胶稍有差异，加热升温速率约为 2℃ /sec，固化温度大约在 170℃以下，时间约为 2.5 ～ 3 min。

7. 元器件引脚和 PCB 焊盘可焊性涂覆层的选择

（1）元器件引脚可焊性涂覆层的选择。

目前元器件焊端表面镀层的种类很多。例如，对无铅焊接而言，美国镀 Sn 和 SnAgCu 的较多；而日本除了镀 Sn 和 SnAgCu 外，还有镀 SnCu、SnBi 等合金。由于镀 Sn 成本较低，采用镀 Sn 的较多，但是 Sn 表面容易氧化形成很薄的氧化层，加电后产生压力，在不均匀处会把 Sn 推出来，形成 Sn 须。而 Sn 须在窄间距的 QFP 等元器件处容易造成短路，影响可靠性。因而低端产品及寿命要求小于 5 年的元器件可以镀 Sn，而高可靠产品及寿命要求大于 5 年的元器件，一般采用先镀一层 Ni（约为 1μm），然后镀 2 ～ 3μm 厚的 Sn，如表 4.5 所示。

表 4.5　传统有铅与无铅元器件焊端表面镀层材料比较

<table>
<tr><th rowspan="2">元器件引线材料</th><th colspan="2">有引线元器件焊端表面镀层材料</th><th colspan="2">无引线元器件焊端表面镀层材料</th></tr>
<tr><th>有　铅</th><th>无　铅</th><th>有　铅</th><th>无　铅</th></tr>
<tr><td rowspan="2">Cu 及 Cu 合金</td><td rowspan="6">Sn/Pb</td><td rowspan="2">Sn</td><td rowspan="6">Sn–Pb（少量 Ag/Ni/Pd/Au）</td><td>Sn</td></tr>
<tr><td>Ni/Au</td></tr>
<tr><td rowspan="2">Ni</td><td rowspan="2">Ni/Pd/Au</td><td>Ni/Pd/Au</td></tr>
<tr><td>Cu/Sn</td></tr>
<tr><td rowspan="2">42 号合金</td><td rowspan="2">Cu/Ag/Sn</td><td>Sn/Ag 或 Cu/Sn/Ag</td></tr>
<tr><td>Sn/Bi 或 Sn/Ag/Bi</td></tr>
</table>

（2）PCB 焊盘可焊性涂覆层的选择。

目前，传统有铅与无铅 PCB 焊盘表面镀层材料比较如表 4.6 所示。

表 4.6　传统有铅与无铅 PCB 焊盘表面镀层材料比较

有铅 PCB 焊盘表面镀层	无铅 PCB 焊盘表面镀层
有铅焊料 HASL	无铅焊料 HASL
Ni/Au（ENIG）	Ni/Au（ENIG）
Cu 表面涂覆 OSP	Cu 表面涂覆 OSP
Im–Ag	Im–Ag、Im–Sn

（3）主要涂覆层材料分析。

1）HASL 工艺：有铅焊料和无铅焊料的热风整平（HASL）工艺，虽然可焊性好，但平整度差，很难用于窄间距及微小元器件。

2）ENIG Ni/Au：由于 ENIG Ni/Au 采用的是镍和 5% ~ 12% 的磷一起镀上去的，因此，当 PCBA 工作频率超过 5 GHz 时，因为镍磷复合镀层的导电性比铜差以及趋肤效应的缘故，所以信号的传输速度变慢。另外，由于 Au 溶入焊料后与 Sn 形成的 $AuSn_4$ IMC 碎片，易导致高频阻抗不能“复零”，而且成本高，因此黑盘问题也是一个潜在的隐患。

3）Im–Sn：Im–Sn 镀层存在锡晶须和纯态膜等问题。纯锡层在温度老化环境下，会加速与铜层的扩散运动而导致铜锡 IMC 的生长（表 4.7）。例如，对 1μm 厚的锡层经过 155 ℃、4h 烘烤后，层的厚度减小到 0.28μm（1 ~ 0.72μm）。

表 4.7　IMC 厚度与烘烤温度和时间的关系　　（单位：μm）

温度 /℃	时　间 /h			
	1	4	9	480
25	0.0048	0.0096	0.0144	0.48
120	0.20	0.40	0.60	—
155	0.36	0.72	1.08	—

经过高温处理后，由于 Sn 层厚度的消耗，将导致贮存时间的缩短，如表 4.8 所示。

表 4.8　Sn 层（1μm）的消耗情况

作用环境	形成 IMC 的厚度 /μm	说　明
一年贮存	0.45	形成 Cu–Sn IMC 所消耗的
三次再流	0.35	—
剩余纯 Sn 层厚度	0.20	确保良好的可焊性

Im–Sn 比较便宜，新板的润湿性好，但贮存一段时间后或多次再流后，润湿性下降快，因此工艺性较差。

4）OSP：某些环氮化合物很容易和清洁的铜表面起反应，大部分的 OSP 都是基于这一化学原理。根据不同的贮存条件，反应生成的铜的络合物在理论上可使 PCB 保存期超过一年。当焊接加热时，铜的络合物很快被分解，只留下裸铜。因为 OSP 只是一个分子层而且焊接时会被稀酸或助焊剂分解，所以不会有残留物或污染问题。目前较多采用 OSP 的厚度约为 0.2 ~ 0.4μm，不同的材料对厚度要求也可能不同。更重要的是它不论对有铅焊接或无铅焊接均能较好兼容。OSP 铜的保护涂层与有机助焊剂和 RMA（中等活性）助焊剂兼容，但与较低活性的松香基免清洗助焊剂不兼容。

Cu 表面涂覆 OSP：可焊性、平整性和焊后导电性等均好。其不足就是贮存环境条件要求高，车间寿命短，不能多次再流（4 次），并需要耐无铅焊接高温的 OSP 材料。

5）Im–Ag：其特点是与 Au 或 Pd 相比，其成本相对便宜；有良好的引线键合性；先天具有与 Sn 基合金焊接的可焊性，在 Ag 和 Sn 之间形成的金属间化合物（AgB$_{3B}$Sn）并没有明显的易碎性。而且，在射频（RF）电路中由于趋肤效应，Ag 的高电导率特性正好发挥出来。

Im–Ag 涂层也有一些局限性。例如，Im–Ag 涂层与空气中的 S、Cl、O 接触时，在表面分别生成 AgS、AgCl 和 AgB$_{2B}$O。然而，Im–Ag 保护层在焊接过程中，Ag（熔点 962℃）涂层不能熔化，熔化的焊料合金开始时是在 Ag 涂层表面润湿、扩散，接着 Ag 被溶进熔化的焊料中。在 Ag 被完全熔融后，熔融焊料才对 Ag 下面的基材（铜焊盘）润湿和扩散。因此，铜焊盘表面同样可焊。

Im–Ag 在 IPC–4553 中有两个推荐的厚度范围，即薄型（0.07 ~ 0.15μm）和厚型（0.2 ~ 0.3μm，适合焊接和引线键合）。

目前，工业界对 PCB 表面 Im–Ag 涂层的组装性能进行了大量研究。这些研究确立了大量 Im–Ag 涂层的特性。例如，高温老化试验显示 Ag 层具有 6 个月的保存期要求，可焊性达到 12 个月。对于双面 PCB 或更复杂的 PCBA 组装件，

Im–Ag 表面多次再流焊接后仍具有良好的可焊性。显然，Im–Ag 涂层能够提供一种改善 SAC 焊料可焊性的手段，如表 4.9 所示。

表 4.9 Im-Ag 涂层的可焊性

无铅合金	助焊剂	焊接温度 /℃	接触角 /(°)	
			裸 Cu	Im–Ag
SAC	同一种	245	39 ± 1	30 ± 4
		260	40 ± 1	23 ± 2

Im–Ag 是 ENIG Ni/ Au 的低成本替代工艺，但要精确控制 Im–Ag 的化学配方、厚度、表面平整度，以及 Ag 层内有机元素分布等参数。

4.1.6 波峰焊接技术在未来微电子装备制造中还能走多远

SMT 的高密度安装波峰焊接中较普遍的缺陷就是桥连。而桥连的发生又与相邻 SMC/SMD 的间隔及导体间的间距密切相关。由图 4.36 可知，当相邻元器件之间的间隔在 0.7 mm 以上时，几乎就不会出现桥连现象。因此，随着微电子装备安装密度的不断增加，元器件不断地向小微化方向发展。当安装的间距 $\delta < 0.5$ mm，焊接桥连发生率大于 10%后，就将导致返修成本激增而成为大概率事件，波峰焊接技术就因此而不得不退出历史舞台了。

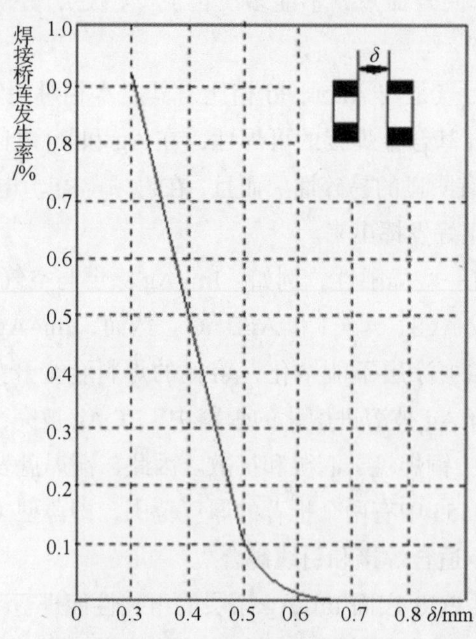

图 4.36 相邻 SMC/SMD 的间隔与焊接桥连发生率的关系

4.2 从基本现象追迹波峰焊接的不良

4.2.1 由助焊剂劣化导致通孔上焊料上升不足

近来波峰焊接系统助焊剂涂布采用喷雾方式，在高密度、小孔、混载元器件以及孔缘细的场合中，助焊剂不能充分地涂布，因此，焊料向上爬升变得很困难。

案例 1：助焊剂涂布不良

无铅焊料表面张力强，假如助焊剂涂布不恰当 [图 4.37（a）]，毛细管现象不强，即使是对细孔焊料也不能向上爬升，如图 4.37（b）所示。即使是相同的孔向上填充不良的原因也是各异的，特别是在高密度安装情况下，由于助焊剂涂布偏移的影响是很大的，即使是相同的孔向上填充不足，为确认其原因，通过对其观察比较，寻找出其不同的特性再作结论是很重要的。助焊剂的固体成分（热特性）对其润湿性也有影响。例如，耐热性低、预热等也容易导致熔融焊料（主要是第一波峰）失去效果，因而引起向上润湿和填充的不足 [图 4.37（c）]。因此，对于波峰焊接而言最初对助焊剂的选定和基板孔涂布的确认是很重要的。

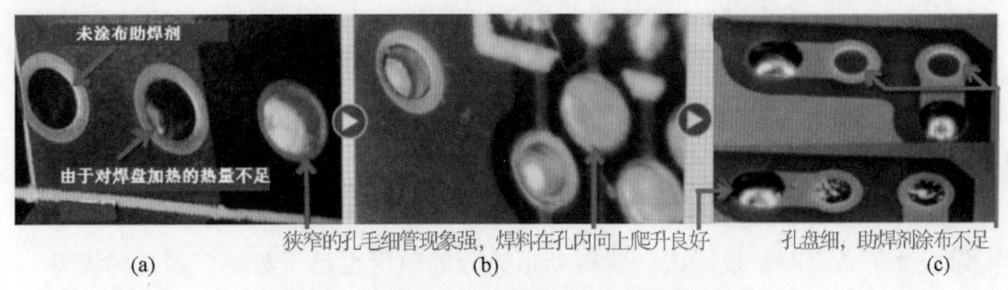

图 4.37　由助焊剂涂布问题导致的孔填充不良

案例 2：由预热不良导致的助焊剂劣化

预热也是导致助焊剂劣化问题的原因。和一般不良的发生不同，预热时间过长或预热温度过高，也会导致助焊剂劣化而成为不良的原因。因此，在焊接时为了避免因预热造成助焊剂劣化而导致助焊剂作用的丧失，除了特殊情况外，预热中必须使助焊剂的劣化被抑制到最低限度。

图 4.38 为预热 50s、在波峰焊料中浸渍时间为 10s 的焊点外观形貌，因预热过程发生的助焊剂劣化，导致了发生拉尖的同时还发生了焊料珠现象。焊料珠是从孔内的气体爆出时而引发的焊料飞散现象。飞散现象是由于预热温度不足，如异丙醇之类的助焊剂溶剂以及稍后从基板吸湿中的水分等气化不充分，当基板从焊料槽上脱离的瞬间集聚在孔内爆发喷射出来的。而拉尖则是预热时基板浸渍时

的热量（时间 × 温度）与其双面的助焊剂综合作用所致，进行综合判断时是能够推测出是助焊剂或者基板的过度加热所致。

图 4.39 是将预热温度提高而时间从 50s 减至 5s，浸渍时间缩短到 5s 的场合时焊点的外观形貌，作此调整后，有效地抑制和改善了助焊剂的热劣化，以及因预热热量不足而导致的气体爆发而引起的焊料珠飞散。产生焊料珠的场合虽然是少量的，但是有发展的趋势。

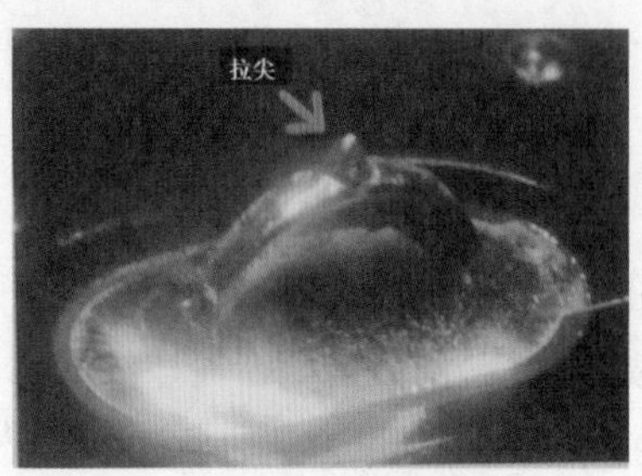

图 4.38　预热 50s、浸渍时间 10s 焊点外观形貌

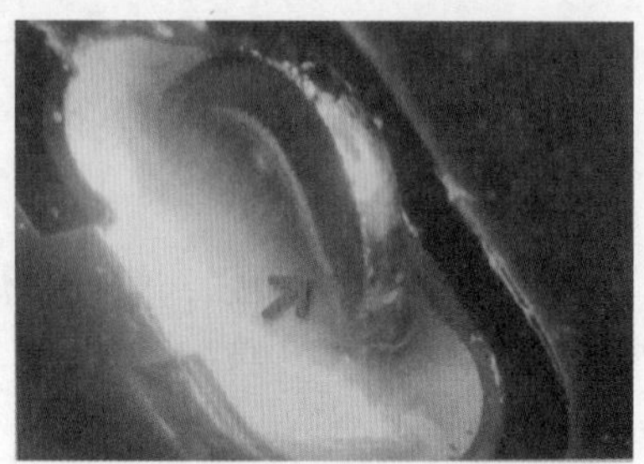

图 4.39　提高预热温度预热 5s、浸渍时间 5s 的焊点外观形貌

案例 3：由一次波峰喷流导致的助焊剂劣化

一次波峰喷流主要是在磁带录像机基板等搭载了许多片式元器件的基板上发现的，由于“红眼”（随着助焊剂的气化，气体停留在元器件之间不沾焊料后，焊盘便直接露出了铜的颜色）的发生，导入第一波峰的主要目的就是把这些停留在元器件之间的气体挤出去。为使其效果不致弱化而产生逆向作用，因此要特别关注并及时作出调整。

在第一波峰的喷流孔不合格时，对孔向上润湿填充应当是有效果的。然而，实际上对于高密度基板来说，要得到很充分的效果也是很难的。图 4.40 是第一波峰喷流孔眼堵塞了。图 4.41 是波峰喷流高度不足对润湿性的影响。图 4.42 和图 4.43 是与喷流波间隔相比较，元器件的引线间隔狭窄而有可能引起的热量不足。

假如片式元器件没有发生“红眼”（未沾上焊料），那么从第二波峰来看，只要夹送速度控制稳定，润湿性热量是能确保的。

图 4.40　第一次波峰喷流孔眼堵塞了

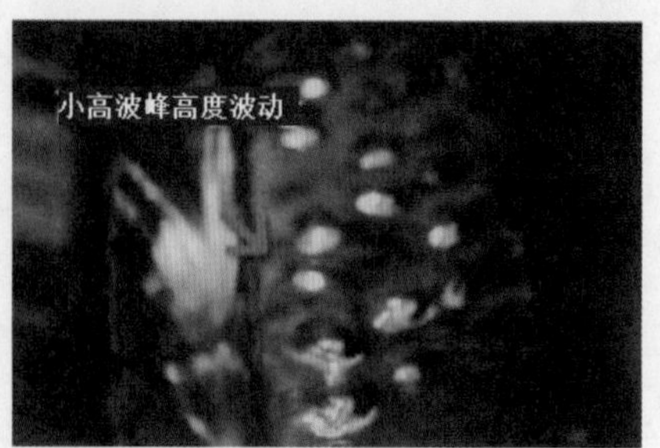

图 4.41　波峰喷流高度不足

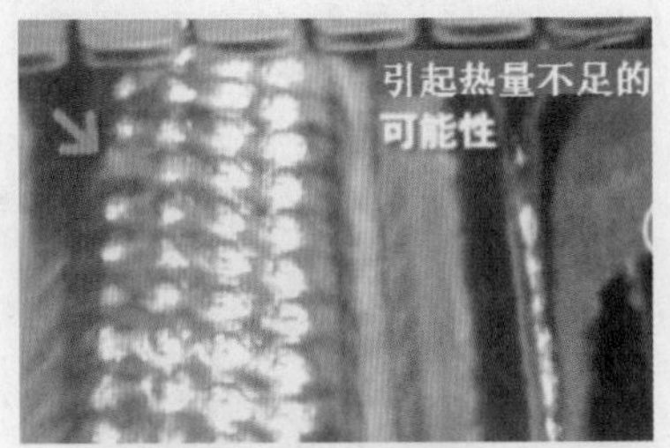

图 4.42　与喷流波间隔相比，元器件的引线间隔狭窄

图 4.43　引起热量不足可能性高

案例 4：耐热性高的助焊剂

助焊剂耐热性高（如高沸点的水溶性助焊剂），伴随着热反应的迟缓而引起不良。由于无铅波峰焊接预热温度的提高、预热时间的增加，因此有必要提高对助焊剂的耐热性要求。对于与通常同样的热量且气化的同步慢，因此，在焊料槽波峰区域时气化气体排放不出来。但基板从焊料槽脱离的瞬间才是气体被排出的状态。"红眼"是因为润湿不足才容易发生气孔和针孔。

如图 4.44 和图 4.45 所示，由于要耐受高温预热，所以必须要采用溶剂耐热性高的助焊剂。助焊剂中残留的固形部分虽然不气化，但是其中的溶剂的气化引起了热量的不足。作为"红眼"的对策，重新评估助焊前的耐热性和涂布量，以及在设计上采用容易排放气体的元器件结构是很必要的。

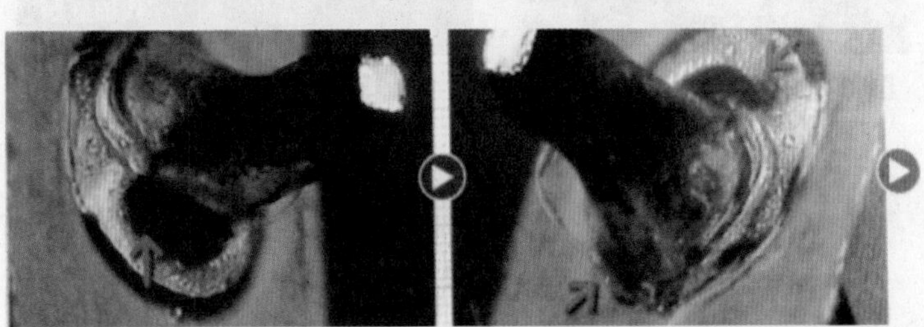

图 4.44　热量不足（1）

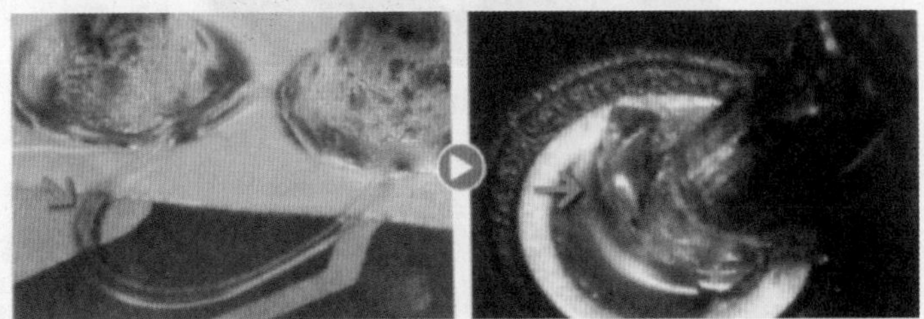

图 4.45　热量不足（2）

案例 5：孔洞

假如为发挥助焊剂较好效果所需的热量供给充分，孔内间隔尺寸一小，由于毛细管现象焊料就能良好地向上润湿和爬升，如图 4.46（a）所示。然而，当孔

间隔尺寸一大，孔内熔融焊料的表面张力作用就强，这样就要影响焊料向上润湿和爬升的效果，如图 4.46（b）所示。

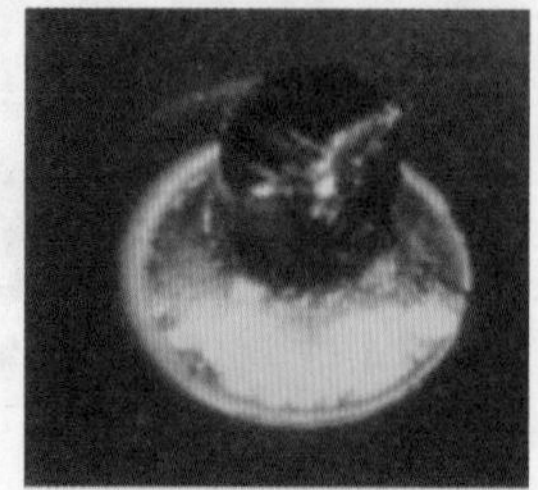

（a）孔内间隔尺寸小

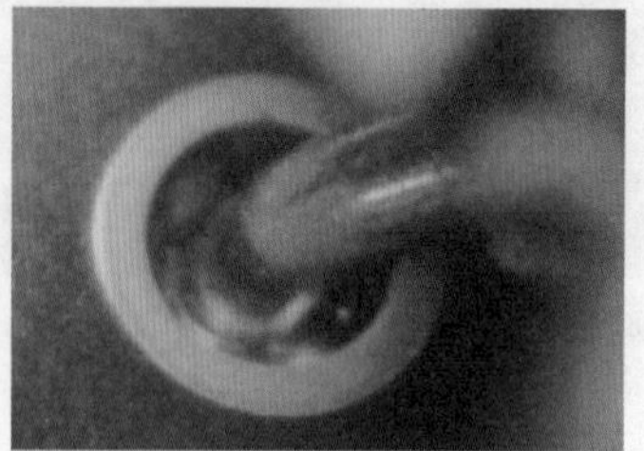

（b）孔内间隔尺寸大

图 4.46　孔内间隔尺寸对焊料向上润湿和爬升的影响

图 4.47 为助焊剂的有、无对孔内熔融焊料向上润湿和爬升的差异。图 4.48 是由气体导致的膨胀。图 4.49 是气体穿出的痕迹（气孔）。即使在小的间隔内涂布助焊剂，如果供给的热量很充分，那么孔内的熔融焊料就能很好地向上润湿和爬升。

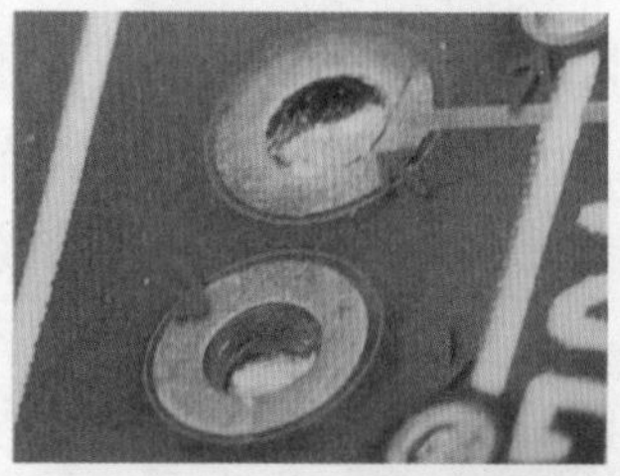

图 4.47　助焊剂有无的差异

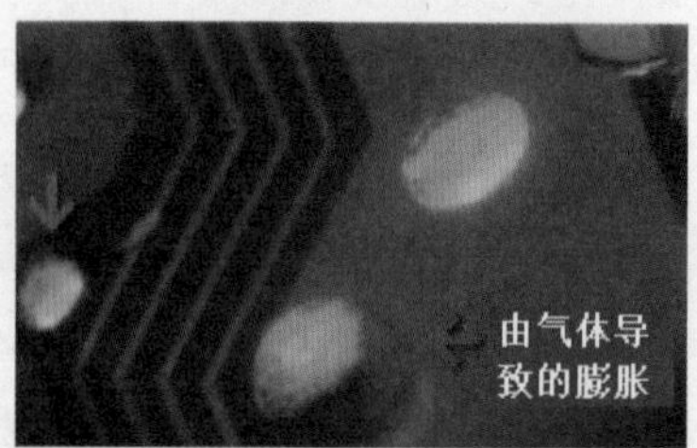

图 4.48　气体导致的膨胀

图 4.49　气体穿出的痕迹（气孔）

案例 6：孔内引线倾斜

如果第一喷流波对孔内焊料填充充分的话，那么间隔大也能填充良好，然而其容易使其他元器件浮起来，并且元器件浮起来的引线在孔内会倾斜。这样对孔洞率和焊料向上润湿和爬升都会造成影响。实际上，若第一喷流的波柱粗大，对于高密度安装的基板来说，也不能对所有的孔部均填充上焊料。

孔内的间隔一旦变大，引线在孔内就会倾斜，气体和焊料在向上润湿和爬升的过程中就会出现部分区域受到阻碍的情况。图 4.50 仅是在一个断面上观察到的空洞场合，并没有整体立体的信息。对于助焊剂效果失去的状态，引线支干即使正常插入，对气体的排出也是有阻碍的。引线支干一旦倾斜（图 4.51），就会受到比较强的恶劣影响。

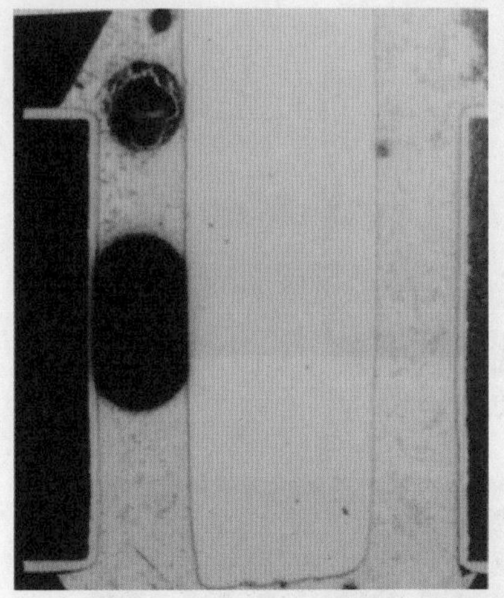

图 4.50　因焊料流动性不足而形成的空洞

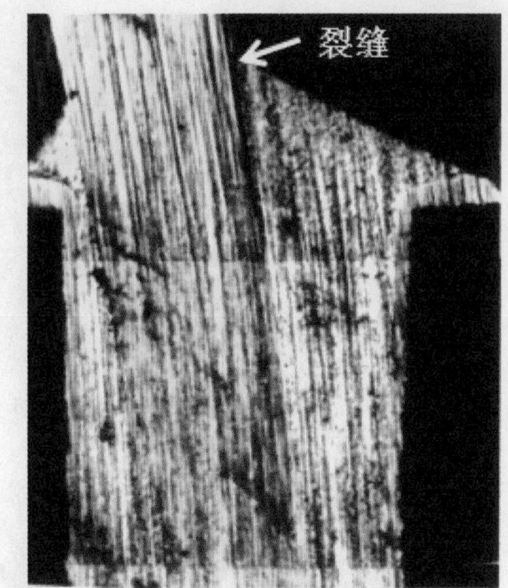

图 4.51　间隙大，倾斜插入的引线形成的裂缝

孔内和插入引线支干之间间隔狭窄，毛细作用明显，焊料向上润湿填充良好，如图 4.52 所示。引线插入孔内后，引线主干发生了倾斜，孔内熔融焊料向上润湿，填充受到阻碍，如图 4.53 所示。由于引线主干在孔内不居中，间隔狭窄的一边因毛细作用显著，焊料能爬升到顶部凸缘，而间隔宽松的那边则焊料填充不足，如图 4.54 所示。

图 4.52　间隔狭窄，孔填充良好

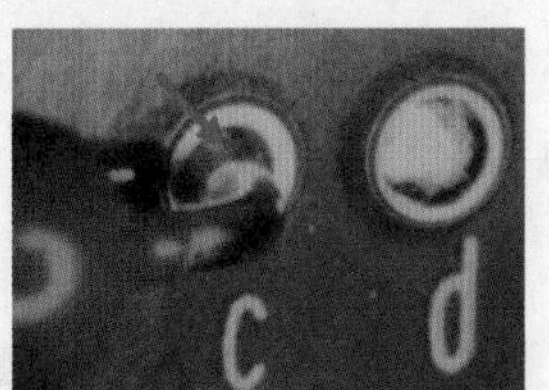

图 4.53　引线插入发生倾斜，填充受阻

图 4.54　孔间隔宽松，焊料填充不足

4.2.2　整个基板上面热量的不足

1. 助焊剂涂布不良

（1）案例 1。

对于无铅焊料，基板浸渍焊料的深度即使达到了基板厚度的 1/2，由于无铅焊料具有流动性，也不能充分地上升，又由于无铅焊料流动性差，即使浸渍到基板的上面也不能在上面润湿。特别是与基板上表面焊盘图形有联系的地方，从基板下部供给的热量又从与基板上表面相关联的图形上散发了，从而导致了整个基板上面热量的不足。

图 4.55 显示了助焊剂的存在，但整个焊盘图形上面热量都不足。图 4.56 和图 4.57 为无图形侧的焊料上升良好无热量不足现象（白箭头所示），有图形相连通的地方无焊料上升（红箭头所示）。

图 4.55　基板上面焊料填充不足

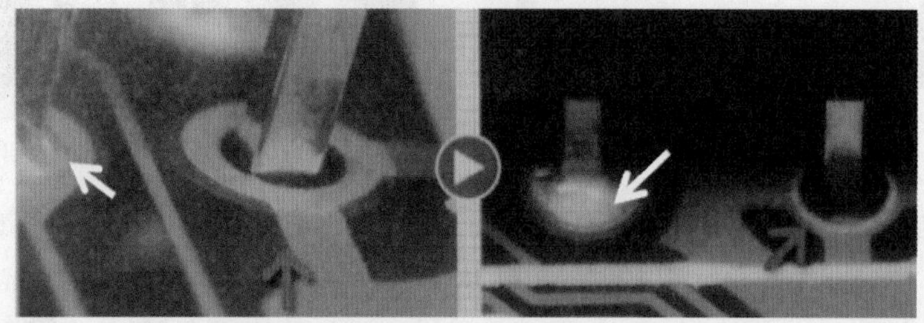

图 4.56　有图形相连通的孔未填充，而无图形（或细线）相连通的孔填充好

有铅焊料流动性好，对基板的浸渍深度即使达到了基板厚度的 1/2，焊料也能润湿到基板的上面，如图 4.57（上）所示，即使与大图形连通，也没有大的影响。而对于图 4.57（下）中的无铅焊料，因有相连通的大图形的散热（白箭头所示），上面被冷却。由于表面张力导致其流动性的丧失，上面填充性差。因此，焊料必须要浸渍到基板的上面才行。

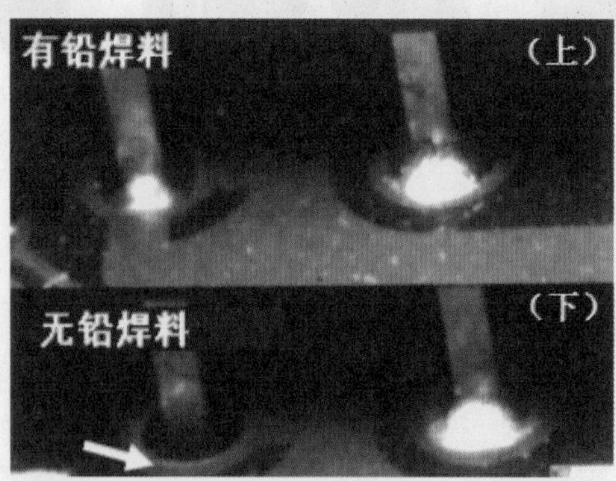

图 4.57　有铅、无铅焊料对基板上面的填充性

（2）案例 2。

目前，助焊剂涂布都是采用喷雾方式，而高密度基板的小孔内要得到充分的助焊剂涂布是很困难的，这已成了高密度基板设计时不可回避的问题。随着技术的发展，在基板的设计中，通孔焊缘的宽度变得极端狭窄，向孔内喷涂助焊剂和供给热量越来越困难。

图 4.58 所示为助焊剂涂布不足现象；图 4.59 是重新涂布后立即再过波峰的结果，比当初上升了；图 4.60 上半部分是助焊剂涂布不足，而图 4.60 下半部分是助焊剂涂布正常处。

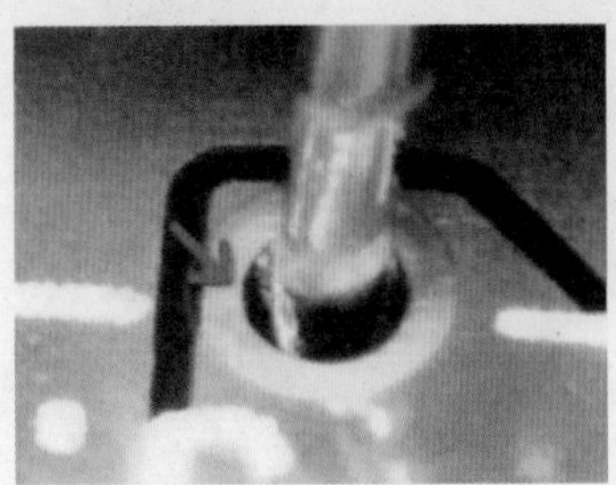

图 4.58　助焊剂涂布不足

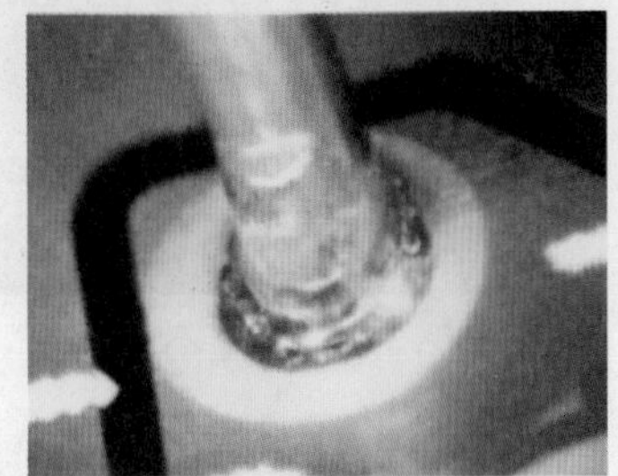

图 4.59　重新涂布后立即再过波峰

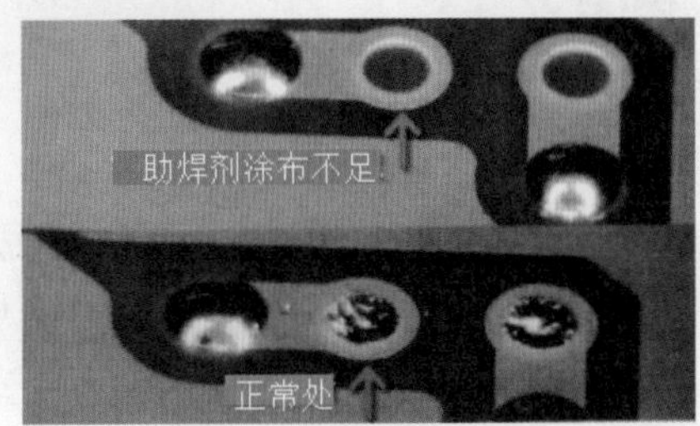

图 4.60　助焊剂涂布正常与否的差异

图 4.61 是引线的孔上部润湿不足；图 4.62 是即使再涂布助焊剂，孔上部仍然不良，主要是由于图形散热而造成热量不足。

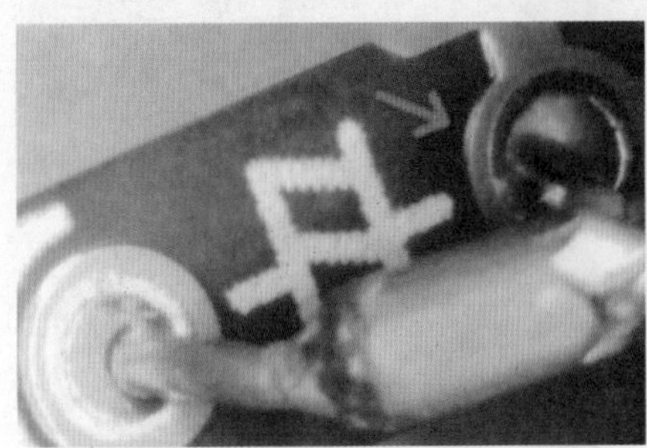

图 4.61　引线的孔上部润湿不足

图 4.62　由图形散热而造成热量不足

2. 从图形上的散热造成热量不足

图 4.63 是焊盘有与图形相连的地方，因为增加了从图形上的散热而造成热量不足的现象。焊料上升不充分，确认试验时要先沿图 4.64 所示的虚线部分用刀割断后，再次过波峰。

对于基板的材质、设计及厚度未确定的情况，基板下部和基板上部的温度差是不同的（实验中约有 70℃的差异），而在现场即使进行了对焊料槽温度的管理，实际的基板下部和上部的温度管理是没有的。特别是基板上部的温度在 173℃左右，在如此低的温度下无铅焊料的流动性已完全丧失，所以焊料要到达孔的上部并润湿已经是不可能的。

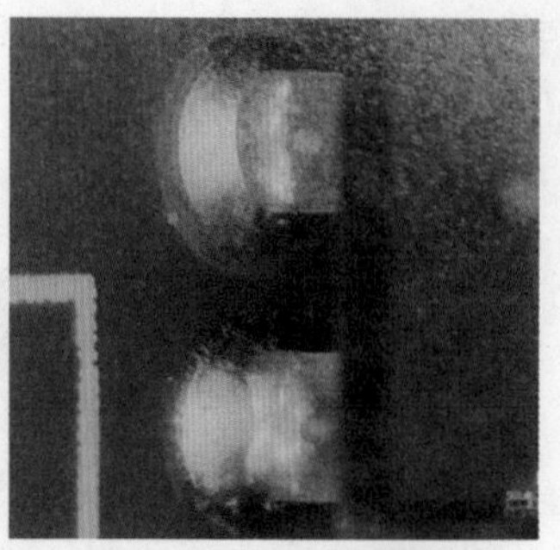
图 4.63　热量不足状态

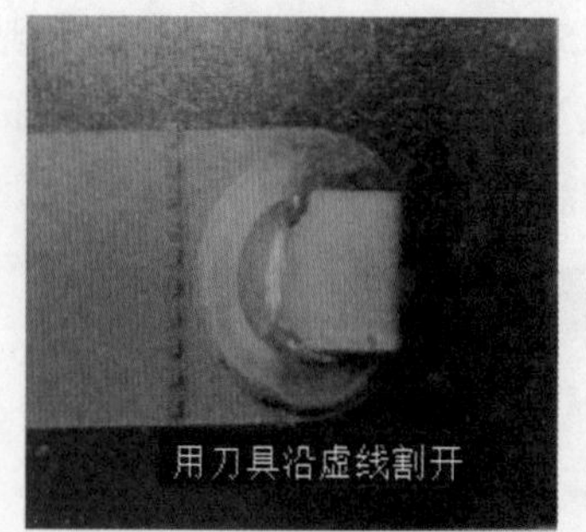

图 4.64　沿虚线用刀具割断再过波峰

4.2.3　桥连发生的原因和对策

1. 由助焊剂劣化产生的桥连

图 4.65 和图 4.66 是焊料丧失的流动性后在坠落中变成了桥连。图 4.67 是焊料在同样坠落的过程中变成了拉尖。如果助焊剂丧失了效果，那么焊料的流动性也将丧失，从而可能发生桥连和拉尖。本来在焊料槽内由于基板的下侧面附着了焊料，在助焊剂的作用下焊料流动，由表面张力和重力共同作用的平衡而形成焊接圆角，余下的焊料便坠落在焊料槽内。

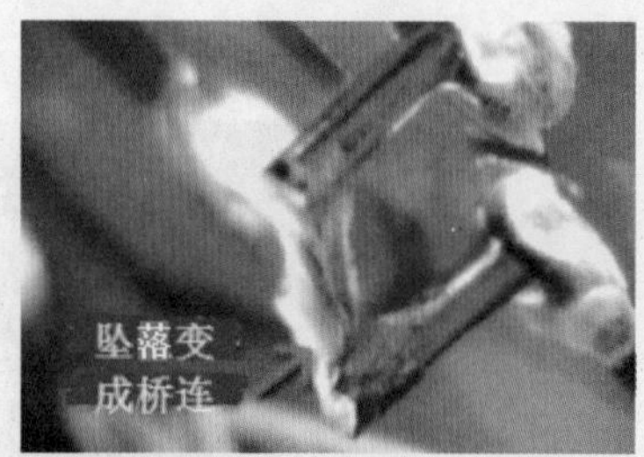

图 4.65　焊料丧失流动性坠落成桥连

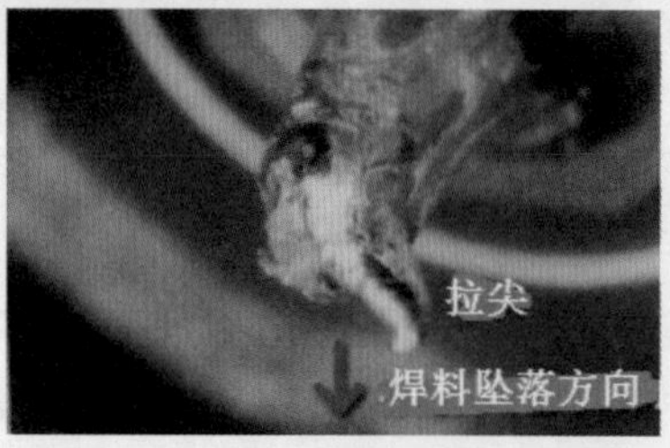

图 4.67　焊料在坠落过程中变成拉尖

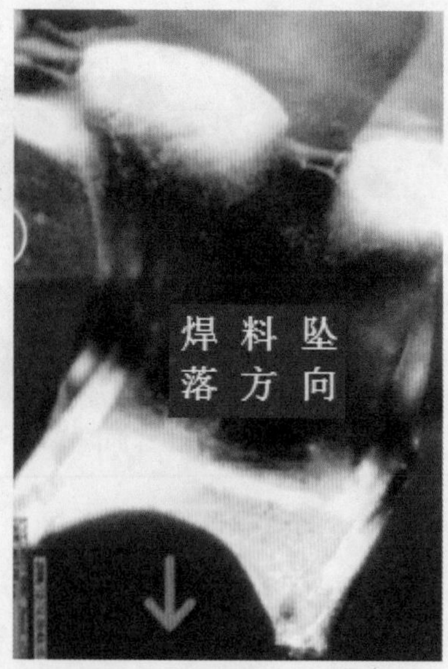

图 4.66　焊料坠落成桥连

2. 由于采用淘汰的图形设计而产生的桥连

由于采用了淘汰的、不适合的焊盘设计而造成的桥连也是很常见的，如图 4.68 所示，在不良的图形中心（图中的★处），由于引线过于靠近而形成桥连。

错误的图形布局、形状、尺寸以及设定的位置都是很重要的。当然对于高密度图形设计的场合，要确保这些参数是比较困难的，所以充分利用现场信息的反馈来优化设计和改正操作工艺规范是很必要的。

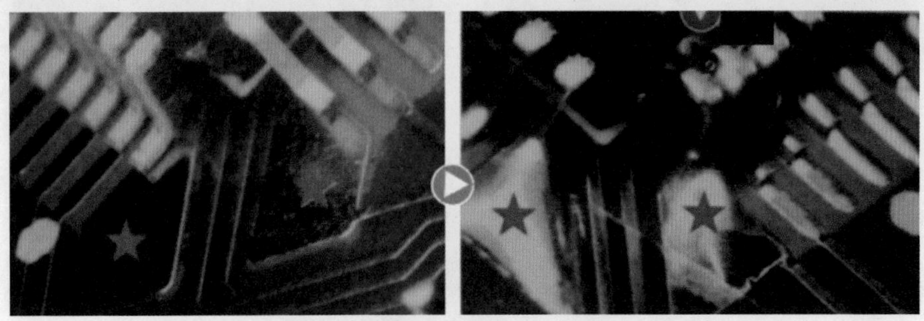

图 4.68　由于采用不适合的、淘汰的图形设计而形成的桥连

4.2.4　波峰焊接过程控制不良

1. 孔上部热量不足

在批生产时考虑生产效率，一般都是固定焊料槽的温度以 250℃为基准，然后确认其他工艺参数的控制范围。图 4.69 最右端的引线焊料没有达到孔的上端。和其他引线不同，它的焊盘连结着铜箔图形，从此处散热而造成孔上部热量不足，焊料没有润湿并爬升到孔的上部。

图 4.69　焊料没有润湿并爬升到孔的上部

基板上面的图形（含多层基板内层的图形）出现预想以上的大的热传导而形成明显的热量不足。

图 4.70 是基板侧的热量不足、孔壁焊料不润湿，而引线侧的焊料向上润湿的示例。图 4.71 是引线侧热量不足、焊料不润湿（也不排除引线可能还有氧化的因素），而基板侧焊料向上润湿到达上表面的示例。图 4.72 是助焊剂涂布不足的示例。

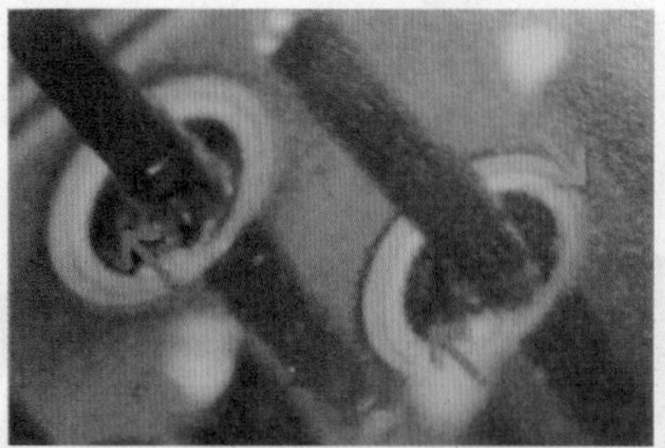
图 4.70　基板侧的热量不足

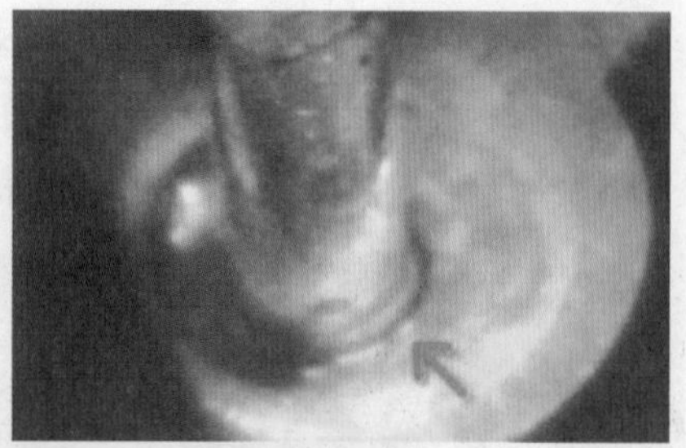
图 4.71　引线侧的热量不足

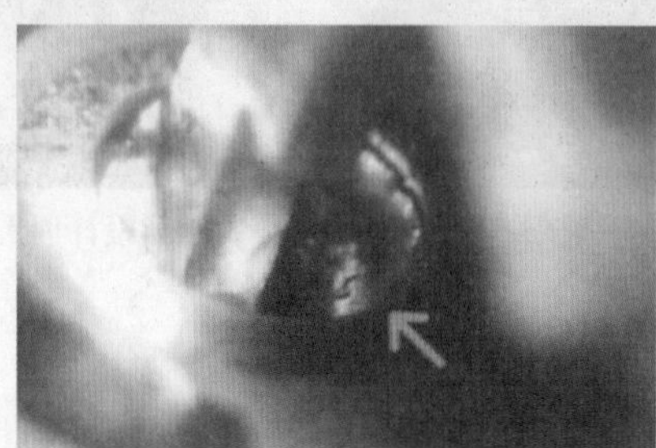
图 4.72　助焊剂的涂布不足

2. 基板上表面的焊料填充不足

图 4.73 和图 4.74 为大面积图形侧的孔上部的焊料填充不足的示例。相反，图形散热少的地方的焊料则填充较好，如图 4.74（b）所示。

图 4.73　大面积图形侧的孔上部的焊料填充不足

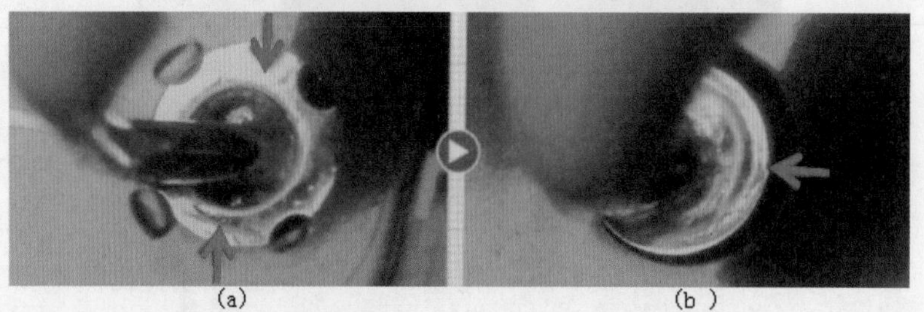
(a)　(b)

图 4.74　图形散热少的地方的焊料则填充较好

即便是波峰焊料通过图形上的热移动（散热）而引起急冷，但焊接圆角的光泽形成良好，如图 4.75 所示。

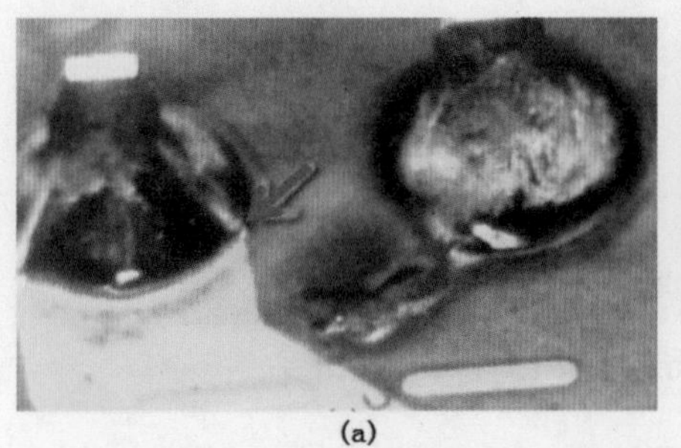

(a)

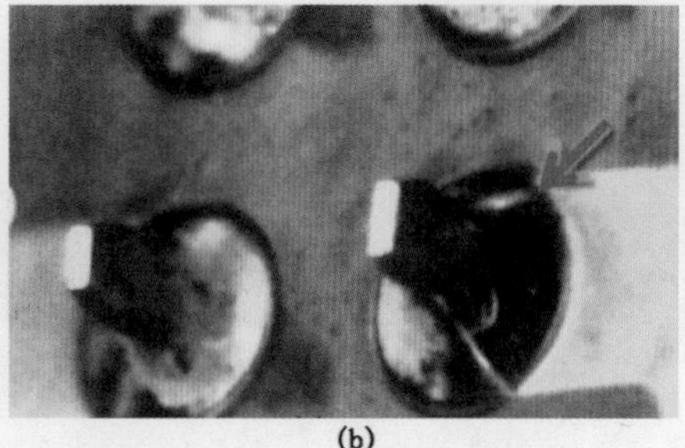

(b)

图 4.75　焊接圆角的光泽形成良好

3. 夹送速度对热量的控制

图 4.76 为夹送速度慢、供给的热量多，图形侧的焊接圆角和光泽均良好的示例。图 4.77 为夹送速度快，由于大面积图形的散热效果好、焊接圆角光泽的示例。

在助焊剂效果持续保持的条件下，夹送速度稍慢、供给的热量多，焊料的流动性变好、焊接圆角变薄，它是抑制桥连的有效对策，如图 4.78 所示。但是，间隔大的孔也容易引起填充不良，如图 4.76 所示。相反，夹送速度快可以抑制助焊剂的劣化，从而可以抑制桥连的可能。热量不足可以导致焊接圆角变厚，间距窄的地方就容易引发桥连，如图 4.77 所示。即使是相同的现象，但由于原因是不同的，对策也就有变化，对于这些因素，尽力保持它们之间的平衡是很重要的。

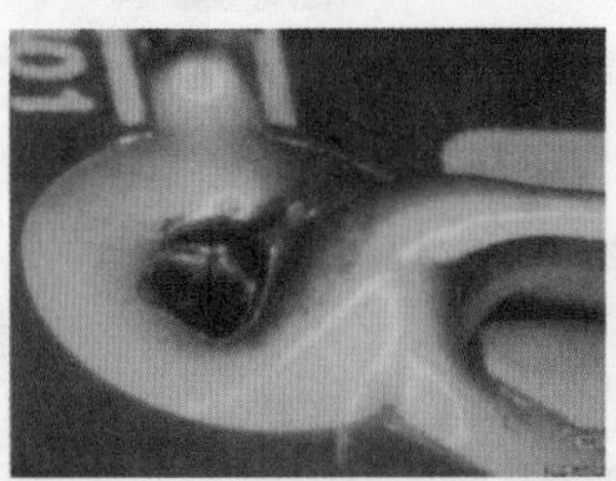

图 4.76　图形侧的焊接圆角和光泽均良好

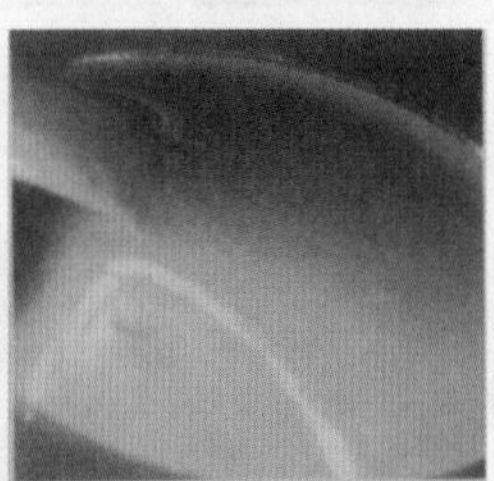

图 4.77　图形散热效果好、焊接圆角光泽

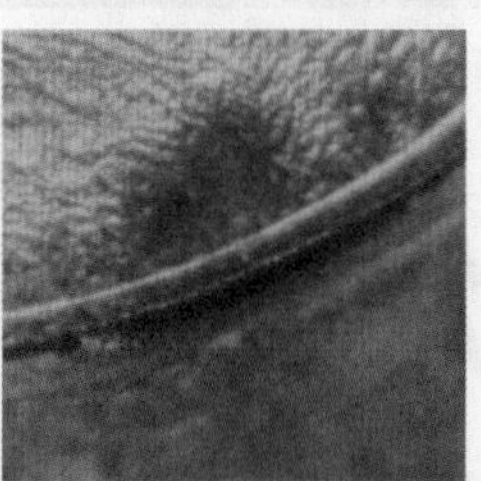

图 4.78　夹送速度稍慢

4. 由于过热引起的焊盘边缘剥离

无铅焊接基板的夹送角度一般都是固定在 5º 左右，这样基板和焊料的接触面积不小，由此向基板供给的热量也不少。假如当初焊料槽的温度设定在较高的 255℃温度上，在这样高的焊料槽温度下，助焊剂很容易被焊料流冲洗掉，这就会引发桥连等不良问题，同时基板的焊盘剥离问题的风险也会增大，图 4.79 就是由于过热导致基板上焊缘剥离 。此时若将基板夹送角度从 5º 降至 3º，基板和焊料的接触面积增加了约 2.5 倍，这样焊料槽温度就能从 255℃降到 245℃，这在一定程度上就能抑制焊缘剥离现象。

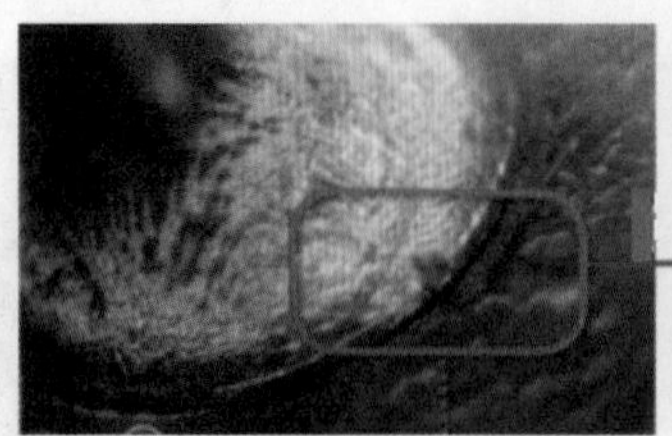
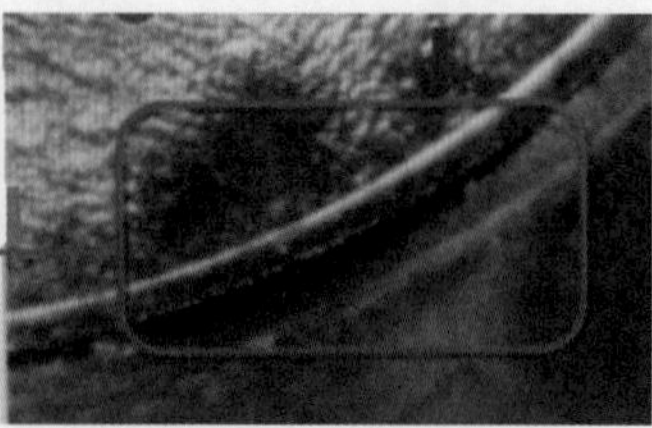

图 4.79　由于过热导致基板上焊缘剥离

5. 由元器件引线长度形成的热影响

短引线从焊料槽波峰脱离快，因此热流被断开快，由焊料流下落时形成的焊接圆角变厚，如图 4.80 ~ 图 4.82 所示。

长引线从焊料槽波峰脱离慢，热量供给时间长，由于助焊剂的作用，焊接圆角变薄，如图 4.83 ~ 图 4.85 所示。

在助焊剂有效果的状态下，由于短引线从焊料槽波峰脱离快，热量供给时间短，焊接圆角变厚，容易引发桥连；而长引线逆向焊料槽浸渍的时间长，热量供给时间多，焊接圆角变薄，因而减少了引发桥连的概率。

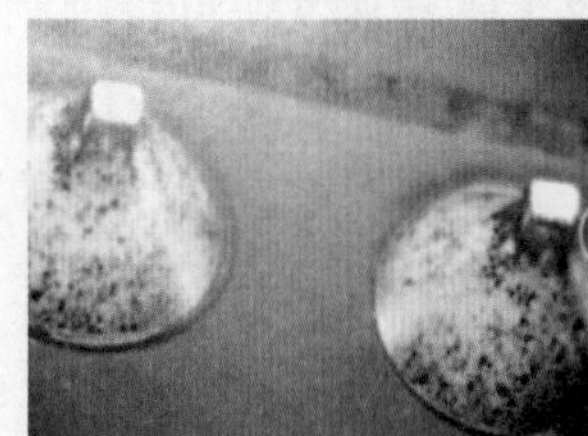

图 4.80　短引线的焊接圆角形状

图 4.81　引线长度合适的焊接圆角形状

图 4.82　急冷的焊接圆角光泽

图 4.83　长引线的焊接圆角（SnCuNi）

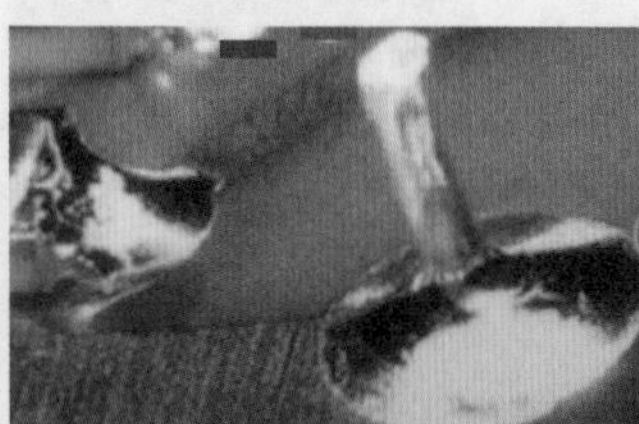

图 4.84　SnCuNi 的焊接圆角

图 4.85　长引线的焊接圆角形状

6. 基板夹送速度对热供给量的影响

夹送速度从元器件引线表面和基板图形表面来看均能供给较大的热量。无铅波峰焊接有可能抑制树枝状晶体的缩孔，当采用速度在 1.5m/min 以上的传送带操作时，由于向基板和元器件的蓄热少，从焊料槽脱离后的冷却快，焊接圆角表面光泽变成锡的颜色。图 4.86 ~ 图 4.88 是某大型电源单面板的传送带速度为 1.5m/min，几乎看不到树枝状晶和缩孔。

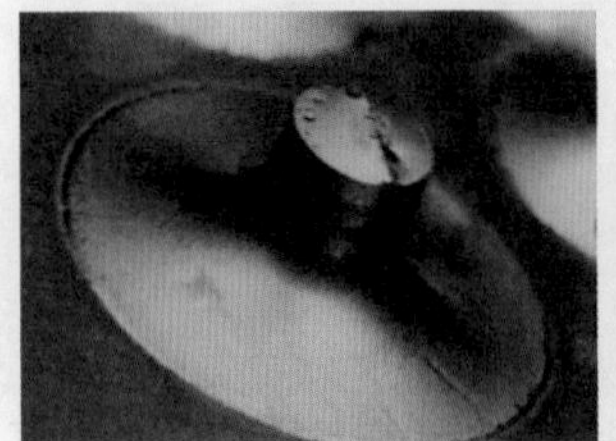

图 4.86　单面大型基板（SnAgCu）

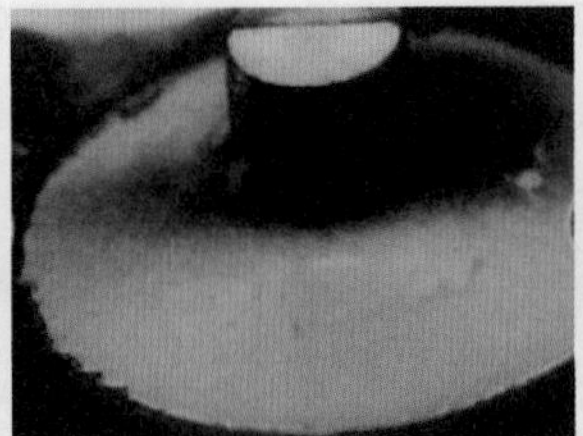

图 4.87　由传送带速度变化形成的急冷，光泽良好

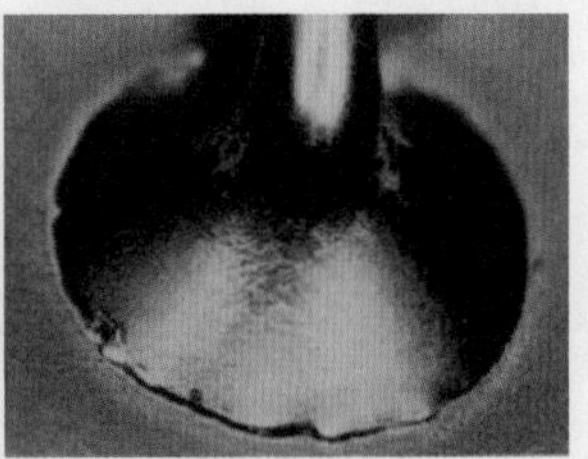

图 4.88　没有缩孔的焊接圆角

4.2.5　气孔、针孔

在波峰焊接中的气孔和针孔，其形成原因基本上是相同的，均是基板在从焊料槽脱离的瞬间，孔内的气体被排放出的痕迹。如果气体在焊料槽内被排放出，再次被熔融焊料堵塞在孔内，这可与传输线速度变慢相对应。图 4.89 ~ 图 4.91 的气孔是基板从焊料槽脱离瞬间直接从焊接圆角上排放出的气体。如果在焊料槽内排放出的气体再一次被埋入焊料内，可以通过快速调慢传输线速度得到确认。在确保助焊剂没有劣化的前提下，了解焊料槽温度、预热及助焊剂的热特性，并掌握它们之间的平衡关系，对抑制气孔和针孔的发生是有效的。

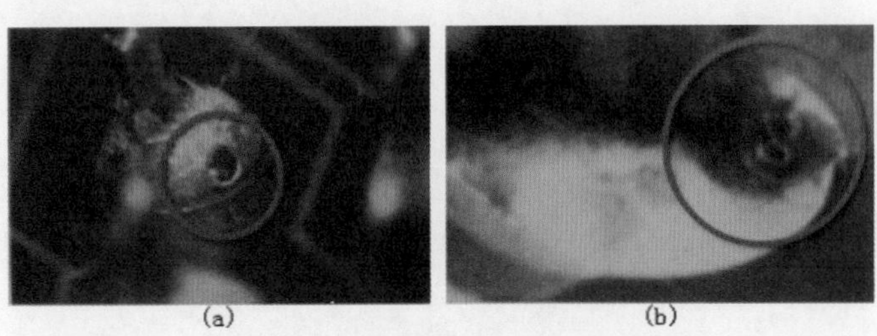

图 4.89　各种各样的气孔（1）

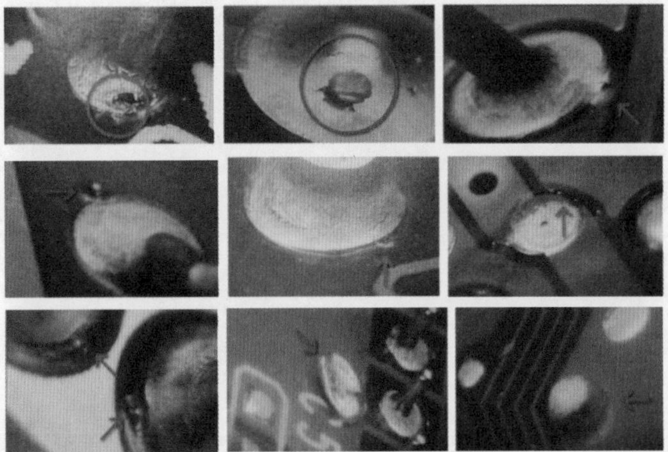

图 4.90　各种各样的气孔（2）

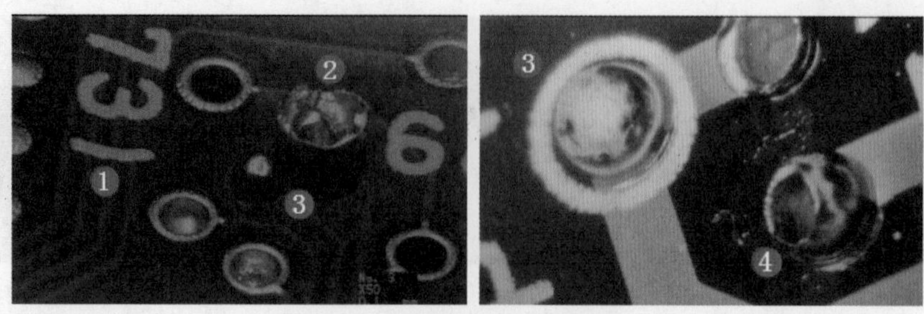

图 4.91　各种各样的气孔和针孔

图中：1. 焊料槽内放出的气体，又一次被焊料润湿上升；2. 从基板焊料槽脱离瞬间放出的气体和焊料珠；3. 基板从焊料槽脱离后气体爆发的瞬间；4. 在 3 之后气体被放出。

第05章

再流焊接中的热点问题以及从基本现象追迹再流焊接的不良

本章要点

- □ 掌握 SMT 再流焊接技术的发展。
- □ 掌握当前 SMT 安装应用中的最大热点问题。
- □ 掌握再流焊接技术随着元器件的微细化所面临的新挑战。
- □ 掌握微安装再流焊接中最突出的质量不良现象及其形成机理。
- □ 掌握再流焊接和焊接设备所面临的挑战。
- □ 掌握从再流焊接中的桥连追迹再流焊接的不良。
- □ 掌握从元器件偏移追迹再流焊接的不良。
- □ 掌握从侧面焊珠追迹再流焊接的不良。
- □ 掌握从背部圆角及灯芯效应追迹再流焊接的不良。
- □ 掌握从元器件引脚电镀质量追迹再流焊接的不良。
- □ 掌握从基板镀层的不良追迹再流焊接的不良。

5.1 再流焊接中的热点问题

5.1.1 SMT 再流焊接技术的发展

1. 新型 SMT 封装技术的发展

表面安装的核心是在焊接前将芯片贴装到印制板焊盘区域，然后进行再流焊接。由于设计的安装密度提高了，新型 SMT 封装技术也随之不断出现。例如，细间距技术（FPT）、超细间距技术（UFPT）和阵列表面贴装技术（ASM）就是典型示例。而阵列表面贴装技术又可以细分为球栅阵列技术（BGA）或柱栅阵列技术（CCGA）、芯片级封装技术（CSP）以及细间距技术（FBGA）等不同的类别。这些芯片要求使用具有一定定位精度的设备进行安装和焊接。

2. 推动 SMT 再流焊接技术向前发展的动力

芯片的复杂性和微小型化的提高是推动 SMT 再流焊接技术向前发展的主要动力。为了降低芯片封装尺寸，芯片引脚间距不断减小。半导体集成度进一步提高，推动封装向着更加致密的周边有引脚的间距方向发展，如 0.5 mm、0.4 mm、0.3 mm 和 0.25 mm。细间距 BGA 阵列封装间距标准确定为 1.0 mm、0.8 mm、0.75 mm、0.65 mm 和 0.5 mm。一些间距为 0.4 mm、0.3 mm 和 0.25 mm 的 FBGA 也得到了推广和应用。

3. 互连密度与封装间距的演变

高性能 BGA 的信号 I/O 数量大约是通常用于手持产品的 BGA 所要求的 I/O 数量的 2.5 倍。互连密度要求与每个封装的信号 I/O 数量成正比，而与相邻封装之间的中心对中心间距成反比。在相同的封装对封装的间距，每个封装的信号 I/O 从 500 增长到 1300 针脚，即以 2.5 倍增长，因此也要求 PWB 的布线密度以 2.5 倍增长，即线与线之间的间距越来越小了。

4. 驱动芯片封装技术发展的动力及其对芯片安装和焊接的影响

驱动芯片封装技术发展的动力主要表现在热性能、电气性能、工作区域的限制和成本等方面。在这些细间距封装芯片的再流焊接中，需要较细的焊料合金颗粒的焊膏，其结果是提高了焊膏的黏性和降低了印刷速度。离板高度为 0 ~ 250μm 的细间距芯片还存在清洗和焊接透热问题。若要获得适当的清洗及焊接透热条件，离板高度应为 0.4 ~ 0.5 mm，而大于或等于 0.5 mm 的 BGA 间距就可以完全适用于大于 250 μm 的离板高度要求。为此，焊膏印刷、贴装、再流和清洗等工序中的问题将明显减少。

5. 对镀金层的约束

不要采用较厚镀金层（>0.25 μm）作为表面涂覆层，因为施加足够量的金后，焊点就有可能产生脆性。当选用 ENIGNi（P）/Au 镀层时，P 成分必须控制在 6% ~ 9%之间以确保 Ni 层的焊接性，避免黑盘（P<6%）和反润湿（P>9%）现象的出现。

6. 将来 PBGA 焊球接触尺寸条件

表 5.1 中所列的焊球和焊盘直径尺寸预期可用于将来的微安装中，面临如此小的焊球和焊盘，再流焊接中的不良（如少锡、桥连等）将成为产品质量中的大概率事件。

表 5.1 将来 PBGA 焊球和焊盘直径尺寸

焊球直径			焊盘直径尺寸		
标称焊球直径 /mm	容差变量 /mm	间距 /mm	相对焊球尺寸的减小量 /%	标称焊盘直径尺寸 /mm	焊盘变量 /mm
0.25	0.28 ~ 0.22	0.40	20	0.20	0.20 ~ 0.17
0.20	0.22 ~ 0.18	0.30	20	0.15	0.15 ~ 0.12
0.15	0.17 ~ 0.13	0.25	20	0.10	0.10 ~ 0.08

7. 片式元器件微细化发展将更加速“摩尔定律”预测的“封装危机”的来临

表 5.2 中所列的 01005（英制）片式元器件可能已成为 SMT 安装的极限，若再出比 01005 还要微细的元器件，便可能是现有 SMT 安装技术终极之时。

表 5.2 片式元器件规格尺寸的发展状况

型号							
型号	公制 / mm	3216	2012	1608	1005	0603	0402
	英制 / inch	1206	0805	0603	0402	0201	01005
形 状							
尺寸（长 × 宽 × 高）/（mm）		3.2 × 1.6 × 1.2	2.0 × 1.2 × 1.2	1.6 × 0.8 × 0.8	1.0 × 0.5 × 0.5	0.6 × 0.3 × 0.3	0.4 × 0.2 × 0.2
体积（体积比）/mm³		6.1（100）	2.88（47）	1.02（17）	0.25（4.1）	0.054（0.88）	0.016（0.26）

5.1.2 当前 SMT 安装应用中的最大热点问题

1. SMT 组装中热点问题是如何形成的

20 世纪中叶，SMT 的兴起迅速成了世界电子组装技术最热门的话题。世界先进国家的公司纷纷采用这种创造性的新工艺来制造 PCBA，个人电脑的产量稳步增长，可靠的便携式计算机随之走进了千家万户。然而 SMT 的普及在技术上也并不是一帆风顺的，在现代微电子系统制造 SMT 工序链中，发生不良率的 70% 是源自焊膏印刷工序。而焊膏印刷中的不良，归纳起来也有约 60% 是与所采用的焊料材料存在的性能缺陷相关联的。显然焊膏材料的质量就成了热点中的热点。

2. 焊膏在现代微电子装备系统制造中的作用

（1）在现代微电子装备系统和终端产品制造中，一提起芯片几乎没有人不知道，它是构成现代微电子装备系统和终端产品的心脏。然而，就人体来说，心脏必须通过血管与人体各功能部分相连通，才可以发挥其作用。同理，单独一块芯片可以说毫无用处，它必须通过芯片 I/O 引脚与 PCB 上的线路焊盘，准确并可靠地相互连通起来，芯片才能真正成为现代微电子装备系统的心脏，发挥其不可替代的作用，如图 5.1 和图 5.2 所示。

图 5.1 芯片 I/O 引脚与 PCB 上信息流通道互连（1）

图 5.2 芯片 I/O 引脚与 PCB 上信息流通道互连（2）

（2）焊膏就是现代微电子装备系统制造中实现芯片 I/O 引脚和 PCB 线路焊盘之间互连的桥梁，如图 5.3 所示。缺失了桥梁或构成的桥梁质量不好，都能导致现代微电子装备系统不能运行，或者运行不正常，如图 5.4 所示。

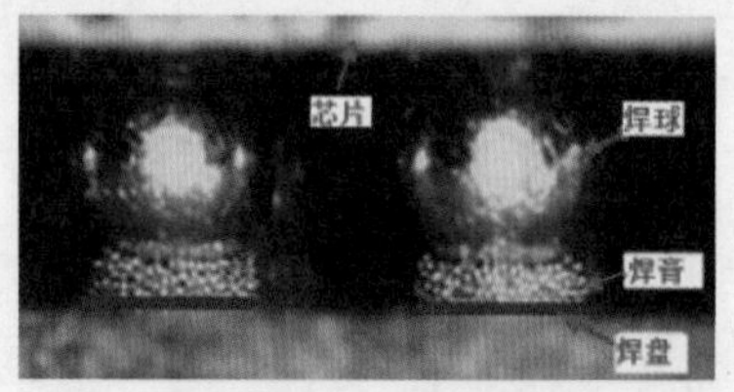

图 5.3 再流焊接前，焊膏介于焊球与焊盘之间，起着机械黏着定位芯片的作用

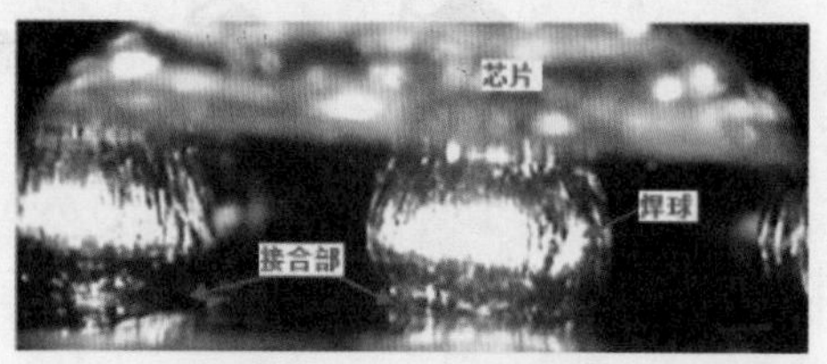

图 5.4 再流焊接后，焊膏直接影响焊点接合部的质量和可靠性

3. 焊膏是战略性物资

2017 年，某公司突遭美国停止供应芯片，而且其 SMT 生产线所用焊膏也遭到美国供应商停止供应，这给公司带来了巨大的危机，幸好危机得到及时处理，才避免了数十条高端产品 SMT 生产线停运的危险。显然，即使有了芯片，但如果缺少焊膏，现代微电子装备系统也无法高效率地制造出来。另外，即使同时有了芯片和焊膏，但如果焊膏质量不达标，那么制造出来的微电子装备和产品的可靠性也会受到影响，最终只能产生废品。客观现实表明，在现代微电子装备和产品制造中，“芯片和优质焊膏都是战略性物资”，两者均不可缺失。

4. 排除隐患，为国备胎

面对可能危及国家安全的潜在风险，未雨绸缪，必须对国内高可靠性微电子装备制造中的关键辅料（焊膏）进行备胎。2018 年 4 月，以广东省电子学会 SMT 技术专业委员会为平台，由电子制造上、下游单位，国家新电子材料检测中心等联合合作，正式开启了一场历时两年有余的《国内高可靠性微电子装备用焊膏》备胎攻关活动。

针对国内备胎攻关的最新成果：国内三家公司的六个品牌（无铅、有铅各三个），并选择国外四家公司的五个品牌（无铅三个、有铅两个）作为参照的竞品。经匿名化（排除人为干扰）处理后同台试验。试验评价的标准如下。

（1）物理 – 化学特性。

1）焊膏部分：美国国标 J–STD–005 焊膏技术要求。

2）助焊剂部分：美国国标 J–STD–004 助焊剂技术要求。

由中国赛宝实验室负责试验检测工作。

（2）电气互连工艺性和电气互连可靠性。

1）美国国标：J–STD–001 电气、电子组件焊接技术要求。

2）IPC 标准：IPC–A–610F 电子组装件的可接收性要求。

3）IPC–9701：高、低温温度循环试验的类型及其对应的试验参数要求。

由深圳中兴通讯股份有限公司电子制造职业学院负责监试和检测，中国赛宝实验室配合。全部试验含 115 项试验测试指标，其中，有铅焊膏 52 项、无铅焊膏 63 项，历时两年整完成。

针对国内三家公司的备胎攻关成果的六个品牌，国外四家公司的五个竞品，在测试中按品牌获得的优先项（即排序第一的项）分布如下。

- 有铅焊膏 52 个优先项中，国内品牌共获 34 项，国外竞品获 18 项。
- 无铅焊膏 63 个优先项中，国内品牌共获 38 项，国外品牌获 25 项。

其中按七家公司获得的优先项排序如下。

- 国内：亿铖达、翰华 – 康普两公司各获 25 项，并列第一；唯特偶公司获 22 项，位列第二。

● 竞品：U2 获 17 项，位列第三；L2、U3 各获 9 项，并列第四；U1 获 8 项，位列第五。

特别值得一提的是，由中山市翰华锡业有限公司和北京有色金属研究总院康普锡威科技有限公司（翰华－康普两公司）联合研制的“高可靠性低残留无卤无铅焊锡膏”优势突出，以 15 个优先项在无铅焊膏品牌中夺魁；亿铖达公司以 13 个优先项在无铅焊膏品牌中夺得第二；唯特偶公司位列第三；竞品均排在第四之后。

5. 备胎成果应用可期。

（1）翰华－康普联合体。

1）成果评价。

2021 年 8 月 25 日，广东省电子学会在广州市召开了“高可靠性低残留无卤无铅焊锡膏研究及产业化”科技成果评价会，专家委员会认为该项成果的技术达到了国际先进水平。

2）成果创新技术亮点。

①通过正交实验优化出不含卤素的新型活性剂，复配液态活性剂和有机胺、耐氧树脂基体，开发出新型低残留助焊膏。

②通过熔体精炼、气体雾化和离心筛选，在真空条件下制备出高性能低铅的锡银铜粉末。

③应用上述开发的助焊膏及粉末，采用焊粉粒径优化、粉/剂界面调控等技术，研制出高可靠的低残留无卤无铅焊锡膏。

3）评价复测。

该公司开发的“高可靠性低残留无卤无铅焊锡膏”试用批次经过中国赛宝实验室检测，主要指标数值如下。

①卤素含量≤ 50ppm。

②扩展率为 108.3mm^2。

③焊盘间距≥ 0.25mm，焊膏图形无桥连现象。

④表面绝缘电阻≥ $10^8\Omega$。

⑤ PCBA 离子残留（清洁度）为 0.22μgNaC1Eq/cm^2。

4）项目知识产权状况。

①已获得授权的发明专利 1 项，另有发明专利已进入实审阶段。

②实用新型专利 5 项。

③编制国家标准 2 项。

5）获奖情况。

项目已荣获 2021 年度广东省电子信息科学技术奖一等奖（图 5.5），这是该类焊材在国内首创并获得省、部级科技进步一等奖的品牌，政府特为其批地建成的工业园区如图 5.6 所示。

图 5.5　省级科技进步一等奖

图 5.6　翰华工业园

6）市场应用。

该公司产品已被军工单位选择作为高可靠性装备中替代国外品牌的对象，并已进入试用阶段。

（2）深圳市唯特偶新材料股份有限公司（简称唯特偶公司）。

该公司研制的“高性能电子器件专用焊膏”获 2021 年度“广东省科技进步二等奖”，焊膏的产 / 销量已连续三年居国内第一，世界第三。特别是波峰焊接用助焊剂在市场大批量生产中应用 20 余年，质量稳定可靠，堪称国内第一品牌，近三年产 / 销量稳居国内第二。2022 年 9 月 29 日，唯特偶由于其亮丽的业绩在创业板成功上市，股票代码为 301319，是国内微电子焊接材料企业的第一股。

（3）深圳市亿铖达工业有限公司。

2021 年 7 月 24 日，广东省电子学会在广州市召开科技成果评价会，与会的专家委员认为，该公司研制的“高可靠性微电子封装专用锡膏”已达到国内领先水平，该成果已获发明专利（4 项）、实用新型专利（1 项），项目成果已在国内微电子制造行业推广应用。

5.1.3 再流焊接技术随着元器件的微细化所面临的新挑战

1. 再流焊接设备的工艺控制精度将向精细化方向发展

随着现代微电子装备向更高频、更高速、更微细、更轻小的方向发展，芯片、PCB 基板和系统封装更加复杂化。复杂性的提高在某种程度上是由于广泛地使用了小外型封装表面贴装元器件的结果，也是电子产品实现小型化的关键。这种芯片的极间间距在复杂的制造过程中也起到了至关重要的作用。例如，由于采用了越来越窄的极间间距，在贴装、焊膏印刷、再流焊接等各工序中对精度的要求也就更高，对检验、返工和返修的精度要求也随之提高。

2. 焊接技术正悄悄地走入我们的视野

根据上述对“微焊点”和“微焊接技术”的描述，0201、01005 元器件、间距小于或等于 0.4 mm 的 FBGA、CSP、EMI/ESD 等微小芯片，在产品生产中开始大量应用时，就预示了一个新的工艺技术领域正在悄然地进入我们的生产线。虽然没有正面意识到它的到来，但是可以通过产品生产条件的变化和要求，以及产品生产过程中的焊接缺陷率（如焊点少锡、桥连、虚焊、冷焊）的增加，感受到了它的威慑。

3. 焊膏中金属粉粒尺寸及焊膏的选择

焊膏的种类繁多，应根据印刷特性、助焊剂类型和细间距尺寸等来选择焊膏。首先，焊膏应达到良好的印刷效果，具有良好的印刷清晰度，不会出现焊膏坍塌现象，这是很重要的。焊膏中的助焊剂必须具有足够的活性，才能获得良好的润湿和再流特性。同时，还必须满足清洗工艺或表面电阻率的要求。焊膏中金属粉粒尺寸的直径应不大于钢网开孔直径或宽度除以 4.2 所得的商，这也是很重要的一项。当违背这一准则时，焊膏释放和印刷清晰度就会受到影响。

焊料粉粒度的尺寸分布影响到焊膏的黏度和可印刷性。0.3 mm 微细间距的 FBGA、CSP 和 QFP、EMI 等芯片在 PCBA 上的应用已成为热门技术。如何处理这种微细间距的 FBGA、CSP 和 QFP 以及 EMI 在安装中常见的钢网的超小开孔成为一个挑战。

元器件越精密，尺寸就越小，焊盘的尺寸也会相应减小，而模板开口尺寸是由元器件引脚间距决定的，焊盘尺寸一般取引脚间距的一半，而模板开口尺寸通常比焊盘尺寸还要小约 10%。为了使焊膏在印刷时的压力下能顺利通过模板开口释放到 PCB 焊盘上，要求焊膏的颗粒度尽可能小。

颗粒度大的焊膏容易堵塞模板，影响焊膏的可印刷性，不适合微小间距的PCB基板的印刷。颗粒度小的焊膏印刷性较好，但容易出现焊膏塌陷，因而焊膏的选用必须满足模板上最小的开孔要求，如图5.7所示。

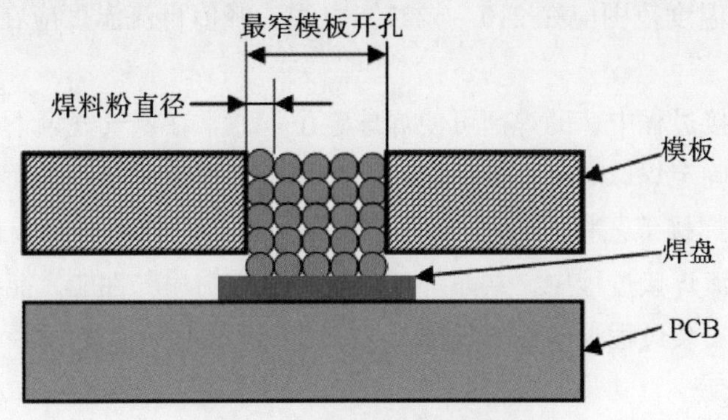

图5.7 焊料粉直径的确定

（1）钢网开孔。

IPC-7095“BGAs设计和安装过程的实施”给出如下计算公式，即

焊料粉粒最大直径 = 最窄模板开口尺寸/4.2 （5.1）

按式（5.1）可求得元器片最小引脚间距、模板最小开孔尺寸及合适的焊膏类型的匹配关系，如表5.3所示。

表5.3 元器片最小引脚间隔、模板最小开孔尺寸及合适的焊膏类型的匹配关系

元器片最小引脚间距/mm	合适的焊膏类型	焊料粉粒度范围 /μm	模板最小开孔尺寸/μm
0.4	3	25 ~ 45	180
0.3	4	20 ~ 38	152
0.2	5	15 ~ 25	100

（2）焊膏印刷释放率。

衡量焊膏印刷质量的一个重要指标就是焊膏印刷释放率，焊膏印刷中的焊膏印刷释放率（转移率）的计算公式为

焊膏印刷释放率 = 释放到焊盘上的焊膏体积/模板开孔体积 （5.2）

4. 焊球和焊膏合金

（1）有铅BGA。

选择用于增强型层压基板或聚酰亚胺基板的BGA封装，焊球的合金成分有很大差别。许多合金成分采用的熔点为183℃（SnPb共晶焊料）或179℃（含有2%银的焊料）。通常将焊球触点施加于仅使用助焊剂的封装基板上，并在

215 ~ 220℃的再流焊接温度下完成连接工艺。

（2）无铅 BGA。

要求使用无铅合金 SnAg 或 SnAgCu 组合在焊球触点和焊膏中的应用时，这些焊料的液相温度范围应在 210 ~ 227℃之间，峰值再流温度应在 235 ~ 255℃之间。

在再流焊接过程中，助焊剂可使焊球定位。通常在氮气气氛下将焊球再流焊接到基板上以确定焊球焊点质量一致，并在再流焊接过程中使表面不被氧化。然而，使用再流焊接工艺将芯片与 PCB 形成黏附连接时就没有必要使用氮气气氛了。因为在再流焊接过程中，共晶焊球具有"可控坍塌"性能，能实现自对位的功能（弥补了安装过程中的移位现象）。

5.1.4 微安装再流焊接中最突出的质量不良现象及其形成机理

1. 焊点"少锡"及其形成机理

（1）焊膏印刷工艺中遭受到新的物理作用力。

1）传统钢网开孔印刷时的受力：焊膏印刷释放的受力状态是重力与焊盘的黏附力叠加在一起，毛细作用的影响几乎可以忽略不计，如图 5.8 所示。这有利于在钢网与基板印刷分离的 2 ~ 6 s 内，将焊膏拉出钢网孔而黏着于 PCB 上。

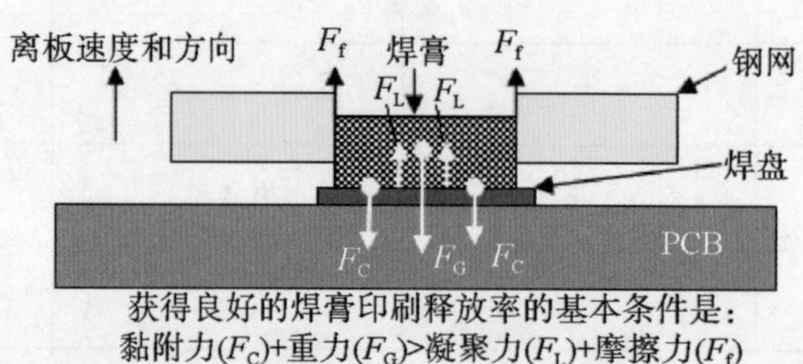

图 5.8 传统钢网开孔焊膏释放的受力状态

2）微细钢网开孔印刷时的受力：由于钢网开孔孔径很小，此时已进入了毛细作用的范围，毛细作用成了阻碍焊膏从钢网开孔内释放的主要阻力，如图 5.9 所示。毛细作用在印刷时的实际效果如图 5.10 所示。

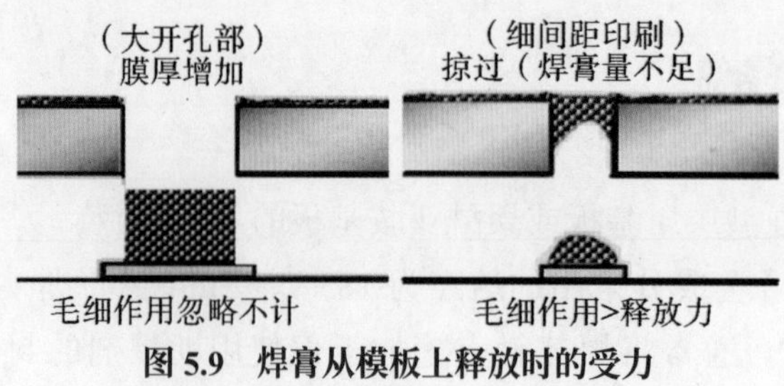

图 5.9 焊膏从模板上释放时的受力

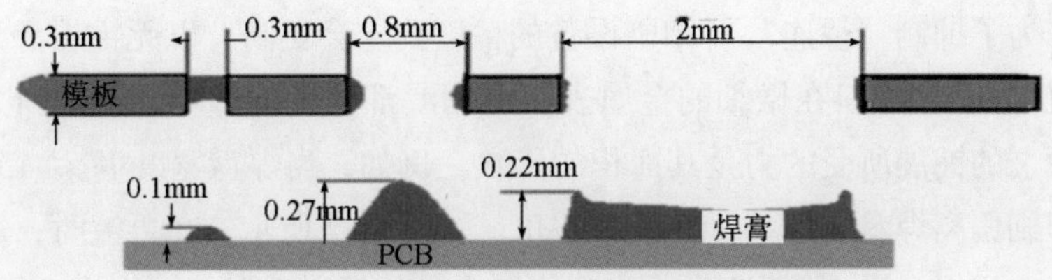

图 5.10　不同钢网开孔对焊膏释放的影响

上述现象正是造成目前微焊点少锡以及焊点可靠性下降的原因。

（2）改善焊膏印刷时的释放率的措施受阻。

增大焊膏印刷时焊膏释放率的方法有以下两种。

1）减小焊料的粒度：会导致焊料粉粒氧化的概率增大，焊点周围焊料珠增多，焊膏抗冷、抗热坍塌的能力变差，桥连现象将更严重。另外，大批量制造粉粒度小于15μm且粒度均匀的焊料将极为困难，而且对焊膏中的助焊剂的保护性、活性、印刷时的工艺性将有更苛刻的要求。

2）减薄钢网的厚度：钢网的厚度过薄（如小于70μm）将导致绷网时张力不够、稳定性变差、钢网使用寿命变短，甚至焊膏印刷定位质量更差。此时，采用nm级微晶的FG钢网材料，也仅是一种有限的改善办法，并不能从根本上解决问题。

2. 焊点“桥连”及其形成机理

（1）随着安装密度的增加，焊点间间距变得更狭窄化，使微细元器件及细间距芯片在现代微电子装备制造中被大量应用。由于安装密度的大幅提高，且当相邻两电极之间的微细间距小于0.3mm时，焊膏印刷时极易被焊膏连接起来（或者焊膏印刷后因坍塌连成了一片）。像这样已被焊膏连接的状态，焊料一旦熔融就会出现由表面张力形成的凝聚作用而形成的一大块焊料疙瘩，如图5.11所示的熔融焊料的部分。在焊料完全熔融后，一部分焊料沿着引脚（电极）润湿上升，另一部分焊料沿连接焊盘润湿扩展。它们在桥连区域各自挖去了部分焊料后，使各部分的作用力达到平衡，“桥连”状态便被稳定下来且长期不会再变化。

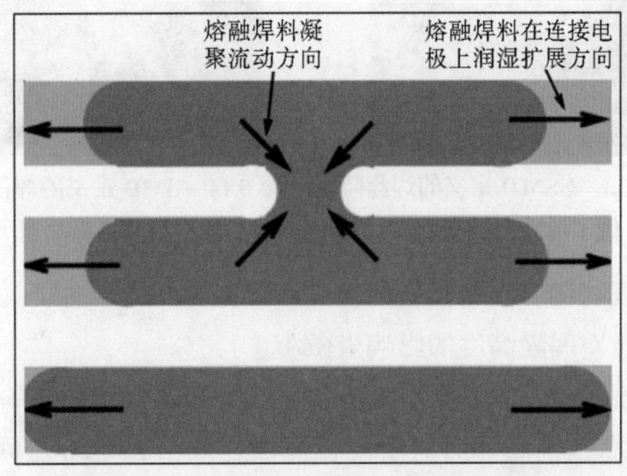

图 5.11　发生“桥连”时熔融焊料的动作

（2）为了抑制“桥连”，对印刷设备的精度要求会更高。以无铅焊膏为例（有铅焊膏也如此），焊料在微细的金属表面上润湿都将受到影响，这是因为焊膏在金属表面上的铺展所受的力是其面积的函数。例如，当焊盘宽度 $W \leqslant 150\mu m$ 时，若焊膏印刷偏离焊盘的偏移量 $\delta \geqslant 20\%W$，如图 5.12 所示，在再流时，焊膏就很难全部聚合到焊盘区，从而造成桥连现象和大量的焊料珠（球）产生。针对该例，印膏印刷机的精度 ε 和重复性均应小于 $20\%W$，即 $\varepsilon<30\mu m$。这只有少数高性能印刷机（6σ 工艺平台 ±25μm）才能适应，这样就导致成本大幅度地增加了。

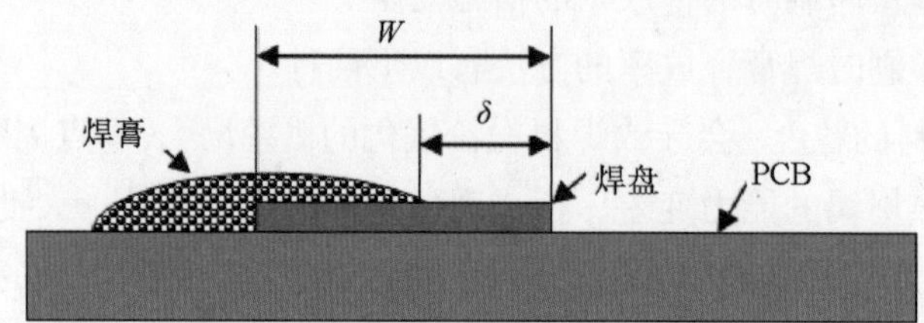

图 5.12　印刷机的精度和重复性要求

3. 芯片安装的离板高度对焊点可靠性的影响

在再流过程后，BGA 的封装离板高度被定义为封装基板底部焊盘到印制板的上表面焊盘之间的距离。这个距离不是固定的，而是由焊球的类型决定的。当将 BGA 焊接到 PCB 上时，焊球“坍塌”，并使封装的间隔高度下降 0.25 ~ 0.30 mm。影响离板高度的因素与封装重量、焊球尺寸、焊球材料、焊盘尺寸和焊盘结构 [阻焊剂定义（SMD）或非阻焊剂定义（NSMD）] 等有关。

焊球的尺寸越大，封装间隔高度也就越大。因为每个焊球的焊料体积大，封装离板高度也就高。封装离板高度与焊盘直径成反比，对于非阻焊剂定义的焊盘，其周边焊料释放会降低封装离板高度，因为焊料会润湿导线和焊盘边缘侧边的表面，如图 5.13 和图 5.14 所示。

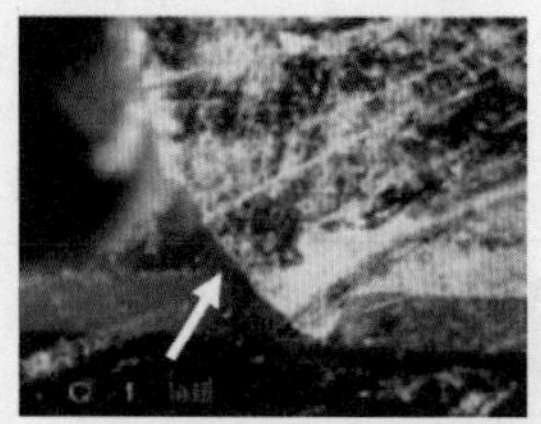

图 5.13　NSMD 定义的焊盘降低了封装离板高度

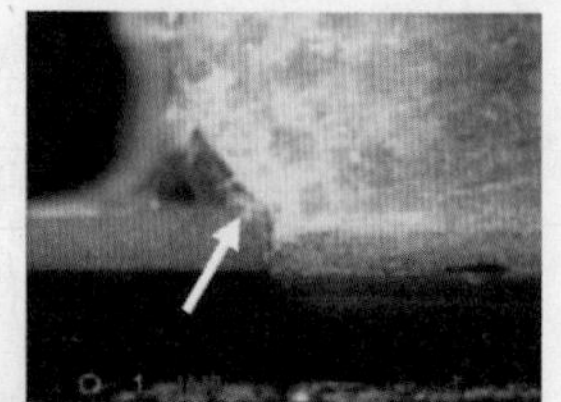

图 5.14　SMD 定义的焊盘提高了封装离板高度

封装离板高度将随着封装重量的提高而降低。然而，对于具有较多焊球的封装来说，封装重量对间隔高度的影响极微小。

封装离板高度过小，不利于对外力作用在焊接接合部形成的应力的吸收，从而对接合部的可靠性不利。而对于离板高度在 0 ~ 250μm 之间的细间距芯片，不仅利于接合部的可靠性，还会出现焊接时焊膏中助焊剂挥发物无法完全排出，以及焊后残留物无法彻底清洗等问题。

CSP 有两种类型的焊凸：FBGA 类（图 5.15）和 FLGA 类（图 5.16）。FLGA 类的 CSP 因无焊球，安装高度明显降低（$h_a<h_b$）。

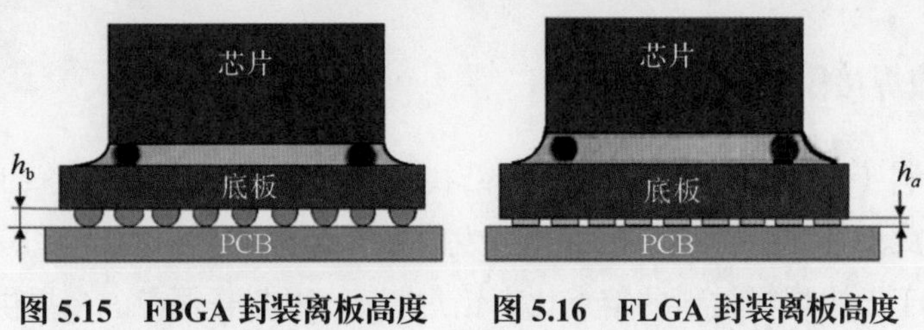

图 5.15　FBGA 封装离板高度　　图 5.16　FLGA 封装离板高度

5.1.5　再流焊接和焊接设备所面临的挑战

电子产品袖珍化的发展，导致 FC（倒装芯片）、FBGA 和 CSP 芯片的焊球引脚间距的减小，最大芯片安装密度达到 35 个 /cm²。但是当间距继续小到某一定值时，由于再流焊接工艺的制约，传统的软焊接技术已经不能适应。

BGA、CSP 芯片再流焊接工艺有以下两种。

1. 印刷焊膏 - 贴装 - 再流焊接

焊膏的钢网印刷是用于高产量电子电路制造的最快速、最省成本的方法。但该方法对于间距小于 300μm 的元器件和芯片已处于临界状态。

显然，印刷焊膏的最小工艺限度为 100μm，再流焊接的最小引脚间距为 300μm。

2. 浸渍黏性助焊剂 - 贴装 - 再流焊接

当采用黏性助焊剂工艺时，最小焊球引脚间距的限度为 50μm，再流焊接的最小引脚间距为 100μm。它可以直接在装备有助焊剂浸涂单元的细间距元器件贴装机上实施，如图 5.17 所示。因此，当引脚间距小于 100μm 时，再流焊接工艺已经超过使用极限而不能采用了。

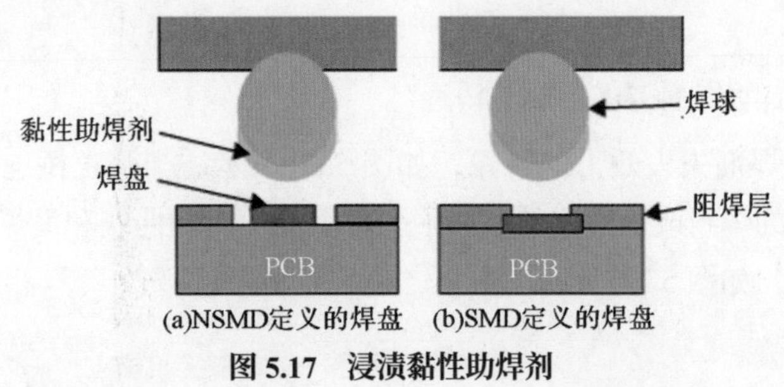

图 5.17　浸渍黏性助焊剂

5.2 从基本现象追迹再流焊接的不良

5.2.1 再流焊接中的桥连

无铅焊料（SAC305）与原来的有铅共晶焊料（Sn37Pb）相比，由于其表面张力大，因此不易发生桥连。而桥连多发时，因为焊料材料的原因，处理起来可能较难。由于无铅焊料材料的熔点比有铅焊料高，因此必须考虑多提供一些热量。可供选择的措施是提高预热的温度而延长预热的时间。与此同时，在大型的再流炉中能充分保护气氛 N_2，也可以选作必要的条件，然而由于在焊接时对于助焊剂来说，也具有和 N_2 类似的作用，因此没有特别的必要。

图 5.18 为使用 N_2 时熔融焊料润湿到了与接合强度没有关系的引脚的上表面，然而，对于在大气中再流的熔融焊料却只润湿到引脚侧面的上部（图 5.19）。助焊剂超过 100℃时变成黏性低的液体，润湿扩展覆盖在元器件和焊盘（电极）的表面，存在于液态助焊剂下面的部分引脚和焊盘上的 N_2 或 O_2 没有参与影响。在助焊剂没有覆盖的表面部分获得了 N_2 的保护效果（抑制了氧化），但这是与接合强度没有关系的地方。助焊剂作为液体覆盖在表面后迅速溶于焊料，确保了焊料的润湿性。

在批量生产现场的焊接中，对助焊剂的加热控制和基板与元器件内部热移动的控制是相同的。

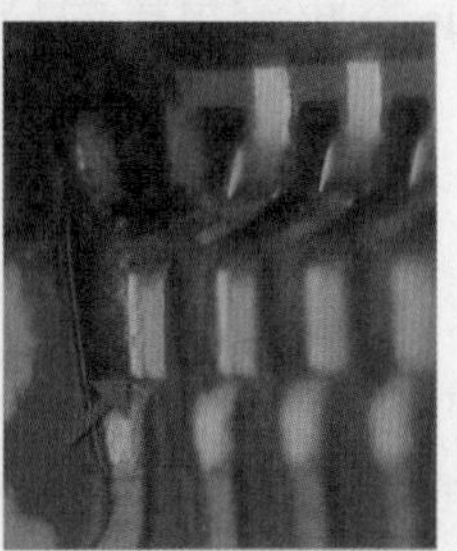

图 5.18 使用 N_2 再流焊料能润湿到引脚的上表面

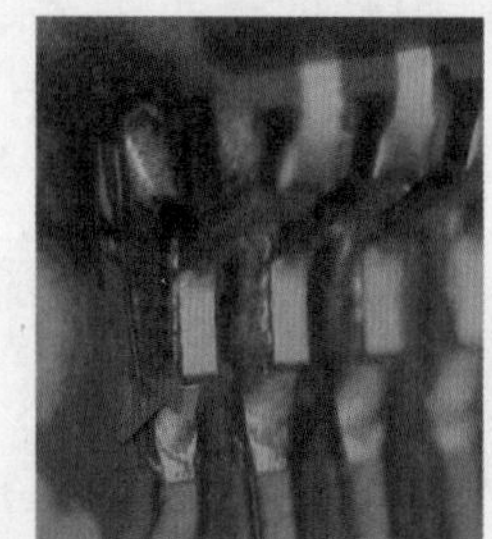

图 5.19 大气中再流焊料只能润湿到引脚侧面的上部

案例 1：由助焊剂劣化引发的桥连

桥连是助焊剂失去效力的现象，如图 5.20 所示。当修正桥连时，仅用烙铁是不能把熔融的焊料改正过来的，必须变更温度 – 时间曲线和助焊剂并用才能获得较好的效果，如图 5.21 所示。

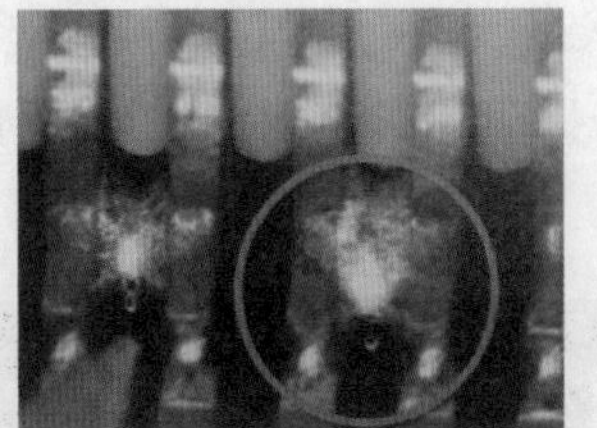

图 5.20　由于助焊剂劣化而发生的桥连

图 5.21　变更温度 - 时间曲线，桥连得到改善

如果没有助焊剂的作用，即使焊料熔融了，也不能润湿扩展，如图 5.22（a）所示。而且，对于劣化了的助焊剂，缩短其预热时间、减小从预热到进入焊料陂峰的距离，充分延长在熔点以上的时间，以确保焊料的润湿性。这样即使是细间距，也没有引起问题，如图 5.22（b）所示。

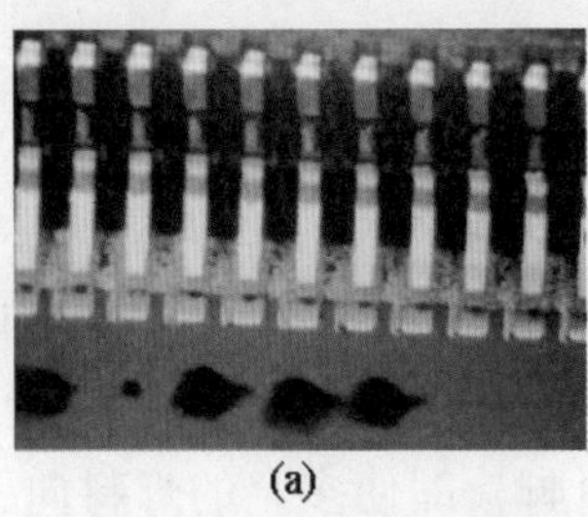

(a)

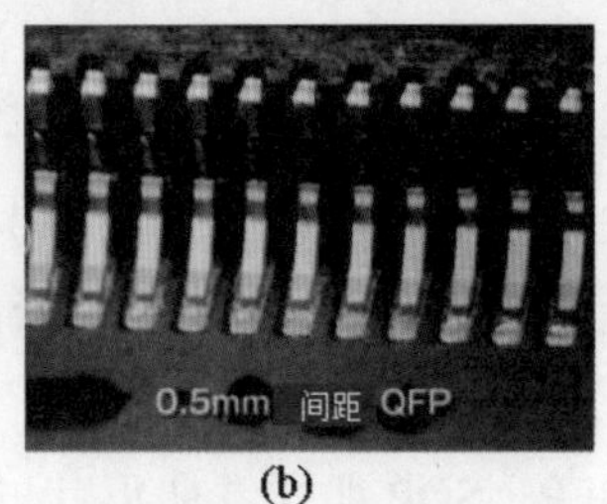

(b)

图 5.22　增大传送线速度（缩短预热时间）后的焊接效果

案例 2：由引脚电镀不良引发的桥连

在引脚的前面，焊料向上润湿时，在左右引脚的前端面不沾焊料而形成桥连，如图 5.23 所示。

图 5.24 是把引脚前面的焊膏往引脚的背后印刷，让熔融焊料从引脚背后向前润湿扩展，如果引脚背后的镀层没有问题，那么焊料会沿着引脚向焊盘前面润湿扩展，桥连得到消解。

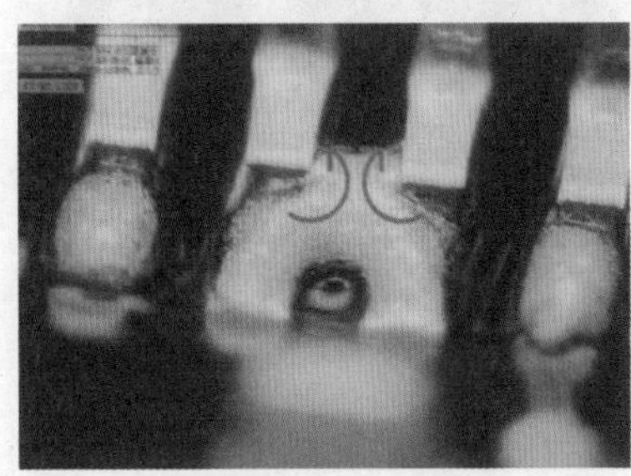

图 5.23　被氧化的引脚前端面不沾焊料而引发桥连

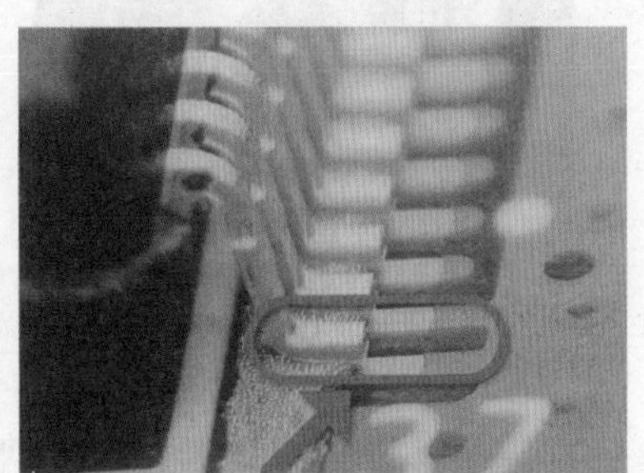

图 5.24　采取的焊膏印刷对策消解了桥连

案例 3：由预热原因引发的桥连

预热不善导致助焊剂劣化而引发的桥连是大部分桥连发生的原因。如果温

度－时间曲线合适，即使是焊料量过多的状态，也不会发生桥连，多余的焊料会向引脚上部向上润湿，如图 5.25 所示。显然，提高焊膏印刷精度，优化再流的温度－时间曲线对抑制桥连的发生是有效的。

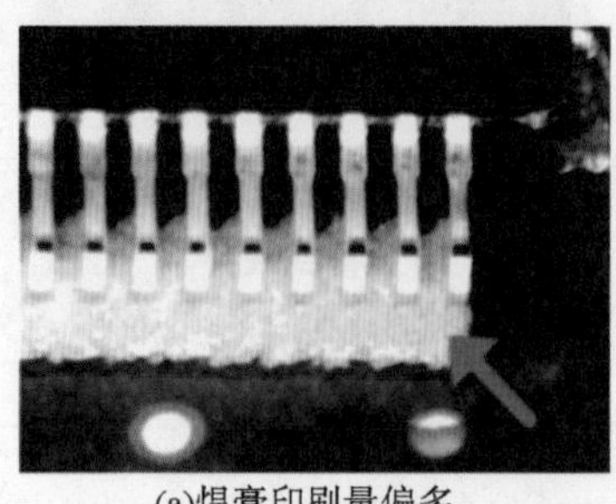

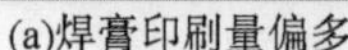
(a)焊膏印刷量偏多

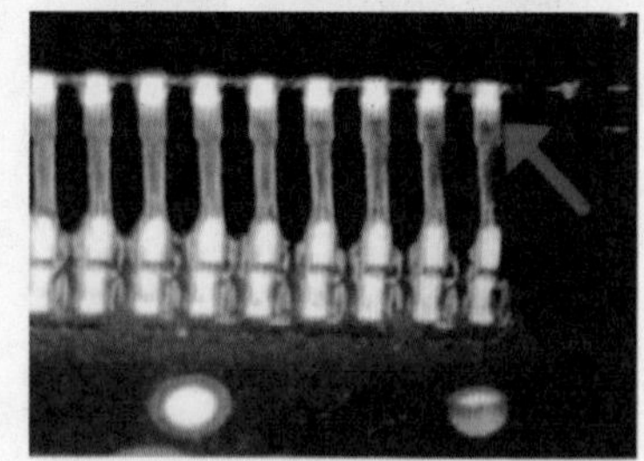
(b)多余的焊料沿引脚上部向上润湿扩展

图 5.25　再流炉的温度－时间曲线对桥连的影响

案例 4：由焊料量和元器件引脚形状引发的桥连

在再流炉的温度－时间曲线合适的场合中，对于与连接器引脚相对应的基板上的焊盘焊膏印刷量偏多，再流时过量的焊料没有逃逸的去处，此时就容易引发桥连。

对于像 QFP、SOP 那样卷曲形状的引脚，即使多余的焊料向引脚上方向上润湿（灯芯效应）也不易形成桥连，而像连接器那样的扁平形状的引脚上多余的焊料，由于没有逃逸通道，就容易引发灯芯效应，从而在引脚内部引起桥连。即如果焊料量多，由于助焊剂的持续作用效果，在焊料冷却时因强大的表面张力，将焊料聚集在引脚间的中央而引起了桥连。

图 5.26 是适宜的焊料量，图 5.27 是焊膏印刷量的限度形貌，不超过此限度值就不会发生桥连。显然，在此情况下对焊膏的印刷量进行调整是有必要的。

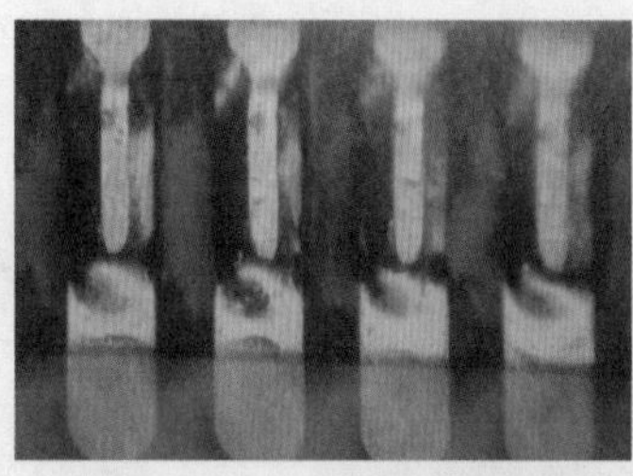

图 5.26　焊料适量的状态

图 5.27　焊膏印刷量的限度值，多于此量容易发生桥连

图 5.28 是焊料量多的状态，当用耐热性高的助焊剂在焊料熔点以上的时间一长，由于芯吸现象，焊料容易在引脚的后面集聚而引起桥连。图 5.29 是在图 5.28 的条件下和助焊剂的作用还持续的场合下，焊料由表面张力作用在两个引脚间的中央凝集而形成桥连。

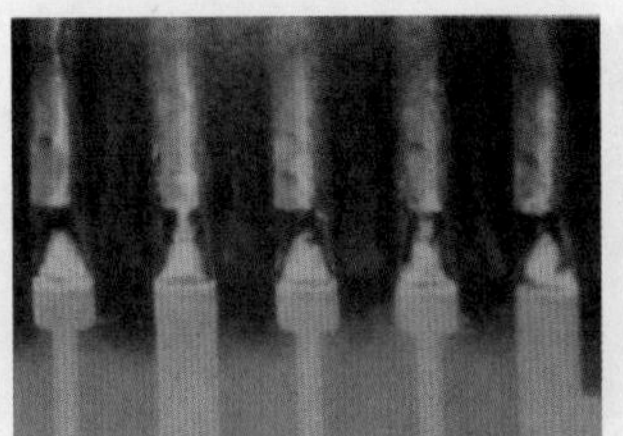

图 5.28　焊料量多的状态

图 5.29　因为熔点以上的时间长而在引脚尽头发生的桥连

在焊膏的印刷量不能调整的场合中，缩短预热和在焊料熔点以上的逗留时间可以防止芯吸效应。这时，只要把下部加热器的温度调整到比上部加热器的温度高，就能很好地抑制芯吸现象的发生。

案例 5：由其他原因引发的桥连

对于焊料多和长的温度 – 时间曲线来说，因助焊剂效果引起的灯芯效应，焊料润湿到引脚的上部后，多余的焊料坠落到引脚的下部而引起桥连，如图 5.30 ~ 图 5.32 所示。

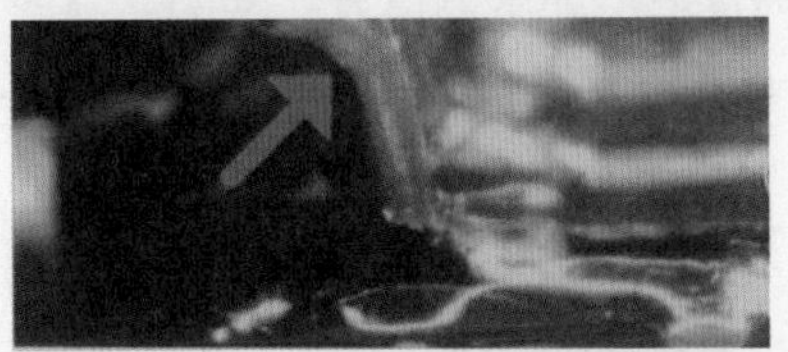

图 5.30　下部加热器的温度比上部加热器的温度高

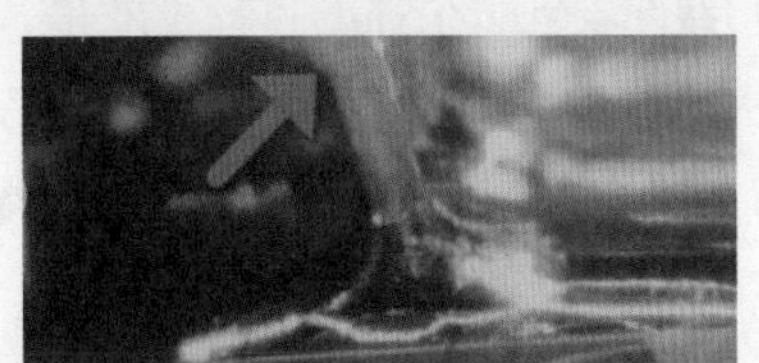

图 5.31　上、下部加热器的温度相同

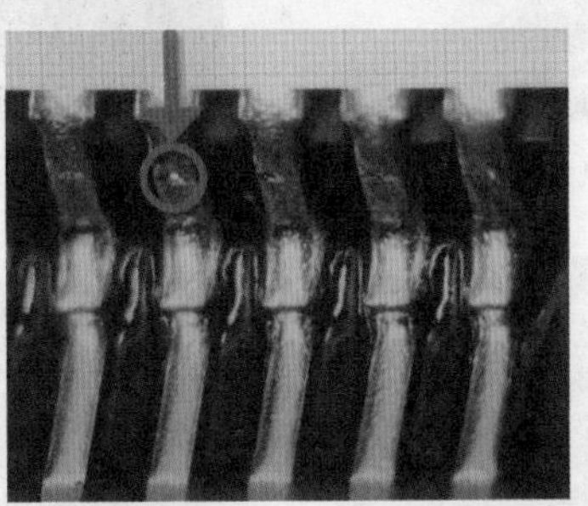

图 5.32　在背部圆角可见到龟裂，即一加热，焊料就会向下坠落引起桥连

5.2.2　元器件偏移

自校正（自对位）现象的发生：自校正作用是由熔融焊料的表面张力形成的凝聚力作用的结果。在印刷焊膏后把元器件搭载在方形的焊盘上，在确保助焊剂未劣化后，从下部加热熔融焊料。当熔融焊料开始冷却时，由于焊料的较强的表面张力，元器件被凝聚在焊盘上的焊料牵引着。由于焊料的较强的自校正作用，即使搭载时有偏位，但再流后搭载时的偏位便自动得到了校正，如图 5.33 ~ 图 5.36 所示。

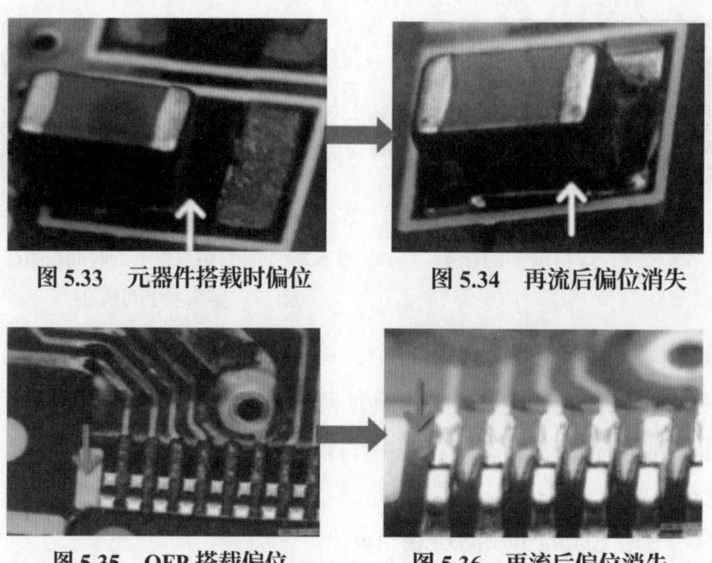

图 5.33　元器件搭载时偏位　　图 5.34　再流后偏位消失

图 5.35　QFP 搭载偏位　　图 5.36　再流后偏位消失

焊料量一少，即使温度－时间曲线正确，自校正作用也不存在，而焊料量一多，元器件表现了很强的自校正效果，从而元器件返回原来的位置，如图 5.37 ~ 图 5.40 所示。

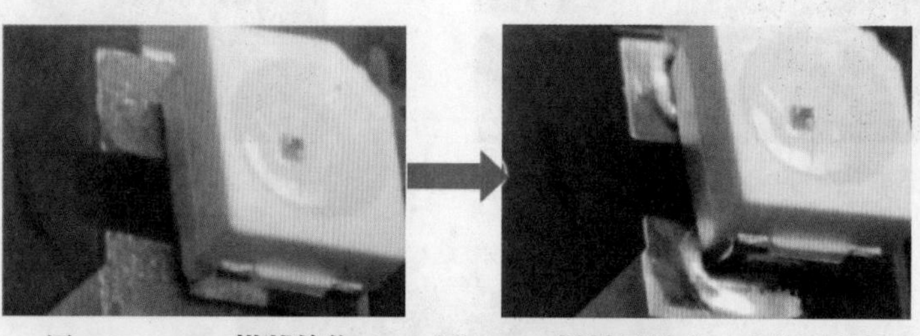

图 5.37　LED 搭载偏位　　图 5.38　焊料量过少，自校正效果不足

图 5.39　焊料量多

图 5.40　再流后自校正效果明显

5.2.3　侧面焊珠

案例 1：传输线速度不适引发的焊料珠

传输线速度一调慢，预热时间就会延长，并且助焊剂向劣化方向发展，其结果是导致润湿速度变缓慢，从而增加元器件下面的焊料在焊盘侧面凝聚的时间。

调慢传输线速度，需考虑对其他元器件的热影响。在现场用 7 温区的再流炉将其速度在 ± 0.1m/min 范围内作微调。图 5.41 是将 7 温区再流炉的传输线速度调慢 0.1m/min 后侧面焊料珠的改善效果。

(a)

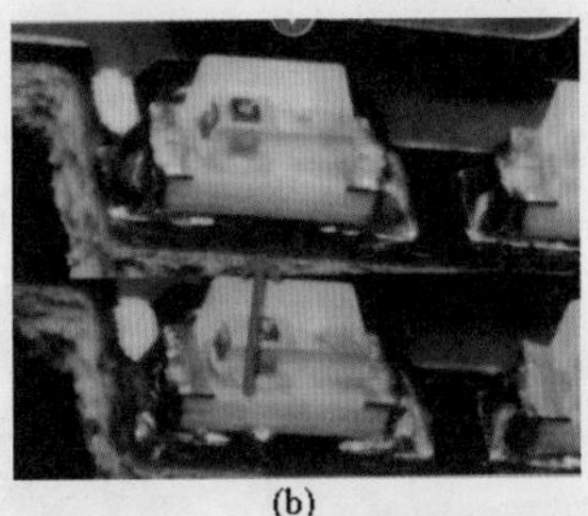

(b)

图 5.41　将 7 温区再流炉的传输线速度调慢 0.1m/min 后侧面焊料珠的改善效果

案例 2：由下部加热器的调整引发的焊料珠

将下部加热器的温度酌情调高（注意要以保持助焊剂不出现劣化为原则），与上部加热器同时加热，并同步观察焊料的熔融及缓慢地沿元器件侧面向上润湿的过程。图 5.42 为上、下加热器的温度相同时出现了侧面焊料珠；而图 5.43 是当把下部加热器的温度提高 25℃时，侧面焊料珠消失，即侧面焊料珠的发生得到了抑制。

图 5.42　上、下加热器温度相同

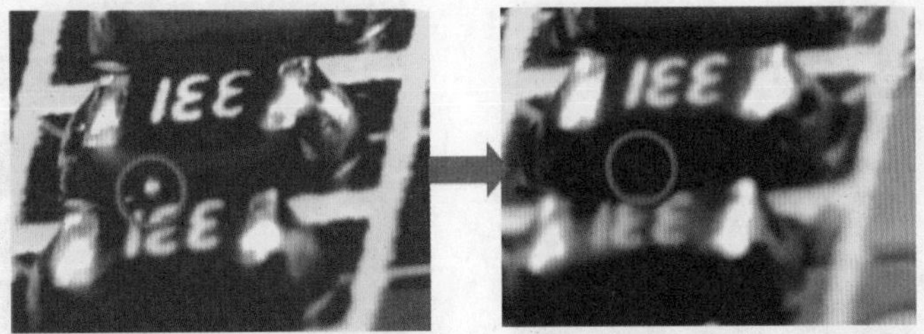

图 5.43　下部加热器的温度提高 25℃

案例 3：由润湿不良引发的焊料珠

在预热阶段，助焊剂沿引脚上部向上润湿，在此之后，熔融的焊料跟着助焊剂后面向上润湿。由于助焊剂先向引脚和焊盘润湿扩展，而后焊料也跟随其向引脚和焊盘上部润湿和扩展，因而形成了良好的背部焊接圆角，如图 5.44 所示。而形成图 5.45 中的 A 和 B 的焊料圆角的前端部位之间的垂直距离大小的原因如下。

- 助焊剂劣化。
- 预热时间长导致助焊剂劣化（图 5.46 和图 5.47）。
- 焊料量不多（助焊剂劣化快）。
- 元器件引脚氧化（不沾焊的原因）。

图 5.44　助焊剂向上润湿的位置

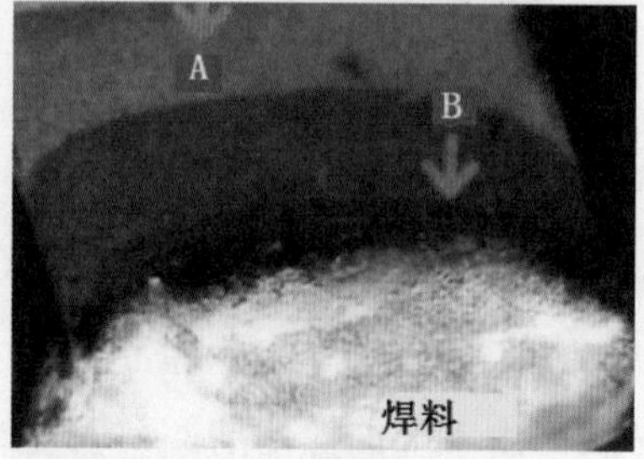

图 5.45　A 为助焊剂的向上润湿的位置

图 5.46　B 为焊料向上润湿的位置

图 5.47　因助焊剂劣化焊料润湿不足（虚线），余下的焊料变成焊料珠（左侧）

案例 4：焊料量过多引发的焊料珠

过剩的焊料量必须削减掉，对应地调节传输线速度会使其他元器件受影响，这是必须要考虑的，如图 5.48 和图 5.49 所示。

图 5.48　焊料向上润湿到了元器件的上面

图 5.49　背部圆角完全被过多的焊料量堆积

案例 5：由设计偏差引发的焊料珠

焊盘尺寸和元器件的金属镀层尺寸不一致（设计偏差）时，钢网的开口（虚线）的对应关系变化如图 5.50 ~ 图 5.52 所示。

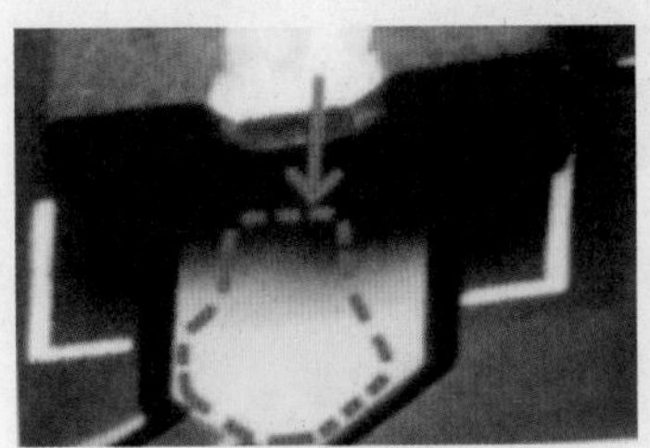

图 5.50　焊盘尺寸和元器件引脚尺寸差异

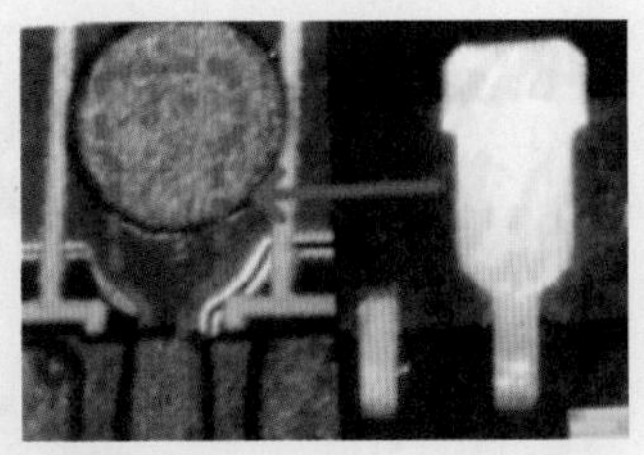

图 5.51　焊盘形状和元器件引脚形状差异

图 5.52　再流后引发侧面焊料珠

案例 6：由芯片基板图形氧化产生的焊料珠

图 5.53　基板焊盘氧化不沾焊料

由于芯片基板焊盘及元器件电极电镀不良而引起不沾焊料，余下的焊料便变成了焊料珠。对此，只要把焊盘和元器件电极均涂布少量的焊料，再放在涂覆的金属板上进行润湿试验即可确认。把不沾焊料的基板及电极氧化的元器件排除，如图 5.53 所示。

案例 7：减少焊料量能避免危险吗

即使调整温度－时间曲线，也未见有改善的场合。因此，确认设计的偏移（图 5.54）以及元器件电极及焊盘是否有氧化（图 5.55）是非常必要的。而对于减少焊料量的办法会使润湿性降低而危及接合强度，如图 5.56 和图 5.57 所示。这是需要关注的。

图 5.54　设计偏移＋不沾焊料

图 5.55　元器件电极氧化

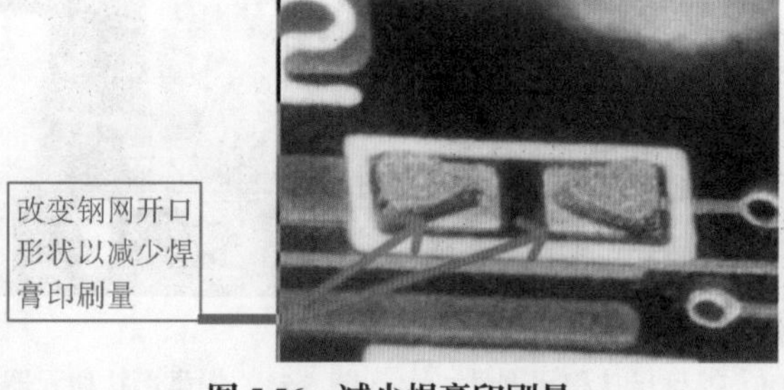

图 5.56　减少焊膏印刷量

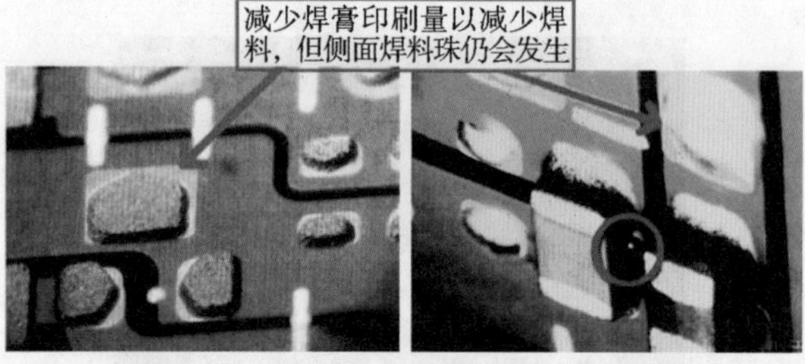

图 5.57　减少焊料量，侧面焊料珠仍在发生

案例 8：侧面焊料珠的抑制

侧面焊料珠的抑制措施如下。

- 缩短预热时间，以避免助焊剂劣化。
- 减缓通过熔点温度的斜率。
- 抑制剧烈地在元器件上的润湿扩展。
- 要确认焊盘设计和元器件电极的金属化镀层的尺寸。
- 要确认元器件和基板焊盘的氧化状态。
- 在现场作为应急对策可增减传输线速度（ ± 0.1m/min ），以确认有无焊料珠及其大小（尺寸）的变化。

图 5.58 和图 5.59 是侧面焊料珠抑制对策的示例。把下部加热器设置为比上部加热器高 20℃以上时，即使焊膏印刷状态有过剩的焊料，但在通过再流时没有发生侧面焊料珠。

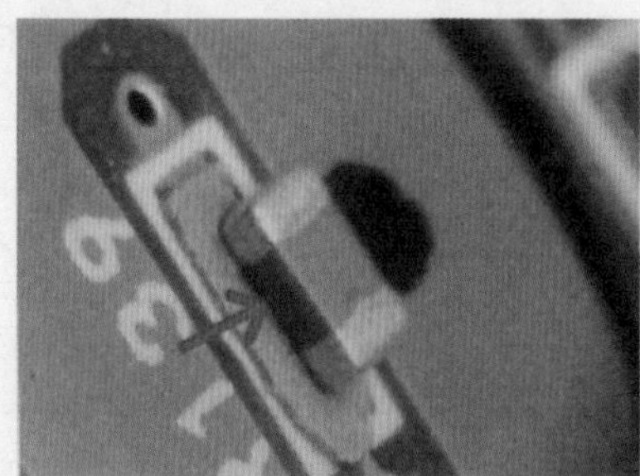

图 5.58　未发现侧面焊料珠现象（1）

图 5.59　未发现侧面焊料珠现象（2）

5.2.4 背部圆角及灯芯效应

焊接的接合强度对于 QFP 等的引脚形状来说，是由背部圆角来保障的，而在使用耐热性高的助焊剂和使用时间长的温度 – 时间曲线的场合中，助焊剂效果表现在熔融焊料向上润湿到引脚的上部，从而引起背部圆角变薄，如图 5.60 和图 5.61 所示，这就是芯吸现象。

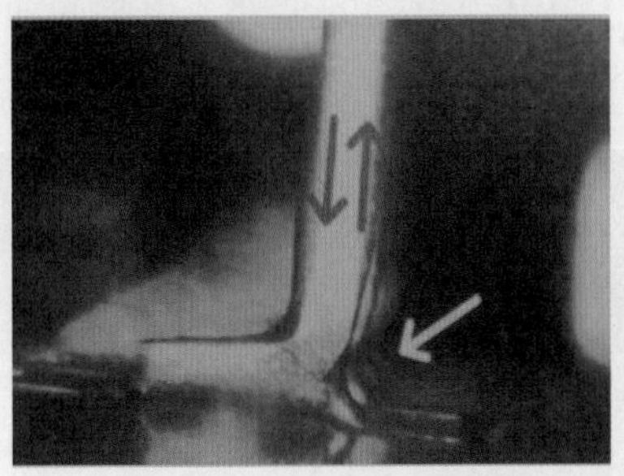

图 5.60 过热而因芯吸现象使背部圆角变薄

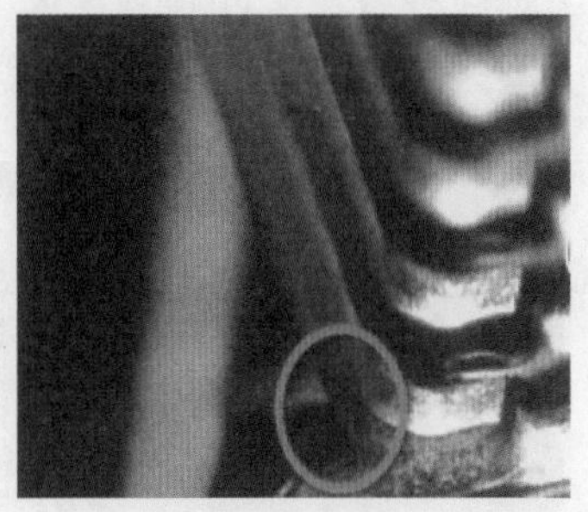

图 5.61 因芯吸现象失去背部圆角

另外，在 A 面再流时，剩余的助焊剂效果原封不动地作用到 B 面，又一次再流时，二次过热的助焊剂再度作用，焊料沿引脚向上润湿（逆元器件引脚向上的焊料因重力作用沿引脚向下流动），背部圆角已变薄过，再次再流助焊剂的效果完全失效是必然的，如图 5.62 所示。

图 5.62 热循环试验破裂

案例：由图形设计偏差形成的背部圆角不足

由焊盘设计偏移导致的背部圆角不足，最简单的应对措施是增加焊膏的印刷量。而对于比较长的焊盘，可以采用阻焊膜覆盖减短的办法来形成稳定的背部圆角。

图 5.63（a）为长焊盘用阻焊膜覆盖来调节焊膏的印刷量，再流时多余的焊料在引脚上凝聚形成很厚的背部圆角。而图 5.63（b）为元器件下侧的焊盘长，焊料润湿扩展背部圆角变薄。

图 5.64 是一边增加对应引脚的焊盘，另一边通过减少焊膏的印刷量，它们所引起的芯吸现象效果是相同的。

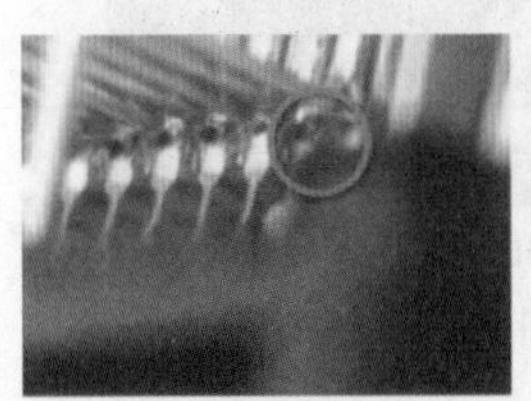

(a)长焊盘增加焊膏印刷量，再流后背部圆角增厚

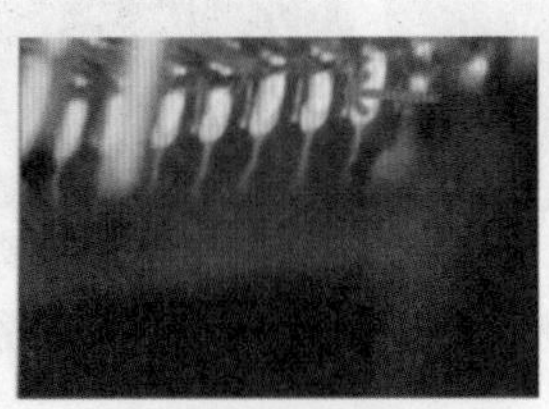

(b)元器件下侧的焊盘长，焊料润湿扩展背部圆角变薄

图 5.63 焊盘长度对背部圆角的影响

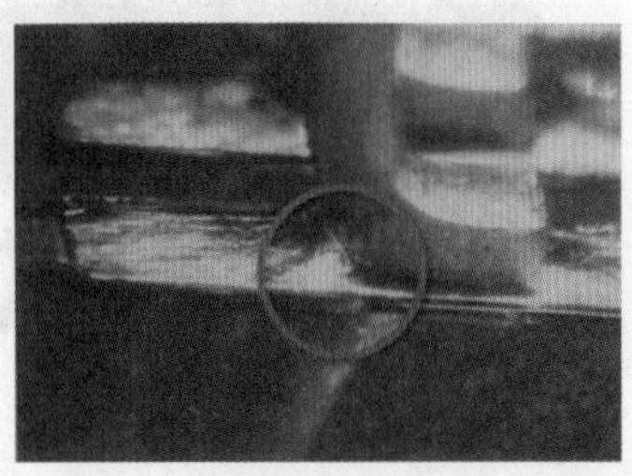

图 5.64 引起的芯吸现象是相同的

5.2.5 元器件引脚电镀质量

案例 1：由元器件引脚电镀原因引发的不良

图 5.65 为引脚前端的圆角不良，不沾焊料。而其原因是如图 5.66 所示的元器件引脚的底面氧化所致。图 5.67 为元器件的侧面和上面的镀层剥离。图 5.68 为引脚后端氧化不沾焊料。图 5.69 为焊料已润湿到引脚的上部，引脚底面因镀层不良不沾焊料。

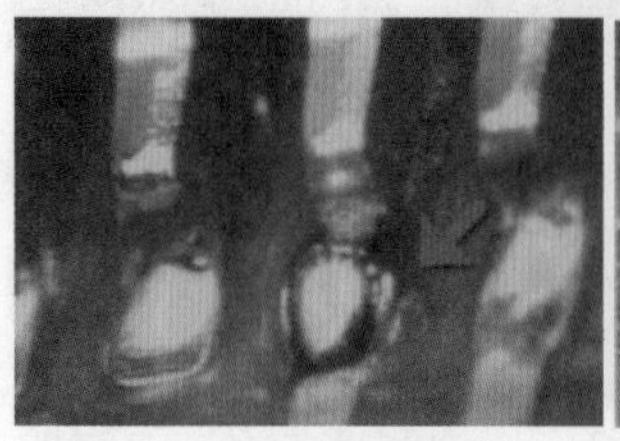

图 5.65 引脚前端底面氧化不沾焊料

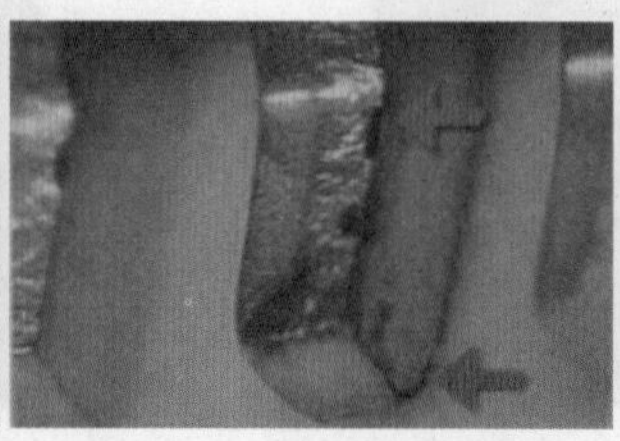

图 5.66 由于氧化镀层浮起的引脚

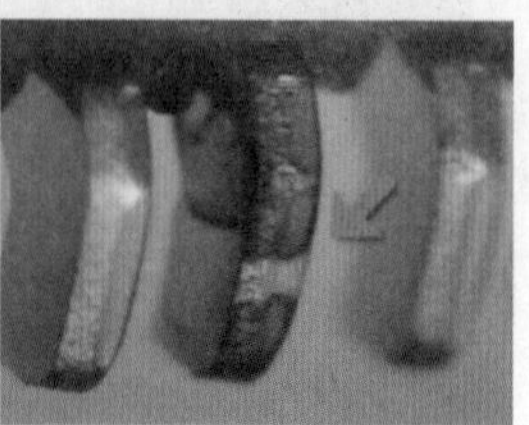

图 5.67 元器件侧面和上面的镀层剥离

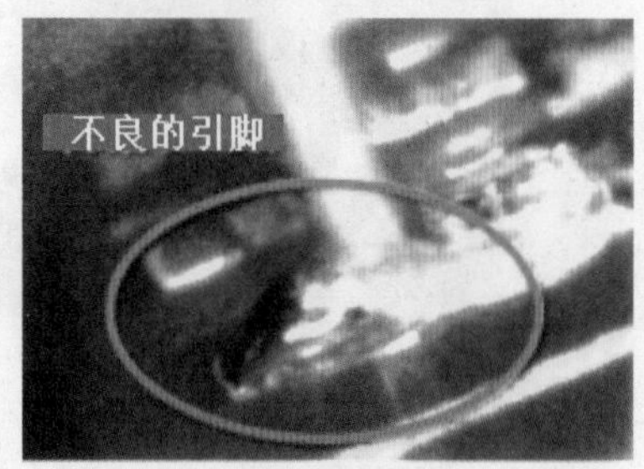

图 5.68 引脚后端氧化不沾焊料

图 5.69 引脚底面因镀层不良不沾焊料

图 5.70（a）为椭圆形的助焊剂残渣。其原因是引脚侧面氧化，焊料没有润湿所致，如图 5.70（b）所示。图 5.71 和图 5.72 同样是由于引脚镀层不良而引发的焊料润湿不良现象。

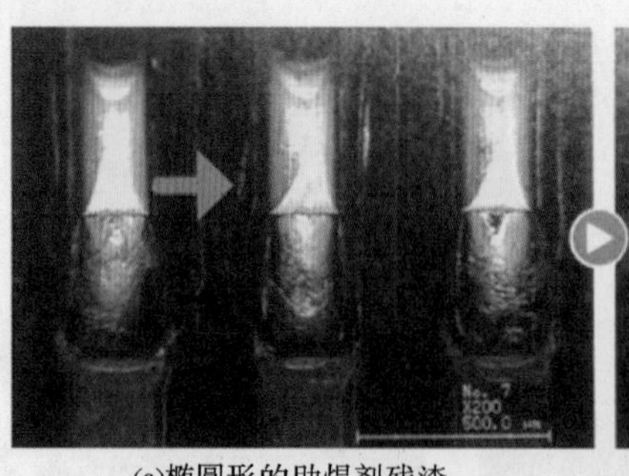

(a)椭圆形的助焊剂残渣

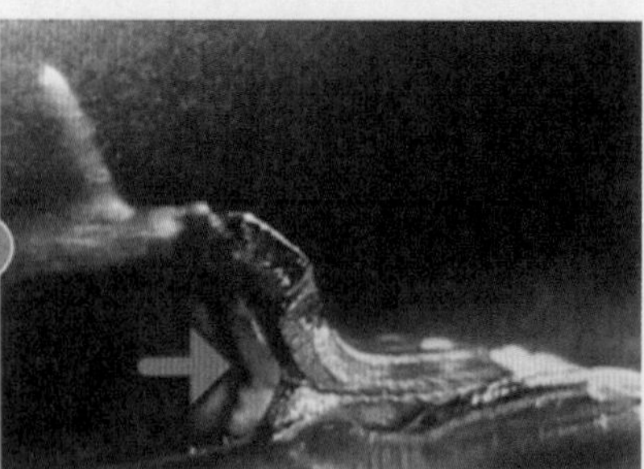

(b)引脚侧面氧化

图 5.70 引脚侧面氧化形成的椭圆形助焊剂残渣

图 5.71　因引脚镀层不良导致向上润湿不良 (1)

图 5.72　因引脚镀层不良导致向上润湿不良 (2)

案例 2：元器件检查

对于相同元器件的不良的本质，从外观情况看是不清楚的。例如，桥连不纯粹是焊料量的问题，如图 5.73 和图 5.74 所示。从圆角光泽上看，也可能存在由于温度 – 时间曲线不合适所引发的情况。如图 5.75 和图 5.76 所示，存在元器件浮起的可能性。

图 5.73　不合适的温度 - 时间曲线引发的桥连

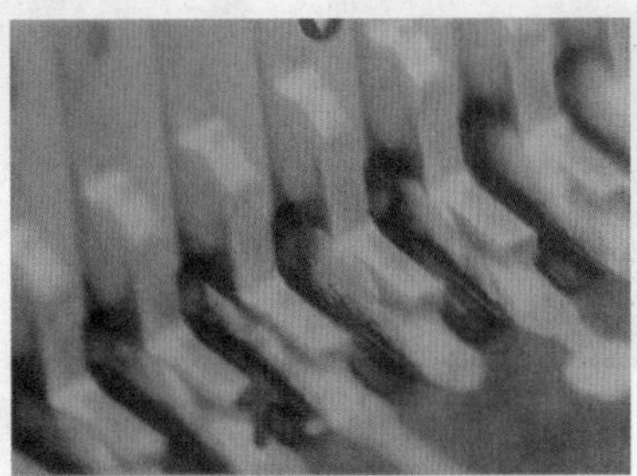

图 5.74　为图 5.71 变化观察角度后见到的桥连

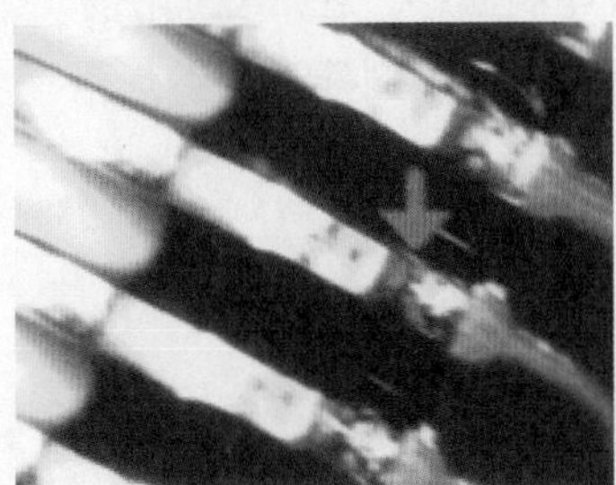

图 5.75　不合适的温度 - 时间曲线造成引脚有浮起

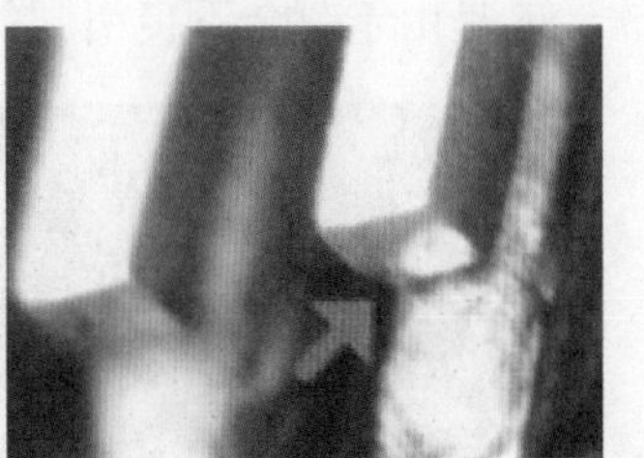

图 5.76　不合适的温度 - 时间曲线造成的向上润湿不良

5.2.6　基板镀层的不良

由于金镀层不易腐蚀，通过外观观察往往不能发现，大多数情况是在焊接后的检查中才发现，也有一部分是在市场上出现故障后才发现。特别是金镀层，由于金对焊料的润湿性好，如果在观察时未留意，很容易就会忽略。

案例 1：再流时完全不沾焊料

如图 5.77 和图 5.78 所示，即使变更不同的焊料，再流时也是不沾焊料，而变更温度 – 时间曲线则多少会有一定程度的改善，如图 5.79 所示。

图 5.77 氧化的金镀层不沾焊料

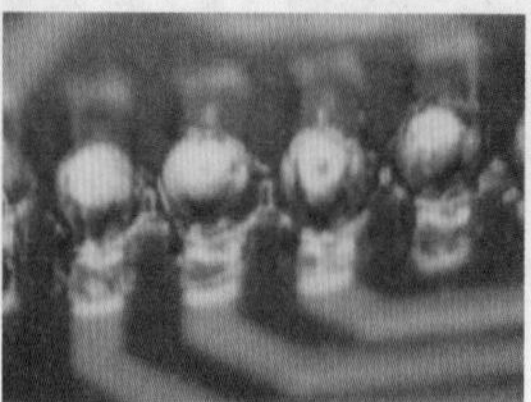

图 5.78 更换焊料也法无改善

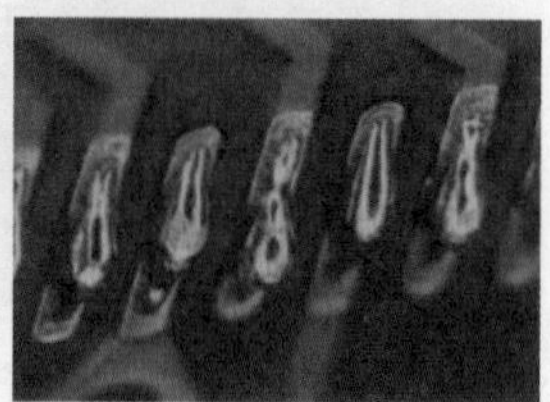

图 5.79 调整温度 - 时间曲线后润湿性稍有变化

案例 2：不良基板

图 5.80 是黑泥状的焊盘；图 5.81 和图 5.82 是剥离引脚后的焊盘。

图 5.80 黑泥状的焊盘

图 5.81 剥离引脚后的焊盘（1）

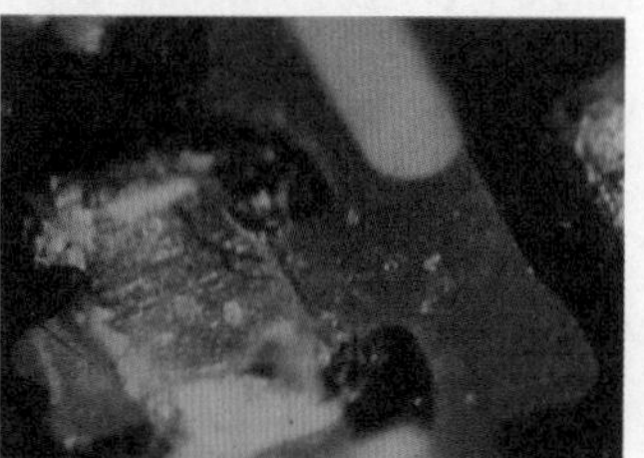

图 5.82 剥离引脚后的焊盘（2）

图 5.83 和图 5.84 是不沾焊料，在焊盘周围还残留着一部分助焊剂残渣和润湿的焊料；图 5.85 是由于焊料不足引发焊膏印刷偏移，在焊盘周围未见到助焊前残渣；图 5.86 是由于镀金不良引起的不沾焊料，助焊剂残渣覆盖焊盘。

图 5.83 不沾焊料（1）

图 5.84 不沾焊料（2）

图 5.85 由于焊料不足引发焊膏印刷偏移

图 5.86 由于镀金不良引起的不沾焊料

第06章

BTC 组装中的热点问题以及从基本现象追迹其不良

本章要点

□掌握底部端子器件（BTC）的定义、分类及应用特性。
□掌握底部端子器件（BTC）的安装质量要求。
□掌握底部端子器件（BTC）的组装可靠性问题及其形成原因。
□掌握改善底部端子器件（BTC）组装可靠性的途径。
□掌握从空洞追迹 BTC 芯片在安装中的不良。
□掌握从传热不畅焊不透追迹 BTC 芯片在安装中的不良。
□掌握从微裂纹和开路追迹 BTC 芯片在安装中的不良。

6.1 BTC 的组装可靠性

6.1.1 BTC 的定义、分类及应用特性

1. 定义、分类及封装结构

（1）定义。

BTC（底端端子元器件）又称为无引线芯片尺寸封装、无引线封装或无引线塑封芯片，如图 6.1 所示。

图 6.1 BTC 类封装芯片

由于 BTC 类封装具备一些特殊性能，因此成为微波芯片应用最广泛的一种封装形式，然而这种封装结构所带来的焊接工艺性不良及其对互连可靠性的影响，让工艺工程师们大费心神，故在此特将其单列出来讨论。美国 IPC 标准委员会专门针对它制定了一项名为《IPC-7093 底部端子器件（BTC）的工艺指南》。

（2）分类。

BTC 类芯片常见的类型如下。

1）有裸盘的方形扁平无引线封装的 QFN，如图 6.2 所示。

2）无引线塑封芯片载体的 LPCC，如图 6.3 所示。

3）无引脚超薄外形阵列焊盘封装 LGA（LGA 型 CSP 是日本松下电子公司开发的新产品，在索尼和东芝等公司也生产同类的产品，如索尼的 TGA、FLGA，东芝公司的 P-FLGA，松下公司的 C-LGA 等），如图 6.4 所示。

图 6.2 QFN 封装

图 6.3 LPCC 封装

图 6.4 LGA 封装（无引脚 CSP）

（3）常见的 BTC 封装结构。

LGA 的封装结构如图 6.5 所示。

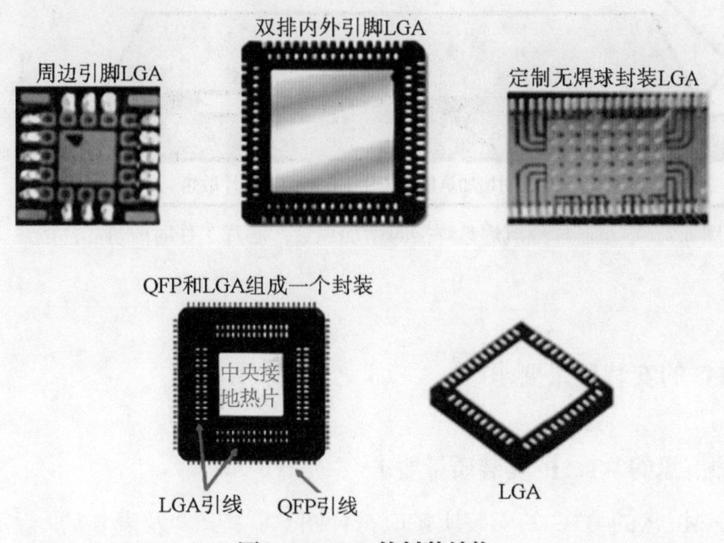

图 6.5　LGA 的封装结构

2.BTC 的结构特点及其应用特性

（1）由于无引线芯片级封装结构都较小，具有耐潮湿和抗翘曲性能，故大多数都采用周边焊盘阵列布局，位于硅芯片下面的焊盘（又称热沉焊盘）裸露在外，如图 6.6 所示。

图 6.6　无引线芯片级封装

（2）封装没有焊球，组装的离板高度低，LGA 可能比传统的 CSP 的高度低 50% 以上，重量更轻，价格相当低廉，是消费类电子产品、个人通信和数字通信设备理想地选择应用对象。

（3）由于无引线寄生参数（分布电感、分布电容）小，可适用更高的频率和更快的速度，正是射频的首选应用对象，在微波产品中的应用更是极为广泛。

（4）低薄外形，有利于移动用产品（如超薄智能手机、平板电脑）的轻薄化。

（5）外部端子是沿封装体底部周边呈面阵列状配置，这种配置的优点是安装基板上焊盘图形面积可以设计得大些。

（6）由于 QFN 周边配置的外部端子，即使导线间的间隙为 0.3mm，也能用价廉的印制板减法工艺制造出来，因而降低了印制板的制造成本。

（7）和 QFP 封装相比，由于 QFN 的端子没有外引脚，因而在储运和安装过程中均无因引脚碰撞变形而影响安装和安装后的可靠性。

（8）可将上述的热沉焊盘直接焊接到 PCB 相对应的热沉焊盘上，以提高其散热性和电气接地，如图 6.7 所示。通过 PCB 热沉焊盘接地的散热通孔来进一步改善散热效率。

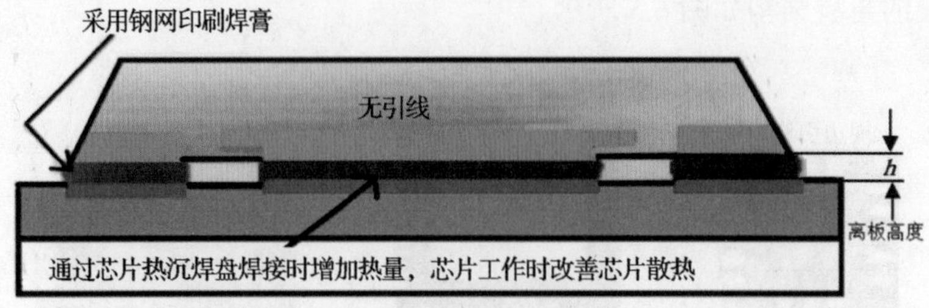

图 6.7　通过芯片热沉焊盘焊接时增加热量，芯片工作时改善芯片散热

6.1.2　BTC 的安装质量要求

1. 无热沉盘的 BTC 的安装质量要求

（1）无热沉盘的 BTC 的安装质量应符合图 6.8、图 6.9 及表 6.1 所规定的要求，不符合表 6.1 规定要求的即为缺陷。

表 6.1　BTC 安装尺寸要求

参　数	尺　寸	1 级	2 级	3 级
最大侧面偏移	A	50%（W）；注 1	25%（W）；注 1	—
趾部偏移（元器件端子的外边缘）	B	不允许		
最小末端连接宽度	C	50%（W）	72%（W）	—
最小侧面连接长度	D	注 4		
焊料填充厚度	G	注 3		
最小趾部（末端）填充高度	F	注 2、注 5		
端了高度	H	注 5		
导热盘的焊料覆盖	—	注 4		
焊盘宽度	P	注 2		
端子宽度	W	注 2		
散热面空洞要求	—	注 6		

注 1：不违反最小电气间隙。

注 2：未作规定的参数或尺寸可变，由设计决定。

注 3：润湿明显。

注 4：不可目检属性。

注 5：“H” 为引线可焊表面高度。如果有，一些封装的构造侧面没有连续的可焊表面，不要求趾部（末端）填充。

注 6：验收要求需要由制造商和用户协商确定。

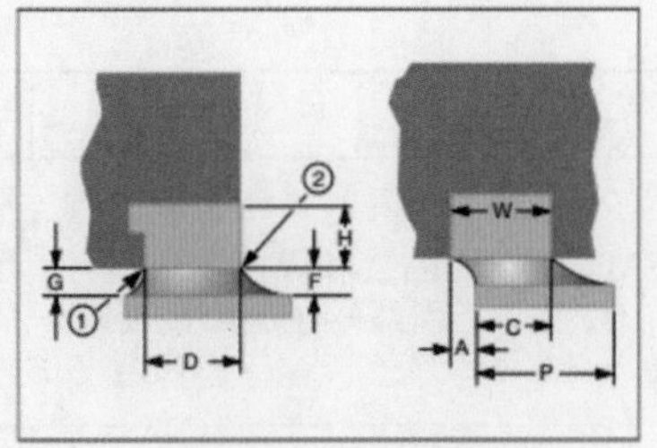

图 6.8　安装参数标记

图 6.9　芯片外观

（2）某些封装结构无暴露的趾部，或在封装外部暴露的趾部上无连续的可焊表面，因此不会形成趾部填充，如图 6.10 和图 6.11 红箭头所指。

图 6.10

图 6.11

2. 有热沉盘的 BTC 的安装质量要求

（1）有焊接的底部散热面（热沉盘）的引线或无引线封装的安装质量应符合图 6.12 和表 6.2 所规定的要求。不符合表 6.2 中要求的即为缺陷。

对不可见的散热面（如热沉盘）的焊接连接的验收要求与设计和工艺有关。需要考虑的问题包括但不限于元器件制造商的使用说明、焊料覆盖、空洞、焊料高度等。焊接此类芯片时在散热面上产生空洞是正常的。

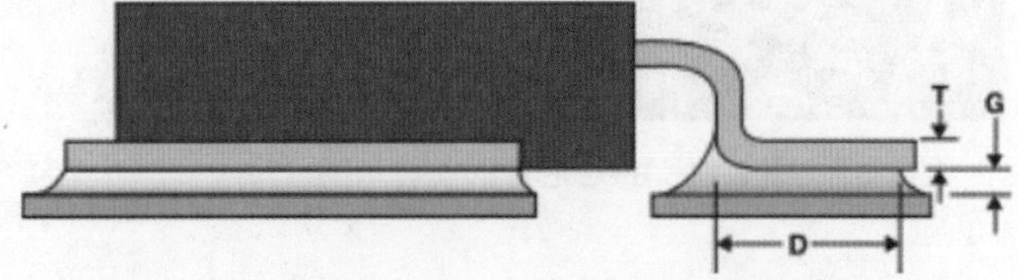

图 6.12　有热沉盘的 BTC 封装芯片的安装质量要求

表 6.2　底部散热面端子（热沉盘）的尺寸要求

参数（除散热面外所有连接）	尺　寸	1 级	2 级	3 级
最大侧面偏移	A	SMT 端子的贴装和焊接要求应当满足所采用引线端子类型的要求		
最小末端连接宽度	C			
最小侧面连接长度	D			

续表

参数（除散热面外所有连接）	尺　寸	1 级	2 级	3 级
最大趾部填充高度	E	SMT 端子的贴装和焊接要求应当满足所采用引线端子类型的要求		
最小趾部填充高度	F			
焊料填充厚度	G			
参数（仅适于散热面的连接）		1 级	2 级	3 级
散热面侧面偏移（图 6.13）		不大于端子宽度的 25%		
散热面末端偏移		未偏移		
散热面末端连接宽度		焊盘与末端接触的区域 100% 润湿		
散热面空洞要求		验收要求需要由制造商和用户协商建立		

（2）具有底部散热面端子的 BTC 芯片的安装示例，如图 6.13 和图 6.14 所示。

目标：1级，2级，3级
· 散热面无侧面偏移。
· 散热面端子边缘100%润湿。

图 6.13　BTC 芯片的安装示例（1）

可接受：1级，2级，3级
· 散热面端子(A)的侧面偏移不大于端子宽度的20%。
· 散热面末端端子的末端连接宽度在与焊盘接触区域有100%润湿。

缺陷：1级，2级，3级
· 散热面端子的侧面偏移大于端子宽度的25%。
· 散热面端子的末端偏出焊盘。
· 散热面末端端子的连接宽度与焊盘接触区域的润湿小于100%。

图 6.14　BTC 芯片的安装示例（2）

6.1.3　BTC 的组装可靠性问题及其形成原因

1.BTC 在组装中影响可靠性的主要工艺缺陷

（1）BTC 芯片再流焊接中不易焊透。

在物理学中，对流意味着靠物质移动而产生热的传递过程。这种热传递现象是因为一部分液体或气体分子与另一部分液体或气体分子相互混合而产生的。在采用此种方式的系统中，利用强制高温气流把热量施加于被焊件上。该高温气流可以是还原性气体或惰性气体。热风再流焊是这种加热方式的典型应用。如图 6.15 所示，强制对流的热空气垂直地从 BTC 上表面和 PCB 基板的下表面向焊接区域传递热量，而芯片的侧面则是依靠垂直射向基板上表面的热风，经基板上表面反射后再射向芯片侧面的那部分热气流提供热量的。显然造成焊不透的主要原因应该归于在焊接中供给的热量不足，而供给的热量不足又是如何形成的呢？

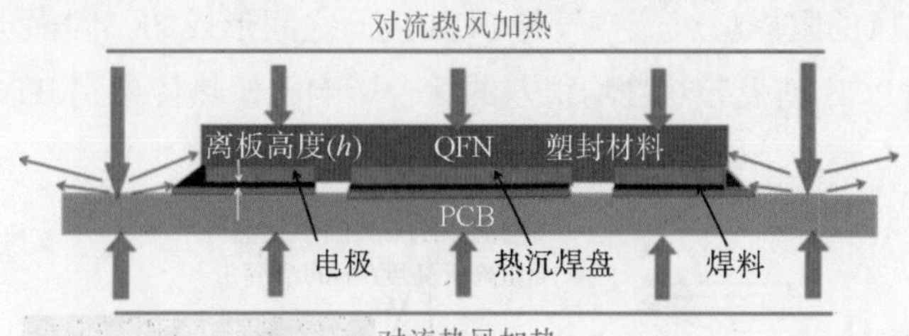

图 6.15　对流热风加热的物理过程

（2）接合界面空洞多而大。

在对 BTC 类元器件的组装焊接中、空洞现象几乎是很难避免的，如图 6.16 和图 6.17 所示。从这两个图中的 X–Ray 影像中，可以发现空洞的轮廓形状都具有圆形或接近圆形的特征，显然，这是焊缝中存在的气体所形成的，那么这些气体是如何生成并在焊缝中积聚的呢？

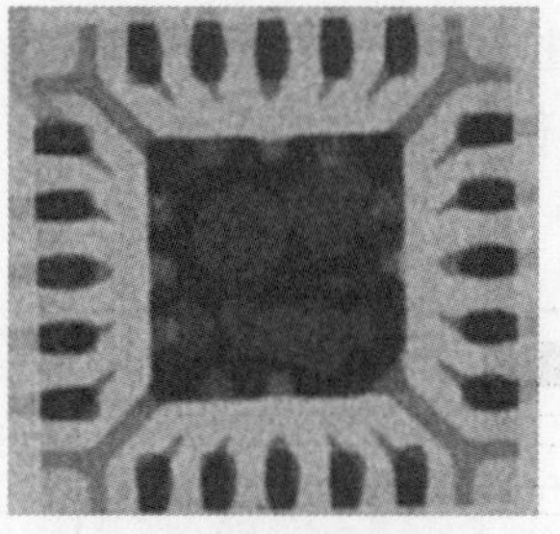

图 6.16　热沉焊盘上的空洞（X-Ray）

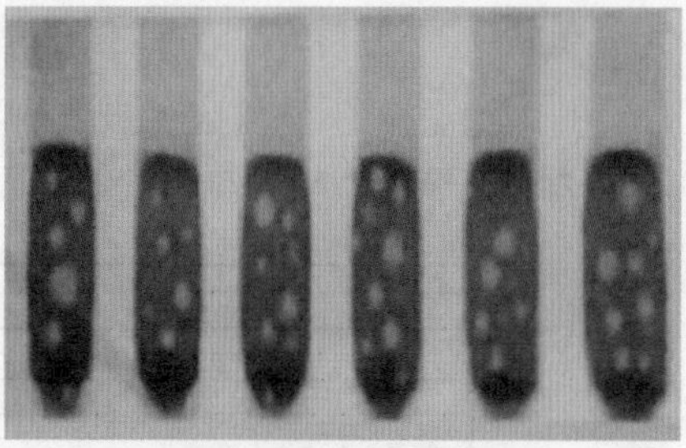

图 6.17　电气连接焊盘上的空洞（X-Ray）

（3）微裂纹和断裂。

在经过温度循环试验（如 –44 ~ 125℃、300 周期）后，对焊点进行金相切片分析，微裂纹甚至断裂的焊点比率也是很高的，如图 6.18 所示。其形成的机理又是什么？

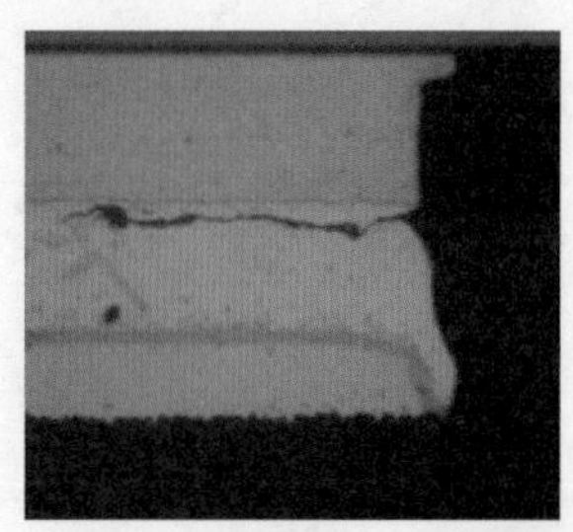

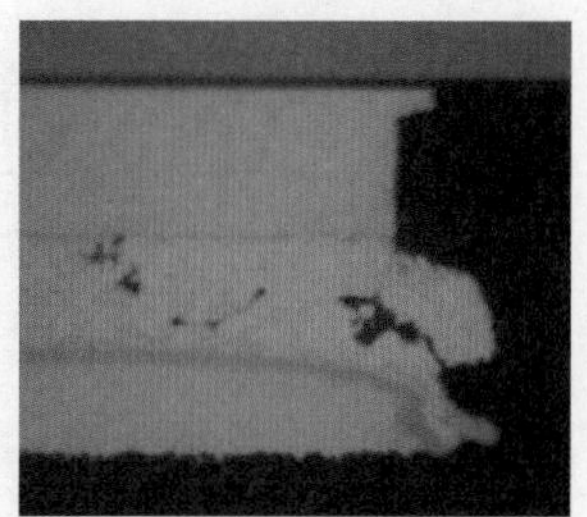

图 6.18　温度循环试验后缺陷焊点形貌

2. 影响 BTC 安装可靠性的工艺性缺陷的形成机理

（1）再流焊接时热量不足的形成原因。

1）热风加热是以空气作为传导热量的媒介，对加热的 PCB 板面上“凸出”的元器件有较好的热传递率，然而对 BTC 及高密度细间距的面阵列芯片以及微小元器件的热传递率，就不如“凸出”的元器件理想。在该过程中，由于“凸出”的元器件对热风的阻碍、对流空气与 PCB 板面之间形成的“附面层”以及 BTC 的封装塑料和 PCB 基板导热性均很差的综合影响，使热传导到 BTC 底部焊盘区时传热效率就不高了，如图 6.19 所示。

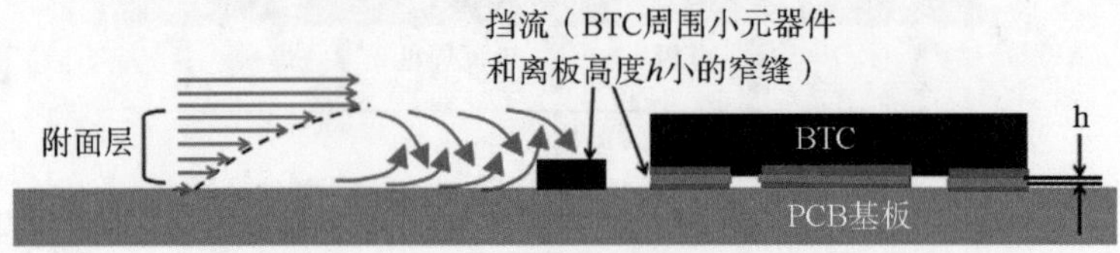

图 6.19　表面不平及气流附面层的影响

2）BTC 芯片的封装塑料和 PCB 基板的导热性均极小（即热阻很大），如图 6.20 和表 6.3 所示。在图 6.21 中，从芯片封装体表面和基板下表面所吸收的热量（图中红箭头所指部分），再穿过封装塑料体和基板厚度层传导到电极和焊盘的热量（图中白箭头所指部分）已经衰减了很多。显然，要依靠从芯片的塑封塑料体积和 PCB 基板厚度两个方向传导来的热量，已是不可能满足再流焊接过程中所需要的热量。那么针对这种被掩埋在封装体底部的 BTC 电极的工况，完成再流和焊接过程所需要的热量还有什么渠道呢？

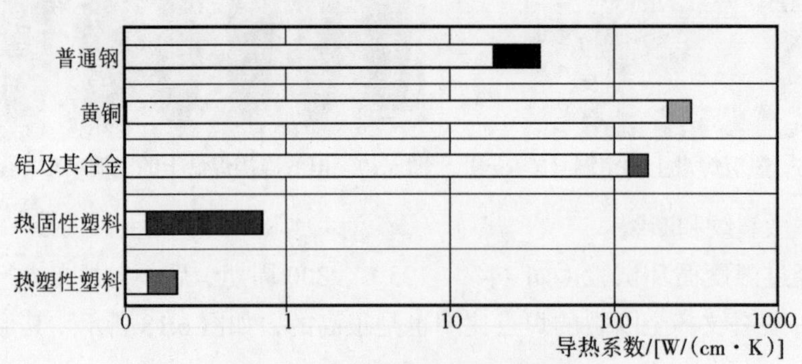

图 6.20　常用材料的导热系数比较

表 6.3　常用材料的导热系数

材料名称	导热系数 / [W/（cm · K）]
金属铝	236
金属铜	403
氧化铝陶瓷（IC 封装基板用）	18

续表

材料名称	导热系数 / [W/（cm·K）]
三氧化二铝（填充材料）	25 ~ 40
双酫 A 环氧树脂（一般固化物）	0.133
FR–4 环氧玻纤布基板 CCL	0.5

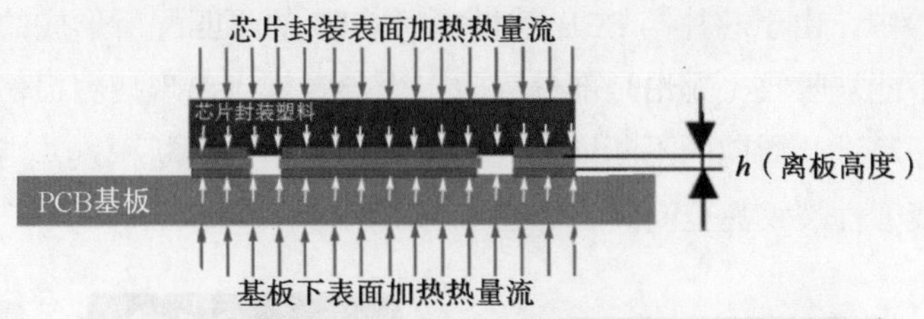

图 6.21　表面接受的热量被封装塑料和基板材质耗损

3）侧面铜线的热传导与强制热空气的对流传热如图 6.22 所示。

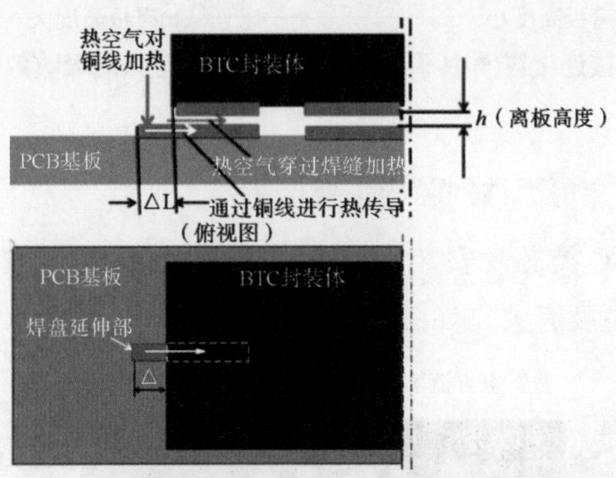

图 6.22　侧面铜线的热传导与强制热空气的对流传热

热空气对延伸于 BTC 封装体外的铜线部分加热，再通过铜线外延部分将热量传导至焊接区域，这是因为铜的导热系数比 BTC 塑封塑料和 PCB 基板的导热系数要大很多。例如，比“双酫 A 环氧树脂（一般固化物）”大 3030 倍、比 FR–4 环氧玻纤布基板 CCL 大 800 多倍，因此这部分热量绝不可小视。

当离板高度 h 大于 250μm 时（图 6.22），热空气流受表面附壁效应的影响小，因此能较好地穿过离板高度的缝隙，把热空气所携带的热量直接传至再流焊接区。而当离板高度 h 小于 250μm 时，则受附壁效应的影响将明显增大，此渠道传递的热量将明显地被削弱。

（2）产生空洞的气体是如何生成和积聚的。

在对 BTC 类芯片安装时的不少工况下，其离板高度均会出现 h < 250μm 的情况，因此再流焊接过程中排气不畅，焊膏中溶剂挥发的气体也无法逃逸，将被截留在焊点内形成数个大小不等的空洞，如图 6.23 所示。

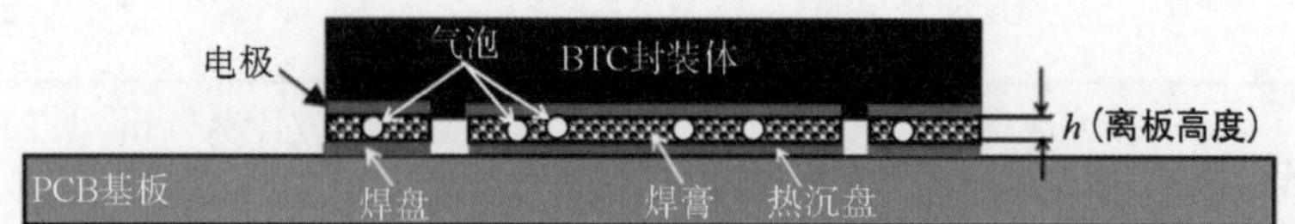

图 6.23　离板高度过小，再流焊接过程中排气不畅，焊膏中溶剂挥发的气体无法逃逸而积聚在焊缝中

（3）产生微裂纹甚至断裂的应力是如何形成的。

由于离板高度很小，焊接界面中因柔性和抗挠性较好的焊料层极薄，故在高低温循环试验中，由于芯片与 PCB 基材之间 CTE 的不匹配所形成的周期性变化的剪切应力不能被吸收（哪怕是部分吸收）而导致焊点出现疲劳损伤，如图 6.24 所示。随着循环试验周期的不断增加，接头的疲劳损伤不断积累，当达到疲劳极限时便形成疲劳性裂纹甚至断裂，如图 6.19 所示。

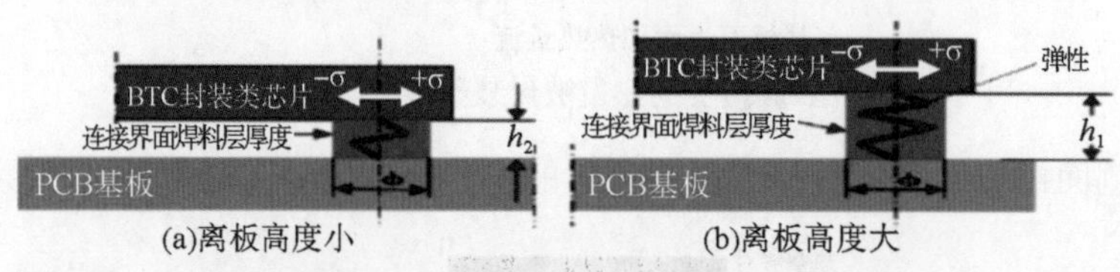

图 6.24　焊接连接界面中不同的焊料层厚度对应力的吸收效果（$h_2<h_1$）

3. 造成 BTC 安装可靠性问题的主要因素

归纳上述对 BTC 类芯片安装中的三大工艺性缺陷的分析，似乎每种缺陷现象的发生均与离板高度有关，如图 6.25 所示。

图 6.25　归纳 BTC 封装类芯片安装离板高度对可靠性可能造成的影响

那么离板高度是否是影响 BTC 类芯片安装中三大工艺性缺陷的元凶呢？这还有待于下面的研究试验的结论来佐证。

美国纽约州立大学电子制造研究与服务部的 K.Srihari 博士和环球仪器公司的 Peter Borgesen 博士在“无引线芯片尺寸封装的组装与可靠性问题”的专题研究试验中，以在浸镀 Ag 的 PCB 上使用无铅焊膏，组装 0.5mm 间距的无引线芯片级封装（CSP），研究了四种不同的无引线 CSP 设计（图 6.26），并采用多种 PCB 焊盘设计（图 6.27），对每种 CSP 设计进行了可靠性评估。通过使用模板在 PCB 焊盘上印刷焊膏（免清洗的 SAC387 无铅焊膏），采用高速贴片机贴装元器件、使用强制对流炉再流焊接，从而完成 SMT 组装。组装后的质量鉴定包括电子测量、视觉检查、X–Ray 检测和抽样横切面检查二级焊点的互连。组装件均须在温度循环试验条件 [TC1（0 ~ 100℃）、热冲击 20℃ /min] 的周期温度循环直至发生失效周期，其试验进行的步骤如下。

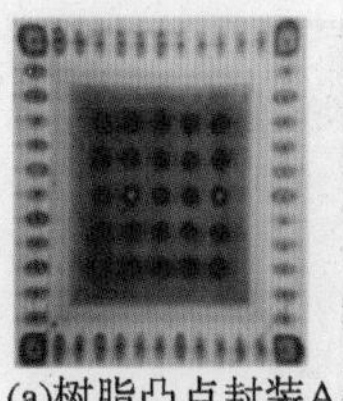
(a)树脂凸点封装A

(b)无硅芯片封装B

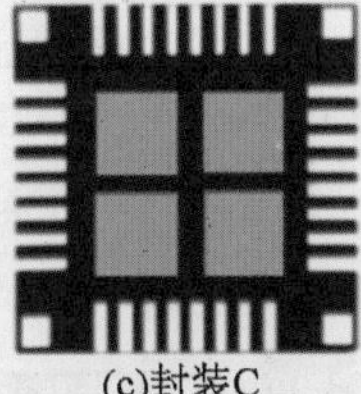
(c)封装C

(d)双列封装D

图 6.26　试验的封装类型

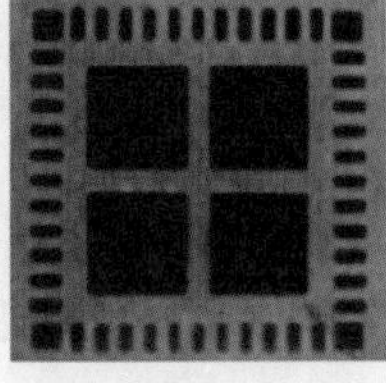
(a)裸露的焊盘开口(1)

(b)裸露的焊盘开口(2)

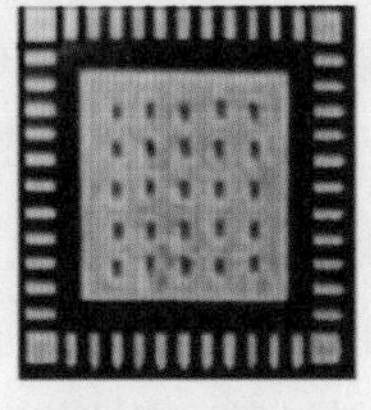
(c)散热通孔热沉焊盘

(d)四个热沉焊盘

图 6.27　四种不同的钢网开口设计

（1）组装质量检测（焊点的孔洞）：在不同的封装中进行非等量的焊点的横截面上，对焊点和孔洞的面积进行测量，列出了每种封装的总焊点面积、最大孔洞面积、平均孔洞面积和离板高度，如表 6.4 所示。

表 6.4　不同封装中的焊点孔洞

封装代码	总焊点面积 /mil^2	最大孔洞面积 /mil^2	平均孔洞面积 /mil^2	离板高度 / mil
A[图 6.26（a）所示封装]	49.0	29.1	3.0	<1.0
B[图 6.26（b）所示封装]	47.0	9.8	3.0	2.0
C[图 6.26（c）所示封装]	90.7	1.2	1.0	2.5
D[图 6.26（d）所示封装]	51.4	22.4	9.6	1.5

表 6.4 中封装代码 A、B、D 的总焊点面积基本接近，而封装 C 的总焊点面积要大得多，离板高度也最大。观察到最大孔洞面积随着这四种封装的离板高度的降低而依次增大。最大的离板高度（封装 C）产生的最大孔洞面积和平均孔洞面积均是最小的。显然，离板高度对焊点孔洞的形成百分比有明显的影响。

（2）可靠性试验评估结果：上述每一组封装、基板焊盘、阻焊膜设计及模板开孔设计均要经历 TC1（0 ~ 100℃）温度循环试验后，再在每组失效封装器件中抽取 6 个样品进行染色试验。

1）图 6.28 中说明封装 B、封装 C 及封装 D 等阵列完全开裂焊点（红色焊点）出现的频数的相对位置。封装 B 和封装 D 效果相当，均是距离封装中心点最远的焊点在温度循环试验中失效的可能性最大，而封装 C 出现的失效位置则是任意的。

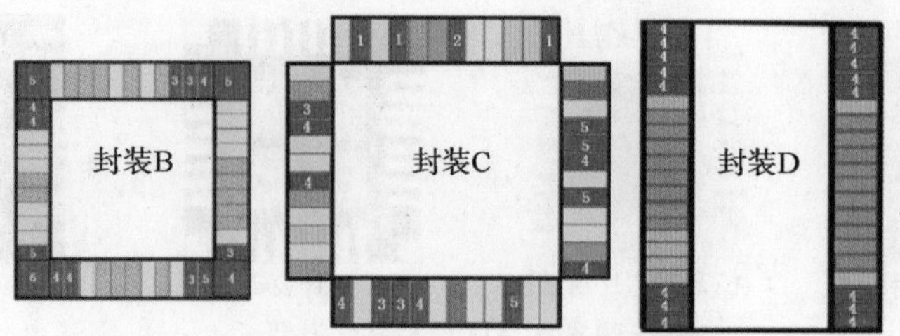

图 6.28　封装 B、封装 C 及封装 D 的染色试验结果

2）封装的总体性能说明，封装 C 的可靠性优于封装 D 和封装 A；封装 D 的特征寿命最短，封装 D 尺寸最大、安装离板高度最低且孔洞多。

3）长、薄型焊盘不会产生与较短、较宽、有同等表面积的焊盘同样的可靠性问题。

4）较大的钢网开孔（较高的释放率）与较大的 PCB 焊盘组合可明显改善可靠性，即稍微增加焊料量就可以提高可靠性。

5）上述类似的优化对封装 C 基本不起作用，因其离板高度比其他封装要大很多，因此孔洞较少，也较小。

国外有专家在研究 C4 凸点的可靠性时指出：C4 凸点的可靠性与凸点的高度有关，如图 6.29 所示。当受到长期热冲时，由于芯片 – 凸点 – 基板间的热失配，在芯片、基板两界面处凸点受到剪应力，剪应力在界面处集中，凸点越低，界面处应力就越高；反之，凸点越高，界面处应力就越低，实验结果与理论模拟计算（有限元法）都得到了确认。所以凸点的高低与互连可靠性密切相关，如图 6.30 所示。

图 6.29　凸点及凸点高度

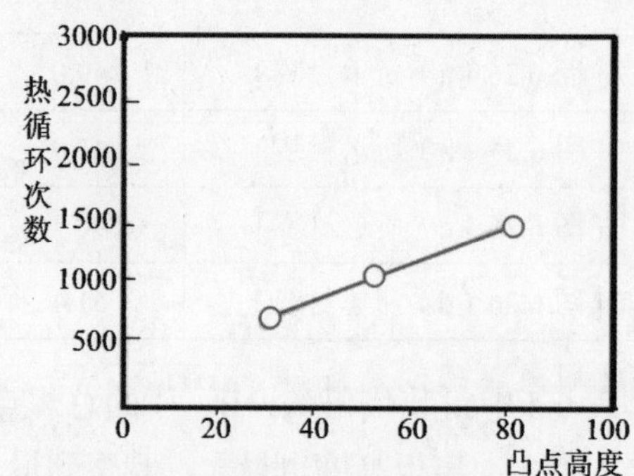

图 6.30　凸点高度与互连可靠性

笔者在 2006 年期间，曾以球阵列封装芯片间距小于或等于 0.8mm 的 BGA，间距小于或等于 0.4mm 的 CSP 为对象，进行过专题试验研究，试验结论如图 6.31 和图 6.32 所示。

由于 BGA、CSP 封装塑料以及 PCB 基材的导热性能均很差，所以在再流焊接过程中，焊接热量的主要是由芯片体底面的离板高度 h 范围所透入的热风携带和传递进入的。因此，在面阵列封装芯片再流焊接工艺过程中，离板高度对焊接质量有关键性的影响。图 6.31 是间距为 0.8mm 的 BGA，由于凸点高度大，故再流焊点完整、正常，而间距小于 0.4mm 的 CSP 出现了冷焊（未焊透），后追迹其原因，就是因为 CSP 的凸点高度 h（即离板高度）值偏小，热风不易透入所导致的。

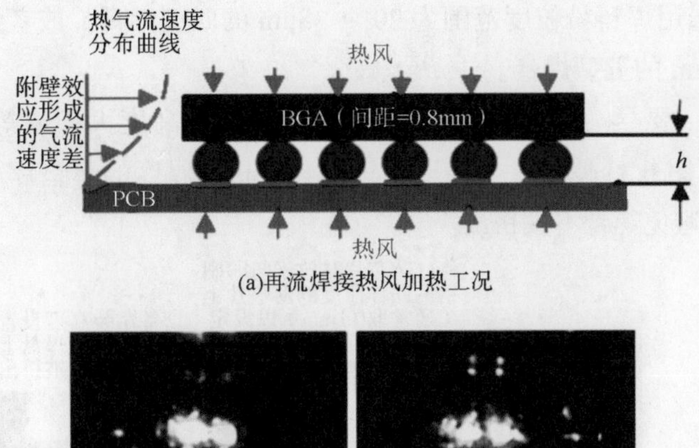

(a)再流焊接热风加热工况

(b)再流焊接效果照片（焊点优良）

图 6.31　间距为 0.8mm 的 BGA 再流焊接效果

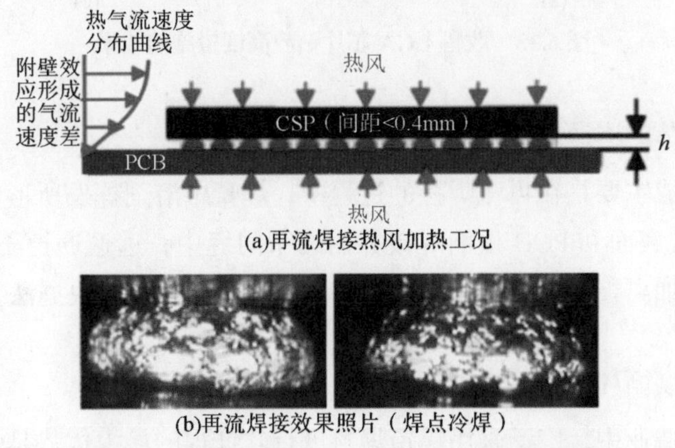

(a)再流焊接热风加热工况

(b)再流焊接效果照片（焊点冷焊）

图 6.32　间距小于 0.4mm 的 CSP 再流焊接效果

6.1.4　改善 BTC 组装可靠性的途径

1. 尽力改善芯片安装中的离板高度

根据上述分析及国外专家们的试验研究结论，尽力增加 BTC 安装的离板高度，是同时改善芯件在再流焊接过程中存在的三大工艺缺陷的最敏感、最有效的优选项目。采取的具体工艺措施如下。

（1）在芯片封装体底面的四个角部各设置一个辅助性焊盘的封装结构，以增加各焊点上的焊料量，就可以增加离板高度，如图 6.27（c）所示。

（2）优化钢网厚度，增加焊膏印刷量和钢网开孔（改善释放率），适量增加焊点的焊料量，达到增加离板高度的目的，以提高可靠性。

（3）焊膏印刷。

1）优化印刷压力的选择，以使焊膏的释放率为最大。

2）在材料条件具备时，可尽量选用焊料合金成分偏高的焊膏品牌。

3）建议选用焊料粉粒度范围为 20 ~ 38μm 的四型焊膏，或者焊料粉粒度范围为 15 ~ 25μm 的五型焊膏。

（4）贴片：要尽力确保以 BTC 封装底面的离板高度大于或等于 250μm 为原则。可参照图 6.33 使用一个与印刷钢网具有相同厚度的薄垫片来设置贴装的离板高度，以避免焊膏不被挤出。

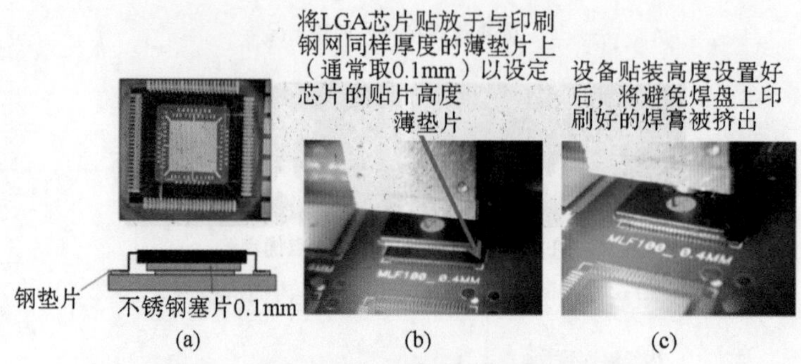

图 6.33 改善 LGA 芯片贴放高度措施的效果

2. 改善气体的逃逸通道以减少焊接界面的空洞率

空洞的形成主要是在再流焊接的过程中，焊膏中溶剂挥发所形成的气体，被夹在 BTC 封装底面和 PCB 板面焊接界面的窄间缝中，逃逸通道不畅所造成的。因此，通过增加离板高度来增加逃逸通道，几乎是唯一的解决办法。

3. 抑制温度循环试验后焊点出现裂纹甚至断裂现象

在电子制造业中，广泛采用锡铅焊料进行软钎焊的最大优势是焊点的完整性好，可以很方便地拆卸返修，其所形成的结构中的焊点界面层，是由两边的 IMC 层中间夹着一层纯焊料层构成的，如图 6.34 所示。

两面的 IMC 是具有一定脆性的合金层，这种脆性随着其厚度的增加，表现得越加明显。超过 5μm 后，在剪切应力的作用下很容易发生脆断，所以在再流焊接工艺中一定要控制其生长的厚度，最好不超过 2μm。

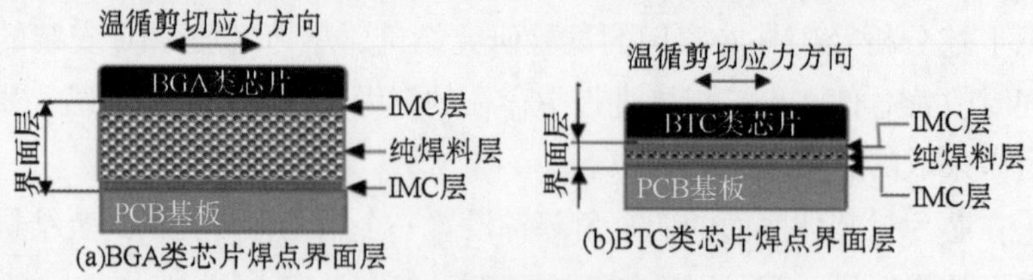

图 6.34 焊点的界面结构

中间夹着的较柔软的纯焊料（锡基材料）层，具有较好的吸收和缓冲剪切应力的能力。但其厚度既不能太厚，也不能太薄，太厚将影响焊点的抗拉强度，太薄将使焊点的抗剪强度明显衰弱。对于 BGA 和 BTC 封装芯片而言，安装的离板高度与焊接的界面层是同一属性的两种定义，其本质上是一回事。

4. 改善加热效率

（1）尽量选用小而薄（小尺寸）的BTC封装尺寸类型，以便于再流焊接中焊接热量的传递。

（2）长、薄型焊盘不会产生与较短、较宽及有同等表面积的焊盘同样的可靠性问题。

（3）PCB引脚焊盘宽度在芯片封装库中焊盘宽度尺寸和公差（0.25±0.01）mm的基础上，建议往正偏差方向靠，焊盘长度建议沿向封装外方向再伸长30%，如图6.35所示，以增强PCB焊盘在再流焊接中的感热性和热传导性。

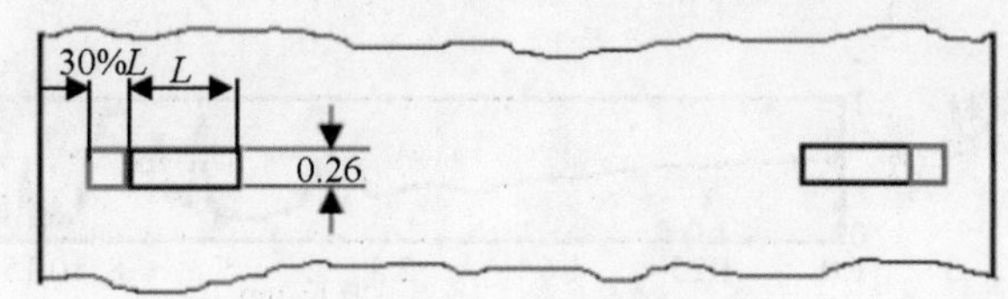

图6.35　PCB引脚焊盘设计

（4）热沉焊盘：可酌情选取图6.36（a）或图6.36（b），主要考虑传递焊接热量的效率和透气性。

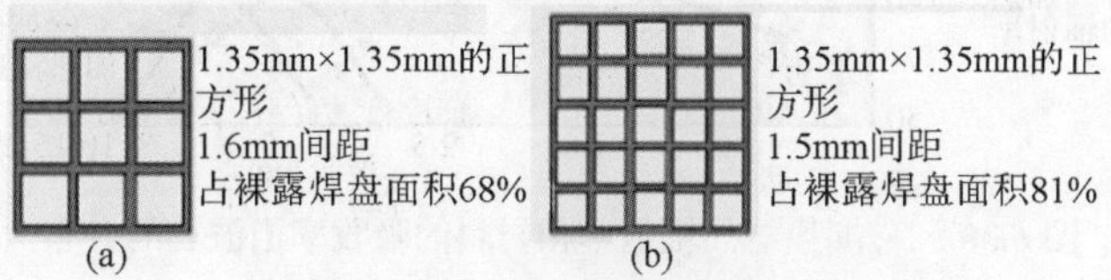

图6.36　热沉焊盘的设计选择

5. 采用"热风+红外线"复合加热的再流炉

（1）热风加热。

1）对流（热风）加热的物理过程：在物理学中，对流意味着靠物质移动而产生热的传递过程。这种热传递现象是因为一部分液体或气体分子与另一部分液体或气体分子相互混合而产生的。在采用此种方式的系统中，利用高温气流把热量施加于被焊芯片上，如图6.37所示。该高温气体可以是还原性气体或惰性气体。热风再流焊是这种加热方式的典型应用。

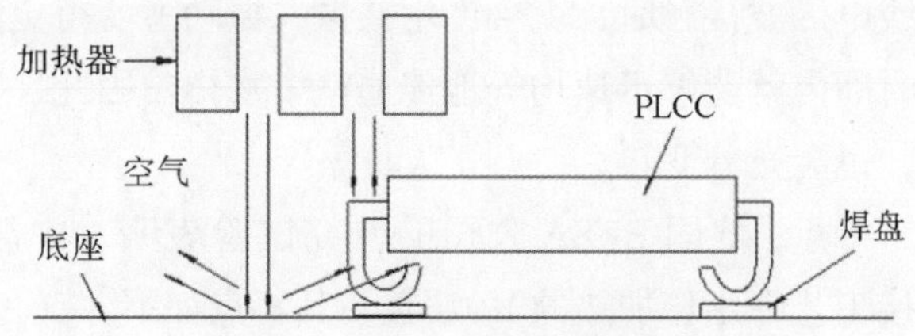

图6.37　对流加热的物理过程

2）热风加热特点：最大特点是使用方法比较简单，然而这种方式也存在下述两个问题：一是在PCB基板表面，特别是角部及突出部分被优先加热，此部分元器件很容易因过热超过其耐热性而造成损坏，另外由于熔融焊料具有向温度高的区域流动的特性，因而有加剧芯吸现象发生的可能性；二是加热能力不足，这是由于对流热传递率仅为辐射热传递率的三分之一左右所导致的结果。

（2）红外线辐射加热。

1）最适宜再流焊接的红外线波谱范围：红外线（以下简称 IR）的波长介于 0.75 ~ 1000μm 之间，是热辐射的主要部分之一。根据黑体辐射定律，物体的温度越高，所发射的 IR 的强度就越大；温度越低，辐射的 IR 波长就越长。从远红外到近红外等红外线加热器的辐射率和材料的吸收率沿波长的分布，如图 6.38 所示。

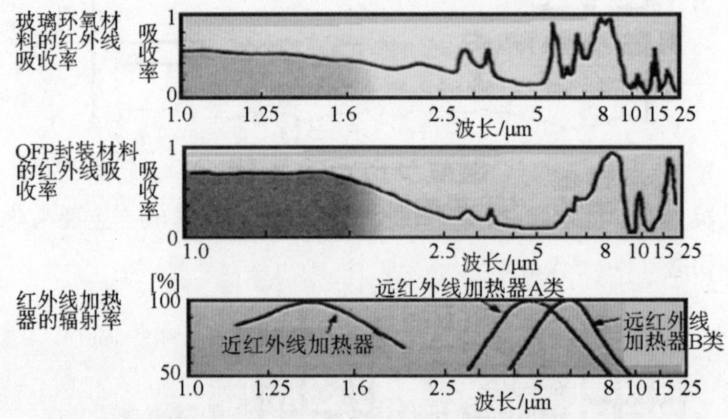

图 6.38 IR 加热器的辐射率和材料的吸收率沿波长的分布

远红外波段范围对基板（玻璃环氧）的加热效率高，而近红外波段对元器件体的加热效率要优越些。从而，通常用远红外线向基板加热，可避免元器件体因不会过热（特别是对被搭载了 30mm 以上的 QFP、BGA 等），而导致不能供给部件所需要的热量而出现加热不足。故采取与近 IR 并用的方法，既考虑了基板的耐热性，又兼顾了对元器件的积极加热，这对比较复杂的基板（PCBA）是一种有效的加热方式。

2）IR 加热机理：常用作加热的远红外线波长范围为 3 ~ 10μm 的电磁波。通常 PCB 基板、助焊剂、元器件的封装等材料都是由原子化学结合的分子层构成，这些高分子物质因分子伸缩、变换角度而不断振动。当这些分子的振动频率与频率相近的远红外线电磁波接触时，就会产生共振，振动就变得更激烈。频繁振动发热，热能在短时间内就能够迅速均等地传遍整个物体。因此，物体不需要从外部进行高温加热，也会充分变热。

3）IR 加热的特点：德国 ERSA 公司的研究试验表明，中波长（2 ~ 8μm）最适宜在再流焊接工艺中用作加热的 IR 波长，其特点如下。

①对白色和黑色具有最佳的吸收 / 反射率。

②能对元器件、基板以及引脚进行安全和均匀的加热，因此降低了在再流焊接过程中的损坏风险。

③ IR 的热传递率约为热风对流的 3 倍。

（3）“IR+ 热风” 复合加热。

1）“ IR+ 热风” 复合加热机理：在再流焊接应用中，若仅靠远红外线的电磁波加热，还尚不能保证炉内温度分布的均匀性，以及对连续输送而来的被焊组件的良好的热量传递。解决这一问题的途径是加强炉内空气的循环，4.5μm 的 IR 电磁波对空气的分光透射率低，是最适合空气加热的波长。空气加热是通过将空气分子跟所有的物体分子，互相碰撞时产生的运动能量传递给物体来加热的。而远红外线电磁波给 PCB 基板以及搭载的元器件加热，同时电磁波还会给炉内循环的空气加热，加热过的空气再把元器件加热，如图 6.39 所示，所以不管物体性质怎样，都能加热到均等程度。

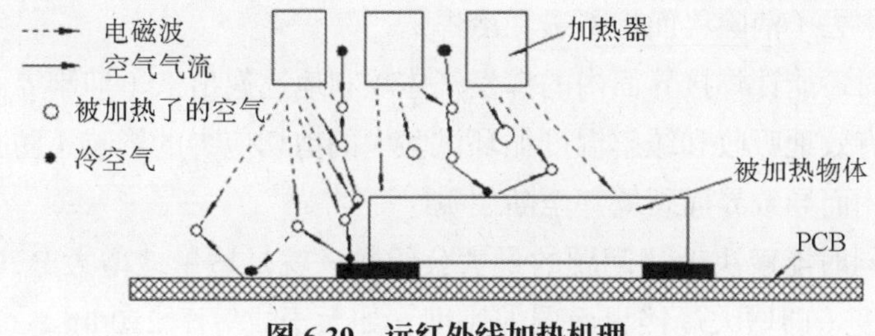

图 6.39　远红外线加热机理

加热过程如下：

①从壁板孔吹来的冷空气被 4.5μm 的远红外线电磁波加热。

②加热了的空气到达 PCB 基板、元器件和导线上交换热能。

③由于热交换而冷却了的空气马上又被 4.5μm 的远红外线电磁波再次加热。

④被再次加热的空气到达 PCB 基板、元器件和导线后再次交换热能，重复上述过程。

2）“ IR + 热风 ” 复合加热的特点：德国的专家在试验中用三种热风返修系统与一种中等波长 2 ~ 8μm 的 IR 系统进行比较。在测试中，将热风喷嘴降低到接近 FR–4 基板，然后按调入设定的温度曲线进行加热。该温度设定足以让整个区域是均匀加热的，并能达到足够热的温度。然而测试结果却清楚地表明，在热风系统中存在热区和冷区，相反，IR 系统显示了均匀的加热，没有冷区，如图 6.40 所示。

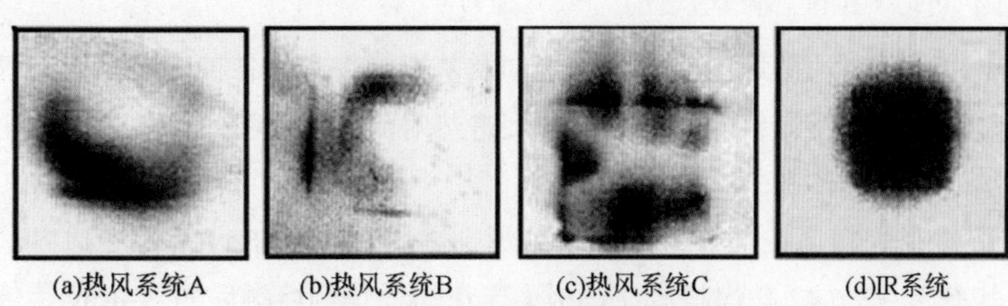

(a)热风系统A　(b)热风系统B　(c)热风系统C　(d)IR系统

图 6.40　BGA 表面上热分布的比较

德国专家还指出，在再流焊接工艺中有几个关键性的因素，即在面阵列封装的整个表面和 PCB 的焊盘上均匀的热分布和热传导是关键；加热工艺和温度设定必须使封装达到再流温度；然后随着焊球的熔融，元器件均匀地降落到焊盘上，与焊盘形成金属间化合物。相反，不均匀的加热会造成封装不平衡地落下或倾斜到早已达到再流温度的那一边或角。如果工艺过程在这时候停止，那么该元器件将不会均匀地自己降落，达不到共面性，因此这种再流焊接将会是不充分的。

6. 综合评述

综上所述，对无引线芯片尺寸封装 BTC 类芯片的组装可靠性问题的试验研究，可见解决 BTC 组装与可靠性问题的核心如下。

（1）如何实现在组装再流焊接中，能让承载焊接热量的热风不受阻碍地透入焊接的界面中去（消除界面焊不透和冷焊）。

（2）同时还能让焊接界面内的挥发气体顺利地逃逸出来（抑制界面空洞）。

（3）能有效地吸收和缓解温度循环试验中的剪切应力的影响（防止界面因受剪切应力作用而导致界面裂缝甚至断裂）。

显然，同时能解决上述问题的最大公约数，就是适量地增大 BTC 类芯片安装的离板高度（即增大焊接界面层的厚度，如大于或等于 250μm）。当然，尽量选用封装尺寸小而薄的 BTC 芯片类型，酌情选用“IR + 热风”复合加热的再流炉等，对上述三个问题的圆满解决也是有裨益的。

6.2 从基本现象追迹 BTC 芯片在安装中的不良

6.2.1 空洞

1. 因气体产生的空洞（气孔）

焊料熔融时，从助焊剂的树脂、溶剂及基板等将产生各种气体，而助焊剂的作用就是能抑制熔融焊料的表面张力、促进热对流，然后将气体向焊点圆角外部排放出来。

图 6.41 是焊料屑在铜板上涂布了助焊剂熔融后的 X–Ray 镜像（边界呈模糊的润湿状态）。图 6.42 是焊料屑在铜板上未涂布助焊剂熔融后的 X–Ray 镜像（界面分明）。未用助焊剂的焊料就没润湿，因而也就没有产生气体。而用了助焊剂的效果是在熔融时，如果焊料的流动性好，即便产生了气体，也会向焊料外排放，

不会残留在焊接圆角内。

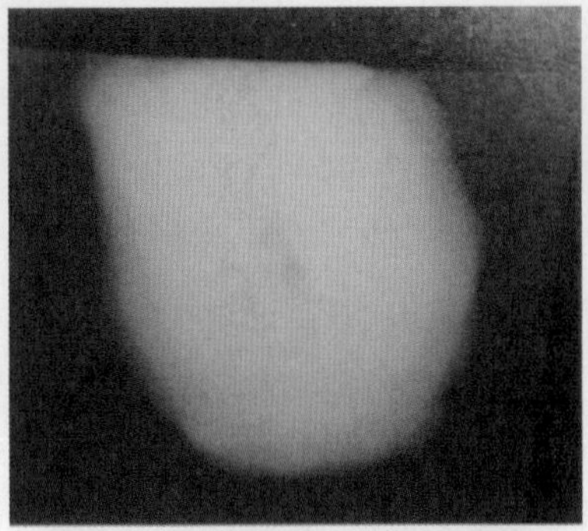

图 6.41　焊料屑涂布了助焊剂熔融后的 X-Ray 镜像

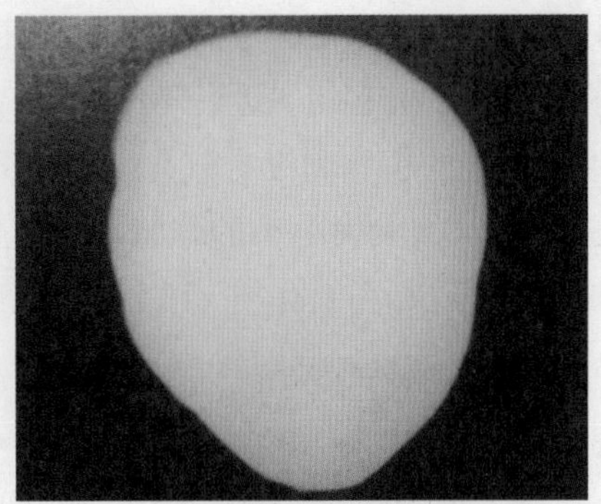

图 6.42　焊料屑未涂布助焊剂熔融后的 X-Ray 镜像

图 6.43 为焊膏中挥发气体排放不畅，而在连接焊盘和热沉盘上产生的大量空洞。

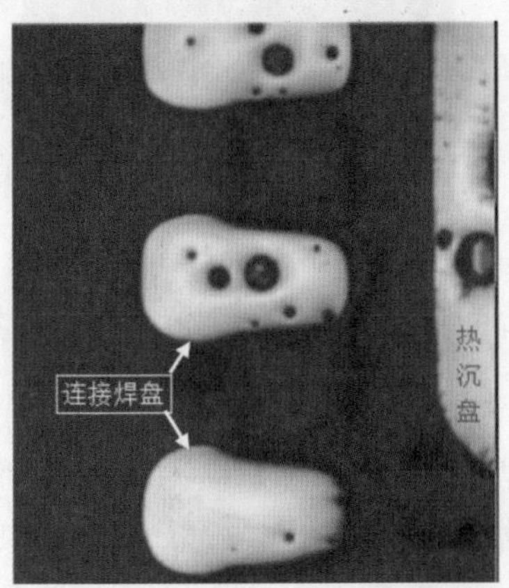

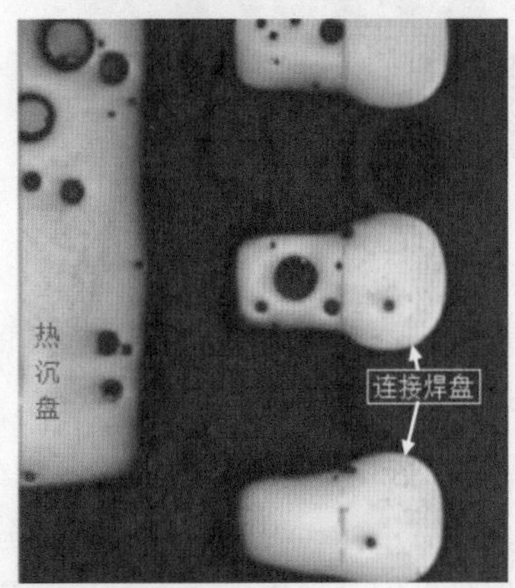

图 6.43　焊膏中挥发气体排放不畅所形成的空洞

为抑制空洞的产生，在再流焊接前采用热烘（低温干燥处理）以除去基板内的水分。热烘时间不能过长，否则会因焊盘表面氧化而导致润湿不良，热烘温度以接近室温为宜。再有，预热要视助焊剂所含溶剂气化程度来掌控，避免助焊剂劣化，以确保以熔融焊料的热对流为主。例如，取预热时间约 50s 时其预热效果是空洞明显减少了，如图 6.44（b）所示。

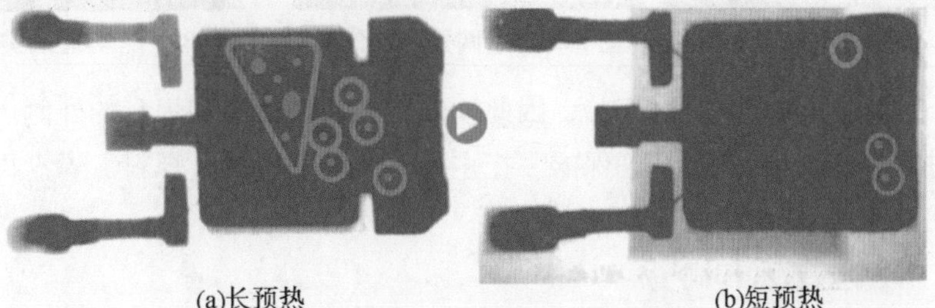

(a)长预热　　(b)短预热

图 6.44　预热时间长、短的影响

2. 由助焊剂残渣产生的空洞

由助焊剂残渣产生的空洞，是由尚未气化的助焊剂成分在元器件下面或焊接圆角内部残留而引起的。近些年来在预热中流行采用耐热性高的助焊剂，然而由于这些助焊剂的树脂和没有气化的溶剂残渣产生了许多异形（非圆形）的空洞，如图 6.45 所示的大大小小的球状空洞是由气体形成的，在实际中大部分都变成了椭圆形。还有如图 6.46 所示的大的异形空洞则是由助焊剂残渣形成的。

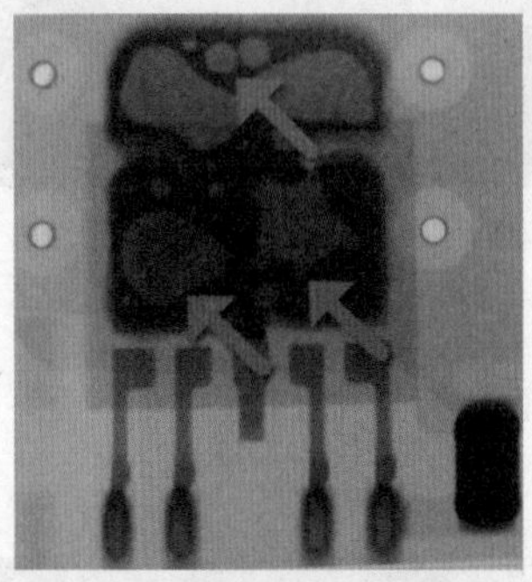

图 6.45　空洞变成了椭圆形（气体产生的）

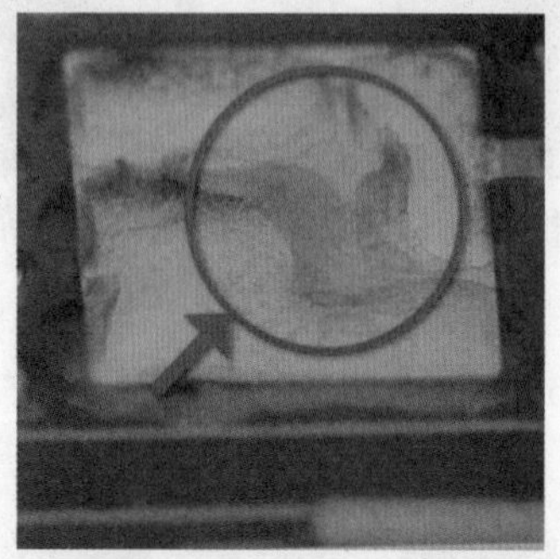

图 6.46　异形空洞（助焊剂残渣形成的）

上述现象的抑制对策如下。

（1）改变焊膏的印刷方法。

采用充满全焊盘的焊膏印刷方法，这样就不会在中央集聚助焊剂残渣。但是，若助焊剂效果一劣化，就会变成相反的效果，特别是对耐热性高的助焊剂而言，缩短预热就很有必要了。

图 6.47 是把同一尺寸的钢网开口分割为四部分印刷，以及图 6.48 中的未分割印刷，然后进行再流。分割成四部分的助焊剂残渣的大半都集聚在中央，而未分割的焊盘助焊剂残渣残留在焊接圆角内的周围，一部分残留在焊接圆角上，如图 6.49 所示。

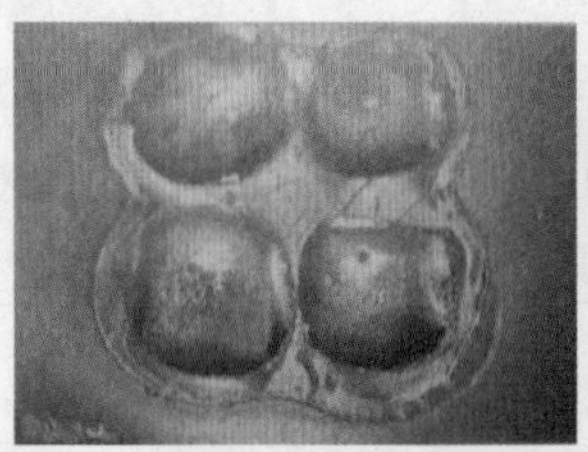

图 6.47　钢网开口分割为四部分

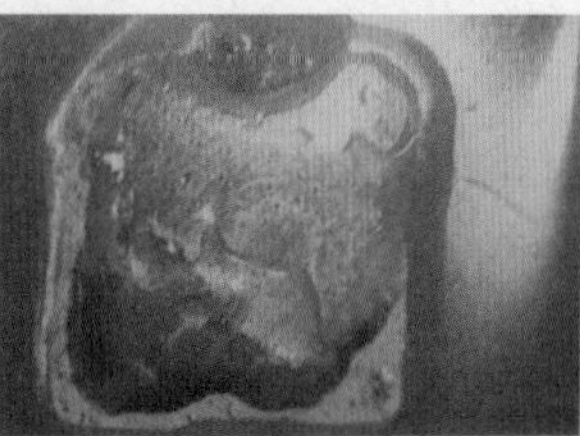

图 6.48　钢网开口未分割

图 6.49　图 6.48 的实际示例

由于在芯片内焊料润湿充分，因此助焊剂残渣被挤出到焊盘的外侧。该形状芯片的接合强度是由引脚部确保的。把主要部分的发热通过焊料、焊盘再向基板散热。因此，即使焊料量少也没有问题。

（2）改变焊膏的印刷量。

把焊膏的印刷量、接合强度和元器件散热作为最低限，点印刷或分割成小块的格子印刷，助焊剂残渣就不会在焊接圆角上或内部残留。如果焊盘面积大，那么对应点印刷和格子印刷会有考虑的余地，如图 6.50 所示。

(a) 分割印刷　　(b) 格子印刷

图 6.50　改变焊膏的印刷量

如果芯片里焊料润湿扩展良好，那么芯片在焊盘的侧面被吸着的助焊剂残渣会被挤出到焊盘的外侧。而芯片的接合强度在引脚部就能确保。如果促进芯片的热通过焊料从焊盘向基板散热的是一薄层的焊料，那么是最好的。因此，焊膏在焊盘面上薄层印刷的热反应就得到了很好的改善，如图 6.51 和图 6.52 所示。

图 6.51　钢网开口狭窄将助焊剂残渣挤到圆角的外侧

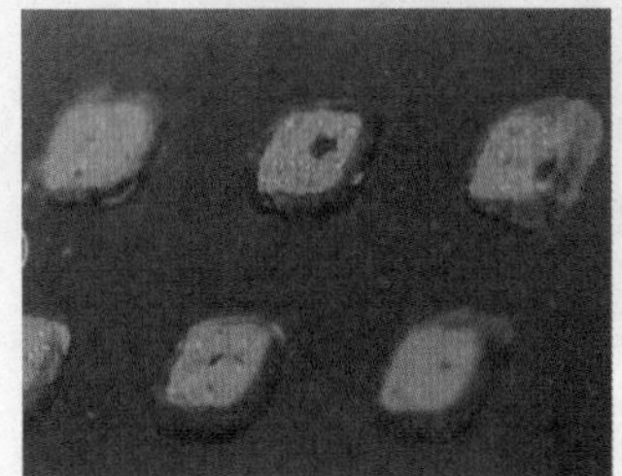

图 6.52　喇叭形的 QFN 空洞

（3）选择对热反应快的助焊剂。

采用热反应快的助焊剂和紧凑的温度－时间曲线，在助焊剂效力失去之前焊接过程就结束了，促进了气体排放的空洞现象得到了改善。

对于小的（如焊盘和插头座等）细焊盘，也有采用延长熔点以上时间让气体从焊接圆角被强制排放的方法，然而伴随着对元器件和基板的热影响，以及接合界面的金属间化合物的不断生长，对接合部质量所造成的影响也是不可忽视的，因此，不易推行。由于温度－时间曲线的长短与加热器尺寸对空洞的影响的数据还很缺乏，因此检验查证是有必要的，如图 6.53 ~ 图 6.55 所示。

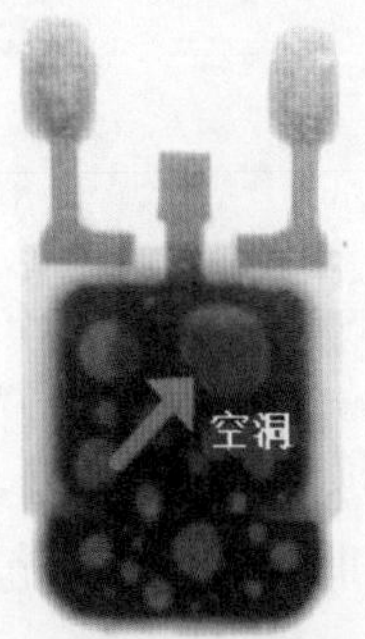

图 6.53　耐热性高的助焊剂＝空洞多发

图 6.54　耐热性低的助焊剂＝空洞减少

图 6.55　热反应快的助焊剂＝空洞几乎没有发生

（4）采用“远红外线 + 热风”再流炉。

对于图 6.56 中所用的热空气炉，由于上下风机所产生的热风的干扰，上下加热器的温度差增大是一个复杂的过程。此外，上部加热器的热风很容易导致助焊剂劣化，而且在两面再流时，里面也搭载有元器件。因此，过分提高下部加热器的温度也是难以实现的。在上下有温度差的安装场合，通过调整风机转速以在可能的限度内对温差度进行抑制是必要的。

同样，对于“远红外线 + 热风”的再流炉，元器件中的金属对远红外线的热影响低，即使具有 30℃以上的温度差对基板中的元器件的热影响也能有效抑制，如图 6.57 所示。

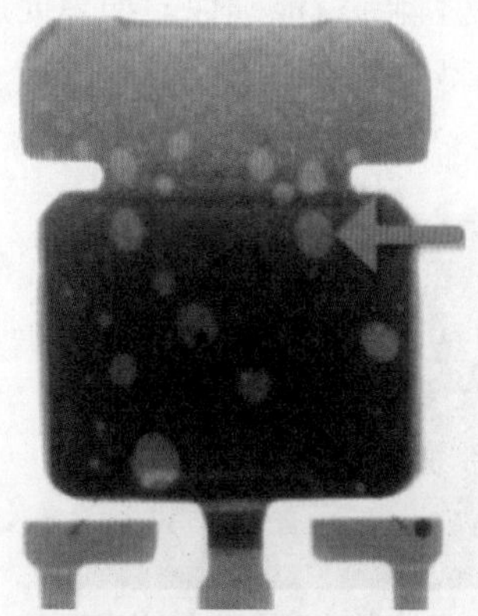

图 6.56　热风再流炉

图 6.57　“远红外线 + 热风”再流炉

热反应快的助焊剂和“远红外线 + 热风”用作下部加热器，这样一来，下部加热器比上部加热器的温度高，从而在安装中抑制了空洞的发生，如图 6.58 所示。

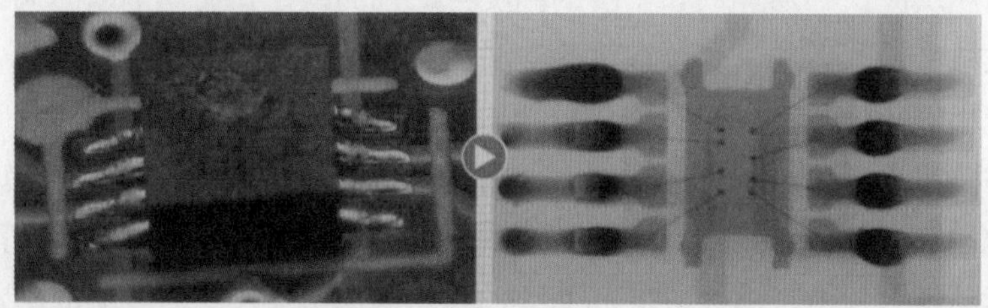

图 6.58　热反应快的助焊剂和“远红外线 + 热风”用作下部加热器的再流炉抑制了空洞的发生

6.2.2　传热不畅焊不透

1. 焊料堆积不扩展

图 6.59 为有缺陷安装现象的 QFN 在 PCBA 上安装的顶视图。从图 6.59 中可见，在芯片封装体底部外露部分焊料呈馒头状堆积，周围被助焊剂残渣所包裹（黄箭头所指）。

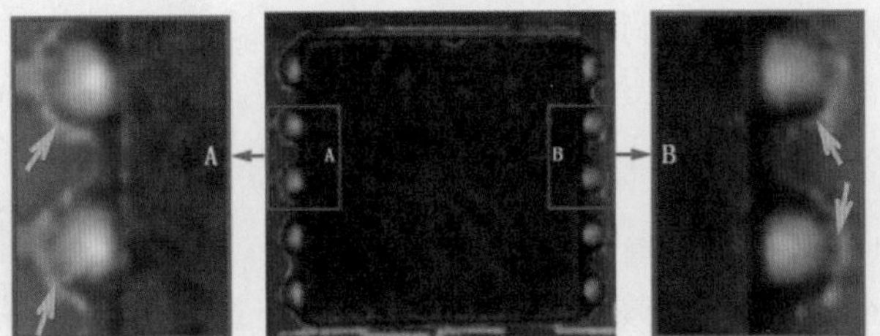

图 6.59　有缺陷安装现象的 QFN 在 PCBA 上安装的顶视图

2. 助焊剂分解不充分

图 6.60 为掰开后 PCBA 上与芯片底部对应安装区的镜像图。图中两相邻焊点间都有大量发黏的糊状物堆积（黄箭头所指），里面还散布不少灰白色焊料粉末未回流凝聚。

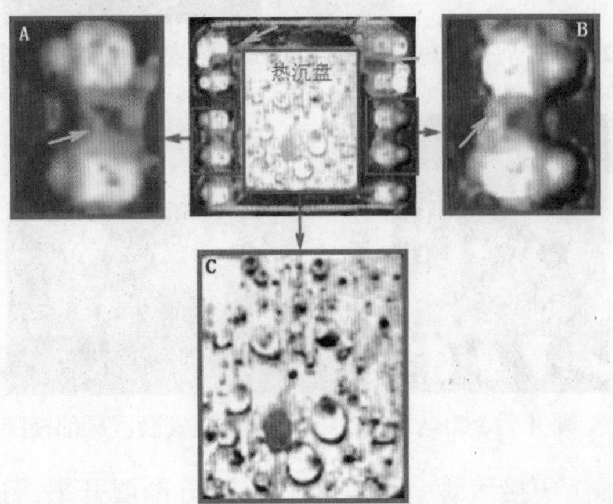

图 6.60　掰开后 PCBA 上与芯片底部对应安装区的镜像图

3. 空洞大量生成

热沉盘整体呈灰白色，整个面上都分布着许多大小不等、形状呈半圆球形或半椭球形的凹坑，仅个别区域残留黄褐色的助焊剂。图 6.61 为掰开后芯片底部安装区域的镜像图，焊点焊盘上的焊料都呈局部堆积状态，未能很好地漫流铺展开来。热沉盘表面和图 6.60 所示一样散布着大小不等、形状呈半圆球形或半椭球形的凹坑，而且面积大小也一一对应，即未掰开之前，它们共

图 6.61　掰开后芯片底部安装区域的镜像图

同构成一个完整的气体型空洞。

4. 焊膏再流不充分

图 6.62 和图 6.63 均为掰开后 PCBA 上与芯片底部对应安装区局部视图。图 6.62 展示了在互连焊盘与热沉盘之间布满着大量的发黏且含有尚未回流的焊料粉末的糊状物体。图 6.63 中黄箭头所指区域为助焊剂残余物堆积区域，而白箭头所指区域为发黏且含有尚未回流的焊料粉末的糊状物体。

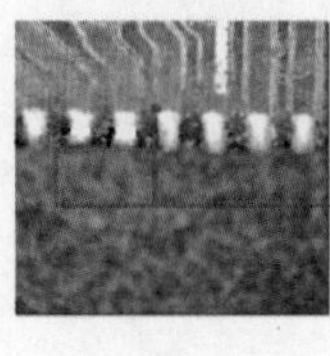

图 6.62　掰开后 PCBA 上与芯片底部对应安装区局部视图（1）

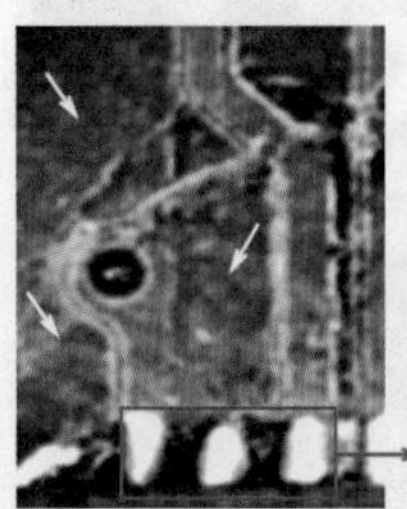
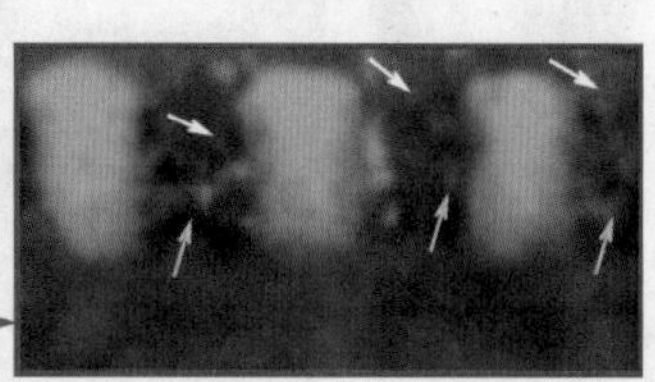

图 6.63　掰开后 PCBA 上与芯片底部对应安装区局部视图（2）

图 6.59 和图 6.61 中接续焊盘焊料堆积未充分铺展开来，这是因为焊料熔融后未能获得热量，以继续增高温度达到焊料对基体金属的润湿温度（即焊接温度）。而图 6.60 和图 6.61 显示了热沉盘上弥散着许多大大小小的圆球形和椭球形凹坑（空洞），这是由于在再流焊接中排气不畅，焊膏中溶剂挥发产生的大量气体在热沉盘上积聚而形成的。而图 6.62 和图 6.63 所指的区域，由于热量传递不畅，而且焊膏中溶剂挥发也要消耗热量，因而造成此区域为温度最低区域。正是由于热量供给不足，焊膏中的溶剂成分未能完全挥发并排放出去，而且在回流过程中焊盘和热沉盘上的焊膏受挤压也有部分流入此区域，由于温度低焊粉不能充分熔聚，所以才形成了上述的发黏且含有尚未回流的焊料粉末的糊状物体。

6.2.3　微裂纹和开路

1. 微裂纹

图 6.64 和图 6.65 均是在温度循环试验中的连接焊盘界面中出现的微裂纹。其特征是分布在芯片中心线两侧，和通常连接焊点出现的微裂纹的位置有所不同。

这里分布在芯片中心线左侧的焊点，其微裂纹首先就发生在焊点的左侧；而位于芯片中心线右侧的焊点，其微裂纹便首先发生在焊点的右侧。

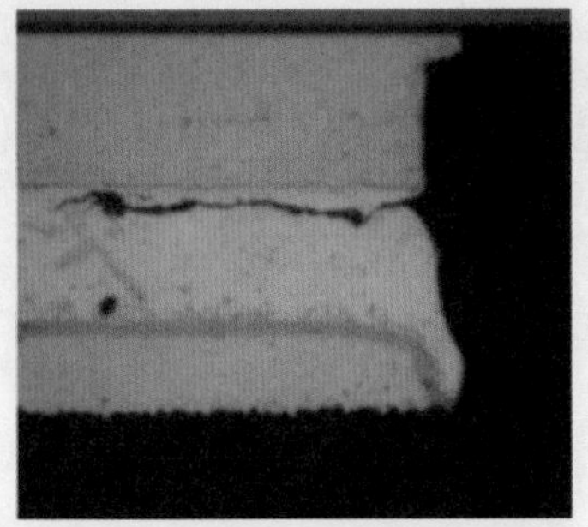

图 6.64　温度循环试验中出现在焊点左侧的微裂纹

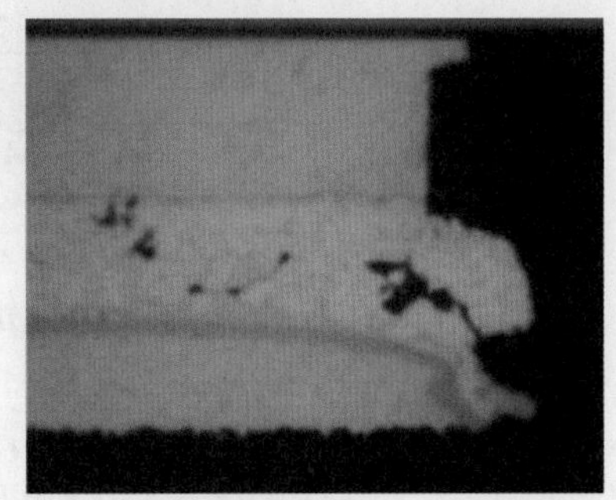

图 6.65　温度循环试验中出现在焊点右侧的微裂纹

2. 开路

图 6.66 为某 PCBA 在高低温循环试验中，发现该芯片有焊点出现了开路。为查清原因，先对缺陷芯片焊点作红墨水染色后再将芯片掰开，呈现了相邻的三个焊点的形貌是：中间焊点（B）未染红色，是完好焊点，所以掰开后的断裂面呈白色；而左侧焊点（A）全被染红，在电气上已经断裂开路；右侧焊点（C）除上端部有点状或小块（呈白色的点或小块）局部连接外,其他已全部断裂（红色）。在图 6.66 所示的红墨水染色试验中，被染成了红色的区域均是因在高低温循环试验中焊料出现了疲劳失效（断裂或微裂纹），焊点在红墨水染色试验中被染成红色。

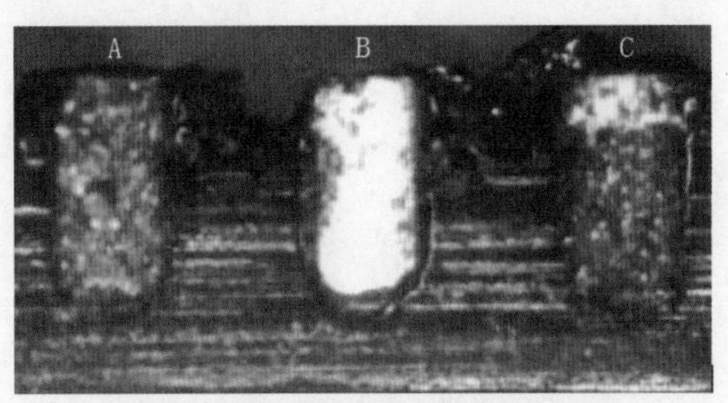

图 6.66　再流焊接后掰开芯片缺陷焊

由于 BTC 封装与 PCB 基板之间的安装互连是通过芯片的电极直接与 PCB 焊盘焊接在一起的，如图 6.67 所示。芯片与 PCB 基板之间的热膨胀系数（CTE）值差异很大，这样一来，由于 CTE 以及造成电能在有元器件内耗散的热梯度的不同，在 PCBA 基板焊接处，因 CTE 的明显差异而产生的剪切热应力，在低应变速度下使焊料塑性变形，从而使应力有所缓和。冷却到常温后，焊接处的变形也不能恢复原状，仍然保留着一定的应变。虽然低温时没有像高温时那样的塑性变形，但如图 6.68 所示，即使恢复到常温也还有残余的应变。由于周期性地发生这种变形，最终导致焊料疲劳而断裂，而锡基焊料合金比较柔软，因此当焊点的焊料层增厚（导致离板高度的增加）时，将使出现这种疲劳损伤的时间增长。

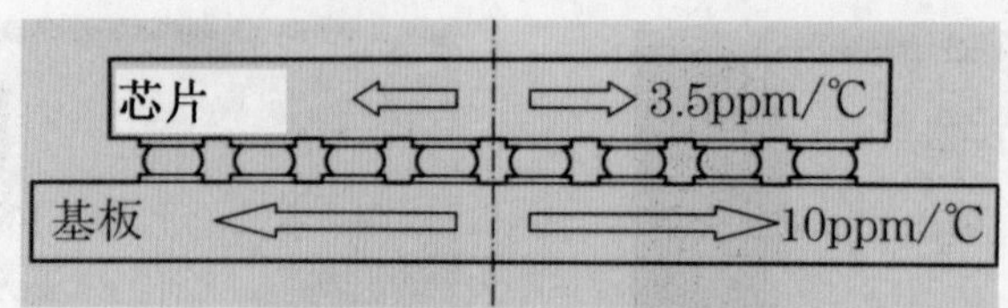

图 6.67　芯片和基板组合后由于 CTE 不匹配而形成的热应力

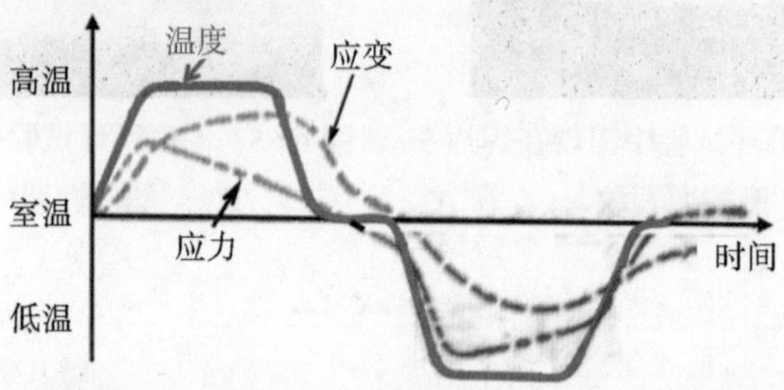

图 6.68　正弦波形温度循环产生的热应力和应变发生的状态关系

第07章

BGA 封装以及从基本现象追迹其封装中的不良

本章要点

- □ 熟悉 BGA 封装概述。
- □ 熟悉 BGA 封装工艺概要。
- □ 掌握从 BGA 封装芯片中的开路现象追迹其封装中的不良。
- □ 掌握从 BGA 封装中基板的翘曲追迹其封装中的不良。
- □ 掌握从空洞追迹 BTC 芯片在安装中的不良。
- □ 掌握从 BGA 芯片侧剥离面的状态观察追迹 BGA 芯片在封装基板上安装中的不良。
- □ 掌握从 BGA 封装焊球和焊盘界面的 Cu 和 Ni 的存在追迹 BGA 芯片在封装基板上安装中的不良。
- □ 掌握从基本现象追迹 BGA 封装在 PCBA 安装中的不良概述。
- □ 掌握从 PCBA 侧 BGA 强制剥离状态追迹 BGA 封装在 PCBA 安装中的不良。

7.1 BGA 封装

7.1.1 概述

1. BGA 焊球成分的演变及其特征

BGA（Ball Grid Array）焊球从 SnPb 共晶焊料变更到 SnAgCu 系焊料合金，由于成分的不同，导致了有代表性的“凝固裂纹”的不良现象，即在焊球的上表面有向无洗净方向发展的倾向。焊球的尺寸从主流的 750μm 缩小到现在的 300μm、200μm，显著地细微化了。即使焊球的尺寸不同，但发生的现象是相同的，从而对其成因的分析考虑也未有变化。

焊球的合金成分组成的不同如表 7.1 所示。

表 7.1　焊球的合金成分组成的不同

特　征	SnPb 合金	SnAgCu 合金
焊球生产时的表面状态	平滑	容易产生凝固性裂纹
焊球生产时的质量	良好	在凝固裂纹中夹杂着污染物质
焊球内空洞率	无	存在变形的空洞
购入时的表面状态	平滑	露出不平滑的树枝状结晶
生产时的表面状态	因摩擦易成暗色球	因摩擦，表面附着微细粉末
焊球安装时气氛	大气气氛	氮气气氛
焊球安装后的表面	有收缩氧化物	有变成金色的现象
焊球安装后的残渣	清洗（有清洗不足现象）	无清洗
变成 BGA 时的实际能力	安装良好	存在批量偏差时也会发生不良

2. BGA 焊球的制造工艺

（1）焊料线的制造：按需要的尺寸切断 → 洗净 → 油中熔融 → 冷却 → 洗净 → 分级 → 检查。

（2）熔融：直接在焊液中球状化 → 洗净 → 分级 → 检查。

（3）生产方式：在高温油中熔融成球，冷却时，对 SnAgCu 系列焊球在凝固过程形成的裂纹中夹杂着油的成分（污染劣化），采用浸透洗净除去变得很困难。图 7.1 和图 7.2 为 SnPb 焊球及其表面形貌，而图 7.3 和图 7.4 为 SnAgCu 焊球及其形成的凝固裂纹。

图 7.1　SnPb 焊球

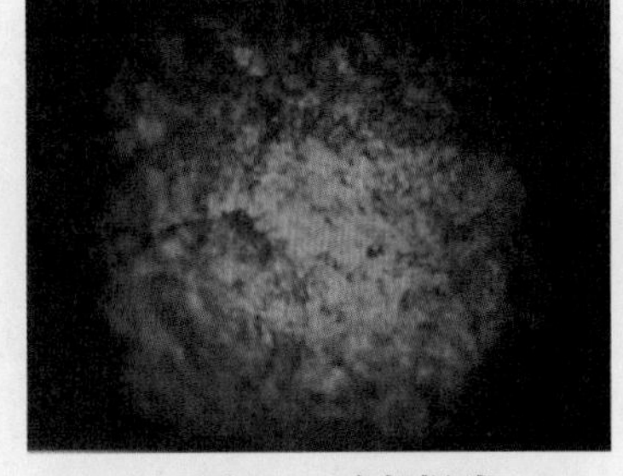

图 7.2　暗色焊球

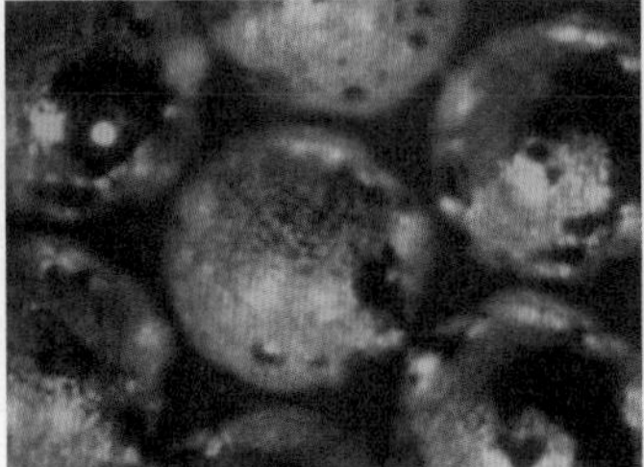

图 7.3　SnAgCu 焊球

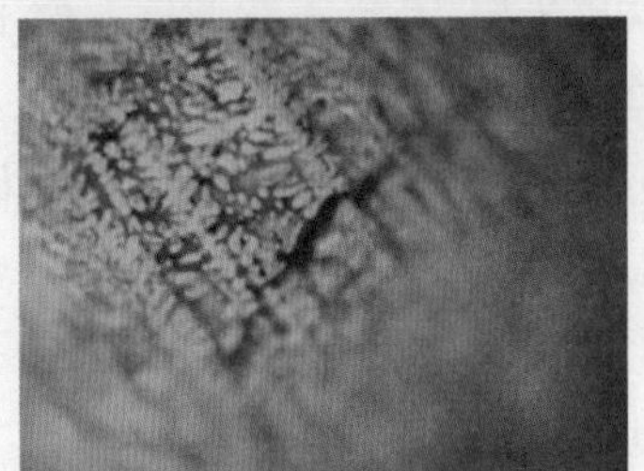

图 7.4　凝固裂纹

7.1.2　BGA 封装工艺概要

在镀金基板上印刷助焊剂 → 搭载焊球 → 再流微焊接 → 清洗（或免清洗）→ 检查。

几乎所有的 BGA 公司对镀金的基板都不进行验收性检验。助焊剂有水溶性清洗型和免清洗型两种，在加入装置的系统容器内时会发生吸湿性。助焊剂一旦吸湿，在焊球安装后便会产生空洞从而成为掉焊球的原因。在焊球频频掉失的场合中再将助焊剂涂敷在焊盘及其焊球上，用热空气加热修正。这时在加热条件恶化的情况下，正是 SMT 安装出现掉焊球的原因。清洗时不能使用超声波而只能采用水喷射的方式清洗，而从不良品的调查来看，是否全部洗净尚难分辨。

7.2　从 BGA 封装中的基本现象追迹其封装中的不良

7.2.1　BGA 封装芯片中的开路现象

SMT 的 BGA 安装的电气开路事故在功能检测时是能够检查出来的。分析电气开路大多与焊接的正常与否有关，问题是 BGA 的焊接为什么会变得不正常。

对此，如果能预测，那么对预防不良现象的发生是有裨益的。下面以实例来观察和分析 BGA 的开路现象。

1. BGA 搭载基板的问题

在观察 BGA 时，焊球被搭载在基板上是否良好是能够判断的。首先要确定采用的光源（如果是太阳的明亮光可不作规定），在采用可调节光源的角度下可用肉眼观察，在光线较暗的场合下观察，可以看到基板的阻焊层表面是模糊的，下一步就可采用 10 倍左右的放大镜来观察。根据经验，此时若对 BGA 质量状态的良与差还无法判断时，则可以进一步按照采用立体显微镜、金相显微镜的顺序进行验证。有了从 10 倍放大镜到立体显微镜，再到金相显微镜的检验影像、数据及经验积累的大数据库，即可建立完整的批量生产中的故障预测体系。

2. 基板表面的污染状态

图 7.5（a）是安装现场中使用的 BGA，在这里有哪些问题和疑问等可以归纳总结出来的呢? 例如，即使从图 7.5（b）中的垂直方向观察，也是没有问题的，但当以改变照明的角度所拍摄的效果来看，其表面状态如图 7.5（c）所示。图 7.5（b）是用立体显微镜对观察的对象物阻焊膜，是在与 BGA 安装平面垂直的状态下拍摄和观察的。如果把 BGA 倾斜，当把光源（环形纤维圆形光）照射在阻焊层面上时，影像如图 7.5（c）所示。图 7.5（b）是合格的，而图 7.5（c）变成了不合格的，清洗不良便一目了然，只有保护层被污染时，才能成为焊球被污染的依据。像这样的污染，如果被附着在无铅焊球的表面，由于无铅焊球表面的凹凸状态显著，故其表面面积变大，附着的污染物质的量就会变多，如图 7.4 所示。

(a)封装球阵列面

(b)从球安装面垂直方向的摄影

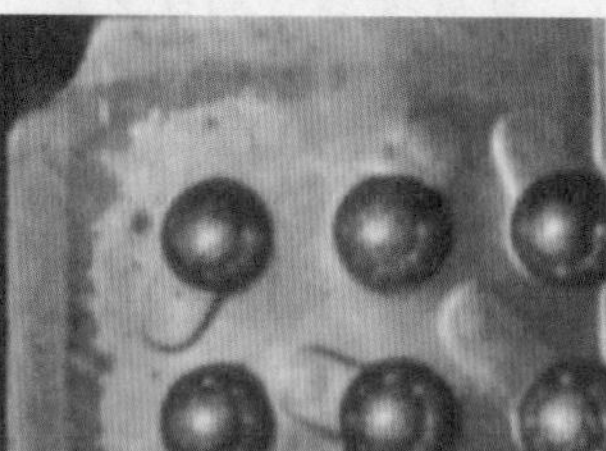
(c)引起了晕影

图 7.5　基板表面的污染状态

3. 保护层下的污染状态及焊盘表面状态

当对保护膜的下面加入强光并用立体显微镜观察所见到的状态时，如图 7.6（a）所示，它是用 100W 的纤维光拍摄的，可观察到明显的变色，很显然，这是在涂覆保护膜工艺前清洗严重不良所导致的。而图 7.6（b）显示了明显的腐蚀现象，该部位的腐蚀应当是该基板公司对基板制造中残留的腐蚀液未洗净所导致的必然结果。一旦焊球安装后，再观察该焊盘就不可能了。因此，若能观察到

图 7.6（b）的腐蚀形貌，同样也就能知道焊盘的状态了。

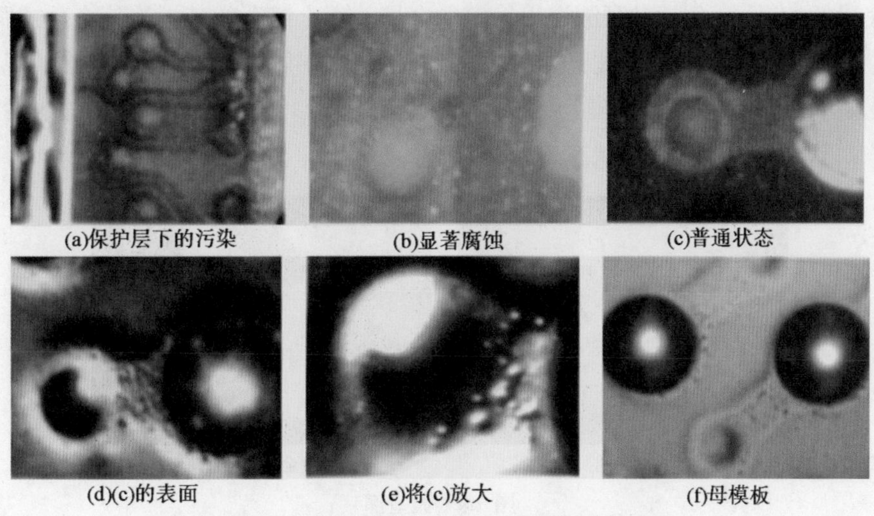
(a)保护层下的污染　(b)显著腐蚀　(c)普通状态

(d)(c)的表面　(e)将(c)放大　(f)母模板

图 7.6　保护层下的污染状态和焊盘表面状态

比较图 7.6（b）和图 7.6（c），在图 7.6（c）中普通状态的保护膜下面没有腐蚀的迹象。在同一地方用晕影光照射时，如图 7.6（d）所示，能观察到突破保护膜的气体冒出的痕迹。在安装现场用 X–Ray 观察时，多数情况是能发现这些针孔的。为什么用立体显微镜不能观察到在这些保护膜中的气泡痕迹呢？这是因为发生在保护膜下的气体，冒出时的痕迹在保护膜上印刷油墨时被破坏了，而在图 7.6（f）中显示了其痕迹。

假如污染物质是在基板表面涂覆保护膜工艺之前就已均匀存在，由于树脂和金属的存在，污染物质和树脂不发生反应而和金属发生反应。假如由于反应造成金属表面腐蚀，在腐蚀部位有水分存在，所以就会产生气体。在图 7.6（f）中的导体上能观察到气泡的痕迹。当然，图 7.6（c）及图 7.6（f）所示的球的焊盘面空洞多发。图 7.7 是 BGA 污染的示例。

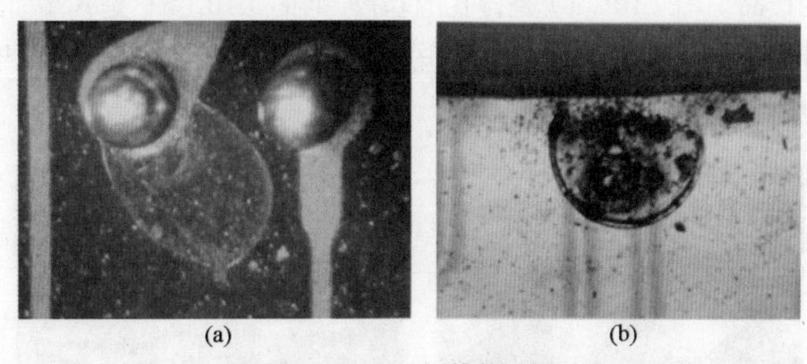
(a)　(b)

图 7.7　BGA 污染的示例

4. 通过观察镀金部判断焊球下的焊盘状态

BGA 存在如图 7.8 所示的镀金部，经过对 BGA 开路案例的分析。仔细观察该处存在焊球下面的镀金层的状态就能知道，镀金层的厚度为 0.5μm，是极薄的，还依次有一定程度的颜色存在。从图 7.8（b）中可见，金的表面的微细明亮部分是底层的 Ni 层。金是对腐蚀性很稳定的金属。那么镀金的基板为什么会被腐蚀成黑色的呢？其实金不会被腐蚀，被腐蚀的是底层的镍。通过对 BGA 断面的观察，在孔洞的内部存在黑色的异物，如图 7.9（a）所示。图 7.9 中除发亮的 Ni 的斑点外，其余全部成为腐蚀状态。

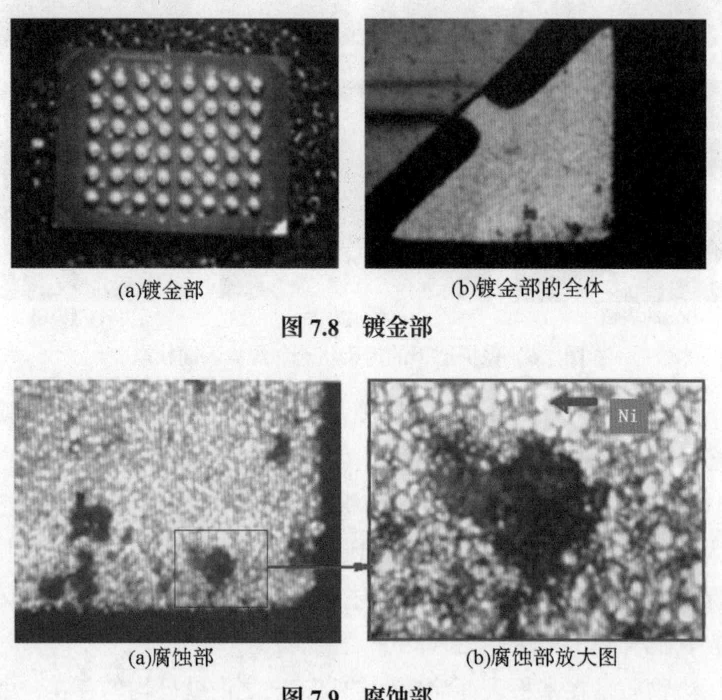

(a)镀金部　　(b)镀金部的全体

图 7.8　镀金部

(a)腐蚀部　　(b)腐蚀部放大图

图 7.9　腐蚀部

5. BGA 搭载基板的端部和绝缘的关系

最近不少的 BGA 采用金属化通孔的基板端面，为降低成本，即使是无铅仍采用打孔的产品。图 7.10（a）是打孔的基板，而图 7.10（b）是其端面的切片图。如果金属和树脂是同时存在的，就容易引起结露，而且清洗不净，若再加上氯离子的存在，就会因绝缘不良而发生离子迁移。

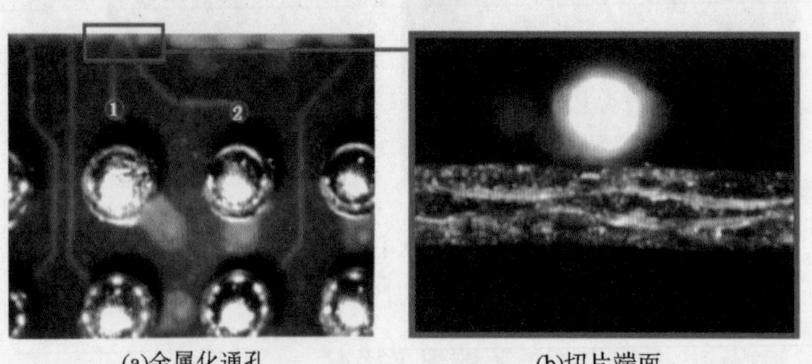

(a)金属化通孔　　(b)切片端面

图 7.10　金属化穿孔

假如对图 7.10（a）中的回路 1 及回路 2 的端部切片，以对观察范围进行放大，即使焊球的焊接是良好的，但用红线圈出的范围还是会因吸湿端部绝缘不良而鼓起，引起回路 1 和回路 2 的焊球之间的泄漏现象。如果在端面切片中的穿孔金属切面被污染，则不可避免地会受到离子物质的污染，而导致如图 7.10（b）所示的铜切面的变色。因此，对 BGA 基板端面的观察也是很重要的。

2007 年间，分析某著名公司的无铅 BGA，在 SMT 安装时出现大量的焊接不良时的切片，照片上显示了明显的不良，如图 7.11 和图 7.12 所示。

图 7.11　切断时容易黏附

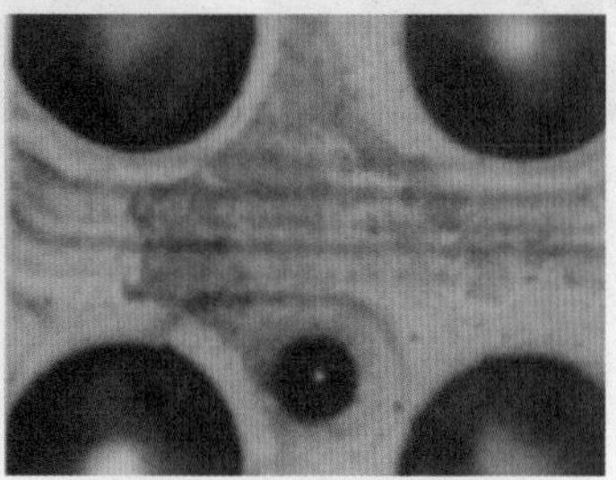

图 7.12　铜表面的污染

不仅限于切面铜的色调变化，而且存在绿色的铜的腐蚀物，如图 7.13 所示的 QFP 的污染示例，均构成了可靠性的关注点，也是在市场中发生的实际事例。

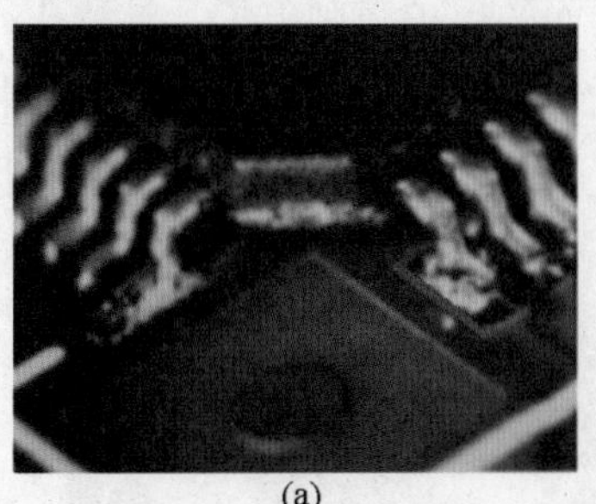

(a)

(b)(a)的放大（绿色的腐蚀物质）

图 7.13　QFP 的污染示例

6. 伤痕

对于 BGA 来说，意外损伤比较多。图 7.14（a）～图 7.14（h）全部是在国外的制造中发现的。图 7.14（a）是在导体切断时出现的，而图 7.14（b）和图 7.14（c）是因材料的原因所导致的。图 7.14（d）是保护层面的伤痕，可能是在物流传递过程中受伤而导致的。图 7.14（e）是最近的 BGA。画完整的白圆圈有三个，它是立体显微镜的环形灯光反射的。图 7.14（f）是在用金属模冲裁时发生了保护膜裂纹，像这样的裂纹一吸湿就很难挥发。图 7.14（g）是由于管理不善造成的操作上的接触斑点和伤痕。图 7.14（h）是测试设备的 13 个插头孔。出现测试不良的三个原因是：基板和焊球之间的接触不良、球表面的污染和测试孔的污染。

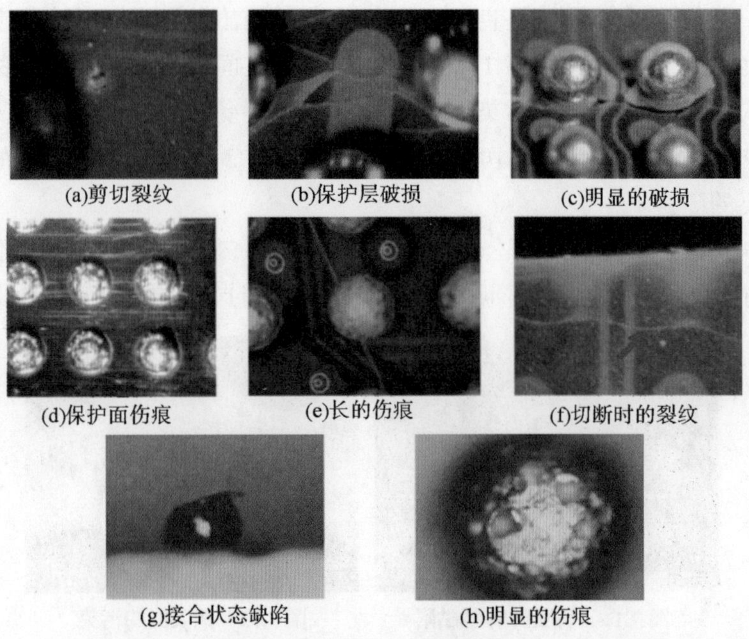
(a)剪切裂纹 (b)保护层破损 (c)明显的破损
(d)保护面伤痕 (e)长的伤痕 (f)切断时的裂纹
(g)接合状态缺陷 (h)明显的伤痕

图 7.14 关于 BGA 的各种伤痕

图 7.15 和图 7.14（h）是同一批次的 BGA，本来作为合格品从再流炉出来的 BGA，由于被测试设备的测试探针将孔端面的保护膜刺破了，导致孔的前端污染而形成的导通不良。图 7.15（a）中的针孔内进入了较多的异物，图中大的孔穴实际是极小的。像这样的微小的孔穴如果进入了异物，就在孔的入口形成缺陷。

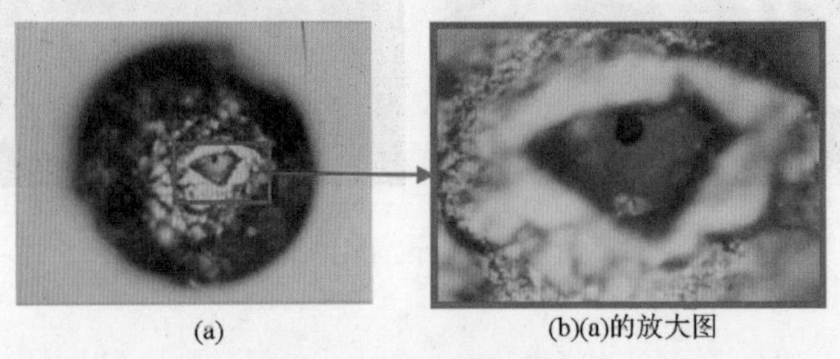
(a) (b)(a)的放大图

图 7.15 孔穴中的异物

7. 尘粒（灰尘）

SMT 尘粒被直接介于接合部时，即在尘粒上印刷焊膏或者被黏附在焊膏的位置上，由于尘粒难以焊接而引起焊接开路。其中不完整的接合被误检为合格而投入了市场。尘粒不仅仅单纯地招致接合的不良，就如植物类从根部吸收水分和养料而不断地向干、枝、叶、花及果实上输送，即植物纤维有亲水性。然而，在现场存在的可见到的尘粒是什么呢？化纤和植物纤维是可判别的，然而尘粒对 SMT 是不应该存在的。

图 7.16 是在对含松脂芯的软焊料丝的评价（40℃、95% RH、DC100V）中，观察到的由纤维碎片迁移出发点的状态中黑色部分是腐蚀的金属 Cu 离子在纤维

中的迁移，下部红褐色部分则是接受了电子而析出的铜。本助焊剂是 RMA 级别的，实际腐蚀性表现很显著，焊料表面的白色状态是焊料的腐蚀生成物。图 7.16 的左上方存在的带褐色的白色物，是助焊剂中的松脂加水而引起的分解。 活性剂一变多，耐水性的松脂就被白浊化。

图 7.17 显示了从 BGA 球侧界面剥离后的外观，其中基板面的母板是丝网印刷的。

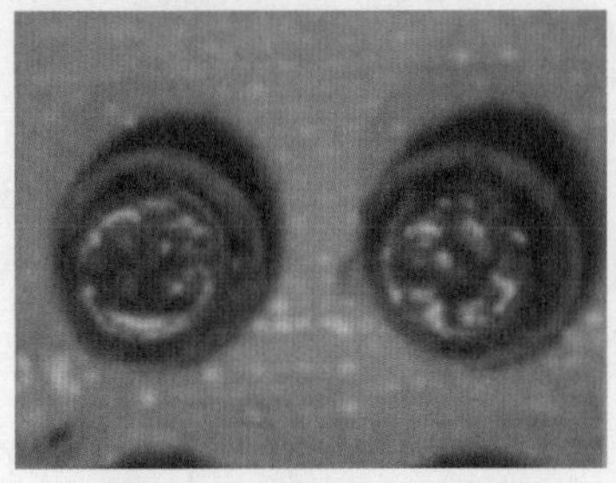
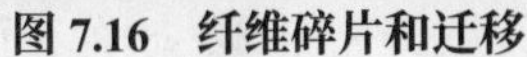

图 7.16　纤维碎片和迁移

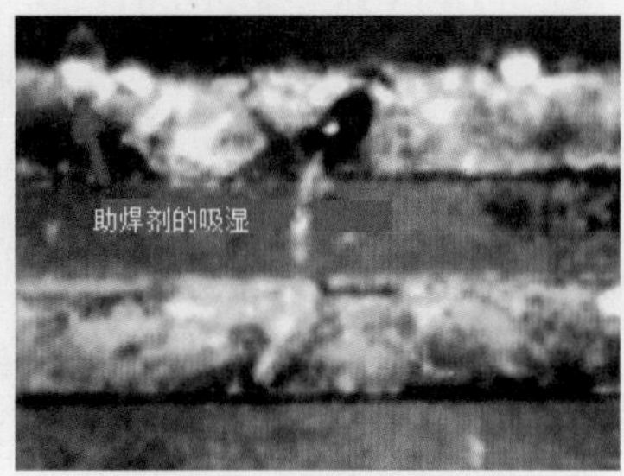

图 7.17　保护层碎片

在图 7.18（a）和图 7.18（b）中的球的下面有纤维碎片的位置,同图 7.18（c）中在棋盘式排列的孔内也存在。

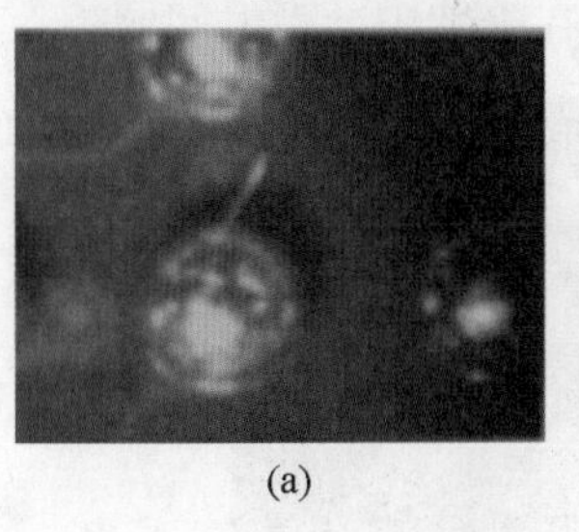

(a)

(b)

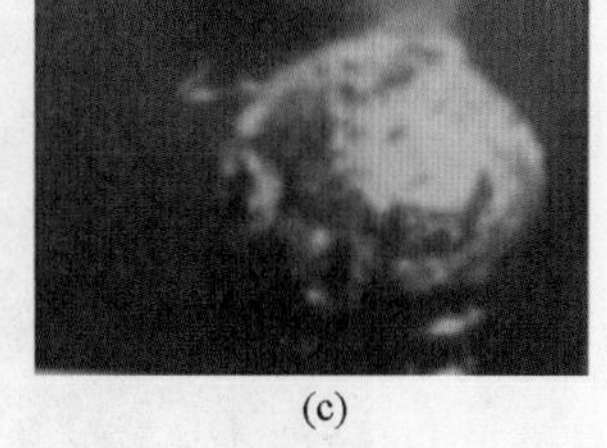

(c)

图 7.18　纤维碎片

8. 掉球

焊球在安装时存在飞散的情况，主要是由于助焊剂吸湿还如原样的印刷，在不锈钢容器内放入助焊剂后一吸湿，不锈钢容器的内侧面部就会变质成乳白色，作为色调相当于图 7.16 的红箭头指示的部分。在不溶于水的松香的斥水物质中一旦有水分存在，在电子作用半径内就会引起激烈的爆裂和飞溅。从再流炉一出来就可以见到掉失了焊球的焊盘，可见爆裂和飞散的激烈程度，在图 7.19 中可观察到掉失了焊球的空焊盘。芯片制造公司针对这种丢失了焊球的焊盘，补救的措施是把浸泡了助焊剂的焊球重新植在焊盘上，再用热空气修正。图 7.20 中进行了两个焊盘的修正，和印刷助焊剂不同，图 7.20 是用手工涂抹助焊剂，由于涂抹量变多，通过对两个接合部的残渣量的观察，右侧的焊盘多。多得焊盘升温慢，在加热的中间，操作就结束了，因此变成了树脂黏附的不良品。

图 7.19　缺失的焊球

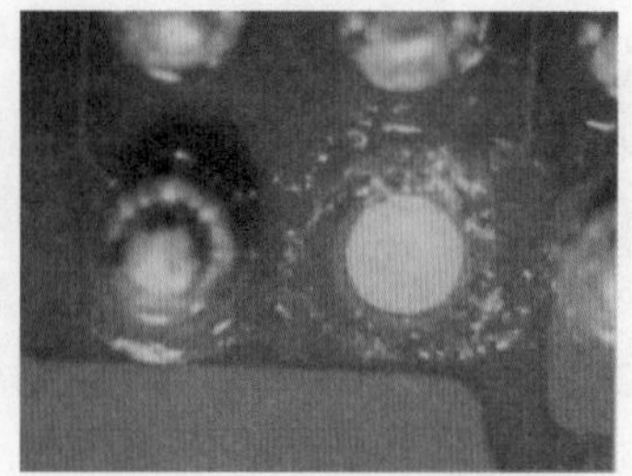

图 7.20　助焊剂残渣

9. 焊球的大小

焊膏印刷的高度与安装的密度有关，安装密度越高，焊膏印刷的高度就越低，在此场合，焊球尺寸的变异和焊球的顶部不能超出印刷面。因此，在安装前应先对焊球的尺寸进行校验，即使用显微镜观察比较一下焊球的尺寸也是可行的。如图 7.21 所示，在显微镜上放置 #2000 的研磨砂纸，将 BGA 放置在砂纸上，然后进行均匀的研磨。9 个焊球中只有中央的一个球未被削去，其结果便一目了然了。

像这样慎重地进行研磨就能对其进行正确的判断。图 7.21 中所摄取和记录的残留物，如果是研磨碎片，则必须仔细清除，否则在安装中会引发问题。

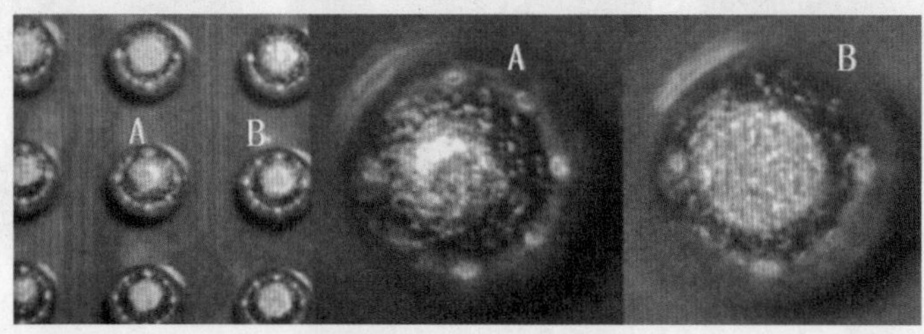

图 7.21　焊球尺寸的确认

7.2.2　BGA 封装中基板的翘曲

1. BGA 焊球的变形

BGA 焊球不一定是球状态，当使用环形光照明下用立体显微镜观察时，对于光泽的金属面呈现的是圆形反射光。利用此现象即可确定焊球是否变形。图 7.22 是 SAC 焊球的单体摄影，该成分系列的焊球表面存在无光泽和光泽两种状况。无光泽的焊球表面容易变形，它的表面可能是树枝状结晶。图 7.23 是在焊球表面存在裂纹场合时的状态。图 7.24 是丢失的焊球修正完之后，凝固前的焊球在高温状态时单体搭载的变形。

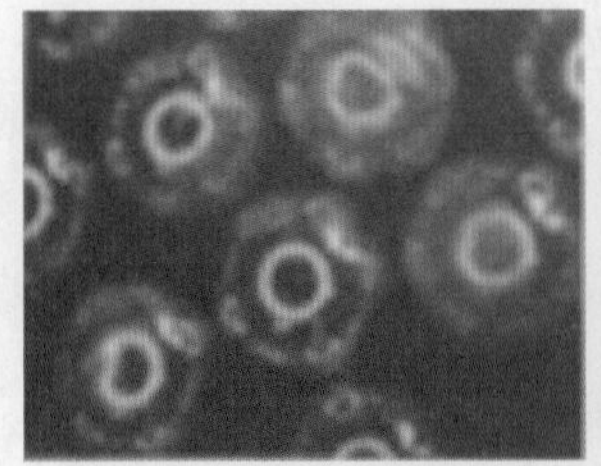
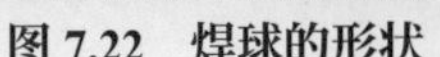

图 7.22 焊球的形状

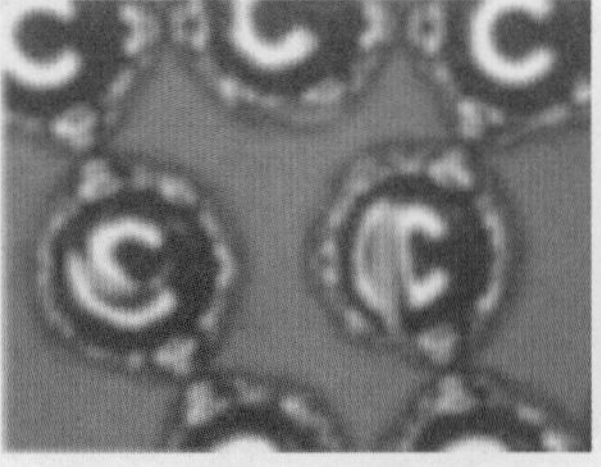

图 7.23 表面裂纹

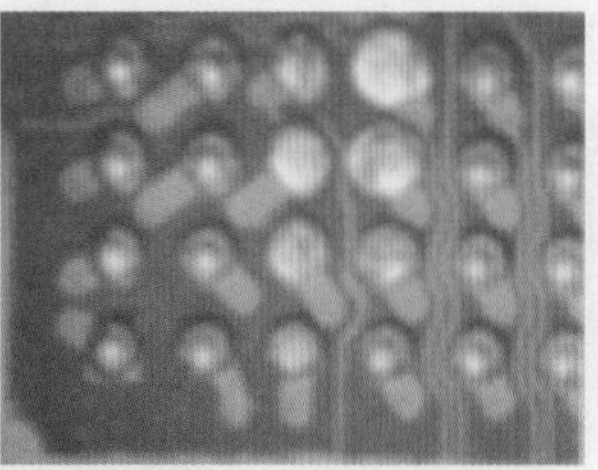

图 7.24 压坏（BGA）

图 7.25 是把 SAC405 的焊球在大气中进行再流时，由于强烈的收缩而变了形。该 BGA 在 SMT 安装现场发生了大量的不良，在无铅化初期被认为是不合格的。直到参考了图 7.26 中安装的 SnPb 共晶焊料球的外观后，才弄清 BGA 在 SMT 安装现场发生的大量不合格的原因。

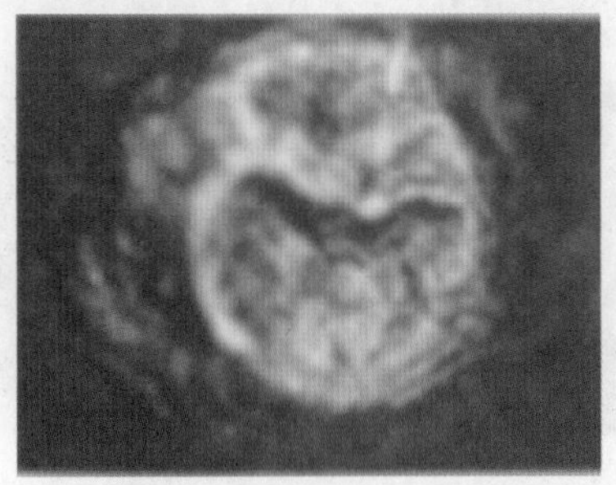

图 7.25 凹陷（BGA）

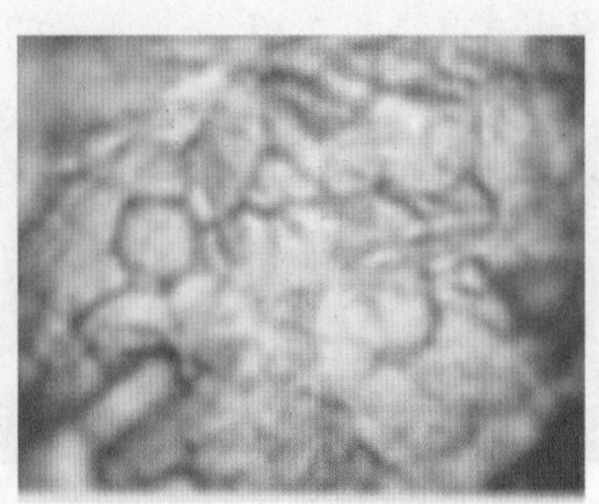

图 7.26 SnPb 空气再流

图 7.27（a）中焊球的顶部变成了平坦的状态，还一如原样地在安装现场被认可。图 7.27（b）是对图 7.27（a）中的焊球焊点进行了放大，而图 7.27（c）是对图 7.27（a）更进一步地放大。进一步观察图 7.27（b）中的黄箭头所指部分，可见到其呈波纹状的筋，它是在摩擦球表面时形成的，从图 7.27（c）的放大照片中的红虚线箭头的方向即能观察到其痕迹。

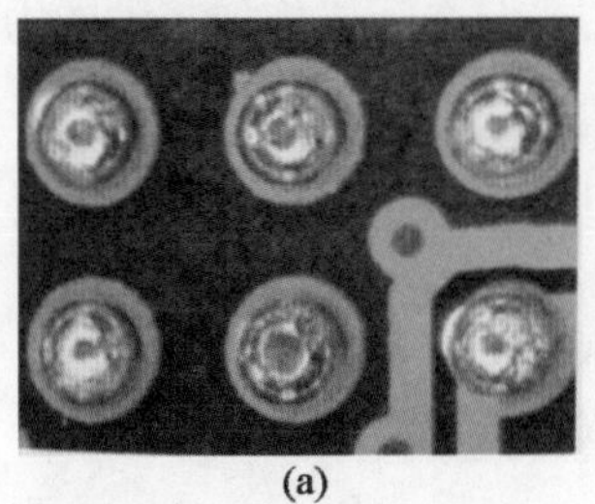

(a)

(b)放大

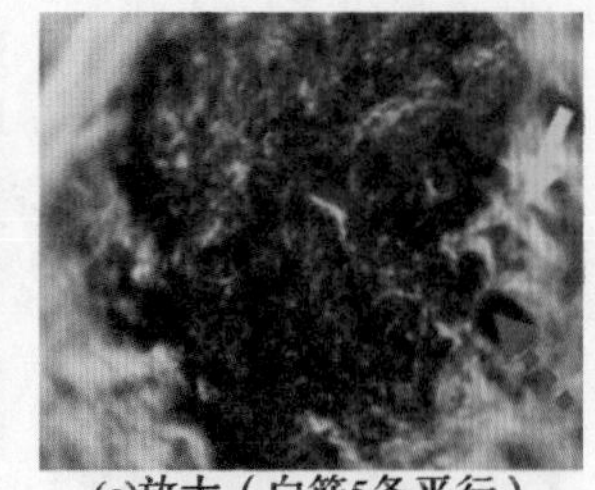

(c)放大（白筋5条平行）

图 7.27 焊球的表面异常

根据上述对 BGA 焊球表面的观察，图 7.27（a）与用环形光反射的不一样，这就是焊球的高度不一样的证据。由于偶然因素的影响要变成平坦的面已是不可能的，这是未来追求的目标。焊球的高度不规范造成成批次的返修，这就可判断是焊球制造公司存在的质量问题。

再者，图 7.27（b）的显现物是黑色的表面，而照明所使用的是环形光，荧光灯照映射的是青（蓝）色。像这样的示例在认可的产品说明书中被作为重要的判断基准，假如是作为公司初期使用的BGA样品，应与批产品说明书的内容一致对其进行评价。该BGA焊球高度尺寸一致性的校正，应将其压放在平板上进行，如图7.28所示。

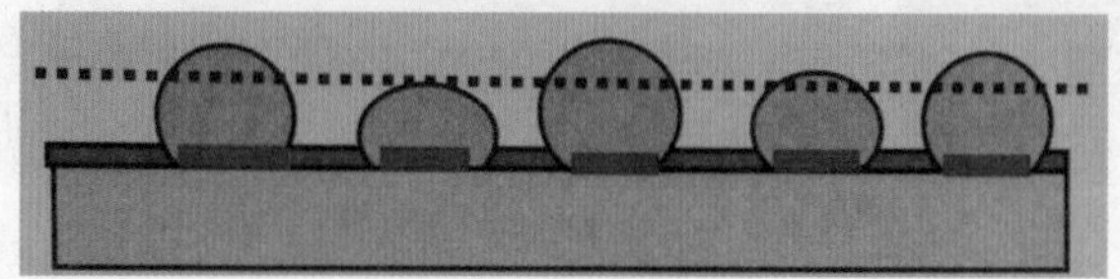

图7.28　高度校正

变形的示例如图7.29所示。图7.29（a）是被分析的BGA，这个焊球同图7.29（b）所示的安装部分存在裂纹面，在第2回测试中施加了接触压力还是不导通，此时大致可判断接合存在细缝。第3回测试点因面积大就可直接判断。第1回检测试点是图7.29（c）所示的安装污染面。

(a)被分析的BGA

(b)焊球表面

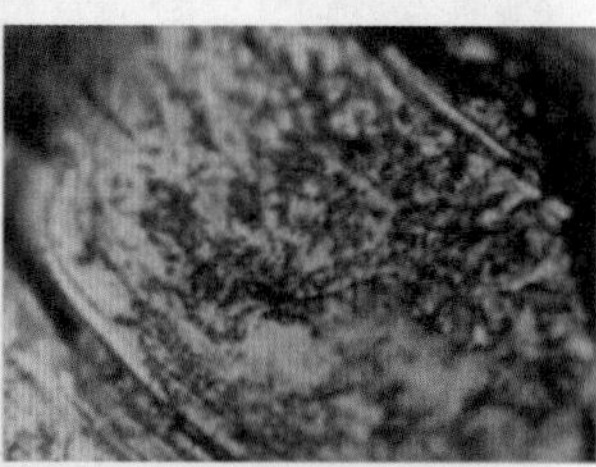

(c)接触面的污染

图7.29　焊球表面的缺陷

如图7.30所示，该BGA的接触面被污染，是因保护层下的导体被腐蚀而引起的，即在焊球和焊盘的界面发生了不良，它正是导致接触面开路的原因，其结果是不导通，即检测面和焊盘之间的电流终止在焊盘面。

可是，第3回测试点用强力按压BGA后接合处导通了，此时导通的机理是第3回测试点是强力压合的。如图7.31中红虚线箭头所指部分在焊盘上受到了挤压力才变成了导通状态。当接合面存在污染时，在它们之间要施加多大的力才能使其导通呢？尚无可共享的数据。

BGA焊球的安装（植球）存在如图7.32所示的相互位置关系：有焊盘，在其上还有助焊剂、焊料球等。

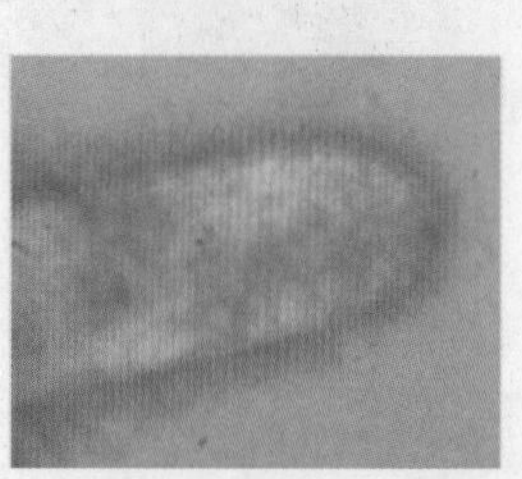

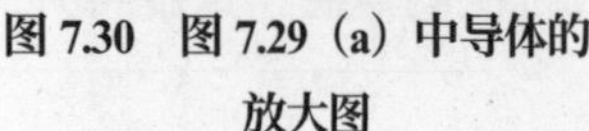

图7.30　图7.29（a）中导体的放大图

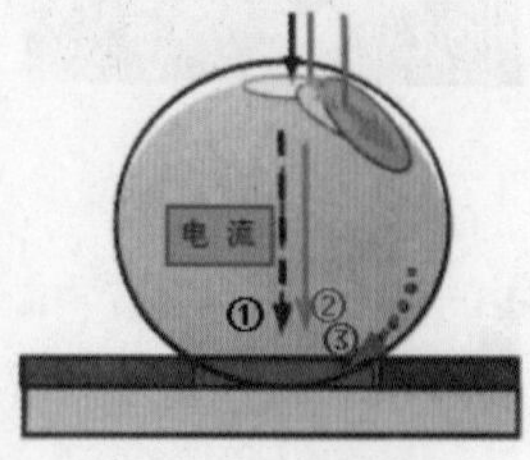

图7.31　导通的机理

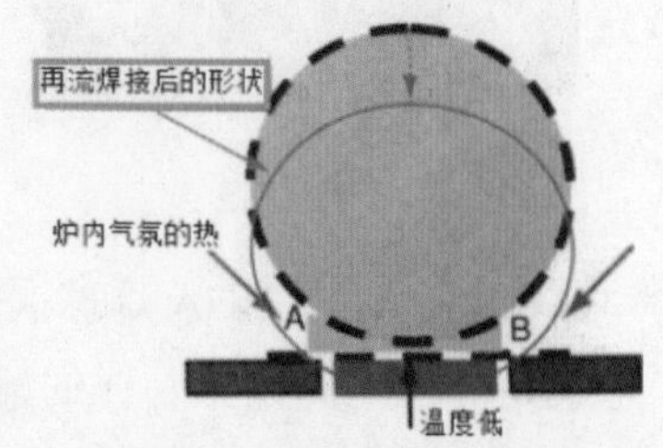

图7.32　再流时的状况

焊球是微小的，在其上没有像部件那样的重物，仅有单纯的焊球。焊球一变小，它就变成浮在助焊剂上的状态，作为焊球周边存在被氧化物覆盖的膜，进入再流炉焊球熔融后因自重变成了俯卧的椭球形状。图 7.32 是再流时的状况，由于基板内部的加热弱和焊球及焊盘的接触的区域温度上升比较困难，只能靠 A 和 B 处的炉内气流加热而使温度上升（中心部加热慢）。因而，焊球或者焊盘的表面如虚线所示，一被污染，依靠助焊剂除去污染物并从外侧排出是很困难的。何况对于 BGA 制造公司来说，空洞更是致命伤，因此必须努力抑制峰值温度。温度越高，熔融时间越长，空洞就越大，而且空洞数也会越多。

2. 微小焊球

探查 BGA 焊球侧面的微小焊球已成为观察的重点，图 7.33 是存在微小焊球的 BGA。在基板上印刷焊膏、搭载焊球的阶段并不存在微小焊球，而是从炉内出来在保护膜上就出现了。究其形成的关键，如图 7.34 所示。在图 7.34 主体部分有一个巨大的空洞，而且在左侧深处也存在一个大的空洞。

其发生的原因是印刷的焊膏吸湿了，像这样的焊膏一并进入再流炉中，热的传导是从外周部直接向焊球的下部传递。焊球下部的温度上升得慢，实际上对焊膏中的水分影响也要慢，当焊球的熔融从外周部开始时，焊球下部的焊膏被封闭在其内，几乎瞬间引起爆炸。图 7.34（b）中的箭头揭示了爆炸气体的通道，这时熔融焊料被吹飞成微小的焊球飞散在保护膜的面上，在图 7.34（b）中就存在 4 个微小的焊球。因此，如果在使用的 BGA 的保护膜面上存在微小焊球，就会像前述的在焊球的下面会存在巨大的空洞。像这样的 BGA 是不能使用的，并返回 BGA 制造公司进行全面检查。

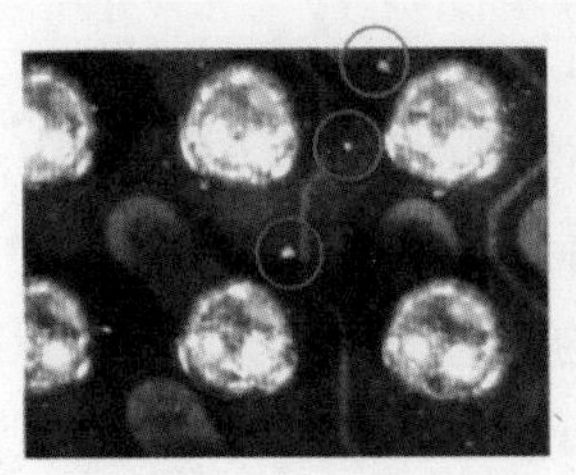

图 7.33　微小焊球

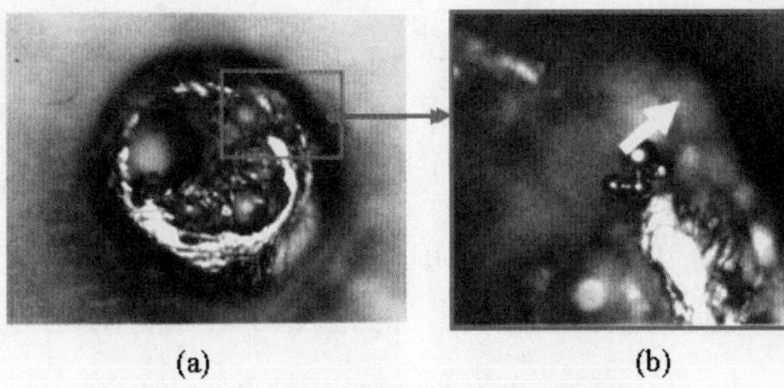

(a)　(b)

图 7.34　BGA 侧剥离（巨大空洞）

3. 焊球的偏移

图 7.35 所示为发生的焊球偏移，其特征是焊球偏移的方向是不一定的。如果是同方向的作用力，那么一定是同方向的偏移。由此可知图 7.36 中的 BGA 基板不是沿一个方向移动的，而是沿各个焊盘任意方向移动的。其形因与诸如炉子排风的强度、传送带的振动、基板的热变形、助焊剂的突然沸腾以及工具的冲击碰撞等均有关联。根据图 7.35 分析，图 7.37 是有代表性的由基板上的变形而导致的偏移。图 7.38 和图 7.39 中的异物是在再流炉中附着的。总之，像这样的缺陷产品出厂是 BGA 制造公司在芯片封装中由于管理不善所造成的。

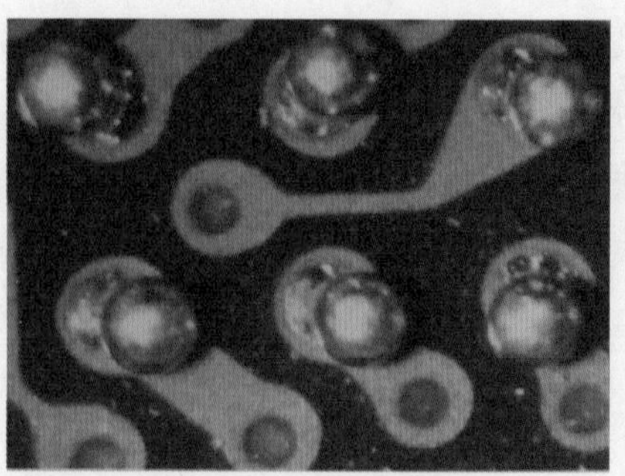

图 7.35　焊球的偏移

图 7.36　基板的变形

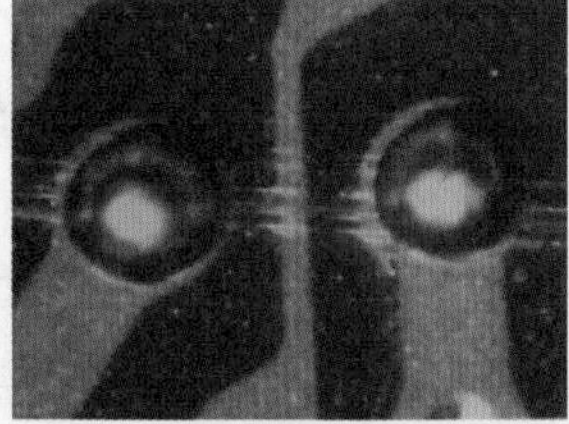

图 7.37　基板上的偏移

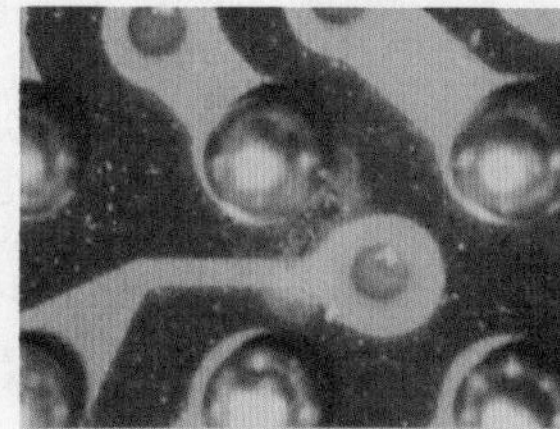

图 7.38　异物的附着

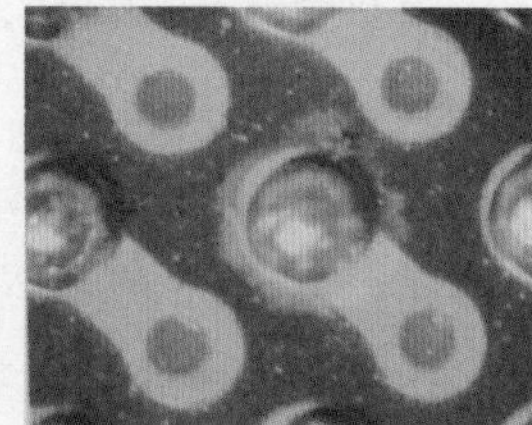

图 7.39　异物及清洗不足

图 7.40（a）是清洗不良的状态，除了从焊球下渗出的污物外，还有白色微细的异物出现，这是炉内的清洗装置被显著污染所造成的。图 7.40（b）是拍摄时在保护膜面上引起的光晕（晕影）或者是清洗水被污染所形成的污染物。图 7.40（c）中的支柱孔下侧（红箭头所指位置）的黄褐色污物是在这些孔中存在的污染物质没有被洗净所导致的，当从清洗槽向上提出时渗出来的。它呈砂粒状分布在保护膜涂层上，使该基板被污染，而且在污染显著的地方可能还存在空洞而成为安装的障碍。

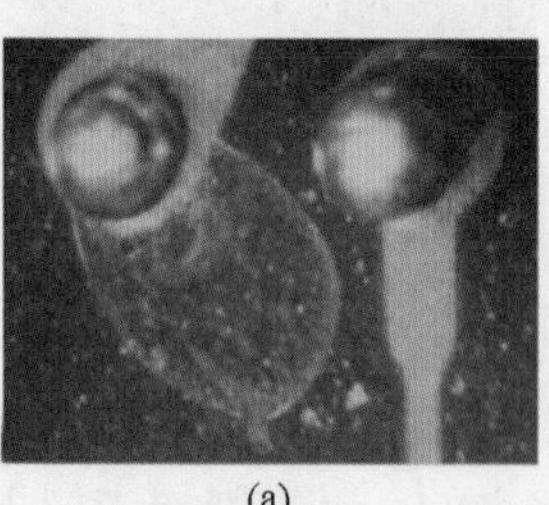

(a)

(b)

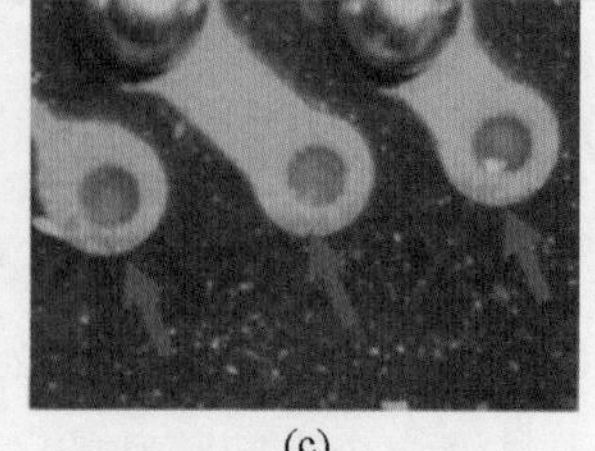

(c)

图 7.40　清洗不足

图 7.41 是焊球偏移的放大图，这些图片有共通的点，即红箭头所指处有一条轮廓线，该线与焊盘有极近的位置，大约移动了焊球一半的距离，而图 7.41（f）中该线几乎移动达到一个焊球的距离。在这里有个疑问，为什么没有发生自对准

(自对位)现象呢？这是因为与芯片相比，非常小的焊料是发挥不出自校正效应的。实际上形成焊球偏移的原因，振动是其第一因素。除此之外，还存在哪些影响因素呢？

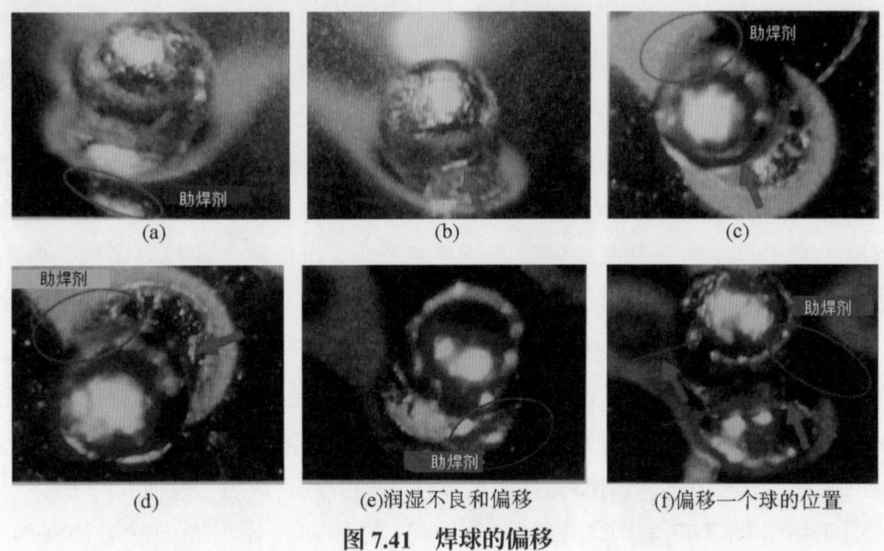

(a) (b) (c)

(d) (e)润湿不良和偏移 (f)偏移一个球的位置

图 7.41　焊球的偏移

图 7.42 表示了焊球偏移发生的机理。从图 7.41(e)中可见，由于助焊剂的流失，直接露出了焊盘上的金镀层。这种被污染了的焊盘表面有不被助焊剂润湿的特性，或者因助焊剂中水分含量多，因此这种助焊剂容易流失，从而导致了偏移的发生。图 7.41（e）中焊球的温度过低也可能是原因之一。图 7.43 中红箭头所指部分是丢失的 4 个焊球及其状态。

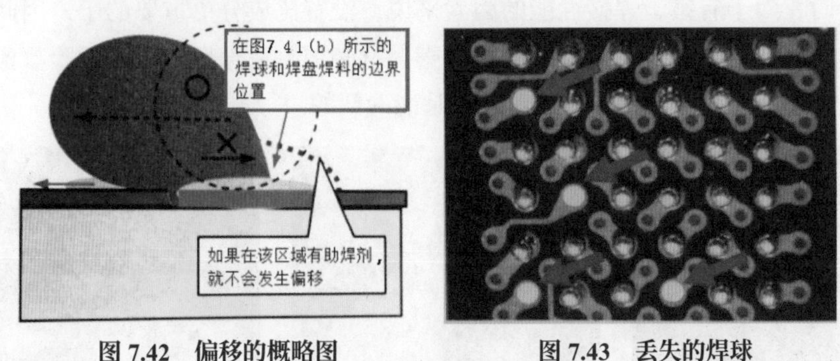

图 7.42　偏移的概略图　　**图 7.43　丢失的焊球**

以上是基于实物分析的大致结果，分解内容如下。

（1）BGA 表面尘灰多：再流炉内被污染（几乎没有维修和保养、传送系统动作不正常、温度波动大等当然也是引起的原因）；清洗装置内被污染。

（2）基板薄且有挠度：容易拾取振动，基板的固定也复杂，特别是与炉内污染也有关系。

（3）清洗不够彻底：清洗装置内污染，清洗水污染。

（4）不固定方向焊球偏移：基板拾取了振动；焊盘润湿不良表面状态变化；焊膏自身动作容易变态，软化温度低，温度曲线测定方法不正确；焊膏吸湿；焊球表面污染；焊膏印刷量少，黏度波动大。

（5）焊球缺失：和（4）大致相同。

4. 焊球晕边

焊球表面模糊不清的原因，大致可区分为由表面污染、合金成分及表面氧化的皱纹造成。表面污染可分为暗（黑）色焊球及焊球植球后清洗时二次污染。暗色焊球是随着较柔软的焊料（SnPb）的摩擦而发生的。当焊球制造采用油方式时，焊料屑在油中熔融而成球形。随后由于清洗不充分，在球表面还黏附着残留的油时就取出来了，使相互摩擦的焊球上还存在渣滓（沉淀物）便投入了制作中，从而成为暗色球形成的加速因子。

图 7.44 是典型的暗色球表面存在的在相互碰撞时形成的凹坑，放大后如图 7.45 所示，球的表面有异物附着。这些附着的异物使焊球表面失去了光泽而变成了暗色球（黑色球）。暗色球是在SMT工序中出现不润湿的原因。近些年来，焊球的制造方式采用了不用油的直接形成球形的方式，改善了用油的弊病。

图 7.46 和图 7.47 是用无铅合金 SAC305 的 BGA，作为表面状态和在 N_2 保护气氛中进行安装的焊球，从表面光泽上是能够区分的。图 7.47 中的 BGA 是安装后清洗不充分而导致其表面变色，其原因是半导体公司生产的产品质量问题、安装现场管理差等。

SAC305 成分的BGA焊球如图 7.48 所示，有光泽的焊球和无光泽的焊球并存，无光泽的地方发生如图 7.49 所示的凝固裂纹概率高。光泽的有无与微观成分存在变异时，对于有害于焊接性能的因素来说，没有比成分更重要的了，因此对此是不能放心的。如果裂纹间隙间出现结露，就必须关注存在腐蚀的危险。像这样的裂缝，即使是焊膏的 30μm 的粉末也是能确认的。

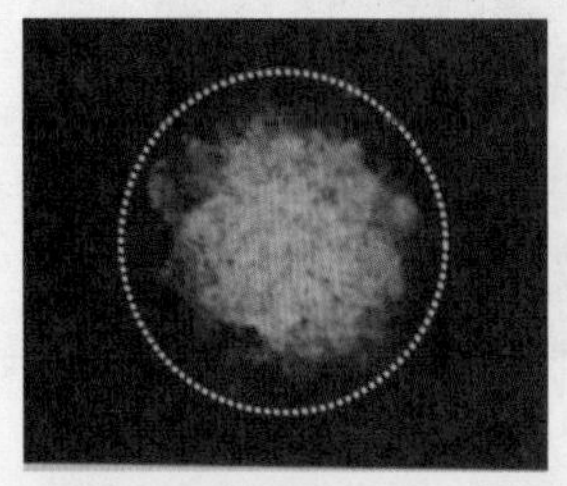

图 7.44 暗色球的大小（虚线）

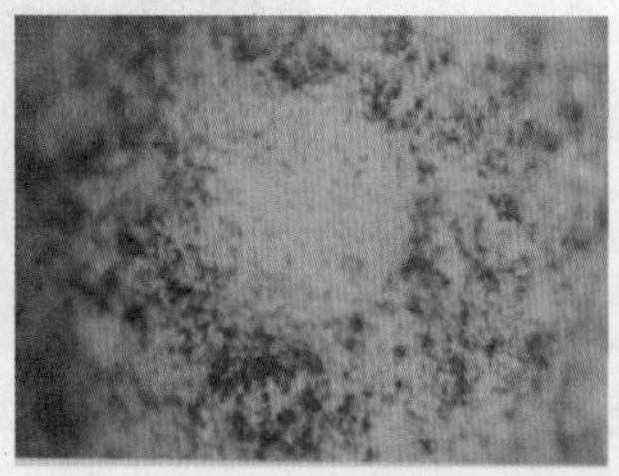

图 7.45 图 7.44 放大后的表面污染

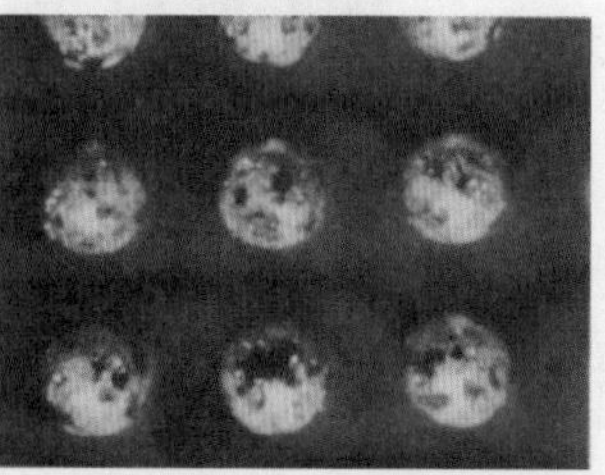

图 7.46 无铅焊球

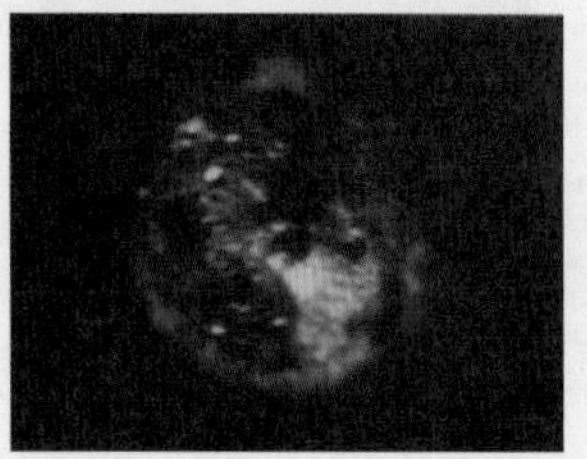

图 7.47 图 7.46 的表面污染

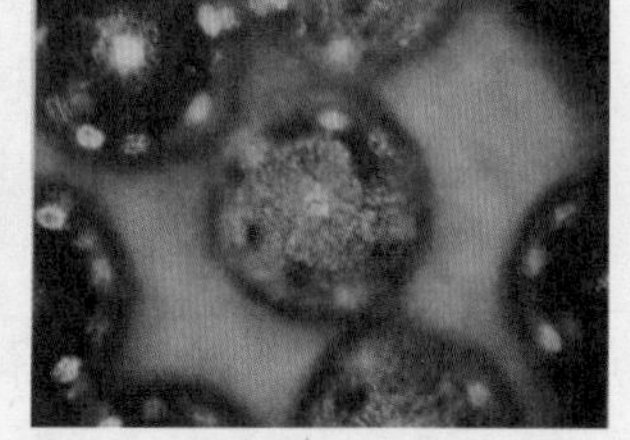

图 7.48 有光泽及无光泽 的焊球

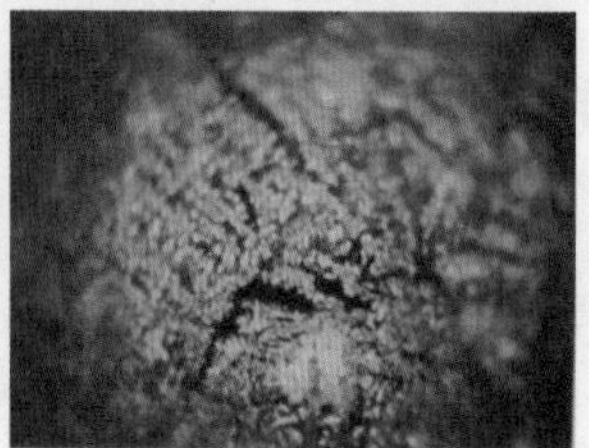

图 7.49 凝固裂纹

图 7.50 中的焊球即使用肉眼看也是模糊的。其表面氧化少（由于在 N_2 保护气氛中安装），用金属显微镜可以观察焊口。像低熔点不纯物（图 7.51）这样的焊口，在 SMT 安装中的反润湿性很容易被错判为良性。在 SnPb 焊料中一旦混入了 Bi，其熔点就将降低到约 99℃。在发热的环境中，假如元器件在自身的发热或者周围环境的温度循环等的影响下就将发生导通不良。

含有低熔点（约 50g）的不纯物，如图 7.52 所示，在充分加热后，低熔点金属比母体金属先从焊口的熔融焊料中分离出来。用该法可以简单确认低熔点不纯物的存在。

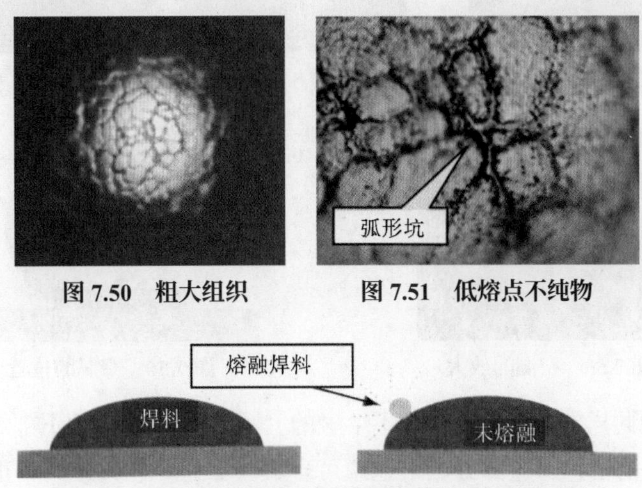

图 7.50　粗大组织　　图 7.51　低熔点不纯物

图 7.52　在母体焊料熔融前将低熔点不纯物分离出来

7.3　从基本现象追迹 BGA 芯片在封装基板上安装中的不良

7.3.1　BGA 芯片侧剥离面状态的观察

在 SMT 安装现象发生的不良 BGA，问题几乎都是存在于封装基板和焊球的界面上。因此，为了彻底解析这些问题的形因，首先就必须要将不良的 BGA 侧的焊球进行人工强制剥离，以便于对不良 BGA 的封装基板和焊球界面间的实际状态进行全面的深查。在这里介绍的各种各样形态的剥离面的状态全部是用金相显微镜拍摄的照片，意外的是焊盘面存在被液体渗透的现象。图 7.53 的渗透面积波及整个焊盘面积的 1/2，图 7.54 也同样有渗透现象。图 7.56 是图 7.55 中空洞的位置，其形状很奇特，推测其可能和气体的吸附有关。这个位置的焊料未熔融，这从其空洞的形状就能判断，因为气体在液体中存在时是呈球形的，故其断面应该呈圆形。然而图 7.55 中的空洞不是圆形,因此它不是液体中的空洞。在外观上，焊球在剥离前的形状应该是图 7.56 中的球形。由此可知，在接合界面上的焊料是熔融了的。如果能理解这一事实，那么不只限于 BGA 的接合，对其他部件也是可以应用的。

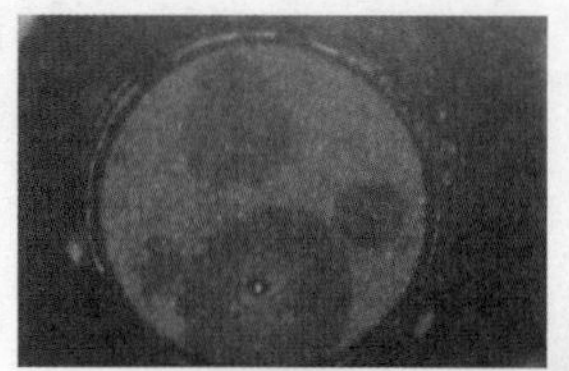

图 7.53 剥离面的溶液渗透部分（1）

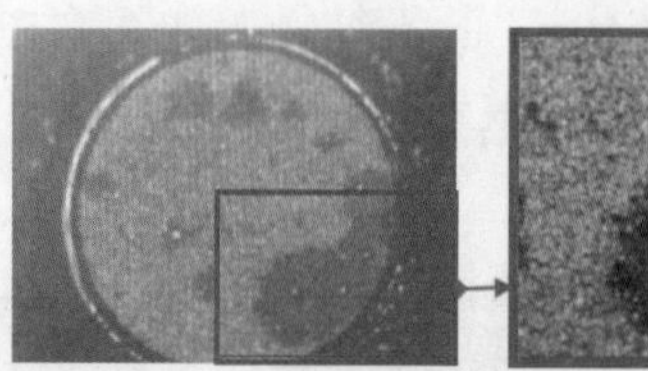

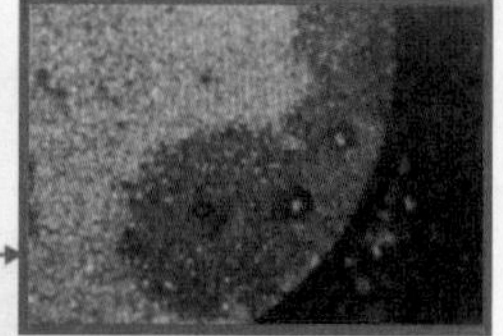

图 7.54 剥离面的溶液渗透部分（2）

图 7.55 空洞的放大

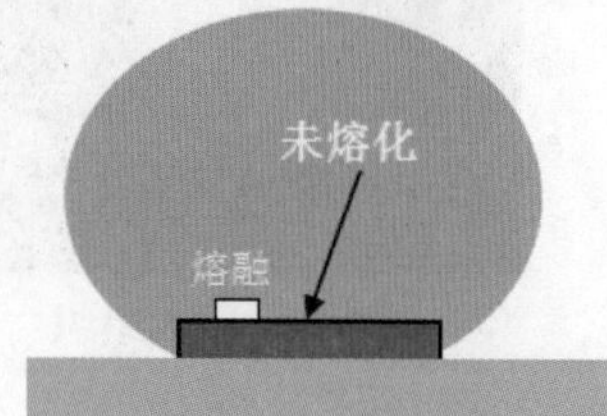

图 7.56 空洞的位置

图 7.57 中同样的接合界面也是不熔融的。图 7.57（a）中的下部红箭头所指部位可见到少量的白色，这部分严格地说可理解为导通。但其距离真正接合技术要求的水平还很远。在图 7.58 中的空隙位置变成了熔融状态,但这也是个别处的导通。

图 7.59 也是同样的，但具有极强的渗透特征。像这样的变色即使只有一个，也应对焊料进行返修，而在安装现场，只要导通便被交付是不对的。图 7.59（d）是图 7.59（c）的放大图。

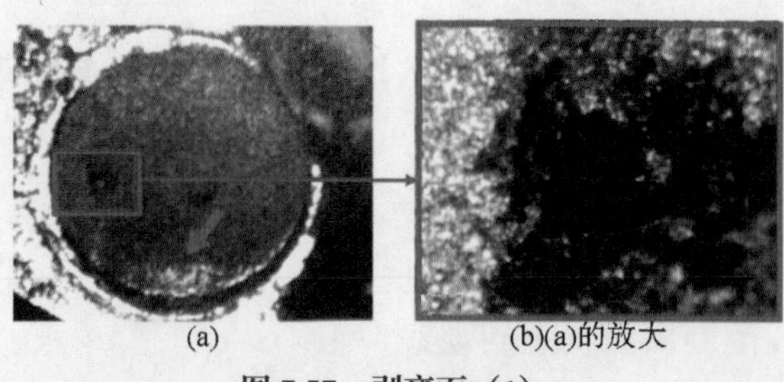

(a) (b)(a)的放大

图 7.57 剥离面（1）

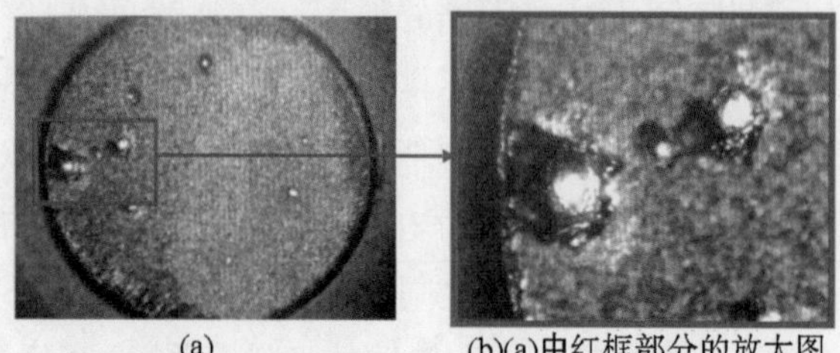

(a) (b)(a)中红框部分的放大图

图 7.58 剥离面（2）

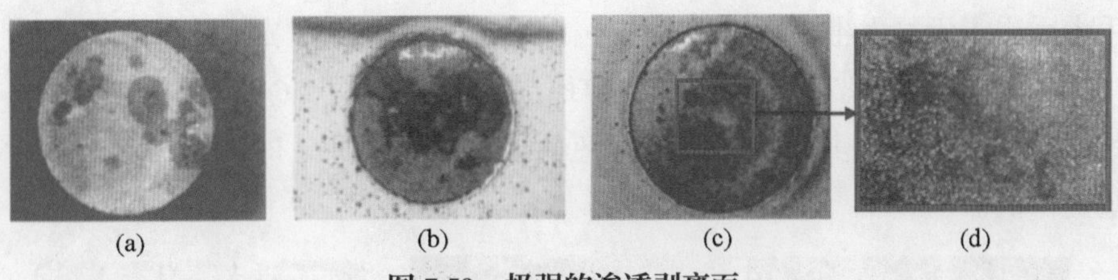

(a) (b) (c) (d)

图 7.59 极强的渗透剥离面

SnPb 合金有代表性的强制剥离面所见到的焊盘表面，如图 7.53 和图 7.54 所示；而 SAC 系合金情况所见到的剥离面，如图 7.60 所示。图 7.60（b）是图 7.60（a）中异物的放大图，而图 7.61 的焊盘面有黑色的部分，即使与 BGA 公司不同，也是在相同状态下发生的剥离面，这是被搭载时焊球的自身原因所导致的。

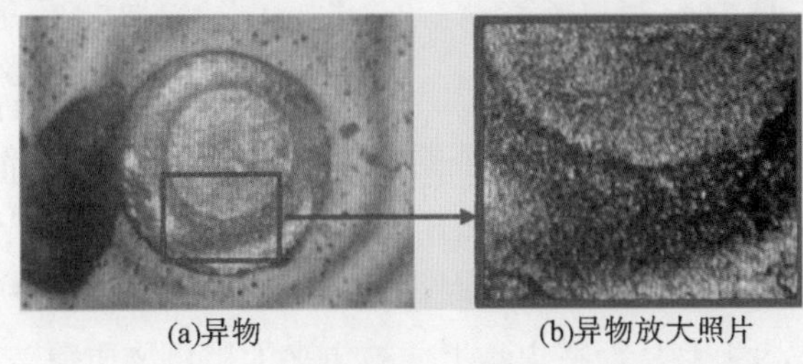

(a)异物 (b)异物放大照片

图 7.60 异物

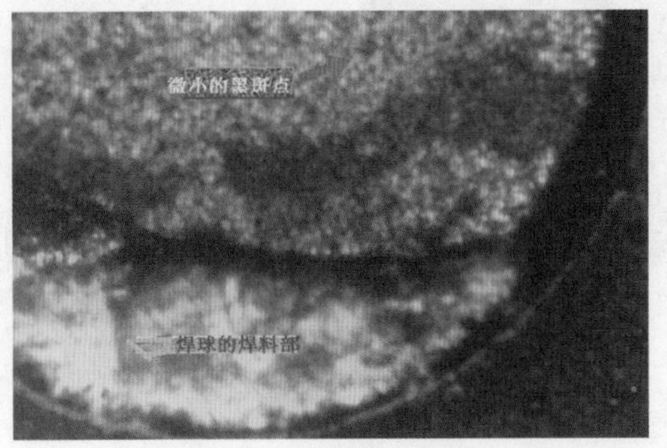

图 7.61 剥离面的放大

如果焊球安装装置的机构、管理、操作者在安装中的操作都是相同的，即使公司不同，也同样会发生相同的不良情况。图 7.62 中也可以认为是相同的发生原因。图 7.63 中在剥离面上存在于空隙中的污染物质，要考虑其剧烈的吸湿性。

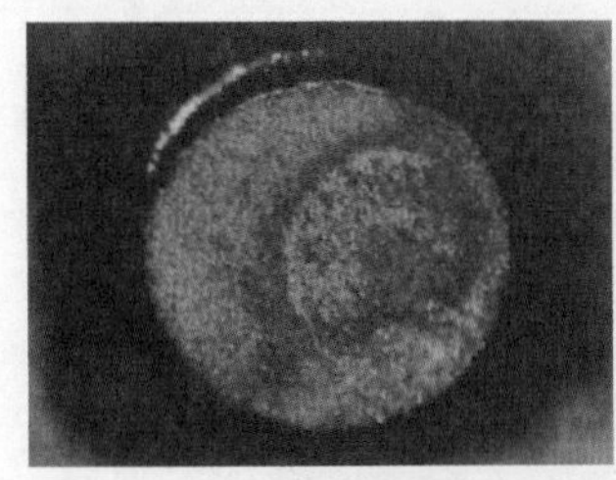

图 7.62 异物

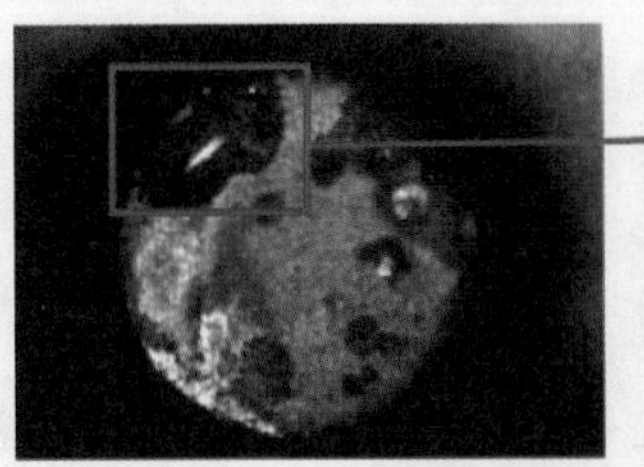

图 7.63 在剥离面上存在的水分

图 7.64（a）是熔融开始的状态。在该图的左上方存在有显著的污染，通断检测是合格的，然而像这样潜伏着隐患的不良 BGA，若被搭载在主干网上的客

户手中后，主干网发生故障时，人们还往往误判为 SMT 安装不良呢！

图 7.64（b）和图 7.65 是相同的 BGA 中的焊盘，图 7.64（b）中的红箭头所指部分是研磨筋，在其下方位置是黑色污染物质，对此，即使是在图 7.65 中也是能确认的。

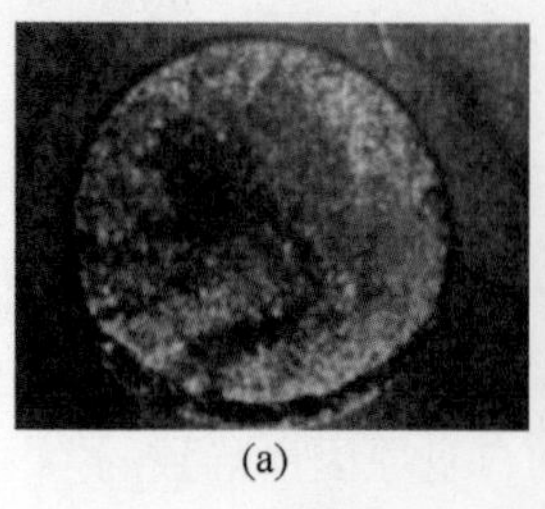

(a)

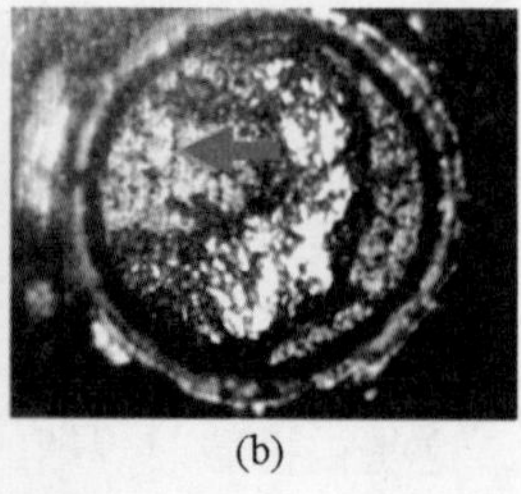

(b)

图 7.64　疑似接合

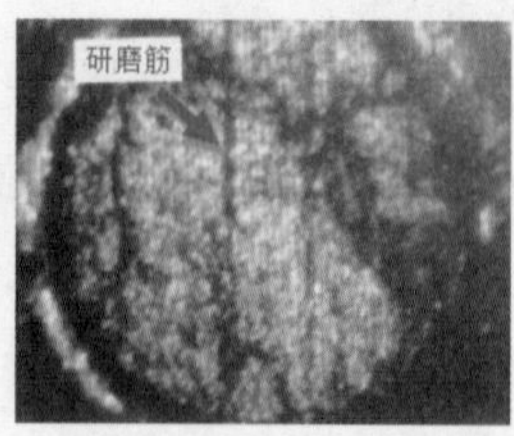

图 7.65　抛光研磨筋

对于基板上与其相对应的焊盘同原来一样不存在黑色物质，也不存在助焊剂，而污染物全附着在球的表面。其证据如图 7.66 所示，焊球沿箭头方向的移动，可用黑色物质的形状来理解（可参照图 7.67）。在焊盘上印刷焊膏→搭载焊球→再流的过程中，助焊剂呈熔融液状化时焊球移动，此时，附着在球的表面上的污染物便被流转到焊盘上，从而在焊盘上便被更多的黑色物质覆盖。

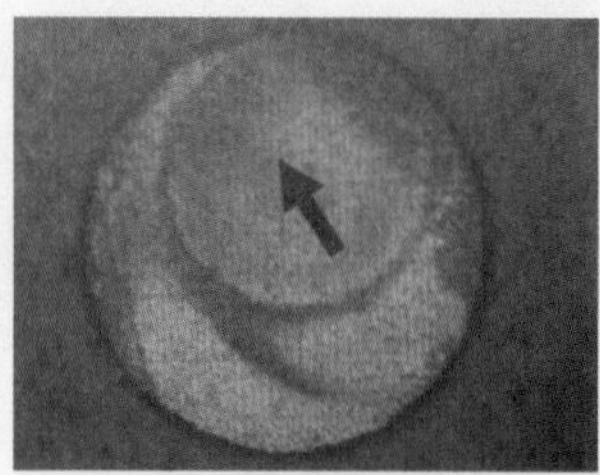

图 7.66　焊球的移动

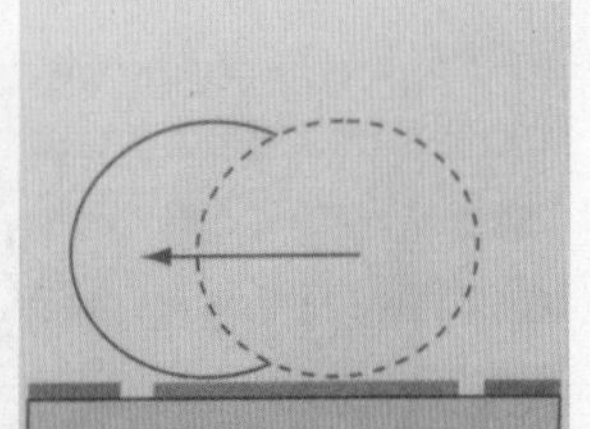

图 7.67　图 7.66 的说明图

7.3.2　BGA 封装焊球和焊盘界面的 Cu 和 Ni 的存在

在不良的 BGA 的强制剥离界面上有结晶析出，图 7.68 是 SnPb 共晶焊球的剥离面。图 7.69 是 Cu–Ni 的结晶放大图。SnPb 焊料合金中是不存在金属间化合物组织的。

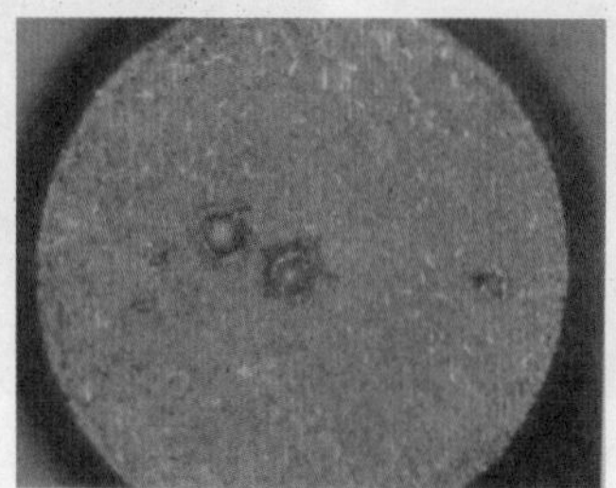

图 7.68　SnPb 共晶焊球的剥离面

图 7.69　Cu-Ni 的结晶放大图

Cu 和 Ni 形成的是全固溶态，如图 7.70 所示。不论是什么样的成分比率，它都具有完全熔合的性能。由此可理解它在固态时就能完全相溶混，从词面上理解，共晶具有所有结晶一起存在的意思。因此，可以用共晶状态图来表示 $\alpha + \beta$。虽然共晶组分可以分离，但是当其各成分在熔融状态时是不能分离的，相反，两金属的结合以共晶组分为最强。由图 7.70 中的状态图可知，温度稍许低于 1083℃，合金化就不可能。而在 250℃的温度作用过程中引起的结晶化，是因为在其他条件下（如还原气氛、高浓度等）才引起的低温结晶化现象。

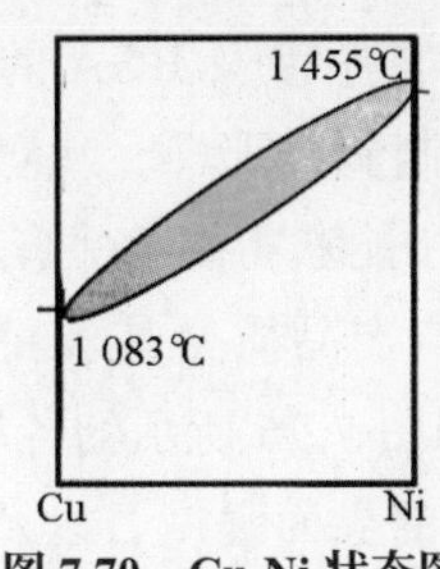

图 7.70　Cu-Ni 状态图

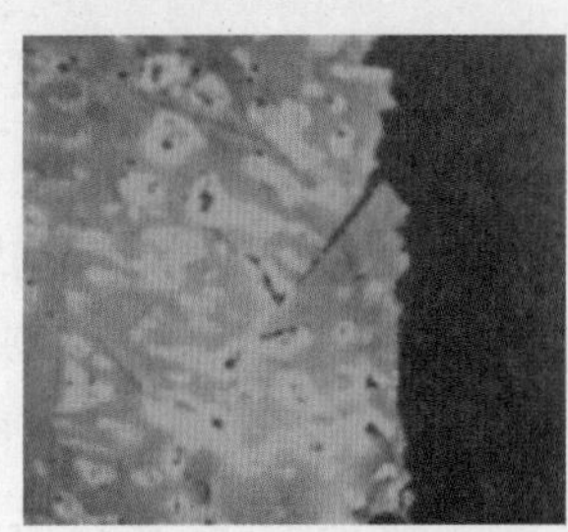

图 7.71　Cu-Ni 结晶的 SEM 图

图 7.71 是 Cu-Ni 结晶的 SEM 图，图 7.72 和图 7.73 分别对是 Cu 面和 Ni 面的分析结果。在刚开始分析时，人们便会产生一个疑问，为什么会在焊球和 BGA 焊盘的界面上存在多量的 Cu 和 Ni 的结晶呢？ BGA 基板的镀层工艺是：软蚀刻→清洗→镀 Ni →清洗→镀 Au →洗净等工序，完全没有加热工序，其原因的可能性是在用软蚀刻工艺溶解出的 Cu 通过清洗槽侵入了 Ni 镀液中，从而提高了 Ni 镀液中 Cu 的浓度所导致。在镀 Ni 后的表面上存在游离的 Cu 和 Ni（参考图 7.74）。

这些游离的 Cu 和 Ni 是在焊球安装的再流炉内引起了结晶化。在未使用的 BGA 中具有代表性的开路事故是发生在不良品的场合，在搭载基板和焊球的接合界面上除不可预料的污染物，能被观察到的也有多种。在无铅的剥离面上，还观察到如图 7.66 所示的独特的污染现象。

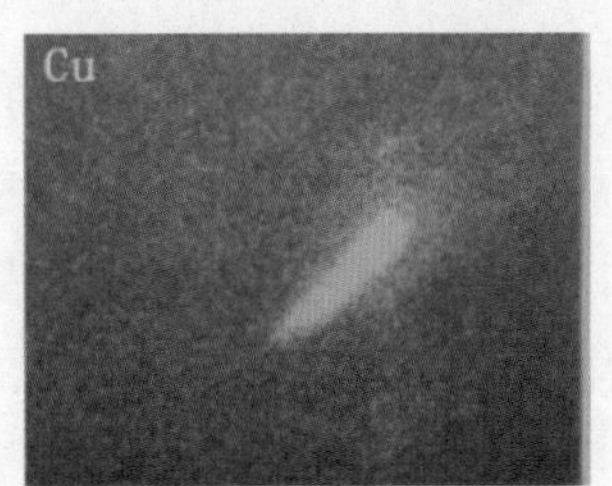

图 7.72　Cu 面分析

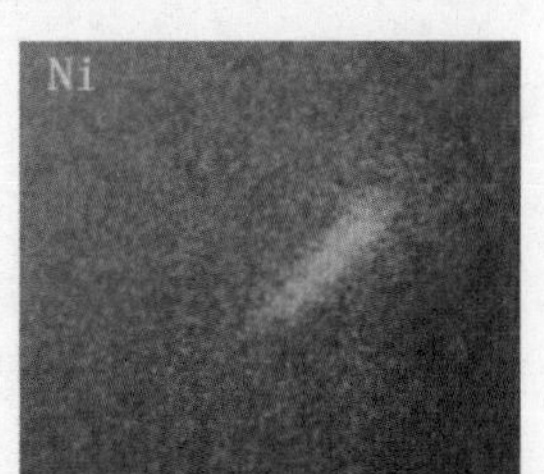

图 7.73　Ni 面分析

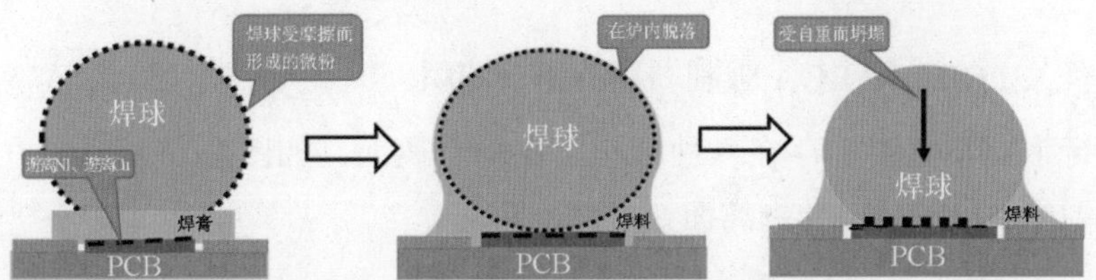

图 7.74　关于无铅 BGA 接合界面的污染和焊球的变形机理的推想图

7.4 从基本现象追迹 BGA 封装在 PCBA 安装中的不良

7.4.1 概述

1. 在 PCBA 组装中对发现不良的 BGA 要强制剥离的原因

把 BGA 搭载到 PCBA 上时，所发生的不良中涉及 BGA 的具有压倒性的数量，如前文所介绍的，对未使用 BGA 的强制剥离那样，从对断面的线下观察演变为对剥离面的观察，只有从剥离面上才能获得更多的信息。也只有通过对断面的观察，才可能获得极为重要的影响产品质量基板间的接合强度水平。首先，能够了解剥离面的表面污染程度，如图 7.75 所示的各层信息。其次，从剥离的情况可以了解 BGA 封装基板和焊球的界面强度，以及焊球和 PCBA 的成分分析，从而在剥离面上观察其究竟有些什么东西，由此可获得有价值的信息。只有见到了在剥离面上有些什么东西，才能够分析各点的成分，否则是不可能的。

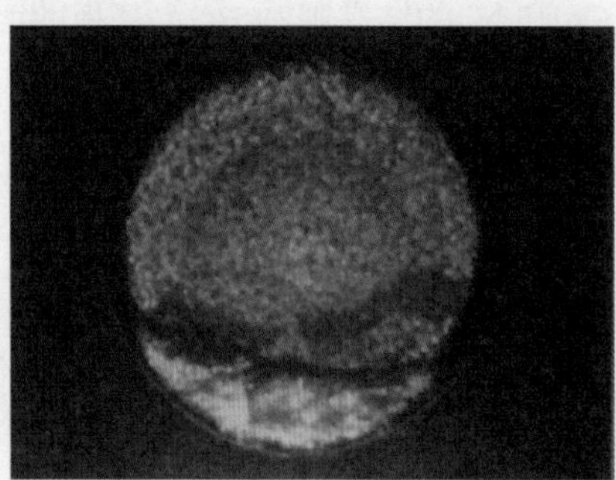

图 7.75 剥离面

安装现场也是 BGA 不良现象多发的地方，再加热熔化焊点焊料以拆除不良 BGA 后，清除 PCB 焊盘上残留的多余焊料，再将新的 BGA 搭载好，从而完成了一次维修工作。发生少数不良的场合可采用这种简单的维修工艺。这种采取熔化焊料来拆卸 BGA 是不可取的，因为它完全破坏了形成不良界面的现场证据和痕迹，如果能够把焊球不再熔融而直接将 BGA 卸下来，那么剥离面的位置、污染水平等不良的原因就明晰了。

2. 有关 PCBA 侧 BGA 强制剥离的相关知识

进行强制剥离时，存在六种可能出现的剥离面，如图 7.76 所示。在这些对接面的剥离中最有危险的剥离面如表 7.2 所示。

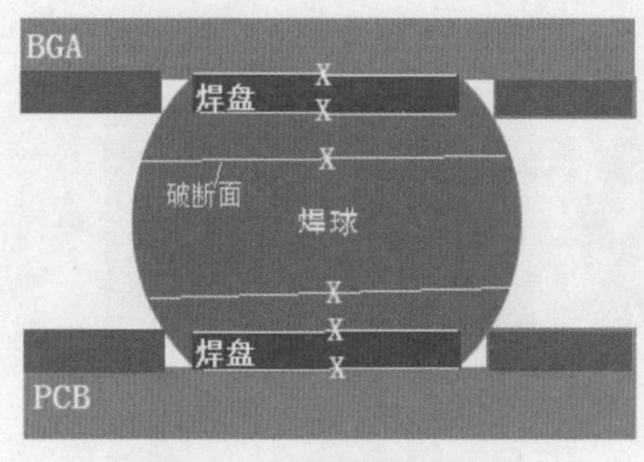

图 7.76　开路时的状态

表 7.2　破断位置和判定标准

破断位置	破断途径	判定标准
BGA 侧	BGA 导体剥离	良
	焊盘界面剥离	不良
	球内破断	良
PCB 侧	PCB 导体剥离	良
	焊盘界面剥离	不良
	球内破断	良

代表性的剥离状态如图 7.77 ~ 图 7.82 所示。图 7.77 中的最前列是 PCB 侧剥离。图 7.78 的焊球的破断没有完整的形状，而由于焊球沿纵向的伸长可看作球的破断。图 7.79 是 PCB 侧焊球破断的状态，而图 7.80 是 PCB 侧焊盘的剥离。强制剥离法 PCBA 组件被破坏为报废状态，如图 7.81 和图 7.82 所示的缺陷也应作报废处理。

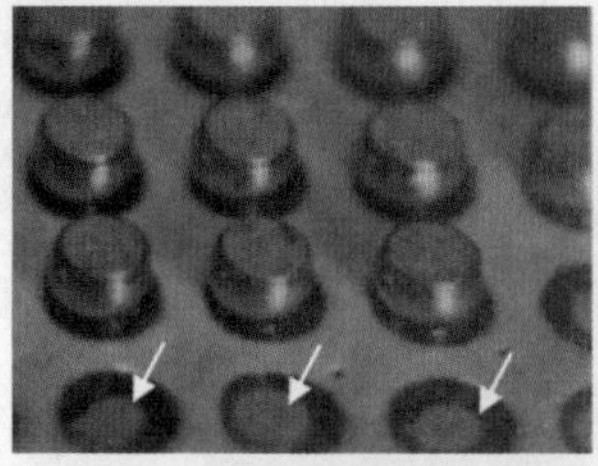

图 7.77　PCB 侧剥离

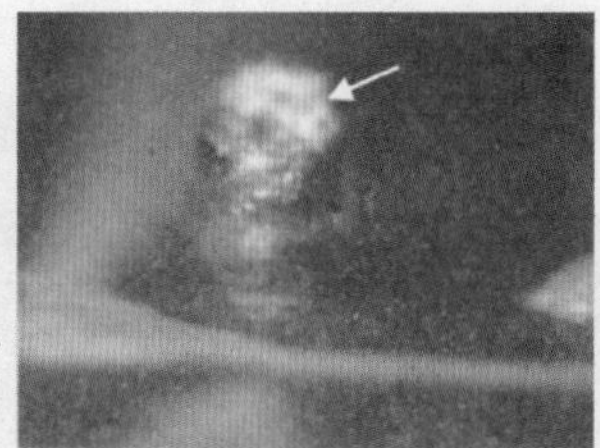

图 7.78　BGA 侧焊球的破断

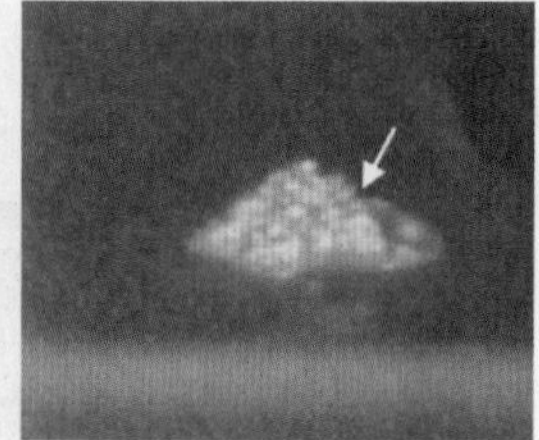

图 7.79　PCB 侧焊球的破断

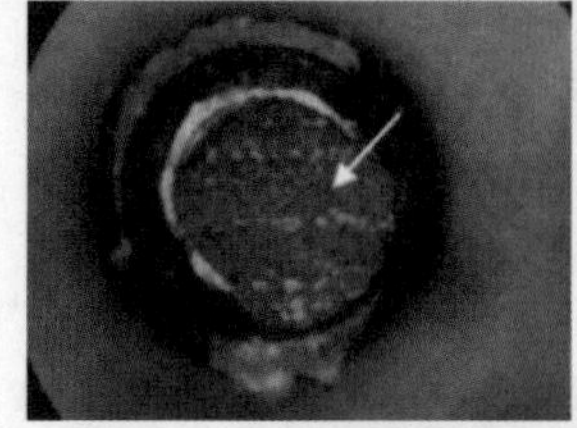

图 7.80　PCB 侧焊盘的剥离

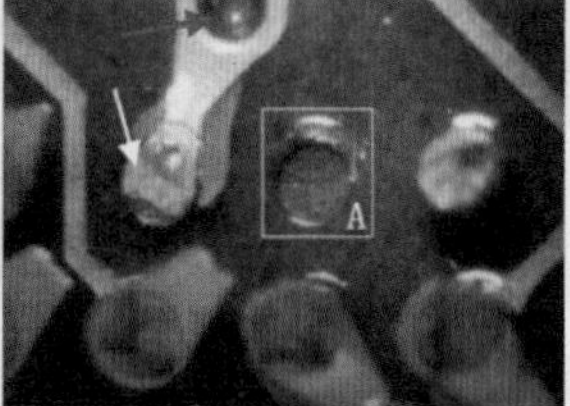

图 7.81　PCB 侧导体剥离

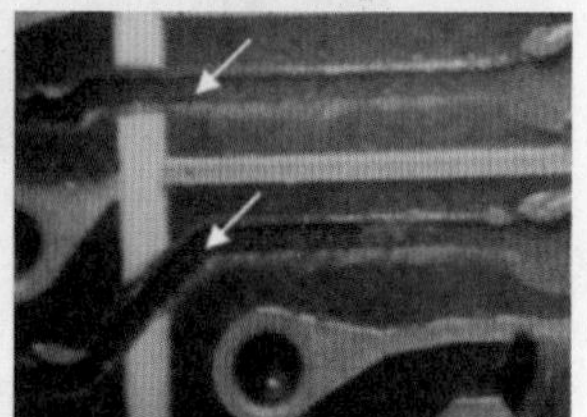

图 7.82　导体被剥离

图 7.83 是图 7.81 中 A 部分的放大图，是从导体里面引发的剥离，剥离面约为抗蚀剂浸入的 1/2，这可以判断与 PCB 基材的品质有关。其理由是：从基板制造中剪切机的剪切到被覆抗蚀层中间的各工序，均没有直接作用在 BGA 焊盘部的力。虽然在图 7.81 的左上方有加工的孔（红箭头所指），然而在距离加工孔时传播的力是有疑问的，因为在这距离上只有隔离的剥离铜箔的影响力。一般在基板的整个面上铜箔是张开状态下用钻头开孔的，从而剥离是不可能的。

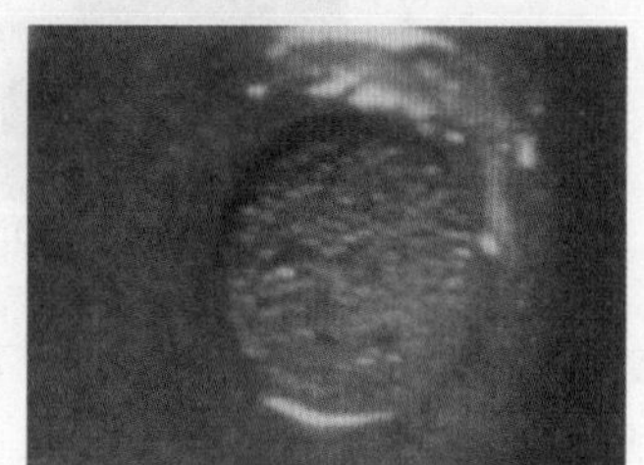

图 7.83　抗蚀剂浸入

由于图 7.84（b）和图 7.81 是在同一基板上发现的，剥离部全部变色，因此，导体剥离的原因是简单的基材质量问题。而图 7.85 所示的是导体内面的正常剥离（棕黑色）。

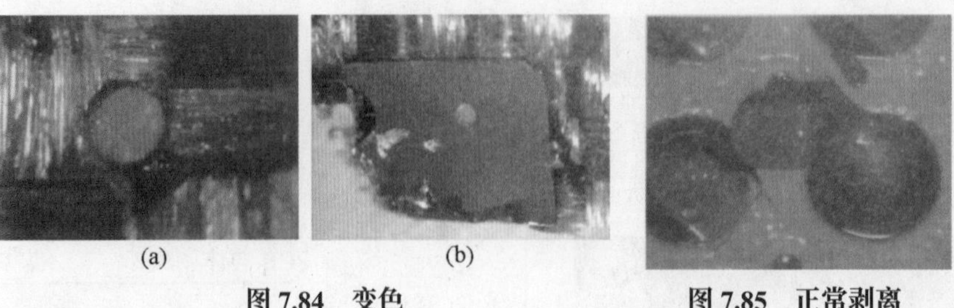

(a) (b)

图 7.84 变色

图 7.85 正常剥离

7.4.2 PCBA 侧 BGA 强制剥离状态

1. 焊球和焊膏未熔合

图 7.86（a）是 PCB 侧焊盘剥离后的外观，在中央部有异物，其放大如图 7.86（b）所示。图 7.87（a）是强制剥离 PCB 侧导体下剥离的焊球，其放大如图 7.87（b）所示。该焊球表面被氧化和污染两因素阻碍了对焊膏的润湿性。

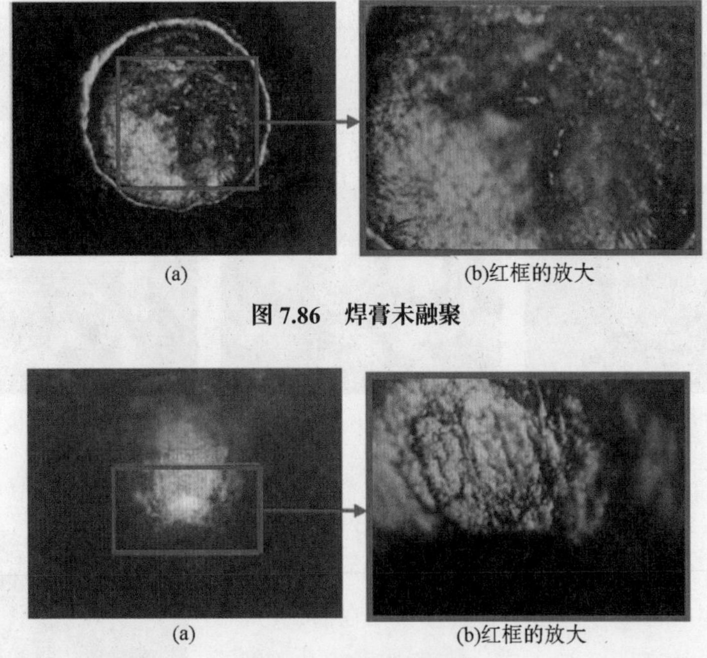

(a) (b)红框的放大

图 7.86 焊膏未融聚

(a) (b)红框的放大

图 7.87 被接合的焊球

所谓润湿性是微妙的，即使表面状态稍微有一点恶化，也会变成不润湿。如图 7.88（a）所示，也同样是不润湿的剥离面（红框部分），其放大如图 7.88（b）所示。由于图 7.89 的现象是很显著的焊膏侧的熔融是呈上凸的曲线，即焊膏自身熔融凝固形成的上凸曲线。从而，图 7.86（a）及图 7.88（a）中碗状的剥离面为 BGA 和焊膏沿正确位置的搭载面。而在图 7.88（b）中为焊球表面污染在被剥离面上残存的结果。图 7.89 是其概略的状态，伴随着 BGA 本身的自重和其正常的焊球的熔融→凝固的收缩力相加，才形成了像这样的剥离面。

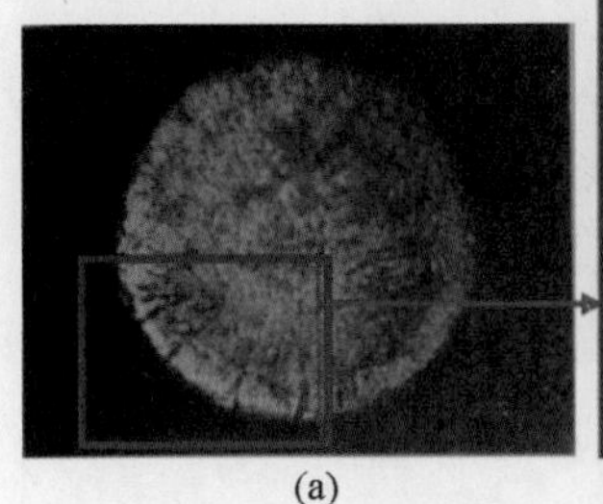

(a)

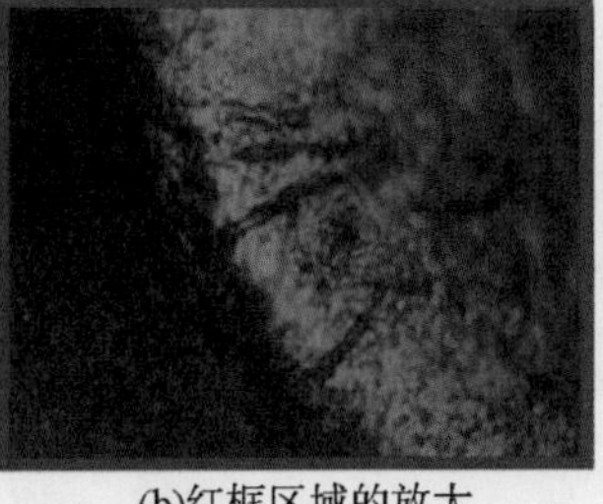

(b)红框区域的放大

图 7.88　不润湿的部位

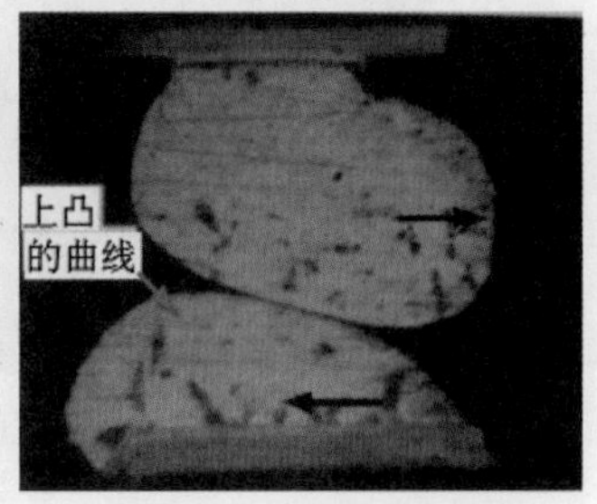

图 7.89　不融合状态

更详细的分析是由于 PCB 侧的冷却速度快，大体上凝固成如图 7.90 所示的形状，此时将其合二为一，就像 BGA 的焊球熔融沉入，而且焊球侧的温度也变高，如图 7.88（b）所示，在其周边的边缘形成圆形带状的视界。这个圆环带正是 BGA 因自重对焊球挤压而成的。图 7.91 是图 7.88（b）的放大图，并且进行了图像处理，增加了亮度，其结果可以确认为焊球侧面的黑色粒状污染物。

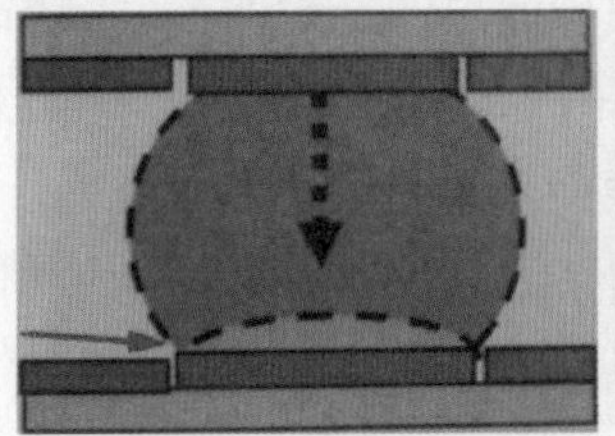

图 7.90　污染和未融合

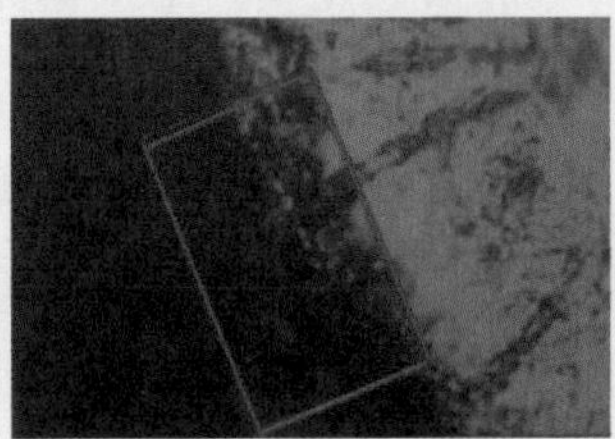

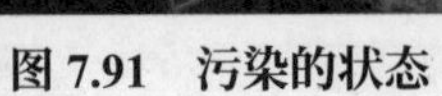

图 7.91　污染的状态

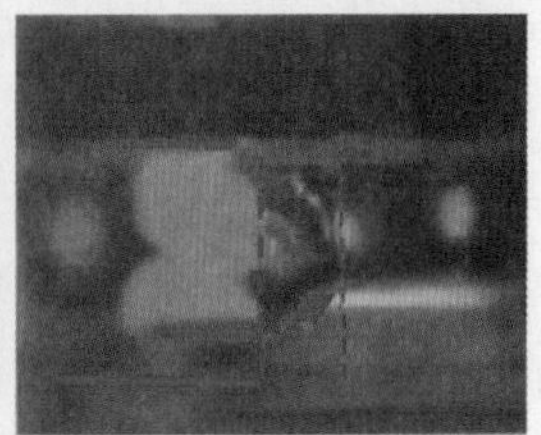

图 7.92　立体显微镜的摄像

图 7.89 也是焊球和焊膏未融合而形成的不良品，由于 SnPb 是共晶焊料，对于图 7.89 所示的断面图，从焊球侧或焊膏侧均能观察到富 Pb 的黑色 α 相的较大的生长。特别是对于 α 相，因为是存在于断面图的下侧，所以熔融时间长。图 7.92 中的焊球断面变小，沿着红箭头所指的方向是其变形的形迹。

图 7.89 中的焊球的形状是不自然的，即焊球和焊盘焊料叠起来了。如图 7.93 所示，存在粒状和带状像矿石样的组织，考虑到焊球和焊膏相互从表面凝固，当内部还是半熔融状态时，BGA 从上像沉锤样把熔融焊料挤压出来。其力是从上向下的（F_1），以及和在焊膏表面凹凸处任意反冲的力（F_2）。

图 7.93 展示了从焊球的膨胀（曲线）一侧的推论，即可判断是约成 45° 角向右上斜的，也可把断面作为判断。图 7.92 沿红线的移动也有同样的力作用。

图 7.94 的不良是相对于焊盘的中心（绿色圆）而言的，本不良的焊球可能是由焊盘的位置（绿色的圆）和焊膏印刷的边界配合状态不良所造成的。

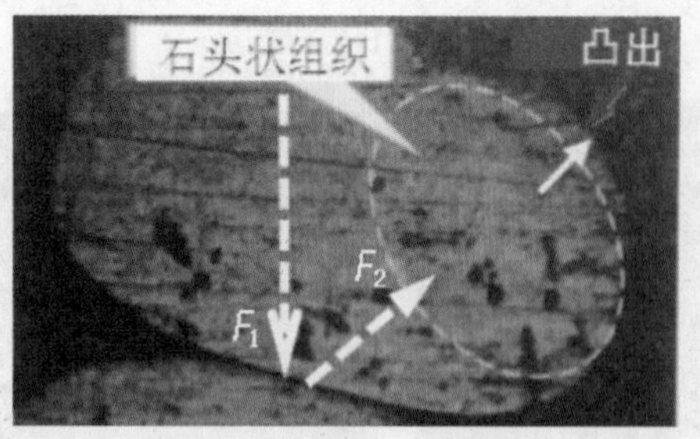

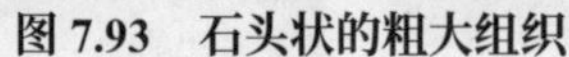
图 7.93　石头状的粗大组织

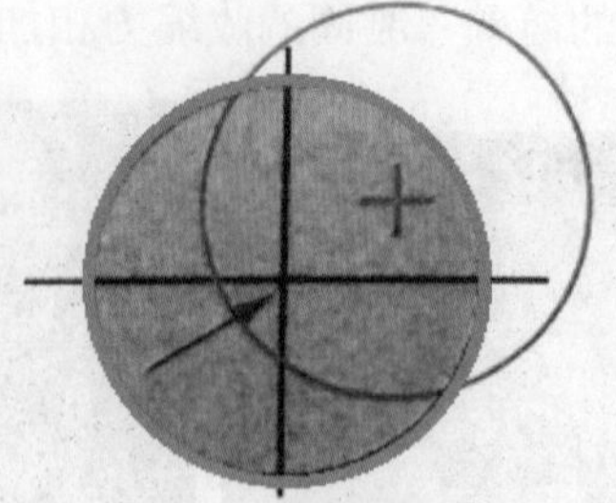
图 7.94　球的偏移

2. BGA 在 PCBA 上安装后助焊剂残渣形成的不良

图 7.95（a）~ 图 7.95（h）是由抛光研磨筋的原因形成的空洞，其中放大图 7.95（h）变成了全面的空洞群。在图 7.95（e）中的空洞外缘存在助焊剂残渣（参照图 7.96），这是不合适的。在使用松香助焊剂时，松香本身是作为黏接材料的原料而广泛使用的。用熔融状态的松香附着面的密着性本来是很优良的，但由于它的抗剥离性不良作此用途是不适宜的。带着这一问题即使观察其他的焊球，几乎在球的剥离面均存在助焊剂残渣，无论在何种简单的基板面都会剥离。

图 7.97 ~ 图 7.99 是抗蚀面的污染。其中，图 7.99 中的 A 和 B 是在同一平面上。如果只有在与焊盘接近的抗蚀面上被污染，焊盘的表面污染必须作显著说明。在高密度安装组件（PCBA）方面，由于存在着相互拥挤的微小零件，在助焊剂残渣的下面导致绝缘不良的事故随时都可能发生。

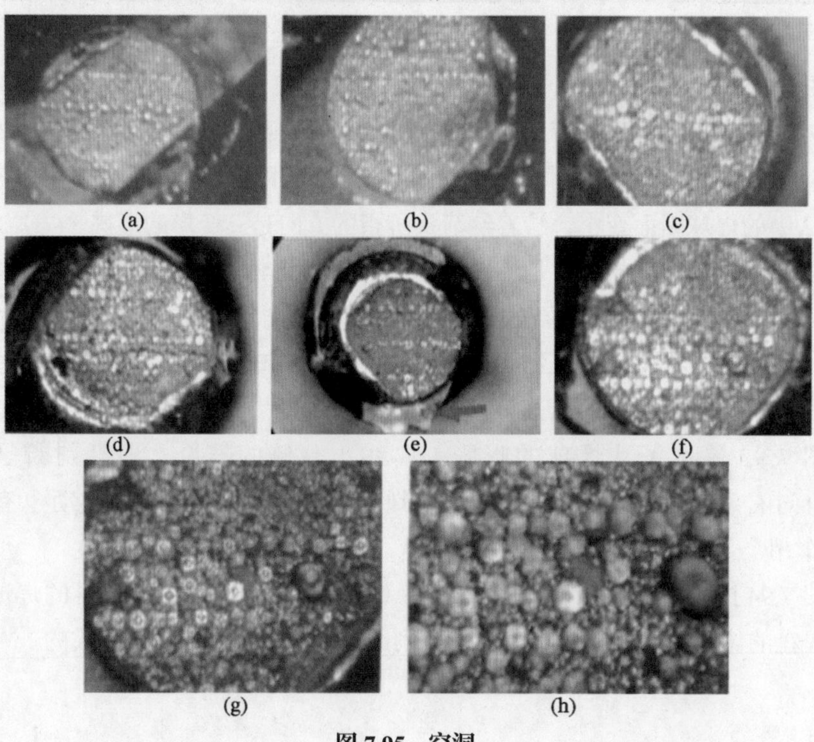

图 7.95　空洞

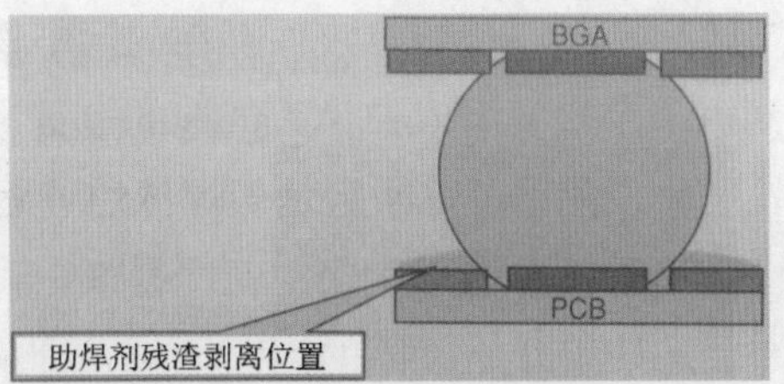

图 7.96　助焊剂残渣

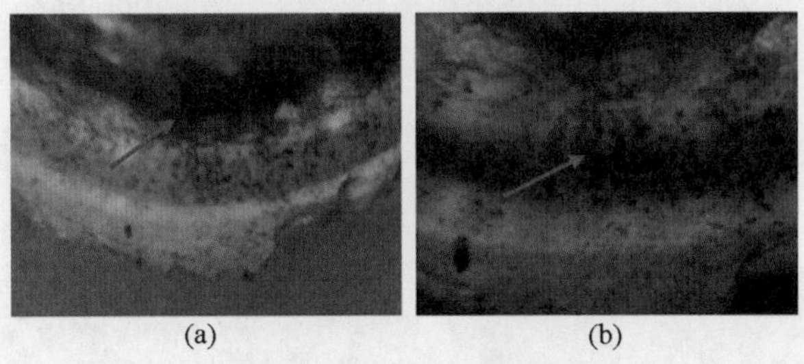

(a)　(b)

图 7.97　向残渣转变

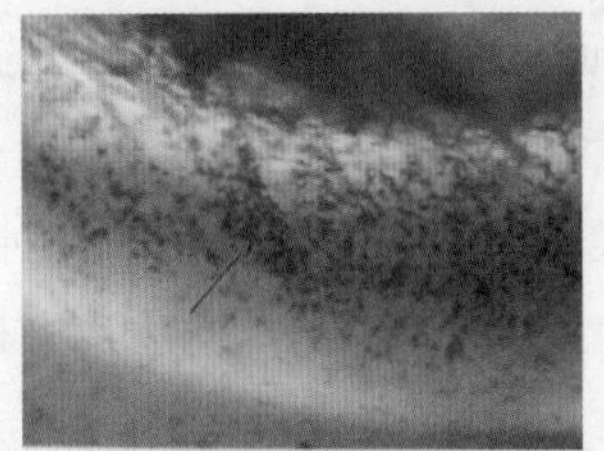

图 7.98　抗蚀层表面的污染物质

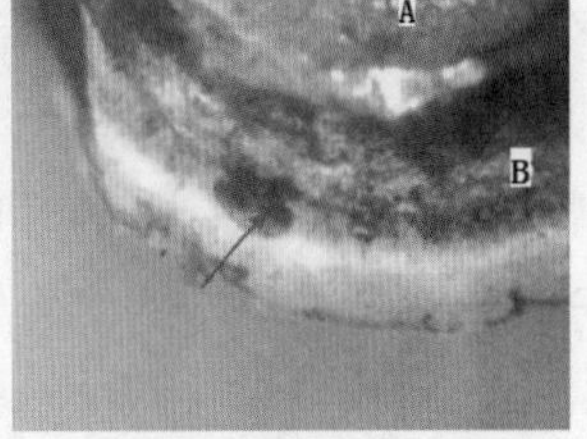

图 7.99　显著的污染

3. 助焊剂残渣形成的气泡

图 7.100 是助焊剂残渣中的气泡，本基板是施加了 SnPb 焊料的热风整平层，剥离面是焊盘表面（无须图示），而基板从购入时刻在焊盘面上就存在污染物质，然而，由于它隐藏在焊料的下面，要判断其良否实际上也是比较困难的。

观察图 7.100，助焊剂残渣的扩展像红箭头和白箭头所指部分是分两个阶段发生的。第一阶段（白箭头所指）没有气泡，是温度比较低状态的助焊剂，然后随着时间的增加，温度上升使黏性的低温助焊剂中的溶剂不断气化气体聚积而形成气泡（红箭头所指）。气泡中的气体不断积聚、体积不断增大，如图 7.101 所示，形成多个大气泡并呈间隔状并列。

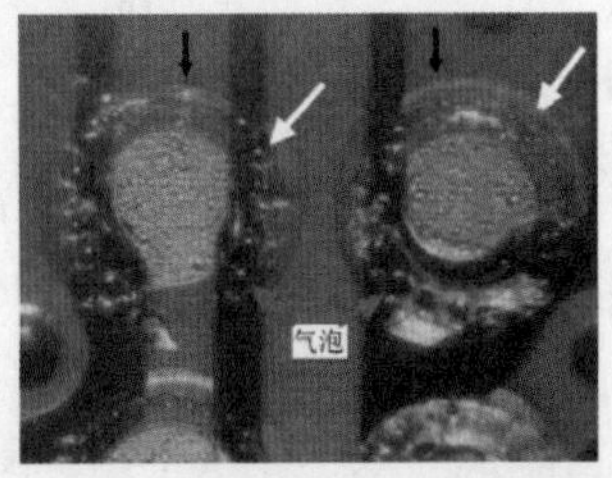

图 7.100　助焊剂残渣中的气泡

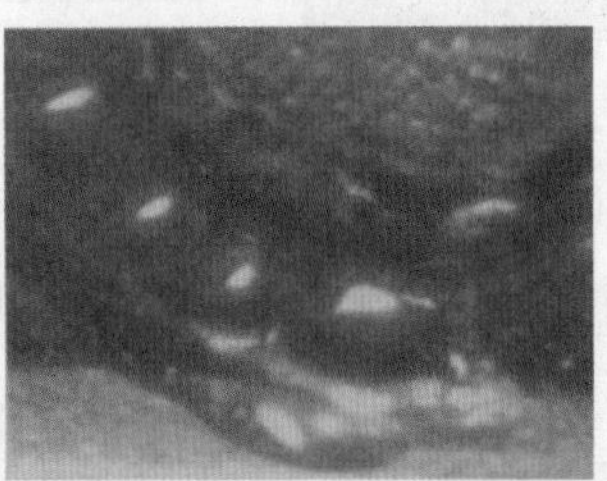

图 7.101　气泡的扩大

气泡发生源如图 7.102 所示，是由焊盘表面存在的污染物所为。从图 7.95（h）所示的状态就能想象到由多个小空洞成长为大气泡的过程。而图 7.101 中气泡的增大是在熔融焊料中发生的，几乎可以断定是从焊球的下面挤出来的。如焊盘上存在水分的蒸发源在 100℃时就要进行气化，何况是 SnPb 共晶焊料。熔融温度超过 180℃，即焊料如果是处于开始凝固的高温区域（即糊状区域），像这样的凝固时刻正是大肆产生气体而形成极易剥离的原因。图 7.101 正是最能对助焊剂残渣中的空隙尺寸不断扩大的原因和现象进行统一说明和判断的。气泡是从熔融焊球下部的不同量的气体向外排放出来的。由于气泡的发生源是在焊盘区域，故气泡的发生只能是在焊盘上，如图 7.103 所示。

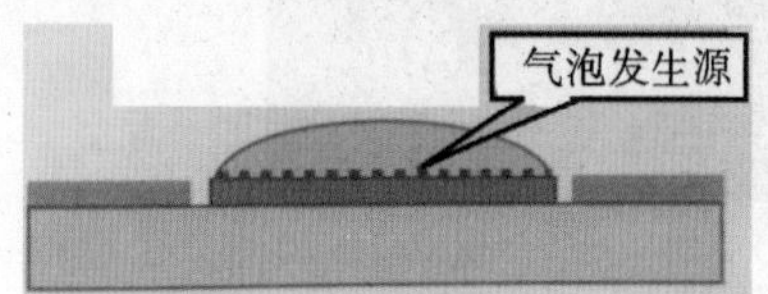

图 7.102　气泡发生源

图 7.103　气泡产生的场所

虽然图 7.97 ~ 图 7.99 展示了抗蚀层面的污染对绝缘有不良的危险，可是与发生空洞几乎没有关联，这从基板方面看是很清楚的。但是，在一块基板上，同样的污染物在焊盘侧当然也有存在的时候。它和金属反应形成腐蚀，其腐蚀生成物中存在的水分气化也会形成空隙群而导致 BGA 焊接部向剥离方向发展。

4. 在 PCBA 微安装中发生开路等不良在 BGA 的 PCB 侧剥离面的状态

图 7.104 是从 PCBA 基板上把 BGA 剥离后其封装 PCB 侧的剥离面，红圈部分是剥离后留在 BGA 的 PCB 侧的两个焊球。其结果是 BGA 被判断为良品，而重要的是即使两个位置的焊球都在被剥离的 BGA 方。然而图 7.105 是其存在巨大的空洞而被判为“最差的欠缺品”。同样带着疑惑的目光观察，在 BGA 的 PCB 侧发现欠缺之处非常多。从焊盘的铜箔内侧的剥离也有许多，如图 7.106 所示，从焊盘和焊球的接合界面的剥离也有多处。

图 7.104　PCB 侧的剥离面

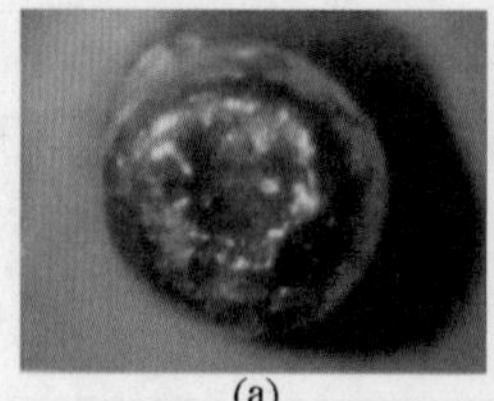
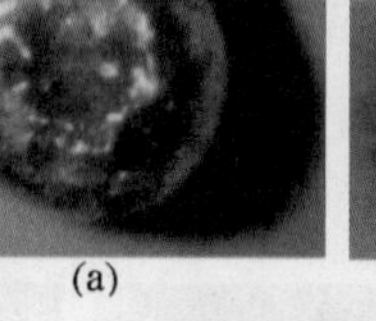

(a)

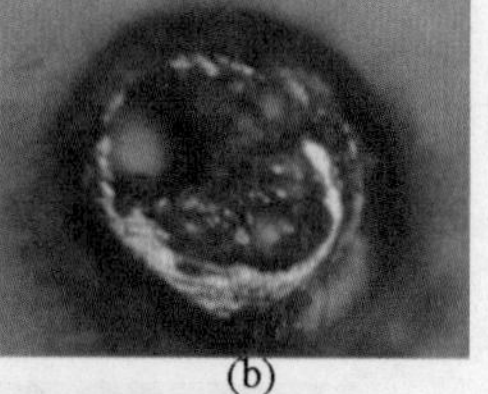

(b)

图 7.105　BGA 侧的剥离面

图 7.106（a）是 BGA 侧的剥离面，在焊盘上存在液体渗出的污染。而与这个剥离面相对的是图 7.106（b），然而其空洞的形状不同。图 7.106（a）中的空洞呈圆形，而与之相对的图 7.106（b）中的空洞的形状是不定形的。显然，这个焊球侧温度低，其原因是焊盘的污染所造成的。图 7.106（f）、图 106（g）和

图 106（j）是 PCB 侧焊盘面的状态，然而在焊盘面即使没有渗透或污染，也会被剥离。

图 7.106（l）是图 7.106（i）的局部放大图，图 7.106（i）又是图 7.106（f）的放大图，而图 7.106（l）和图 7.106（i）属于相对的二剥离面是介于液体物质之间的。因为把 BGA 从 PCBA 组件强制剥离时要用热风加热，由于助焊剂残渣熔融浸入剥离的焊盘部的情况在现场也是常常见到的。此时在剥离的焊球的外缘部存在的助焊剂残渣消失，这是其表露的特征。

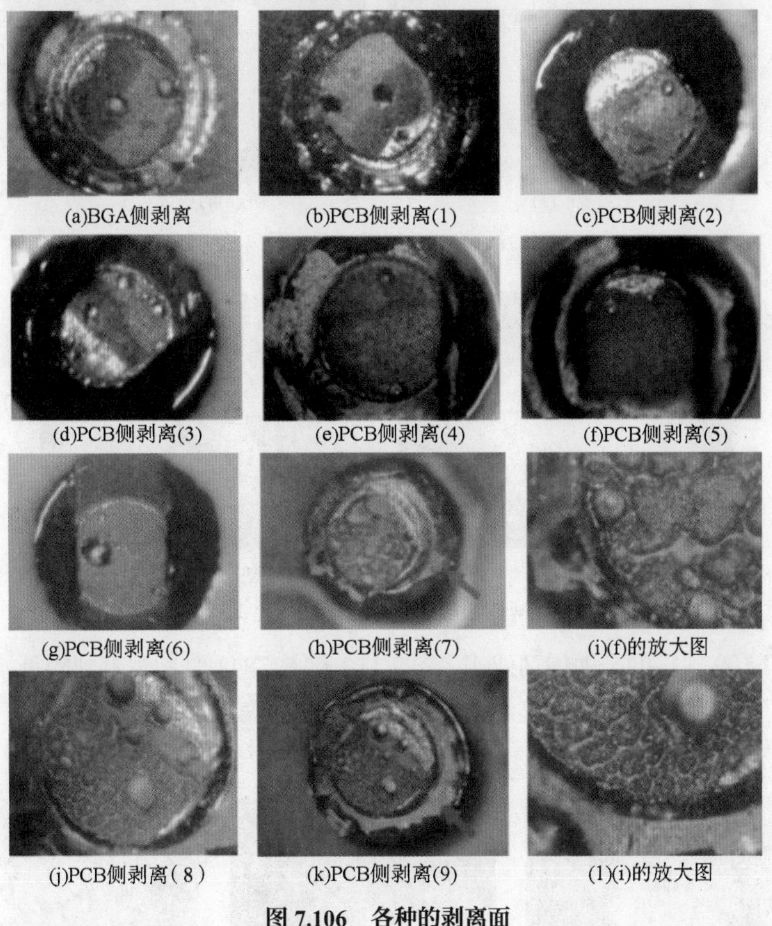

(a)BGA侧剥离　(b)PCB侧剥离(1)　(c)PCB侧剥离(2)
(d)PCB侧剥离(3)　(e)PCB侧剥离(4)　(f)PCB侧剥离(5)
(g)PCB侧剥离(6)　(h)PCB侧剥离(7)　(i)(f)的放大图
(j)PCB侧剥离(8)　(k)PCB侧剥离(9)　(l)(i)的放大图

图 7.106　各种的剥离面

对此像图 7.106（h）和图 7.106（k）中的红箭头所指的助焊剂残渣是以固态形状而残存的。由此可知，在剥离面上观察到的液体物质，实际上在焊盘面剥离的时刻就已经存在了。从 PCBA 组件上剥离一个 BGA，其结果是 BGA 和焊球之间以及焊球和 PCB 焊盘界面之间两处被剥离。被剥离之处也是其强度最弱的地方，即使是同一被剥离的面，这是因为问题发生的基板有各种各样的原因，然而不管是多少次总是在最弱的地方剥离。

水溶性助焊剂使用像聚乙二醇（聚乙烯乙二醇）高分子溶剂，它在熔融焊料槽中逐渐向树脂化发展，在进行焊料槽表面清扫时一疏忽让其在基板表面附着时，在后续的工序中要将其洗净除去就变得很困难了，这样原封不动地出厂，用户也就原封不动地接收了，就这样持续地朝不良品方向发展。

图 7.107 是用立体显微镜对 PCB 侧剥离面的表面变色程度进行的观察，对于用立体显微镜来充分观察其上的状态是比较难的。而用金相显微镜观察同一面时，镜像明显清晰多了，如图 7.107（b）所示。在图 7.108 中见到的油膜状物质的存在也是能确认的。

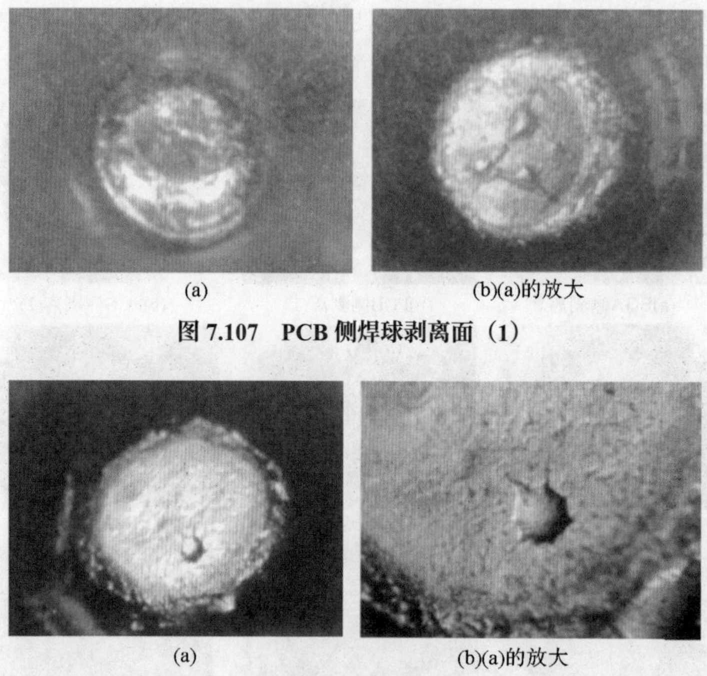

(a)　(b)(a)的放大

图 7.107　PCB 侧焊球剥离面（1）

(a)　(b)(a)的放大

图 7.108　PCB 侧焊球剥离面（2）

图 7.109 观察的是助焊剂残渣，图 7.110 和图 7.111 是能观察到的呈波纹状的污染物质。如图 7.111 中的虚线箭头所指位置，其表示了助焊剂的扩展方向，可以确定它是从焊盘上移动来的。

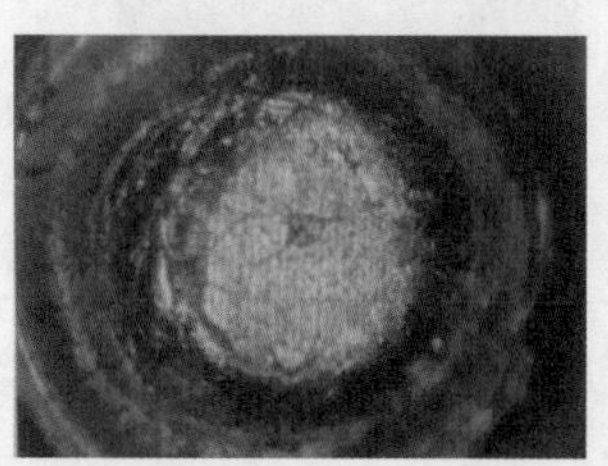

图 7.109　PCB 侧焊球剥离面（3）

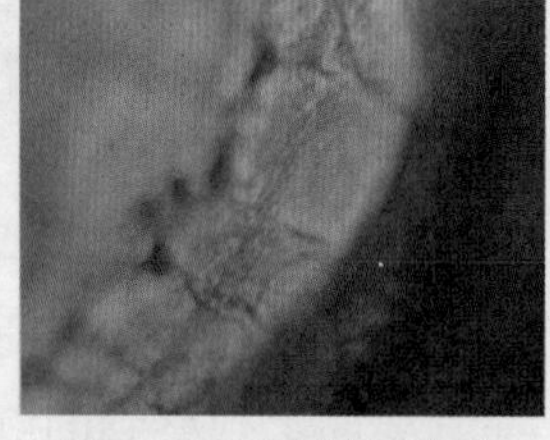

图 7.110　助焊剂残渣

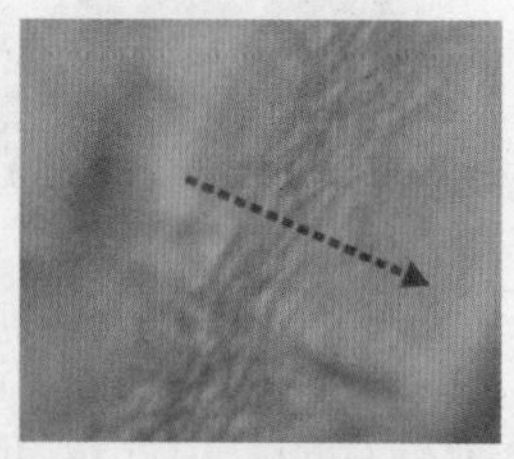

图 7.111　污染物质的波纹

上述的污染变化显著，即使是一般的元器件的焊接部也会发生各种各样的不良。如图 7.112 所示的润湿不良极小的焊料珠；图 7.113 中发生的明显焊料珠；图 7.114 表现为润湿不良（图 7.113 中出现了焊料珠，而图 7.114 中的焊料粉末熔融，即因回路设计形成的热量不足）；图 7.115 的焊料粉末完全熔融，往往会从焊盘上流出。变换光源时就会变成青色的抛光照片，被认为是蓝系色素的残留物存在。

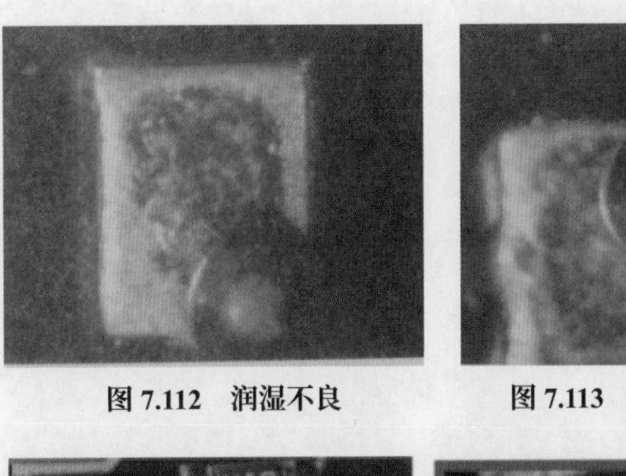

图 7.112　润湿不良　　　图 7.113　焊料珠的发生

(a)

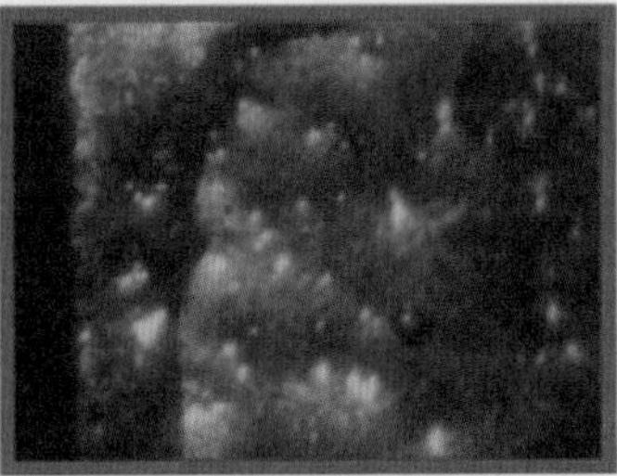

(b)(a)的放大

图 7.114　焊料粉末熔融

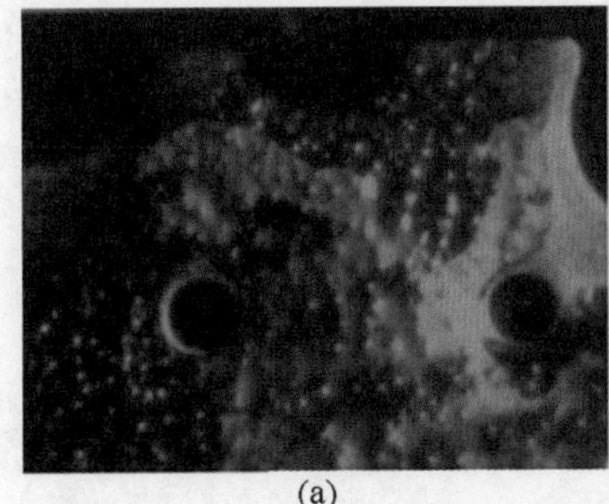

(a)

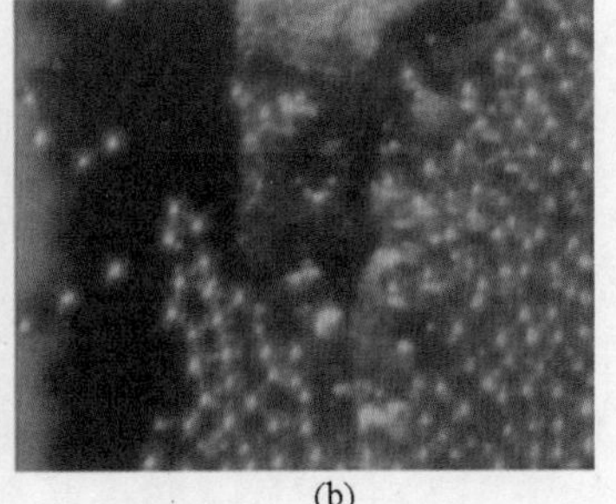

(b)

图 7.115　焊料粉末完全熔融

第08章

基板在微组装中的热点问题以及从基本现象追迹其不良

本章要点

- □ 掌握基板在微组装中的热点问题：基板材料的热特性。
- □ 掌握基板在微组装中的热点问题：基板焊盘涂层的选择及优化。
- □ 掌握从镀金基板的腐蚀追迹其不良。
- □ 掌握基板安装不良归纳。

8.1 基板在微组装中的热点问题

8.1.1 基板材料的热特性

基板（PCB）是组件 PCBA 的安装平台，在安装过程中，基板材料的热特性对 PCBA 的安装质量和工作的可靠性具有决定性的影响。因此，从安装工艺出发应对基板的热特性特别要关注的因素如下。

1. 基板的平整性

以当前大量应用的 FR–4 型 CCL（覆铜板）为例，其构成的三大主要原材料为铜箔、玻纤布及环氧树脂。它们在热膨胀系数（CTE）上相差甚大。例如，E–玻纤布为 5.04×10^{-6}/℃、铜箔为 1.7×10^{-5}/℃、双酚 A 环氧树脂为 8.5×10^{-5}/℃，并且环氧树脂的固化收缩率是铜箔的 5 ~ 6 倍、是玻纤布的十几倍。在覆铜箔的加热压制成形及降温冷却过程中，CCL 制品会产生并存留很大的内应力。这种内应力在释放时，就会造成基板的翘曲和变形。

2. 基板的耐热稳定性

CCL 主要由铜箔、树脂与增强材料（玻纤布）组成。由于铜箔和增强材料大多都有相当高的耐热性，所以基板材料的耐热性的高或低主要取决于树脂部分。构成基板材料的树脂，绝大多数是高聚物，它在受热过程中将产生两类变化，即软化和熔融等物理变化，还有老化、降解、分解、氧化和水分解等化学变化。这些物理、化学的变化，是高聚合物受热后性能变差的主要原因。表征这些变化的温度参数主要有玻璃化温度（T_g）、熔融温度（T_m）、热分解温度（T_d）。对于基板来说，直接或间接表征其热性能的技术参数，还有热膨胀系数（CTE）、热分层时间（T–260℃ /T–288℃）、比热、热传导率等。

（1）玻璃化温度。

在常温下，CCL 树脂为玻璃态，在被加热的情况下，它由玻璃态转变为高弹性态（即橡胶态），对应的转变温度称为玻璃化转变温度［简称玻璃化温度（T_g），T_g 是基板保持刚性的最高温度］。CCL 的耐热性、耐湿性、耐化学药品性以及尺寸的稳定性等均与 T_g 有关。也就是说，CCL 的 T_g 值的提高，对上述各项指标都会有相应的改善。当 CCL 的使用温度条件大于 T_g 时，CCL 会出现绝缘电阻恶化、材料树脂发脆等现象。因此，高 T_g 的 CCL 要比低 T_g 的 CCL 基板具有更好的尺寸稳定性、较高的机械强度保持率、较低的热膨胀系数、较高的耐化学性。因此，高 T_g 的 CCL 对于制造高精度、高密度、高可靠性、微细线路的基板（特别是多层 PCB）是很重要的。目前大多将 T_g>170℃的称为高耐热性 CCL。

（2）热分解温度。

由于热作用而产生的热分解反应的温度，称为热分解温度（T_d），T_d 是从化学性能角度表征树脂耐热性能的项目之一。T_d 和 T_g 虽然都是表征基板的耐热性能的，但它们不能相互替代，T_g 高不一定 T_d 就高，T_d 在适用无铅化 CCL 应用中与 T_g 相比显得更重要些。

（3）热分层时间。

热分层时间是表征 CCL 耐热性能的另一个性能指标，俗称“T–260/T–288”。无铅焊料的应用中，焊接温度提高了，使它成为一个重要项目。当“T–260/T–288”性能较低时，就容易在焊接加工中出现分层的质量问题。同时，由于基板分层的发生，会导致绝缘层厚度增加，就容易引发通孔镀层的断裂。一般 FR–4 的 T–260 可达到 4 ～ 5 分钟，而实际只要达到 2 分钟以上时就可以满足一般有铅焊料加工的需要。一般适用无铅焊接用 CCL 的 T–260 要求达到 30 分钟以上、T–288 要求达到 15 分钟以上。实现高的“T–260/T–288”，除与树脂的耐热性、黏接性有关外，还应关注基板材料的耐湿性的高低。这是因为基板绝缘层间若含有低分子物（包括结晶水）时，将成为基板在高温下发生层间分离的一个因素。它们在高温条件下要蒸发气化，从而起到破坏层间黏接的作用。热分层时间与基板 Z 方向热膨胀系数也有很大关联性，在长时间高温的热冲击下，主要是由于 Z 方向热膨胀系数大，造成基板材料层间黏接变差，而出现分层现象（爆板）。同时也反映出它的热分层时间偏低。

（4）导热性能。

由于大功率器件、电源模块、汽车电子、高密度安装芯片（IC）等对基板的散热性有越来越高的需求，因此，基板材料的导热性能也更加成为一项重要指标。表征基板材料导热性能的指标有比热、导热系数（导热率）、热阻等。如果需要基板材料担负更大的散热功效，就应采用具有高导热系数的基板材料。而需要通过基板材料能起到隔热的功效，就希望基板材料的导热系数越小越好。常用的几种基板材料的导热系数见表 8.1。

表 8.1　常用的几种基板材料的导热系数

序　号	材　料	导热系数 /[W/（m·K）]
1	氧化铝陶瓷（部分 IC 封装基板材料）	18
2	金属铝	236
3	金属铜	403
4	立方体形氮化硼（填充材料）	1300
5	三氧化二铝（填充材料）	25 ～ 40

续表

序 号	材 料	导热系数 /[W/（m·K）]
6	E- 玻纤布	1.0
7	双酚 A 环氧树脂（一般固化物）	0.1 ~ 33
8	FR-4 环氧玻纤布 CCL	0.5

（5）热膨胀系数。

热膨胀系数是指基板材料在受热后，其单位温度上升引起基板材料尺寸的线性变化。随着电子产品不断向轻、薄、短、小化方向发展，对 CCL 的尺寸稳定性提出了更高的要求，主要表现在下述几个方面。

1）芯片组装技术快速向微细化方向发展的特点和要求。

①细线：导线宽度和线间距离趋向于 0.1mm 或者更小的尺寸。

②微孔：孔径向着 0.1 ~ 0.3mm 甚至更小的方向发展，并且出现微细孔径的埋孔、盲孔、填充孔、叠加孔（盘上孔）等。

③多层：10 层以上的多层板越来越广泛采用。

2）极薄化：6 ~ 10 层板的总厚度向着小于 0.5mm 的方向发展，对每层 CCL 板厚度的要求就更小。而 CCL 做得越薄，所用玻纤布就越薄，所含树脂量就越高，板的尺寸稳定性就越差、CTE 就越大。因此，一般 FR-4 型 CCL 的 CTE 已经难以满足要求。

3）芯片封装引脚数急剧增加，引脚间距迅速减小。故要求基板要有更好的尺寸稳定性，以保证焊接和应用时的可靠性，对所用的 CCL 需要更小的 CTE 值。

4）无铅焊接的推广应用，使基板树脂在 T_g 温度以上的变形加大，其原因如下。

①使用 SAC 等无铅焊料的焊接温度比有铅提高了 25 ~ 30℃。

②无铅焊接时间比有铅焊接时间的 60s 增加到了 90s。

③无铅焊接后的冷却速度，比通常有铅的 3℃ /s 提高到 6℃ /s。

5）无铅焊接工艺参数的变化，需要适应无铅化 CCL 的 CTE 有所降低，特别是在 α_2 参数上要有所降低。表征 CTE 如下。

① Z（基板厚度）方向 CTE：基板 Z 方向的 CTE，在温度达到 T_g 时与在 T_g 以下时表现出很大的差别。因此，一般将 CCL 厚度（Z）方向在 T_g 点以下的 CTE 称为 α_1，而把 T_g 以上的 CTE 称为 α_2。在温度升高的条件下，由于树脂变形受到增强材料的制约作用很小，因此，CCL 的 Z 方向的 CTE 会表现出明显的增加。所构成 CCL 的树脂，当它处于 T_g 以上的高弹性态下的 α_2 时，将为处于 T_g 以下的 α_1 的 3 ~ 4 倍。

② X、Y（基板面）方向 CTE：CCL 的面（X、Y）方向 CTE 温度值大多表示在 30 ~ 130℃之间。FR-4 型 CCL 在高于 T_g 温度时，由于树脂被其中作为增强材料的玻纤布钳制，所以面（X、Y）方向的 CTE 变化表现得不太明显。一般

FR–4 型 CCL 的面（X、Y）方向变化率约为 4% ~ 5%。

新版 IPC–4101 标准要求与无铅兼容性的 FR–4 型 CCL 的面（X、Y）方向的 CTE =（13 ~ 16）ppm/℃，而 Z 方向 CTE 指标为 α_1 =（50 ~ 70）ppm/℃；α_2 =（200 ~ 300）ppm/℃。

8.1.2 基板焊盘涂层的选择及优化

1. OSP 涂层

（1）涂层特征。

20 世纪 90 年代出现的 Cu 表面有机助焊保护膜（简称 OSP），利用某些环氮化合物很容易和清洁的铜表面起反应，这些化合结构中的氮杂环与 Cu 表面形成络合物。利用这一化学原理形成的保护膜防止了 Cu 表面的氧化。根据不同的存储条件，反应生成的铜的络合物，理论上可使 PCB 保存期超过一年。

OSP 与大多数有机助焊剂兼容，能耐受 3 ~ 4 次组装焊接温度并保持其性能不变。当焊接加热时，铜的络合物很快被分解，只留下裸铜。因为 OSP 只是一个分子层的厚度，而且焊接时会被稀酸或助焊剂分解，所以不存在残留物污染问题。工业应用已证实 OSP 是可用的一种最低成本，也是一种可提供物理应力最小的表面可焊涂层。

（2）涂层特点。

1）表面均匀，共面性好，膜厚在 0.2 ~ 0.5μm；目前较多采用 0.2 ~ 0.4μm，不同的厚度对助焊剂的匹配性要求也不同。

2）水溶性，加工温度 80℃以下，PCB 变形小。

3）膜层不脆，对有铅、无铅焊接均能较好兼容，并能承受三次以上热冲击。

4）成本低，工艺较简单。

5）OSP 涂层与有机助焊剂和 RMA（中等活性）助焊剂兼容，但与较低活性的松香基免清洗助焊剂不兼容。

6）较厚的涂覆层具有较高的抗氧化性和更高的耐温性，但也要求有更高活性的助焊剂。

7）存储环境条件要求高，车间寿命短。

8）对混合板波峰焊接时需要更高活性的助焊剂。

9）在温度高于 70℃时，涂层可能退化，这种退化对可焊性可能产生影响。

2. HASL-Sn、SnPb

（1）涂层特征。

HASL（热风整平）可获得平滑、均匀、光亮的 Sn、SnPb 涂层，分为垂直和水平两种。

1）垂直式：PCB 进行热风整平提升过程中，由于焊料的自重及表面张力作用，焊盘涂层易出现上薄下厚的“锡垂”现象。焊盘表面不平整，共面性差可导致 SMT 焊接质量问题。

2）水平式：为了克服垂直式的不足，20 世纪 80 年代后期出现了水平式。它的优点如下。

①浸焊料时间短，受热冲击小，基板不易翘曲。

②焊料分布均匀，平整度高，涂层厚度可达 2.54 ~ 12.7μm。

③自动化程度高，生产效率高，产能大。

（2）对热风整平的质量要求。

1）外观应光亮均匀完整，无半润湿、无结瘤、无露铜等缺陷。

2）阻焊层不应起泡、脱落和变色。

3）PCB 表面及孔内无异物。

4）焊料厚度均匀，并符合 IPC–6012 标准要求。

5）附着力不小于 2N/mm。

6）可焊性要求使用中性助焊剂，3s 内应完全润湿。

3. Im-Sn（化学镀）涂层

（1）涂层特征。

1）在 Cu 基母材上化学镀 Sn，从本质上讲是化学浸 Sn，是 Cu 与镀液中的络合 Sn 离子发生置换反应，生成 Sn 镀层，当 Cu 表面被 Sn 完全覆盖，反应即停止。

2）当 Cu 转移到溶液中后，Sn 沉积在母材铜上，Sn 厚 0.064 ~ 1.50μm，含有机金属化合物，表面平滑，不能进行引线键合。

3）在 PCB 裸 Cu 板上化学镀 Sn，也是近年来在无铅化过程中受重视的可焊性镀层，此工艺中 Sn 的沉积层是通过金属置换过程得到的，镀层较致密但很薄，而厚的镀层则是疏松的。

（2）涂层存在的问题。

1）成本比 ENIG Ni/Au 及 Im–Ag 低，大致与 OSP 相当。

2）存在锡晶须问题，对精细间距与使用寿命长的元器件有一定的影响。

3）存在 Sn 瘟现象：Sn 相变点为 18.2℃，低于这个温度时变成粉末状的灰色锡（α 锡），使强度完全丧失。

4）纯 Sn 层在温度环境下会加速与 Cu 层的扩散运动，导致铜锡金属间化合物（IMC）的生长，如表 8.2 所示。

表 8.2　IMC 厚度与烘烤温度和时间的关系　（单位：μm）

温度 /℃	时 间 /h			
	1	4	9	480
25	0.0048	0.0096	0.0144	0.48
120	0.20	0.40	0.60	—
155	0.36	0.72	1.08	—

经过高温处理后，Sn 层厚度的消耗将导致存储时间的缩短，如表 8.3 所示。

表 8.3　Sn 层（1μm）的消耗情况

作用环境	形成 IMC 的厚度 /μm	说　明
一年存储	0.45	形成 Cu/Sn IMC 所消耗的
三次再流	0.35	形成 Cu/Sn IMC 所消耗的
剩余纯 Sn 层厚度	0.20	确保良好的可焊性

5）新板的润湿性好，但存储一段时间后，或者多次再流后润湿性下降快，因此后端应用工艺性较差。

4. Im-Ag（化学镀）涂层

（1）涂层特征。

1）Im–Ag 涂层既可以焊接，又可以"邦定"（压焊），因而普遍受到重视。

2）Im–Ag 涂层本质上也是浸 Ag，Cu 的标准电极电位为 $\phi^0 Cu^+/Cu = 0.51V$，而 Ag 的标准电极电位为 $\phi^0 Ag^+/Ag = 0.799V$，因此，Cu 可以置换溶液中的 Ag 离子，从而在 Cu 表面生成沉积 Ag 层。

3）Ag 沉积在基材铜上厚约 0.075 ~ 0.225μm，表面平滑，可引线键合。

（2）涂层存在的问题。

1）与 Au 或 Pd 相比其成本相对便宜。

2）有良好的引线键合性；先天具有与 Sn 基焊料合金的优良的可焊性。

3）在 Ag 和 Sn 之间形成的金属间化合物（Ag_3Sn）并没有明显的易碎性。

4）在射频（RF）电路中，由于趋肤效应，Ag 的高电导率特性正好发挥出来。

5）与空气中的 S、Cl、O 接触时，在表面分别生成 AgS、AgCl、Ag_2O，其表面会失去光泽而发暗，影响外观。

6）在焊接过程中，熔化的焊料合金开始时是在 Ag 涂层表面润湿、扩散，接着 Ag 被溶进熔化的焊料中。在 Ag 被完全溶解后，熔融焊料才对 Ag 下面的母材（铜焊盘）润湿和扩散。

7）国外工业界对 PCB 表面 Im–Ag 涂层的组装性能进行了大量研究，确立了大量 Im–Ag 涂层的组装特性。例如，高温老化试验显示 Ag 层具有 6 个月的保存期，可焊性达到 12 个月。对于双面 PCB 或更复杂的 PCBA 组装件，Im–Ag 表面多次再流焊接后仍具有良好的可焊性。

8）美国 Sandia 国家实验室的研究试验结论："与裸铜基板相比，Im–Ag 表面确实改善了无铅 SAC 合金的可焊性。在使用相同助焊剂、焊接温度为 245℃和 260℃时，SAC 合金在裸铜上的接触角分别为 39° ±1° 和 40° ±1°；而在相同条件下，SAC 合金在 Im–Ag 涂层上的接触角分别为 30° ±4° 和 23° ±2° ，Im–Ag 涂层在较高焊接温度下可焊性具有优势。"

5. ENIG Ni（P）/Au（化学镀）涂层

（1）涂层特征。

1）ENIG Ni（P）/Au 工艺是在 PCB 基板涂覆阻焊层（绿油）之后进行的。ENIG Ni（P）/Au 层既适用压焊（邦定），又适用于高温焊接。

2）ENIG Ni（P）/Au 向 PCB 基板提供了集可焊、导电、散热功能于一身的理想镀层，由于无电沉积的化学镀层，镀层厚度均匀一致性可抵达施镀的任何部位，并且设备和操作都不复杂。

3）对 ENIG Ni（P）/Au 的最基本要求是可焊性和焊点的可靠性，应经受 2 ~ 3 次焊接。

4）就该镀层的实质而言，化学镀 Ni 是主体，化学镀 Au 只是为防止 Ni 层的钝化而存在的。

5）化学镀 Ni 层厚度为 3 ~ 5μm，含 P 量 6% ~ 10%，镀层成分为 Ni_3P，无定形结构、非磁性。由于化学镀 Ni 层是处于元器件引脚和铜焊盘之间，为保证焊点的可靠性，要求化学镀 Ni 层有较高的延伸率。

6）化学镀 Au 纯度为 99.99%，薄 Au 层（又称浸 Au、置换 Au）厚度为 0.025 ~ 0.1μm。化学镀 Au 层（又称还原 Au）厚度为 0.3 ~ 1μm（一般在 0.5μm 左右），镀层硬度 $HV_{0.1}$60，它应在薄 Au 层上施镀。

（2）化学镀 Ni 的含 P 量。

化学镀 Ni 的含 P 量对镀层可焊性和耐腐蚀性是至关重要的。

1）低磷（含 P 量 1% ~ 6%）：镀层耐腐蚀性差，易氧化，而且在腐蚀环境中由于 Ni/Au 的腐蚀原电池作用，会对 Ni/Au 的 Ni 表面层产生腐蚀，生成 Ni 的黑膜（Ni_xO_y），这对可焊性和焊点的可靠性都是极为不利的。

2）中磷（含 P 量 6% ~ 10%）：以焊接为对象，一般以含 P 量 7% ~ 9% 为最宜。

3）高磷（含 P 量大于 10%）：镀层抗腐蚀性提高，但可焊性变差，反润湿现象严重，甚至不润湿。

（3）ENIG Ni（P）/Au 质量要求。

1）金黄色，色泽不发白发污，无氧化迹象，无细小凹凸斑点。

2）无渗镀、漏镀，3M 胶带试验不剥离、分离、无露铜。

3）可焊性试验为全润湿。厚度通常是：Ni 为 2 ~ 5μm，Au 为 0.05 ~ 0.1μm。

（4）ENIG Ni（P）/Au 的缺点。

1）成本高。

2）黑盘问题很难根除，虚焊缺陷率往往居高不下。

3）ENIG Ni/Au 表面的二级互连可靠性，要比使用 OSP、Im–Ag、Im–Sn 及 HASL–Sn 涂层的可靠性差。

4）由于 ENIG Ni/Au 用的是 Ni 和 5% ~ 10% 的 P 一起镀上去的。因此，当 PCBA 工作频率超过 5GHz，趋肤效应很明显时，信号传输中由于 Ni、P 复合镀层的导电性比铜差，所以信号的传输速度变慢。

5）焊接中 Au 溶入焊料后与 Sn 形成 $AuSn_4$ IMC 碎片，导致高频阻抗不能“复零”。

6）存在“金脆”问题，降低焊点的可靠性。

6. ENEPIG Ni/Pd/Au（化学镀）涂层

（1）涂层特征。

ENEPIG Ni/Pd/Au 工艺相对 OSP 及 ENIG Ni/Au 等的优势主要表现如下。

1）不存在置换 Au 攻击 Ni 的表面而导致 Ni 晶粒边界腐蚀现象，故防止了“黑 Ni 现象”的发生。

2）化学镀 Pd 作为一种阻挡层，可有效阻断铜离子迁移至 Sn 基焊料中而导致其润湿性劣化。

3）化学镀 Pd 层会完全溶解在焊料之中，当其完全溶解后会露出一层新的化学镀 Ni 层来生成良好的 Ni_3Sn_4 IMC 层。避免了采用 ENIG Ni（P）/Au 工艺时，在合金界面可能出现的高磷层。

4）化学沉 Au 目前有很多黑 Ni 问题，以及加热后 Ni 的扩散，中间添加一层致密的 Pd 能有效地防止黑 Ni 和 Ni 的扩散。

5）能抵挡多次无铅再流焊接循环。

6）有优良的对 Au 线（邦定）的结合性。

7）非常适合 SSOP、TSOP、QFP、TQFP、PBGA 等封装元器件。

（2）ENEPIG Ni/Pd/Au 的优势。

1）普通的邦定（ENIG）Ni/Au 板，都要求 Au 层的厚度大于 0.3μm，而采用 ENEPIG 工艺时，Pd 和 Au 层的厚度均只需 0.1μm 左右就可以满足要求。这是因为 Pd 是比 Au 硬很多的贵金属，添加 Pd 层的原因就是单纯的 Ni/Au 层腐蚀比较严重，焊接可靠性差。添加 Pd 层还有一个作用是热扩散，因此就整体来说，ENEPIG 可靠性比 ENIG 高。

2）ENEPIG Ni/Pd/Au 工艺流程和 ENIG Ni/Au 工艺基本相似，只需在化学 Ni 和化学 Au 中间加一个化学 Pd 槽（还原 Pd）即可，ENEPIG 的工艺制程：除油→微蚀→酸洗→预浸→活化 Pd →化学 Ni(还原)→化学 Pd(还原)→化学 Au(置换)。

（3）应用现状。

该表面处理最早是由 INTER 提出来的，现在用在 BGA 基板的比较多。基板一面是需要邦定 Au 线 ，另一面需要进行焊接。这两面对 Au 镀层的厚度要求不一样，邦定需要 Au 层厚一点，大概在 0.3μm 以上，而焊接只需要 0.05μm 左右。Au 层厚了对邦定有利，但对焊接强度存在问题，而薄 Au 层对焊接有好处而邦定却打不上了。所以，之前的制程都是用干膜掩盖，分别作两次不同规格的镀 Au 才能满足。现在用 ENEPIG Ni/Pd/Au 两面同样的厚度规格既可以满足邦定又可以满足焊接的要求。现规格 Pd 和 Au 膜厚大概在 0.08μm 以上就可以同时满足邦定和焊接的要求。

目前已广泛应用此工艺的公司有微软（MICROSOFT）、苹果（APPLE）和英特尔（INTEL）等。

8.2 从基板在微组装中的基本现象追迹其不良

8.2.1 镀金基板的腐蚀

1. 概述

镀金不仅是很费工夫的制造工序，而且是产生不良较多的工序。其中发生最多的是润湿不良，它的发生和焊膏、温度曲线没有什么关系，其最大原因是清洗不良。即使这样，金还是保持了其原来的颜色没有发生较大的变化。因此，人们往往就形成一种误解，即“用金加工的品质就高”或者“价格贵的品质就好”的偏见。对基板品质好、坏的判断，就意味要贯穿着从基板入厂验收开始，直至最终产品出厂的全部工序，特别是由于电镀工序的增加，危险度也必然随之而增加。下面介绍镀金基板的不良示例。

图 8.1 是焊料在焊盘上几乎完全未被润湿。而图 8.2 是在加湿条件为 40℃、

95%RH、24 h 加湿后的镀层表面，然后用金相显微镜观察后获得的镜像。加湿12 h 后便发生了腐蚀。

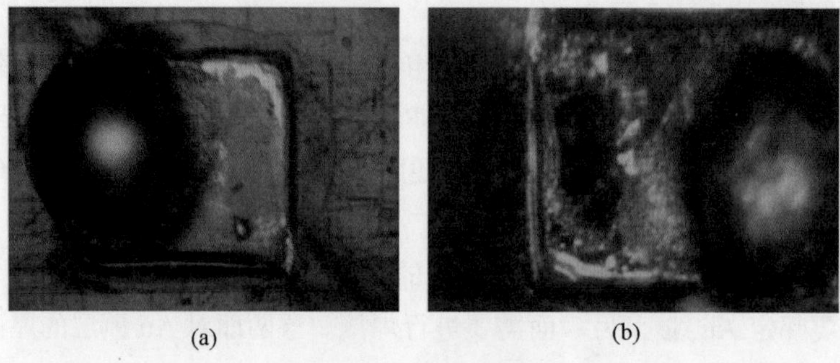

图 8.1　安装现场的不良

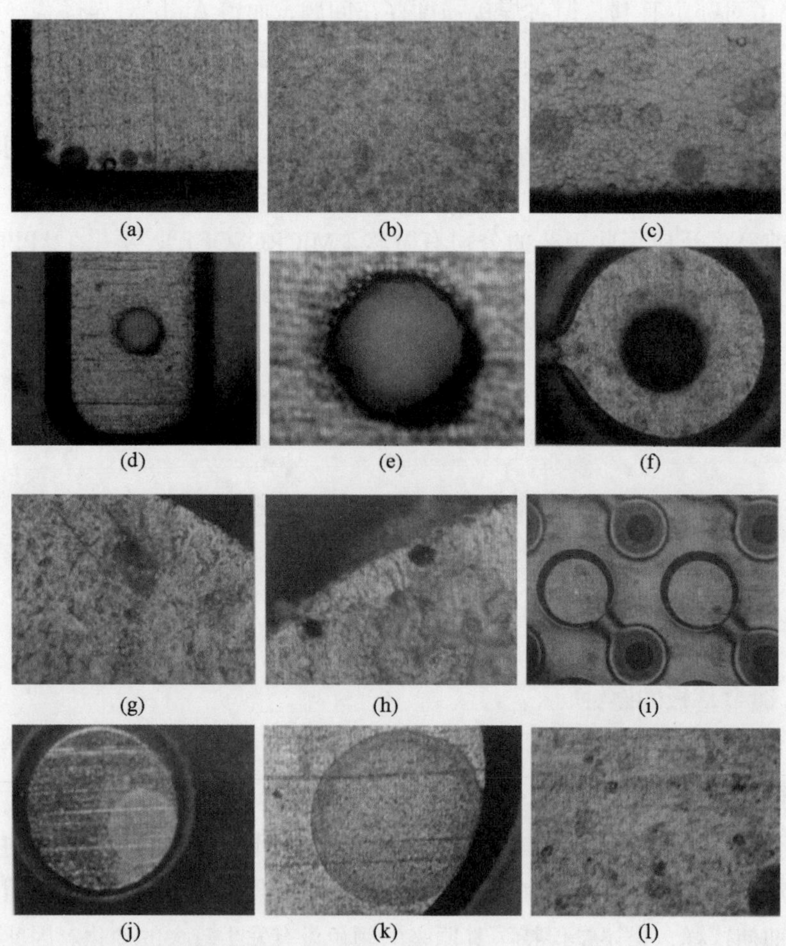

图 8.2　用金相显微镜观察加湿后的电镀表面（加湿条件：40℃、95% RH、24h）

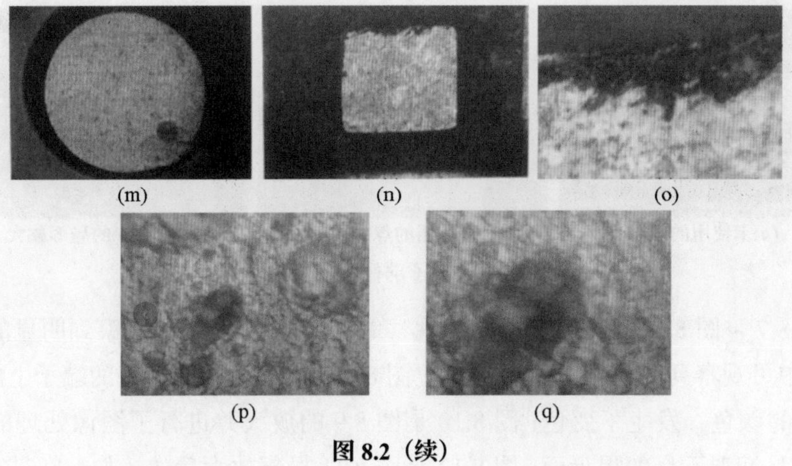

图 8.2（续）

2. 镀层材料及其焊接特性

在基板制造工序中，机械加工和药品处理几乎占了一大半工作量。焊接中用的助焊剂的原料是卤素化合物（具有加热时除去氧化物能力的物质），以—COOH为代表的有机酸活性剂在加热时具有夺取氧的性能，如氨系[胺类、肼（联氨）]等。有害的化合物如硫化合物、过氧化物、钠化合物等，几乎都是阻碍焊接性的。作为元素 S、Na、N、Ca、B 等也是有害的。

有些化学物质如氯化亚铜（$CuCl_2·2H_2O$）、氯化铵（NH_4Cl）和硼酸（H_3BO_3）如果是单独存在的状态，则是有焊接性的。除此之外，由于所有的化学物质的残留都将导致焊接性的不良，若在基板制造工序中被使用且清洗不净，那么被残留下的几乎对焊接性都是有害的。

构成蚀刻液的化学物质的种类很多。例如，像氯化亚铜（$CuCl_2·2H_2O$）等物质有焊接性，可是由于镀液的组成是由复合的化学物质构成的，即使某一成分具有可焊性，但是对镀液的整体评价是没有可焊性的。因此，如果对镀液的清洗不净且有残留，那么将导致全部焊接性的不良。

图 8.3 是硫酸系腐蚀的生成物；图 8.4 是镀金的导体侧面因清洗不足而形成的腐蚀；图 8.5 是导体侧面因洗净不足而造成的迁移；图 8.6（a）是镀金端子部件表面润湿不良，图 8.6（b）是尚未使用的焊盘表面，而图 8.6（c）是图 8.6（b）的局部放大镜像。

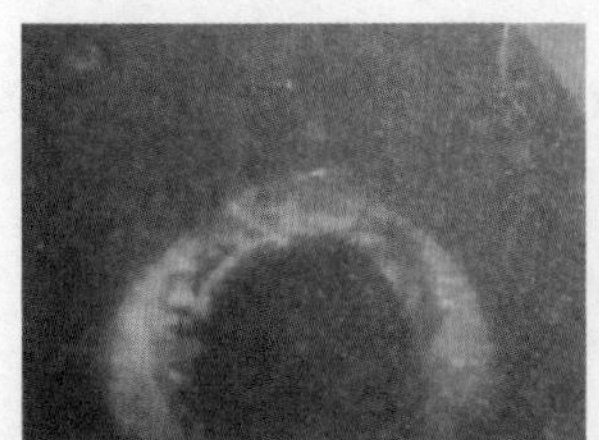

图 8.3　硫酸系腐蚀的生成物

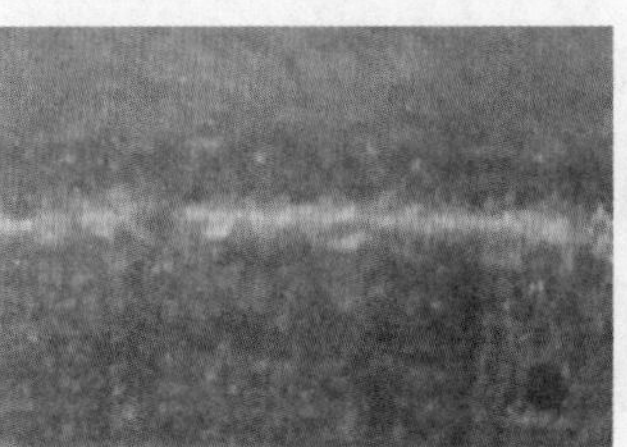

图 8.4　导体侧面腐蚀

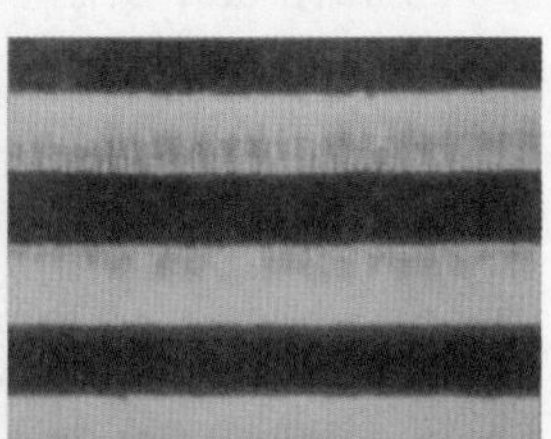

图 8.5　导体侧面迁移

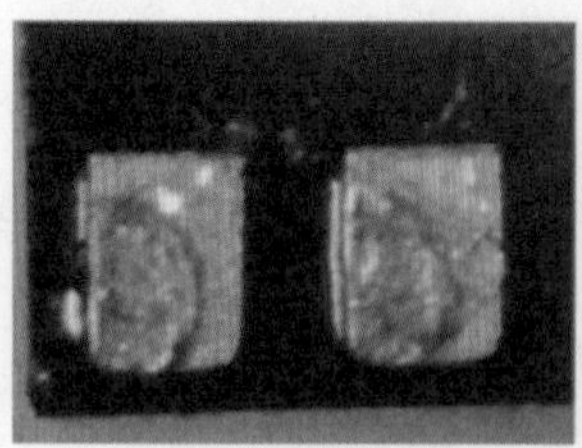

(a)未使用的端子

(b)未使用的焊盘表面

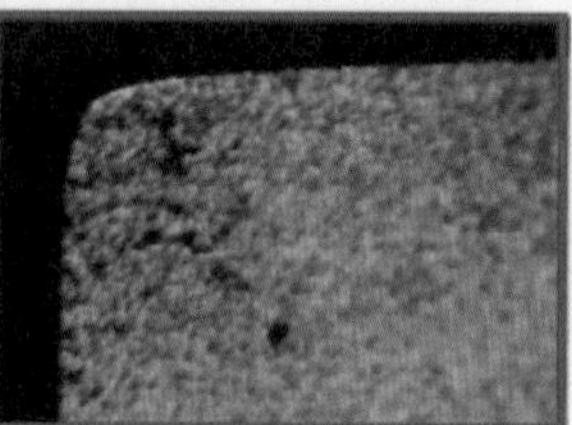

(c)图(b)的局部放大

图 8.6 镀金端子部件表面润湿不良

图 8.7 ~ 图 8.12 是用金相显微镜观察的结果：图 8.7 中可观察到明显的腐蚀；图 8.8 中可观察到 Ni 面因腐蚀而变色；图 8.9 中可观察到在镀金的端子上的颜色不是金的颜色，发生了变色；图 8.10 是图 8.9 的放大并进行了图像处理的镜像；图 8.11 是润湿不良的焊盘面；图 8.12 是图 8.11 局部放大后的镜像，在其上可见到用污脏的抛光轮抛光时留下的强磨削痕迹。

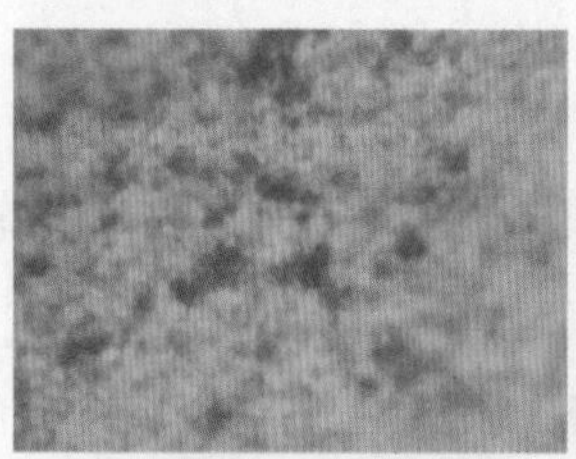

图 8.7 腐蚀

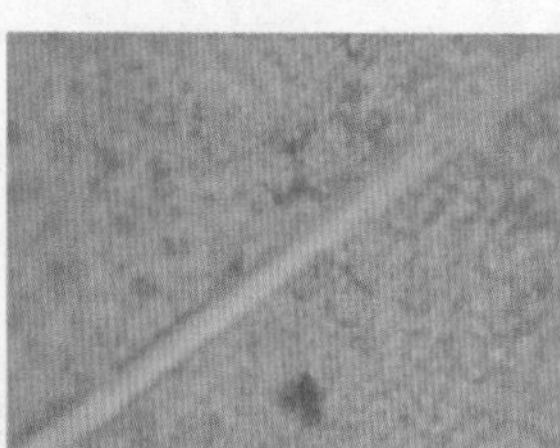

图 8.8 Ni 面因腐蚀而变色

图 8.9 金镀层变色

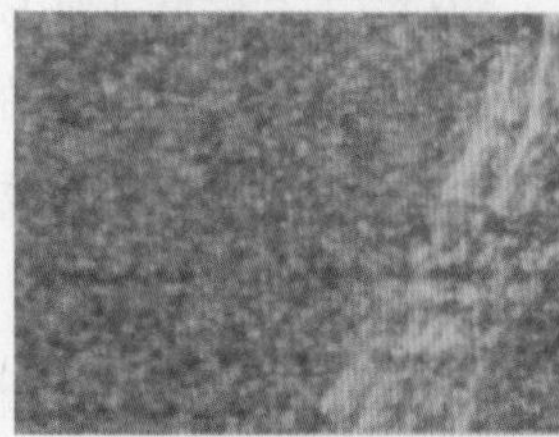

图 8.10 图 8.9 的放大并作图像处理的镜像

图 8.11 润湿不良的焊盘面

图 8.12 图 8.11 的局部放大后的镜像

图 8.13 是因抛光轮的严重污染所导致的结果；图 8.14 是伤痕已浮露到焊料上面；图 8.15 由于强度不足导致了简单的剥离，这种情况发生在同一批未使用过的基板上，其放大图如图 8.16 和图 8.17 所示。图 8.18 是同一批其他基板的一部分；图 8.19 是铜材表面污染的局部放大，同样，图 8.18 的中央部的斑点状污染物质如图 8.20 和图 8.21 所示。不管哪个均是二次污染，像这样的污染状态是在该基板的生产工艺中发生了水滴附着现象。

图 8.13 严重伤痕和污染

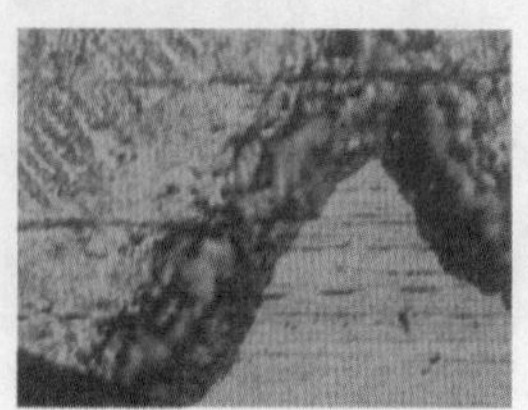

图 8.14 伤痕已浮露到焊料上面

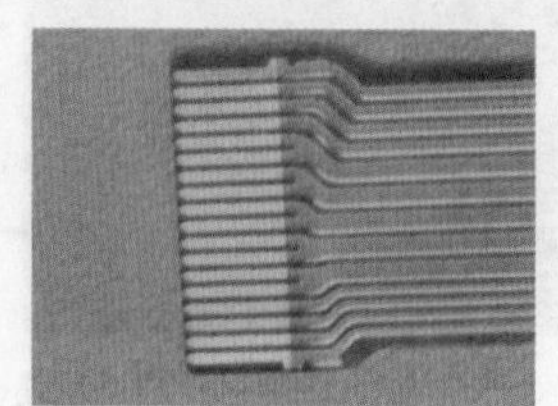

图 8.15 引起了强度不足

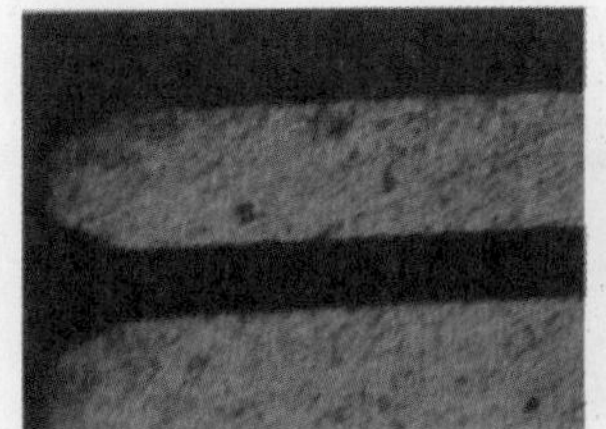

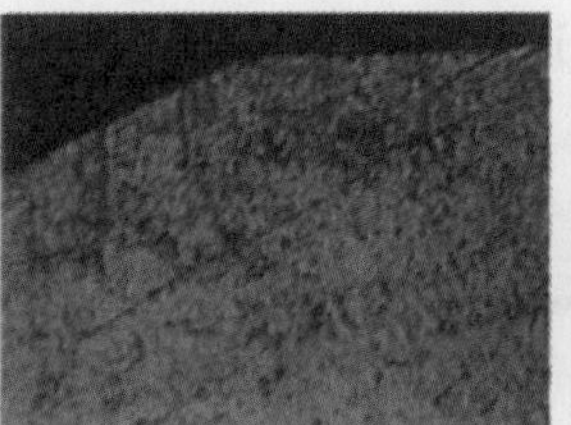

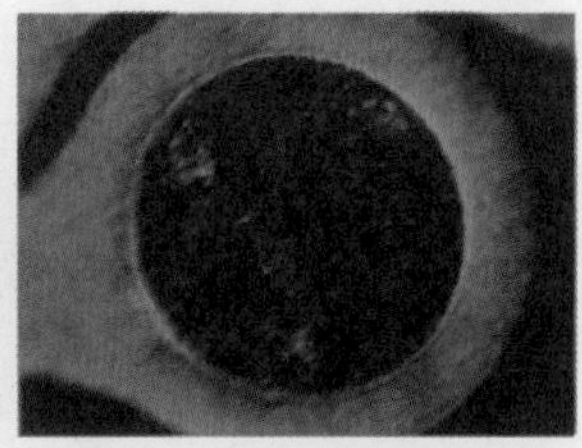

图 8.16　图 8.15 腐蚀的局部放大　图 8.17　图 8.15 熔析面在扩大　图 8.18　图 8.15 的其他基板

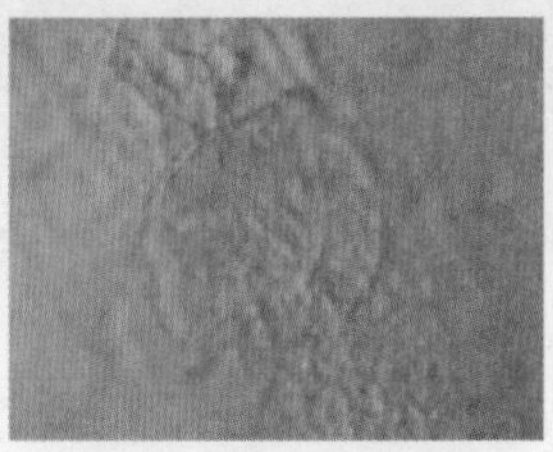

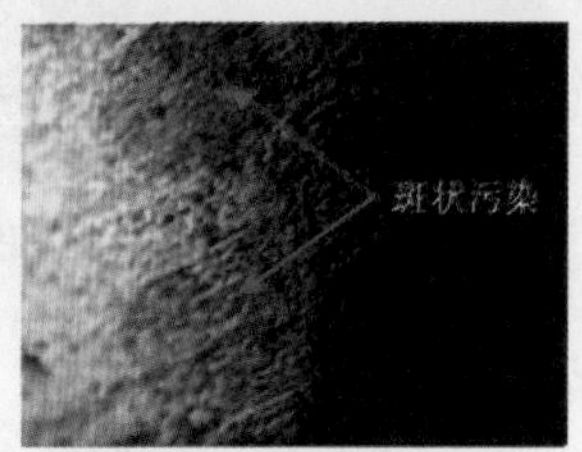

图 8.19　铜材表面污染的局部放大　图 8.20　图 8.18 的中央　图 8.21　斑点状的污染

图 8.22(a)是 BGA 的金镀层,它们的污染状态如图 8.22(b)~图 8.22(e)所示。

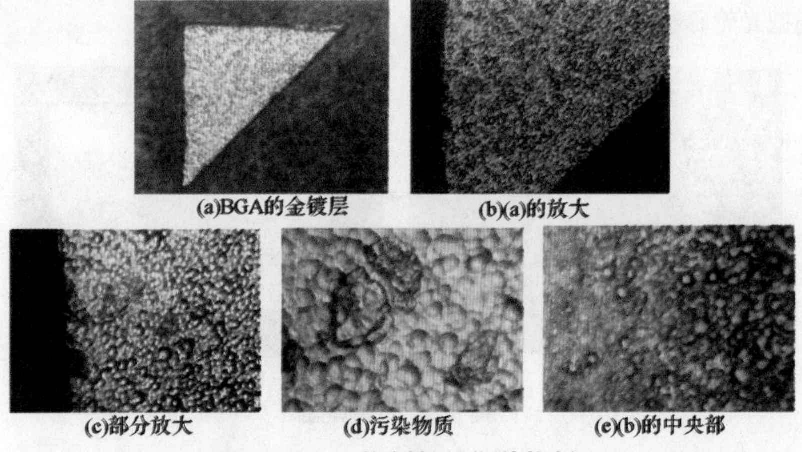

(a)BGA的金镀层　(b)(a)的放大

(c)部分放大　(d)污染物质　(e)(b)的中央部

图 8.22　BGA 的金镀层（污染状态）

图 8.23 是 PCB 的金镀层，其污染状态如图 8.24 和图 8.25 所示。存在像这样的变色及腐蚀，即使在优质的金镀层上也是较多的。由于金是有颜色的金属，与铜一样未上焊料时目视检查是很容易进行的。而且由于金耐腐蚀性好，对其下的 Ni 层也有很好的保护作用。

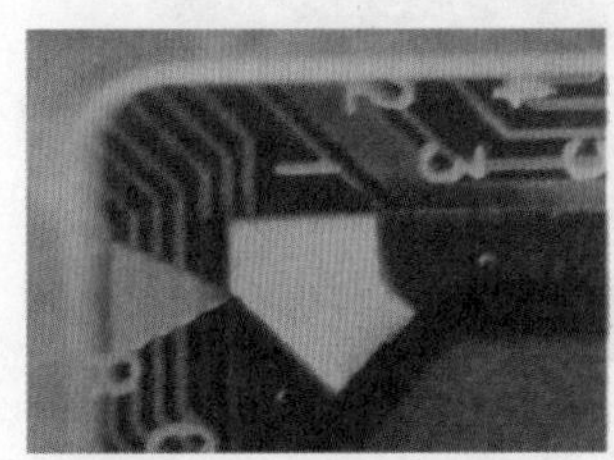

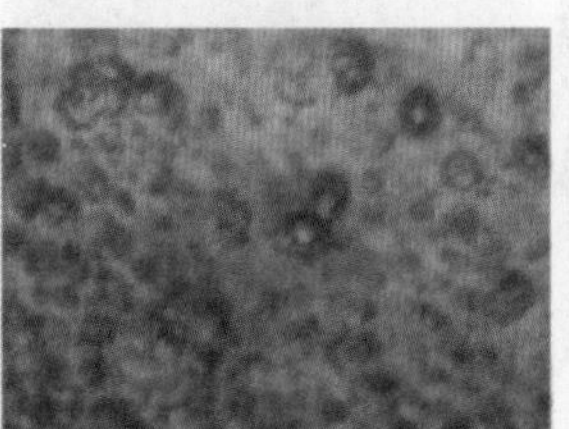

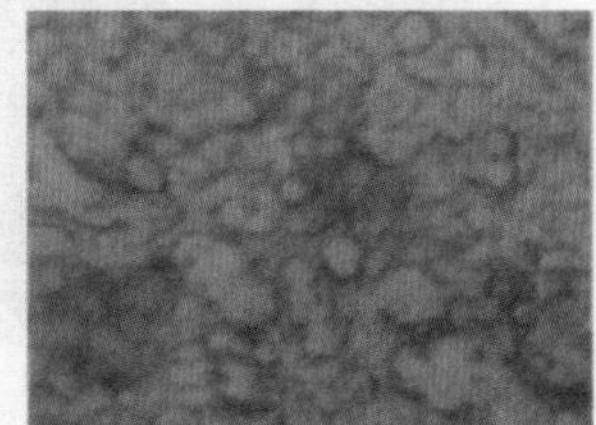

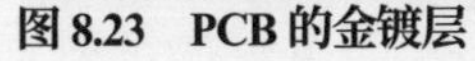

图 8.23　PCB 的金镀层　图 8.24　图 8.23 的放大(变色)　图 8.25　图 8.23 的放大（腐蚀）

图 8.26 中所见到的金镀层，存在着许多黑色小斑点，这就相当于腐蚀的预

备军，一旦吸湿腐蚀便会迅速扩大。

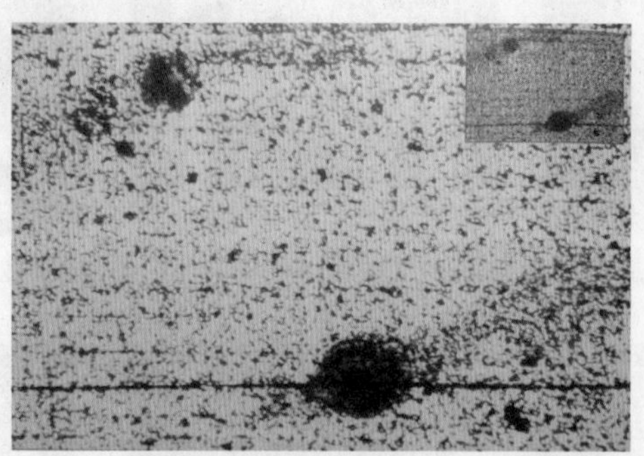

图 8.26　黑色斑点是腐蚀的预备军，一旦吸湿腐蚀就扩大

3. 污染焊盘的游离成分

普遍镀金的基板焊盘如图 8.27 所示，即使是放大后也都应注意在判断无特别的异常后，再用金相显微镜观察是否有图 8.28 所示的腐蚀现象，以及如图 8.28（d）所示的抛光轮研磨状态的显著的损伤。

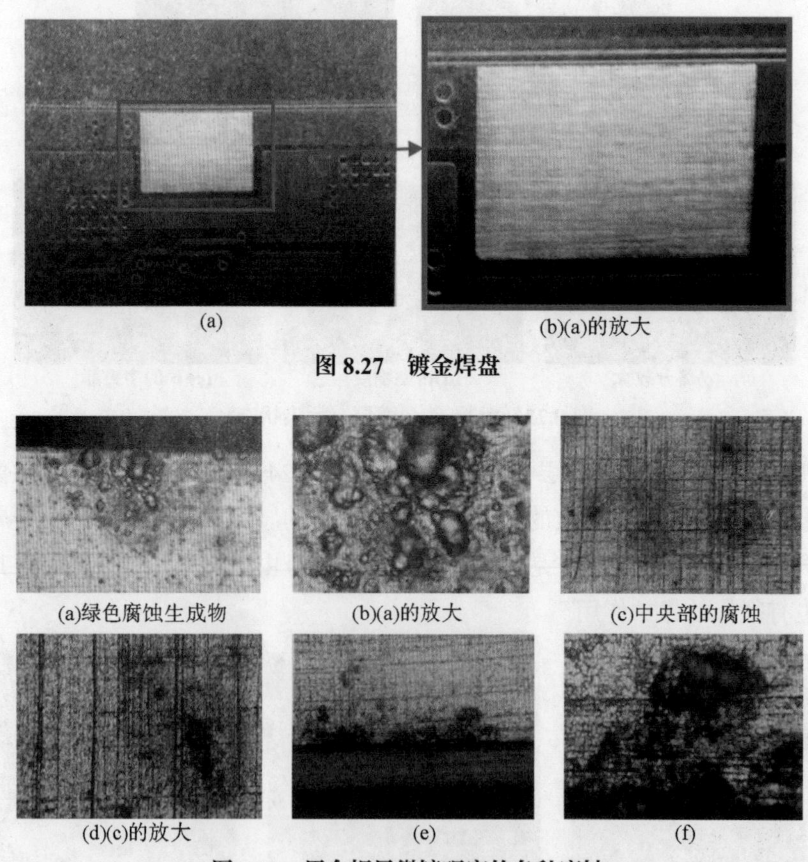

(a)　(b)(a)的放大

图 8.27　镀金焊盘

(a)绿色腐蚀生成物　(b)(a)的放大　(c)中央部的腐蚀

(d)(c)的放大　(e)　(f)

图 8.28　用金相显微镜观察的各种腐蚀

在这样的焊盘面上滴下 1mL 的超纯水，并在室温 24℃时保持 30min，过几天后再采用 ICP（VARIAN 720-ES）分析设备，对其成分分析出 65 种原子，按

数值大小排序如表 8.4 所示。

表 8.4　分析结果

元　素	ppm	备　注
Ni	0.104	Au、Cu、Sn、Ag、Fr、Si、Zn、Al、Cd、As、Pb 等元素均是 0.000ppm
S	0.044	
Na	0.030	
Ca	0.029	

再者，因为是用 ICP 抽出了水再进行分析的，未溶入的金属已离子化。从分析结果得出的信息中未检出 Cu 及 Au，显然镀 Ni 前工序的管理做得好，这暗示了在镀 Ni 以后的清洗等方面的管理上存在问题，Na 考虑为人为因素。某镀金焊盘经过上述的试验处理，然后用同条件的试料采用离子色谱法进行阴离子分析，获取的阴离子分布谱图及分析值分别如图 8.29 和表 8.5 所示。

显然，污染焊盘的游离成分主要有 Cl、Br、NO_2、NO_3、PO_4、SO_4 等。Au 本身的抗腐蚀能力极强，但当焊盘表面采用 ENIG Ni/Au 后，由于 Au 镀层的多针孔性且其厚度均很薄，所以当在镀金焊盘表面存在游离成分时，它们会穿过薄金层的针孔而浸蚀其底层的 Ni，从而导致了镀 Au 焊盘表面的污染和腐蚀现象的发生。

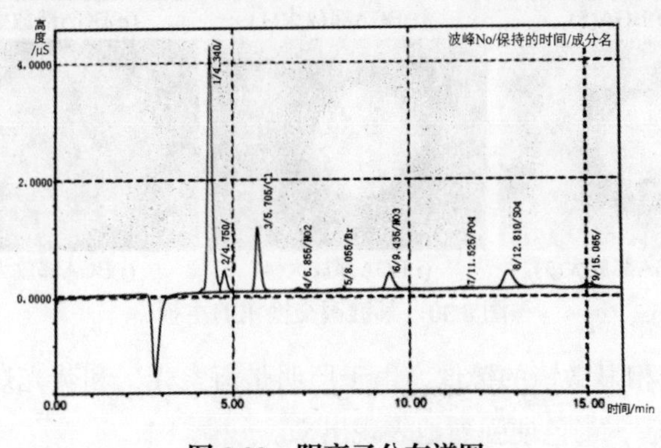

图 8.29　阴离子分布谱图

表 8.5　阴离子分布分析值

波峰 No	成分名	时间 /min	高度 /μS	面积 /（μS×s）	面积 /%	浓度 /（mg/L）
3	Cl	5.705	1.0855	10.3188	15.61	0.686
4	NO_2	8.855	0.0433	0.6423	0.97	0.070
5	Br	8.055	0.0161	0.3821	0.58	0.059
6	NO_3	9.435	0.2868	4.2967	8.50	0.544
7	PO_4	11.525	0.0150	0.2525	0.38	0.207
8	SO4	12.810	0.2850	5.6848	8.60	0.644

4. 关于银镀层

镀银基板也往往存在批量不合格的不良现象，而底层的镀 Ni 层是影响的主要原因。和镀金一样镀银也存在清洗不足的场合。例如，氯化银是白色的，因此，即使发生了腐蚀的场合，也是不易判别的。图 8.30 是某地区的镀银交换机的主板，在使用荧光环形灯照明时全体变为青色色调。如图 8.30（d）所示，靠近中央部和白色相近，而用肉眼看时竟是纯白的图像。在被安装的 BGA 场合用丝网印刷时全部成了纵横的白线，这是白光在 BGA 焊盘部散射增白了。同样使用金相显微镜场合时，倍率一增高白色的光辉便失去了。变成图 8.30（i）的倍率，就可见到少量的斑点（即表面麻点化）。把同一图片放大后进行图像处理就如图 8.30（j）所示，从而观察到竖条纹，而且存在色浓的微小部。

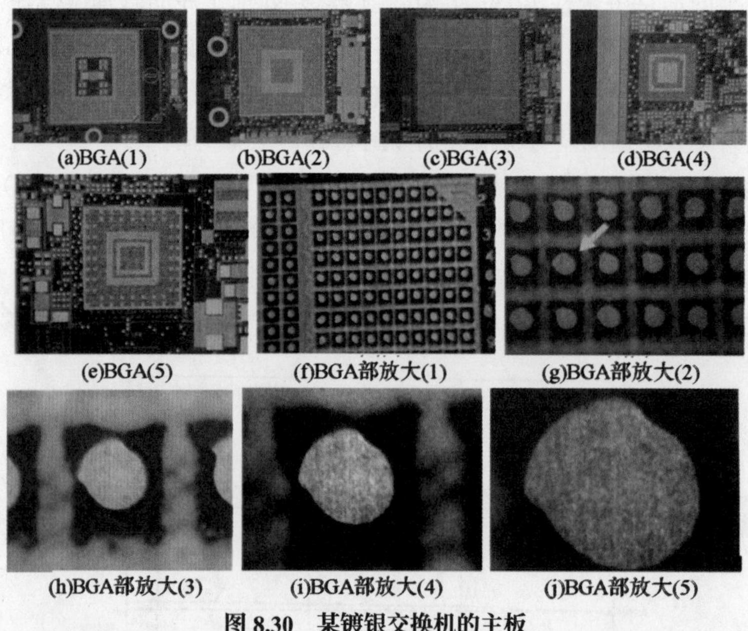

图 8.30　某镀银交换机的主板

圆 8.31 是金相显微镜的镜像，由于照明是卤素光，和荧光灯的色是不同的，而当把倍率提高后，褐色便强烈地表现出来。

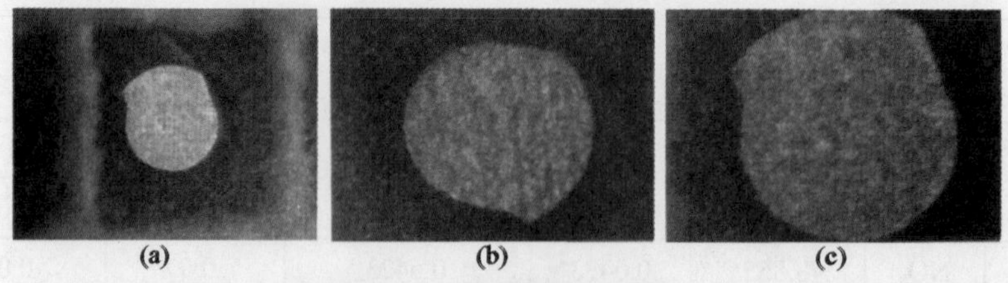

图 8.31　金相显微镜的镜像

图 8.32 是试验者一边用立体显微镜观察，一边故意划开了一条裂缝，直到底层的 Ni 层露出了白色，然后继续进行图像处理，直到焊盘面全部变黑。由于导体侧面的保护膜存在气泡，这些气泡一吸湿就会导致铜的腐蚀，其状态如图 8.33

所示，而在图 8.32 中蓝箭头所指处是比较好的状态。

图 8.32　缺陷对比

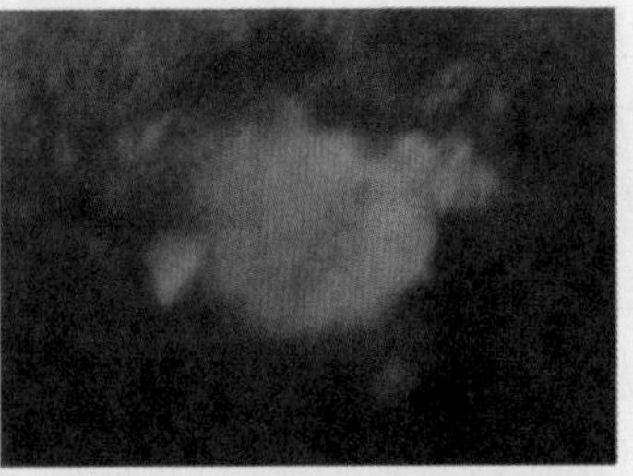

图 8.33　导体侧面的气泡部腐蚀

图 8.34（a）所示为大焊盘面，该面放大后的镜像如图 8.34（b）所示，在该图中能观察到半球状的微粒子状态。要在这样的表面进行焊接，只有见到助焊剂将这些污染物质除去了，焊料才能再和其下面的金属原子相互扩散。能否形成金属的接合还是有疑问，因此，还要进一步测定其污染的离子物质才能确定。

(a)　　(b)(a)的放大

图 8.34　大焊盘面

5. 金属化通孔的断路

关于金属化通孔断路的原因，还是从现场发生的基本现象入手。首先观察图 8.35 中的断线部的形态缩颈变细，和拉伸破断是相同的形态，然而其断面形成了圆形，这样就证实了其是拉伸破断。由玻璃纤维的位置也可认为不是偶然的。

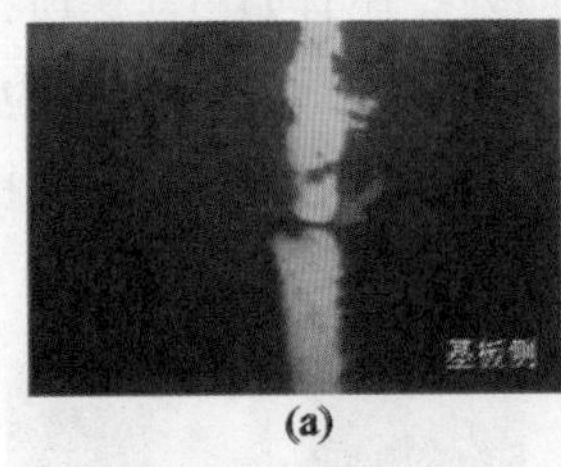

(a)

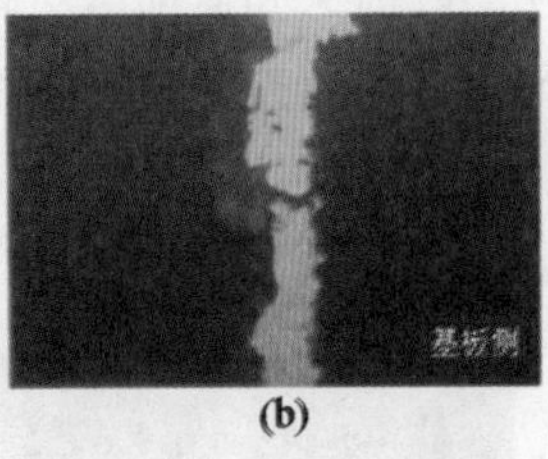

(b)

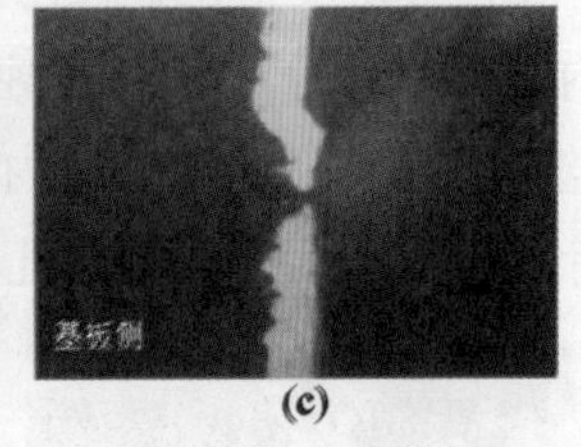

(c)

图 8.35　断线部的形态

图 8.36 和图 8.37 分别是事故孔的断面形貌和埋入的树脂的状态，从中可以判断由钻头钻的孔以及芯片的安装均是“良好”的，但为什么还会出现断路事故呢？再对图 8.37 进一步判断，发现伴随着埋入的树脂的收缩左侧壁存在明显的断裂间隙（图中红箭头所示）。这与在安装现场观察到的与填料填充速度有关联。就不得不怀疑这是因为填料中硬化剂增多的原因。重新查看图 8.36 和图 8.37，

不论是钻头钻的孔，还是芯片的安装，均是“良好”的，故能推测在埋入树脂的调合时，与正常情况相比较硬化剂加多了。硬化前的量恰当与否是有差别的，图8.37的间隙可能是埋入树脂注入后发热形成的，因此这个发热应成为重要的判断基准。在图8.36和图8.37中，问题的关键点是金属化孔内存在一个大空洞。由于图8.38是图8.37的局部放大图，故断线现象在图8.38中能够清晰地确认。如果温度上升，在硬化前埋入的树脂的黏性变小，容易填充浸透到各个角落。但在金属化孔内树脂不能浸透空洞，这就是空洞形成的原因。

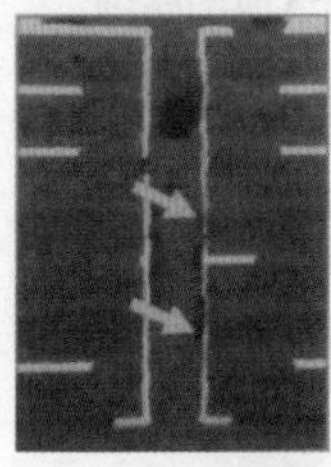
图8.36　断面

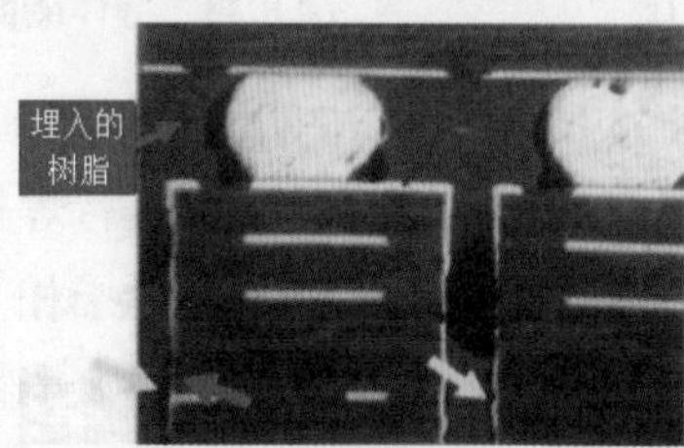

图8.37　埋入的树脂状态

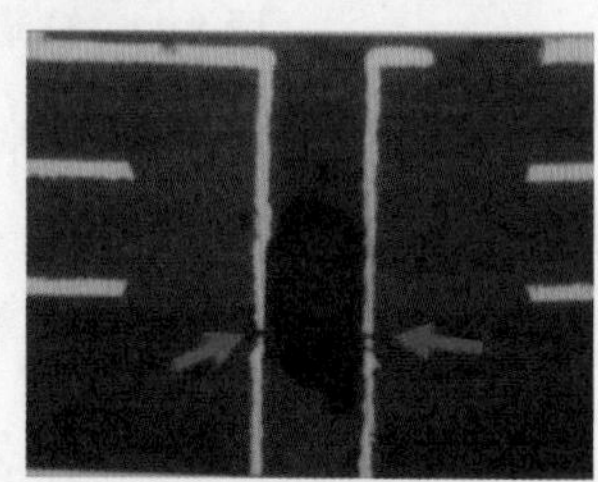
图8.38　空洞和断线部的位置关系

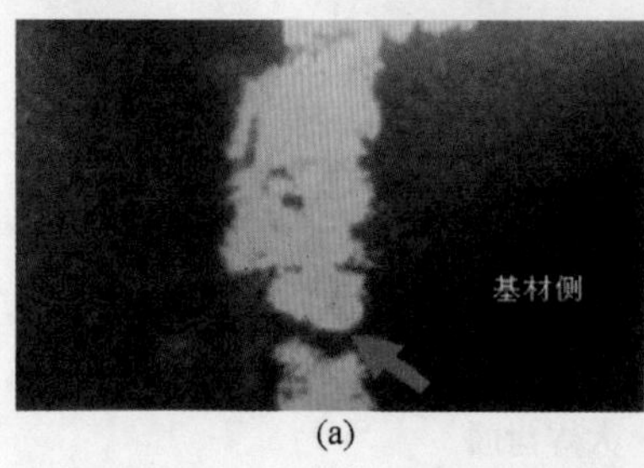

(a)　(b)

图8.39　断线部的状态

再仔细观察图8.37中红箭头所指的断线部，黄箭头所指的不良部分的内壁部存在空洞。这些气体的产生因素在金属化孔内壁的那些地方是预先就存在的，如图8.39所示的断线部的状态。

图8.40～图8.45是另一个组装件的断线状态，孔是常规工艺打出来的，图8.40的不良位置是发生在金属化孔的红箭头和蓝箭头所指向处。还有如白箭头所指是在内装的基板的上、下两面密着性不良处。红箭头确认的是在内层基板面的位置，而蓝箭头是在另一个基材内由于电镀不良而引起的。图8.41是埋入树脂的摄影图片，而图8.42是金属化孔电镀的断面。

图8.40　金属化孔的全貌

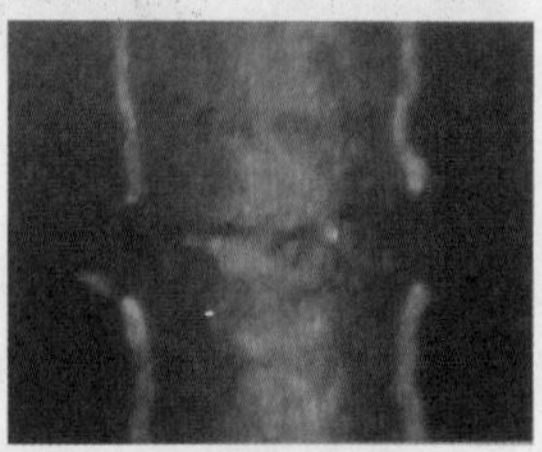
图8.41　不良部分状态（1）

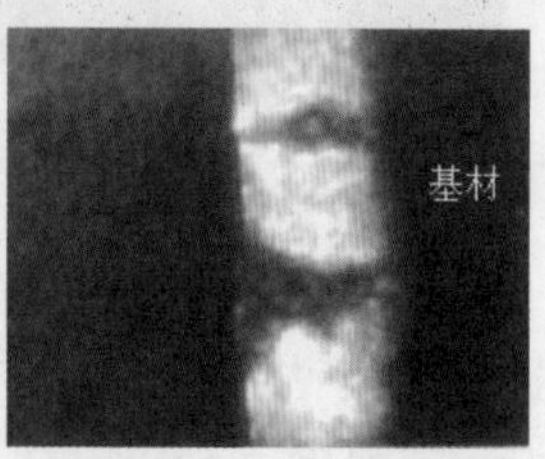

图8.42　不良部分状态（2）

图8.43是断开位置的放大图，用来观察尚未完全了解的状态。其范围是图8.44

中用红框围起的部分，纵长的树脂层可以推定与断开状态相关。像用钻头在树脂层打孔的形态是不能不考虑的。经放大并作图像处理后的图 8.44 中用绿框围起来的区域中还观察到有异物存在。

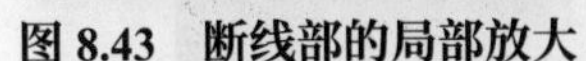

图 8.43　断线部的局部放大

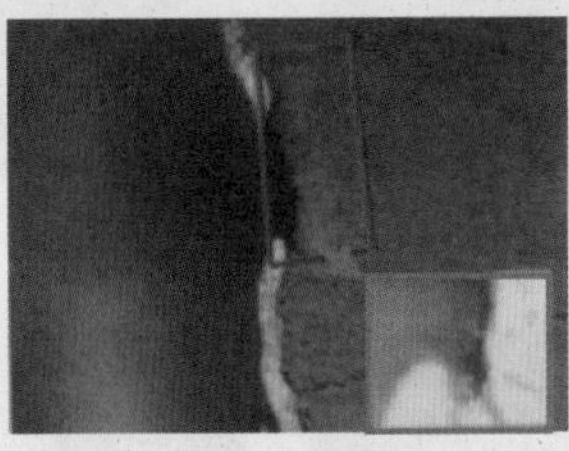

图 8.44　断线部树脂的异常

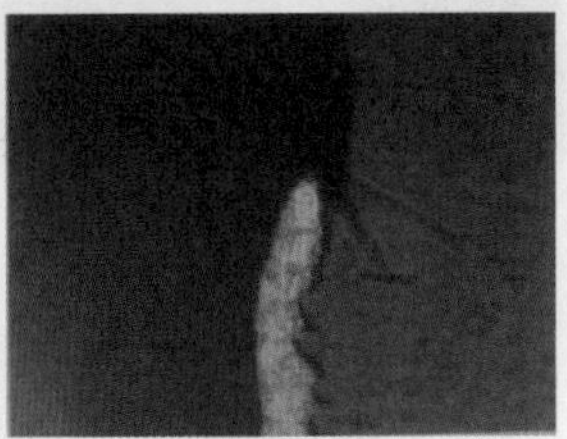

图 8.45　断线部的形态

图 8.46 是对图 8.44 中绿框部分进行放大后的镜像图。在画面上，玻璃纤维是沿横向走势，在玻璃纤维切断时要清楚玻璃纤维的突端是否伸出。图中由蓝色箭头方向产生的气体能阻拦铜的迁移，这是由于那些气体在被电镀的上部变成了一个球形黏附在上面。

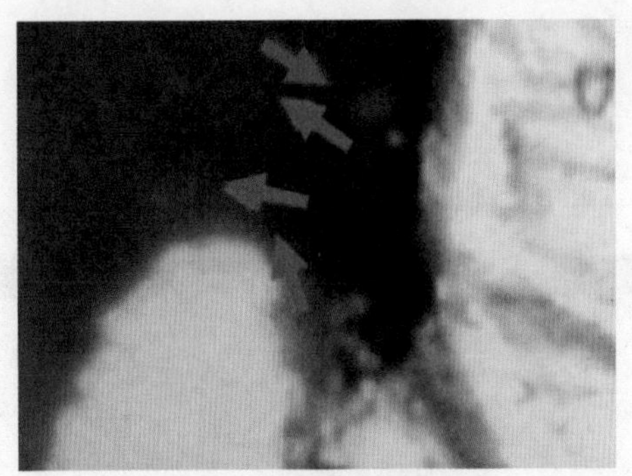

图 8.46　电镀不良的形态

图 8.47 ~ 图 8.54 是另一例的金属化孔的断线，而断线部必定是带球形的。关于这个带球形的点是从基材侧产生的气体，这就是断线部必定是带球形的原因。该不良的特征如图 8.52 和图 8.53 所示，一根根玻璃纤维的外周是被污染的，这是在研磨时形成的，即是在制造玻璃纤维时使用的物质（淀粉）的后处理不良所造成的。图 8.54 是对透过金属化孔内埋入的树脂拍摄的影像，鲜明度很差。红箭头是玻璃纤维的宽度，沿纤维浸入的电镀液像图 8.51 所示那样被电镀。在图 8.54 中和玻璃纤维宽度相同的金属化孔内的黑线所指位置也观察到腐蚀的存在。由此就推断本事故发生的原因与玻璃纤维的相关性。

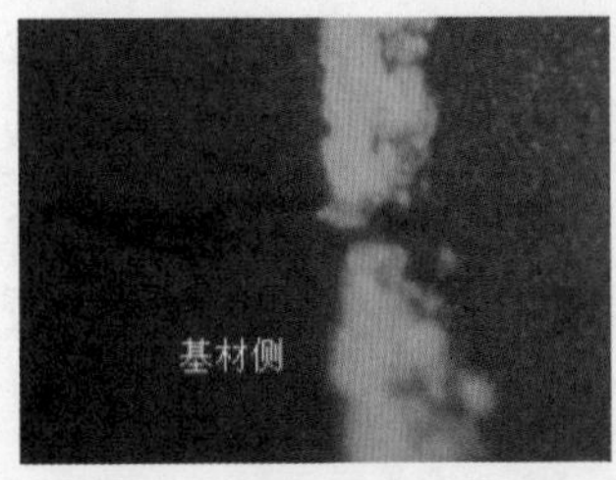

图 8.47　断线部树脂的异常

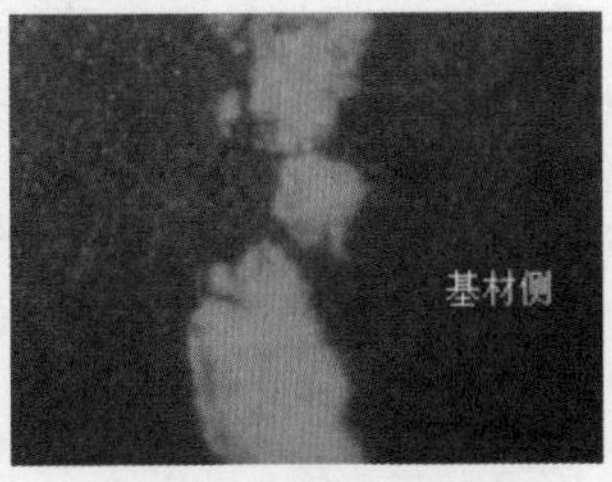

图 8.48　断线部的状态

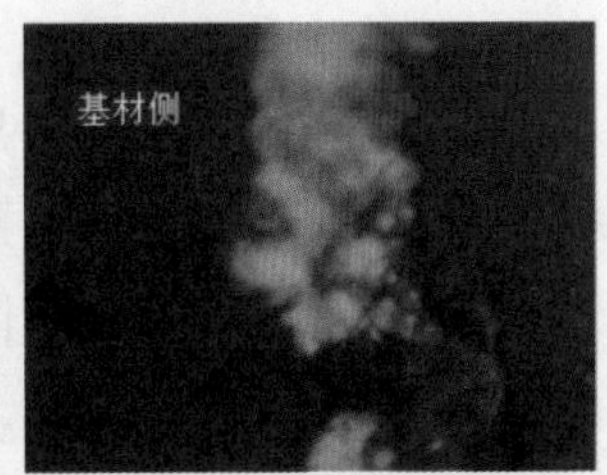

图 8.49　断线部的腐蚀

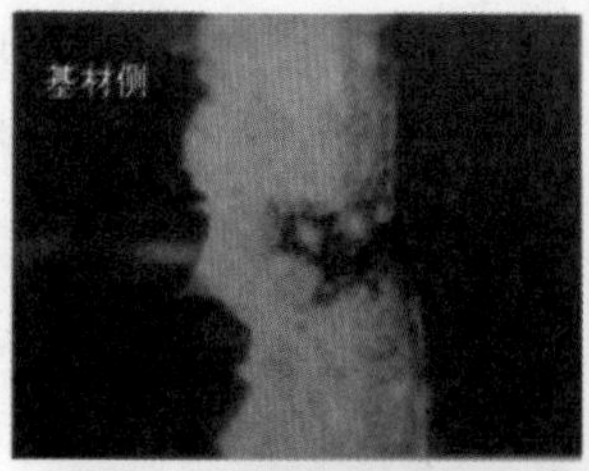

图 8.50　玻璃纤维的异常

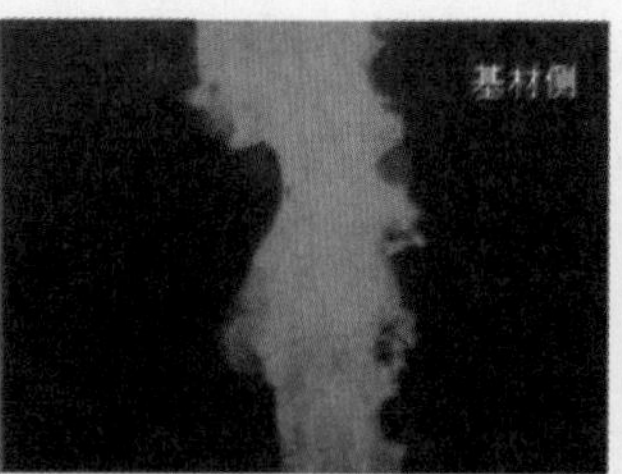

图 8.51　玻璃纤维和镀层

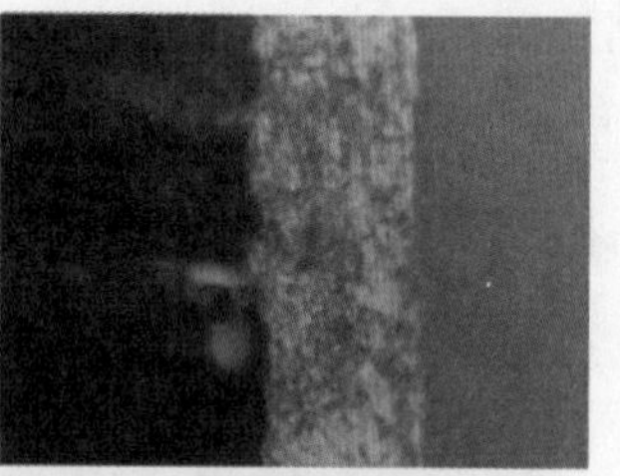

图 8.52　玻璃纤维腐蚀的原因

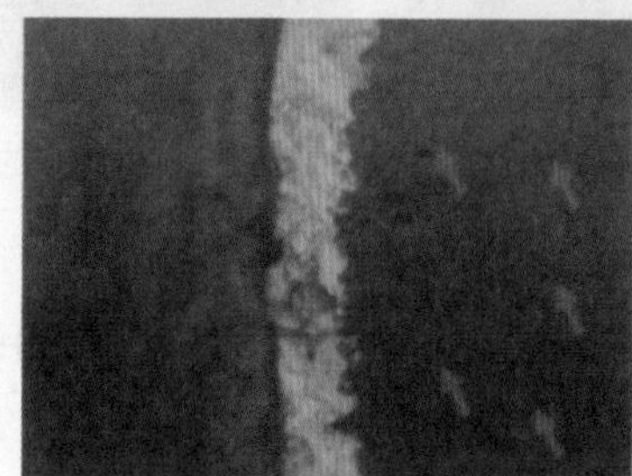

图 8.53　玻璃纤维腐蚀的缺陷

图 8.54　玻璃纤维腐蚀的局部腐蚀

6. 铜的电迁移

如图 8.55 所示，铜的电迁移有下述三种形式。

(b)

图 8.55　铜的电迁移

（1）从下电极部向上生长舒展到上电极部的树枝状电迁移，是在两电极间加上直流电发生的电迁移，如图 8.55（a）所示。

（2）从下电极部生长出的一些像刚萌芽的小草而生长的迁移，是铜离子物质丰富并受电压的影响而发生的，在离子物质的浓度高的领域生长并被还原而形成的迁移，如图 8.55（b）所示。

（3）在直流电的影响下发生的铜的颜色变黑的迁移。变黑的原因是铜没有充分地被还原，在初期阶段是指定的铜的颜色，但由于受助焊剂或者元器件、基板等的污染物质的腐蚀而变黑了。同样，在初期阶段是按铜的颜色生长的，但在空气媒介中由于氯、硫等气体附着而变黑了，另外，从含氯的被覆线和含硫的橡胶出来的气体也会使其变黑，如图 8.55（c）所示。

7. 其他的不良

图 8.56 ~ 图 8.58 是交通工具上所用的电子产品发生的事故，从这些照片的特征便断定是波峰焊接。波峰焊接时端子所使用的助焊剂是 IPA（异丙醇），乙醇中的 OH 基是亲水性的。因为蒸发在沸点以下的温度是从表面发生的，而达到沸点时便从内部发生。如果蒸发是从表面发生的，那么乙醇气化时便要从空气中夺取气化热，把空气中的水分以结露的形态吸入助焊剂中。一定程度的蒸发持续不断地把水分吸入，将表层部的固形成分的浓度变高，从而使表面的蒸发减少。该过程如图 8.59 所示。最终形成的被膜阻止了蒸发，从而终止了水分继续进入端子助焊剂中。波峰焊接后的助焊剂残渣的出现导致了焊盘间或插座的引脚之间电气导通现象的发生。

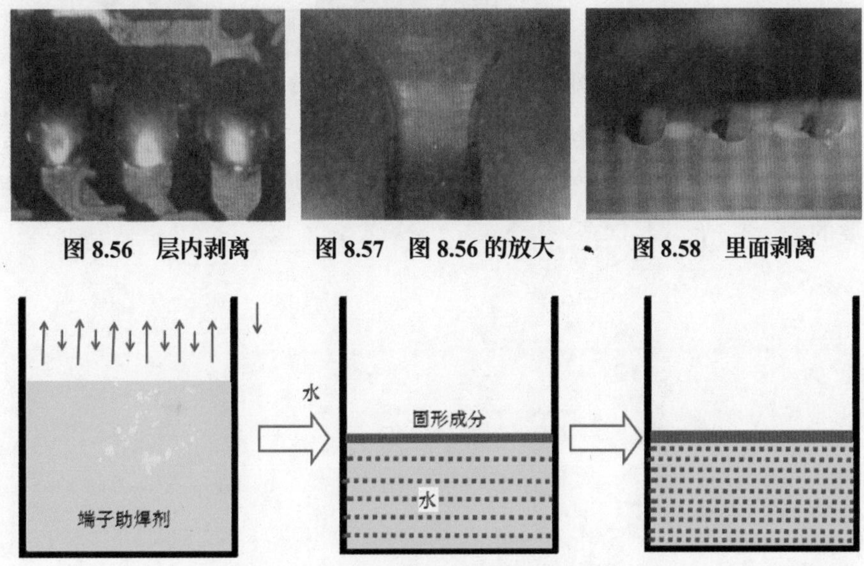

图 8.56　层内剥离　　**图 8.57　图 8.56 的放大**　　**图 8.58　里面剥离**

图 8.59　端子助焊剂吸湿和起皮现象

再看现物，图 8.60 中在基板的元器件侧的右边有多个飞散的小焊球，这就是基板吸湿或端子助焊剂吸湿后所导致的后果。左右的金属化孔之间有被连接的白筋，整个基板全部存在着白色的斑点。

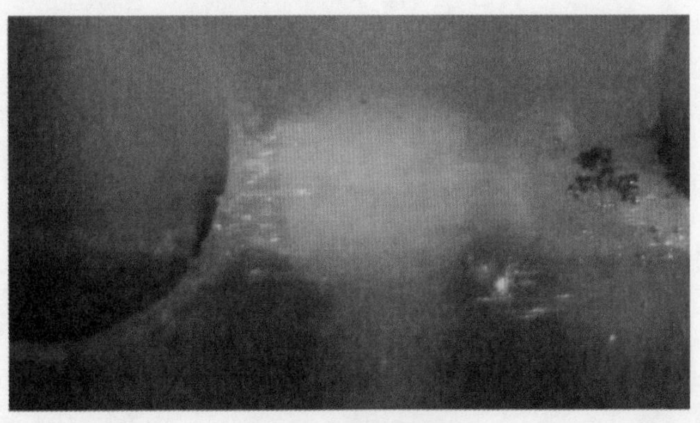

图 8.60　剥离和焊球

8.2.2 基板安装的不良归纳

基板在安装中的不良受多种因素的影响。例如，在安装和焊接之前的接合部可能存在离子物质、有机物质、无机物质、加热手段、助焊剂、焊料、接合面积、接合部间隙、残留应力及机械加工精度等综合因素的干扰和影响，如图 8.61 所示。

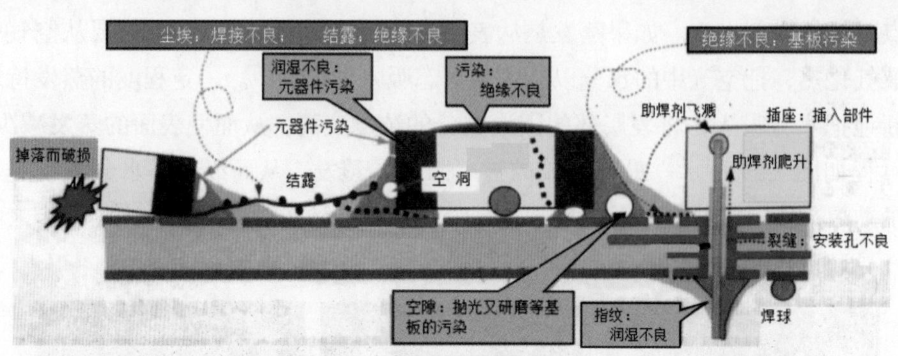

图 8.61 基板安装的不良归纳

显然，妥善地处理和解决这方面的问题是一项系统工程。为此，要求基板、元器件、焊料、助焊剂、生产装备、各种辅料等，以及各公司间的密切配合是极为重要的。

第09章

切片断面观察及图像判读

本章要点

- □ 熟悉切片断面观察的目的。
- □ 熟悉切片断面观测工具及其选择。
- □ 掌握切片断面观察应关注的内容。
- □ 掌握断面图像分析与判读：试料制备中出现的不良。
- □ 掌握断面图像分析与判读：观察的问题点。

9.1 切片断面观察的目的及观测工具

9.1.1 切片断面观察的目的

切片是破坏性检测，为了较准确地对不良现象进行解释，就必须要进行切片断面观察。即使不良的发生是多场合的，也必须通过断面观察才可能达到对影响不良的特定因素进行解释的目的。断面观察就是通过对断面的外观观察和分析获得有价值的信息，从而分析出产生不良的真正原因。

9.1.2 观测工具及其选择

对切片断面进行观察的程序及用到的主要工具或装备如下。

1. 放大镜

在现场发生不良事故时，通常先用放大镜（×15 倍）对不良品外观进行初步观察，此时要特别关注的是观察的采光。初始观察时，由于放大镜的放大倍数小，镜像也比较粗糙，对事故的分析判断没有把握时，就要进一步用立体显微镜（×50 倍）进行验证，以尽快找出对策。

2. 立体显微镜

立体显微镜也称为工具显微镜。采用强光源通过保护层能观察铜焊盘的腐蚀。若没有环形灯，纤维灯也可以，它能改变照射角度及观察基板表面奇丽的色调，还能观察在保护层表面引起的晕影、凹凸、异物和气孔等。从而，对于简易判断 BGA 的焊球形状的良否比环形灯更方便，从基板的里面照射时能观察到基板内层打孔位置上的裂纹。

（1）焊盘及其周边：焊盘的金属光泽、形状、保护膜的偏移、保护膜的状态、丝网印刷部的高度、丝网印刷的状态。

（2）焊料的平整性：焊料量、焊料变色（水溶性助焊剂的残留）、抛光研磨筋。

（3）镀金基板：抛光研磨筋、腐蚀。

（4）基板 PTH 孔：铜表面的变色、预助焊剂状态（晕影光）。

（5）通孔内壁：异物、凹凸、腐蚀。

（6）基板冲裁切断端面质量：BGA 基板冲裁切断工具的锋利度，是导致玻璃纤维丝冒出来、基板树脂粉化、保护层裂纹、单面基板毛边、卷边等质量问题的原因。

3. 金相显微镜

在观察相同的地方时，即使是用立体显微镜观察清楚的画像也是有差异的，从而导致大的判断失误。在无铅的场合中，不论安装现场还是基板制造公司，金相显微镜都是必须配备的。可用来观察如下内容。

（1）焊盘镀层状态（Au 镀层的底层 Ni 镀层的析出组织）。

（2）焊盘的抛光研磨筋的状态。

（3）焊盘焊料的平整性，基板焊料的表面组织 [如 α 相、β 相、金属间化合物（针状结晶）]。

（4）腐蚀状态及与此同时保护层的碎片状态。

（5）保护层的表面状态（如污染、气泡、树脂部分的状态）。

（6）在基板上附着的灰尘。

（7）孔内部观察。

在对断面组织进行观察的场合，要采用立体显微镜的最大倍率来进行。这时不限于焊接部，而且对于基板层内的树脂组织、玻璃纤维、多层基板的层间厚度等也要仔细观察。

4. 电子显微镜

在前面检查项目结果的基础上实施，判断可用立体显微镜及金相显微镜进行观察，对于电子显微镜主要是提取里面有效的数据，再用立体显微镜或金显微镜解析其原因。

9.1.3 切片断面观察应关注的内容

1. 与金属学相关的观察内容

要彻底掌握接合部的状态，必须对切片断面进行观察。通过对切片断面外观的观察，才能从金属学观点出发，充分认识在焊接过程中所发生的物理变化和化学变化，以及这些变化之间的相互关联性。例如：

（1）化学成分和金相组织之间的关系。

（2）改变化学成分的比率时对金相组织的影响。

（3）普通冷却时的组织（冷却速度）。

（4）慢冷时的组织（冷却速度）。

（5）急冷时的组织（冷却速度）。

（6）冷加工时的组织（如引线加工、冲裁、打孔）。

（7）再结晶时的组织（焊料冷加工后在室温下再结晶）。

（8）进行各种热处理时的组织。

2. 与焊接有关的观察内容

（1）正常接合场合的组织。

（2）典型热循环试验后的组织。

（3）在高温使用环境下接合部的金属间化合物的状态。

（4）焊接圆角（角焊缝）的残留应力和组织。

（5）引起焊料裂纹、剥离时的组织。

（6）组成成分的偏析。

（7）空隙（空洞）状态。

（8）基板通（穿）孔状态。

（9）基板基材状态。

（10）部件填充材料的粗密状态。

9.2　断面图像分析与判读

9.2.1　试料制备中出现的不良

1. 由于树脂硬化剂配合失误而形成的裂纹

图 9.1 是由于埋入树脂中的硬化剂过多，反应热导致温度急剧上升将引线抬高而引起焊料剥离。像这样的显著剥离是由于硬化剂计量失误而导致的。裂缝的宽度几乎接近引线的 1/2，这是硬化剂配合失误使引线在弯曲加工时产生的残留应力所造成的结果。

2. 清洗不净

图 9.2 所示的状态是由于硬化剂在最终研磨后的清洗不净，而导致浸埋的树脂劣化变色所导致的结果。

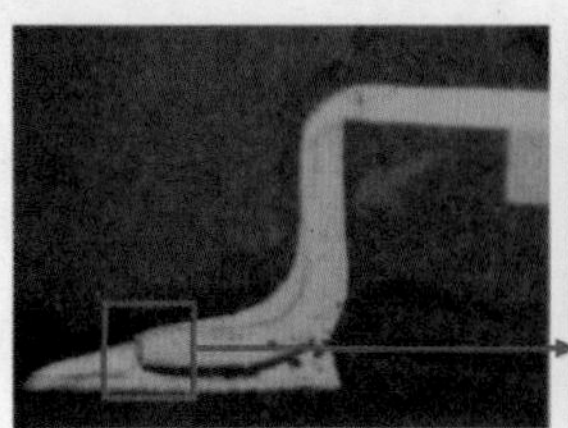
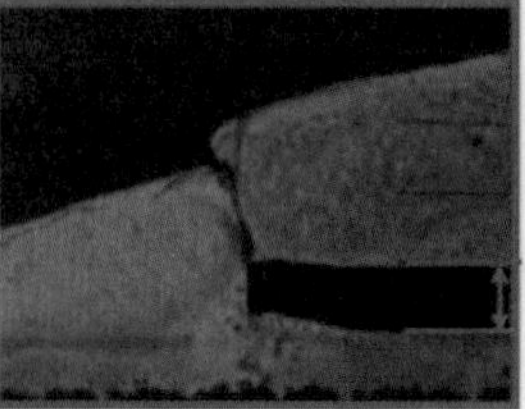
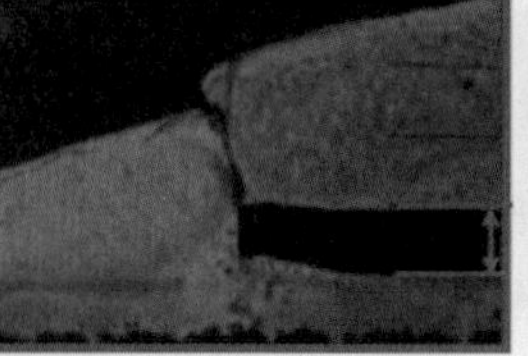
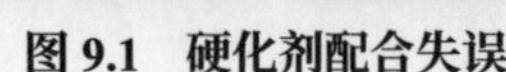

图 9.1　硬化剂配合失误

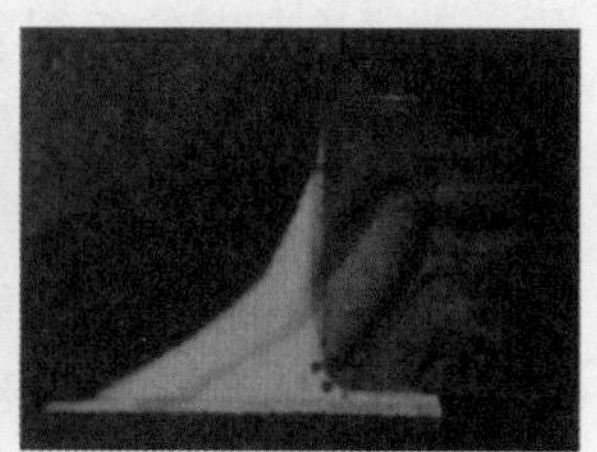

图 9.2　清洗不净

3. 研磨剂的填入

SnPb 焊料是较柔软的，而图 9.1 所示的研磨剂颗粒是刺状的，一旦研磨工艺过程进行后就将增加研磨的阻力而难以除去。此场合的研磨面由于没有存在粗粒子的研磨剂就必然形成如图 9.3 所示的状态，因为研磨剂的特征是不存在粒状的金属组织。

图 9.3　刺状的研磨剂

图 9.4 是 SnPb 焊料的 α 相（α-Pb），作为熔融焊料中初晶的 α 相首先开始凝固，随后随着凝固时间的增加逐渐发生 $\alpha \rightarrow \alpha' + \beta'$ 的变化过程。其结果在初晶的 α 相内出现了白色粒状的 β' 相的微粒子。通过对焊料裂纹的解析及初期的 α 相的观察，就可确认焊料裂纹是在安装之后发生的。对此，就可以确认 β' 是在焊接之后经过了一段时间才形成的。若理解了像这样的反应，就可以知道上述过程为什么不是在刚焊接之后发生的。因此，可以把 $\alpha \rightarrow \alpha' + \beta'$ 的变化过程说成是二相分离，引起的原因是过饱和的 α 相内部的波动。

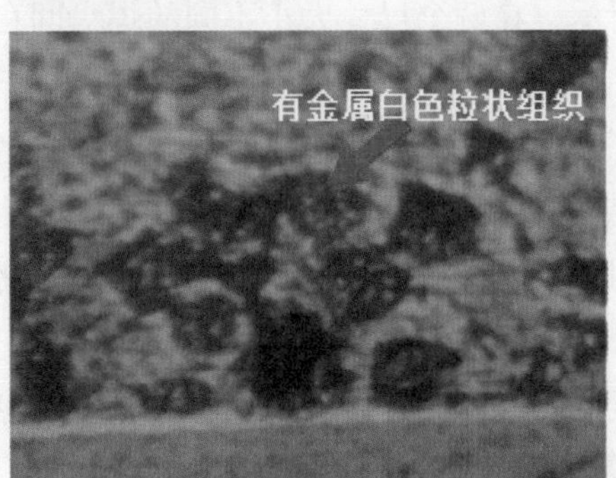

图 9.4　初晶 α 相的二相分离

4. 研磨不足

图 9.5 是明显的研磨伤痕，而且是显著的清洗不净。因此，正确选择研磨工艺参数是很重要的。

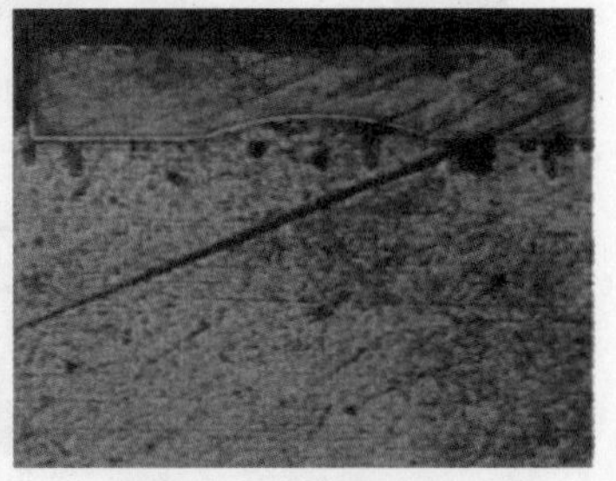

图 9.5　研磨不足

9.2.2 观察的问题点

1. 如何确定热平衡

由于加热和冷却导致了热传导材料膨胀和收缩，因此掌握焊盘的面积、厚度、材质等热平衡是极为重要的。与BGA有关联的代表性示例是焊球座（即芯片侧焊盘），大部分场合中比基板侧的焊盘更厚，所以冷却是从焊球座侧开始，并从开始侧首先收缩。当基板侧的焊盘存在污染时，接合时的接合强度变低而引起剥离。除焊球座焊盘的厚度外，作为焊球座的构造，在内部的金属体比BGA多得多，因而热容量大，从而使基板侧焊盘的热平衡崩溃，成为开路事故的引线。图9.6是焊球座的外观，其端子如图9.7所示，和基板的焊盘相比要粗糙些。实际上焊盘与端子是相当的，如红箭头所指处，在内部的接续温度上升慢，而冷却时与作为被绝热的基材树脂围绕的基板焊盘比较起来要快。

图 9.6 焊球座外观

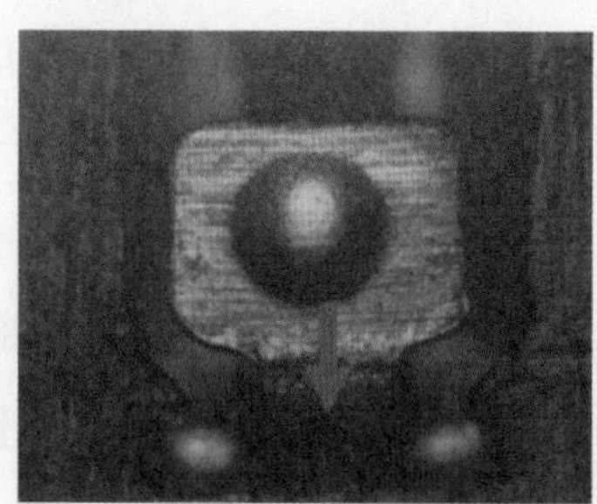

图 9.7 焊球座的端子

然而，如图9.8所示，在两个尺寸大小不同的焊盘间存在开路，由沿冷却侧方向引起的收缩容易变成开路。图9.8和图9.9是共通的，α相成点状集中在焊球的下侧。由于焊球座热量不足，所以为避免此现象的发生必须对其充分加热。如果α相只是在下侧集中，那么由SnPb状态图可知共晶组分将大幅向Pb滑动处填充聚集，其结果虽然是在同一球内，但BGA侧还是初期的共晶组成。而基板侧就不是共晶组分，液相温度变高、凝固熔融温度范围变宽了。即使是BGA侧焊盘进入了凝固状态，而基板侧还是处于所谓的“半熔融状态”，从而随着收缩、变位、剥离而变成开路。

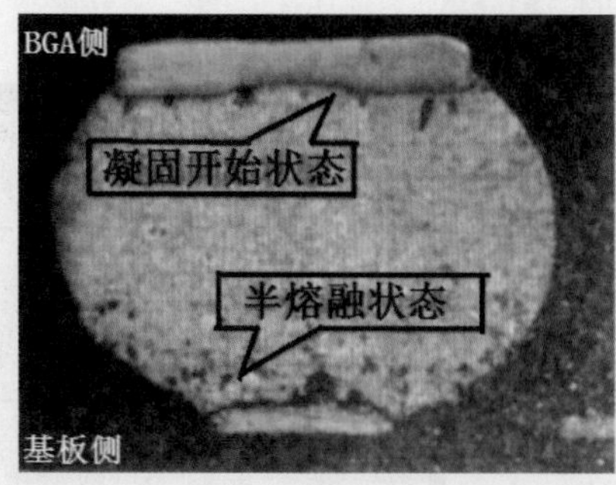

图 9.8 两个焊盘的不同（几何形态不同）

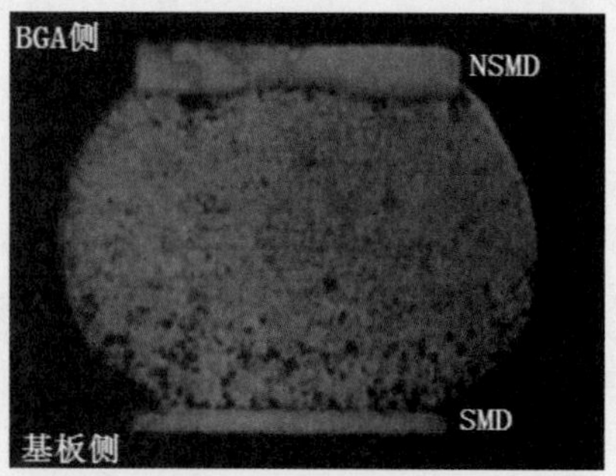

图 9.9 焊盘的不同（焊盘定义不同）

图 9.10 和图 9.11 所示为基板侧上方的内部状态，首先两图中基板侧明显存在金属间化合物（IMC），这证明加热是充分的。由于 α 相集中在下侧（α 相集中在下侧，意味着在再流炉内的熔融时间过长），而当用图 9.11 所示的倍率来放大图 9.9 基板焊盘侧的接合界面时，可见到剥离是直接发生在金属间化合物上。

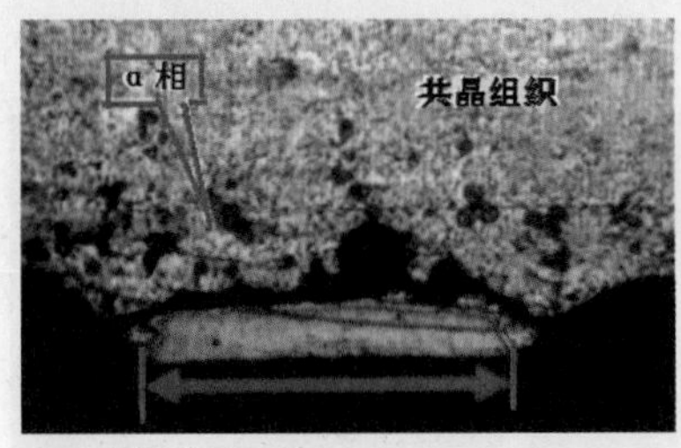

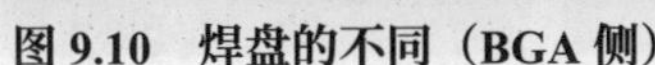
图 9.10　焊盘的不同（BGA 侧）

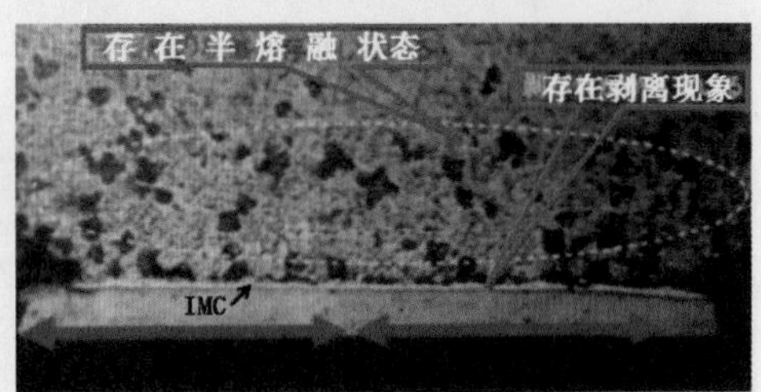

图 9.11　焊盘的不同（基板侧）

图 9.12 是在焊球左侧存在空洞，由于在其上的端子部存在金属间化合物，所以应该首先润湿，经放大后，在切断空洞的最大直径处或在画像上也会存在像这样的金属间化合物 [图 9.12（b）]（即空洞的最大直径的方向或者在内部完成研磨面上存在金属间化合物）。

图 9.13 是对图 9.12（b）经图像处理后的镜像，从其上可见到明显的腐蚀部。如果在此确认了图 9.7 所示的端子表面存在变色，那么引起空洞发生的原因能在事前作出判断。

由于断面观察只观察一面，因此不能获得全部的空洞数。如果图 9.12 中的大空洞多发，那么冷却效果会降低而发生断热。

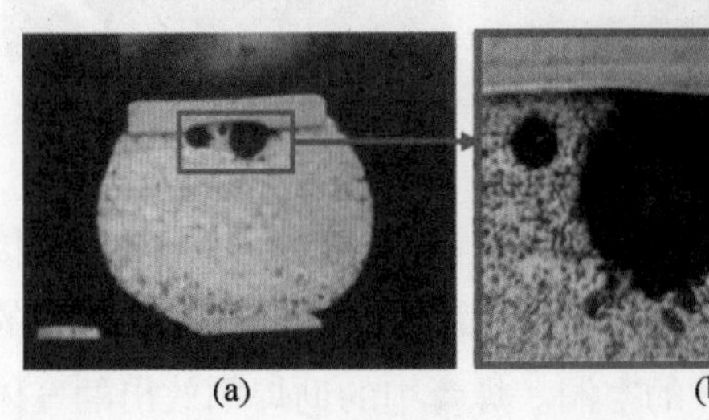

(a)　(b)

图 9.12　空洞

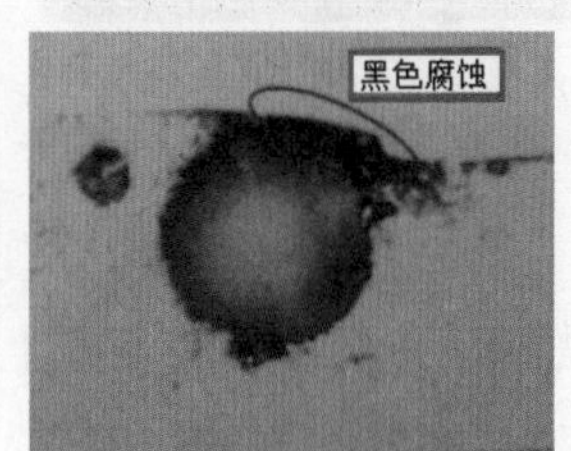

图 9.13　腐蚀

图 9.14 是图 9.12 中的合金层附近的放大图，从中可以确认裂纹的有无，而从图 9.15 中可看到基板和焊球的界面变得粗糙。由于伴随着凝固时的收缩，焊球整体向上方移动而成为多孔性的粗糙组织，且在剥离前的状态是在使用环境中，故受温度周期作用而发展成裂纹。

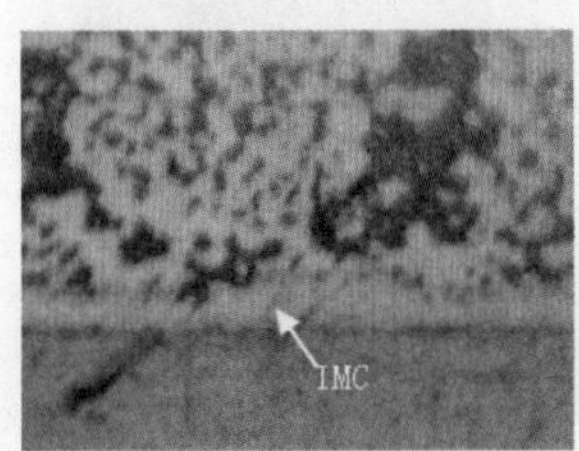

图 9.14　图 9.12 中合金层附近的放大图

(a)剥离前的阶段断面状态

(b)组织出现了粗糙状态

图 9.15　剥离前阶段

2. 镀前的金属表层被污染时的孔隙率

由于电镀是附着现象，因此，即使是少许表面被污染（由于污染物多是非金属，它们黏合在被镀金属表面），也会使此处缺失镀层而成为镀层缺陷（外观上的麻点）。在安装焊接时，由于这些小的污染处对熔融焊料的不润湿，便形成了被焊料包裹在其内的若干个小空洞，如图 9.16 ~ 图 9.18 所示。

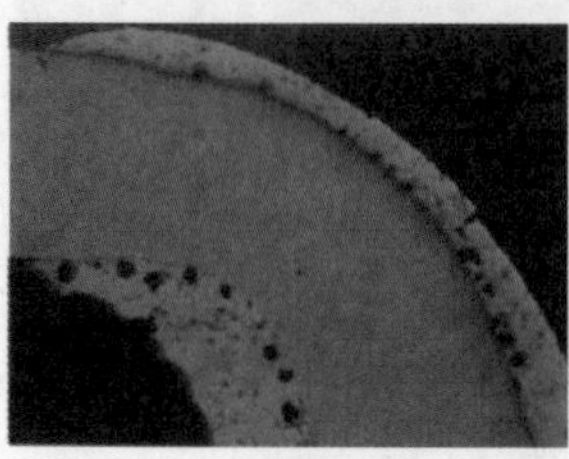

图 9.16　QFP 引脚的肩部

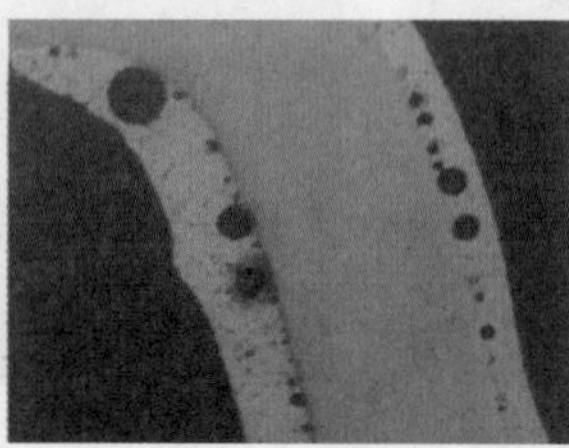

图 9.17　QFP 引脚的中间段

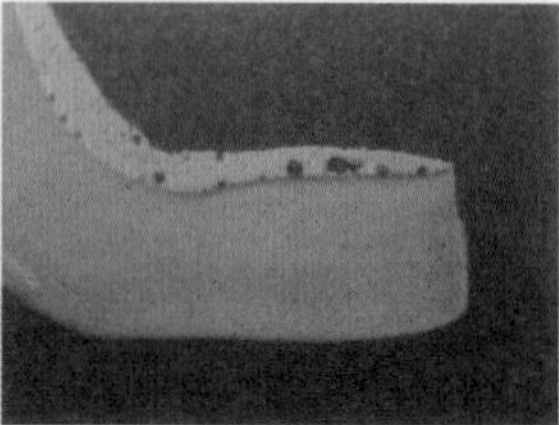

图 9.18　QFP 引脚的前端

图 9.19 中存在空洞，并展示了没有合金层的画面，焊盘上没有合金层的地方是处于不润湿的状态，即图 9.19 中显示了焊接界面的接合状态。被裹挟在焊盘污染处由于不润湿，因而无合金层（IMC），如图 9.19（c）中红箭头所指的周边，从空洞内部渗出的污染物质使其发生了变色。

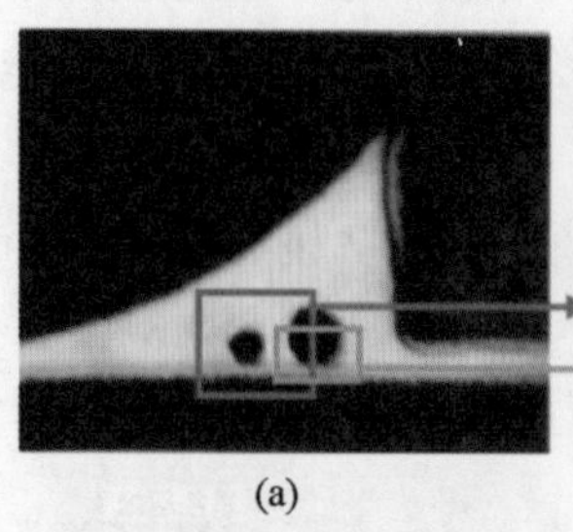

(a)

(b)(a)中红框的放大

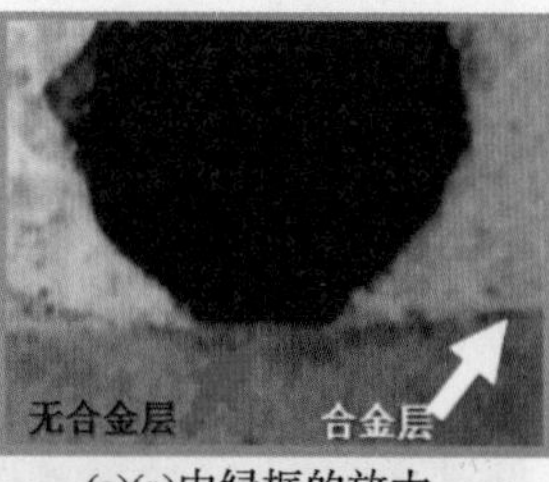

(c)(a)中绿框的放大

图 9.19　基板面的空洞

图 9.20 和图 9.21 显示了在空洞内部存在污染物质，这些污染物质在焊接之前就已存在于焊盘的表面上。图 9.22 是片式电阻下面出现的大空洞，大型的片式电阻都因放出气体而恶化，容易发生大的空洞。焊膏中的助焊剂放出的气体也有发生恶化的场合，也容易产生大空洞。图 9.22（b）中在基板侧有合金层，而在片式电阻的里面却没有合金层，在此情况下，形成空洞的气体发生源存在于电阻的电极内面侧。

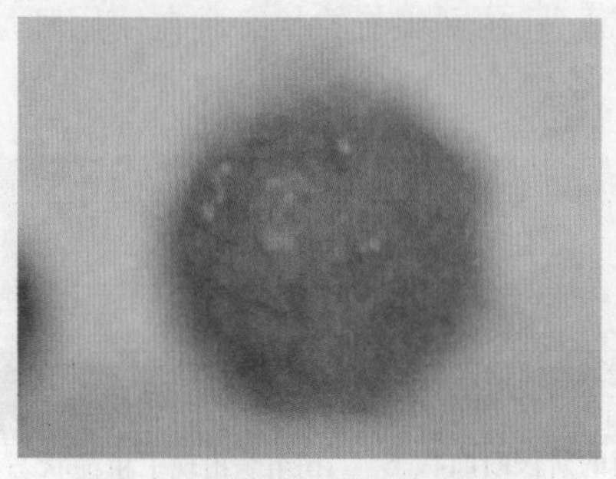

图 9.20　空洞内部的污染物质

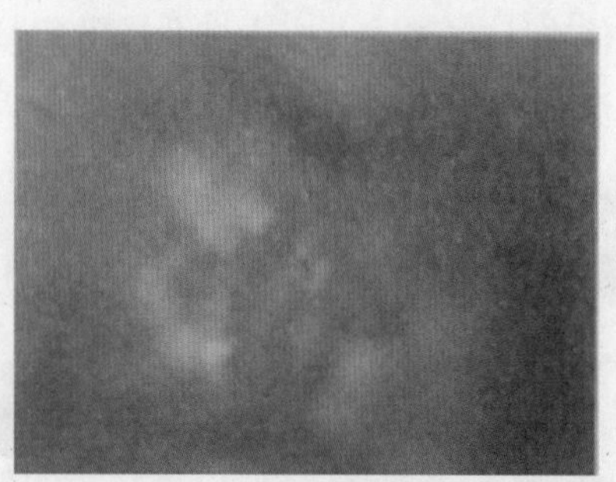

图 9.21　图 9.16 右侧空洞内的污染物质

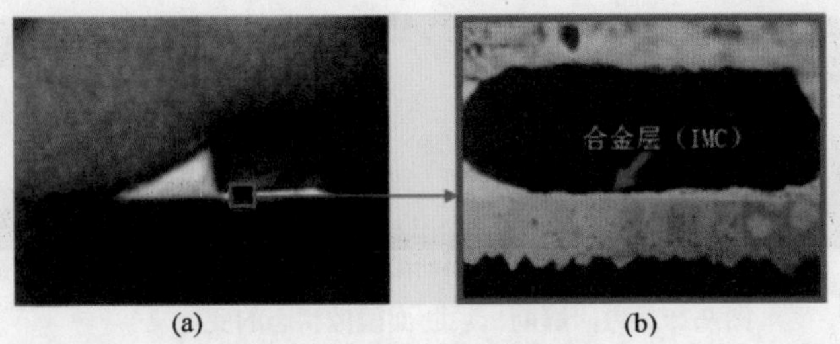

(a) (b)

图 9.22 片式电阻下的空洞

3. 再研磨

在制作供显微镜观察的切面试料时，必须确保截面图像是清晰的且利于分析判读，并确保能从中获取真实而有价值的信息，以使问题能得到准确的解决，否则就应对现有的切面试料进行再研磨。如图 9.23 所示为需再研磨前的切面试料的镜像状态。图 9.23（d）所示为焊盘的铜箔因受 Sn 的扩散熔蚀而造成断线，其显著程度几乎波及铜箔的 1/2。

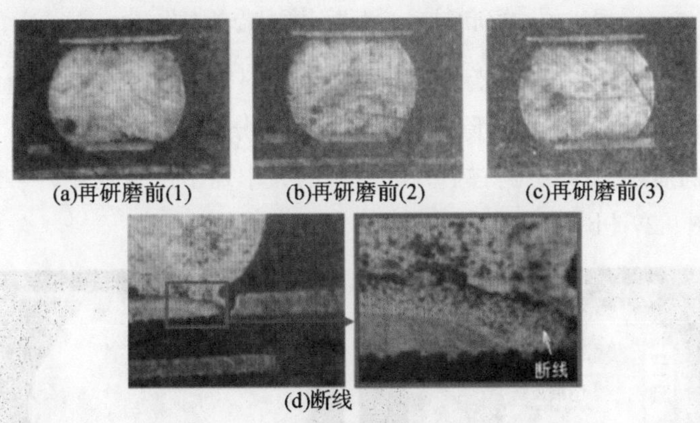

(a)再研磨前(1) (b)再研磨前(2) (c)再研磨前(3)

(d)断线

图 9.23 再研磨前的切面试料状态

图 9.24 和图 9.25 是同一切面试料的断面在再研磨前、后的镜像状态对比。其中图 9.24 及图 9.25（a）所示为切面试料开始时的断面镜像（图像模糊不清），而图 9.24（b）和图 9.25（b）分别是图 9.24（a）和图 9.25（a）的研磨面的再研磨后的镜像，图 9.24（c）和图 9.25（c）分别是图 9.24（b）和图 9.25（b）中红框内的放大镜像。从其中可见，100％的铜都消失了，而图 9.26（c）中也有部分铜箔消失。显然对那些存在的模糊不清、粗糙得无法判读的试料断面必须进行再研磨，以利于进行深度的显微分析和图像判读。

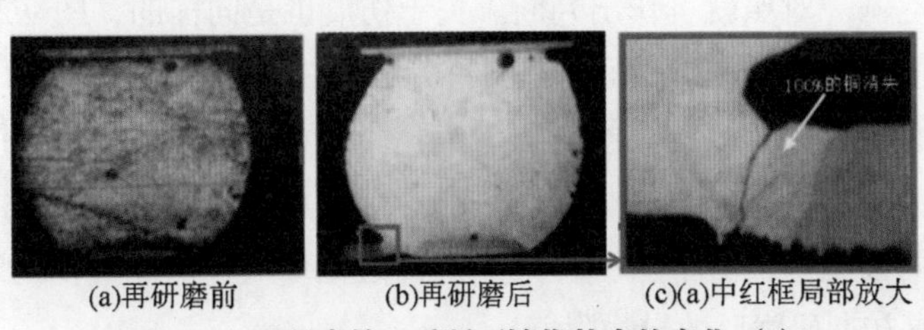

(a)再研磨前 (b)再研磨后 (c)(a)中红框局部放大

图 9.24 再研磨前、后断面镜像状态的变化（1）

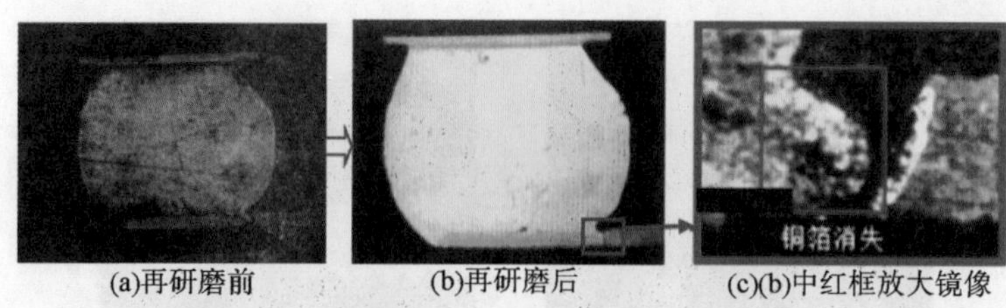

(a)再研磨前　(b)再研磨后　(c)(b)中红框放大镜像

图 9.25　再研磨前、后断面镜像状态的变化（2）

图 9.26（b）是图 9.26（a）再研磨后断线区域的局部放大图。

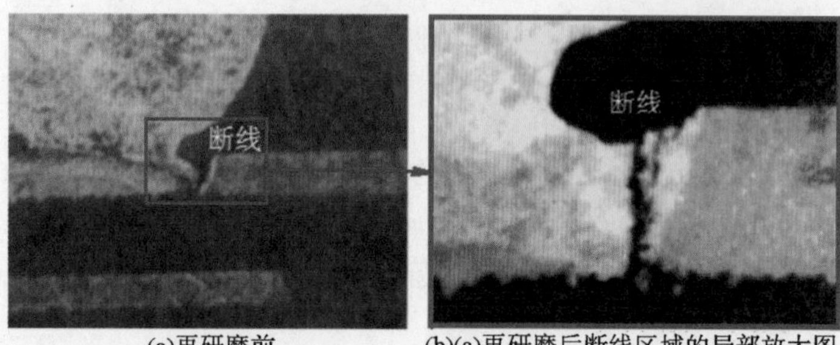

(a)再研磨前　(b)(a)再研磨后断线区域的局部放大图

图 9.26　再研磨前、后断面镜像状态的变化（3）

图 9.27（a）中红箭头所指的地方，发现焊料对铜的浸蚀（合金层）在焊盘的铜面上是能确认的。然而当除去其上的黑色部分后所见到的外观，再研磨后就没有了那样的痕迹。BGA 侧右上方的空洞的大小几乎没有变化，再研磨的量也不多 [参考图 9.27（b）]。

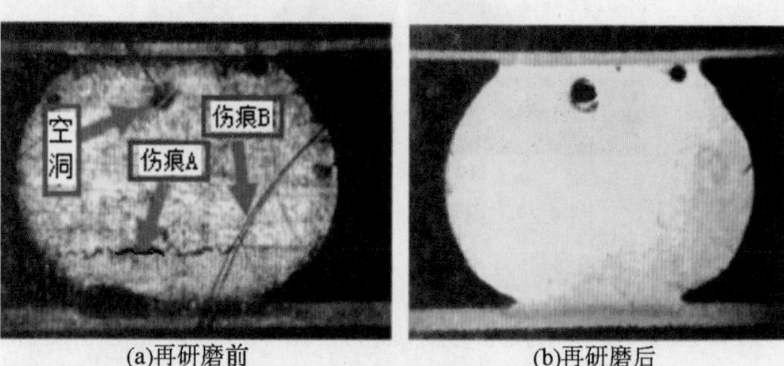

(a)再研磨前　(b)再研磨后

图 9.27　再研磨前、后断面镜像状态的变化（4）

很明显，把再研磨前的图 9.27（a）的图像进行再处理后，如图 9.27（b）所示，此时 IMC 就明显可见了。

图 9.27（b）中所检测出的新空洞，实际上在再研磨之前就已存在，和图 9.27（a）中所看到的空洞一对照就可作出判断。关于伤痕也是同样的，图 9.27（a）中的伤痕 B 明显可判断是划伤所留下的，而伤痕 A 在靠近左侧长度约 1/5 的黑暗段就可能被人们误认为裂纹。像这样很差的研磨断面最易让人造成误判。

同样对图 9.28 也进行了图像处理后的镜像，如图 9.29 所示。比较经图像处理前、后的两幅镜像，由于图 9.28 的鼓起部近似球形，由此可以判断图 9.28 中的黑色部分是初期研磨后的异物附着。

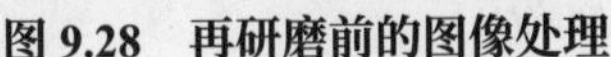

图 9.28　再研磨前的图像处理　　　**图 9.29　对图 9.28 进行图像处理后的镜像**

图 9.30 中，A 区域是铜箔在基板上未腐蚀的部位；B 区域是同形状焊料的颜色；C 区域未见腐蚀痕迹；D 区域是 Cu 在焊料侧急剧的熔蚀状态。而 Sn 向铜中的扩散却酷似海绵吸水一样。铜焊盘将 Sn 浸入铜内。

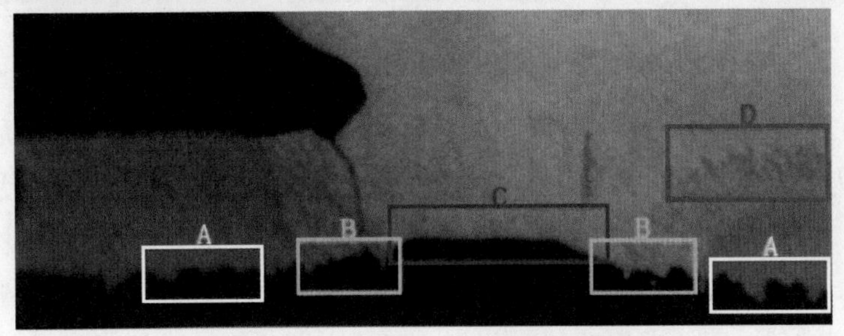

图 9.30　图 9.24（b）的原先状态镜像

此时为什么铜会变成海绵状呢？这是因为普通的铜箔是从矿山采掘的矿石，再用熔炼炉精炼后压延成铜箔（又称为压延铜箔），采用这种工艺生产的铜箔就不会变成海绵状。然而，PCB 基板所用的铜箔是采用电解工艺连续制成的（称为电解铜箔）。这种工艺制成的铜箔晶粒疏松、晶间间隙大，在微观上极似海绵，无论电解条件怎样变化，制成的铜箔都会变成海绵状。像这样的不良不是基板加工公司的缺陷，而是应用方对基材的选择问题。

4. SAC 系焊球的断面

对已经使用或未使用的 BGA 外观的描述，以 SAC 合金作为成分的焊球的表面树枝状结晶或凝固裂纹等的缺陷，像这样的表面状态对焊球内部有怎样的影响呢？其必须通过断面观察才能确认。是否全部都是如图 9.31 ~ 图 9.34 所示的断面状态尚难断言，少许个别的像这样的状态也的确是存在的。

图 9.31（a）中有多个缺陷，其各自的放大镜像如图 9.31（b）~ 图 9.31（d）所示。由于图 9.31（c）中的沟内部是被氧化物等覆盖，焊膏中的助焊剂没有进入沟内部，因此沟内壁的氧化物不能除去。即使在 SMT 安装后，也是原封不动地维持其原来的形状，而且安装后维持其原有的强度水准也没有问题。图 9.31（d）所示的内部缺陷的氧化程度也明显保持了原有的形状（未产生气体），所以不是因为氧化就必须变成空洞。如果是这样，那么至此 SnPb 焊球内就应存在两个空洞，

而且它们相互间会合二为一变成一个较大的空洞。

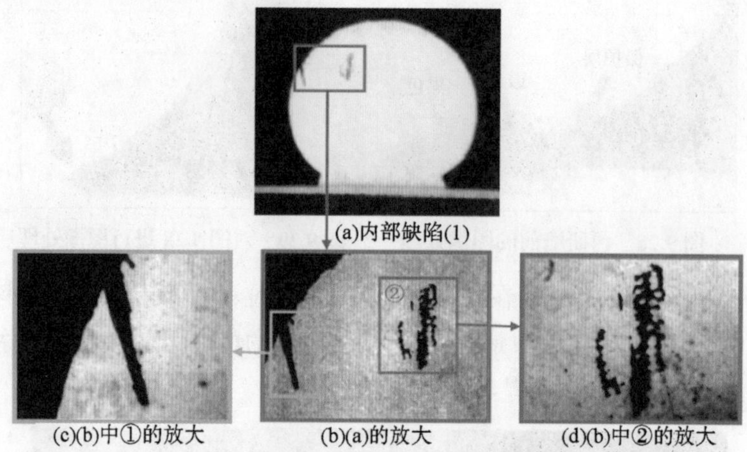

(a)内部缺陷(1)

(c)(b)中①的放大　(b)(a)的放大　(d)(b)中②的放大

图 9.31　焊球内部缺陷的断面镜像（1）

图 9.32 和图 9.33 所示的表面的微细缩孔和巢内部也含有污染物质，在此场合也会成为焊接不良的原因。如果是中途不完善的焊接，进入市场后就隐含着开路的危险。因而图 9.31 中的缺陷与图 9.32 和图 9.33 中的表面缺陷相比较，是更危险的。作为 BGA 制造公司，要对购入的若干亿焊球的表面状态都一一进行检测，这也是不现实的，因此在焊球制造公司一般均定期分级地进行断面观察。

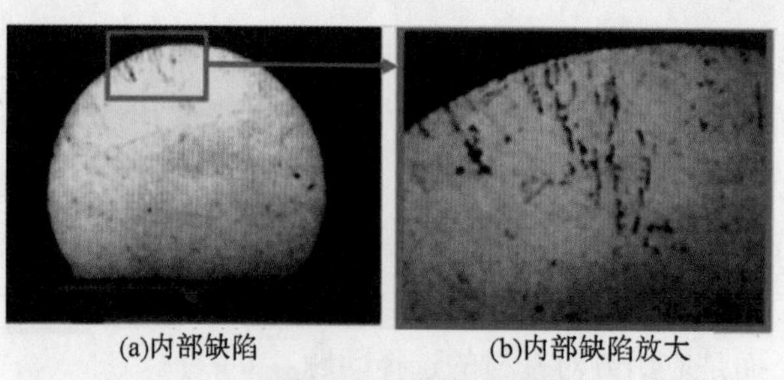
(a)内部缺陷　(b)内部缺陷放大

图 9.32　焊球内部缺陷断面镜像（2）

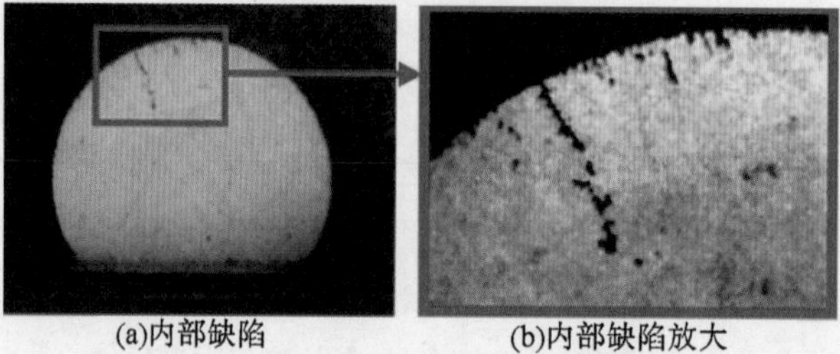
(a)内部缺陷　(b)内部缺陷放大

图 9.33　焊球内部缺陷断面镜像（3）

如图 9.34（b）和图 9.34（c）的箭头所指处，是在焊盘上发生的合金层游离而沿焊球母体上浮的现象，这个现象与焊球和助焊剂没有关系。然而与其说起因于基材，不如说在发热环境中使用，由于扩散在进行状态时将持续存在充分的放热效果，构成了温度继续上升的屏障，即存在发展成开路事故的危险性。假如振动一叠加就将加速剥离。

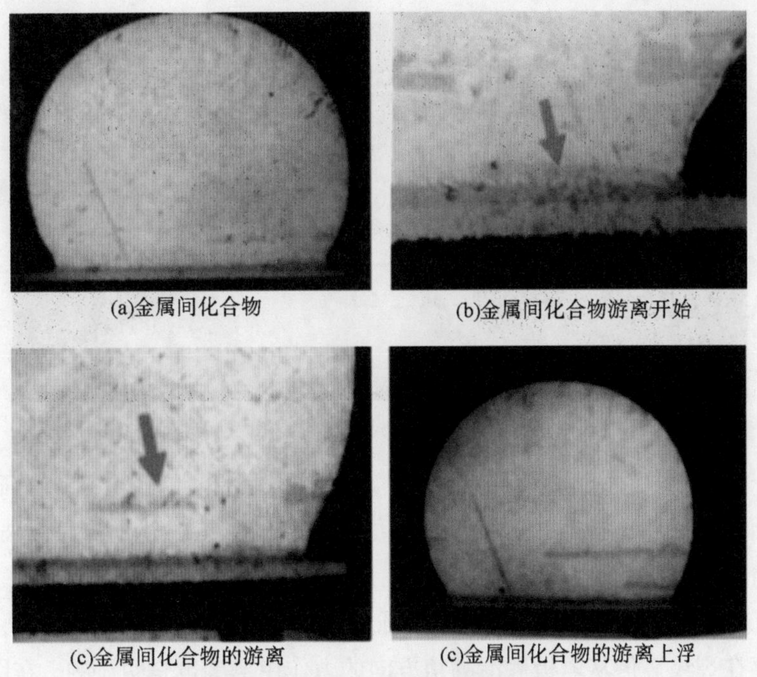

(a)金属间化合物　(b)金属间化合物游离开始

(c)金属间化合物的游离　(c)金属间化合物的游离上浮

图 9.34　焊球内部缺陷断面镜像（4）

图 9.32 ~ 图 9.34 所示的缺陷，在采用焊料线材切断法生产焊球的场合时，作为对坯料的焊料线进行校直时，焊料线通过阴模（拉伸模）脱离之际，在拉（伸）模孔的周边存在的焊料碎片或切屑卷入，这是其形成的原因之一。在外观上是很难判别正常的焊料线材的表面状态的，即使是对焊球的外观状态的判别，也是不大可能的事。

5. 力的方向分析

由于 SnPb 焊料是柔软的金属，通过对组织的观察能较好地理解力的作用方向，最好的示例如图 9.35 所示。当对一个安装了片式电阻的 PCBA，在 -40℃、30 min ~ 90℃、30 min 作为一个周期的温度循环试验箱中，达到 500 周期时，从试验箱取出后发现了裂纹。

由图 9.35 中观察到的金相组织可知，由于在热循环中沿上下及横向的膨胀、收缩所形成的作用力，导致了片式电阻两端电极均发生了破裂。图 9.35 中 A 处所示的裂缝为界线的圆角的上部组织，沿纵向变成了条纹模样，这些重叠的条纹模样是在裂纹发生的时候形成的。裂缝的宽度如细红线所示的距离，主要应力集中作用的区域如黄色框围绕的范围。在靠近裂纹的下侧边缘，即图中的红框围绕的范围 B 中红箭头所指处为金相组织继续向上方移动。从构造上看，由于该片式电阻的电极部存在沿上下方向及右侧面左右膨胀和收缩，很容易形成应力集中。电极底部的膨胀形成的气体排放而导致底部接合面状态变差，而成为空洞多发的主要因素。

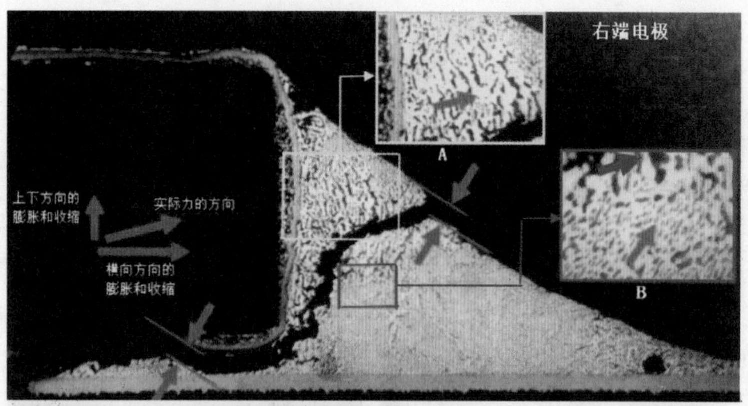

图 9.35　片式电阻在温度循环试验后发生的裂纹和焊料组织的形貌

由于 SnPb 共晶焊料是 α 相和 β 相的混合体，因此对其组织形态的研究是容易的，而对于无铅则没有这样的相变。如果是相同形态的裂纹，那么 SnPb 共晶焊料的情况也可作为参考。

图 9.36 是图 9.35 的相反侧的焊接圆角，其在电极的下部存在裂纹，而在圆角中不存在裂纹。但从电极侧沿圆角方向的力作用范围也是明显的，在图中紫色圆内的一段就能观察到其差异。同原来一样，焊接后的焊料也是柔软的。这样受反复力作用的地方就是电极壁面，即在低温侧伴随着收缩而出现了加工硬化现象，其硬化部不断生长为大的块状，而且柔软的圆角无凹陷。

图 9.36　图 9.35 片式电阻的另一端在温度循环试验后的焊接圆角

现在沿图 9.36 的圆角方面的稳定面画一条线（如 a–a），并继续向右斜上方延伸，和圆角的最上部的面大体上一致，进入的角度是 θ，实测 $\theta \approx 17^\circ$。大概是片式电阻右侧圆角破裂离开原来位置的瞬间，左侧的圆角的右上方出现由应力作用而导致的变形（黄箭头的右上侧凹陷，而左下侧局部凸出）。在图 9.36 中紫色圆的下侧可以观察到沿纵向生长的粗大组织，大约为黄箭头所指的组织大小的 1/2。那么残留的碎片是在哪里进入的呢？图中黑箭头所指的结晶可以理解为碎片。

在基板上搭载的所有片式元器件出现裂纹，其中一个端点固定并将其作为支点，而其另一端则是活动的，这是在基板上焊接的地方产生裂纹的基本形状，必须将一端固定。力是被分散还是被吸收，只要有这种作用，就意味着裂纹即将出现。如此，在回路设计时采取的热平衡措施就成为影响裂纹发生的重要因素。如图 9.37 所示就是可见到的移动的行迹。

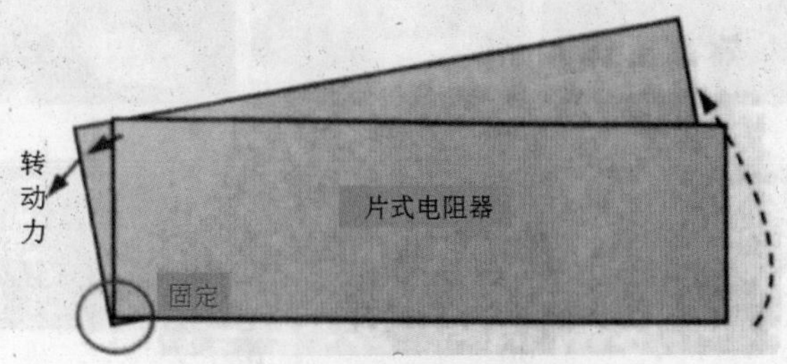

图 9.37　片式电阻器的移动

图 9.38 和图 9.39 是同一片式电阻器左右两端的断面。由于放大率不同的横向膨胀和收缩，可观察到组织沿左右流动。其变位的宽度大约为焊盘铜箔厚度的 1.3 倍。对于此片式电阻器与图 9.35 中的片式电阻器相比，热平衡状态要好些。

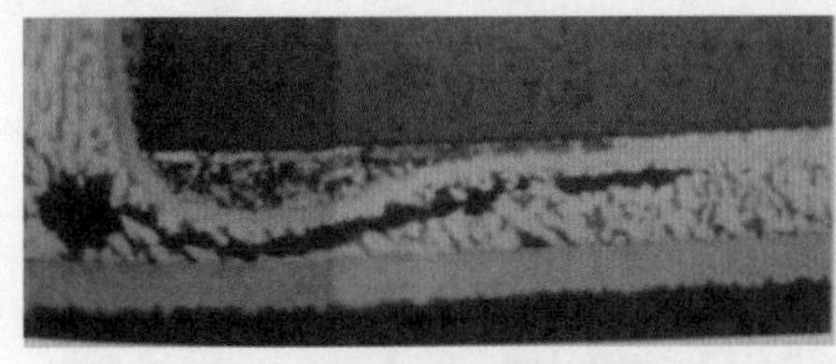

图 9.38　左圆角

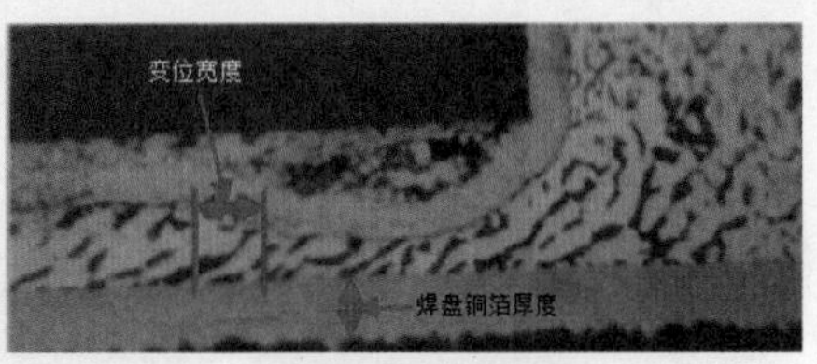

图 9.39　右圆角

图 9.40 是在大致向上方移动了的组织，图中可见在块状的下方存在的组织由于上下的移动被压缩后的形状。用这样的断面观察能够读取移动的方向和幅度或角度，它们均是可供参考的。

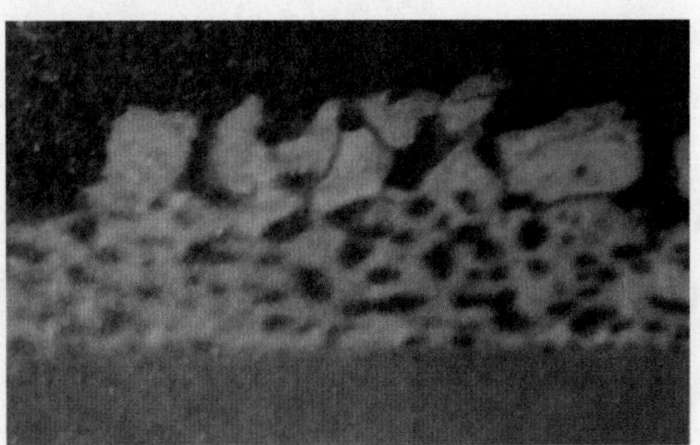

图 9.40　大致向上方移动了的组织

6. 正常焊接的 BGA 开路事故

如图 9.41 所示，BGA 焊球的接合部不存在导通不良的不合格现象，切断位置映出了支柱球。

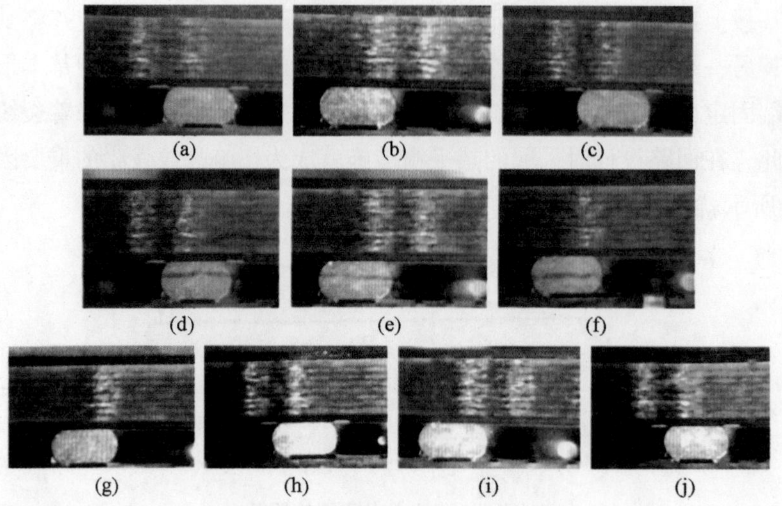

图 9.41　焊球接合部的正常状态

图 9.42 ~ 图 9.44 是透过基材树脂来观察腐蚀等现象。图 9.42 可以确认为氯化亚铜的腐蚀生成物，而图 9.43 和图 9.44 可以确认是断线状态，究其形因应把关注点放在孔的加工上。

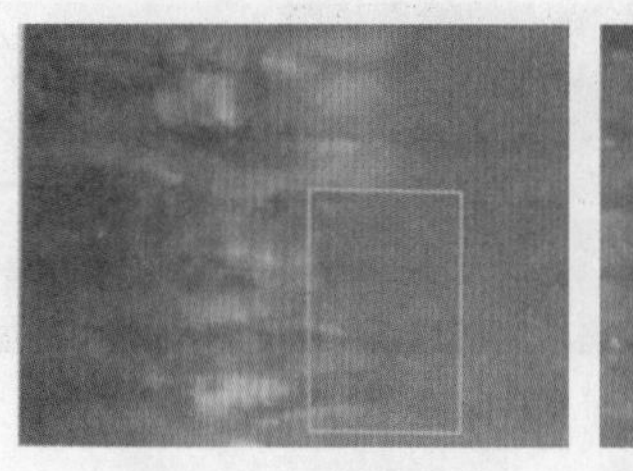

图 9.42　腐蚀多发

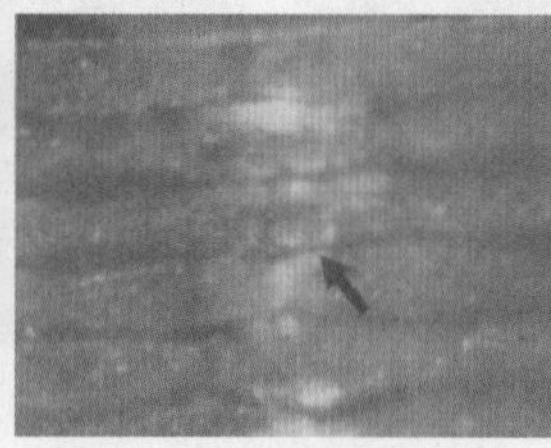

图 9.43　断线状态（1）

图 9.44　断线状态（2）

图 9.45 是在玻璃纤维电镀厚度中存在的碎片。这关系到两个问题点：首先是打孔时钻头的磨耗；其次是碎片没有除去和洗净。图 9.46 中的观察位实际上就转变为图 9.47 ~ 图 9.49 所示。由于钻头的刃磨损不能获得光亮、平整的孔壁，而成为像绳索的表面似的粗糙的表面。把它一浸入电镀槽液中，粗糙的表面就会浸入电镀液，其结果便是在通孔的外壁造成腐蚀。而且像孔的 V 形沟之处也有，最终就形成了因腐蚀而断线。

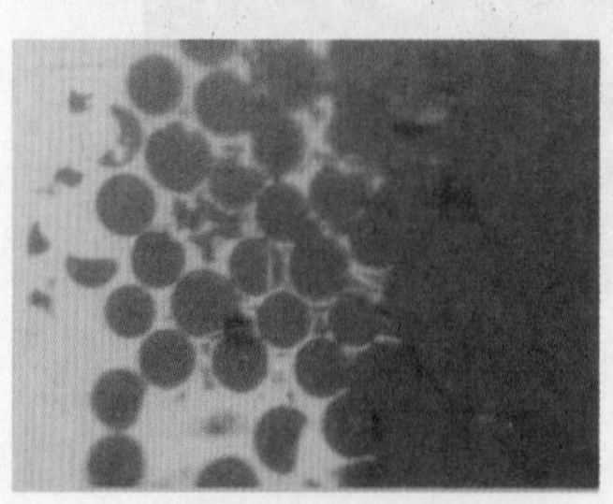

图 9.45　玻璃纤维破损

图 9.46　观察位

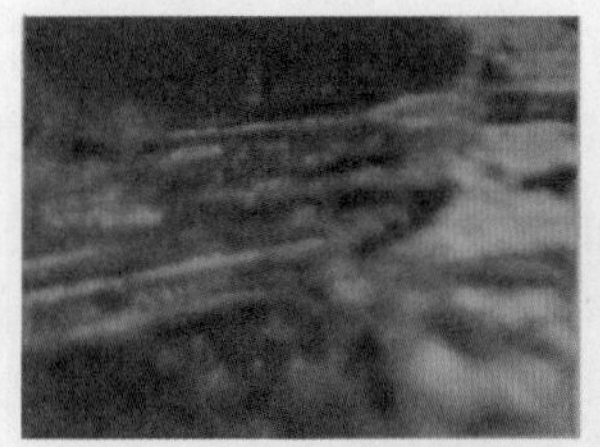
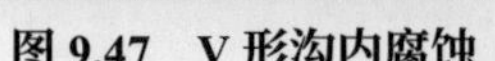
图 9.47 V 形沟内腐蚀

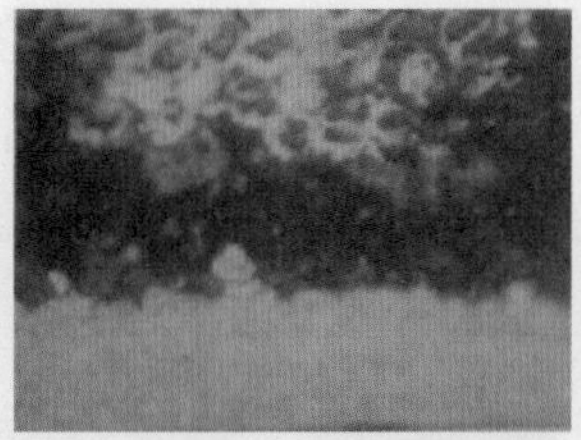
图 9.48 玻璃纤维镀层变色

图 9.49 玻璃纤维镀层腐蚀

刚开始时研磨面就已经被污染，由于清洗不净且在室内放置 24 小时后便起了变异，其状态如图 9.50 和图 9.51 所示。图 9.52 是其放大镜像，在箭头的前端存在黑色的腐蚀部，和它接触处附着水滴。

图 9.50 发生腐蚀

图 9.51 在 Ni 和 Cu 的界面发生腐蚀

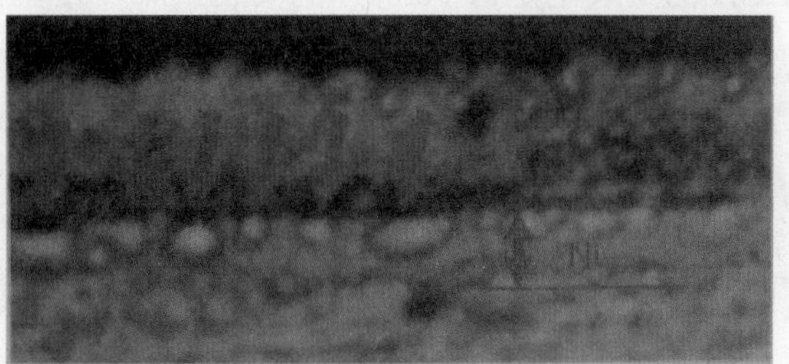
图 9.52 黑的变色部因吸湿附着水滴

BGA 侧的焊盘是在其原材料铜上镀铜，然后在其上镀镍，最终镀金，由于采用这样的电镀工艺，通孔镀铜和在铜焊盘上镀铜是在同一电镀槽浴中进行的。从而，图 9.52 中的异常现象，说明如果穿孔内的电镀部没有腐蚀才是不可思议的，特别是清洗不良的孔内表面是很容易发生腐蚀的，其表面由于腐蚀吸湿、穿孔内清洗不足而恶化。

7. SnPb 共晶球中的 α 相

对于无铅焊膏，不能观察铅中特有的 α 相，因此，用断面观察其组成的均一性是困难的。图 9.53 是 SnPb 组成的共晶组分，焊球制造的全部工艺均是良好的，而且 BGA 制造公司的再流温度曲线也是良好的。图 9.54 所示的 α 相是沉下去的场合，在底部与焊球原材料的共晶组分开始混合，使铅的浓度增大。因此在 BGA 焊球安装中，由于温度曲线不适配和焊球的熔融时间变长，比重大的铅便沉下去了。

像这样的场合，发生空洞因素的污染物质如果存在于焊盘面上，不仅空洞多发，体积也有变大的倾向。如图 9.54 所示，由于铅成分在焊盘界面集中，此时便存在一个凝固熔融温度范围。它不仅会关系到温度曲线，而且成为空洞发生及从焊盘上剥离的原因。

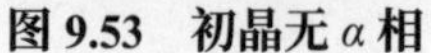
图 9.53　初晶无 α 相

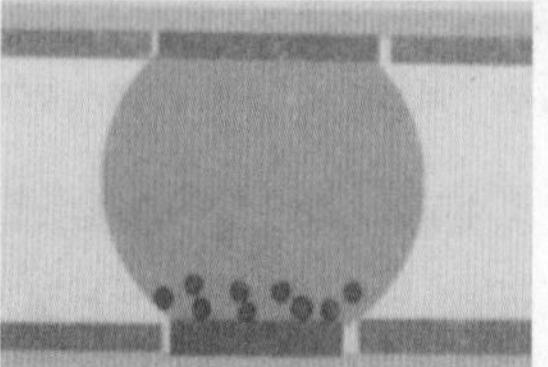
图 9.54　α 相在下部

在图 9.55 中，由于焊球原材料成分中铅含量的增加，有影响到焊球制造工艺的倾向。当采用在油中熔融制造焊球的方法时，在充满了油的长圆筒内切断焊料线落下时,在油的上升区和下降区的范围内将使焊料线做旋转运动。在此过程中，熔融焊料一产生旋转运动，熔融焊料中比重大的铅成分就因离心力而被抛到焊球的外侧，然后凝固。图 9.56 所示和原来在安装富 Pb 的焊球时一样，因熔融时间长就会发生 α 相在 BGA 侧聚集的现象。在图 9.57 中，由于发生了富 Pb 焊球，所以此时变成了既是 BGA 的安装也是富 Pb 焊球的安装，而 α 相在整个焊球中扰动。

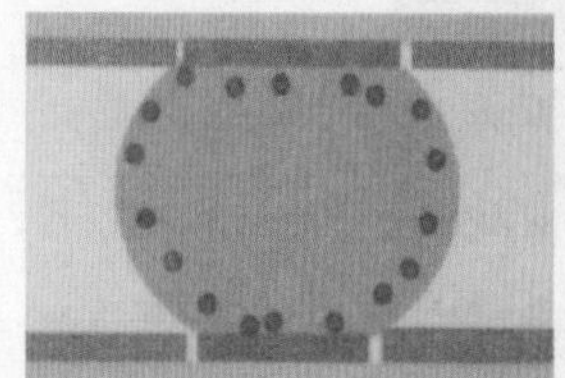
图 9.55　α 相在外周部

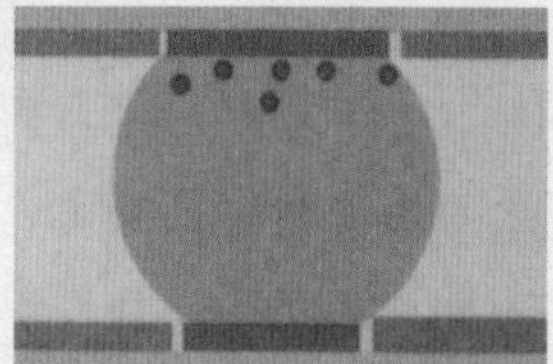
图 9.56　α 相在 BGA 侧

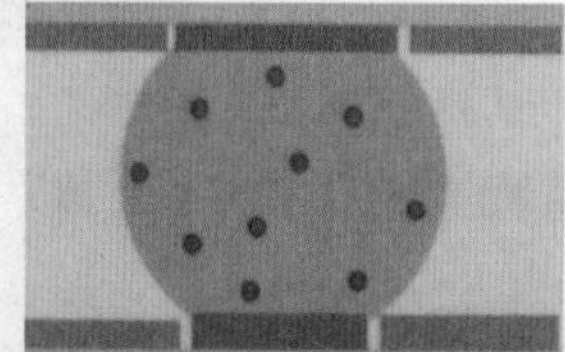
图 9.57　α 相在整个焊球内扰动

图 9.58 所示是显微镜试料研磨面的位置，在焊球的不同位置上，其断面面积的大小也是不同的。如图 9.58（a）和图 9.58（c）所示。

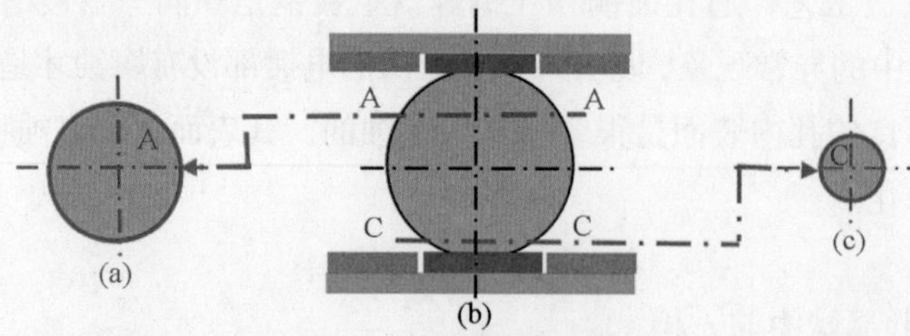

图 9.58　由上俯视看切断位置

对于无铅场合，其构成成分也存在标准离差，特别是 Ag 偏析浓度增高时，由于使用断面观察不能观察到 Ag 浓度增高的状态，因此必须十分注意，特别是在 Ag 的多个地方的体积收缩率大时，必须考虑对其的处理对策。在无铅成分的标准离差中，Ag 或 Cu 增多场合中应该规定要采用断面分析，相当于采用电子显微镜扫描观测，以获得完整有价值的微观数据。

第10章

PCBA离子污染的机理、危害及其防护

本章要点

- □ 掌握离子污染物的分类及其组成。
- □ 掌握离子和离子的特性。
- □ 掌握离子物质及离子污染。
- □ 掌握 PCBA 中环境因素形成的离子污染及其危害。
- □ 掌握 PCBA 中接触腐蚀形成的离子污染及其危害。
- □ 掌握 PCBA 中金属离子迁移形成的离子污染及其危害。
- □ 掌握 PCBA 中钎料电子迁移形成的离子污染及其危害。
- □ 掌握爬行腐蚀、离子迁移枝晶、CAF 及钎料电子迁移等的异与同。
- □ 掌握敷形涂覆的目的和功能。
- □ 掌握常用的敷形涂层材料选择。
- □ 掌握对涂覆材料的要求。
- □ 掌握涂覆工艺环境的优化。
- □ 掌握敷形涂覆的工艺方法。
- □ 掌握敷形涂覆的典型工艺流程及应用中的工艺问题。
- □ 掌握多层涂覆。
- □ 掌握涂层质量要求。
- □ 掌握 PCBA 清洁度标准。

10.1 离子污染的分类、特性及其形成机理

10.1.1 离子污染物的分类及其组成

1. 极性污染物

极性污染物是当其溶于水时能形成离子污染物。例如，当指纹藏纳的盐溶于水中时，NaCl 分子游离成正的钠离子 Na^+ 和负的氯离子 Cl^-。在离子状态下，NaCl 增加了水的导电性，可能引起电路中信号的改变，产生电迁移和腐蚀。典型的极性污染物来自电镀和蚀刻材料、PCB 基板或元器件制造过程中的化学物质、松香或助焊剂中的活性剂、助焊剂反应物和手工处理的沉淀物等。

2. 非极性污染物

非极性污染物是当其溶于水时不形成离子污染物。它们可能是亲水或憎水的（通常亲油）。吸湿的材料可能促使表面水膜的形成，从而造成表面绝缘电阻的降低，在适当条件下，还可引发电迁移。不溶于水的非离子残留物，有松香、合成树脂、免洗助焊剂中的有机化合物、焊料丝（线）中助焊剂的增塑剂、化学反应产品、油脂、指纹油、不可溶的无机化学成分和焊膏中的触变添加剂等。

10.1.2 离子和离子的特性

1. 离子键和离子型化合物

（1）离子键。

当活泼的金属原子（如 Na 原子）和活泼的非金属原子（如 Cl 原子）在一定条件下相遇时，Na（$3S^1$）原子失去一个电子成为带正电荷的阳离子（Na^+）；而 C1 原子获得一个电子成为带负电荷的阴离子（$C1^-$）。这种由原子间电子得失以及随后靠阴、阳离子间静电作用而形成的化学键称为离子键。

（2）离子型化合物。

不同元素的原子相结合，便生成化合物的分子，而由离子键形成的化合物称为离子型化合物。一般来说，金属与氧化合生成碱性氧化物，而非金属与氧化合生成酸性氧化物。

2. 离子和离子的特征

（1）离子。

离子是带电荷的原子，是形成离子型化合物的基本颗粒，离子的性质在很大程度上决定着离子型化合物的性质。离子可以由一个原子形成（如 Na^+、Cu^{2+} 等），也可以由几个原子形成（如 NO_3^-、SO_4^{2-} 等）。离子在电极上失去电荷，变成中性原子或原子团。

（2）离子的特征。

1）离子的电荷：从离子的形成过程可以看出，阳离子的电荷数就是相应原子失去的电子数；阴离子的电荷数就是相应原子获得的电子数。

2）离子的电荷构型：实验研究表明，惰性气体的原子结构最稳定，因此在元素周期表中ⅠA 族的碱金属元素（Li、Na、K、Rb、Cs），其价电子的电荷构型是 s^1，在化合时易失去一个价电子达到稳定的 8 个电荷构型，从而形成 M^+ 离子；ⅡA 族的碱金属元素（Be、Mg、Ca、Sr、Ba），其最外层的电荷构型是 s^2，在化合时易失去 2 个电子达到稳定的 8 个电荷构型，从而形成 M^{2+} 离子；ⅦA 族的卤元素（F、Cl、Br、I），其最外层的电荷构型是 s^2p^5，在化合时只要接受 1 个电子就达到稳定的 8 个电荷构型，从而卤元素在化合时易形成带 1 个负电荷的阴离子（X^-）。

3）离子半径：当两个异号离子 A^+ 和 B^- 通过离子键形成离子型化合物时，A^+ 和 B^- 原子核间应有的这个距离称为核间距（d）。假定 A^+ 和 B^- 是两个互相接触的球体，那么核间距应等于两个球体的半径之和，如图 10.1 所示。

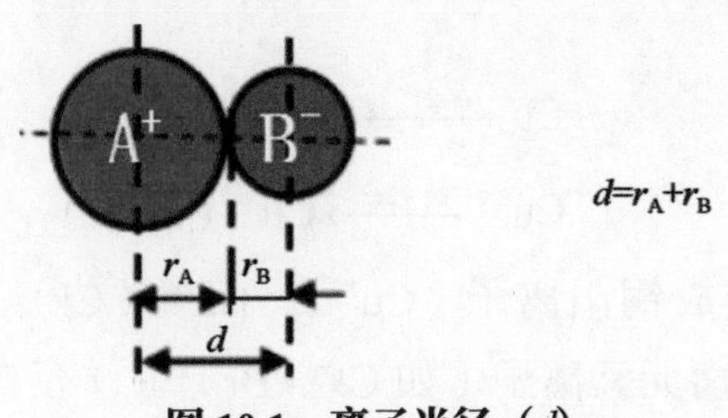

$d=r_A+r_B$

图 10.1　离子半径（d）

这个半径便称为离子的有效半径，简称离子半径，其大小近似地反映了离子的相对大小。

3. 离子型化合物

（1）离子型分子。

离子键可以存在于离子型的气体分子中，如 Li^+ 和 F^- 两个离子组成的一个独立的 LiF 分子，这类分子称为离子型分子。

（2）离子型化合物。

离子键大多数存在于晶体中，如 NaCl 晶体，这种靠离子键结合而成的晶体统称为离子晶体，即通常所说的离子型化合物，它有以下三个特点。

1）晶体中不存在单个的分子。这是因为离子晶体中的结合是离子键，而离子键没有方向性和饱和性。

2）组成晶体的阴、阳离子具有确定的比例关系。在整个晶体中，为保持化合物整体的电中性，所有阳离子的总电荷数与所有阴离子的总电荷数相等。例如，$NaCl \rightarrow Na^{+} + Cl^{-}$。

3）组成晶体的阴、阳离子具有一定的空间排列方式，隔一定距离重复出现，有明显的周期性，即具有所谓的“晶格”结构。

（3）离子型化合物的稳定性 – 晶格能。

离子型化合物中异号离子间存在着相对较强的化学键，因此离子型化合物和分子型化合物相比，一般且有硬度较高、密度较大、较为坚实、难于压缩和难于挥发等特性，并且有较高的熔点和沸点、较高的融化热和升华热。这些都可称为离子型化合物的通性，而且这些通性是由共同的价键特征所决定的。

10.1.3　离子物质及离子污染

离子物质的形成

（1）离子物质。

物质是原子的集合体，在原子的原子核周围存在着电子，由于这些电子受外部环境因素（如酸、碱、热等）的影响，失去部分电子而变成活性化的离子物质。例如：

$$Cu \xrightarrow{-2e} Cu^{++} \text{（氧化）} \tag{10.1}$$

$$Cu^{++} \xrightarrow{+2e} Cu \text{（还原）} \tag{10.2}$$

铜放出 2 个电子变成铜阳离子（Cu^{++}）。而氯（Cl）、溴（Br）、氟（F）及有机酸等变成阴离子。卤元素离子（如 Cl^{-}、Br^{-}、F^{-}）反应快，有机酸离子 [如 —OOC（C_2H_4）COO—] 和卤元素离子比较起来反应速度慢。例如，用乙二酸作助焊剂，要两年后才能发现腐蚀案例。

（2）离子物质的特征。

式（10.1）是腐蚀（氧化）现象，而式（10.2）是金属析出（还原）现象。作为与式（10.2）相似的化学过程就是“电镀”和“化学镀”，它们均是析出（还原）金属。类似情况在安装组件中都可发生，一般将其称为电化迁移（简称电迁移），它是导致焊接部位绝缘性被破坏的原因。离子物质具有下列特征。

- 加速腐蚀。
- 吸湿性。
- 引发导电性。
- 存在化学反应性。

- 其水溶液电阻低。
- 析出金属。
- 易分解。

（3）离子污染物的分类。

离子污染物按其对 PCBA 的破坏机理可分为以下两大类型。

- 通过化学反应形成危害或影响的离子型化合物。
- 通过电化学作用形成危害或影响的离子型化合物。

10.2 PCBA 常见的离子污染形式及其危害

10.2.1 环境因素形成的离子污染及其危害

1. 吸湿

（1）潮湿作用。

潮湿能加速金属的腐蚀，改变介质的电气特性，促使材料热分解、水解、长霉以及引起设备在机、电等方面的损坏。在单位体积的空气中，水的含量取决于空气的温度和压力。空气中水的含量（温度 100℃以下）受水蒸气的临界量所限制，超出这个临界量，水蒸气就会成为冷凝水状。

（2）水的基本特性。

水分子尺寸为 5×10^{-8}cm，黏度很小，能透入各种材料的裂纹、毛细孔和针孔（宽度一般为 $10^{-3} \sim 10^{-6}$cm，比水分子尺寸大得多）内。因此，所有绝缘材料的内部和表面，或多或少都是有水分的。水分的存在，将使绝缘材料的性能大为恶化。因为水能形成导体或半导体，这是由于：

1）水的原子构成角（$\angle HOH = 105°$），如图 10.2 所示。水有偶极矩，具有强的极性，能生成离子导电。

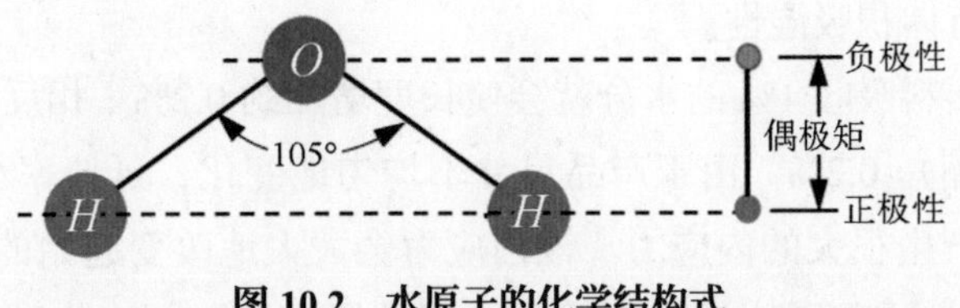

图 10.2 水原子的化学结构式

2）水分子中的 O–H 是极活泼的官能团，在热、光、电能作用下，能同其他物质发生相应的化学变化，而成为导电体。

3）水中含有导电的杂质，如含钙、镁、铁等的碳酸盐，硫酸盐，有机和无机微粒，空气的溶解体以及氮、氧和二氧化碳等。

4）水蒸气在大气底层凝结产生雾，最小雾滴约为 10^{-5}cm。沿海地区的雨水中常含有海盐成分，氯化钠杂质特别显著。

5）水与材料相连续的两种基本形式如下。

①水成为与物质作化学结合的结构元素，而且除非把材料破坏，否则就不可能把它除去。

②水未与物质作化学上的结合，只在物质中占据一些空穴，处在毛细管、裂缝之内或残存在物体的表面和分散在很细的粒子上。

6）介质可能具有表面的和体积的吸湿性，材料表面吸湿的物理－化学过程称为吸附作用，整个体积吸湿过程称为吸收。材料的多孔性或纤维结构可能是吸收水分的原因。

7）对于不溶于水的物质，吸附过程是在物体表面的自由价结合时进行的，随后逐渐填满毛细管。当物质内水分的含量、填充毛细管的程度与空气湿度相适应时，平衡就建立起来了。当空气中相对湿度为 100%RH 时，填充量最大。

8）相对湿度小时，材料表面就形成单分子水层；相对湿度大时，就开始组成多分子水层；相对湿度接近 90%RH 时，水层厚度急剧地增加；相对湿度超过 90%RH 时，吸附了的水层就处于液体状态。

9）各种材料的水蒸气吸附作用是不一样的。若材料具有离子结构（如玻璃），则水蒸气的吸附作用大；由极性小或非极性分子组成的材料（如石蜡、氟塑料），则水蒸气的吸附作用显得比较弱。水的极性分子对离子的吸引力比对中性分子的吸引力大得多。

10）在材料表面形成的水膜，由于水膜电阻低以及杂质和污垢在水膜中的分解，材料表面电阻就会降低。由于大气中的 CO、盐和日光对绝缘材料的作用，被材料吸附的水膜就将变成离子化的水膜。

11）在高湿与高温同时作用下，绝缘材料内水分的平均含量就会增加，其吸湿速度也会加快。分子排列不整齐和分子的热振动会造成分子间隙。分子内和分子间的间隙是有机介质透水性不可消除的原因。

12）在分子组成中含有羟基 OH 的极性材料，其吸湿程度最大。孔状结构的无机介质也具有体积吸湿性。

13）多数塑料吸收 1% 的水分就会使长度增加约 0.2%；相反，损失 1% 的水分就会使长度缩短 0.2%。由于产品尺寸不均匀地变化，延伸率小的硬性塑料的整个截面上会产生很大的内应力。该内应力会大大地改变起始的物理机械性能，使材料发生翘曲，表面产生很深的裂缝，以致损坏。

14）潮湿腐蚀的历程是从形成薄膜的湿气层开始的，而湿气层的形成则与金属表面的吸附力有关。如果发生凝聚作用的材料与水发生相互作用，或者产生水化合物，则已被吸附的凝聚水会进一步变为化学的凝聚。除此之外，金属表面的金属间隙和氧化膜的气孔里面，经常都会存在微毛细管状的水分凝聚中心。这些间隙和气孔即使在相对湿度小于 100%RH 的条件下，也能助长水分在这些材料中凝聚。

2. 热和冷的作用

（1）设备产生经常性的热影响，是由设备内部及设备与恒定的外界环境建立起来的热交换状态所决定的。这种性质的热过程并不取决于设备元器件的热容量。

（2）与塑料在一起使用的金属，由于其 CTE 不一致，不可能使塑料像金属零件一样收缩和膨胀，因而不可避免地会在金属与塑料之间形成槽道。这些槽道就成为水分渗透到压制成的或密封在塑料内的产品中的通道。

（3）在温度剧变的情况下，设备的表面及其内部就会凝聚水分。这些水分通过细微的毛细管，渗透到零件之间的间隙中。在低温时，充满于裂缝、气孔和间隙中的水会冻结，使体积增大约 10%，并使气孔、裂缝和间隙进一步扩大。

（4）热固性塑料在温度剧变时会引起一些微裂缝，这些微裂缝会降低这些塑料的防潮性能。

3. 工作环境因素的影响

在工作环境中，经常受到高温、高湿、盐雾、昆虫、霉菌、气温剧变、砂尘、日照、臭氧、工业性气体（如 CO_2、SO_2、HCl、H_2S 等）的作用，绝缘部分容易发生老化（降解、分子断链）、分解、膨胀、软化、变形、变脆、变硬等现象，而逐步或急剧地丧失其绝缘性能。

（1）氧：氧存在于所有大气中，特别是热带地区，由于湿度高、日照强烈，对绝缘材料氧化作用加剧（如光催化作用下的氧化，使绝缘材料变质，形成“日光开裂”而失去绝缘作用）。

（2）臭氧：雷雨以及氧经紫外光照射而产生臭氧。由于其能量高，使具有双键分子结构的天然橡胶和塑料中的碳—碳链（C═C）断裂，使绝缘强度遭到破坏。

（3）盐雾：滨海地区空气中的盐雾含量达 2 ~ 5mg/m^3。距海岸 0.3 km 的空气中也含有少量盐分。盐雾将使绝缘体表面形成导电薄膜，产生泄漏电流，给 PCBA 的绝缘性带来破坏。

（4）手汗迹、唾液细沫：手汗迹和唾液中均含有多种有机酸和无机酸成分，汗液中还含有大量的无机盐类，它们均可对产品中的金属构件形成腐蚀。特别是在微波极高频率下工作的产品，对手汗迹及唾液中的化学活性成分具有更好的激活作用，这更加重了其腐蚀性，如图 10.3 所示。经 SEM/EDX 分析测试建立的手汗迹和唾液的化学成分如表 10.1 所示。

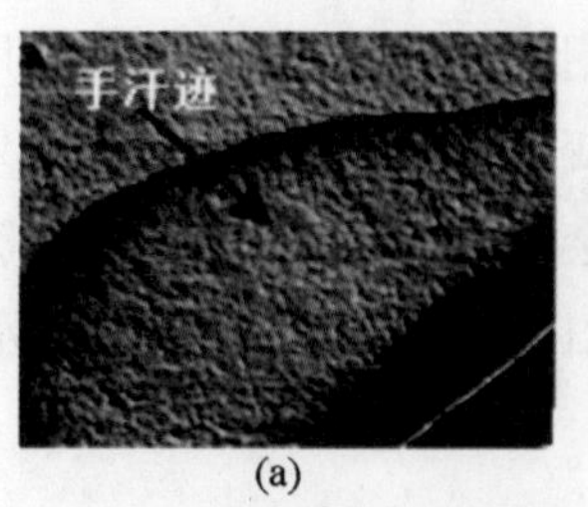

(a)

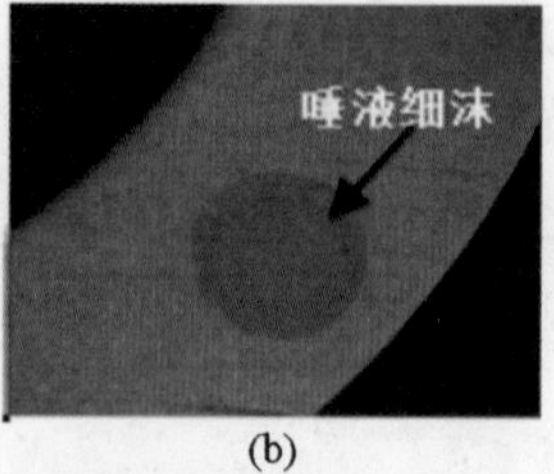

(b)

图 10.3　手汗迹、唾液细沫的危害

表 10.1　经 SEM/EDX 分析测试建立的手汗迹和唾液的化学成分

化学成分	C	O	Na	Si	Cl	K	Ca
手汗迹 /wt%	5.14~38.01	27.8~32.96	10.77~2043	0.56~1.51	9.10~15.92	3.53~4.60	1.40~2.58
唾液 /wt%	5.23~49.33	2.30~12.54	—	—	1.54~2.14	0.82~2.25	—

（5）清凉饮料：这类碳酸系饮料易引起飞溅，故必须禁用，曾出现过由可乐飞溅导致绝缘不良事故的案例。

（6）霉菌：在高湿度下，霉菌在生长的同时进一步吸潮，分泌有机酸，使绝缘体表面的湿度和污浊砂尘增多。霉菌对吸湿性大的材料危害较大，即降低表面电阻、形成短路故障等，如图 10.4 所示。

图 10.4　霉菌危害

（7）溶剂中的聚乙二醇：当 PCBA 生产过程中使用了含聚乙二醇的清洗液及助焊剂溶剂时，聚乙二醇会扩散进入环氧基板，由于环氧树脂和玻璃纤维 CTE 不同而导致二者结合减弱。组成物通过增加吸湿，提供了进行电化学反应的合适的阴离子，从而提高了 PCBA 对 CAF 形成的敏感性。由于扩散速率与温度相关，温度越高，CAF 的形成物越多，最后导致 PCBA 被烧毁。

（8）硫及硫化物：工作场地中当含有硫化物质（如单质硫、硫化氢、硫酸、有机硫化物等）时，在 PCBA 裸露的铜面上会诱发爬行腐蚀，如图 10.5 所示。这是因为爬行腐蚀是发生在裸露的 Cu 面上，当 Cu 面在硫的作用下会生成大量的硫化物。Cu 的硫化物和氯化物均易溶于水，在浓度梯度的驱动下具有很高的表面流动性，生成物会由高浓度区向低浓度区扩散。Cu 的硫化物具有半导体性质，随着硫化物浓度的增加，其电阻会逐渐减小，最终造成短路失效。

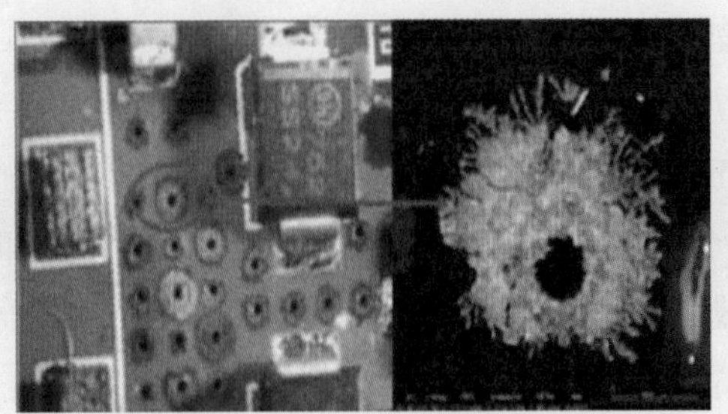

图 10.5　PTH 过孔上的爬行腐蚀

4. 吸附的有害物质

（1）氯化物。

助焊剂中很多活性剂会被分解，并在焊接热作用下释放出氯化氢和自由胺，这些分解物呈气体状态逸出。氯化物和金属氧化物（CuO、SnO、PbO）可能会发生化学反应。

（2）溴化物。

为提高焊接速度，所使用的一些高活性助焊剂中含有产生铅盐的活化剂体系。这些盐可以和来自层压板树脂中的溴化物起反应，生成不可溶解的盐 [溴化铅（$PbBr_2$）]，形成一种白色粉状离子残余物。

（3）碳化物。

当 PCB 上存在氯时，氯就要侵蚀焊料中的 Pb，而形成的氯化铅（$PbCl_2$）是附着力很差的化合物。在含有 CO_2 的潮湿空气中，氯化铅是不稳定的，很易转变为较稳定的碳酸铅（$PbCO_3$）↓，并在转变过程中释放出另一个氯离子，该氯离子再次游离侵蚀氧化铅，如图 10.6 所示。此转变过程的最终产物——碳酸铅是多孔的白色粉点状物质，如图 10.7 所示。上述反应过程能一直无休止地循环进行，直到焊料合金中的所有铅都消耗殆尽为止。这是一种危害极大的缺陷。

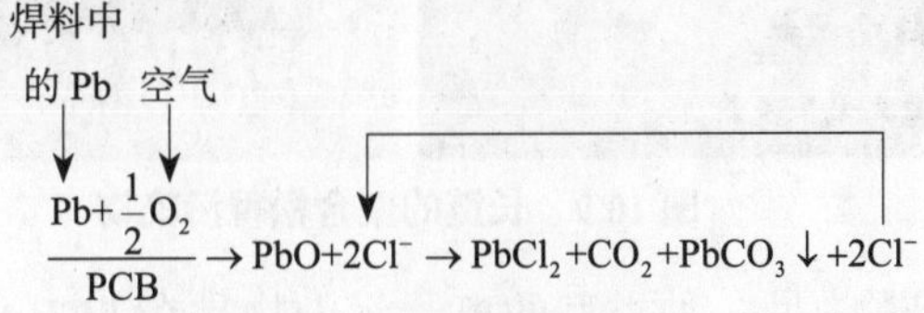

图 10.6　Pb 的选择性腐蚀

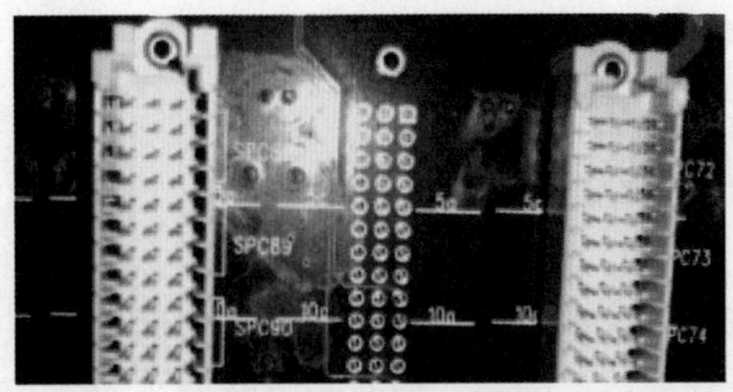

图 10.7　白色粉点状物质碳酸铅（$PbCO_3$）

（4）白色残留物。

PCBA 焊后或清除助焊剂残余物后会留下一些不溶的白色残余物。这些残余物集中在焊好的 PCBA 的某些特定区域，形成一层均匀的白色结构物。

1）助焊剂中活性剂的分解物：当溶剂成分的控制失效时，活性剂残余物常常形成白色粉末状残留物。若清洗不净，这些离子残余物就会留在 PCBA 上。清洗溶剂饱和以及在清洗系统中停留时间过于短暂，也会导致从助焊剂活性剂中析出白色粉末状残留物，如图 10.8 所示。

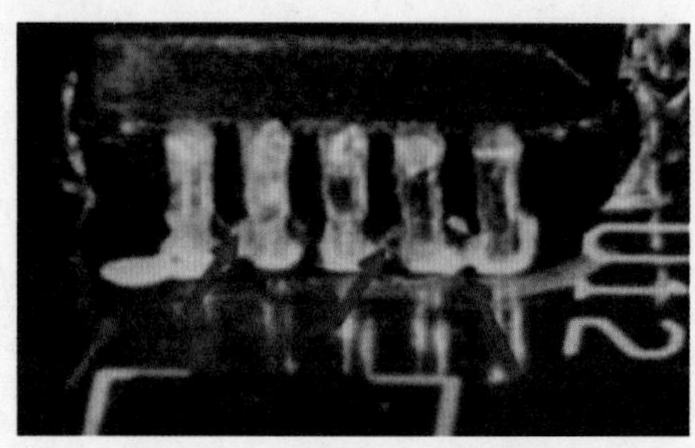

图 10.8　白色粉末状残留物

2）层压板的聚合反应产物：在化学反应中，两种或更多的单体或同类聚合物相结合形成一个高分子，当聚合反应不充分或者过度时，就会产生白色残留物。

3）助焊剂的聚合反应产物：助焊剂中的松香在波峰焊接中反复加热对聚合过程起了催化作用，使松香聚合成长链分子牢固黏附在 PCBA 上的白色残留物上。聚合松香一旦形成，甚至连最有效的氟化或氯化溶剂都不能溶解掉它，解决的方法是把 PCB 重新浸渍在松香助焊剂中，让助焊剂中的短链松香溶解这种长链聚合松香后，再用普通溶剂清除掉，如图 10.9 所示。

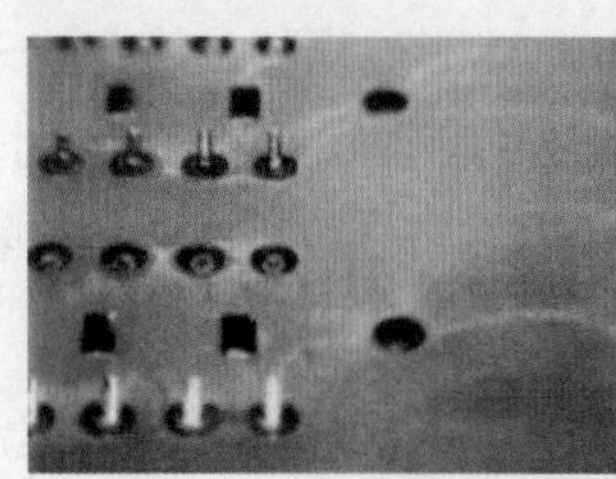

图 10.9　长链的聚合松香污染物

4）白色污染物：另一种类型的离子污染物是在 PCBA 表面和阻焊膜之间形成的白色颗粒斑点。这是由于清洗不当而产生的一种离子残留物，有时更换一种阻焊膜材料即可消除。

5. 日光、灰尘和砂尘的影响

（1）日光。

光线对材料的影响，主要是对某些有机材料（如塑料、颜料和纺织品）产生化学分解。而紫外线是氧化反应的一种非常强的催化剂。

（2）灰尘。

尘粒呈棱角形，具有粗糙的表面且一般都能吸湿，其颗粒直径约为20μm以下，故能长时间悬浮于空气中，并到处散落。灰尘的化学成分很复杂（含硫酸、硝酸等离子），主要成分为无机盐类，如 SiO_2、Al_2O_3、Fe_2O_3、CaO、K_2O、Na_2O 等。除此以外，任何灰尘中都有易溶解的盐，这些盐是由生物的有机体分解而形成的。在无线电接收设备中，电子元器件上蒙上灰尘后将降低灵敏度。灰尘的介电常数比空气的大。因此，空气电容器片上的灰尘就会增大其电容量，从而降低电路的谐振频率。起分流作用的尘层导电率增大也会降低回路频率。

与灰尘一起落到绝缘材料表面上的还有霉菌孢子，它们在灰尘中寻找养料来供自己生长。在良好的条件下，以灰尘状态存在着的培养基，足以使霉菌剧烈地侵蚀产品。甚至一般看来是一些轻微的污脏。例如，手指印也足以使这些地方出现霉菌。

（3）砂尘。

干燥地区的空气中含有大量砂尘，因其颗粒直径在100μm以下，能长时间悬浮于空气中，到处散落。在干燥和潮湿交替的季节，它们潮化并附于绝缘材料表面，使绝缘体表面泄漏电流增大，严重时会引起电闪络现象。

10.2.2 接触腐蚀

1. 接触腐蚀的形成

在潮湿的气候下，特别是在热带地区，金属电气接触时的电化学腐蚀具有特别的意义。当金属相互接触时，其表面会受到腐蚀的损害，这在电子设备中是很多的。

不同的金属在潮湿大气条件下接触时，会形成许多微温差电偶。一种金属成为阳极，湿膜就成为电解质，而另一种金属则成为阴极。金属与金属之间在电化序上距离越远，金属与金属之间的电位差越大，则接触腐蚀的可能性越大。电化电位接近的金属可以相互接触使用。容许的和不容许的金属偶如表10.2所示。

表10.2 容许的和不容许的金属偶

金属及其合金	镉	镍	铬	锡	铅	铜及其合金	不锈钢	银	金	白金	铑	钯
镉	+	–	–	+	+	–	–	–	–	–	–	–
镍	–	+	+	–	–	–	–	–	–	–	–	–
铬	–	+	+	–	–	–	–	–	–	–	–	–

续表

金属及其合金	镉	镍	铬	锡	铅	铜及其合金	不锈钢	银	金	白金	铑	钯
锡	+	–	–	+	+	–	–	–	–	–	–	–
铅	+	–	–	+	+	–	–	–	–	–	–	–
铜及其合金	–	–	–	–	–	+	–	+	+	+	+	+
不锈钢	–	–	–	–	–	–	+	–	–	–	–	–
银	–	–	–	–	–	+	–	+	+	+	+	+
金	–	–	–	–	–	+	–	+	+	+	+	+
白金	–	–	–	–	–	+	–	+	+	+	+	+
铑	–	–	–	–	–	+	–	+	+	+	+	+
钯	–	–	–	–	–	+	–	+	+	+	+	+

注：+ 为容许的金属偶；– 为不容许的金属偶。

2. 接触腐蚀的特点

（1）腐蚀的效果也取决于较贵重的金属（阴极）的面积与不太贵重的金属（阳极）的面积之比。较贵重的金属的面积应该力求小。在钢片上使用铜铆钉比在铜片上使用钢铆钉好得多。

（2）在接触连接部分中，固定的钎焊和焊接点很少受到腐蚀。也就是说，以机械方法形成的接点会受到腐蚀，但其腐蚀程度比用来周期断开与接通的断路器接点的腐蚀程度轻。

10.2.3　离子迁移

1. 离子迁移的定义

离子迁移现象起因于一种与溶液和电位等相关的电化学现象，在电极间由于吸湿和结露等作用，吸附水分后加入电场时，金属离子从阳极金属电极向另一侧阴极金属电极移动，并在阴极析出金属或化合物的现象称为离子迁移，如图 10.10 所示。失去电子的阴离子向阳极迁移，阳离子向阴极迁移，并在阴极还原，形成金属树枝晶。离子迁移也称电化学迁移（ECM）。

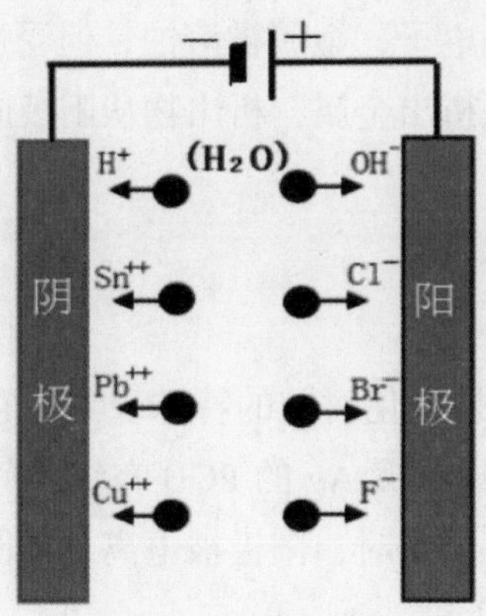

图 10.10　离子迁移

2. 离子迁移发生的条件

离子迁移发生的条件如下。

- 在两电极间的绝缘物表面或者内部存在导电性或者导电的湿气薄膜。
- 在两电极间施加了直流电压。

3. 离子迁移的过程

离子迁移的整个过程如下。

- 阳极反应 [金属溶解（氧化）过程]。
- 金属离子迁移过程（在扩散和电泳中产生金属离子移动）。
- 阴极反应 [金属或金属氧化物析出（还原）过程]。

目前，虽然一般认为无铅焊料没有离子迁移问题，但由于 Ag 和 Cu 都比较容易产生离子迁移，因此有必要对其进行有效的评估验证。特别是在高密度组装的电子设备中，材料及周围环境相互影响导致离子迁移发生而引起电特性的变化，已成为故障的原因。

4. 离子迁移的分类

离子迁移根据其发生形态可分成枝晶生长（Dendrite）和导电阳极细丝（CAF）两大类。所谓的枝晶，就是根据 PCB 基板的绝缘表面析出的金属或其氧化物呈树枝状而命名的。而 CAF 则是根据沿着 PCB 基板的绝缘基板内部的玻璃纤维，所析出的金属或其氧化物呈纤维状延伸而命名的。

（1）ECM（阳极氧化 – 阴极还原）模式。

此种模式即从阳极失去电子的金属被溶蚀，而在阴极获得电子并析出金属，并且析出物是从阴极向阳极方向生长。这种金属（如铜、银、锡、铅）离子沿 PCBA 表面或厚度方向迁移而生成树枝晶状物。

（2）CAF（阳极氧化 – 阳极还原）模式。

此种模式即从阳极失去电子，金属被溶蚀，但受通道限制，只能在阳极附近的树脂中获得电子，并就地析出金属，析出物从阳极向阴极方向生长。

5. 离子迁移典型案例解析

（1）Ag 离子迁移。

Ag 离子迁移（ECM）是电化腐蚀的特殊现象。它的发生机理是当在绝缘基板上的 Ag 电极（镀 Ag 引脚或镀 Ag 的 PCB 布线）间加上直流电压时，当绝缘板吸附了水分或含有卤素元素等时，阳极被电离，如图 10.11 所示。

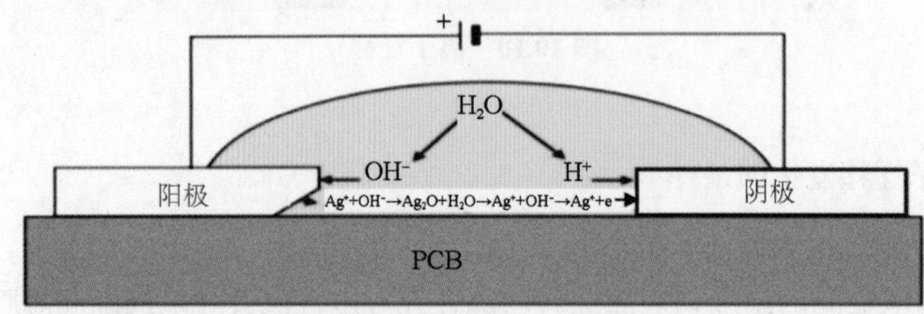

图 10.11　Ag 离子迁移机理

1）迁移的电化过程。

① 阳极反应：金属溶蚀、氧化。

水在电场作用下被电离：正离子移向阴极，负离子移向阳极。

$$H_2O \rightleftharpoons OH^- + H^+ \quad (10.3)$$

OH^- 迁移到阳极，把阳极银氧化成银离子 Ag^+，其化学反应为

$$Ag \xrightarrow{-e} Ag^+ \text{（Ag 失去一个电子，氧化反应）} \quad (10.4)$$

② 电极间发生的反应：金属离子迁移过程析出金属氧化物。

银离子 Ag^+ 在向阴极迁移过程中与氢氧根离子 OH^- 复合生成氢氧化银，即

$$Ag^+ + OH^- \rightleftharpoons AgOH \quad (10.5)$$

由电化反应生成的 AgOH 是不稳定的，很容易和空气中的氧或者合成树脂中的基团反应，从而在阳极侧生成氧化银，即

$$2AgOH \rightleftharpoons Ag_2O + H_2O \quad (10.6)$$

阳极不断地被溶蚀，氧化银晶体通过浓度梯度和电泳驱动不断扩散，以枝状晶形式从阳极向阴极生长，直至抵达阴极，即

$$Ag_2O + H_2O \rightleftharpoons 2AgOH \rightleftharpoons 2Ag^+ + 2OH^- \quad (10.7)$$

③ 阴极反应。

H^+ 移向阴极并从阴极上获得电子而还原成氢气（H_2）并向空间释放掉，当不断生长的枝状晶尖端直抵达阴极时，便从阴极获得电子并在阴极还原为金属 Ag，即 $Ag^+ + 2e \rightarrow Ag$（在阴极侧沉积）。由于迁移过程是在无休止地推进着，故 Ag^+ 离子不断被还原并沉积在阴极，且阴极面积不断扩大，阳、阴电极间的间

隔不断变窄，如图 10.12 所示。

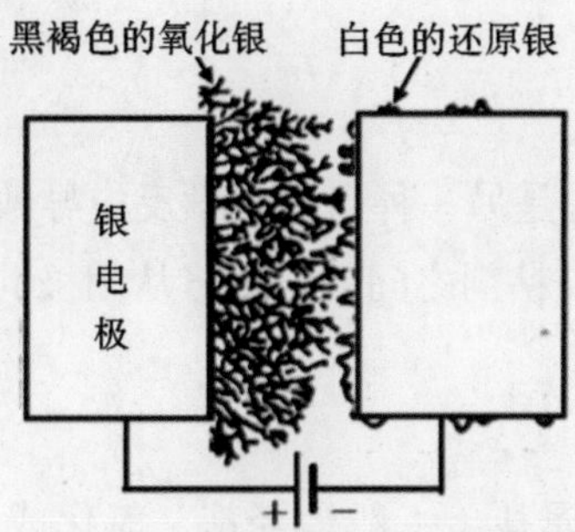

图 10.12　Ag^+ 离子沿 PCB 表面的迁移现象

Ag^+离子迁移现象不仅仅是沿绝缘 PCB 的表面发生，也会沿 PCB 的厚度方向发生，如图 10.13 所示。

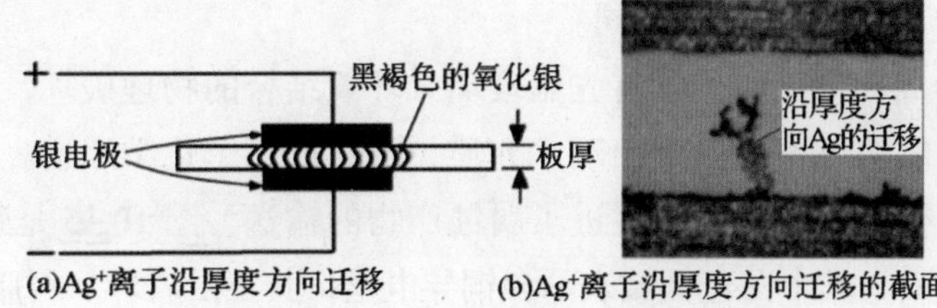

(a)Ag^+离子沿厚度方向迁移　(b)Ag^+离子沿厚度方向迁移的截面

图 10.13　Ag^+ 离子沿厚度方向的迁移

2）影响因素。

① Ag^+离子的迁移状态随着有机绝缘板上的分解物的种类，施加的直流电压的大小，水的纯度，处理的温度、湿度等的不同而不同。

② 迁移现象的发生，还受电极间存在的一些特定离子的影响，如有 Cl^-、Br^-、I^-、F^- 等卤素离子时，迁移的发生将变得更容易。作为洗净剂的有机化合物也能促进迁移现象的发生，如图 10.14 所示。

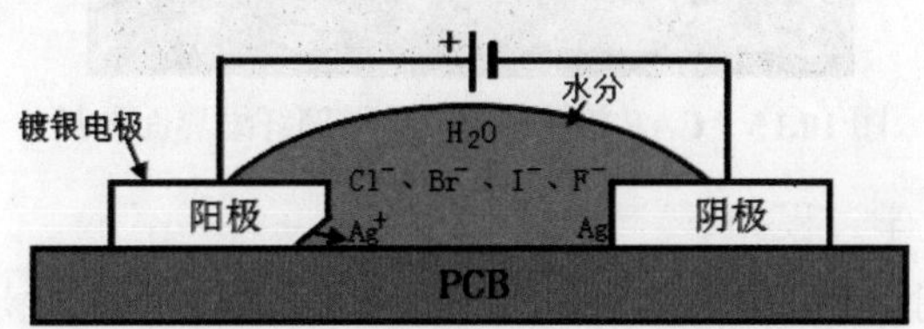

图 10.14　迁移还受电极间存在的一些特定离子的影响

③ 由离子迁移发生速度较快的 Ag 及 Cu 生成稳定化合物（Ag_3Sn，Cu_xSn_y），无铅钎料合金 Sn3.5Ag 和 Sn0.8Cu 的耐迁移特性与 Sn 的溶解特性相关。与 SnPb 钎料合金比较，在高 Sn 的无铅钎料中，因为 Sn 形成了稳定的钝态膜，所以无铅钎料的耐离子迁移性高。

3）危害。

①设备工作失常的潜在隐患。

②绝缘电阻劣化。

③引发火灾事件的潜在因素。

（2）导电阳极细丝。

1）现象。

导电阳极细丝（CAF）是另一种由电化学反应导致的失效类型。它是铜离子在 PCBA 内部沿着玻纤和胶粘剂之间的缝隙，从阳极向阴极迁移形成的阳极导电性细丝物，简称 CAF。

2）CAF 的生长机理。

CAF 失效通常是因金属盐（一般为羟基、氯化或溴化铜）在基材内玻纤与羟基树脂界面间的窄缝中，铜离子不能快速迁移到阴极获得电子进行还原，而只能从附近通道内的 OH^- 或 Cl^- 等离子中获得电子就地还原。因此，CAF 是 Cu 细丝直接从阳极向阴极方向生长的，而 ECM 是金属枝晶从阴极向阳极的生长，CAF 的生长与 ECM 有本质的不同。

CAF 的形成和生长机理，首先是玻璃 – 环氧结合的物理破坏，其次是吸潮导致玻璃 – 环氧的分离界面中出现水介质，从而提供了化学通道。当施加电压后就将会有电化学反应发生，促进了腐蚀产物的输送。图 10.15 是带有 CAF 的 PCB 基板横截面，其中白色区域表示含铜导电丝，其正沿着环氧树脂 / 玻璃纤维界面生长。

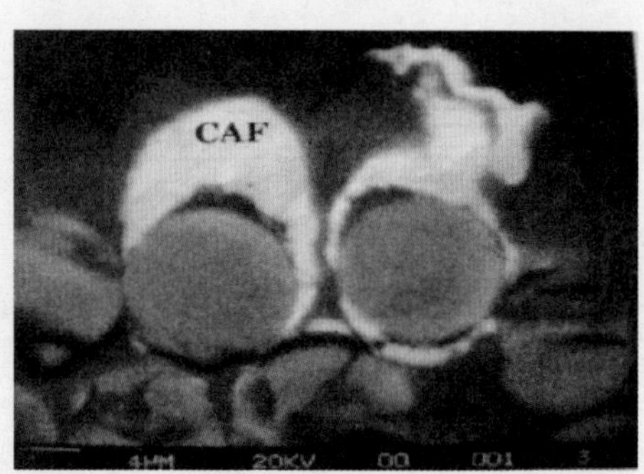

图 10.15　CAF 沿环氧树脂 / 玻璃纤维界面生长

CAF 形成的化学过程如下。

① 阴 – 阳极间水分子电离：施加电压后水被电离，其电化反应为

$$H_2O \rightarrow H^+ + OH^- \tag{10.8}$$

水电离后，H^+离子朝阴极迁移，而 OH^- 离子向阳极方向迁移。

② 阳极反应：OH^- 离子向阳极迁移，从阳极获得电子；阳极金属铜失去电子后被溶蚀（氧化）为铜离子 Cu^{2+}，即

$$Cu \xrightarrow{-2e} Cu^{2+} \tag{10.9}$$

③ 电极间发生的电化反应过程：铜离子 Cu^{2+} 在向阴极迁移过程中与 OH^- 复合生成氢氧化铜，即

$$Cu^{2+} + OH^- \rightleftharpoons Cu(OH)_2 \tag{10.10}$$

由于电化反应生成的 Cu（OH）$_2$ 是不稳定的，很容易和空气中的氧或合成树脂中的基团反应，生成氧化铜，即

$$Cu(OH)_2 \rightleftharpoons CuO + H_2O \tag{10.11}$$

阳极不断地被溶蚀，氧化铜晶体通过浓度梯度和电泳驱动不断扩散，即

$$CuO + H_2O \rightleftharpoons Cu(OH)_2 \rightleftharpoons Cu^{2+} + 2OH^- \tag{10.12}$$

④ 阴极反应：铜离子 Cu^{2+} 在通道迁移中，从就近的基团中获得电子还原成金属铜并在通道内阳极侧沉积，即

$$Cu^{2+} + e^{2-} \rightarrow Cu \downarrow \tag{10.13}$$

H^+ 离子朝阴极迁移过程中，也从就近的基团中获得电子后复合成 H_2 向空中逸散，即

$$2H^+ + 2e^- \rightarrow H_2 \uparrow \tag{10.14}$$

3）CAF 的危害。

CAF 的生长最终将导致阴、阳两极短路，引发灾难性事故，如图 10.16 所示。

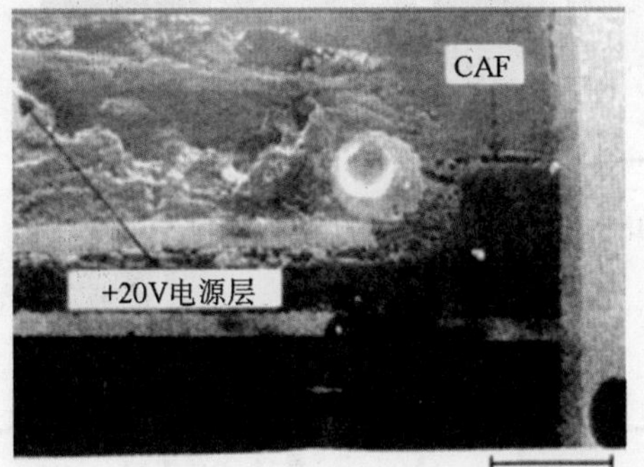

图 10.16 由 CAF 造成电源和地之间短路

10.2.4 钎料电子迁移

1. 现象

伴随着半导体配线的微细化，流过配线的电流密度值显著上升。例如，在微波大量采用的倒装芯片技术中，50μm 直径的配线流过的峰值电流约 0.2A，其电流密度便高达 10^4A/cm^2，面对如此强大的电子流推进原子的扩散，其作用相当于原子风。只要温度稍有变化，将很容易导致钎料电子迁移现象的发生。

对 LSI 的 Al 或 Cu 配线场合，钎料中电子迁移成为问题的电流密度是 10^5 ~ 10^6A/cm^2，而对钎料来说，更低的电流密度从 10^3 ~ 10^4A/cm^2 便能产生。由此，可预见将来钎料的电子迁移现象必然会成为影响焊点可靠性的一个大问题。

2. 钎料电子迁移的机理

倒装芯片流入的平均电流密度大致为 $10^4A/cm^2$。Cu、Ag、Ni 等金属原子在 Sn 中扩散速度是非常快的，在扩散过程中它们不溶入 Sn 的结晶格子，只是在晶格间移动。由于 Sn 和微细钎料球内间隙间的多结晶构造，故 Ni 等在它们的间隙间的缝隙中扩散。在很强的电子流推进下的原子扩散，其作用相当于原子风。原子移动的本质是晶格中的空穴，这些空穴的聚集便形成空隙。

电子迁移不是单独发生的，它同时受热、温度梯度及应力场等的激活而对扩散产生影响，图 10.17 是 SnAgSn 构成的接合界面的电子迁移的情况。电子从左向右流动，使左侧的界面金属间化合物层变厚，反过来在右侧变薄，这是由于 + 极侧和 – 极侧化合物的生长厚度因热扩散和电子迁移扩散的和或差的不同所导致。在左侧，由于热造成的化合物生长的方向和由电子迁移扩散驱进的化合物生长的方向一致，因此化合物生长的厚度厚；而在右侧二者是相反的，其生长的厚度薄。

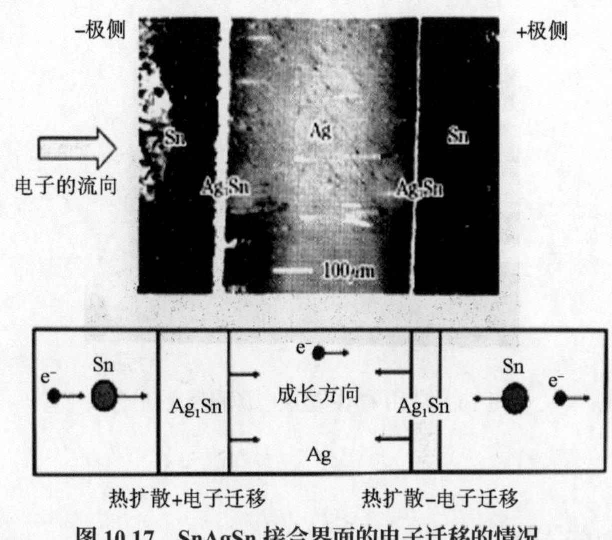

图 10.17　SnAgSn 接合界面的电子迁移的情况

由再流焊接形成的金属间化合物层，受电子迁移的影响很大。SnAgCu 钎料球焊点的二相对电极界面中，– 极侧的电极界面的化合物消失，而 + 极侧则变厚了，如图 10.18 所示。在 Sn 系焊接的界面中，也表现了电子迁移的影响。比较 SnNi、SnCu 等的界面化合物的生长，前者 Ni 和 Sn 的扩散具有双方性的，而后者则是以 Cu 的扩散为主。

倒装芯片的钎料球在接合部表现的电流密度分布如图 10.19 所示。由此可知，倒装芯片接合部缺陷的形成集中在电流密度高的部分，由于 Sn 原子在电流密度高的区域扩散后在晶格中形成空穴，这些空穴首先在焊球的一侧生长，然后沿着电极界面向横方向进行扩展，如图 10.20 所示。

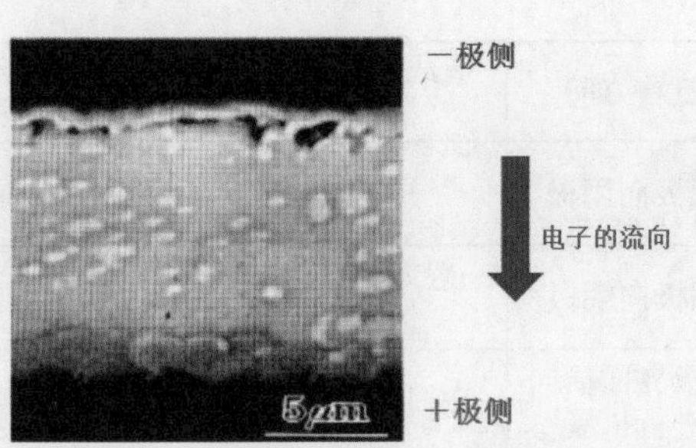

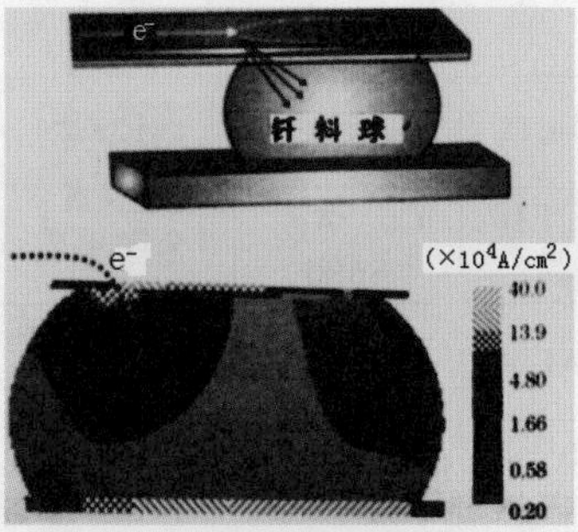

图 10.18　SAC387 焊球接合部的界面组织

图 10.19　倒装芯片钎料球在接合部表现的电流密度分布

这时电流的流动路线也跟着转移，电流逐渐全部集中在右侧流过。就时间来说，在 37h 之前，空洞的发生不是非常明显的，而在其后空隙便急速发展，仅数小时便可波及接合部的全部，如图 10.21 所示。

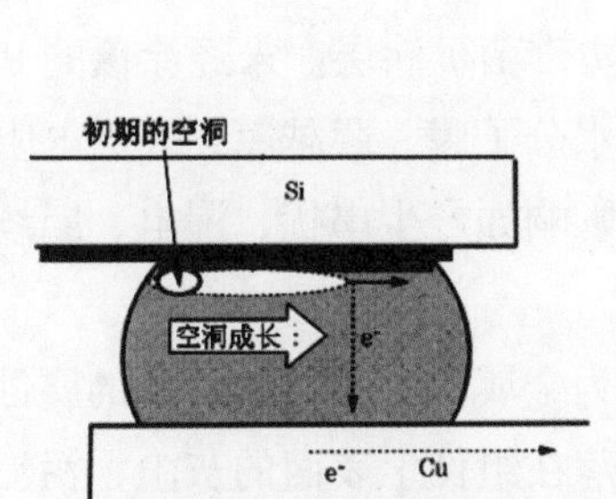

图 10.20　倒装芯片焊料中电子扩散时 125℃空隙的生长机理

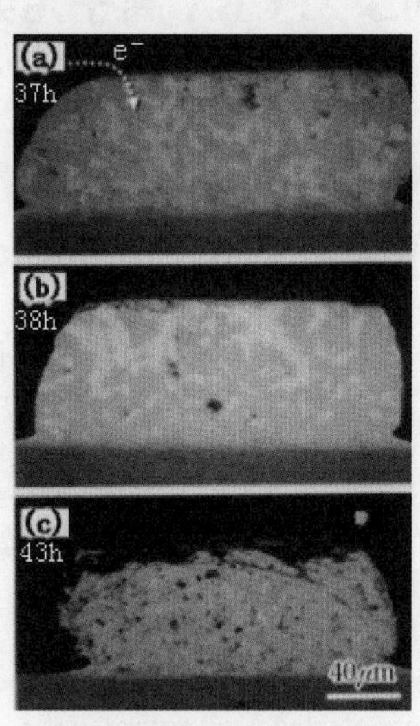

图 10.21　SnPb 接合部（$2.25\times10^4A/cm^2$）时空隙的生长

10.2.5　爬行腐蚀、离子迁移枝晶、CAF 及钎料电子迁移等的异与同

爬行腐蚀与离子迁移枝晶、CAF、钎料电子迁移类似，也是一个传质的过程，但四者发生的场景、生成的产物以及导致的失效模式并不完全相同，如表 10.3 所示。

表 10.3　爬行腐蚀、离子迁移枝晶、CAF 及钎料电子迁移的特点对比

腐蚀类型	基材种类	腐蚀产物	迁移方向	造成的失效模式	必须一定的湿度否	是否必须电压驱动
爬行腐蚀	Cu	硫化亚铜	无	多为短路也有开路	是	否

续表

腐蚀类型	基材种类	腐蚀产物	迁移方向	造成的失效模式	必须一定的湿度否	是否必须电压驱动
离子迁移枝晶	Cu、Ag、SnPb	金属单质	阴极向阳极	短路	是	是
CAF	Cu	铜的氧化物或氢氧化物	阳极向阴极	一般短路电阻较大	是	是
钎料电子迁移	SnPb、SnAgCu	Sn	电极界面横向进行扩展	烧损、开中	否	是

10.3　PCBA 离子污染的防护：敷形涂覆（三防）

10.3.1　敷形涂覆的目的和功能

敷形涂层又称三防（防潮湿、防盐雾、防霉菌）涂层。未经涂覆的 PCBA 暴露在潮湿空气中时，在 PCBA 表面上会形成水分子膜。膜越厚，表面电阻（SIR）越低，对电信号传输的影响就越大。典型的影响如产生串扰、漏电、断续式传输等，这些都可能导致信号永久地中断。

未经涂覆的 PCBA 板上的水分子膜还会为金属丝的生长和金属的腐蚀提供条件，降低介质的介电强度和影响高频信号。落在组件上表面的灰尘、污渍及其他污染物，还会因吸湿过程而加剧上述的各种影响。板面上的导电颗粒还会导致电路短路。

敷形涂层是一种半渗透性膜。因此，涂层若长时间暴露于湿度高的环境中，其绝缘电阻会下降，这是所有涂层的共性。

10.3.2　常用的敷形涂层材料选择

1. IPC 和 MIL 标准规定的敷形涂层材料

- AR：丙烯酸树脂。
- ER：环氧树脂。
- UR：氨基甲酸乙酯树脂。
- SR：硅酮树脂。

● XY：聚对二甲苯，对位二甲苯，气相沉积涂层。

● PC：氟碳树脂。

2. 常用敷形涂层材料的工艺性能

（1）丙烯酸树脂（AR）。

AR 容易施涂，室温下在数分钟内就可干燥到可以触摸，具有所要求的电性能和物理性能，并且具有防霉功能。其使用寿命长，固化时放热较少或完全没有放热，从而可防止热敏元器件的损坏，固化时不收缩。缺点是对溶剂的敏感性，这也是 AR 涂层最容易返修的原因。

（2）环氧树脂（ER）。

ER 体系通常是“双组分”化合物。这种涂覆层具有良好的抗潮湿性、高的耐磨性及抗化学腐蚀性。因此，在返修中这种膜层不能用化学方法去除，只能用刀或烙铁破坏该涂层。

单组分紫外固化（UV 固化）的 ER 敷形涂料，对大批量涂覆生产的产品（如镇流器）应用已很普遍。

（3）氨基甲酸乙酯树脂（UR）。

UR 敷形涂覆材料配方有单组分、双组分、UV 固化和水基体系等。所有这些配方都可在长时期内保持优良的抗化学腐蚀和抗湿性能，同时还具有突出的介电性能。

单组分 UV 涂料配方要求施涂工序很仔细，对涂覆和固化的环境要进行严格控制，若涂层太厚或涂覆环境太潮湿，吸湿固化后的 UV 可能会形成许多微小的鼓泡。涂层太厚也可能会使空气固化的 UV 敷形涂层产生裂纹或形成鱼鳞状表面。

双组分配方材料要求在施涂应用时严格控制湿度。

UV 固化的 UR 涂层要求二次固化工艺，以使元器件底部的涂层和 UV 光照不到的其他地方的涂层固化。水基配方材料的涂层比普通溶剂涂层固化得慢，而且抗化学性和所需要的润湿性都稍差。

UR 涂层在返修更换元器件时，可用烙铁烫掉。

（4）硅酮树脂（SR）。

SR 涂层特别适用于高温应用，工作温度达 200℃。SR 材料具有高抗湿性和抗腐蚀性以及良好的耐热性，故对含有高发热元器件的 PCBA 来说，SR 是理想的涂覆材料。其缺点是黏附强度较低、涂层容易剥落且热膨胀系数较高。

SR 涂层材料也有很多种，如 100% 热固化型（该配方广泛用于汽车电子产品）、100% 潮湿固化型、100%UV 固化型以及溶剂基反应型。

涂有 SR 涂层的 PCBA 很难返修，因为它不能用溶剂溶解或用烙铁加热挥发掉。

（5）新开发的材料。

缩短生产周期、减少或完全消除溶剂的挥发，驱动了新型敷形涂覆材料（如

UV 可固化的以及无 VOC 溶剂等）新型涂覆材料的发展。

10.3.3 对涂覆材料的要求

选择敷形涂层时需要考虑两个方面，即将承受的环境条件以及被保护的组件的特性。

（1）电气性能（体积和表面电阻率、介电常数、Q 值、耐电弧性、介电强度等）：在 PCBA 上施涂敷形涂层的主要目的之一是提供电绝缘性能，固化后涂层必须具有足够的介电强度、绝缘电阻、较优的介电常数和 Q 值。

（2）热性能（耐热性、热膨胀性、热导率、阻燃性）：涂层材料必须具有与组装工艺相匹配的工作温度。在这个温度范围内，涂层除了满足最低的电性能要求外，还必须无物理性能退化（如变脆、开裂、过分收缩等），满足 UL 规定的阻燃性要求。上述四种敷形涂覆材料的典型性能参数如表 10.4 所示。

表 10.4 四种敷形涂覆材料的典型性能参数

性 能		AR	ER	SR	UR
电性能	短时介电强度：23℃，（25.4μm/kV）	3500	2200	2000	3500
	表面绝缘电阻：23℃，50%RH/（Ω·cm）	10^{14}	10^{15}	10^{15}	10^{14}
	介电常数：23℃，1MHz	2.2~3.2	3.3~4.0	2.0~2.7	4.2~5.2
热性能	连续耐热性 /℃	125	125	200	125
	线性热膨胀系数 /（$\times 10^{-6}$/℃）	50~90	40~80	220~290	100~200
	热导率 /[W/（m·K）]	4~5	4~5	3.5~8	4~5
化学性能	抗弱酸性	B	A	B	A
	抗弱碱性	B	A	B	A
	抗有机溶剂性	D	A	B	A
耐磨性		B	A	C	B
抗湿性		A	B	A	A
抗湿性（经外部）		B	C	A	B

注：等级从 A 到 D 是递减序列，A 最佳。

（3）防湿性能（水汽渗透性和吸湿性）：涂层应具有低的水汽渗透性和吸水性，有足够的抗湿性，在高湿度条件下仍能满足最低绝缘电阻的要求。

（4）机械性能（对热变化的抗破裂性和耐磨性）：硬度和耐磨性有关，是涂层保护 PCB 免受机械损伤的重要指标，并具有一定的挠性，以满足抗热冲击的要求。

（5）化学性能（抗化学性、抗霉性和水解稳定性）：当涂层工作暴露在严酷的化学环境条件下时，如盐雾（海上环境）或温暖的潮湿环境中，为促进微生物（如霉菌）的生长，故涂层的抗化学腐蚀性就成为选样涂覆的最重要因素。

（6）良好的工艺性：可适应于浸涂、喷涂、刷涂等多种涂覆工艺，表干时间快。

（7）涂层应是无色透明（允许添加荧光物质）且涂层下部的各种标识应清晰可见，涂层应光滑、连续、均匀，无气泡、针孔、起皱、龟裂、脱层等现象。

10.3.4 涂覆工艺环境的优化

为获得优质的敷形涂层，涂覆工艺环境的优化必须得到严密的监控。例如，需要涂覆的零部件在清洗干燥后，必须保持干净和干燥状态直到进行涂覆。整个操作场地（涂覆、掩膜、固化）也必须无尘。在这种操作场所中，任何轻微的空气正压力和入口的黏性垫都会将空中的微尘降落减至最小。操作人员应穿戴干净的工作服、工作帽和手套。操作场地禁止使用含硅酮、硅油的洗手液和化妆品、油脂及脱膜剂。如果已清洗的组件不立即进行涂覆，应将其暂存于干燥箱内或密封在防静电袋中。

10.3.5 敷形涂覆的工艺方法

液态涂料可采用手工、半自动或全自动化涂覆，常用的工艺方法如下。

1. 浸渍涂覆法（手工、半自动涂覆）

浸渍涂覆法是将被涂覆组件浸入盛有液态涂料的槽内然后取出的方法，其优点是：涂层均匀一致并可获得预期的可重复的膜厚。其工艺控制参数如下。

（1）浸渍 / 取出：组件应缓慢地浸入，以使涂料完全取代环绕元器件的空气，浸渍的时间要直到完全停止鼓泡后再取出。典型的浸渍和取出的速度是第一次的浸渍速度为 50~300mm/min，随后以较高速度浸渍和取出，具体浸渍和取出速度的取值取决于组件的尺寸大小和复杂程度。

（2）涂液的黏度：当溶剂挥发掉时，需添加稀释剂重新配置浸渍溶液，并通过定期测量涂覆溶液的黏度来决定是否需要添加稀释剂。

（3）涂液的厚度：浸渍涂层的厚度取决于涂覆材料溶液的黏度、浸渍和取出的速度、干燥时间和元器件排布的密度。

建议用干燥的 N_2 覆盖在对潮湿敏感的涂层表面，避免涂料和大气中的湿气发生反应。浸渍槽应由不与液态涂料发生反应的材料（如不锈钢等）制成。

2. 喷淋涂覆法（手工、半自动涂覆）

（1）喷淋工艺（无论是手工方式还是自动方式）是目前敷形涂覆工艺中最流行、最快捷的方法。将稀释剂、喷嘴压力和喷淋路线正确地组合起来，可得到可靠、连续的涂覆结果。溶剂基涂料的黏度可通过添加稀释剂进行调节。100% 固体含量的涂料必须连续进行喷涂。

（2）PCBA 焊接面往往有很尖的边缘，故喷涂后应将其水平放置，焊接面朝下，这样会在突出的尖角处形成钟乳石状的保护层。可能需要重复喷淋好几次才能覆盖这样的突出端，以及消除成批的针孔。

（3）在涂覆时，为获得良好的雾化效果，应使用干净、干燥的气体，用所需的最小压力将涂料喷涂到组件上。气罐中的压缩气体最好采用 N_2 推动。若使用压缩空气时，应避免对喷淋设备产生油和水的污染。

（4）喷枪应以 45° 角对组件喷淋，每一个来回后，PCBA 应旋转 90° 后继续喷淋，依次进行直到 4 个方向都被喷到，如果 PCBA 上元器件间距较密，喷枪应直接在其上方垂直喷淋，喷淋过程应连续直到获得所要求的涂层厚度。

（5）在手工操作时，每次的涂层厚度取决于喷嘴与被喷涂物的距离、手的移动速度等。

（6）喷射场所应具有良好的通风、照明条件，还应配备防爆装置。

3. 选择涂覆法

选择涂覆法系采用计算机控制的自动化设备，对 PCBA 涂覆面进行选择性敷形涂覆，可取消施涂前的加贴保护膜的操作。

4. 刷涂涂覆法（手工）

刷涂是效率最低的一种施涂方法，此法很难达到厚度均匀一致的覆盖层，对气泡的产生难以控制。它不适用于大规模生产，只适合周期短、批量小的生产状态，如样机生产以及返修后修整性的涂覆。

10.3.6 敷形涂覆的典型工艺流程及应用中的工艺问题

1. 敷形涂覆的典型工艺流程

PCBA 的敷形涂覆的典型工艺流程如图 10.22 所示。

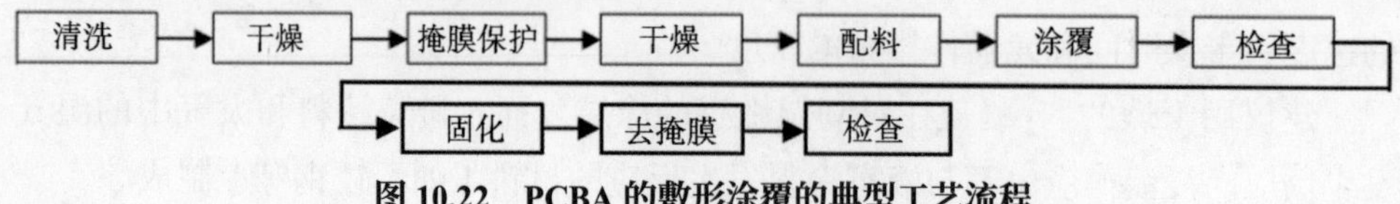

图 10.22 PCBA 的敷形涂覆的典型工艺流程

2. 应用中的工艺问题

敷形涂料在工艺应用中应关注的问题如下所述。

（1）涂层和 PCB 基板必须兼容。

涂覆后的涂层获得的黏合强度，随被涂覆的基板和阻焊膜的变化而变化。在最后选择涂覆材料时，应验证涂层与 PCB 基板结合的兼容性。

（2）涂层材料质量的均匀一致性和贮存。

涂层材料质量的均匀一致性是确保获得 PCBA 连续可靠的敷形涂层的先决条件。涂层材料应始终贮存于原始密封容器内，远离明火。已开封的涂料对潮湿敏感，如各种聚氨脂、硅树脂和 UV 固化配方的涂料等，因此，涂料应在供应商指定的搁置寿命期内使用完。

（3）涂料的搁置寿命和使用寿命。

涂料在密封容器内贮存的时间称搁置寿命，而涂料在开罐或混合后能够正常使用的时间，定义为使用寿命。较短的使用寿命可能导致材料的大量浪费，更重要的是，由于罐内材料黏度迅速增大会导致涂层厚度的不均匀。双组分体系的涂料通常使用寿命短，而单组分体系通常有接近搁置寿命的使用寿命。

（4）涂料的黏度。

涂料的黏度是衡量其是否有足够的流动性的重要指标，它决定了涂层的最终厚度，促使涂料能完全包裹元器件以确保完全的覆盖。当涂覆高密度组装的 PCBA 时，应选择黏度低的配方。而当元器件有尖角或弯曲的引脚时，则要选用高黏度的涂料以防尖角处涂料滑脱。为了达到最佳的涂覆效果，须经反复多次试验来确定涂覆材料的黏度。溶剂型配方的涂料，可采用添加稀释剂来调整，而 100% 热固化的黏度只能用加热的方法来调整。

（5）固体含量。

固体含量代表了涂料中固化成膜的部分，涂料中其余部分是将挥发掉的溶剂。固体含量对每次施加的涂层厚度具有影响。溶剂型涂料通常使用 10% ~ 50% 的固体含量，无溶剂型体系被认为是“100% 固体”涂料。

单组分配方材料使用上比双组分的涂层简单，这样可省去计量和混合设备，简化了操作。

（6）涂层的干燥和固化。

1）传统溶剂型涂层通常在室温下干燥直到用手触摸没有痕迹为止，然后放在炉内烘烤。若仅是为了去除残余溶剂，就可以不需要烘烤已涂覆的 PCBA，因为在空气干燥的条件下，残余溶剂将在一周左右的时间就可从未烘烤的涂层中挥发出来，大多数在 24h 内逸出。大批量生产中可在隧道炉内干燥。注意烘烤温度不能太高，否则会导致敷形涂层快速流失和起泡。

2）对于潮湿固化体系，要求操作场地的相对湿度最小为 30%RH。因此，处于又热又干燥的气候条件下的工厂，应避免选择要求潮湿固化的敷形涂料。

3）氧固化涂层缓慢地和空气中的氧发生反应，在室温下大约 1 个月时间固化，通常这些涂层不到 1h 就干燥到可以触摸。将基板放入炉中烘烤 12h 可以加快固化速度，且烘烤炉内必须保持新鲜空气流动。

4）处理和固化时间要合适。固化时间长将导致加工周期延长和占用仪器设备过长。如果涂覆后的 PCBA 需在空气中长时间固化，必须放在架子上以干燥到可以触摸。

（7）涂层要连续覆盖。

大部分符合 MIL–I–46058C 规范的液态涂料都含有一种在 UV 灯下可见的荧光增白剂，可保证涂覆后快速而有效的视觉检查。四种通用涂料的工艺特性比较如表 10.5 所示。

表 10.5　四种通用涂料的工艺特性比较

特　性	AR	ER	SR	UR
施涂性	A	C	A	A
去除（化学方法）	A	D	B	B
去除（烧蚀）	A	C	C	A
使用寿命	A	D	A	B
最佳固化，室温	A	B	A	B
最佳固化，高温	A	B	A	B

注：等级从 A 到 D 是递减序列，A 最佳。

（8）被涂覆零部件必须干净、干燥。

在涂覆之前必须对被涂覆的零部件上的多余物进行洁净。这些多余物分别来自 PCB 的加工过程（电镀、蚀刻和抗蚀剂残留、助焊剂及手指印）、元器件制造（脱膜化合物、手指印）和组装焊接（焊渣、手指印）等过程。如果它们残留在组件上，将影响液态涂料涂覆时的润湿性，导致黏接性能的降低或完全丧失。水溶性残留物通过吸收湿气而活化，在固化后的表面产生起泡，从而降低了涂层质量。

选择化学清洗剂时应考虑被去除的残留物的溶解性。一般情况下，极性（离子的）和非极性（含油的）残留物都必须彻底清除。清洗后的组件可在 60℃温度下烘干 2h 以避免损伤元器件。对已清洗的 PCBA 进行清洁度测试时，军用品应满足 MIL–P–28809 要求：离子残留物小于 $1\mu g/cm^2$ NaCl 当量。当涂覆完成暴露在湿气中后，整个 PCBA 应无鼓泡或任何的黏接缺损。

（9）涂层连续覆盖且厚度合适。

施涂的涂层必须覆盖整个组件，涂层的厚度是一个重要参数，建议厚度如表 10.6 所示。

表 10.6　不同应用情况对厚度的要求

涂层种类	厚度要求（相关标准规定）	
	IOC–610D	MIL–I–46058C（军用）
AR、ER、UR 涂层类 /μm	30~130	25~75
SR 涂层类 /μm	50~210	50~200
XY 涂层类 /μm	10~50	—

上述涂层厚度只适于平的或无障碍物的表面，对紧邻元器件的区域无效。薄的涂层降低了抵抗湿气的效果，而厚的涂层可能在元器件和焊点处产生机械应力，引起涂层的开裂。厚的涂层还可能发生不完全固化现象。

（10）PCBA 组件准备。

对不需涂覆的地方，须采用特殊的敷形涂覆掩膜带进行掩膜，这些特殊的掩膜带应不渗水，而且在涂覆过程中抗溶剂的侵袭。

10.3.7　多层涂覆

采用多层涂覆方法可较好地覆盖缺陷，如图 10.23 所示。A、B 表示单次涂覆后，直角边和突出角上涂层的针孔被拉伸；C 表示二次涂覆后，针孔数目显著减少；D 表示三次涂覆后，所有针孔均被阻断。每种涂覆方法都有它的优点和缺点，而浸渍和喷淋相结合优于单独使用任何一种方法的效果。

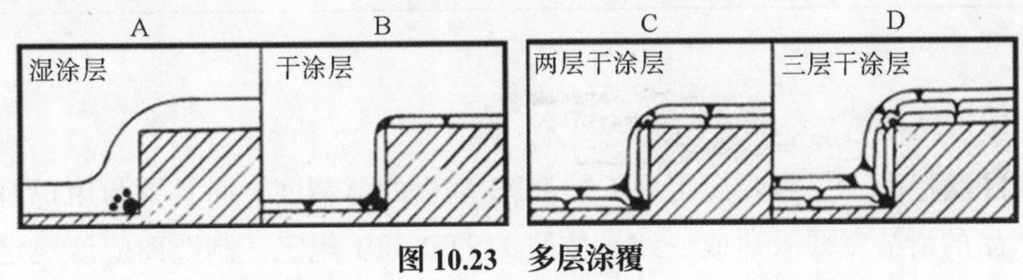

图 10.23　多层涂覆

10.3.8　涂层质量要求

敷形涂层质量要求：无附着力损失，无空洞或起泡，无半润湿、粉点、剥落、皱纹（不黏结区）、破裂、波纹、鱼眼或桔皮现象，无埋入 / 卷入的外来物，不变色或降低透明度，完全固化、分布均匀。

检查组装件涂层可用肉眼目视，含有荧光物质的涂覆层覆盖率可在黑光灯下进行。白光可作为检查一般覆盖率的辅助手段。

10.3.9 PCBA 清洁度标准

1. 清洁度标准

目前电子制造业界中，对残留物类型、适用范围和清洁度标准的要求如表 10.7 所示。

表 10.7 残留物的清洁度要求及相关标准

标 准	残留物类型	适用范围	清洁度标准
IPC–6012	离 子	所有类别电子的阻焊涂层前的光板	< $1.56\mu g/cm^2$NaCl 当量
IPC–6012	有机物	所有类别电子的阻焊涂层前的光板	无污染物析出
J–STD–001	所有类型	所有类别电子的阻焊涂层前的光板	足够保证可焊性
J–STD–001	颗 粒	所有类别电子的焊后组配	不松脱、不挥发、最小电气间隔
J–STD–001	松 香	1 类电子的焊后组装	< $200\mu g/cm^2$
		2 类电子的焊后组装	< $100\mu g/cm^2$
		3 类电子的焊后组装	< $40\mu g/cm^2$
IPC–A–160	可见残留物	所有类别电子的焊后组配	视觉可接受性
J–STD–001	离 子	所有类别电子的焊后组配	< 1.56μg/cm2NaCl 当量

2. 清洁度测试

装配制造商不仅需要规定进厂的 PCB 基板的清洁度，而且要与用户对装配好的产品的清洁度要求达成一致。按照 J–STD–001 规定，制造商应该规定清洁度要求和测试清洁度的项目（表面绝缘电阻、离子污染浓度、松香或其他表面有机污染物）。清洁度测试将取决于使用的助焊剂和清洁化学品。如果使用松香助焊剂，J–STD–001 提供了 1、2、3 类产品的分类要求。

下面列出的数据是氯化物含量的合理判断点。当氯化物含量超过下列水平时，会增加电解失效的危险性。

- 对低固体助焊剂：氯化物含量应小于 $0.39\mu g/cm^2$。
- 对高固体松香助焊剂：氯化物含量应小于 $0.70\mu g/cm^2$。
- 对水溶性助焊剂：氯化物含量应小于 0.75 ~ $0.78\mu g/cm^2$。
- 对 Sn/Pb 金属化的光板：氯化物含量应小于 $0.31\mu g/cm^2$。

第11章

微波 SMT/MPT 工艺要素、焊点质量评价及理想焊点质量模型

本章要点

- □ 掌握微波微组装技术的工艺性要求。
- □ 掌握微波组件能量传输链路的构成及其对电性能的影响。
- □ 掌握微波连接线段的选择及其对传输能量的影响。
- □ 掌握软钎焊点对微波能量传输链路电性能的影响。
- □ 掌握微波焊点的结构特征。
- □ 熟悉微波元器件最常见的封装类型。
- □ 熟悉 MW-MPT 用焊料和助焊剂。
- □ 掌握 MW-MPT 软钎接过程中所发生的物理现象。
- □ 掌握 MW-MPT 软钎接焊点的常见缺陷现象。
- □ 掌握对 MW-MPT 软钎接焊点的质量评价。
- □ 掌握对焊料体组织的质量要求。
- □ 掌握微波 SMT/MPT 理想焊点的结构物理模型。
- □ 掌握微波 SMT/MPT 理想焊点的质量模型及解析。
- □ 掌握微焊点接合部可靠性的热点问题。
- □ 熟悉初期质量及其影响因素。
- □ 熟悉长期品质（寿命）及其影响因素。
- □ 熟悉微焊点的损伤机制及失效。
- □ 掌握验证和质量鉴定测试及筛选方法。

11.1 微波微组装技术的工艺性要求

微波微组装技术（microwave microelectronic packaging technology，MW-MPT）的工艺性要求，是基于对微波软钎接焊点的物理、化学特征，组件缺陷现象的分析，并综合考虑其电性能对寄生参数、焊点内部的金相组织、外部尺寸、敷形轮廓和结构、偏差及不一致性均很敏感，由此必须严格控制焊点的外部形态、尺寸偏差，以及焊点内部晶粒结构和形态等要求而综合提出来的。

11.2 微波组件能量传输链路的构成及其对电性能的影响

11.2.1 微波连接线段的选择及其对传输能量的影响

在电子产品和装备中，各元器件之间信号的传输链路均是由多个连接线段通过软钎接焊点来实现点到点、片到片、板到板之间电信号的连接。连接线一般分电长线和电短线两类。

1. 模拟电路中的电长线和电短线

（1）电长线。

微波波段连接线长度 $L \geqslant \lambda_0$ 时称为电长线（λ_0 为微波工作波长），如图 11.1 所示。

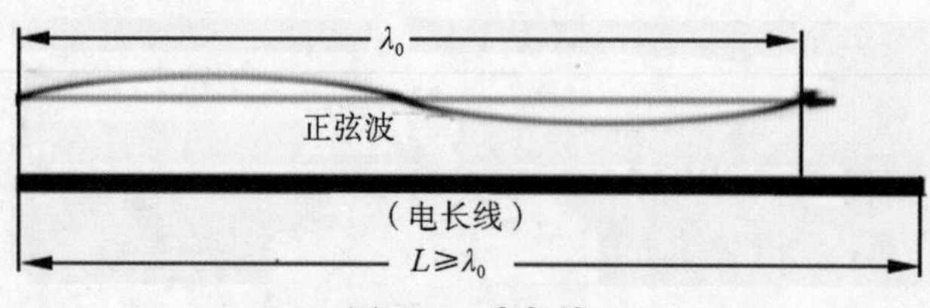

图 11.1 电长线

对于微波连接线的电长线，低频时可忽略的各种现象与效应，此时都通过沿连接线的损耗电阻、电感、电容和漏电导表现出来，并且其上的电压、电流随时间和空间位置的变化而变化。特别是连接各线段的软钎接焊点将成为破坏传输链路不均匀性的元凶。假定此时连接线的特性阻抗为 Z_0，焊点的阻抗为 Z_H，由于

$Z_0 \neq Z_H$，所以在焊点处将产生反射而形成驻波，如图 11.2 所示。

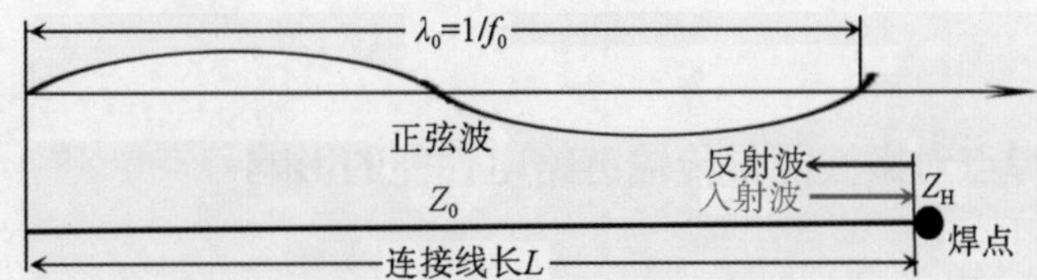

图 11.2　微波信号传输时连接线与焊点的阻抗不匹配时的有害影响

（2）电短线。

微波波段连接线长度 $L<\lambda_0$ 时称为电短线，如图 11.3 所示。此时构成连接线的各线段和各焊点，均可认为是零损耗的理想短线。例如，使用集总参数元器件，如理想的电阻、电容、电感、晶体管等时，通过零损耗线段将各个元器件连接的导线都是理想的短线，如图 11.4 所示。其对电性能的影响都为零。微波设备中的连接线都是电长线。

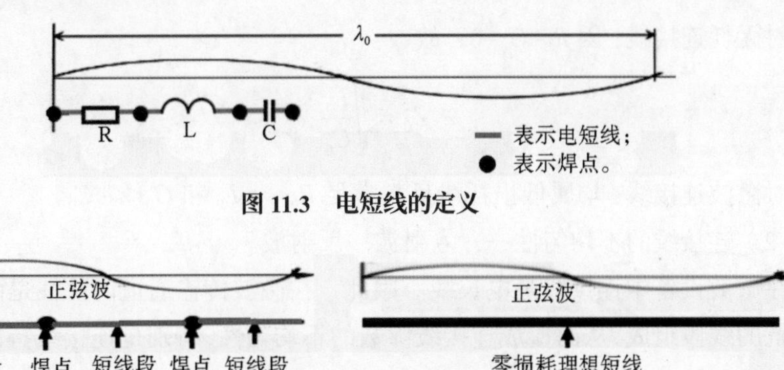

图 11.3　电短线的定义

图 11.4　由短线段和焊点构成的链路

2. 数字电路中的电长线及电短线

假如在信号传播时间为 t_H 的连接线上传播有前沿时间为 τ_Z 的脉冲信号，如图 11.5 所示。

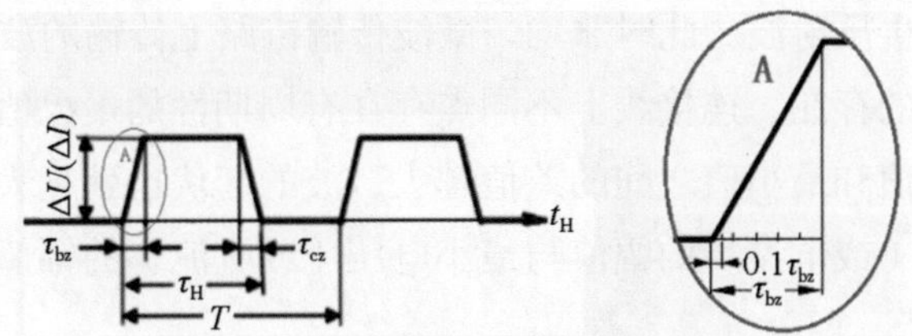

图 11.5　在连接线上传播的脉冲信号

当 $t_H \geqslant 0.1\tau_{bz}$ 时，常将连接线看成是电长线；当 $t_H < 0.1\tau_{bz}$ 时，则将连接线看成是电短线。

在电短线上，信号的失真可以忽略不计。

不论是模拟电路中的电长线还是数字电路中的电短线，在连接线段选定和加工好的前提下，链路的信号传输质量就完全取决于软焊点的质量。

11.2.2 软钎焊点对微波能量传输链路电性能的影响

1. 描述微波能量传输线的电气特性参数

（1）特性阻抗 Z_0。

特性阻抗是分布参数电路用来描述传输线的固有特性的物理量，频率很低时显示不出来，随着频率的升高才凸显出来。其定义是：传输线上入射波电压 $U_0(z)$ 与入射波电流 $I_0(z)$ 的比值称为传输线的特性阻抗，用 Z_0 表示，即

$$Z_0 = \frac{U_0(z)}{I_0(z)} = \sqrt{\frac{R_0 + jwL_0}{G_0 + jwL_0}} \tag{11.1}$$

对无耗连接线：因 $R_0=G_0=0$，故

$$Z_0 = \sqrt{\frac{L_0}{C_0}} \tag{11.2}$$

对微波连接线：均属低损耗线且都满足 $R_0<<\omega L_0$ 和 $G_0<<\omega C_0$。

（2）连接线的不均匀性——入射波、反射波。

在微波设备中连接线是电长线。因此，在微波传输通道内往往是由具有不同波阻抗的线段组成，从而形成连接线参数的不均匀性，特别是连接线特性阻抗（波阻抗）的不均匀性而导致传输的电磁能量的反射。此时，加到连接线起始端的信号电压（或电流）称为电压（或电流）的入射波（$U_{入}$或$I_{入}$）。如果连接线是均匀的且没有损耗，则波形沿连接线移动时便不会发生变化，沿线只有入射波移动，而当存在不均匀性时，则入射波从不均匀处被反射而形成反射波（$U_{反}$或$I_{反}$）。

（3）驻波和驻波系数。

如果在连接线上传输微波能量时的特性阻抗 $Z_0 \neq Z_H$（负载阻抗），即电路不匹配时，就会产生反射波。此时非均匀微波传输链路上传输的波形称为驻波。

由于反射波的存在，连接线上不同点存在有周期性的最大值与最小值，反射系数越大，最大值和最小值之间的差值越大，波的起伏也就越大。因此，便将连接线上最大电压（或电流）的幅值与最小电压（或电流）的幅值之比定义为驻波系数。用 $K_{驻}$表示，即

$$K_{驻} = \frac{|U_{max}|}{|U_{min}|} = \frac{|I_{max}|}{|I_{min}|} \tag{11.3}$$

2. 由于链路的不均匀性对电路工作带来的影响

当 $Z_0 \neq Z_H$ 时，反射波经过从传输线起始点传播到不均匀处的两倍时间之后

与入射波叠加，从而导致入射波信号波形失真。信号在电长线上的失真可能对设备的正常工作带来严重影响。

1）若瞬变过程是非周期性过程，则数字设备的作用速度会降低，因为信号幅度增大到额定值的时间延长，从而减小了脉冲重复频率。

2）若瞬变过程是振荡的，则在振荡的大部分幅度接近门限值时，可能引起逻辑电路出现虚假动作。此外，电压尖峰可能导致半导体器件 p–n 结的击穿或发射极耦合逻辑电路晶体管饱和。

微波传输链路的质量一般用驻波系数 $K_{驻}$来评定。

- 当 $K_{驻}$在 1.05 ~ 1.2 范围时，则匹配良好。
- 当 $K_{驻}$在 1.2 ~ 2.0 范围时，则匹配满意。
- 当 $K_{驻}$在 5 ~ 10 范围时，则匹配不良。
- 当 $K_{驻}$小于 2.0 时，则不到入射功率的 11%被负载反射。
- 当 $K_{驻}$等于 1.5 时，则总共只有 4%的入射功率被反射。

因此，在进行 MW–MPT 时，信号在连接线上的失真是必须要慎重考虑的。

11.3 微波焊点的结构特征及对焊材的选用

11.3.1 微波焊点的结构特征

微波波段的工作频率 f>300MHz，微电子元器件、模块、组件甚至整机的体积和结构尺寸均随着工作频率的提高而不断缩小。因此，不论是微波模块、微波组件的微组装，还是微波系统的集成均已跨入了 MPT 时代。

由于微波元器件的电性能对寄生参数、尺寸、偏差、结构形状以及不一致性很敏感，故必须严格控制焊点的形态、尺寸及偏差。

11.3.2 微波元器件最常见的封装类型

1. 微波元器件

由于微波元器件工作频率高，尺寸微小，而且受安装引线的寄生参数影响极大，所以微波元器件几乎都采用无引线的电极制成。普遍采用小型的表面封装电极或者在微波印制板上直接印制电阻、电感和电容等，如图 11.6 所示。

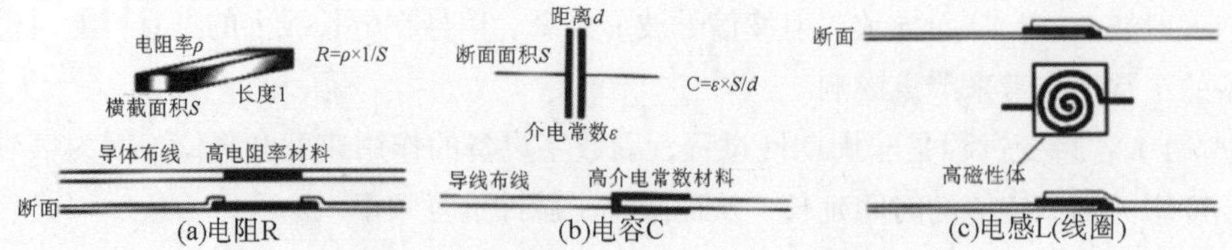

图 11.6　用印刷制成的 *R*、*C*、*L* 元器件

2. 微波芯片——底部端子器件

底部端子器件（BTC）也称无引线芯片尺寸封装、无引线封装或无引线塑封芯片等，如图 11.7 所示。

图 11.7　BTC 类封装芯片

由于 BTC 的低薄外型有利于移动产品的轻、薄化；封装结构小耐潮湿和抗翘曲性能强；组装的高度低，储运和安装过程中不易碰撞、变形；重量轻、价格低廉是智能手机和数字通信设备的理想选择；寄生参数（分布电感、分布电容）小，可适用更高频率和更快的速度，这些正是射频和微波产品的首选对象；通过将热沉焊盘直接焊接到PCB上相对应的热沉焊盘上，以提高散热性和电气接地效果，如图 11.8 所示。

图 11.8　BTC 类芯片安装离板高度及其通过芯片热沉焊盘焊接时增加热量，工作时改善芯片散热

BTC 类芯片封装结构导致其安装焊接后的离板高度很小（<250μm），其导致的后果如下。

（1）再流焊接中芯片不易焊透。

由于离板高度 *h* 小，再流焊接热量不易透入焊缝内，所以焊缝不易焊透，用红墨水对缺陷焊点染色并剥离芯片后，明显可见焊缝中焊膏内焊料粉末完全熔聚，如图 11.9 所示。

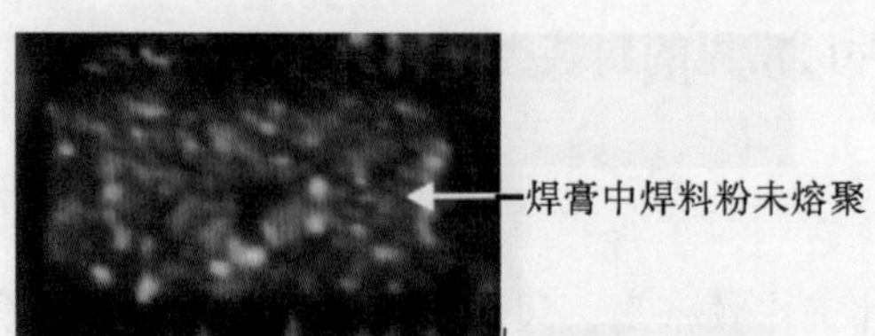

图 11.9　再流焊接后掰开芯片后缺陷焊点的表面形貌

（2）空洞多而大。

BTC 封装类芯片在再流焊接中无论是电气连接焊盘还是热沉焊盘，都将出现较为严重的空洞现象，如图 11.10 和图 11.11 所示。

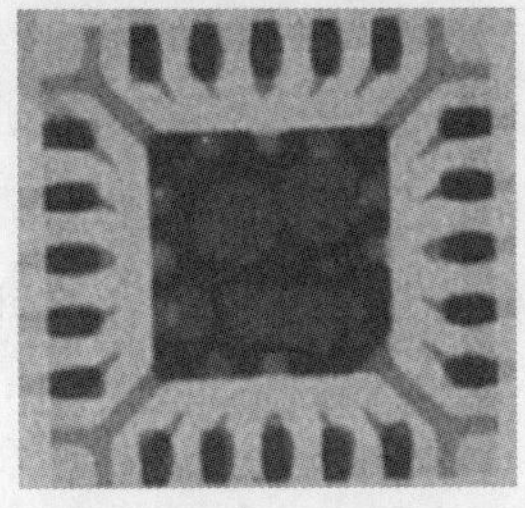

图 11.10　热沉焊盘上的空洞（X-Ray）

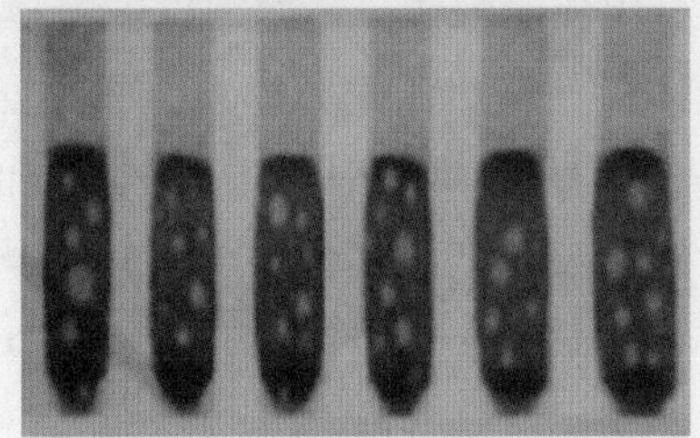

图 11.11　电气连接焊盘上的空洞（X-Ray）

（3）微裂纹和断裂。

在经过温度循环试验（如 –44 ～ +125℃、300 周期）后，对焊点进行金相片切片分析，微裂纹甚至断裂的焊点比率也是很高的，如图 11.12 所示。

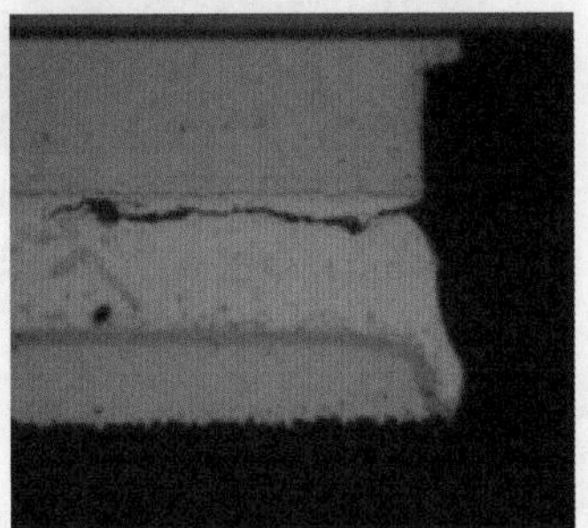

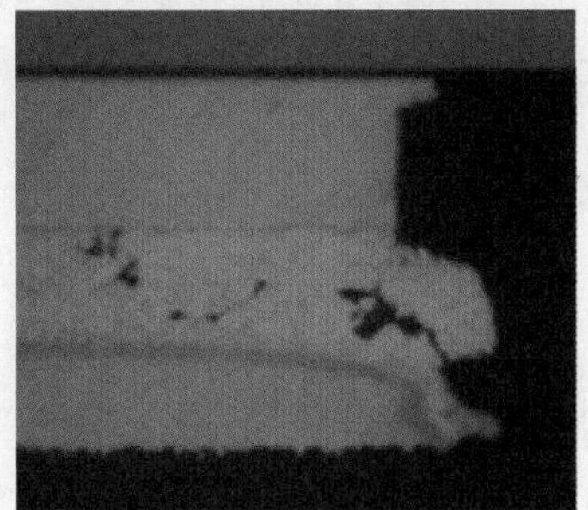

图 11.12　温度循环试验后缺陷焊点形貌

11.3.3　MW-MPT 用焊料和助焊剂

1. 焊料

由于微波装备的特殊性，在 MW–MPT 的软钎接工艺中，目前普遍采用的焊料类型如表 11.1 所示。

表 11.1　MW-MPT 软钎用焊料

合金组成 / wt%	熔点 /℃	密度 /（g/cm²）	电阻率 /(μΩ · cm)	热导率 / [W/（m·K）]	CTE/ (10^{-6}/K)	杨氏模量 / GPa	延伸率 /%	剪切强度 /MPa	拉伸强度 /MPa
Sn37Pb	183	8.36	14	33	25	39	50	35	50
Sn36Pb2Ag	179 ～ 190	—	—	—	—	—	—	—	—
Sn3.5Ag	221	7.36	11	50	30	50	70	30	60

（1）SnPb 系焊料。

典型的 SnPb 系焊料是 Sn37Pb 共晶焊料。从 SnPb 的状态图（图 11.13）可知，随着焊料从液态徐徐冷却到共晶温度（183℃）的瞬间，同时凝固生成由 B、D 两点成分组成的固体。其微细粒子为 α–Pb（Pb 中固溶了 19.2% 的 Sn）和 β–Sn（Sn 中固溶了 2.5%的 Pb）。其金相组织如图 11.14 所示，黑色（深灰色）是 α–Pb，而白色是 β–Sn。这些微细的片状 α–Pb 和片状 β–Sn 相互交叠积层而形成的层状组织，一般就称为片晶状组织，它是 SnPb 共晶焊料的金相特征。在冷却速度变慢的场合中，金相组织就会粗大化，组织的粗大化会影响机械性的劣化，这是必须关注的。

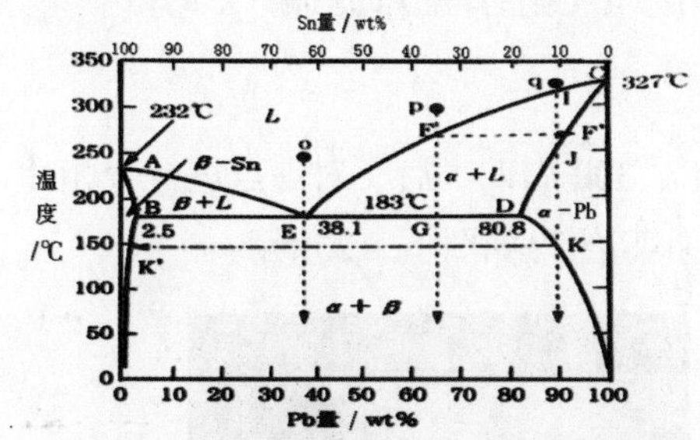

图 11.13　SnPb 二元合金平衡状态图

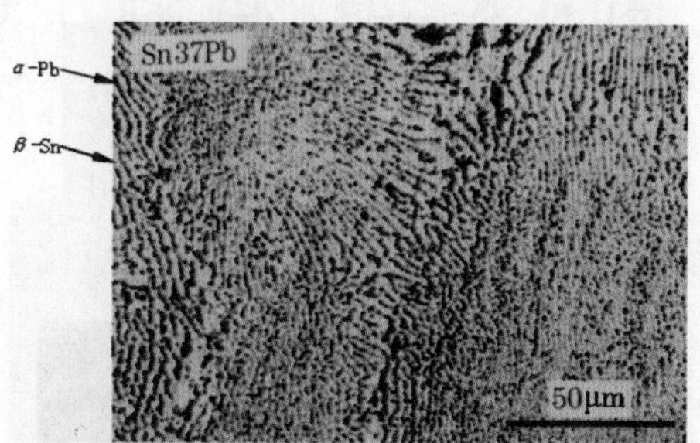

图 11.14　Sn37Pb 金相组织：由暗色富 Pb 粒子和亮白色富 Sn 粒子组成的细晶粒混合结构

（2）SnPbAg 系焊料。

SnPbAg 系焊料常用的是 Sn36Pb2Ag，为了改善 SnPb 焊料的机电性能，在其中添加 1.5% ~ 2.0% 的 Ag，是在为满足可靠性要求的安装中常常采用的焊料。添加 Ag 的效果，就像后面介绍的把 Sn 的金属间化合物 Ag_3Sn 微细粒子分散在组织中，就像将 Sb 熔入 SnPb 的组织中达到强化（固熔体强化）的效果是一样的。

（3）SnAg 系焊料。

Sn3.5（wt%）Ag 是 SnAg 系焊料的共晶组分，其状态图如图 11.15 所示，共晶温度为 221℃。Ag 在 Sn 中几乎是不固熔的，即形成的合金组织几乎是不含 Ag 的纯 β–Sn 和细晶出的微细 Ag_3Sn 的二元共晶合金。Sn3.5Ag 共晶组成和 Sn37Pb 一样均是微细的薄片状组织，如图 11.16 所示。该 SEM 照片是采用通常的回流条件相同的冷却速度下获得的。虽然是共晶合金，但形成的 β–Sn 的初晶粒约有10μm 的大小。在其周围分散着微细的白色粒子构成的 β–Sn 带。这些微细的白色粒子是 Ag_3Sn，而片状的带部分为共晶凝固的领域。这样的合金即使是共晶组成，凝固时也不能在同一时刻固化，开始形成的是 β–Sn 初晶，最后在其间隙中由共晶反应而凝固。在这里“β–Sn 粒子形成的初晶”不是形成正确的树状组织的粒子。同样，Ag_3Sn 也不是正确的“微细粒子”，而是纤维状。在这里由于添加 Ag 而生成了 Ag_3Sn 的微细结晶，可望使机械性能获得较大的提高。

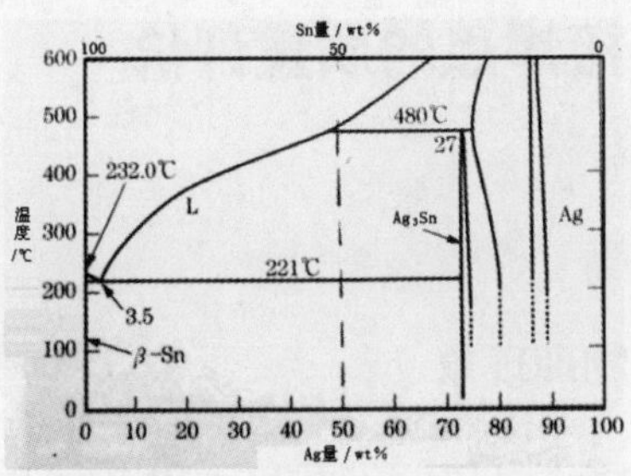

图 11.15　SnAg 系合金状态图

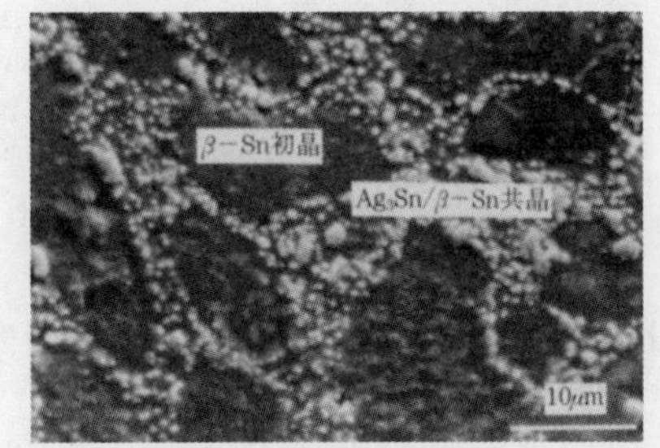

图 11.16　Sn3.5Ag 共晶合金组织（SEM 照片）

2. MW-MPT 用助焊剂

在微波产品装联工序的全过程中，均必须保证洁净的生产状态，任何残留的金属和非金属多余物（如各种粉尘和助焊剂残留物等），通过其自身的介电特性（ε、tgδ）影响微波电路工作的稳定性和传输信号的延迟性，结果表明助焊剂残留物是决定射频（RF）损耗量的重要因素。图 11.17 为有/无助焊剂残留物的 T 型谐振器的安装剖面图。图 11.18 为有/无焊膏残留的情况下介入损耗的差异。因此，MW–MPT 用焊膏必须是焊后残留物极少，并且易于清洗的清洁型焊膏。

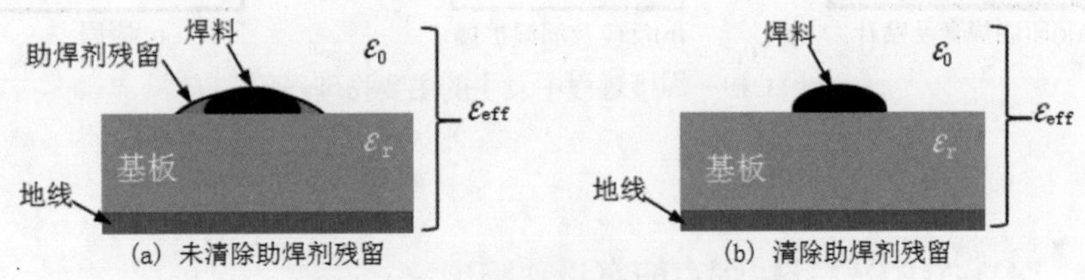

图 11.17　T 型谐振器的安装剖面图

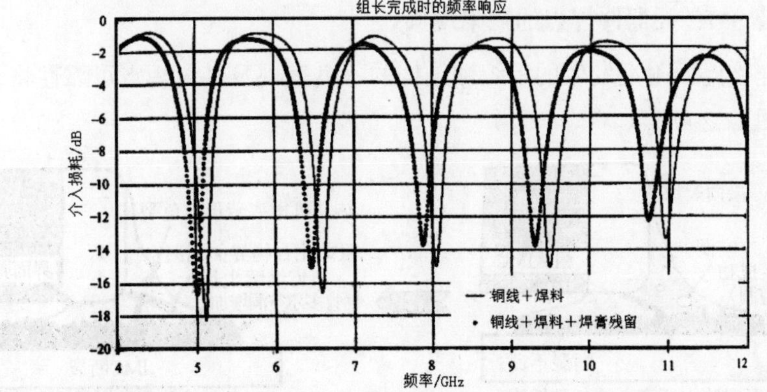

图 11.18　清除焊残留（黑粗线）及未清除焊残留（黑细线）的情况下介入损耗的差异

11.4 对 MW-MPT 软钎接焊点的质量评价

11.4.1 MW-MPT 软钎接过程中所发生的物理现象

现代电子装联焊接工艺方法的主流是波峰焊接、再流焊接以及气相焊接（VPS）等工艺，而手工烙铁焊接仅作为一种补充和个别缺陷焊点返修用。

下面以 SMC 元器件的再流焊接工艺为例，简要介绍一下焊接过程中发生的主要物理现象，如图 11.19 所示。在焊盘上印刷焊膏并贴装好元器件后，在再流炉中的温度作用下，焊膏中助焊剂活性物质被激活并发生化学反应，除去基体金属表面的氧化物，熔融焊料润湿基体金属表面并在界面上发生冶金反应，形成所需要的 IMC 层，达到电气连接的目的。

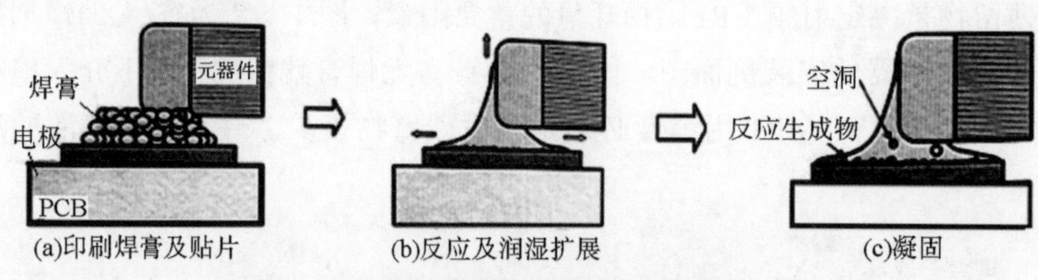

图 11.19 焊接过程中发生的主要物理现象

11.4.2 MW-MPT 软钎接焊点的常见缺陷现象

1. 微波 SMC 元器件焊点的缺陷现象

在被连接界面附近发生的组织和结构的不良表现及其对焊点可靠性将会造成的影响如图 11.20 所示。

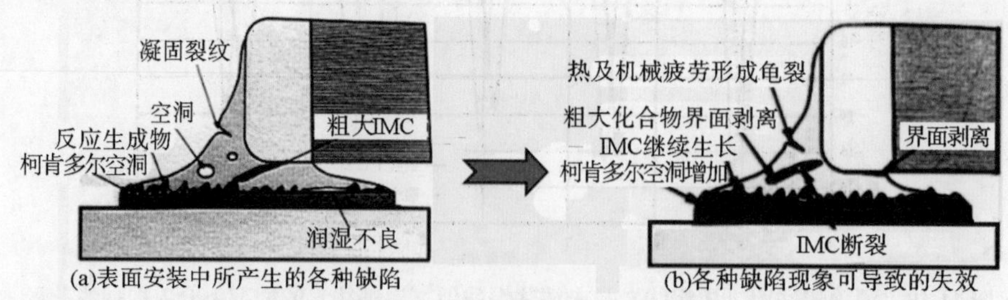

图 11.20 在被连接界面附近发生的组织和结构的不良表现及其对焊点可靠性的影响

因电子装备在应用中产生的缺陷而可能导致装备失效问题的描述，如图 11.20（b）所示。在市场服役中发生的故障，大多数都具有复合因素综合作用的结果。据统计，凡涉及芯片的故障，几乎 90% 都发生在焊接部位。

2. 微波芯片 BTC 封装焊点的缺陷模式

由于微波频率极高，元器件及焊点的尺寸均微细了不少。BTC 封装安装时的离板高度（h）即使与细间距（0.35mm）的 csp 相比也还不及其 50%，大多情况下 $h \leqslant 250\mu m$，如图 11.8 所示。正是由于 BTC 这样特殊的封装形式，带来了不少影响焊点可靠性问题，如图 11.21 所示。

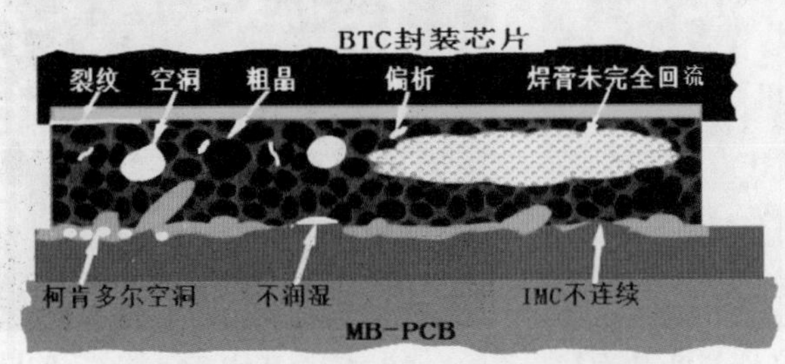

图 11.21　影响 BTC 焊点可靠性的因素

BTC 封装芯片在微组装现场发现的有代表性的缺陷（如 IMC 不均匀、不连续，焊膏焊粉末充分熔混，Pb 和 P 偏析，晶粒粗化等）实例如图 11.22 所示。

图 11.22　BCT 封装芯片在微组装现场发现的有代表性的缺陷实例

11.4.3　对 MW-MPT 软钎接焊点的质量评价

1. 对界面 IMC 层的质量要求

（1）连续而平直致密的 IMC 层。

1）IMC 层的形成和生长：IMC 层的生成是基于金属原子的相互扩散的机理。焊接是熔融的焊料和母材金属间直接接触，二者之间伴随着金属原子的相互扩散引发合金化反应而导致了合金层（IMC）的形成。

2）Cu-Sn 界面 IMC 的形成和生长：以 SnPb、SnAg 等焊料焊接 Cu 电极为例，在焊接过程中 Pb、Ag 不会参与 IMC 的冶金反应。因此，熔融的焊料和固相的 Cu 一接触就立即形成 η-Cu_6Sn_5 相。一旦 η-Cu_6Sn_5 相在 Cu 母材表面形成连续层，IMC 后续生长所需的反应组元（Sn、Cu）通过 IMC 层扩散来进行。最初母材 Cu 未在液态焊料合金中达到饱和状态，液态焊料中的 Sn 原子通过界面 IMC 扩散进入母材，并在 IMC/Cu 界面处与 Cu 母材反应形成新的 IMC 层，而 Cu 原子也通过界面 IMC 扩散出去，在液态焊料和 IMC 界面与液态焊料中的 Sn 原子反应，使 IMC 增厚，如图 11.23 所示。在 Sn 基焊料 /Cu 界面形成的是 Cu 侧→ Cu_3Sn → Cu_6Sn_5 →焊料的层状构造。而 SnAg 焊料 /Cu 的界面也不例外，也是与其相同的反应层构造，如图 11.24 所示。

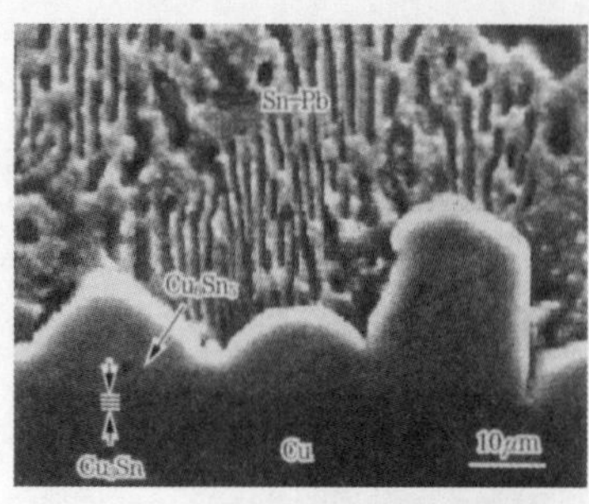

图 11.23 典型的 Sn37Pb 焊料和 Cu 的界面组织

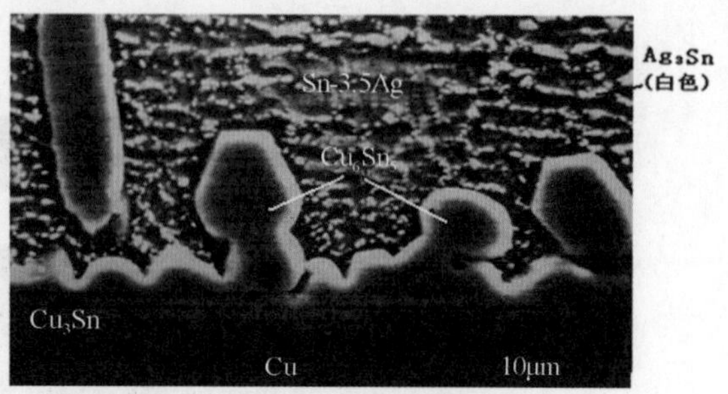

图 11.24 Sn3.5Ag 和 Cu 的界面组织

3）Ni–Sn 界面 IMC 的形成和生长：Ni 与纯 Sn、Sn37Pb 及 Sn3.5Ag 等焊料的反应产物，在 250℃再流 1min，Ni/ 焊料界面处的初始 IMC 为扇贝状的 Ni_3Sn_4，其厚度约为 0.5μm。比 Cu/Sn 界面的 Cu_6Sn_5 要薄得多（Cu_6Sn_5 的厚度为 1 ~ 2μm），偶尔会在 Ni 和 Ni_3Sn_4 之间生成 Ni_3Sn_2 或 Ni_3Sn 的薄层，如图 11.25 所示。

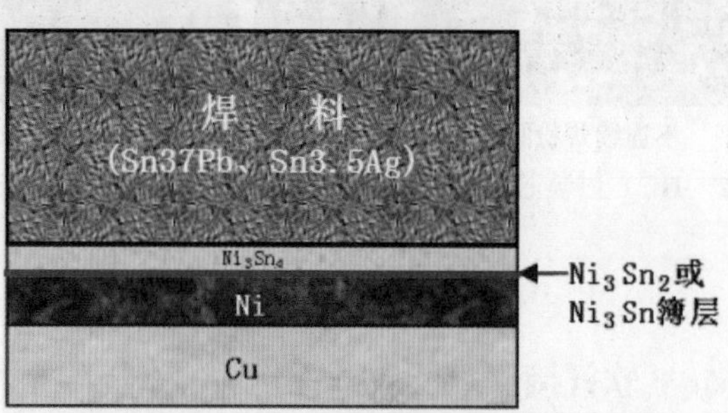

图 11.25 Ni-Sn 界面 IMC 的形成和生长

（2）界面 IMC 的显微组织。

1）IMC 层形貌：以界面 η–Cu_6Sn_5 层为例，可观察到下述三种形貌。

①界面粗糙的胞状层：俯视可看到其形状与圆柱状晶粒相似，其横截面为树枝晶，树枝间有大量空隙。这种 IMC 不致密，且与焊料接触界面粗糙，如图 11.26 所示。

②扇贝状界面的致密层：俯视可看到其形状类似于胞状晶粒，而 IMC 层是致密的，与焊料接触的界面类似于扇贝状，如图 11.27 所示。

③平直界面的致密层：以 SnPb 焊料为例，当 Pb 含量、温度和反应时间增加时，η 层的形貌逐渐从粗糙的胞状层向扇贝状的致密层转变，ε –Cu_3Sn 层总是致密且界面接近平直，如图 11.28 所示。

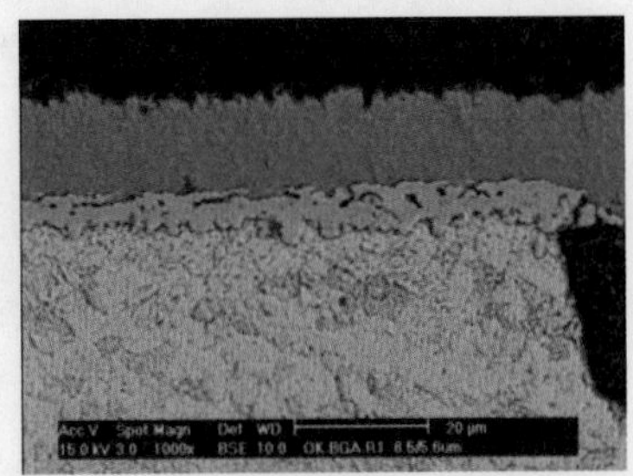

图 11.26　界面粗糙的胞状层

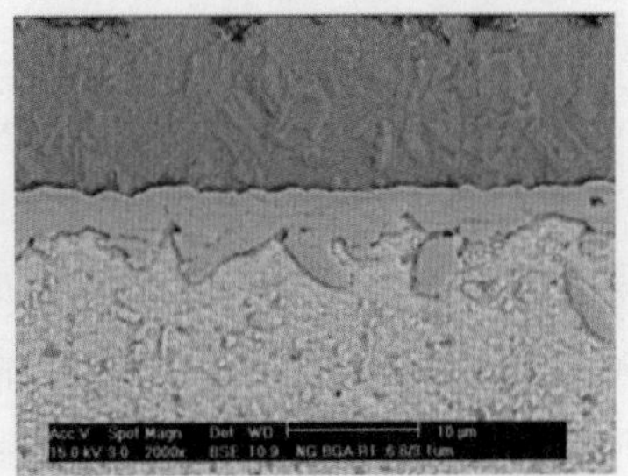

图 11.27　扇贝状界面的致密层

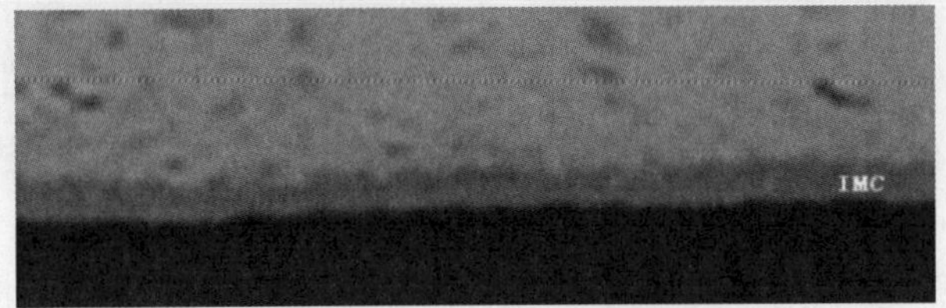

图 11.28　平直界面的致密层

2）影响 IMC 层形貌的因素：快的冷却速度产生平直的 Cu_6Sn_5 层，慢的冷却速度出现小瘤状的 Cu_6Sn_5 形貌。再流时间对 IMC 形貌也有影响，时间短产生平直的 η 相形貌，时间长则更多产生小瘤状或扇贝状的 η 相（图 11.27）。

3）IMC 形貌对焊点可靠性的影响：IMC 的形貌对焊接接头的机械性质及化学性质有很大的影响，由于 Cu_6Sn_5 比较厚，在界面上形成许多像半岛状的凸起。当连接部受到外力作用时，界面的应力集中且最易发生在凸起的界面处，如图 11.29 所示。在主要断裂处的后面，还有许多微细的断裂发生在呈半岛状突出的 Cu_6Sn_5 的根部，这是由于在界面形成了不良的合金层（如 ε-Cu_3Sn）所致。特别是在微波的工况下，对接头的波阻抗以及对传输线的传输信号和功率均有明显的影响。

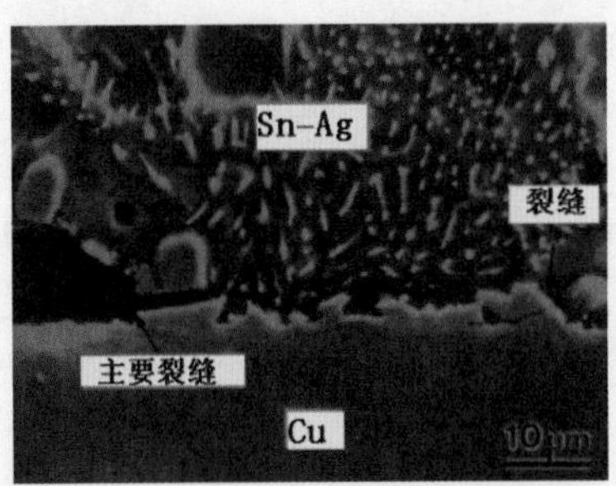

图 11.29　龟裂的传递状态（SEM）

（3）IMC 层厚度。

1）IMC 层的临界厚度：IMC 层存在一个临界厚度，Sn/Cu 界面的 IMC 层的临界厚度约为 0.2μm，此时的剪切强度最大。当 IMC 厚度薄于临界厚度时，剪切疲劳发生在焊料内部，随着回流时间的增加，剪切强度随焊料基体中 Cu_6Sn_5 的增多而增大。随着回流时间的进一步增加，界面 IMC 的厚度超过了临界厚度，剪切试验中观察到在IMC层中发生脆断，因此剪切强度随回流时间的增加反而降低。

2）在批产工艺中，IMC层的控制厚度随母材镀层不同有不同的要求，根据工业实践数据统计，较为适宜的厚度如下：

- Cu–Sn合金层的厚度通常应控制在0.2 ~ 4μm之间为宜。
- Ni–Sn合金层的厚度通常应控制在0.2 ~ 2μm之间为好。

3）IMC层厚度对焊点可靠性的影响：IMC层既硬且脆，过厚是导致焊接接头部疲劳强度、弯曲强度等机械性能以及导电性和耐腐蚀性下降的原因。对高可靠性安装来说实际上是一种危害。因为IMC与构成的材料有不同的CTE和杨氏模量，如表11.2所示。只要从焊接温度下一冷却，就会因CTE失配而产生变形，甚至发生龟裂。然而，同样从焊点可靠性出发，该层又不能没有，否则该焊点不是虚焊就是冷焊。问题是在工艺中如何控制其厚度在所要求的范围内。

表11.2　有代表性的结晶的CTE和杨氏模量

结　晶	热膨胀系数CTE/（$\times 10^{-6}$ ℃）	杨氏模量/GPa
Cu	16	130
Ni	14	200
Sn	22	50
Sn37Pb	2427	—
SAC305	22	42
Cu_6Sn_5	16	86 ~ 125
Cu_3Sn	19	108 ~ 136
Ni_5Sn_4	14	133 ~ 143

德国ERSA研究所的研究表明，生成的IMC的厚度在4μm以下时，对焊点机械强度的影响不是很大，如表11.3所示。

表11.3　IMC的厚度对焊点机械强度的影响

焊盘涂敷层	钎料成分	250℃的时间/min	合金层厚度/μm	机械强度/N
HASL	Sn32Pb2Ag	1	2.2	54
		10	4.0	56
		60	4.2	12
Ni/Au	Sn3.5Ag	1	5.4	41
		10	7.2	38
		60	9.9	12

4）抑制 IMC 过度生长的措施如下。

- 控制好焊接温度，不能过高。
- 控制加热的时间，不能过长。
- 增大峰值温度→ 150℃区间的冷却速度（如 5 ～ 6℃ /s）。

2. IMC 中的柯肯多尔（Kirkendall）空洞

在无电解镀 Ni–P 合金的情况下，从镀层 Ni 向焊料侧由扩散过程形成了薄的 Ni_3SnP 和 Ni_3Sn_4 构成的 IMC。由于在 Ni-P 合金中与 Sn 的反应中消耗了 Ni，剩余的 P 就积累在 Ni 和 Ni_3SnP 的界面中，从而导致了富 P 层（Ni_3P+Ni）的形成。在 Ni_3SnP/ 富 P 层（Ni_3P+Ni）的 Ni 层界面上，由于 Ni 扩散进入 IMC 层后，在富 P 层的 Ni 层界面留下空穴而形成柯肯多尔空洞，如图 11.30 和图 11.31 所示。

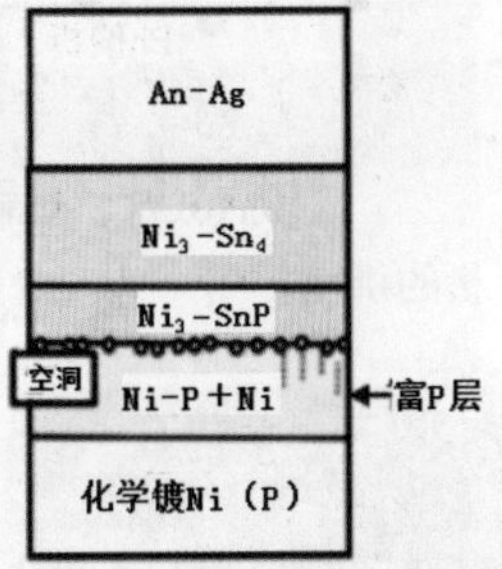

图 11.30　镀 Ni（P）和 Sn 合金界面的空洞　　**图 11.31　柯肯多尔空洞**

Sn3.5Ag 和 Sn36Pb2Ag 在 Cu 基板上长时间地固相老化后，发现靠近 η–Cu_6Sn_5 和接近基板的 ε–Cu_3Sn 相中有空洞形成。SnAg 和 SnPbAg 焊点的剪切强度都随老化时间的增加而降低，在其近弯由于接合强度降低就易产生接触不良和劣化。

Cu_3Sn 层中空洞的形成与 Cu 基板的制造工艺有关，如共晶 Sn3.5Ag 焊料在电镀 Cu 上于 190℃老化 3 天后观察到了空洞，而轧制的 Cu 板上老化 12 天后在 ε 相和 η 相中均未发现空洞。电镀过程中带入的氢会加速这种空位或空洞的形成。

焊接温度过高或者在峰值温度下滞留的时间过长，这在促进界面反应加速 IMC 层生成的同时，也是形成空洞的条件。

由于这些空洞将使界面的强度降低，为此，加强对焊接温度曲线的管理是非常重要的。焊料在电极上润湿时，界面上可能存在异物卷入或存在气泡的痕迹，这些气泡存在于焊料圆角内部或界面上，可能将导致焊接强度的弱化。因此，焊接场地空间尘埃要少，要避免异物的混入且防止 PCB 基板的污染和氧化，同时还要加强对焊料的管理。

11.4.4 对焊料体组织的质量要求

1. 焊料体组织内极少存在偏析金属相

（1）Pb 偏析。

用 SnPb 焊料焊接 Cu 母材时，焊料成分中只有 Sn 向母材中扩散，而 Pb 不扩散，这样随着冶金反应的进行，在紧邻界面侧的焊料中便会出现富 Pb 层而形成的 Pb 偏析，如图 11.32 所示。在微电子装备焊接中易诱发 Pb 偏析的操作如下。

1）焊接时间过长：在焊接过程中，当靠近 Cu 的熔融焊料中的 Sn 扩散到 Cu 内后，距 Cu 较远的 Sn 原子则因 Pb 原子的阻挡减慢了扩散速度。经过一定时间后，在靠近 Cu 的附近就会形成富 Pb 层而导致 Pb 偏析，如图 11.32 所示。焊接时在接合界面上形成的 Pb 偏析如图 11.33 所示。

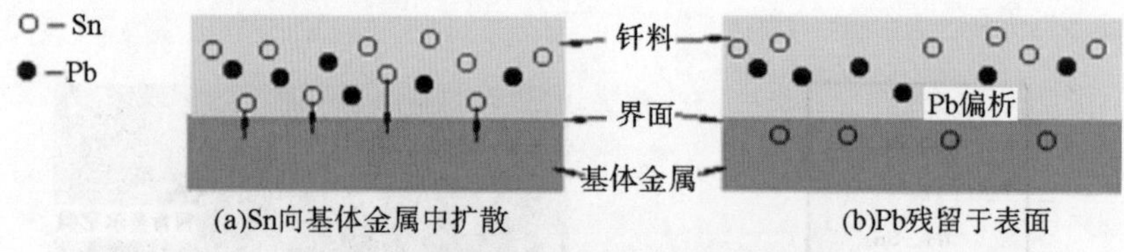

图 11.32 接合界面出现 Pb 偏析的机理

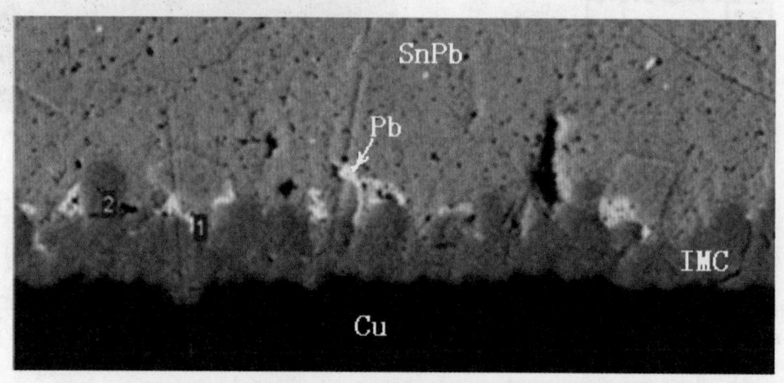

图 11.33 焊接时在接合界面上形成的 Pb 偏析

2）高温下长时间工作或老化：如生产时合格的 PCBA，若在高温（如 120 ~ 150℃）环境下长时间工作或老化，由于 Sn 在生成 IMC 的消耗中，便在紧挨着焊料界面 IMC 侧产生连续的富 Pb 相区域，如图 11.34 所示。连续的富 Pb 区域为焊点疲劳裂纹扩展提供了途径。

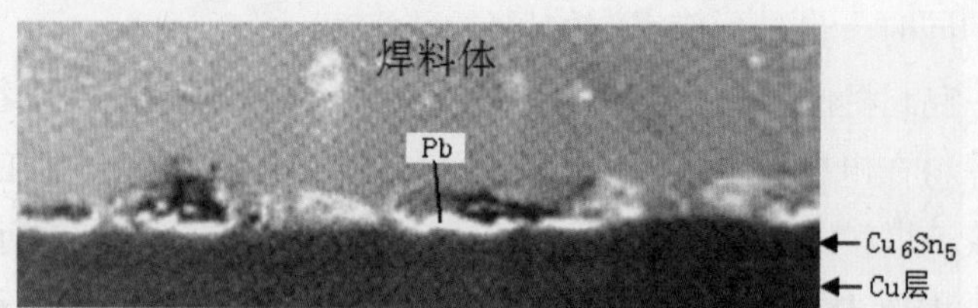

图 11.34 高温下长时间工作或老化在接合界面形成的连续的 Pb 偏析

3）Pb 污染形成的 Pb 偏析：用 SnPb 焊膏焊接无 Pb 焊球时，受 Pb 污染在 Sn

枝状晶界面发生的 Pb 偏析，这是由于金属原子在晶格点阵中呈热振动状态。当温度升高时，它会从一个晶格点阵自由地移动到其他晶格点阵，即扩散现象。扩散按路径可分为表面扩散、晶界扩散和晶内扩散，如图 11.35 所示。由于扩散过程所需的活化能不同（晶内扩散 > 晶界扩散），所以在再流焊接时，Pb 原子不断地从 PCB 焊盘界面沿着无铅焊球的 Sn 枝状晶界面向焊球内部扩散，在无铅焊球内形成 Pb 偏析，如图 11.36 所示。扩散速度和扩散量取决于温度和时间。

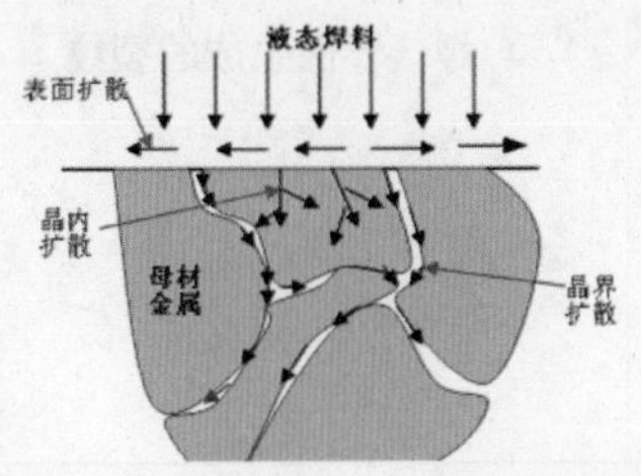

图 11.35　表面扩散、晶界扩散和晶内扩散的样式

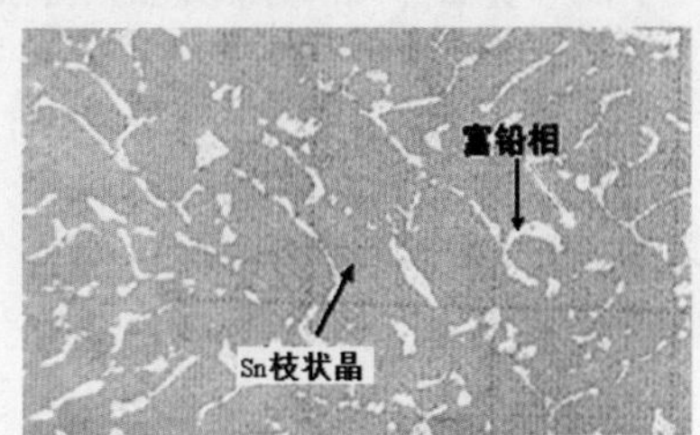

图 11.36　在 Sn 枝状晶界面处出现 Pb 偏析

（2）P 偏析。

P 偏析唯一发生在采用 ENIG　Ni（P）镀层时的再流焊接工况中。其发生机理可描述如下。

1）当采用 SnPb 焊料在 Ni（P）镀层上焊接时，由于熔融焊料和 Ni（P）层接触时 Ni（P）镀层的 Ni 和焊料中的 Sn 发生冶金反应生成 Ni_3Sn_4 IMC，消耗了靠近焊料层区域中的 Ni，使该区域出现了富 P 层，从而导致了 P 偏析，如图 11.37 所示。

2）当采用 SnAg 焊料在 Ni（P）镀层上焊接时，Ag 不参与 IMC 的形成，其情况与有铅焊料基本类似，如图 11.38 所示。

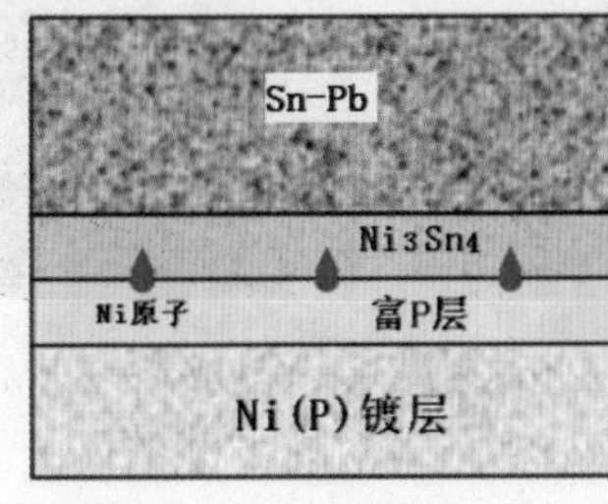

图 11.37　SnPb 焊料与 Ni（P）镀层焊接时发生的 P 偏析

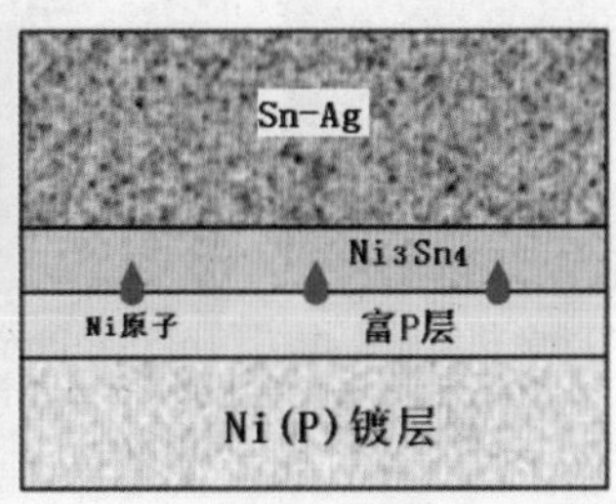

图 11.38　SnAg 焊料与 Ni（P）镀层焊接时发生的 P 偏析

（3）偏析对焊点可靠性的影响。

1）偏析形成的脆性相，即使在低应力下也会成为破坏的起点，如图 11.39 所示。

2）富 P 层是脆弱的，而且随着 Ni_3Sn_2（或 Ni_2SnP）层的生成，在其上要形成许多空隙，由于这些和界面并列的空隙或富 P 层内的纵向裂纹导致了焊点强度的劣化，如图 11.40 所示。

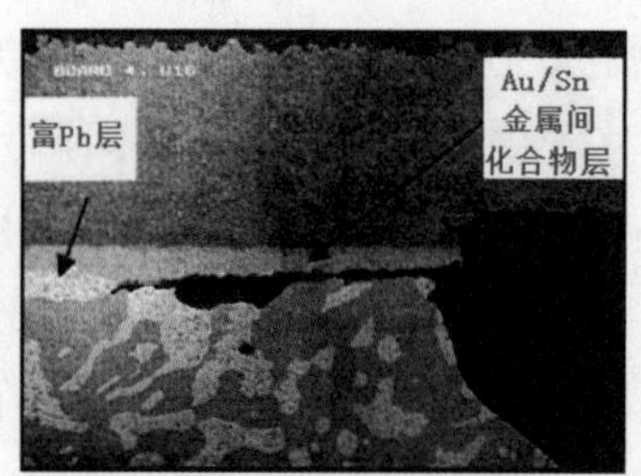

图 11.39　界面含 Au 量高形成的 $AuSn_4$ 层是相邻于富 Pb 区

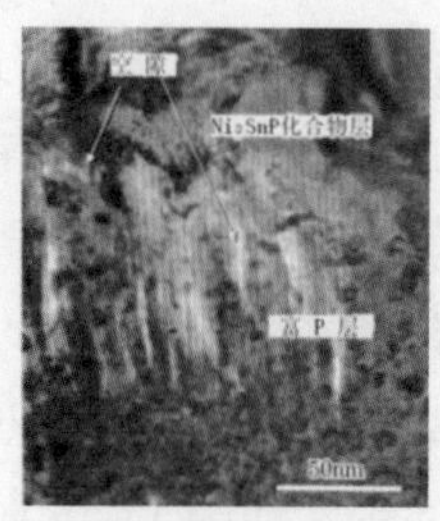

图 11.40　Ni（P）镀层和 Sn37Pb 焊接界面生成的裂纹

（4）抑制焊点出现偏析的措施。

抑制焊点出现偏析的主要措施如下。

- 无铅焊接时，一定要预防 Pb 污染。
- 控制好焊接温度，避免过热。
- 控制好加热时间，避免过长。
- 采用含 Cu 的焊料可以有效地抑制 Ni（P）镀层焊接时富 P 层的厚度。

2. 焊点焊料体内晶粒的微细化

（1）影响焊点焊料体内晶粒粗细的因素。

影响焊点焊料体内晶粒粗细的主要因素取决于焊料体内是否含有大颗粒的金属间化合物及它们的种类和数量。

1）与选用的焊料合金的类型和成分关系密切。

① SnPb 焊料：Sn37Pb、Sn40Pb 和 Sn50Pb 的金相组织形貌如图 11.41 所示。

(a)Sn37Pb金相组织：由暗色富α-Pb粒子和亮白色富β-Sn组成的细晶粒混合结构

(b)Sn40Pb金相组织：黑色富α-Pb相散布在共晶基体中

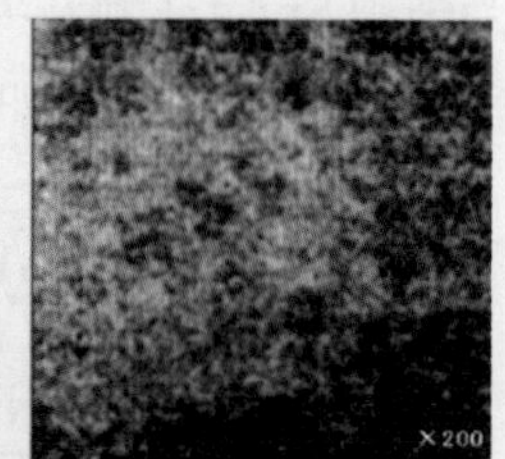

(c)Sn50Pb金相组织：散布于共晶体中的富α-Pb粒子多于Sn40Pb

图 11.41　不同成分的 SnPb 焊料的金相组织晶粒的粗细程度比较（Sn37Pb<Sn40Pb<Sn50Pb）

共晶组分是具有不同熔点的两相（β–Sn 和 α–Pb）组成的混合物，在熔点温度下由分离的两相转变为单一的液熔体。而当冷却时，可逆过程将形成两个不同的固溶相（β–Sn + α–Pb），表现为单独的均匀相。

② SnAg 焊料：Sn3.5Ag 是 SnAg 二元合金的共晶组分，当 Ag 的成分小于 3.5 时为亚共晶，而 Ag 的成分大于 3.5 时为过共晶。共晶组分的典型合金组织的 SEM 如图 11.42 所示。在 β–Sn 固溶体初始树枝晶间填满了粒度小于 1μm 的微细针状 Ag_3Sn，构成环状强化合金。随着 Ag 含量的增加，Ag_3Sn 及其环状组织的

大小一道被微细化，当 Ag 成分达到 3.5 的共晶组分时，即强度达到最高的同时，其金相组织也变得更微细化。由于 Ag 在 Sn 中几乎是不固溶的，所以 Ag_3Sn 是稳定的化合物，一旦形成，即使在高温下放置也是不易粗化的，从而该焊料的耐热性是良好的。然而当 Ag 的含量达到过共晶的 4%时便显著劣化，其数 10μm 大小的粗大 Ag_3Sn 板状初晶开始析出，如图 11.43 所示。像这样数 10μm 大小的金属间化合物的生成，将导致体积龟裂的恶果，为实现高可靠性的合金组织的目标是必须绝对避免的。就是在焊料合金制造过程中，像这样脆而粗的初晶的生成也是必须要避免的。

Sn 基焊料合金和 Cu、Ni 基体焊接时在焊料体中出现的金属间化合物如表 11.4 所示。

图 11.42　Ag3.5Sn 合金组织的 SEM 照片（图中：白色粒子为 Ag_3Sn）

图 11.43　在 Sn_4Ag 合金中生成的粗大的 Ag_3Sn 初晶（图中：白箭头所指，比图 11.42 放大了 10 倍）

表 11.4　Sn 基焊料合金和 Cu、Ni 基体焊接时在焊料体中出现的金属间化合物

焊料合金	基材（Cu）表面处理状态			
	基材（Cu）+ OSP（或 Sn37Pb、Ag）		基材（Cu）+ ENIG Ni/Au	
	界面金属间化合物	焊料内最大颗粒金属间化合物	界面金属间化合物	焊料内最大颗粒金属间化合物
Sn37Pb	Cu_6Sn_5（Cu_3Sn※）	无	Ni_3Sn_4	$AuSn_4$
Sn36Pb2Ag	Cu_6Sn_5（Cu_3Sn※）	Ag_3Sn（<1μm）	Ni_3Sn_4	Ag_3Sn、$AuSn_4$
Sn3.5Ag	Cu_6Sn_5（Cu_3Sn※）	Ag_3Sn（<1μm）	Ni_3Sn_4	Ag_3Sn、$AuSn_4$

注：※ – Cu_3Sn 当温度过高或时间过长时，Cu 基板和共晶焊料 Sn37Pb、Sn35Ag 及纯 Sn 界面在生成 η – Cu_6Sn_5 后，还会生长有害的 ε – Cu_3Sn。由于 ε 相很薄，需用透射电镜（TEM）才能识别，而扫描电镜（SEM）不能识别。

2）与再流焊接时冷却的速度有关。

焊料体中 Cu_6Sn_5 相更多的是以块状颗粒出现，在 Cu 母材与 Sn3.5Ag 的焊点中，随回流时间和回流温度的增加，Cu 溶解到焊料中的量也增多，因此，Cu_6Sn_5 颗粒也随之增多。而靠近 Cu 母材处的 Cu_6Sn_5 比焊料中的 Cu_6Sn_5 更多。因此，添加微量的 Co（<1%）在 SAC 焊料中会减少 Cu_6Sn_5 相颗粒的生成，并

提高液相中 Cu_6Sn_5 相的形核，使共晶组织的体积分数更大，组织中的片层更加微小。Cu_6Sn_5 的密度会随老化时间的延长而增加，特别是经高温回流和长时间回流后进行淬火（快冷）的焊点中，由于快冷从而抑制了凝固过程中 Cu_6Sn_5 相的析出。

大块 Ag_3Sn 的形成取决于以下 3 个因素。

① Ag 的浓度：高浓度的 Ag 有利于 Ag_3Sn 的形成，故 Ag 的浓度不能太高（如小于 3Wt%）。

②冷却速度：Ag_3Sn 的生长需要液相中的 Ag 和 Sn 原子的长程扩散，相对较慢的冷却速度赋予 Ag_3Sn 生长的时间就更长。因此，快速的冷却速度就可有效地抑制大片状的 Ag_3Sn 在焊料体中的出现。

③ Cu 的含量：焊点中的 Cu 含量会促进大片状 Ag_3Sn 的生成。在 SAC387 等焊料中，Ag_3Sn 含量的百分比随 Cu 含量的增加而增大。在 Cu 被溶解到焊料的地方时，靠近 Cu/ 焊料界面处的形成大片状 Ag_3Sn。

然而，在此情况下 IMC 层却仍然是由 Cu_6Sn_5 和 Cu_3Sn 两种 IMC 构成的，如图 11.44 所示。

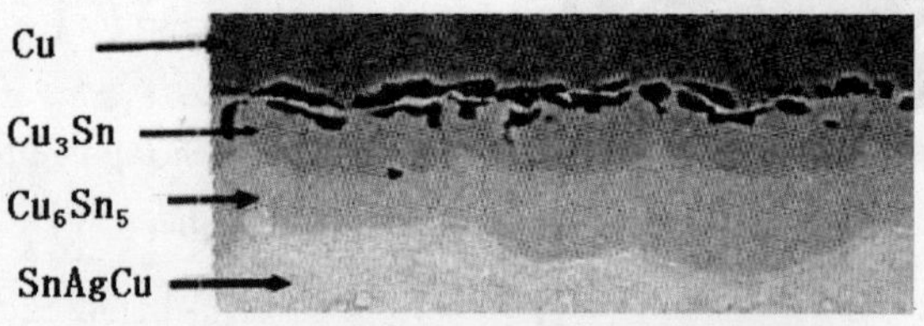

图 11.44 SnAgCu 和 Cu 的 IMC 层构成

3）受焊接过程在焊料中熔入 Au、Ag 等元素的影响。

在共晶基体中分别熔入 Au 和 Ag 后的粗大金相组织，分别如图 11.45 和图 11.46 所示。

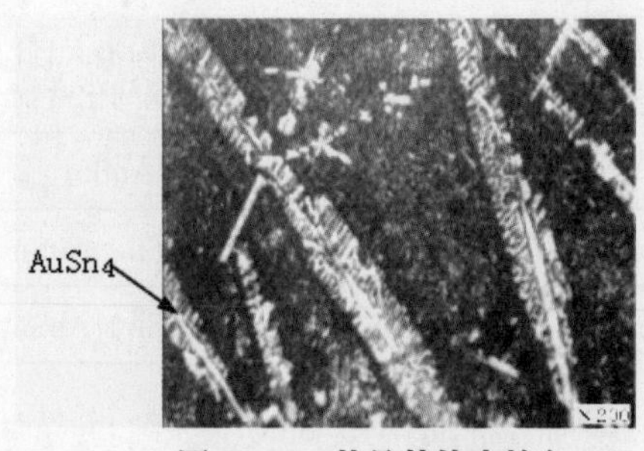

图 11.45 共晶基体中熔入 Au

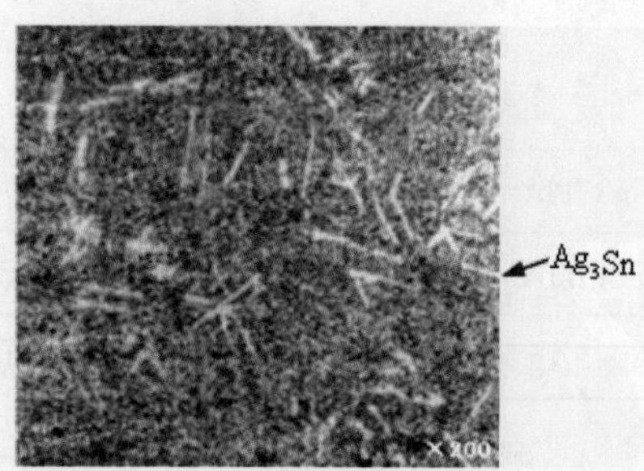

图 11.46 共晶基体中熔入 Ag

当共晶焊料 Sn37Pb 和 Sn3.5Ag 在母材 Cu 上镀 Ni/Au 镀层上回流时，Au 和 Ni 熔解到焊料体中；在小于 1s 的情况下，就会有 0.1μm 厚的 Au 熔解到焊料体中，不到 10s 就会有 1μm 厚的 Au 层被共晶的 Sn3.5Ag 焊料熔解，焊料凝固时不是析出 Au，而是析出 $AuSn_4$ IMC。而 Ni 在熔融焊料中的溶解度很低，把很薄的一层 Ni 溶解几秒钟就会达到饱和，随后较长时间（如 60s）暴露的 Ni 会和液态焊料反应生成 Ni_3Sn_4。

（2）焊点焊料体中晶粒的粗细对焊点可靠性的影响。

形成焊点的焊料组织中晶粒的粗细对焊点的机、电性能有较大的影响。对于SnPb系合金，由上述分析已知，焊点内的晶粒度：Sn37Pb < Sn40Pb < Sn50Pb。由表11.5可知，焊点的机电性能：Sn37Pb > Sn40Pb > Sn50Pb。

表11.5　SnPb系合金机、电综合性能比较

合金成分 / wt%		熔点 /℃		抗拉强度 /（kg/mm²）	抗剪强度 /（kg/mm²）	布氏硬度	电导率 γ/（μS/cm）	电阻率 /（μΩ·cm）
Sn	Pb	固相温度	液相温度					
60	40	183	188	5.34	3.74	16.0	11.5	14.99
63	37	183	183	5.41	3.80	17.0	11.5	14.99
50	50	183	214	4.36	3.66	14.0	10.9	15.82

共晶组分的焊料晶粒最细，而机电综合性能又最高。这就是在工程应用上要尽量选用共晶组分的焊料合金的原因之一。

（3）避免焊点晶粒粗大的措施。

由上述分析可知，避免晶粒粗大化的主要措施如下。

- 尽可能选择共晶组分或靠近共晶组分的焊料合金。
- 选择合适的焊接温度，避免过热。
- 避免过长的焊接加热时间。
- 提高焊后的冷却速度，特别是在无铅制程情况下。
- 在焊接时要尽量避免非焊料成分中的其他金属元素熔入焊料中。

3. 焊点焊料体中的金脆问题

（1）Au脆的形成。

ENIG Ni/Au表层的Au能与焊料中的Sn形成Au–Sn间共价化合物（$AuSn_2$、AuSn、$AuSn_4$）。

刚回流时，在焊料和基板界面仅有一薄层的Ni_3Sn_4，而在焊料体中有$AuSn_4$颗粒，如图11.47所示。

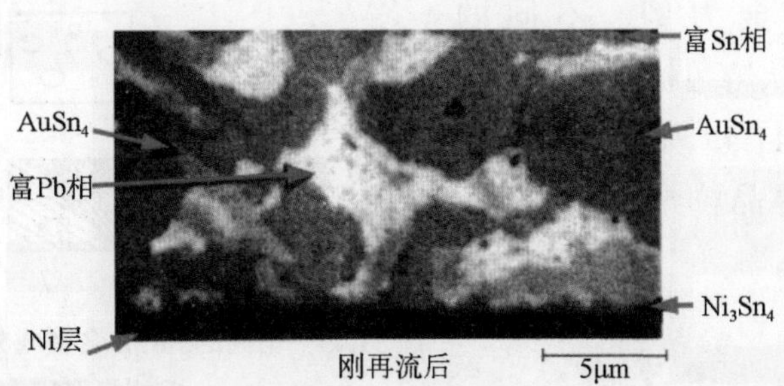

图11.47　刚回流时，在焊料和基板界面仅有一薄层的Ni_3Sn_4，而在焊料体中有$AuSn_4$颗粒

经烘烤老化后 Ni_3Sn_4 层长大，且 $AuSn_4$ 从焊料体内部向焊料和基板间的界面迁移。由于 $AuSn_4$ IMC 物中的 Au 和 Sn 的比为 1∶4，因此即使是很少量的 Au，也会产生较厚的 $AuSn_4$ 层，如图 11.48 所示。

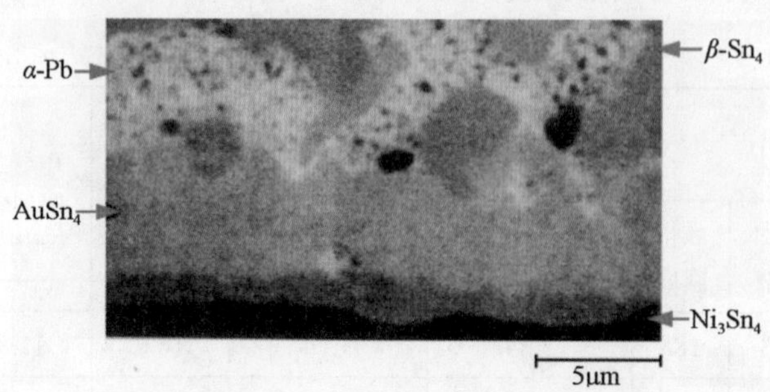

图 11.48　经烘烤老化后 Ni_3Sn_4 层长大，且 $AuSn_4$ 从焊料体内部向焊料和基板间的界面迁移

（2）焊点中 Au 的允许浓度。

Au 含量在 2 ~ 7wt% 浓度时就能产生脆性焊点，这是 Au 在电子工业中只用作焊盘的薄膜镀层的原因。焊接过程中 Au 薄膜熔解到焊料中，在凝固时析出 $AuSn_4$，并均匀地分布在焊料中，如图 11.49 所示。通常在 BGA、CSP 等倒装芯片中，焊点中 Au 的浓度都小于 1wt%，因此这些焊点通常不会变脆。

当 Au 含量从 0 开始增加时，拉伸和剪切强度随 Au 含量的增加而增加，而 Au 含量为 1 ~ 6wt% 时达到峰值，然后随 Au 含量进一步增加而强度下降。延伸率随 Au 含量从 0 增加而增加，在约 3wt% 处达到峰值，随后便开始急剧下降。

显然，从确保可靠性的角度出发，焊点焊料中 Au 的浓度应限制在 3wt% 内，用于焊接的 Au 镀层厚度一般应控制在 0.1 ~ 0.3μm。

（3）应关注的现象。

在固相老化中，析出的 $AuSn_4$ 颗粒会从焊料体内向焊料和基板间的界面迁移（图 11.48），导致界面层内 Au 浓度大于 3wt%，致使界面处脆性断裂并改变了焊点的特性阻抗。

4. 焊料体内氧含量少（晶相间表面存在弱的氧化膜）

以 SnPb 合金为例，不同的 SnPb 合金成分从熔融状态凝固后的组织状态如图 11.49 所示。弱的氧化膜是指在结晶晶粒界面之间不能存在氧化现象。

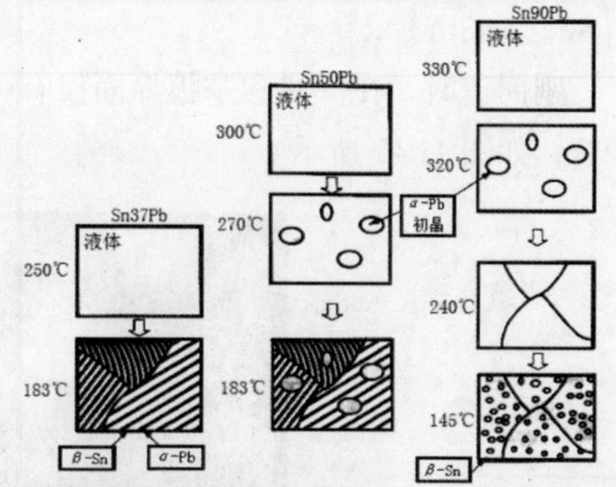

图 11.49　不同的 SnPb 合金成分从熔融状态凝固后的组织状态

5. 焊点内弱的外部应力

在组装中，由于芯片的 CTE 与基板的 CTE 不匹配，在工作中一受到周期性的温度作用时，芯片和基板之间就会形成一个很大的周期性的剪切应力作用，从而导致焊点断裂，如图 11.50 所示。

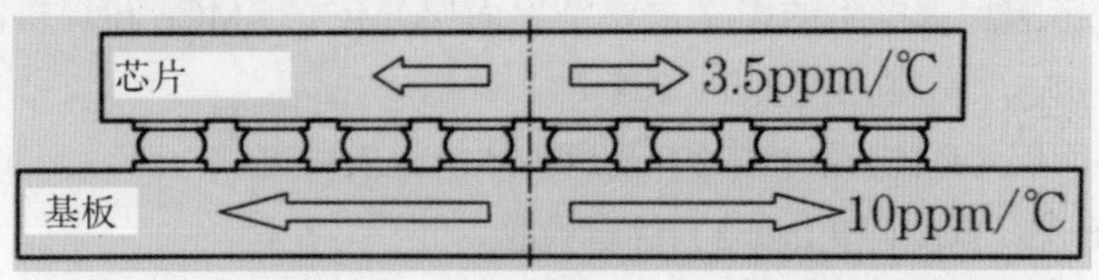

图 11.50　因基板与芯片之间的 CTE 不匹配而导致焊点断裂

6. 在设备工作频段范围内焊点的波阻抗不发生明显的变化

（1）微波传输链路中焊点的电结构模型。

由于 BTC 封装芯片与微波信号传输链路相连接的焊点大多都是取矩形平板式外形，其内部的金相结构，包括两个电极、两个连接界面及一个焊料体，设定焊点水平剖面为正方形且面积为 S，如图 11.51 所示。在微波工况下，影响两电极间波阻抗的主要因素是两个界面层及焊料体材质的构成。

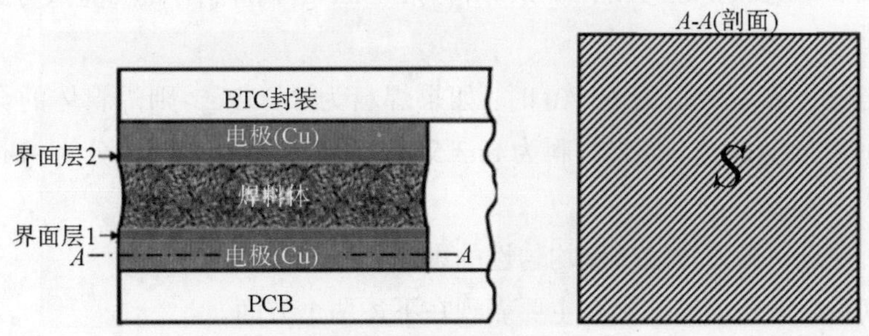

图 11.51　焊点的电结构

按照微波工况下焊点的物理结构和冶金特性，可以画出焊点的等效电路图，如图 11.52 所示。

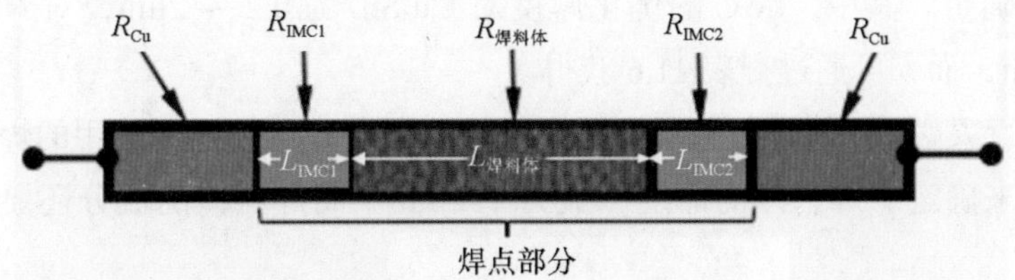

图 11.52　焊点的等效电路图

图 11.52 中，R_{IMC1} 为 PCB 铜焊盘侧 IMC1 电阻；R_{IMC2} 为 BTC 铜焊盘侧 IMC2 电阻；$R_{焊料体}$为焊料体电阻。

假定焊点纵切面（垂直信号传输方向的面）的面积为 S（图 11.51），并忽略分布参数的影响，则电路呈现钝电阻性，则可求得焊点的总电阻 R_{HT} 为

$$R_{HT} = R_{IMC1} + R_{焊料体} + R_{IMC2} \tag{11.4}$$

$$R_{HT} = R_{IMC1} + R_{焊料体} + R_{IMC2} = \rho_{IMC1}\frac{L_{IMC1}}{S} + \rho_{焊料体}\frac{L_{焊料体}}{S} + \rho_{IMC2}\frac{L_{IMC2}}{S} = (\rho_{IMC1} \times L_{IMC1} + \rho_{焊料体} \times L_{焊料体} + \rho_{IMC2} \times L_{IMC_2}) / S \tag{11.5}$$

显然，影响焊点电阻的因素主要是界面层 IMC1、IMC2 和焊料体材质的电阻率 ρ_{IMC1}、ρ_{IMC2}、$\rho_{焊料体}$及它们的厚度 L_{IMC1}、L_{IMC2}、$L_{焊料体}$。

（2）界面层（IMC1 和 IMC2）及焊料体的材质构成。

1）界面层（IMC1 和 IMC2）材质构成。

①当电极表面涂层为 OSP、Sn、Ag 和 SnPb 时，IMC1 和 IMC2 的合金成分为 Cu_6Sn_5，期望厚度为 0.2 ~ 2.0μm。

②当表面涂层为 Ni/Au 时，IMC1 和 IMC2 的合金成分为 Ni_3Sn_4，期望厚度为 0.2 ~ 1.0μm。

2）焊料体材质构成。

①当电极表面涂层为 Sn 时：如果焊料为 Sn37Pb，则焊料体的合金成分为 Sn37Pb；如果焊料为 Sn3.5Ag，则焊料体的合金成分为 β-Sn+Ag_3Sn/β-Sn 共晶。

②当电极表面涂层为 Ag 时：如果焊料为 Sn37Pb，则焊料体的合金成分为 α-Pb+β-Sn+ Cn_6Sn_5/β-Sn 共晶；如果焊料为 Sn3.5Ag，则焊料体的合金成分为 β-Sn + Ag_3Sn /β-Sn 共晶。

③当电极表面涂层为 Ni/Au 时：如果焊料为 Sn37Pb，则焊料体的合金成分为 α-Pn+β-Sn+$AuSn_4$；如果焊料为 Sn3.5Ag，则焊料体的合金成分为 -Sn+Ag_3Sn/β-Sn 共晶 +$AuSn_4$。

（3）焊点对微波传输链路均匀性的影响。

焊点对微波传输链的影响主要表现在下述两个方面。

1）焊点构成材质的电阻。

前面已讨论了焊点的电阻主要由三部分电阻串联而成。在进行 R_{IMC1}、R_{IMC2} 评估时，主要根据 IMC 的成分 Cu_6Sn_5（或 Ni_3Sn_4）的厚度 L_{IMC1} 和 L_{IMC2} 及其电阻率 ρ 来确定。其中，IMC 的优化厚度对 Cu_6Sn_5 为 0.2 ~ 2μm，对 Ni_3Sn_4 则为 0.2 ~ 1μm，而 ρ 可通过查表 11.6 获得。

在进行 $R_{焊料体}$评估时，主要根据焊料体的厚度 $L_{焊料体}$ 及所选用的焊料合金的电阻率 ρ 来确定。焊料体的厚度一般为 1~2mm；而焊料体的成分还要区分下述三种工况。

①当选用焊料 Sn37Pb 焊接的电极为非 Ag 或 Ni/Au 镀层时，焊料体的合金成分为 Sn37Pb，其电阻率 ρ 值可查表 11.6 获得。

②当选用焊料 Sn3.5Ag 焊接的电极为非 Ni/Au 镀层时，焊料体的合金成分为 β-Sn + Ag_3Sn/β-Sn 共晶，虽然无法获取此合金成分的 ρ 值，但可以判断其值一定是小于 Sn37Pb 的 ρ 值，据此即可对 $R_{焊料值}$作出评估。

③当选用焊料 Sn3.5Ag 焊接 Ni/Au 镀层时，焊料体的合金成分为 β–Sn + Ag_3Sn/β–Sn 共晶 +$AuSn_4$，此时要特别关注图 11.48 所示的 $AuSn_4$ 向界面迁移的现象，国外已有因此现象而导致波阻抗不能复零的案例。

表 11.6　面层和焊料体材质的电阻率 ρ 值

金属及 IMCX	Ag	Cu	Au	Ni	Sn	Pb	Sn37Pb	Sn3.5Ag	Cu_6Sn_5	Ni_3Sn_4
电阻率 ρ/（μΩ·cm）	1.510	1.560	2.040	6.140	11.500	22.000	15.700	12.300	57.100	35.100
电导率 γ/（μS /cm）	0.662	0.641	0.490	0.163	0.087	0.053	0.064	0.081	0.0175	0.0285

2）工作频率下的趋肤效应对电路参数的影响。

当导线载有交变电流时，其电流在导线截面上分布不均匀（集中在表面上）的现象称为表面效应，也称为趋肤效应。这种现象又随着频率 f 的增高而更加明显，并且随着导线截面的半径 r、磁导率 μ 以及导线的电导率 σ 的增长而表现得更为显著。

$$G_x = G_0 e^{-\frac{x}{\delta}} \tag{11.6}$$

式中：G_0 为表面电流密度；x 为从表面到中心的距离；G_x 为距表面 x 处的电流密度；δ 为电流透入深度。

所谓电流透入深度 δ，是指电流密度由表面向中心减少到 63.7% 的距离，如图 11.53 所示。

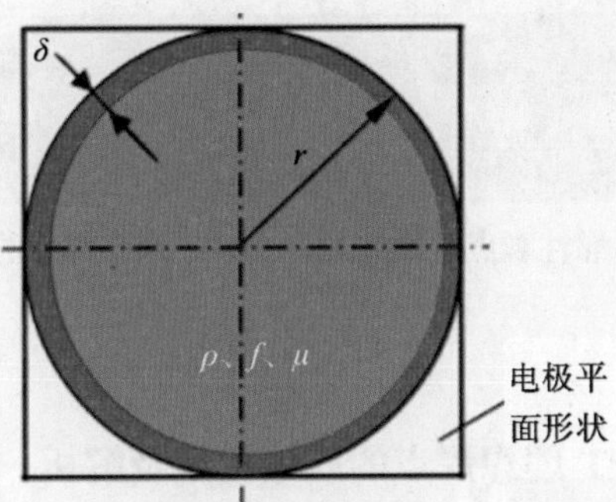

图 11.53　电流透入深度 δ 的定义

在工程应用中，常假定全部电流集中于 δ 层内，并且在 δ 深度内电流是均匀分布的。电流透入深度 δ 可按下式计算：

$$\delta = 5030\sqrt{\frac{\rho}{\mu f}} \tag{11.7}$$

式中：ρ 为电阻率，Ω·cm；f 为电流频率，Hz；μ 为相对磁导率。

当 ρ、μ 一定时，f 越高，δ 就越小，对信号传输链路的电阻就越大，对信号传输链路的均匀性影响就越大。

（4）焊点对微波传输链路均匀性的影响评估。

微波传输通道往往是由具有不同波阻抗的线段组成，它们通过焊点连接成链路，从而形成连接线参数的不均匀性，特别是趋肤效应的影响最为显著，它极易导致电磁能量的反射而形成驻波，造成电路工作的不稳定。

11.5 微波 SMT/MPT 理想焊点的质量模型

11.5.1 微波 SMT/MPT 理想焊点的结构物理模型

基于上述分析从可靠性观点出发，以 BTC 封装芯片焊点为例，可归纳出微波 SMT/MPT 的理想焊点质量模型，如图 11.54 所示。

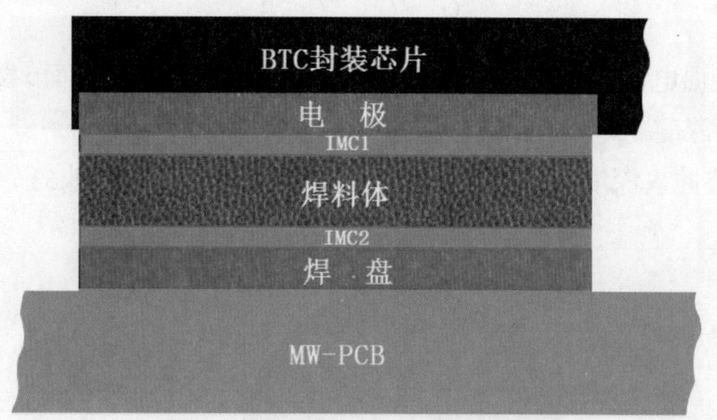

图 11.54 从可靠性观点看微波 SMT/MPT 理想焊点的结构物理模型

11.5.2 微波 SMT/MPT 理想焊点的质量模型及解析

1. 微波 SMT/MPT 理想焊点的质量模型

在从图 11.54 中导出的微波 SMT/MPT 理想焊点的结构物理模型的各组成结构中，嵌入相应范围优化的质量技术指标要求和数值，即可构成完整的微波 SMT/MPT 理想焊点的质量模型，如图 11.55 所示。

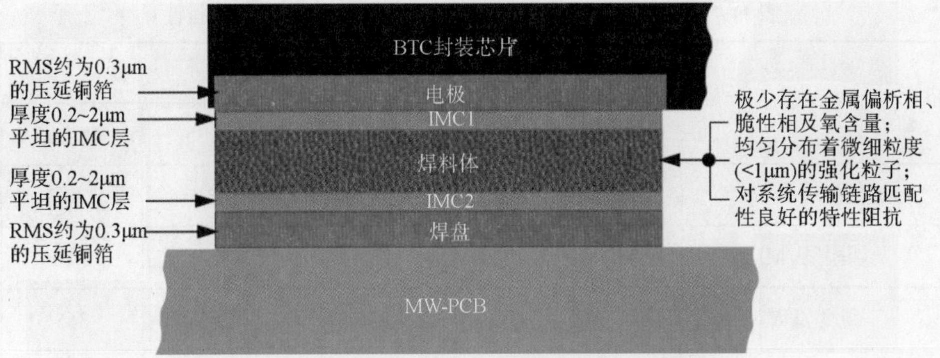

图 11.55　微波 SMT/MPT 理想焊点的质量模型

2. 理想质量模型解析

图 11.55 所示的微波 SMT/MPT 理想焊点的质量模型应具备的条件如下。

（1）界面 IMC1、IMC2。

要求平坦且厚度为 0.2 ~ 2μm 的界面 IMC 层。IMC 微组织结构对焊点可靠性的影响如下。

1）片状 IMC Ag_3Sn：IMC 即扩散了的焊料原子和母材原子按原子量的比例以化学键结合的状态。例如，用 SnAg 焊料焊接 Cu 基体时，此时在 SnAg 焊料合金中出现了 Cu_6Sn_5 和 Ag_3Sn 两种 IMC。当以较慢的速度（0.02℃/s）凝固时，大片状的 Ag_3Sn 会贯穿整个焊料体，如图 11.56 所示。在靠近 Cu_6Sn_5 的 IMC 层处可观察到有大片状的 Ag_3Sn 颗粒。有人在研究疲劳裂纹伸展的途径时发现，裂纹正是沿着 Ag_3Sn/IMC（Cu_6Sn_5）相的界面扩展的。显然，大片状的 Ag_3Sn 会对焊点延展性和抗疲劳造成不利影响。

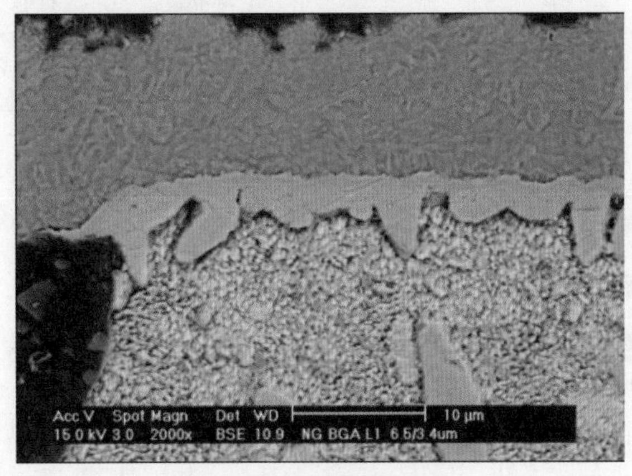

图 11.56　大片状的 Ag_3Sn

2）微细的强化粒子：选用共晶组分的焊料冷却后所形成的微细晶粒混合结构，对焊接接头的机电性能有特殊的意义，如表 11.7 所示。

表 11.7　微波 SMT/MPT 焊接中常用的焊料及其 IMC 的特性

参　数	焊　料		IMC		
	Sn37Pb	Sn3.5Ag	Cu_6Sn_5	Cu_3Sn	Ni_3Sn_4
杨氏模量 /GPa	39	50	85.6	108.3	133.3
剪切模量 /MPa	35	30	32.6	41.7	50.0
硬度 /HV	17	40	378	343	365
韧性 /（$MPa \cdot m^{1/2}$）	—	—	1.4	1.7	1.2
电阻率ρ /（$\mu\Omega \cdot cm$）	14	11	—	—	—
电导率γ /（μS/cm）	—	—	17.5	8.9	28.5
热导率 /[W/（m·K）]	33	50	34.2	69.8	19.6
热膨胀系数（CTE）/（$\times 10^{-6}$/K）	25	30	16.3	19	13.7
固相线温度 /℃	183	221	415	676	796
比热容 [J/（kg·K）]	—	—	286	326	272
密度 /（g/cm^2）	8.36	7.36	8.37	9.00	8.64
性　质	—	—	良性、强度和电导率均好	恶性、较脆、电导率较低	—
外　观	—	—	白色、光滑似球状	灰色、似骨针状	—
产生原因	—	—	润湿的同时产生	长时间或高温引起	Sn 与 Ni 的反应物

（2）焊料体。

1）焊区内焊料合金粉粒回流完整、熔混充分。

2）焊接界面层内不存在任何应力现象。

3）无空洞及微裂纹。

4）焊料体内均匀地分布着微细粒度（<1μm）的强化粒子（对 Sn37Pb：粒度 <100nm 的微细强化粒子）。

5）焊料体的焊料组织内不存在或极少存在金属偏析相。

6）焊料体内晶相间和焊点表面存在弱的氧化膜。

上述这些条件共同构筑了高可靠性微波 SMT/MPT 软钎接焊点的前提条件和质量基础。

11.6 微焊点接合部的可靠性

11.6.1 微焊点接合部可靠性的热点问题

1. 影响微焊点接合部可靠性的主要原因及其与劣化的关系

可靠性是产品在给定的条件下或者在特定的时间段内，产品能够正常发挥功能，没有出现不可接受的失效现象。在电子元器件安装中，由于焊接是以电气接续为目的，因此焊接接合部的功能故障模式主要分为开路和短路两类。因此，焊接接合部的可靠性就是以在目标期内不发生开路和短路为目的的。焊点接合部的寿命也是符合浴盆曲线规律的，如图 11.57 所示。

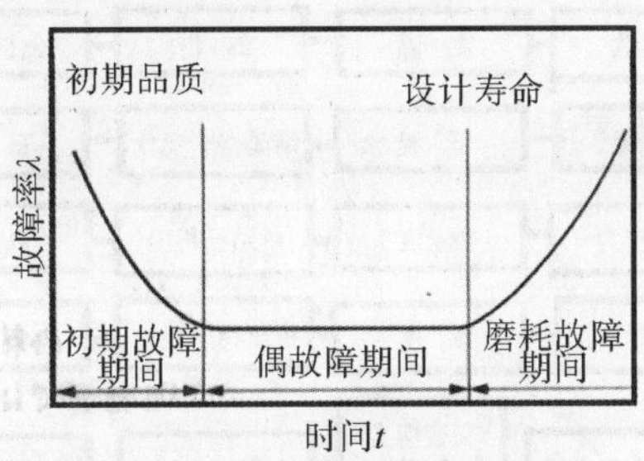

图 11.57 浴盆曲线

在产品的开发阶段，电子组装的可靠性设计是产品整体设计的一个重要组成部分。短期内，由于产品质量自身不足的原因，会造成可靠性受到早期寿命失效的威胁。这些由缺陷引起的产品使用寿命问题可以在产品进入市场之前，通过合适的筛选程序进行消除，而长期失效是由组装自身设计不足带来的早期磨损破坏造成的。

图 11.58 是导致微焊点接合部发生劣化的两大主要因素（主因和诱因），对于导致劣化发生的主要因素来说，主因和诱因单独存在时不会产生劣化，而当它们相互间有重叠时就会发生劣化。只有主因而无诱因时不会发生不良，而当主因和诱因（如应力）重叠存在时才会发生不良，甚至导致劣化。

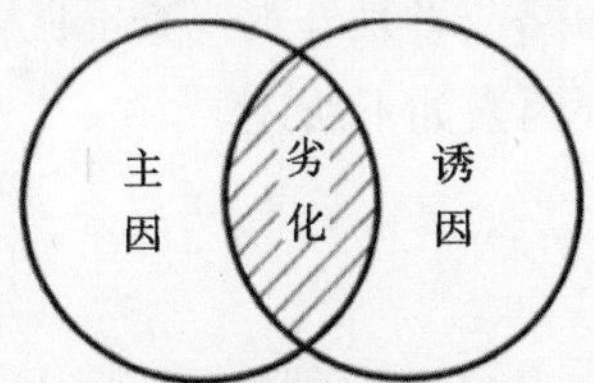

主因：显现的不良，潜在的劣化因素
诱因：外部环境条件
劣化：机器故障，接续不良

图 11.58 劣化发生的原因

2. 影响微焊点接合部可靠性劣化的主要因素

图 11.59 列出了影响微焊点接合部可靠性的主因、诱因及其与劣化的关系。当主因（由材料的热胀冷缩差异所产生的内部应力、残留应力以及助焊剂残渣等离子化物质）受到诱因 [如温度、湿度、电压、外力（振动、冲击、静压力等）] 产生的应力的影响而导致微焊点接合部的劣化，甚至演变成故障。

实际上这些主因和诱因之间不仅重叠，甚至聚合成复杂的场合多，而且单个的主因和诱因相结合的场合也不少。

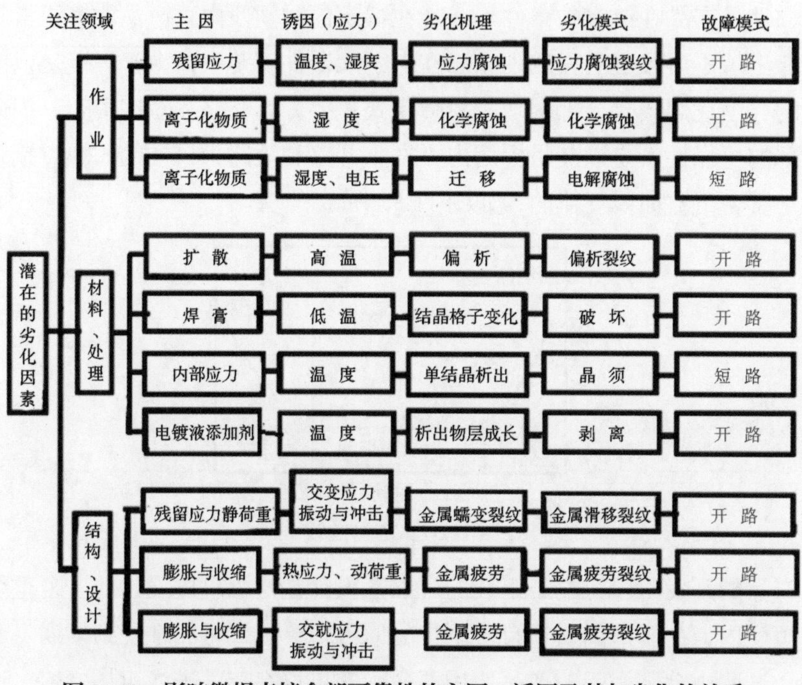

图 11.59　影响微焊点接合部可靠性的主因、诱因及其与劣化的关系

11.6.2　初期质量及其影响因素

通常微焊接焊点接合部的初期质量是问题比较多的场合，这和图 11.57 所示的浴盆曲线的初期故障期间是对应的。作为初期故障期间的主要故障是：初期强度不足，电气上导通不良，短路或者是外观检查不良等可目视的场合比较多。影响初期接合部强度特性的主要因素如下所述。

1. 焊料的材料特性

首先焊接接头强度与焊接材料本身的强度特性有很大的关联性；其次就是焊接部金相组织的微细化。这是因为金相组织状态对微焊接接头的特性影响很大，所以要必须认真地做好评价。

2. 接头的强度特性

微焊接的接头形状各种各样，在这里仅以翼形接头模型来说明其破坏状况。图 11.60 是焊料接合部的破坏模式。

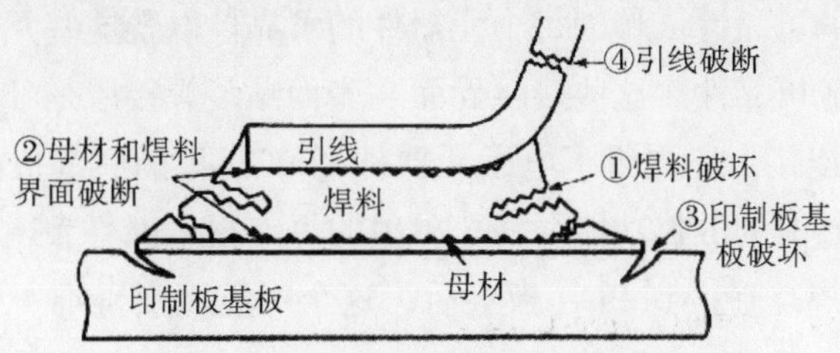

图 11.60　焊料接合部的破坏模式

破坏模式有下述四个：

① 焊料破坏。

② 母材和焊料界面破断。

③ 印制板基板破坏。

④ 引线破断。

11.6.3　长期品质（寿命）及其影响因素

1. 热机械因子

热机械可靠性的破坏形态可分为以下五类。

（1）疲劳破坏。

（2）热疲劳破坏。

（3）蠕变破坏。

（4）振动破坏。

（5）冲击破坏。

2. 电化学因子

电化学的可靠性可分为下述三类。

（1）腐蚀：高温、高湿度下助焊剂的残渣等一存在卤素离子，就会生成卤化物，从而形成各种各样的破坏。

（2）离子迁移：离子迁移是由于在电极间存在电位差时，阳极侧被离子化的金属元素在阴极侧析出，并不断地生长而引起短路的不良。

（3）电子迁移：电子迁移是在电流密度极大的场合下，在很强电子流推进下的原子扩散，其作用相当于原子风。原子移动的本质是晶格中的空穴，这些空穴的聚集便形成空隙，最终形成断线的不良。

11.6.4 微焊点的损伤机制及失效

1. 微焊点可靠性的特征

电子微组装的可靠性依赖于每个元器件的可靠性以及这些元器件界面间的力学、热学及电学的可靠性。这些接触界面–表面贴装焊接层是唯一的，因为焊点不但提供了电气连接，还提供了电子元器件到 PCB 板的底部机械连接，同时还有元器件严重发热时的散热功能。一个单独的焊点很难说可靠还是不可靠，但是电子元器件通过焊点连接到 PCB 板上后，这个焊点就变得唯一了，也就具有了可靠性的意义。

这些特点有三个要素，即元器件、PCB 板和焊点，再与使用条件、设计寿命及可接收性失效概率结合在一起，就可以对电子微组装的表面贴装焊接层的可靠性作出判定。

2. 焊点和焊接层类型

焊点是一个复杂的结构体系。一个焊点通常由下述几个层次组成。

（1）PCB 板上的母材。

（2）母材涂覆层：一层或多层合金层及焊料层成分中的固溶体，典型的就是 PCB 板母材涂覆层中的锡。

（3）焊料中靠近 PCB 边形成的一层合金层。

（4）焊料的晶粒结构至少由两相组成，包含不同比例的焊料组成成分，还有一些有意或无意间带入的污染物。

（5）焊料中靠近元器件母材边形成一层或多层合金层。

（6）元器件中的母材。

焊料中的晶粒结构本来就是不稳定的。例如，在室温下，锡–铅焊料的重结晶温度是在其共晶温度之下的，晶粒尺寸随着时间的增加而增加。晶粒结构的生长减少了细晶粒的内能。这种晶粒的增长过程随着温度的升高及在循环载荷中输入的应变能的增加而增强。

污染物，如铅的氧化物及助焊剂残留物，绝大多数滞留在晶粒的边界处。随着晶粒的生长，这些污染物的浓度在晶粒边界处增长，因此会延缓晶粒的生长。当消耗掉焊料约 25% 的疲劳寿命后，在晶粒边界的交叉处就可以看到微空穴；当消耗掉约 40% 的疲劳寿命后，微空穴变成微裂痕。这些微裂痕相互聚集形成大裂痕，最后会导致整个焊点的断裂。

3. CTE 不匹配

焊点常常连接的是特性不相同的材料，导致整体 CTE 不匹配。作为主要材料的焊料，在特性上与焊接结构材料有很大的不同，导致局部 CTE 不匹配。

CTE 不匹配的严重性以及由此造成的可靠性隐患，依赖于电子组装的设计参数和工作使用环境。

（1）整体 CTE 不匹配。

整体 CTE 不匹配是由不同热膨胀的电子元器件或连接器与 PCB 板通过表面上的焊点连接在一起造成的。由于 CTE 以及造成热能在有源器件内耗散的热梯度的不同，使整体热膨胀的程度也有所不同。在 FR-4 印制板上，整体 CTE 不匹配从高可靠性组装选用的 2ppm/℃到陶瓷元器件选用的约 14ppm/℃。图 11.61 所示的焊点失效是由于晶圆级 CSP 上 CTE 不匹配所造成的。

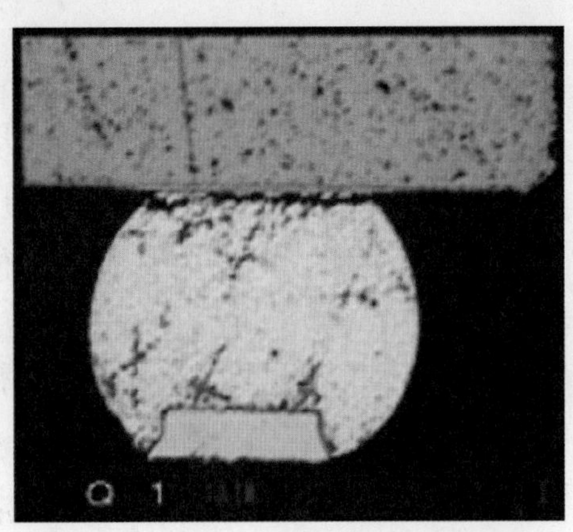

图 11.61　CTE 不匹配造成的焊点失效

（2）局部 CTE 不匹配。

局部 CTE 不匹配是由焊料和电子元器件或与其焊接的印制电路板的不同所造成的。由于焊料 CTE 及基材中不同范围内变化的 CTE 的不同，使局部热膨胀的程度也有所不同。典型的局部 CTE 不匹配值从铜的约 7 ppm/℃到陶瓷元器件的约 18ppm/℃，以及 42 号合金和科伐合金的约 20 ppm/℃。局部 CTE 不匹配比整体 CTE 不匹配要小，这是由于作用的距离、最大的润湿区域面积都要比整体 CTE 不匹配区域面积小得多。

（3）内部 CTE 不匹配。

焊料内部 CTE（约 6 ppm/℃）的不匹配，是由焊料中富锡相和富铅相不同的 CTE 引起的。一些处理过的无铅焊料有相近的 CTE 特性。内部 CTE 的不匹配常常是最小的，这是由于作用距离、晶粒结构的尺寸远比润湿长度或元器件尺寸要小。

4. PCB 设计因素的影响

BGA 两种焊盘的定义，即阻焊定义的焊盘（SMD）的尺寸要比非阻焊定义焊盘（NSMD）的尺寸大。再流焊接之后，SMD 定义的焊盘熔化的焊球接触阻焊掩膜如图 11.62 所示。而 NSMD 定义的焊盘由于掩膜的开口要比铜箔焊盘大，所以在再流之后，焊球不会接触阻焊掩膜，如图 11.63 所示。

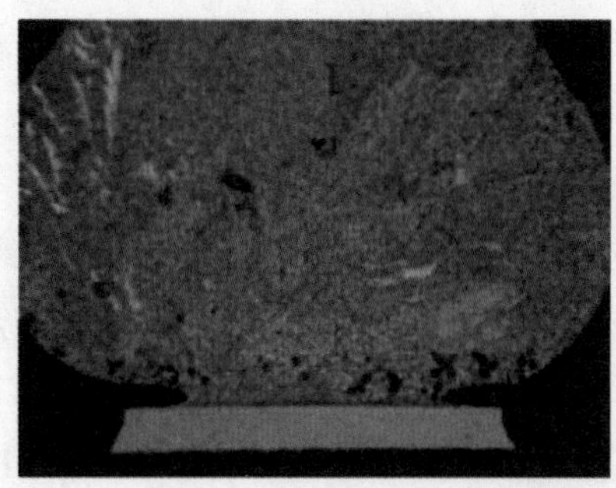

图 11.62 SMD 定义的焊盘

图 11.63 NSMD 定义的焊盘

（1）非阻焊掩膜成形的焊盘（NSMD）。

NSMD 焊盘要求的铜焊盘直径较小，因此，对于布线和导通孔来说，金属间的间隙就较大。而且对覆铜尺寸的控制要比阻焊掩膜尺寸的控制更加容易，因此，可以获得更加均匀的表面涂层，尤其是 HSAL 板子。焊盘周边无阻焊掩膜就会使焊膏流向焊盘边缘，因此也就没有应力集中区域。这样就使焊点宽得多，有可能会延长疲劳寿命，对相同高度的焊点来说，在恶劣的负载条件下，非阻焊定义焊盘要比阻焊定义焊盘使焊点质量有大幅度改善，疲劳寿命预计要增加 1.25 ~ 3 倍。不过会使间隔高度降低。

（2）阻焊掩膜成形的焊盘（SMD）。

阻焊定义的主要问题是由 SMD 焊点产生的应力集中，是造成焊点失效和可靠性变弱的原因，如图 11.64 所示。在阻焊剂开口处，会出现高应力区域，图 11.65 所示为在阻焊掩膜中由于应力集中造成的焊点破裂。SMD 焊盘要求采用直径较大的金属焊盘，使焊盘直径与 NSMD 焊盘直径相同。焊点间间距较窄，不过，间隔高度会较大。由于铜的表面积较大且和阻焊剂重叠，所以 SMD 焊盘与 PCB 板的黏附面积较大。虽然 SMD 焊盘有一些优点，但是与 NSMD 焊盘比较，SMD 焊点几何形状产生的应力集中是焊点失效和可靠性减弱的起因，使疲劳寿命降低到 70%。

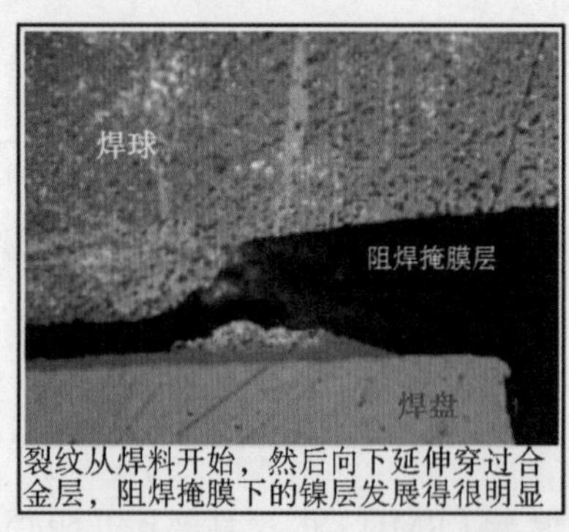

图 11.64 阻焊定义的 BGA 失效

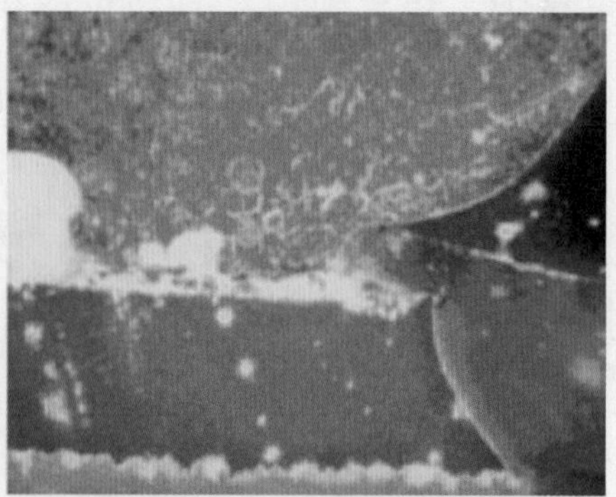

图 11.65 阻焊掩膜的影响

11.6.5　验证和质量鉴定测试及筛选方法

1. 验证和质量鉴定测试

验证和质量鉴定测试可参考 IPC-SM-785 所给出的指南，这个指南主要是针对表面贴装焊接接合部的加速可靠性试验。然而，对一些热量散耗大的大元器件，由于元器件的非对称结构以及局部 CTE 不匹配，仅做温度循环测试不能提供足够的所需信息，这时就很有必要进行全部的功能循环测试，包括外部的温度循环试验和内部的功率循环测试。

2. 筛选方法

有效的筛选方法能够使潜在的焊点缺陷（也就是没有充分润湿的焊点）失效，但是同时又不会对高质量的焊点造成破坏。

最好的筛选方法是选择随机振动（10~20 分钟内 6~10grms），优选在低温（如 40℃）条件下进行随机振动。这样的负载不会对好的焊点产生破坏，但是对差的焊点则会产生过应力。热冲击也是一种很好的筛选方法，但是会对好的焊点产生破坏，尤其是大元器件的焊点。

附录 A　热点问题解答

No.01　QFN 侧边引脚爬锡怎么有效改善？提高焊锡助焊剂活性可以改善 QFN 侧边引脚爬升，但随之而来锡珠增多，怎样在两者间做到平衡？（武汉烽火：鲜飞）

解答：

1.QFN 侧边引脚爬锡不良问题

关于 QFN 焊接合部焊接的质量要求，请参阅 6 .1.2 小节。

无暴露的趾部有连续的可焊表面 QFN 封装结构，如图 A.1 所示。在再流焊接时不爬锡的原因大致如下。

（1）焊接时热量供给不足：再流焊接时即便焊膏中的焊料粉再流凝聚了，但由于热量不足，再流后已凝聚的液态焊料被强大的表面张力像馒头状熔聚在焊接接合部不能漫流开。以共晶焊料 Sn37Pb 为例，其表面张力与温度之间的依存关系如图 A.2 所示。热量不足、温度偏低、表面张力大、焊料被表面收缩成球状，难以在被焊表面漫流润湿。随着焊接部温度的不断升高、表面张力不断减小，液态焊料便可在被焊表面漫流润湿并形成焊接圆角。

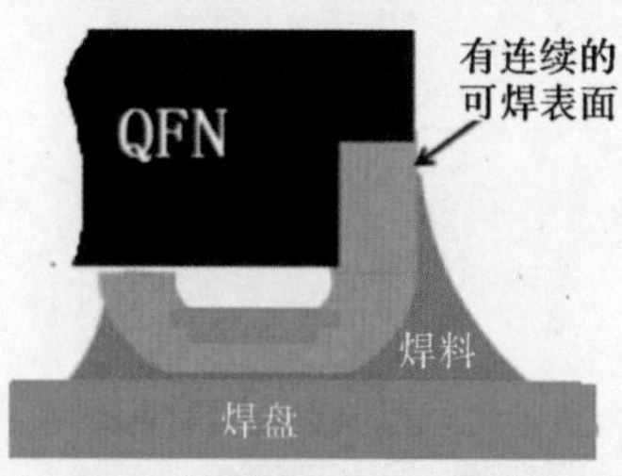

图 A.1　无暴露的趾部有连续的可焊表面 QFN 封装结构

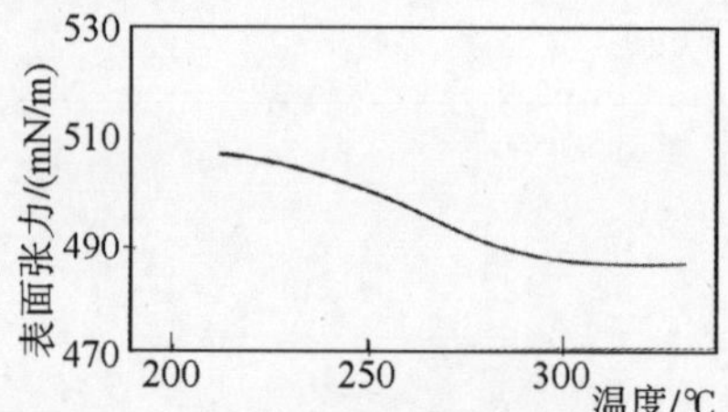

图 A.2　Sn37Pb 共晶焊料的表面张力与温度之间的依存关系

（2）再流焊接时焊膏中的助焊剂未漫流润湿到可焊接面。

2. 提高焊锡助焊剂活性可以改善 QFN 侧边引脚爬升，但随之而来锡珠增多，两者之间如何平衡

焊接中使用助焊剂有两个作用：

（1）降低液态焊料表面张力，促进焊料漫流润湿。

（2）去除被焊的铜表面的氧化物分两种情况讨论。

1）在使用松香作助焊剂时，其去除被焊铜面的氧化物的化学反应式为

$$2RCOOH+CuO \rightarrow (RCOO)_2Cu+H_2O \qquad (A.1)$$

2）松香是一种有机酸，具有活性剂的作用，可是作为除去金属表面氧化物

的活性剂活性太弱，故需另添加专用的活性剂。

添加活性剂的助焊剂（活性剂含量为 0.2% ~ 1.0%）以二乙胺盐酸盐 [$(C_2H_5)_2NH \cdot HCl$] 为例，其除去氧化铜（CuO）的化学反应由以下两个反应过程组成。

首先，在活化温度下，二乙胺盐酸盐分解出活性物质 HCl：

$$(C_2H_5)_2NH \cdot HCl \rightarrow (C_2H_5)_2NH + HCl \qquad (A.2)$$

其次，活性剂去氧反应：

$$2HCl + CuO \rightarrow CuCl + H_2O \qquad (A.3)$$

活性剂在除去金属表面氧化物的化学反应中均会生成水，只是生成多或少的问题。例如，式（A.2）由于活性弱，除氧能力有限，故生成的水少。而式（A.3）所表现的活性剂的活性强，除氧的能力也强，故除氧反应中生成的水也就多。这些化学反应水随着再流焊接温度的升高不断地气化，由于 BTC 封装结构在安装中离板高度均很小，因此排气和传热均不太畅通。由水挥发成的气体，不断地在 QFN 底部窄缝中积聚、气压不断增加到气泡发生爆炸，气体夹杂着小锡珠一道从窄缝中喷发而出。

解决方法：从改善芯片底部焊接区所需热量的有效传递以及排气通道入手，建议参阅本书第 6 章的相关内容。

No.02 个别芯片引脚虚焊问题，焊点外观看起来都很好，但就是不通，拿烙铁烫下就好了，不知道是哪里出了问题。（武汉烽火：鲜飞）

解答：

引起个别芯片引脚虚焊的原因就在于该芯片引脚或焊盘表面受到了非金属性的污染物的污染，在再流焊接温度下依靠焊料和基体金属间的扩散能是不能突破这层污染膜的，从而导致了开路。此时，若用烙铁烫一下，由于下述两个原因就能破除这层污染膜而导通。

（1）因为烙铁头的温度高（一般都高于 300℃，比再流焊接峰值温度高），从而增大了熔融焊料和基体金属间的扩散能，利于其突破这层阻碍膜。

（2）在用烙铁烫时，因为烙铁头在污染膜上挪动时所形成的机械力起到了机械破膜的作用。

No.03 PCB 镀层的要求及产生不良现象的处理。（上海艾莎：张霖）

解答：

请参阅本书的 8.1.2 小节。

No.04　PCBA 三防处理，PCB 表面是否需要清洗的技术指导。（上海艾莎：张霖）

解答：

请参阅本书的 10.3 节。

No.05　BGA 元器件焊后的清洗问题、三防问题。（深圳凯天电子：蔡成）

解答：

1. 焊后清洗问题

建议参阅下列标准：

（1）IPC–SC–60：焊后溶剂清洗手册。

（2）IPC–SC–61：焊后半水清洗手册。

（3）IPC–CH–65：印制板及其组件清洗手册。

（4）IPC–SM–839：焊接前后阻焊膜的清洗指南。

2. 三防问题

请参阅本书的 10.3 节。

No.06　BTC 元器件焊接后高低温冲击焊点开裂问题。（深圳凯天电子：蔡成）

解答：

请参阅本书的第 6 章。

No.07　高铅 CCGA 元器件焊接后的抗振问题。（深圳凯天电子：蔡成）

解答：

陶瓷柱状触点阵列封装（CCGA）是 CBGA 的扩展。它采用 Sn10Pb90 焊料柱代替焊球，如图 A.3 所示，可以降低封装部件和焊料在接触点之间的压力，安装后离板高度较大，具有容易清洗、热性能好、共面性好、对湿气不敏感等特点。并且由于高 Pb（Sn10Pb90）焊料材质柔软，再加上其离板高度大，因此在振动环境中能有效地吸收部分振动能量的能力，与 BTC 封装结构类芯片 (如 LCCC、QFN 等) 封装结构相比，其抗振能力要强许多。

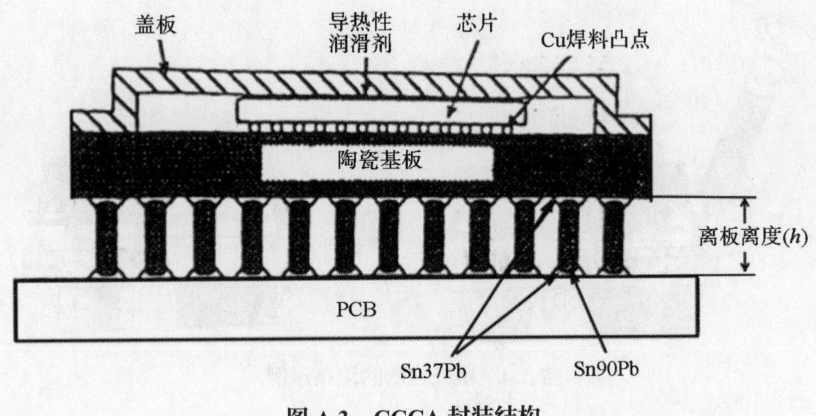

图 A.3　CCCA 封装结构

No.08　BTC、LCCC 元器件的焊点高度问题。（深圳凯天电子：蔡成）

解答：

BTC 请参阅本书的第 6 章，LCCC 可参考 IPC–7095 标准。

No.09　高密度布板的 PCBA 的可制造性问题。（深圳凯天电子：蔡成）

解答：

（1）请参阅本书的 4.1.4 小节。

（2）请参阅《现代电子装联再流焊接技术》（作者：樊融融）第 5 章。

No.10　BGA、CCGA 等阵列焊接后底部灌封问题。（深圳凯天电子：蔡成）

解答：

1. 底部填充的优点

伴随着安装高密化的推进，用倒装方式进行面阵列安装（如球格栅阵列 /BGA、芯片级封洗 /CSP、倒装芯片 /FC 等）已成为现代电子安装的主流，如图 A.4 所示。这种方式是在凸点电极连接后，在芯片基板和 PCB 基板间，用树脂进行填充，不仅可以改善芯片在恶劣环境下的耐湿、耐热、电气绝缘、离子污染以及耐电迁移等性能，而且提高了芯片在恶劣环境下耐受机构振动、冲击等各种应力作用。特别是可以减少芯片与 PCB 基板间热胀冷缩失配的影响。最终达到提高接续可靠性的目的。

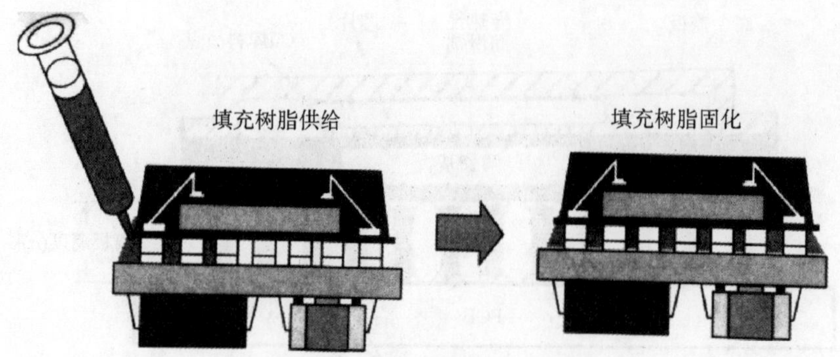

图 A.4 填充树脂的涂布示例

2. 对填充材料的技术要求

作为 BGA、CSP、FC 的填充材料应具备下列要求：

（1）填料应无挥发性，因为挥发性会使芯片下产生间隙从而导致机械失效。

（2）应尽可能减小甚至消除失配应力，填料与芯片凸点连接处 Z 方向 CTE 应尽可能匹配。

（3）填充树脂的固化温度要尽可能低，以避免 PCB 产生变形。

（4）填充树脂应有较高的玻璃化转化温度（T_g）。

（5）有低的 α 放射。

（6）填充树脂的粒子尺寸应小于芯片与基板间间距 100 ~ 800μm，以利于良好填充复盖。

（7）操作温度黏滞性要低，流动性要好。

（8）应具有较高的弹性模量及弯曲强度。

（9）在高温、高湿环境下，绝缘电阻要高，杂质离子（如 Cl^-、Na^+、K^+ 等）量要低。

（10）抗各种化学腐蚀能力强。

3. 填充的工艺方式

（1）传统底部填充工艺：传统的在面阵列封装器件底部填充胶料的工艺，是利用在芯片与 PCB 基板间的毛细作用力对填充胶料的拉扯作用而完成填充过程的，如图 A.5 所示。因此，再流焊接后焊膏中的免清洗助焊剂的残留物会削弱填充胶剂的润湿与流动性能。同时这类残留物还会对封装可靠性产生负面影响。另外，必须对填充胶剂进行固化，这对提升生产效率也是不利的。

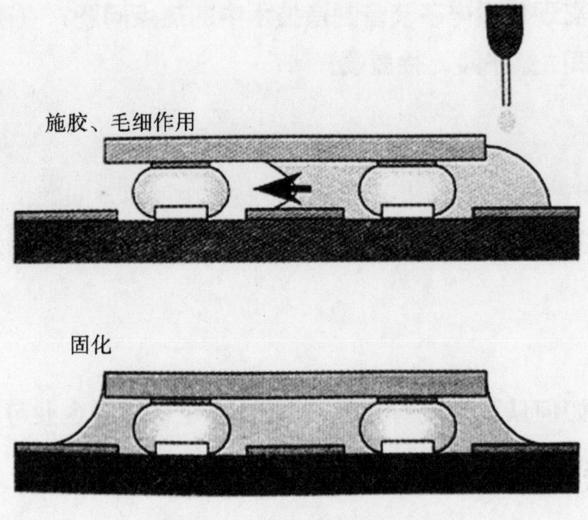

图 A.5　传统底部填充工艺

（2）再流填充工艺：此工艺是近些年内发展起来的，其工艺特点是贴片前涂敷非流动型合成助焊剂和底部充胶，既消除了免清洗助焊剂残留所带来的可靠性问题，又减少甚至根除了密封剂的固化时间，提高了生产效率。采用再流填充工艺的组装过程，如图 A.6 所示。

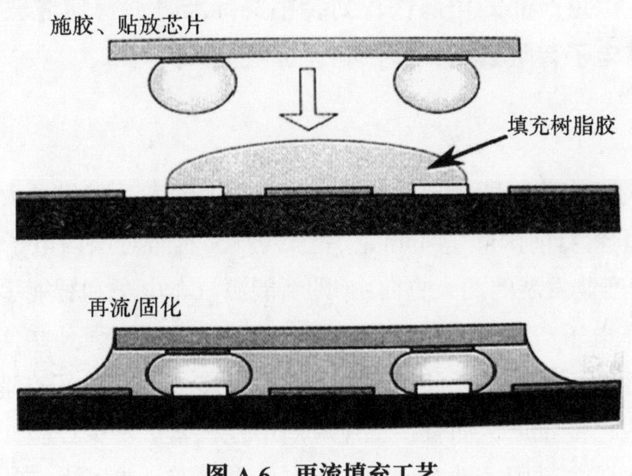

图 A.6　再流填充工艺

No.11　表贴元器件的返修问题。（深圳凯天电子：蔡成）

解答：

建议参考下列标准：

（1）IPC-PE-740：印制板制造及组装故障维修指南。

（2）IPC-7711：电子组件的返修。

（3）IPC-7721：印制板和电子组件的修理和调整。

No.12　如何定义现代微电子装备制造技术中的热点问题？（南京利景盛电子有限公司：魏子陵、徐晟晨）

解答：

热点问题的定义：现代微电子装备制造技术中的热点问题，概括地说就是在制造过程中所发生的大、小概率事件的形成原因、机理、危害及处理对策等技术问题的集合。

No.13　微组装如何从军企院所走出去，让中小电子装联企业可以进行微组装。（南京利景盛电子有限公司：魏子陵 、徐晟晨）

解答：

请参阅本书的第 1 章。

No.14　电子器件的国产化势在必行，也迫在眉睫，如何验证？如何提高验证效率、保证产品的可靠性、封装相关标准等？有何注意事项？（南京利景盛电子有限公司：魏子陵 、徐晟晨）

解答：

电子器件的国产化，即半导体芯片的国产化，而芯片的发展大家都关注 8nm 以下的芯片。虽然目前国际上 4nm 芯片已试产，然而对国内电子产业来说影响有限。当前电子产业发展的两大方向中(即新能源汽车电子和智能手机两大主流)，未来新能源汽车电子产业可能比智能手机产业的发展要更强劲些，对芯片间距来说，4nm 芯片主要面向智能手机终端产品。而新能源汽车电子产业常用 45nm 左右的芯片，国内已能批产，而且在工业应用中也积累了不少经验，组装出来的产品质量也不比国外先进国家的差。前几天有信息报道，美国生产的号称世界最先进的两款隐形战斗机 F35 和 F22 中所用芯片分别是 180nm 和 100nm。

硅片迹线间距要对应到芯片格栅面阵列封装间距，在尺寸上有上千倍的差异。目前国内（如华为、中兴）对细间距（0.40mm、0.30mm）已有很成熟的应用经验，在工艺上不用过于担心。而对于超细间距（0.25mm、0.20mm、0.15mm）的芯片微组装，已超出了当前 SMT 装备的最小适应尺寸范围，因此 SMT 已无能为力，自然而言的必须过渡到微组装 MPT 的工艺阶段。如何实现从 SMT 向 MPT 的工艺技术过渡，建议参阅《微波与光波融合的新一代微电子装备制造技术》一书（作者：樊融融）。

No.15 中小企业没有科技项目、没有国家资金投入，如何靠自身的能力减少投入，实现人机协作的自动化、柔性化（多品种小批量的快速响应）以及智能化？何谓智能化？智能的发展趋势是什么？（南京利景盛电子有限公司：魏子陵、徐晟晨）

解答：

1. 智能化

智能化是指由现代通信与信息技术、计算机网络技术、行业技术、智能控制技术汇集而成的具有感知能力和获取外部信息的能力。从感觉到记忆再到思维这一过程称为智慧，智慧的结果产生了行为和语言，将行为和语言的表达过程称为能力，两者合称智能。智能化是有一定的“自我”判断能力。

2. 产品制造的智能化

产品制造的智能化是指利用物联信息系统（简称 CPS），将生产中的供应、制造和销售信息数据化、智慧化，最后达到快速、有效、个人化的产品供应。

3. 产品制造智能化的三大主题

（1）智能工厂：重点研究智能化生产系统及过程，以及网络化分布式生产设施的实现。

（2）智能生产：主要涉及整个企业的生产物流管理、人机互动以及 3D 技术在工业生产过程中的应用等。

（3）智能物流：主要通过互联网、物联网、物流网整合物流资源，充分发挥现有物流资源供应方的效率，而需求方则能够快速获得服务匹配，得到物流支持。

对于中小企业来说，在产品制造中的智能化的重点应集中于智能生产这一主题上，从充分研究自己的多品种、小批量、资金有限的实况出发，因地制宜地将共享性最大的通用工序的工艺过程，尽力打造成一个个在生产线体上可嵌入的智能化工序模组。因为任何产品（不论大小和复杂程度）的制造过程都是由若干个通用的基础工序（如元器件预加工、组装、焊接、检测等），按照不同的工艺流程进行排列组合而构成可嵌入式的柔性生产线体，各工序模组之间的连接，本着制造成本最优化的原则，可酌情采用自动化甚至机械化方式，不必拘泥于智能化。这样就有可能在没有科技项目、没有国家资金投入时，利用自身的能力，减少投入实现人机协作的自动化、柔性化（多品种小批量地快速响应）目的。

No.16 清洗是电子装联的附加工艺，根据环保和成本的要求，如何降低清洗成本、提高清洗效率？（南京利景盛电子有限公司：魏子陵、徐晟晨）

解答：

请参阅 No.05 的解答。

No.17 如何采用普通无氮气回流降低焊接的孔洞率（主要针对功率管、QFN、BGA、PCB 对焊等）？（南京利景盛电子有限公司：魏子陵、徐晟晨）

解答：

（1）对 PCB 基板上线组装前进行预烘，以除去基板表面所吸附的湿气。

（2）仔细清除基板焊接区的污染物并保持其洁净度，确保被焊面的良好润湿性，这是极为重要的。

（3）酌情优化再流温度-时间曲线的预热区间的时间与温度的上升斜率。

No.18 关于通孔元器件的回流焊接手段或方式的选择，以及耐温和透锡率等的考虑）。（南京利景盛电子有限公司：魏子陵、徐晟晨）

解答：

多年来在 PCB 板组装工艺中，PTH 孔再流焊接（Pin-In-Hole Reflow，PIHR）在许多电子产品生产中越来越流行。为了降低生产成本，在同一块 PCB 板面上，既贴装有 SMD、SMC 元器件，又插装有异型元器件（如连接器、变压器、屏蔽罩等)。为了满足机械强度和大电流的需要，它们都需要很牢固的焊接。随着组装密度的不断提高，传统所使用的波峰焊接工艺已无法满足其日益发展的轻、薄、短、小、高密度化的要求。因此，人们不得不把目光转向再流焊接工艺。这样做最主要的好处如下。

（1）可以利用现有的 SMT 设备来组装 PTH 孔式的接插件，可节省成本和投资。

（2）由于产品越来越重视小型化、增加功能以及提高组件密度，许多单面和双面板都以表面贴装元器件（SMC/SMD）为主。但是，在某些情况下，PTH 孔器件仍然较 SMC/SMD 具有优势，因为 PTH 孔式的接插件有较好的焊点机械强度、可靠性和适用性等因素。

（3）目前的自动多功能贴装设备均可贴装 PTH 孔 / 异形器件。在以表面贴装型组件为主的 PCB 基板上，PTH 孔元器件所使用的 PIHR 工艺，摒弃了波峰焊接工艺和手工插装工艺，实现用单一的 SMT 生产线就能完成所有 PCB 板的组装。在此，建议参阅《现代电子装联再流焊接技术》第 9 章（作者：樊融融）。

No.19　QFN 的焊接爬锡不够，应当如何解决？（南京利景盛电子有限公司：魏子陵、徐晟晨）

解答：

请参阅 No.01 的解答。

No.20　如何考量焊点应力失效的早期预判？应从哪些方面进行考量？（南京利景盛电子有限公司：魏子陵、徐晟晨）

解答：

请参阅本书的 11.6.5 小节。

No.21　如何解决二极管的掉件、破损问题？（成都旭光科技姜星宇工程）

二极管的掉件、破损

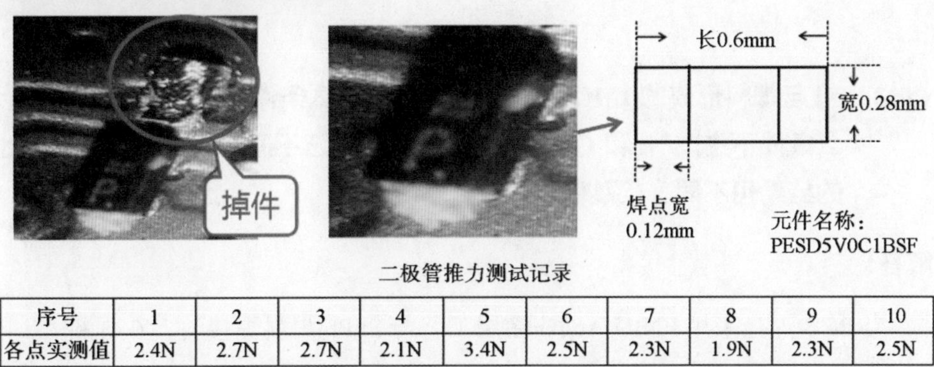

二极管推力测试记录

序号	1	2	3	4	5	6	7	8	9	10
各点实测值	2.4N	2.7N	2.7N	2.1N	3.4N	2.5N	2.3N	1.9N	2.3N	2.5N

二极管尺寸0.6mm×0.28mm，是目前SMT中心接触过的最小二极管。通过推力测试，各点值在3N以下，在此之前，中心接触的最小元件0201电阻推力都在7N以上。按照原有的工艺方式生产，掉件不良率在5%以上，中心立即将二极管掉件、破损列为重点、难点改善项，对此开展各项措施，如相关部门建议对焊盘改进（1：1，1：1.5，1：0.9三个尺寸）、焊膏的改善、员工操作规范管理、载具的制作等。通过实施结果，中心以两点措施为有力方向，持续做好改善。

解答：

增加焊盘尺寸以增大焊盘面积效果可能要好些，理由请参阅本书的 3.1.10 小节。

No.22 已经焊接完成的 PCBA，在再次过炉时，生成的 IMC 是否重新被熔解掉再重新生成？（深圳某公司）

解答：

由于焊接过程中，在焊接界面所形成的金属间化合物(简称合金层或 IMC 层)，这种以合金的元素成分按原子量的比例以化学结合的方式结合起来的新的化合物，具有与基材和焊料均不相同的熔点温度。第一次过炉时形成的 IMC 层，在后续的过炉温度下通常是不能熔化的（例如，Cu_6Sn_5 固相线温度为 415℃、Cu_3Sn 固相线温度为 676℃、Ni_3Sn_4 固相线温度为 796℃），并且其厚度随后续的加热（或工作）温度的高低和时间的长短继续以不同的速度生长。

合金层厚度（W）的生长一般服从于扩散定律，即一方面和加热时间 t 的平方根成正比，另一方面也随加热温度的上升而随扩散系数的平方根成比例增加，即

$$W=(2Dt)^{1/2} \tag{A.4}$$

式中：D 为扩散系数；t 为反应时间。

合金层不仅在固体金属和熔融金属之间形成，也能在固体金属之间反应形成。例如，采用 HASL SnPb 焊料涂覆的 PCB 板在库存的室温下也会生成 IMC。即使是已焊好了的焊点，其 IMC 层的厚度到用户后还要随时间继续生长，只不过因储存和工作环境的温度低，生长的速度非常缓慢而已。

No.23 Ni 与焊料形成的 IMC 一般有几层？在什么条件下生成 Ni_3Sn_4？在什么条件下生成 Ni 和 Cu_3Sn_4？不同材料说法不同，许多检测报告给出的结果也不同。（深圳某公司）

解答：

当 PCB 焊盘采用 ENIG Au/Ni 涂层工艺与 SnPb 焊料焊接时，在焊料 /Ni 界面发生冶金反应，反应产物会有 3 种稳定的 IMC，即 Ni_3Sn_4、Ni_3Sn_2 和 Ni_3Sn，而在焊料 /Ni 界面处的初始 IMC 为 Ni_3Sn_4。例如，在温度为 250℃下再流 60s，初始 IMC 为 Ni_3Sn_4，其厚度约为 0.5μm，比焊料 /Cu 界面情况所形成的 Cu_6Sn_5–IMC 要薄得多，Cu_6Sn_5 的厚度通常为 1 ~ 2μm。

当焊接温度过高或焊接时间过长时，还会发现在 Ni_3Sn_4 和 Ni 的界面处还生成了厚度仅 40nm 的非常薄的不易识别的高温稳定相 η–Ni_3Sn_2 层。η–Ni_3Sn_2 层的出现，可能会降低界面的抗疲劳性。

国外有学者做了下述试验：当在 250℃温度下进行多次再流焊接时，再流时间为 30 ~ 120s，其间隔时间为 30s。第一个 30s 再流后，在焊料 /Ni 界面处只

有一层 Ni_3Sn_4 的 IMC；经历第二个 30s 再流后，在界面上同时出现了 Ni_3Sn_4、Ni_3Sn 两种成分的 IMC；经历第三个 30s 的再流后，焊料 /Ni 界面除 Ni_3Sn_4、Ni_3Sn 外，又发现了 Ni_3Sn_2。其中 Ni_3Sn_2 的生成对焊点是不利的。

当在 Sn 和 Ni 的界面处存在 Cu 元素时，在界面形成的 IMC 层会涉及 3 种组元，即 Sn、Cu 和 Ni。当 Cu 浓度较低时，Cu 原子会部分地置换出 Ni_3Sn_4 中的 Ni 原子，生成 $(Ni、Cu)_3Sn_4$ 相；当 Cu 原子的浓度很高时，Ni 原子会占据 Cu_6Sn_5 中的一些 Cu 原子位，生成 $(Cu、Ni)_6Sn_5$。

No.24　元器件（含 PCB）耐热的极限温度（MVC）是如何定义的？（深圳某公司）

解答：

请参阅本书的 2.1.5 小节。

No.25　对现代微电子装备进行高温老化试验时，如何评价其利弊？（西安某研究所）

解答：

高温老化试验（例如，155℃、16h）在传统的电子产品及元器件的制造中，为加速暴露早期故障期间的制造不良、提高电子产品及元器件的可靠性方面做出了贡献。然而在大量采用微电子芯片为核心的现代微电子装备制造中，采用高温老化试验，却只有弊而无一利，只能是提前折损装备的原有寿命期而已。其理由请参阅本书的 2.1.7 小节、11.4.3 小节和 11.4.4 小节。

No.26　目前，比较高档的电子产品中的 PCB 几乎都采用 ENIG（P）/Au（化学镀）涂覆层，此种涂覆层有哪些特点？为什么近些年来国外又推出了一种 ENEPIG Ni/Pd/Au 的新涂层工艺？它具有什么特点？（广州某研究所）

解答：

请参阅本书的 8.1.2 小节。

参考文献

［1］ 樊融融 . 微波与光波融合的新一代微电子装备制造技术［M］. 北京：电子工业出版社，2021.

［2］ 樊融融 . 现代电子制造装联工序链缺陷与故障经典案例库［M］. 北京：电子工业出版社，2020.

［3］ 樊融融 . 现代电子装联焊接技术基础及其应用［M］. 北京：电子工业出版社，2015.

［4］ 樊融融 . 现代电子装联高密度安装及微焊接技术［M］. 北京：电子工业出版社，2015.

［5］ 樊融融 . 现代电子装联工艺规范及标准体系［M］. 北京：电子工业出版社，2015.

［6］ 樊融融 . 现代电子装联工艺装备概论［M］. 北京：电子工业出版社，2015.

［7］ 樊融融 . 现代电子装联工程应用 1100 问［M］. 北京：电子工业出版社，2013.

［8］ 樊融融 . 现代电子装联工艺缺陷及典型故障 100 例［M］. 北京：电子工业出版社，2012.

［9］ 樊融融 . 现代电子装联工艺可靠性［M］. 北京：电子工业出版社，2012.

［10］ 樊融融 . 现代电子装联工艺过程控制［M］. 北京：电子工业出版社，2010.

［11］ 樊融融 . 现代电子装联再流焊接技术［M］. 北京：电子工业出版社，2009.

［12］ 樊融融 . 现代电子装联波峰焊接技术基础［M］. 北京：电子工业出版社，2009.

［13］ 樊融融 . 现代电子装联无铅焊接技术［M］. 北京：电子工业出版社，2008.

［14］ 長谷川 . 正行マイクロソルダリグ不良解析［M］. 东京：日刊工業新聞社，2008.

［15］ 社団法人日本溶接協会マイクロソルダリング教育委員会 . 標準マイクロソルダリング技術［M］. 东京：日刊工業新聞社，2011.

［16］ 河合一男 . 鉛フリ - はんだ付けトラブル対策事例集［M］. 东京：日刊工業新聞社，2015.

［17］ 諸貫信行 . 微細構造から考える表面機能［M］. 东京：日刊工業新聞社，2010.

［18］ 藤井哲雄 . 目で見てゎかる金属材料の腐食対策［M］. 东京：日刊工業新聞社，2009.

［19］ IPC-7093 底部端子元器件（BTC）工艺指南 .

［20］ IPC-7095 Design and Assembly Process Implementation for BGAs.